上海社会与纺织科技

廖大伟　杨小明　周德红　主编

上海人民出版社

目　录

一、生平与理想

二、社会网络与空间

三、企业经营、教育事业

四、近代纺织与社会

刘春红副校长致辞

尊敬的张绪武先生、李明勋会长、熊会长，尊敬的各位专家学者：

大家上午好。

今天第六届张謇国际学术会议在东华大学隆重举行，有来自海内外近百位专家学者在此集聚一堂，请允许我代表东华大学对各位学者、嘉宾的到来表示最热烈的欢迎和衷心的感谢。张謇先生是一位名人，也是一位了不起的近代伟人，他在教育、慈善以及思想文化建设方面有不小的成绩，为学术和历史留下了宝贵财富，对我们非常有研究价值和现实启示的意义。张謇先生和东华大学有很深的历史渊源。1912 年的时候张謇先生创办了南通纺织染传习所，在 1952 年更名为南通纺织学院，这也是我国历史上首座以纺织为主的高等纺织学府。1951 年我们东华大学前身成立，1952 年南通大学的纺织科、留在上海的南通学院的纺织科和其他整个六所院校合并进入了华东纺织工学院。张謇先生不仅是我们民族纺织业之父，也是我们东华大学开山之父。

东华大学是一所有特色的大学，我们从来不讲自己是综合性的大学，我们也是直属教育部的"211 工程"大学，要建成国内国际有影响的有特色的大学。今天的研讨会，我听廖大伟院长介绍，我们主要是探讨张謇与纺织、张謇和上海的关系，我们学校的人文学院在这方面进行了大量的研究，也希望同各位进行交流和沟通。

此次研讨会是我们学校人文学科里面很重要的活动，东华大学提出了人文社科繁荣计划。我们人文学院的马克思主义理论、历史学科、科技史学科都是我们学校重点建设的学科，在科研和人文培养方面取得卓越的成就。第六届张謇国际学术研讨会，本身也是一次跨界学术交流的盛会，这里面不仅有艺术家、也有科学史、纺织史方面的专家，希望通过这次盛会能够进行跨学科的有突破性的研究交流，通过这样的学术研讨让更多的学生、学者来关注张謇研究从事张謇研究。再次预祝此次研讨会取得圆满成功,再次感谢张绪武先生和各位嘉宾来到东华大学,期望大家渡过美好的一天。

　　谢谢大家!

(刘春红,东华大学副校长)

李明勋会长致辞

　　各位领导各位来宾,女士们先生们,上午好! 首先,请允许我代表张謇研究中心对莅会的东华大学和上海有关部门的领导,来自海内外的张謇研究的专家学者,以及张謇先生的嫡孙张绪武副主席和其他张氏后人表示衷心的感谢和热烈的欢迎!

　　张謇是中国近代著名的实业家、教育家、社会活动家和改革家,是中国早期现代化的先驱。张謇先生从 1895 年开始,怀着实业救国的理想,弃官从商,在南通艰苦创办大生纱厂,秉承"父教育、母实业"的理念,数十年如一日,筚路蓝缕,历经沧桑,奋力开创民族振兴、地方自治的新路子,为后人留下了一笔宝贵的物质和精神财富。张謇逝世后,对张謇的研究一直不绝如缕,特别是近几十年来,张謇研究吸引了越来越多海内外学者的关注,从 1987 年开始,在南京、北京、南通先后举办了五届张謇国际学术研讨会,还举办了一些专题性的学术研讨会,参会的专家学者近千人,涉及的论题有张謇的生平思想、政治主张,张謇在实业、教育、慈善、盐垦、水利、城建等领域的理论和实践等。1994 年,《张謇全集》在江苏古籍出版社出版;2012 年,新编《张謇全集》由上海辞书出版社出版,一大批张謇研究论著陆续问世,推动了张謇研究的深入发展。

　　上海是中国早期现代化的发祥地,出生在与上海一江之隔南通的张謇,他的一生与上海有着密不可分的关系,张謇的后半生,上海成为他施展抱负、一展宏图的大舞台。张謇创办大生纱厂时,上海是他办厂资金的主要募集地,产品的重要集散地。他投身上海的经济社会建设,创办或参与创办建设经营沪宁铁路、江浙渔业公司、上海大达轮步公司、上海图书公司、中国公学、吴淞水产学校、《申报》等。他主持了吴淞开埠,为吴淞开埠制定了规划。他与上海的政要名流多有交集,参与了"东南互保"的策划和清帝逊位诏书的拟定,为稳定江浙大局竭心尽智。张謇在南通创办的企事业的发展,也多得益于上海的依托和支持,他从上海学习到先进管理经验,吸纳了上海的人才技术,通过上海开展对外交往,扩大视野,使南通融合了西方工业文明,成为当时引领全国的"模范县"。东华大学与南通与张謇也有着深厚的渊源。1952年全国高校院系调整时,南通学院的纺织科被调整到上海,与其他院校合并组建华东纺织学院,成为东华大学的前身。而南通学院纺织科的前身,则是张謇于1912年创立的南通纺织专门学校,这是中国最早的纺织高等学校,曾经为国家培养了一批高素质的纺织技术管理人才,在中国纺织教育史上留下了浓墨重彩的一章。也是机缘巧合,2013年,我们与东华大学人文学院达成了联合举办张謇国际学术研讨会的意向,经过一年多紧锣密鼓的筹备,会议终于如期举行。能够与中国纺织高校的翘楚东华大学联合举办这一届张謇国际学术研讨会,我们感到非常庆幸。我们要特别感谢东华大学,感谢东华大学人文学院,感谢他们为这次会议所做的精心准备,为会议提供的周到的服务和各种便利条件。这一届的张謇国际学术研讨会是一次专题性的学术研讨会,主题是"张謇与上海""张謇与纺织科技",这个主题过去还较少有学者涉猎,这次与会学者将围绕这一主题进行广泛深入的探讨。张謇是一位百科全书式的人物,需要从多学科进行研究。我们相信,这届张謇国际学术研讨会将会在学术界进一步推动张謇研究的深入开展。

上海与南通一衣带水,两个城市同处长江三角洲地区,同沐太平洋以及来自世界的风潮。近年来,在长三角一体化发展、江苏沿海开发、长江经济带建设等国家战略叠加实施的背景下,南通的社会经济发展迅速。靠江靠海靠上海,是南通独特的区位优势,南通的发展得益于上海的辐射和支持,同样,南通也为上海的繁荣发展作出了贡献。随着崇启大桥和苏通大桥的开通,以及不久将来沪通铁路的建成,南通和上海将更加紧紧地联系在一起,"包容会通、敢为人先"的南通精神,"海纳百川、追求卓越"的上海精神也有着内在的契合。无论是经济、社会还是科技、文化,沪通之间必将有更多的互联互动,南通人也有了更多的学习上海的机会。先进文化是一个城市的灵魂,是经济社会发展的软实力。在长期的历史发展进程中,南通孕育、产生了地方特色浓郁的江海文化,张謇将现代工业文明的因子植入了江海文化,成为江海文化现代化的开拓者、引领者。中共南通市委非常重视文化建设,最近,南通市委书记丁大卫亲自组织发动在全市开展"江海文化大讨论",旨在提高干部群众的文化自觉,为建设"强富美高"新南通注入精神动力。我们这次张謇国际学术研讨会的举行,应该说也是与会学者对南通文化建设的一个贡献。当然,张謇文化不仅是南通的,而且是国家的宝贵的精神财富。

(李明勋,张謇研究中心干事会会长)

张绪武先生致辞

尊敬的刘春红副校长、李明勋会长、专家教授、同志们好：

我回到东华大学，出席第六届张謇国际学术研讨会，十分愉快。祝研讨会成功，祝各位身体健康，感谢主办单位，感谢为会议服务的全体同志。

半个世纪以来，张謇研究的队伍不断壮大，我们都有同感，研究愈来愈深化，愈来愈亲近了，张謇就在我们身边。"天地之大德曰生"，"天下一家、中国一人"，永远鼓励我们高举爱国主义的旗帜，求真理，重民情，发扬道义精神、科学精神、实干精神，促进中华民族文化复兴。

不久前，中央纪委通过网络展示张謇"家诫"。"家诫"包括祸福相依、修身养德、谨言慎行等七个方面，引经据典，教导至深。这给了我们后人提示，同时也给了全国人民参考。

多年来各位专家教授、社会研究者为张謇研究作出了贡献，我们愿意跟随着你们，强化学习与思考，尽心尽力地传承张謇的精神与事业。

（张绪武，全国政协原常委、中华全国工商联
原常务副主席、张謇嫡孙）

张廷栖教授在闭幕式上的发言

尊敬的各位专家学者：大家上午好！

第六届张謇国际学术研讨会马上就要顺利闭幕了。这次国际学术会议开得很成功，卓有成效，标志张謇研究进入一个新的阶段。虽然我们张謇研究中心也是主办方，但大量的组织工作是东华大学、东华大学人文学院，尤其是人文学院以廖大伟教授为首的一个团队的精心策划和组织的，他们付出了辛勤的劳动。我代表张謇研究中心和南通与会代表，对东华大学的东道主，对人文学院和大伟教授等表示衷心的感谢！

南通是张謇的故乡，张謇的事业主要在南通，研究张謇是南通学界责无旁贷的使命。改革开放以后，南通市委市政府重视这份宝贵的人文资源，注重保护和利用，打出了"一山一水一人"的旅游品牌，"一人"即张謇；以张謇等资源申报了国家历史文化名城，张謇遗留下来的在唐家闸近代工业文化遗产，我们正在积极准备申报世界文化遗产，并且早在30多年前成立了张謇研究中心。今天借此机会向各位专家对研究中心的情况作简要介绍，希望得到各位专家的进一步指导。

我们研究中心的目标如下：

首先是努力成为张謇研究的资料中心。中心成立以来，一是以第一手资料编了两版《张謇全集》，2012年新版《张謇全集》在这次会上发给了各位专家。这部全集虽然列入清史编纂委员会的文献丛书，结项评审中专家组全票全优通过，但其中还有一些不足和差错，请各位专家进一步批评指正。并且如发现还有遗漏的轶文，请提交给我们。全集出版后我们又征集到一部分张謇的轶文，开始从2012年的《张謇研究年刊》上刊出，适当时候再出补遗。二是编辑一系列有关档案资料。南通档案馆保存张謇及其企事业的档案有近万卷。我们与他们在十多年前就开始联合编辑《大生集团档案资料选编》。目前纺织编已完成，前后共5册。盐垦编已出版3册，第4册在印刷厂，即将出版。今后还要编教育编、社会事业编等档案资料。三是重印了一批具有史料价值如今又很难找到的书籍,如《南通县警察状况》等 7 本。四是每年编印研究年刊。从 2003 年起,已有十多年。这些资料,无偿提供给研究者,希望能对大家有所帮助。借此机会也希望各位的研究成果能给我们一份,保存在我们的资料档案库中。

研究中心目标之二是努力成为张謇研究的信息中心。研究中心有一个网站,比较及时地报道研究的信息,不过目前是以南通为主;我们还不定期印发张謇研究简讯。希望各位专家为我们提供信息。

研究中心目标之三是努力成为张謇的学术研究中心。研究中心本身的研究力量很有限,主要是组织学术研讨活动。我们先后参与主办或承办了五届张謇国际学术研讨会。第五届因为忙于完成清史工程的新编《张謇全集》而未参与。另外单独或者与有关单位联办学术会议,如与日本有关方面联办"张謇与涩泽荣一比较研究"、与荷兰有关方面联办"特来克与南通水利事业国际学术研讨会"等。平时经常进行小型的学术座谈,开展学术研究活动。

研究中心目标之四是努力成为张謇研究的服务中心。这包括三个方面。一是联系市内外研究者。借用"外力",汇聚人才,壮大张謇研究队伍,发挥人才的作用。二是提供资料和咨询服务。研究中心设有资料室,除了提供阅读外,凡自己出版的资料都无偿提供给学者,并接受咨询。每年接待国内外数量不等的学者来访,如接待德国学者、英国牛津大学博士生柯丽莎来南通长达三个多月;日本学者藤冈喜久男一个多月。尤其,不少国内外研究生为做毕业论文短期前来研习。还接待传媒影视人员来做节目。三是为南通的经济社会发展,向市委市政府提出建议,为有关部门正确决策提供咨询。

总之,我们正在向成为这些中心的目标而努力,但做得比较有限。介绍这些情况,是希望进一步得到大家的支持和帮助。

2011 年开始我们第三次草拟了(2014—2018 年)一个五年规划提纲,除了上述经常性、连续性的工作外,还想做几个项目:一是筹备举办第六届国际学术研讨会。这项由东华大学帮助实现了,十分感谢。二是为深入研究创造条件,对近十年的张謇研究进行综述。这项由清华大学陈争平教授写了 2 万多字,刊在我们今年的年刊上,已经发给了大家。三是打算编一部张謇年谱长编。四是打算编一部大生资本集团史。大生纱厂 2012 年迎来了

120周年诞辰。这个企业从创办至今一直没有停止过生产,历史如此悠久的企业在全国少有。第三、第四这两项在此向大家发出求助,希望得到在座各位专家的帮助,以共同实现这两个愿望。

南通在张謇研究方面发展较快,形势很好,研究组织在不断扩大,研究队伍在逐渐壮大。南通大学有张謇研究所,其他高校如江苏工程学院、南通高师等均有研究组织尤其南通大学还专设了张謇教育史馆;江苏工程学院的文博馆则专设了张謇职业教育展馆。并且有些高校开设了以张謇人物为内容的公选课,或专题讲助、或编写出版教材、或融入校园文化建设等,成为高校的教育特色。南通有3个市县区如海门、通州、启东,均成立了张謇研究会,并有《张謇研究》和《謇园》两本内部刊物。这是一个方面。另一个方面是,张謇研究中心仅有十来位离退休老人,力量有限,并且严重老化,缺少接班者;南通研究会员人数不少,热情也较高,但水平有待提高。这次盛会我们有意推荐多名年轻作者,前来学习,向各位老师请教。

借此机会,对长期以来对我们指导和支持的专家们表示我们诚挚的感谢,同时祈盼各位一如既往地对我们进行指教和支持! 使张謇研究中心真正成为张謇的资料中心、信息中心、研究中心、服务中心!

（张廷栖,南通大学教授、张謇研究中心干事会副会长）

一、生平与理想

张謇与阎锡山实业救国思想比较研究

高　策* 刘　欣**

张謇,状元实业家,被誉为"轻工业之父",是中国近代史上屈指可数的民族资产阶级代表人物。阎锡山,在近代中国统治山西 38 年之久,是官僚资产阶级代表人物。两人虽相差 30 岁,但出于挽救民族危亡的责任心,都提出并践行"实业救国"思想,所谓"实业救国",即是通过发展农工商等实业来改变中国贫困落后的面貌,从而振兴经济、挽救中国。张謇早在 1895 年夏所拟《代鄂督条陈立国自强疏》中指出,"世人皆言外洋以商务立国,此皮毛之论也,不知外洋富民强国之本实在于工。讲格致,通化学,用机器,精制造,化粗为精,化少为多,化贱为贵,而后商贾有贸迁之资,有倍蓰之利"。① 他认为强国之本在于工,而不是商。阎锡山在其回忆录中也提及中国古代素来强调"日省月试,既禀称事,所以劝百工",即重视工业发展。鉴于此,本文着重对张謇和阎锡山"实业救国"思想在工业领域的内容作比较分析。

一、实业救国思想相同点分析

倡导践行实业,发展教育,建立起独立自主的中国民族资本主义经济体系,挽救中华民族于危难之中,这是张謇与阎锡山的共识,尤其两人在"实业救国"和"教育救国"方面的一些主张与做法有着相似的地方。

(一) 实业思想缘由相似,实业践行均取得了傲人成绩

1912 年,在南通师范学校建校十年之际,张謇回忆道:"自前清甲午中国师徒败衄,乙未马关订约,国威丧削,有识蒙垢,乃知普及教育之不可已。……当

*　高策,山西大学科学技术史研究所教授。

**　刘欣,山西大学科学技术史研究所博士研究生。

①　张謇:《代鄂督条陈立国自强疏》,李明勋、尤世玮主编:《张謇全集》第 1 卷,上海辞书出版社 2012 年版,第 37 页。

是时,科举未停,民智未启,国家有文告而已,不暇谋也;地方各保存固有公款之用而已,不肯顾也。推原理端,乃不得不营实业。然謇一介穷儒,空弩蹴张,于何取济。南通固中外有名产棉最王之区也。会有议兴纺厂于通而谋及者,乃身任焉。"①这段凝练的话语,高度概括了张謇走上"实业救国"道路的缘由,张謇深知晚清政府腐败愚昧,虽在全国范围内鼓励开展"洋务运动",但大多数地方政府并未真正重视和践行实业理念,国家发展步履维艰,外强侵略屡见不鲜,1895 年 4 月,清政府签订了丧权辱国的《马关条约》,该条约直接刺激张謇走上了"以身试虎""设厂自救"的实业之路,加之南通地区盛产优质棉花,张謇由此创办了大生纱厂。

与张謇主张实业救国的缘起相似,阎锡山也是在看到国家时运不济,"自强"刻不容缓的前提下,走上了实业救国之路。1919 年,阎锡山从"山西一隅之实业展览"入手,进而"振兴实业"。1931 年,阎锡山由大连返回山西后,其日记记载:"造产增人为中国今日图存之要件,当有分年计划。"②他提出"造产救国"的口号,同时认为发展实业需分层次分重点推进。1932 年 2月,阎锡山就任太原绥靖公署主任,主政山西、绥远,是年,德国《柏林通报》新闻记者蒲兰德采访阎锡山,问及"先生对中国过去作何感想,将来有何筹划?",阎锡山答道:"中国过去是错用了心,使心向精神上用,致成贫弱之今日而自杀,将来应使心向物质上用,当可臻富强。"③阎锡山认为如今中国的落后,主要是因为没有向西方资本主义国家一样解放生产力,发展实体经济。此时的他已深感发展实业迫在眉睫,于是阎锡山在 1932 年筹拟了西北实业计划,并于 1933 年 8 月建立了西北实业公司。

从张謇与阎锡山创办企业集团的思想缘由中,我们看到两人均认识到当时中国处于内忧外患中,只有发展实业、振兴经济、发达物质,才能挽救民族危亡,才能国富民强。此二人在实业践行方面也都取得了傲人的成绩,张謇围绕大生纱厂这一核心,建成了农工商俱全的大生资本集团。据统计,1922 年鼎盛时期的大生资本集团,共拥有大小企业近 60 家,总资本达到 3 400 余万元,④成为当时全国最大的民族资本集团。阎锡山创办的

① 张謇:《南通师范学校十年度支略序》,《张謇全集》第 4 卷,上海辞书出版社 2012 年版,第 107 页。
② 《阎锡山日记全编》,三晋出版社 2012 年版,第 62 页。
③ 《阎锡山日记全编》,三晋出版社 2012 年版,第 88 页。
④ 《大生系统企业史》,江苏古籍出版社 1990 年版,第 204—208 页。

西北实业公司形成了一个"大而全"的生产体系,1937 年"七七事变"前,西北实业公司发展到顶峰,仅所辖工矿企业的数量已达 33 个,基建投资达 3 000 万元,全公司共有职员 2 051 人,工人 18 597 人①。这反映出二人实业救国思想主张的可行性和正确性。

(二)"实业"与"教育"相得益彰,均建立了初步完善的教育体系

张謇在倡导践行实业的同时,提出著名的"父教育而母实业"的救国主张,"今求国之强,当先教育,先养成能办适当教育之人才",②在他看来,教育是救国的根本,但实业是教育的基础,"然非先兴实业,则教育无所资以措手",③因此,张謇所提倡的"实业救国"论,落脚点和根本点都在于发展教育、培植人才,而非实业本身。阎锡山同样认为,"实业"与"教育"如"实力"与"主义",两者相互促进、相得益彰,在分析日俄战争时,阎锡山感叹"中国尚有何路生存? 然人未至死当求医,国未至亡当求救。从实力入手,前人未识未雨绸缪,时不我待。当从主义入手,主义胜实力可随主义而澎涨,主义须赖实力以保护,互相递进,相助益长,得机国或尚可救乎",④从中可看出阎锡山对中国未来前景的担忧,同时他也提出解决之道,即"实力"与"主义"互相递进,挽救国家的主张,"实力"即发展物质、发展实业,"主义"即注重精神、发展教育,"实业"与"教育"应相助益长。

基于上述认识,张謇与阎锡山在兴办教育的方式、路径上极为相似,两人在普及教育、职业教育、社会教育三个领域均做了许多实事。首先,在普及教育方面,1902 年,张謇创办了近代中国第一所民办师范学校,并题校训"坚苦自立,忠实不欺",目的是培养小学教师,普及教育义务,随之建成 600所初等小学,10 所高等小学,建立通海五属中学,民国前,南通地区已形成了初小、高小、中学相互衔接的完整的普及教育体系。阎锡山扩充了原有师范学校,添设可容纳 24 000 人的国民师范学校以及各种男女师范学校,编订出版国民学校课本,广设注音字母讲习所并颁发课本等,到 1937 年,山西省全省中学即由 1919 年 16 所发展到 355 所,师范学校由 1 所发展到 17

---

① 景占魁:《阎锡山与西北实业公司》,山西经济出版社 1991 年版,第 64 页。
② 张謇:《张謇年谱》,《张謇全集》第 3 卷,上海辞书出版社 2012 年版,第 18 页。
③ 张謇:《恳牧公司第一次股东会演说公司成立之历史》,《张謇全集》第 3 卷,上海辞书出版社 2012 年版,第 384 页。
④ 《阎锡山日记全编》,三晋出版社 2012 年版,第 200 页。

所,大学由 1 所发展到 36 所。其次,在职业教育方面,从 1906 年开始,张謇陆续在通师附设了农科、测绘、蚕桑、土科等实用学科①,民国以后,大规模兴办职业教育,先后创办了 20 多所职业学校;阎锡山向来重视对技术人才的培养,不仅选拔现有技术人才派送省外国外学习考察,同时注重就地培养提高工作人员的技术能力,如"山西军人工艺实习厂,冬季特设艺徒队,招收艺徒 400 余人",②还兴办了 5 所中等技术教育学校。再次,社会教育方面。1905 年,张謇兴建了第一家民办博物馆——南通博物苑,1907 年,兴办第一所聋哑学校,社会公益教育事业发展首屈一指,1906 年,张謇当选为江苏教育总会会长,对南通的师范教育与普及教育作出了卓越的贡献,十数年间张謇对周边地区和江苏全省的教育发展起到了重要的影响和推动作用。阎锡山增设贫民学校 7 处,使贫民免费入学,同时推行早期的"义务教育",要求自 1918 年起大多数孩子至少要进学校读书 4 年,到 1923 年,山西约有 80 万儿童接受了不同方式的初等教育,"使山西小学生的入学人数成功地巨增"。③这些做法为山西奠定教育基础起到了重要作用。

由上可见,张謇与阎锡山在看待"实业"与"教育"的关系上,均认为二者应互相递进,在普及教育、职业教育和社会教育的三个教育领域也均有作为,发展教育事业的路径基本相近。

二、两者思想不同点分析

张謇与阎锡山不同的人生经历,发展实业的具体时代和地域有所不同,这使得两人的实业救国思想各具特色,以下将从资本主义经济发展模式、创办企业集团筹资方式和企业发展侧重点三个方面的不同,来比较论述张謇与阎锡山的实业救国思想。

(一) 主张资本主义经济发展的模式不同:张謇主张发展民营资本主义经济,阎锡山则主张发展"劳资合一"的官僚资本主义经济

张謇认为晚清洋务派创办的官营企业"名为提倡,实则沮之",他深知这

---

① 《南通师范校友会杂志》,1913 年第 3 期。
② 景占魁:《阎锡山与西北实业公司》,山西经济出版社 1991 年版。
③ [美]唐纳·G.季林:《阎锡山研究》,黑龙江省教育出版社 1990 年版,第 68 页。

些官办企业内部腐败不堪、生产效率低,所以他不提倡"官办企业";1903 年,张謇受邀参加日本举办的"劝业博览会",适逢日本明治维新,张謇十分认可伊藤博文颁布的相关经济政策;1906 年,张謇提出"商自经营,官为保护,绅通官商之情"的"民办官助"的实业发展思路,①主张官民各司其职,国家要尽可能从各项"官业"中退出;民国初建,张謇在宣布就任农商总长时,仿行日本明治维新后的"官业处理",指出"謇意自今为始,凡隶属本部之官业,概行停罢,或予招商顶办。唯择一二大宗实业……为一私人或一公司所不能举办,而又确有关于社会农商业之进退者,酌量财力,规划经营,以引起人民之兴趣。余悉听之民办"②,可以看出张謇在发展实体经济方面主要倡导民间商人的力量,鼓励私人资本主义的发展,政府只充当"守夜人"的角色,希望中国走西方自由资本主义时期的经济发展道路。张謇身体力行,不仅筹资建立大生资本集团,在就任农商总长期间,还公布法律总计 20 余种,涉及工矿业、商业、银行金融、农林牧副渔等各个实业领域,虽这些法律受历史条件限制,大多数未能付诸实施,但为今后中国市场经济逐步走向法治化奠定了良好的基础。

然而,阎锡山则认为:"'私产制'有三罪:一为强盗罪,一为杀人罪,一为扰乱罪。三罪定案,经济革命始有劲。私产制度罔民之制度也……此'私产'系指供生产之产,非生活之产,即指供生产之私人资本而言。去斯病,须变私人的资本生产为全民的资本生产。求均不能用按需分配,亦不能用按劳资分配,须用按劳分配,资由公给。"③阎锡山反对共产主义的"按需分配",认为这样会使劳动与享有相分离,有悖常理;也反对资本主义制度的"按劳资分配"——"资私有",认为资本主义私有制扰乱市场、剥削劳动者、侵占国家资源等弊端较多;他认为介乎这二者之间的"劳资合一"——"按劳分配,资由公给",即资公有,产部分公有、部分劳动者私有,这才是发展资本主义经济的良策。这同时为阎锡山发展官僚资本主义铺垫了经济理论基础,在此思想主张的指导下,阎锡山为扩大自身经济、军事实力,利用其统治特权对山西省内的民族资产阶级以很大的排挤与打击,当民族资本企业发

---

① 张謇:《答南皮尚书条陈兴商务、改厘捐、开银行、用人才、变习气要旨》,《张謇全集》第 2 卷,上海辞书出版社 2012 年版,第 53 页。

② 张謇:《宣布就部任时之政策》,《张謇全集》第 1 卷,上海辞书出版社 2012 年版,第 275 页。

③ 《阎锡山日记全编》,三晋出版社 2012 年版,第 62 页。

生困难时,政府并没有扶持或鼓励,而是依靠金融投资,或者低价收购股票,以此操纵或吞并民营企业,达到最终垄断的目的。阎锡山先后把私人经营的太原电公司、太原晋丰面粉公司、华北制绒厂、太原德记、晋记卷烟厂等较大的轻工业工厂吞并为官僚资本所有。

其实,就这两种资本主义经济发展模式而言,并无优劣之分,它们是在不同时代条件和不同视角下所提出的不同解决方案,皆有其成立的理由。但不同的发展模式实质代表不同的资产阶级利益,亦会导致不同的资本筹资方式。

(二) 创办企业集团资金筹集方式不同:张謇主张"绅领商办",阎锡山主张"劳资合一"

张謇开始筹资创办大生纱厂时,有鉴于洋务派创办的官办或官督商办企业中的种种弊病,提出"奉设通厂之始,听商自便,官为保护,是为商办"①的主张,于是主要召集东南沿海一带商人合办,但由于当时社会风气未开,人们甚至不知"工厂"为何物,加之受上海几个纱厂连年亏损的影响,张謇屡屡遭到拒绝,经费难筹,"完全商办"的思想主张难以实现。1896 年,继任湖广总督刘坤一将张之洞曾从外国洋行购买的纱机贱价出卖给张謇,这批锈迹斑斑的"官机"折价 50 万两作为大生纱厂股金。1897 年,盛宣怀受张之洞、刘坤一提议与张謇协作,"各领机二十五万,各认集股二十五万",张謇认识到"绅领商办"集股筹资方式的合理可行性,但依然不主张让官股控制企业。是年,张謇开始动工建造厂基,1899 年,大生纱厂正式开车。坎坷万难的筹资建厂历程反映了近代中国发展民族工业的无奈与艰涩,张謇曾感慨办厂经历"千磨百折、忍侮蒙讥",②幸运的是,而后几年大生纺织公司盈利丰厚,为张謇后续建立产业链,发展社会公益事业奠定了物质基础。张謇创办大生纱厂,虽有政府的支持,但大多数资本来自绅商。

然而,阎锡山认为解决资本主义私有制弊病的方法主要有二,"各得所值,各得所需,劳资合一……商公办,工包制,发行购货纸币,废止金银代值纸币,公办对外贸易,统制汇兑",③即,第一主张资公有,应废除私人资本建

---

① 张謇:《为纱厂致南洋刘督部函》,《张謇全集》第 3 卷,上海辞书出版社 2012 年版,第 16 页。

② 张謇:《厂约》,《张謇全集》第 3 卷,上海辞书出版社 2012 年版,第 18 页。

③ 《阎锡山日记全编》,三晋出版社 2012 年版,第 150 页。

厂;第二主张同时统一币制,规范金融市场。西北实业公司的筹资过程将上述"官僚资本原始积累的方式"发挥得淋漓尽致,辛亥革命后,以阎锡山为首的官僚资产阶级接收了清王朝遗留下来的官办企业,并将其中一些企业加以改组和扩大。1919 年,阎锡山成立山西省银行,开设铜元局,回收制钱,改铸铜元,至 1924 年铜元局停办时,仅此一项即获利二百多万元(银币),这为建设西北实业公司积累了雄厚的资金。除此之外,借口"节制资本",他对民族资产阶级的私营企业实行吞并,对劳动人民进行直接压榨剥削和各种巧立名目的豪夺,以扩大资本。可以看出,西北实业公司的产生不是山西资本主义正常发展的结果,很大程度上是阎锡山利用自己的政治权利集聚资金促其发展的官僚企业。

(三)发展工业实体的侧重点不同:张謇立足发展轻工业,阎锡山则高度重视重工业的发展

1913 年,时任北京民国政府农商总长的张謇,发表的《实业政见书》明确宣布,"謇对于实业上抱持一种主义,谓为棉铁主义⋯⋯而棉犹为先⋯⋯今日国际易大宗,输入品以棉为最。⋯⋯查近十年中海关贸易册,棉输入额多至一万八千余万。此乃海关估价,核之市价,近且及倍⋯⋯欲赢此数万万,当用何法? 则唯有并力注重输入额最高之物,为捍卫图存之计,若推广植棉地、纺织厂是",①张謇看到了国外纺织行业对我国纺织市场的充斥,为挽回遭受损失的利源,出于保护国内市场的需求,加之江苏通州、海门一带盛产优质棉花,手工纺织业素来发达,张謇首先创办了大生纱厂,而后探索出了一条以棉纺业为龙头,垦盐、植棉、纺纱、织布、销售环环相套,大工业与小农经济相结合,农工商一体化协调发展地方经济之路。但总体来看,张謇创办的企业以及在外地参与投资的企业,大多生产轻工业产品,重工业所涉领域大多为轻工业服务,所占比例较低。

与"通产之棉,力韧丝长,冠绝亚洲"②不同,"山西遍地煤铁,尤非修筑铁路不能期产物之发达⋯⋯山西煤多铁多,应成为工业区,尤其是应成为煤炭工业的工业区,故煤炭工业实为山西今日当务之急"③。结合山西的矿产

---

① 张謇:《实业政见宣言书》,《张謇全集》第 1 卷,上海辞书出版社 2012 年版,第 274 页。
② 张謇:《厂约》,《张謇全集》第 3 卷,上海辞书出版社 2012 年版,第 17 页。
③ 《阎锡山日记全编》,三晋出版社 2012 年版,第 296 页。

资源优势,阎锡山认为在工业领域发展煤炭工业、交通等重工业是"当务之急"。同时,"列强各国不得不以武力为经济侵略后盾之今日,尤其是半殖民地的我国,更非一切政治皆军事化,不足以图存。人之亡我迫于眉睫,我之自卫刻不容缓,非有多数急先锋冲破无敌国外患二千年大一统之梦寐,警醒国人,不易成功"。①在阎锡山看来,无论是抵御列强的侵扰,还是维护社会稳定,军事化的道路也势在必行。1915 年,阎锡山见袁世凯时,曾阐述道:"所谓完全之物质,极重要者厥为二事:一为军械制造之进步,一为征兵制度之实行。"作为发展国防力量之一的军械制造,阎锡山认为切不可忽视。基于此,西北实业公司,实质上是一个以重工业为主体,优先发展军事工业的官僚资本主义企业,所产产品主要服务于阎锡山军事事业的发展,同时,西北实业公司也生产社会用品与民用品,这仅是辅助产业,以服务于重工业、解决人民生计为主要目的。

不论是张謇的"棉铁主义,而棉优先"的以轻工业为核心的工业化方案,还是阎锡山建立的以军事工业为主的企业集团,都是从实际出发,不同的经济发展战略造就了不同的产业体系。

三、两者思想同异原因分析

综上分析,张謇和阎锡山在工业领域的实业救国思想以及教育救国思想,既有相似之处,同时又各显特色,究其各自思想主张的背后,有着深刻的主客观原因。

(一) 实业救国思想部分趋同的原因

第一,所处的时代大背景相同,是二人萌生实业救国思想,实业践行艰难的客观原因。一方面,两者实业救国思想的缘起,两大实业集团发展的历程特点,皆受西方先进资本主义国家较大影响。首先,为争夺原料产地与市场,这些国家加紧对中国这一古老民族的掠夺,为"自强"以救亡图存,张謇和阎锡山萌发了"实业救国"的念头。其次,通观张謇与阎锡山的实业发展过程,其成败均与国际局势密切相关。第一次世界大战期间,列强无暇东顾,便为大生纱厂的发展提供了黄金时段,一战结束,帝国主义卷土重来,国

---

① 《阎锡山日记全编》,三晋出版社 2012 年版,第 298 页。

外棉纱充斥国内市场,同时国内棉纱行业恶性竞争,在内忧外患下,大生集团债务累累,1925年大生的债务增至906.9万两,占资产总额的65.7%①。是年7月,上海四大银行全面接管了大生企业。阎锡山领导的西北实业公司,1933年建厂后发展极为迅速,但"七七事变"爆发,日寇占领太原,西北制造厂由日军军方接管,劫走各种机器设备4 098部,价值高达220余万元,6 000余间厂房中的3 900余间被夷为平地,西北实业公司元气大伤、损失惨重。后来随着阎锡山政权的崩溃,西北实业公司逐渐陷入绝境。可看出近代中国主权的不独立,亦导致经济的不独立,实体经济对外界抵抗力不足。

另一方面,国内各阶级矛盾错综复杂,这一时期的中国政治腐败、军事失利、经济落后、外交无能,社会动荡不安,民不聊生,封建社会的余毒一直阻碍资本主义的进步。张謇在筹集资金的过程中感慨:"集股之效,茫茫之如捕风。"②阎锡山在第十九次纪念周讲述"经济建设之难关"时指出,"此时欲实行经济建设,难关层层,若不打破,即无从着手"。③可见半殖民地半封建社会的背景下发展资本主义的艰辛,但两人都认识到应摒弃封建社会"以农为本,抑制工商"的传统思想,披荆斩棘,大力发展实业,挽救民族于危难。

第二,强烈的家国情怀是两人发展实业的内在驱动力。首先,张謇与阎锡山均具有抵御外寇,保卫中华的爱国情感。张謇在1895年夏所拟的《代鄂督条陈立国自强疏》中,深入阐述了发展实业与抵御外辱的关系,"救穷之法惟实业","中国人数之多甲于五洲,但能于工艺一端,蒸蒸日上,何至有忧贫之事哉! 此则养民之大经,富国之妙术,不仅为御侮计,而御侮自在其中矣"④,发展实业,尤其是"工艺",不但可富国养民,也可抵抗外侮,挽救中国逐渐脱离内忧外患,国富民强。阎锡山在日记中曾明确记载,"不爱国是国家第一罪人"⑤,在筹办山西省第一次实业展览会时,感叹道,"……今日之状况,实业不振亦积矣! ……人民已陷于危机,国家将沦于破产"。⑥此二人

---

① 《大生系统企业史》,江苏古籍出版社1990年版,第224页。
② 张謇:《厂约》,《张謇全集》第3卷,第18页。
③ 《阎锡山日记全编》,三晋出版社2012年版,第119页。
④ 张謇:《代鄂督条陈立国自强疏》,《张謇全集》第1卷,上海辞书出版社2012年版,第38页。
⑤ 《阎锡山日记全编》,三晋出版社2012年版,第288页。
⑥ 阎文彬:《山西工业发展概述》,山西省地方志编纂委员会办公室1983年,第16页。

均主张创办实业，抵制外来经济侵略。除此之外，阎锡山为抵抗日寇，1936年9月组织成立牺盟会，并在日记中写道"牺牲救国是我们全国人民今日应抱的决心，尤其是我们站在第一线的晋绥人民更应有的决心"①，西北实业公司为晋绥军事集团抵抗日帝侵略提供了武器支撑。

其次，两人均热爱自己的家乡。张謇始终秉持"村落主义"即"以一地之效"②，"窃謇抱村落主义，经营地方自治，如实业、教育、水利、交通、慈善、公益诸端"③。民国后，张謇陆续在南通建立了盲哑学校、贫民学校、气象台、伶工学社、更俗剧场、公共体育场、公用医院、残废院、育婴堂、养老院等慈善机构和公众场所。著名城市规划专家吴良镛先生对张謇的城市设计和改造工作给予了高度评价，认为南通堪称"中国近代第一城"④。张謇将家乡南通打造成中国近现代一个模范城市。阎锡山对土生土长的山西亦怀有深厚的感情，他特别强调"盖凡一国家之人民，其衣食行住，务须努力自造自用，不仰给于外族而自足"⑤，在"自造""自用""自足"的"三自"方针引领下，西北实业公司从军需到民用，各种物品，几乎均可制造。20世纪30年代，阎锡山用不到十年的时间，在山西建起了初具规模的经济、交通、国防和金融体系，他的作为在复兴山西经济、改变山西落后状况方面起到了不可估量的作用。

"有国才有家"，家国情怀的强烈驱动，加之民族危亡的外在"压迫"，张謇和阎锡山皆走上了实业救国的道路，他们都有一颗赤诚的爱国心和深刻的民族责任心。

（二）实业救国思想各显特色的原因

第一，所处地域、时代小背景不同，这是造成两人践行实业救国思想不同路径的客观原因。江苏南通盛产的棉花，质地优良，纤维密集，长江三角洲一带水运发达，对外开放较早，受西方资本主义影响较大，张謇综合分析南通环境，创办了以轻工业为主的大生资本集团。张謇在经济方面的活跃

---

① 《阎锡山日记全编》，三晋出版社2012年版，第317页。
② 张謇：《致袁世凯函》，《张謇全集》第1卷，上海辞书出版社2012年版，第212页。
③ 张謇：《呈报南通地方自治第二十五年报告会筹备处成立文》，《张謇全集》第4卷，上海辞书出版社2012年版，第457页。
④ 吴良镛：《张謇与南通"中国近代第一城"》，中国建筑工业出版社2006年版，第8页。
⑤ 《西北实业公报发刊词》，载《山西实业公报》第1期，民国21年版。

时期集中于辛亥革命前后,受晚清"清流派"、维新派影响较大,其实业救国思想比较符合资本主义正常的发展路径。《中国实业志·山西省》曾记载"矿物质蕴藏极丰,盐铁之饶,自古而然,煤有无量藏之称",[①]山西丰富的煤铁和廉价的劳动力为阎锡山发展重工业为主的经济体系提供了资源支持。山西地理位置特殊,"表里山河""易守难攻",抗日战争前期,虽军阀混战不息,但山西较为稳定,阎锡山迎来了山西经济的鼎盛时期,但为平衡各利益集团在山西省的关系,巩固自己的统治地位,阎锡山不得不加强军备,所以阎锡山的"实业救国"思想倾向于革命,发展军火工业。

第二,教育与仕途等人生经历不同,是造成两人在实业救国思想主张有些不同之处的主观原因。首先,教育经历不同。张謇 15 岁开始参加科举考试,"科举场上 26 年的蹉跎终于获得了大魁天下的殊荣",41 岁中状元,漫长的科举之路,张謇深受儒家传统思想的影响,为人耿直、不畏权贵、恪守原则,一生反对暴力革命。而阎锡山却认为,"我就读私塾时,尚习作八股文,深感其在人脑中是悬崖绝壁……加入把作八股文的精神用于研究物质科学,其成效不知有多少倍",[②]阎锡山并不认可科举考试制度。1901 年,阎锡山考入山西武备学堂学军,1903 年 6 月被官费保送到日本留学,入日本陆军士官学校,主要接受军事教育,加之受父亲阎书堂经营钱铺等影响,所以阎锡山在经济和军事领域颇有建树。其次,两人访日年份虽相同,但日本之行对他们的启发点却不同。1903 年,张謇在日本 70 天的时间里,先后参观访问了神户、大阪、长崎、东京等处的 35 个教育文化机构和 30 多个农工商企业单位,得出"就所知者评其次第:则教育第一、工第二、兵第三、农第四,商最下"的结论,张謇关注的是日本发展资本主义经济和其他社会事业的路径和模式。同一年,阎锡山被官费保送到日本留学,入日本陆军士官学校。1905 年 10 月阎锡山在日本加入同盟会,决心进行推翻满清政府的革命。阎锡山在日本陆军军校,深刻感受到了日本人崇敬军人的精神,他关注更多的是日本"军国主义",即如何进行革命和发展军事。再次,仕途经历不同。张謇获状元后,继而担任清政府翰林院编修。1904 年至辛亥革命前,担任预备立宪公会副会长,投身于立宪运动。辛亥革命后,"毋宁纳全族于

---

① 《中国实业志·山西省》,实业部国际贸易局,1936 年,第 6 页。

② 《阎锡山回忆录》,三晋出版社 2012 年版,第 5 页。

共和主义之中"，①张謇认识到须走共和道路，但他始终反对暴力革命，竭力将平稳过渡的方式向各地推广。国民政府期间，他先后担任实业总长、两淮盐政总理及农商总长等职，从张謇的仕途经历可看出张謇不固步自封，但其政治主张均围绕发展民族资本主义的"实业"思想展开。阎锡山 1905 年加入同盟会，组织与领导了太原辛亥起义；民国时期，他历任山西省都督、督军、省长、北方国民革命军总司令、军事委员会副委员长、太原绥靖公署主任、第二战区司令长官、山西省政府主席、国民政府行政院院长、国防部部长，纵观阎锡山的事业经历，主要围绕军事、革命、地方政权展开，所以他发展实业必然也是以军事工业为核心，大力拥护巩固地方官僚政权。

　　张謇与阎锡山的实业救国的思想与行动，不仅加快了南通市、山西省的近代化步伐，对当时整个国家的经济进步也起到了推动作用。当今我国经济正处在转型升级关键期，张謇与阎锡山在工业和教育方面有关"实业救国"思想的对比研究，可为我国发展实体经济提供可资借鉴的思想资源和实践经验。

---

① 张謇:《劝告铁将军函》,《张謇全集》第 1 卷,上海辞书出版社 2012 年版,第 193 页。

张謇经济思想和经营理念述略

顾纪瑞*

从 1895 年到 1921 年,张謇在江苏的南通、崇明(启东)、海门三地,克服重重困难,从无到有,逐步发展,创办了拥有大生一纺、大生二纺、大生三纺三家纺织公司的新式纺织工业集团,取得了为世人所瞩目的业绩,影响深远。是什么原因促使他如此坚定执着? 他的经济思想和经营理念的主要内容有哪些?

晚清这段历史,从唯物史观角度看,是先进的资本主义战胜了落后的封建主义。张謇是伟大的爱国主义者,甲午战争的失败和《马关条约》的签订,使他受到极大刺激。当时中国沦为半封建半殖民地国家,列强入侵,割地赔款,朝廷腐朽,民不聊生。张謇决心走实业救国之路,以新科状元、翰林院修撰的身份,毅然放弃仕途,回乡振兴实业。

从 1985 年开始,历经千辛万苦,不到十年张謇成为当时中国民营企业家的杰出代表,成为当时先进生产力的代表性人物。他最初办厂目的是"塞漏卮""保利权""兴商务"。随着不断接受西方先进的经济思想,1903 年他到日本考察受到启发,创办大生纱厂有实践体会,担任农商总长身份转换,视野进一步扩大,制订颁布了一批有利经济发展的法规条例;又融合了中华文明中的优秀传统思想,如以民为本、变革进取、因地制宜、讲求诚信、取财有道、勤俭务实等,逐步形成了自己的经济思想和经营理念。其主要内容,有以下十个方面。

一、提倡"棉铁主义"

张謇 1910 年于南洋劝业会时,即发表中国现时实业须用棉铁政策之

---

* 顾纪瑞,江苏省社科院研究员。

说。1913 年担任农商总长后,他明确提出"謇对于实业上抱持一种主义,谓为棉铁主义"。[1]棉指棉花、棉田、棉纺织业,他在这方面业绩卓著。铁指钢铁业,包括采矿、冶炼、机械制造。他在农商总长任内,建立矿务机构,力主大型铁矿应由国家经营而不能商办,农商部聘请了外国地矿专家,张謇还筹划过全国钢铁厂建设计划。在南通也办了资生铁冶公司,终因技术水平低成本过高而闭歇。"棉铁主义"对外抵制列强的经济入侵,对内指明调整传统经济结构的方向,是符合国情的产生过重大影响的经济主张。

二、发展民营经济

张謇主张发展民族工业,是为了救亡图存,提倡国货,挽回利权。由于"官督商办"已为广大商民所摒弃,当大生筹资不足需要领取官方纺机时,张謇提出的"绅领商办",既摆脱了官方控制,又汇聚了民间资本,保持了民营企业的自主权。一举经营成功之后,再筹集资本比较顺利。张謇就任农商总长时,主张整顿官办企业,扩张民营企业。至于扩张民业之方针,"不外余向所主张之提倡、保护、奖励、补助,以生其利;监督制限,以防其害而已"。[2]认为应该"扶植之、防维之、涵濡而发育之"。办法是乞灵于法律,求助于金融,注意于税则,致力于奖励。他在任二年,颁布了 20 多项法规条例,对民营经济的发展起了积极作用。张謇也成为民营企业家的楷模。

三、推行股份制

张謇创办的大生纱厂,是我国最早发行股票的股份制企业之一。他在南通兴办的 59 家民营企业,绝大多数采取股份制形式。企业之间产权划分清楚,所有权和经营权分离,自负盈亏。在推行股份制中有两大改进:一是在股东大会上讨论通过了对官股和大股投票权加以限制的制度,维护了中

---

[1]　张謇:《实业政见宣言书(1913)》,李明勋、尤世玮主编:《张謇全集》第 4 卷,上海辞书出版社 2012 年版,第 257—259 页。

[2]　张謇:《宣布就部任时之政策(1913)》,《张謇全集》第 1 卷,上海辞书出版社 2012 年版,第 257 页。

小商股的股东权益。二是公司初创时实行当时流行的"官利"制度(不论当年盈亏先固定支付年息8％),有利于吸引民间资本,但公司利息负担很重。1923年张謇建议依《公司法》废除"官利"和"正息"之名,"开除一切用度外,实赢若干,即按股份分给若干,名曰余利,多寡无定也"。①此议于1924年1月的大生一二三厂董事联席会议通过,并实施于1923年的财务决算,从此减轻了企业的负担。

四、农工商一体化思想和建立地区产业链、生态化产业链

张謇早年就认识到农工商互为一体不可分割,"立国之本不在商也,在乎工与农,而农为尤要,盖农不生则工无所作,工不作则商无所鬻"。②后又进一步认为"农工商必兼计而后能相救",③形成了农工商一体化思想。张謇在南通围绕棉纺织工业,创办垦牧公司建立棉花生产基地;以农产品为原料办了面粉厂、酿酒厂、榨油厂、皂厂等;为修造机器兴办铁厂、冶厂;为储运物资兴建了码头、仓库堆栈、轮船公司;创办新型服务业银行、交易所、电话公司、房地产公司、印书局、旅馆等。在建立的地区产业链中,还包含着资源再利用的生态化产业链,如利用棉花的产业链:纱厂、布厂、油脂厂、皂厂;再到造纸厂、印书局等。

五、经济立法思想

张謇经济立法旨在保护民营农工商业,并为其发展提供保护。其主张必须有法律制约外方的经济利权,使我国农工商业与外国处于同等地位。张謇在南通创办和运营农工商业十几年,深切体会到经济立法的重要性和迫切性。他就任农商总长时发表的《实业政见宣言书》,④提出了4条措施,

①　张謇:《大生纱厂股东会建议书(1923)》,《张謇全集》第4卷,上海辞书出版社2012年版,第571—572页。
②　张謇:《请兴农会奏(1897)》,《张謇全集》第1卷,上海辞书出版社2012年版,第27页。
③　张謇:《复北京国民外交协会函(1919)》,《张謇全集》第2卷,上海辞书出版社2012年版,第717页。
④　张謇:《宣布就部任时之政策(1913)》,《张謇全集》第1卷,上海辞书出版社2012年版,第257页。

将经济立法列为第 1 条。他认为,"法律之作用以积极言,则有诱掖指导之功;以消极言,则有纠正制裁之力"。"故无《公司法》,则无以集厚资,而巨业为之不举;无《破产法》,则无以维信用,而私权于以重危。"因此他把立法作为农林工商部的第一计划。为了加快进度,张謇建议改由农商部代替法制局制定经济法规。一些重要法规的修改制订过程中,曾派员出国考察,吸取西方国家的长处。许多法规曾向各方征求意见。他在任期间主持制定了二十余种法律、法规、条例。这些经济法规由政府公布后,获得工商界的拥护,改善了民初发展经济的环境。

六、利用外资思想

1898 年冬,大生纱厂厂房基本竣工,机器安装十分之八,开工资金却无着落,国内告贷无门,张謇遂与美国人丹科、福开森商谈借款,以机器抵借 25 万两,借期 10 年,年息 6 厘。后屡次催问,未有回讯。[1]这是张謇利用外资的开端。1908 年 4 月,张謇曾参与筹建中法劝业银行活动,拟议外资入股 500 万法郎(在法国外交部保存有合同),此事虽未能实现,说明张謇对引进外资有很大的积极性。[2]

利用外资振兴实业的想法在张謇心中酝酿已久,至担任农商总长后,于 1913 年年底他向大总统提交了《筹画利用外资振兴实业办法呈》,[3]在呈文中,张謇提出了"合资""借款""代办"三种利用外资的形式,并对适用范围和利弊分别作了说明。又规定合资或代办公司必须"遵守中国法律""呈验资本",违反这两条,即予以"取缔"。张謇还主张外债可借,"但借时即须为还计,用于生利可,用于分利不可,而用之何事,用者何人,用以何法,尤不可不计"。[4]张謇主张的利用外资的原则和办法,是他爱国主义精神的集中体现,结合了原则性和灵活性,是顺应社会发展的经济思想。

---

① 张謇:《致刘坤一函(1899)》,《张謇全集》第 2 卷,上海辞书出版社 2012 年版,第 96 页。

② 章开沅:《张謇传》,中华工商联合会出版社 2008 年版,第 218—219 页。

③ 张謇:《筹画利用外资振兴实业办法呈(1913)》,《张謇全集》第 1 卷,上海辞书出版社 2012年版,第 272 页。

④ 张謇:《拟发展盐垦借款成立后宣言(1924)》,《张謇全集》第 4 卷,上海辞书出版社 2012 年版,第 597 页。

七、重视和运用现代金融制度

张謇认为"欲求实业之发达,民生之利赖,地方之进化,端自银行始"。①
他在创办企业的实践中,从依靠银钱业转向依靠银行,到自己创办银行,
逐步加深了对现代金融制度的理解。在筹资招股、资本运作、吸收储蓄、
汇兑业务、资金结算、利息支付等方面他有了系统的认识。张謇在辛亥革
命后对中国银行、交通银行、上海储蓄银行增加了投资。在 1921 年之前
大生纺织集团投资回报率很高,信用上升,金融业许多银行争相向大生放
贷,利息较低,张謇利用抵押贷款扩大纺织集团规模,产业链的许多企业
也得到迅速扩展。但也因投资面过宽,借贷过度,基础脆弱而埋下了
隐患。

八、以实业支持教育和其他社会事业

张謇认为"实业教育,富强之大本也"。②即大办实业,大兴教育是强国
富民之路。他提出"师范为教育之母",对"父教育母实业"这句名言作过解
释,认为"教育必资于经费,经费惟取诸实业,所谓实业为教育之母是也"。③
这阐明了教育需要实业支持,教育又为实业培养人才的相互关系。他带头
捐赠巨额薪金和红利,在南通一县就兴办了从幼稚园到中小学、职业教育、
特殊教育、高等教育各类学校,形成了完整体系,是中国近代著名教育家。
所创办的师范学校,纺织、农业、医科、银行高等学校培养了大批中高级专业
人才,除为当地服务外,还支持外地。张謇还引进外国人才,在工厂、水利工
程、学校、医院直接以高薪聘请了一批外国专家。

此外他还兴办了图书馆、博物馆、公园、医院、养老院、育婴堂等社会
事业。

---

① 张謇:《拟组织江苏银行说(1906)》,《张謇全集》第 4 卷,上海辞书出版社 2012 年版,第
112 页。

② 张謇:《致端方函(1904)》,《张謇全集》第 2 卷,上海辞书出版社 2012 年版,第 138 页。

③ 张謇:《欢迎日本青年会来通参观演说(1924)》,《张謇全集》第 4 卷,上海辞书出版社 2012
年版,第 579 页。

九、企业管理中重视制度建设和人性化管理

张謇对三家纺织公司的企业管理抓得很紧很严。他亲自制订规章制度,从岗位、权限到责任,全面周密,达到了当时国内最高水平。他十分重视建立财会制度,在1899年制订的《大生纱厂章程》中,"银钱总账房章程"被列于首位,简明扼要共9条。到1904年为大生二纺制订制度时,改称"银钱所",条文增加为21条,使之更符合实际,更加细化。

张謇在领导企业过程中,创设了联席会议制度。1909年起是"正厂分厂(即一纺二纺)联席会议",三纺投产后,1923年起为"一二三厂董事联席会议"。1929年至1935年建立"一二三厂董监事联席会议"。此后不断开会,统一议事,决定资本、人事、分配、经营等大事,提高了效率,增强了集团凝聚力。但实行中权力过大,有些大事本应该由股东会审定的,联席会议就决定并实施了。

张謇很注重人性化管理。在唐家闸工业区建了许多职工宿舍又称工房,有东工房、西工房、南工房和老工房。还为工人休闲建造了公园,为工人办子弟学校,为在职工人办夜校,为职工办职工医院等。这在当年很是突出,体现了他以人为本的精神。

十、原料采购和市场销售策略

张謇认为,"纱厂获利之多寡,枢纽在进花出纱"。①大生的经营重心就是抓好原料采购和棉纱营销两件大事。为确保收购到足够的质优价廉的原棉,大生自设收花机构,聘用了一批棉花行老行家掌管棉花的收购,每年根据收成的丰歉、市价走势和调度的资金,确定收购总量。在与外商和外地纱厂采购的竞争中,采取"人取我舍"和"人舍我取"的策略,有时"放价收购",有时"勒价少进",在通海原棉市场上处于优势地位。

棉纱的销售以"地产地销"为主。20世纪前二十年,产品以12支纱为

①　张謇:《通州大生纱厂第七届说略(1905)》,《大生企业系统档案选编·纺织编Ⅰ》,南京大学出版社1987年版,第29页。

大宗,主要供当地织户织成土布。纱厂批发给"四大关庄",布庄向农户发放机纱回购土布,再由布庄销往东北。纱厂销售棉纱,通过主动减价让利,扩大产品销路,对一些老纱号在多派货、早出货、迟缴款上给予优惠。1931年"九一八"事变后,过去运销关东的粗布断了销路,"地产地销"优势全失。为适应市场变化,大生被迫调整产品结构,减少粗纱粗布,增加16支、20支纱和细布的比重,销售地也改为外埠为主。

张謇经济思想和经营理念很丰富,不只是以上十个方面。

由于思想认识上的局限性,张謇在运营经济中也有不少失误,仅以三家纺织公司而言,明显存在以下问题:只顾扩大企业规模,不重视技术改造;盈利的大部分分给股东,积累很少;以企业的财力举办许多社会事业,负担过重;派不出懂技术有能力的新经理,以至二纺长期缺专职经理等,而最大的问题出在资本运作上。大生一纺对本业之外的分散投资和放款过多,向银行抵押借贷更多,进入1922年当纺织行业因棉贵纱贱、银根吃紧、外商倾销、面临全行业萧条时,大生纺织集团突然陷入资金链断裂,借贷无门,再无资产可抵押的严重困境。而金融业为保护自身利益,不施援手,反而提高利率,追讨贷款。最后上海银团接管了大生三个纺织公司,结果一纺得到恢复发展,二纺被清算拍卖,三纺得以维持运行。

张謇的实业诚信观

李 玉*

近代实业虽然区别于传统实业之处殊多,但就讲究信用方面,则无二致。语谓"人无信不立",而企业又何莫不然。不过,相对而言,近代实业信用的构建颇难,且维持不易。张謇创业过程为后世留下诸多借镜,其实业诚信观尤其值得认真总结。

一、以"诚"创业

讲张謇以"诚"创业,当无人提出不同意见。诚者,热诚、诚恳、诚心诚意是也,这种品质在张謇创业过程中无疑得到了充分体现。试想张謇甲午之后新科夺魁,状元及第,却另辟蹊径,不畏艰险,走上创办实业之路,没有坚定的意志,何以能够做得到。与张謇创业同期,受两江总督张之洞倡导、鼓励,另一位状元陆润庠也曾投身实业,在苏州经办纱丝等厂,一度也很卖力[1],取得相当成绩,惜未经持久,陆润庠还是回到风险不大、按部就班的官场生活之中去了[2]。而张謇则坚持不懈,终于有成,其间克服重重困难,可想而知。张謇创办大生纱厂的"劳苦空乏,动忍拂乱"[3]的情形,以及大生纱厂的"草创艰困历史"[4],已由他自己在该厂1907年第一次召开股东大会时做了详细说明。他后来在北京商业学校又对自己的创业历程进行叙述,其

---

* 李玉,南京大学中华民国史研究中心教授。

[1] 两江总督刘坤一曾在奏折说他在苏州办厂过程中,"一力肩持,不辞劳怨",见《息借商款移作公司股分片》,欧阳辅之编:《刘忠诚公(坤一)遗集·奏疏》,卷25,第54页,台北文海出版社1966年版,总第3519页。

[2] 李玉:《陆润庠与张謇——同时创办实业的一对状元》,《文史杂志》1994年第4期。

[3] 顾公毅:《张先生传(二)》,曹文麟编:《张啬庵(謇)实业文钞》卷,第4页,台北文海出版社1969年版(《近代中国史料丛刊》正编第440号),总第24页。

[4] 张謇:《大生纺织公司二十年纪念开会词》,李明勋、尤世玮主编:《张謇全集》第4卷,上海辞书出版社2012年版,第372页。

言曰：

实业由何业入手乎？鄙人通州籍，自念棉花为通州旺产，除美国外，世无与四，因创办纺纱公司。是非一人之力所克措办，势不能不出于招股。时适值上海纺纱公司大失败之后，又鄙人性耿介，暇时未常与富人殷勤相接，以素非相善之人，临时有事，乃欲募其金钱以为股本，又值同业之公司失败以后，其非易事，不言可知。黾勉将事，力任其难，阅四十四月而规模粗定。其间曲折盖非数言所能毕。始云集股五十万，乃未至二十万，而缴股者已属寥寥。初集数万金，厂舍建筑甫成，而经费告匮。继集数万金，棉花收买未足，而经费又告匮。东拼西集，朝夕拮据。加以小人之阻难，局外之反对，困苦情形，不但他人未曾尝试，即鄙人回溯生平，亦有数之厄运也。惟鄙人此时，绝无烦恼。设当时烦恼心一生，将此事废弃于半途，不但纺纱厂无成，股东股本付之不可知之数，试思后尚有人肯信用否耶？故不顾牺牲目前之快乐，力与患难为敌，久且相安。视烈风雷雨与景星卿云等量齐观矣。吾言至此，有急欲诸君注意者，则此公司成立四十四阅月，而一切用费，不及万金，鄙人应得之公费，则丝毫未尝支取也。①

大生集团垦牧公司的创办历程更为曲折，张謇的付出同样难以殚述，他在通海垦牧公司第一次股东大会上如此说道：

股东诸君知测勘方始，各堤未筑之前，公司之地作何现状乎？立乎邻堤而东南望，时值东北风大汛，潮拍邻堤之下，弥望皆水。浪花飞洒，薄入邻堤，故缺啮不齐。农人间连柴牛抵捍，近邻堤内之地，黄芽白苇，半未垦熟。时值无风小汛，潮不内侵，驾小车周视海滨，则兔雁成群飞鸣于侧，獐兔纵横决起于前，终日不见一人。夏夜，则见照蝘蜓之火，繁若星点而已。如是则此一片荒滩，似多无主，可以任我开垦。然按地求之，有官、有营、有民、有灶，又有坍户、酬户、批户。官又有为民买含糊之地，营又有苏狼纠葛之地，民有违章占买灶业之地，灶有照案未分补给之地，甚至民业错介于兵田之内，海民报地于通界之中，几无一寸无主，亦无一丝不纷，非本地人无由知其披却导窾之处。此则理纷之法，由委员定之；而理纷之事，惟李君、张君二人是赖。然其间考诸图卷，征

① 张謇：《北京商业学校演说》，《张謇全集》第 4 卷，上海辞书出版社 2012 年版，第 186 页。

诸实事,迭经官厅勘丈,历八年之久,官民之纷始能理竟,其难盖可知矣。鄙人则以为既任其事必达于成,不当畏难而退缩,躬率江君等昼作夜思,一意进行。亦幸总督之为刘忠诚公,力排众谤,真实维持,乃能不败。历史亦可复按也。

而经营之瘁,则又有可述者。开办之始,无地可栖。先与李君捐资,修丁荡之海神庙以顺民俗,聊借休息,而仍不可栖众也。乃买三补施姓仓而葺之,为根据地。进筑各堤,则随堤址所在之荡搭盖草房,率数人一屋。湫溢嚣杂,寒暑皆苦。饮食之水,晨夕之蔬,必取给于五六里或十余里外。建设工作,运入一物,陆行无路也必自为路,舟行无河也必自为河。督工之人,晴犹可乘小车,雨则沾体涂足。至光绪二十八年、三十一年之风潮,江君与龚君伯厚、李君伯韫等诸人,皆昼夜守护危堤,出入于狂风急雨之中,与骇浪惊涛相搏。即工头、土夫无一退者,卒至堤陷乃归。而所得之俸,视通之他公司裁半,视他处之公司裁三四之一耳。以是,始之慕公司而来者,卒一年二年去矣。事劳而俸薄则不愿留,责重而效远则不能留,故今之能十年在此者,皆有志与鄙人共成荒凉寂寞之事之人也。

今各股东所见各堤之内,栖人有屋,待客有堂,储物有仓,种蔬有圃,佃有庐舍,商有廛市,行有涂梁,若成一小世界矣。而十年以前,地或并草不生,人亦鸡栖蜷息,种种艰苦之状未之见也。鄙人所以陈述者,欲为营业投资之股东与实业目的之办事人,有休戚相关之意,即不共甘苦,亦不可不知其甘苦耳。①

在相关企业创办过程中,张謇还得承受各种误解与嘲讽。误解与嘲讽对于民众造成的愤怒、怨恨甚至气馁心理的程度,与他本人的身份与地位成正比例关系。地位越低,其抗误解性与耐嘲讽性越高;地位越高,对误解与嘲讽的敏感度也越高。像张謇这样刚刚跻身中国科举考试最高端,曾令万民仰慕的知识分子而言,"脸面"无疑相当重要,社会上的嘲弄与欺侮,对他心灵的刺痛可想而知。但张謇抱定目标,"闻谤不敢辩,受侮不敢怒,闭目塞耳,趱程盲进"。②所以,张孝若讲,其父最初的成功,"完全建筑在坚忍的勤

---

① 张謇:《垦牧公司第一次股东会演说公司成立之历史》,《张謇全集》第4卷,上海辞书出版社2012年版,第181—182页。

② 张謇:《大生纱厂第一次股东会之报告》,杨立强等编:《张謇存稿》,上海人民出版社1987年版,第567页。

俭的毅力上边"。①

事实说明,尽管"办事之难,岂惟一端?",②但张謇还是克服重重困难,不断取得成功。张謇创业成功的因素之一就在于坚持不懈,刻苦耐劳,树立信用。张謇特别强调勤俭创业,他曾推心置腹地告诫后来者,欲图创业之有成,"不外极平常之'勤俭'二字。而'俭'之一字,在目前尤为重要"。他举例说,"余办大生纱厂时,不自取薪俸,事事均从节俭,历时四十五个月,总共开支仅一万余金。盖当时资本甚微,基础未建,非此不能立足,遑论后来之发展"。他将之总结为自己"创办大生厂之精神"。他指出,无论从事何项业务,创业者均须做到"勤俭","言'勤'则办事必依定时,言'俭'则一切开支,务从节省,勿惮刻苦,勿自矜满"。如此一来,则非特企业之幸福,亦创业者"将来立身之幸福矣"。③在张謇看来,"勤勉节俭、任劳耐苦诸美德,为成功之不二法门"。④

后来他又进一步讲解"勤俭"之义,他对农校学生演说指出:

> 夫勤者,乾德也:乾之德在健,健则自强不息。俭者,坤道也:"坤之德在啬,啬则俭之本。……勤俭之广义,虽圣人之成德亦由之,所以加一'苦'字于'勤'字之下,加一'朴'字于'俭'字之下,非为凑成字句而然。"他指出,"盖勤有在思虑者,有在肢体者……有勤而不必尽苦者,未有苦而不出于勤者也。俭之表示以朴,乃俭之在一人一家者,于俭之用为狭。而非朴则不足表示俭之实行,非徒托空言也。"⑤

"勤苦俭朴"四字既是农校校训,也是张謇自身创业的写照。除了"勤苦俭朴"之外,创业成功还需"忠信笃敬"的精神。他曾对南通农校和暨南学校的学生演说指出:

> 诸位当此青年求学时代,须打破为我主义。中国人往往为己者多,盖政教之不良也。又社会人心理上之旧习惯,固结难破,然苟示人以信

①　张孝若:《南通张季直先生传记》,中华书局 1930 年版(收入上海书店影印版《民国丛书》,第三编,第 73 号),第 72 页。

②　张謇:《垦牧公司第一次股东会演说公司成立之历史》,《张謇全集》第 4 卷,上海辞书出版社 2012 年版,第 181—182 页。

③　张謇:《淮海实业银行开幕演说》,《张謇全集》第 4 卷,上海辞书出版社 2012 年版,第 446 页。

④　张謇:《北京商业学校演说》,《张謇全集》第 4 卷,上海辞书出版社 2012 年版,第 186 页。

⑤　张謇:《农校开学演说》,《张謇全集》第 4 卷,上海辞书出版社 2012 年版,第 349 页。

用,使人乐从,即绝无资本之人,总可吸取人之资本。信用者,即忠信笃敬之意。我本一穷人,廿年前我之信用,不过一二千圆;更前言之,不过百圆而已。现余各实业机关之资本,几二千万圆,然非一时可以致之,盖有效果使人信从。非然者,徒自苦而已。盖天下事不信则民勿从,故余对于农学生,时时以忠信笃敬为训。①

由此也说明,企业家的信用,可以产生巨大的辐射与带动效应。张謇以他在南通农校举办棉作展览会为例,指出最初前往贷种者只有三百人,一年之后则增加十倍,"前此农民之不来者,无他,我无信用也。盖无效之时,决不能致人之信用;苟有效时,虽不速亦来"。②

以"诚"创业,来源于较高的创业旨趣。张謇之所以能够克勤克俭,艰苦创业,是因为在他心中逐步确立了一个救国、报国的理想。用他的话说,就是要"识天下大局","为国家着想"。③为了这个理想的实现,他首先从家乡做起。他一生致力于地方自治建设,就是这个道理。欲收地方自治之效,经济建设是基础,所以他从大生纱厂开始,逐步将产业拓展至垦牧、榨油、制铁、交通、银行等领域。也就是说,张謇创业的根本动机不是为了个人发财,而是为了改造社会,增加社会福利,促进创业带来的普惠效应,通过办实业,以谋发达民生,保护利源,而非为个人财富独占。换种说法,张謇创业的根本动机在于"谋众人之善",而非"创个人之福"。正因为他看到国破民贫,危机日甚,遂激发实业救国之念。他"不胜时世之愤,欲雪书生之耻",遂"慨然委身于实业"。④正如他自己所言:"庚子以后,曾来京师,人或谓余弃官而营实业,必实业获利有大于居官之所得者。又或谓余已获利数十万金,乃仍集股不止。何耶? 当日似以余专为致富计者。余则若专图个人之私利,则固有所不可;若谋公众之利,奚不可者? 嗣因纱厂必需棉花,棉花必待农业,于是设垦牧公司。又因棉籽制油为副业而设油厂,又为畅销途利交通计,而设轮船公司。要知余之所以孳孳不已者,固为补助纱厂计,尤欲得当一白吾志耳。时局至此,若专谋个人之私利,虽坐拥巨万,又何益哉!"⑤

---

①② 张謇:《本县农校欢迎暨南学校参观团演说》,《张謇全集》第 4 卷,上海辞书出版社 2012 年版,第 371 页。

③ 张謇:《上倪文蔚书》,《张謇全集》第 2 卷,上海辞书出版社 2012 年版,第 35 页。

④ 张謇:《致徐静仁函》,《张謇全集》第 3 卷,上海辞书出版社 2012 年版,第 1049 页。

⑤ 张謇:《北京商业学校演说》,《张謇全集》第 4 卷,上海辞书出版社 2012 年版,第 186 页。

可以说,胸怀天下、普惠民生的崇高目标和坚忍不拔、坚持不懈的品质与毅力,是张謇以"诚"创业的动机与动力之所在。在此引用张謇早年说过的一句,用于总结他以"诚"创业的心态较为恰当,即"职本里儒,家承素寒,愤中国利权之外溢,思以绵力自保其方隅。念生平实业之未娴,只以不欺感通于俦类。图之方始,则筹之不敢疏;毁之者多,则持之不敢懈"。①

二、以"信"经营

张謇创办大生纱厂,"兢兢业业","招信义而广招徕"。②他对企业信誉非常注重,曾在大生纱厂最为辉煌的时候告诫公司股东与管理层:"营业一道,胜败无常,视其人之精力如何,乃可觇其业之效力所至,固不可狃于胜,亦不必怵于败。世情万变,来日方长,所愿我股东诸公仍予维持,我同人诸君无忘敬慎,务使本公司信誉不落前二十年之后,且益进焉。此则鄙人无穷之冀幸。"③

张謇还在不同场合,对企业家与企业信用的重要意义进行过专门讲演。他指出:

> 中国公司之阻遏,由于从前大众出钱供一人挥霍,往往事未告成,而资本已罄,致闻人劝人资于公司者,相戒以为大阱。④

> 吾见夫世之企业家矣,股本甫集,规模粗具,而所谓实业家者,驷马高车,酒食游戏相征逐,或五六年,或三四年,所业既亏倒,而股东之本息,悉付之元何有之乡。即局面阔绰之企业家,信用一失,亦长此已矣。⑤

张謇非常注意对于商业学校毕业生进行实业信用教育,他在对商校本科毕业生的训词中这样讲道:

> 诸生不欲有为社会则已,否则,当求为人所敬爱,而毋为人所畏忌。

---

① 张謇:《请保护提倡实业呈商部文》,《张謇全集》第1卷,上海辞书出版社2012年版,第99页。

② 张謇:《承办通州纱厂节略》,《张謇全集》第4卷,上海辞书出版社2012年版,第29页。

③ 张謇:《大生纺织公司二十年纪念开会词》,《张謇全集》第4卷,上海辞书出版社2012年版,第373页。

④ 张謇:《勉任苏路协理意见》,《张謇全集》第4卷,上海辞书出版社2012年版,第104页。

⑤ 张謇:《北京商业学校演说》,《张謇全集》第4卷,上海辞书出版社2012年版,第186页。

设有人任事就职唯职分是守,唯信用是图,持之以恒,行之以谨,不以挫折灰心,不以见异迁志,其不为社会所欢迎几希;非然者,终见其为人畏忌耳。吾国人轻义重利,不法行为多本乎此。不知妄取非义之财,法律上之罚则纵不汝加,道德上之罪恶又焉所遁?现为诸生谋实习地尚未果得,幸而获之,望熟思余言之。①

他进一步强调,学生"初出问世,勿稍萌发财之念,惟力求良好成绩以为立身之基,则将来所造,自无止境。盖吾人供职社会,仅可得相当报酬,而不可作逾分奢念,否则操守难信矣。抑诸生不患不获重用,而患不能任重。欲任重必增益其学识经验,久之自可达到目的。若无其能力而妄求之,非特不可得,即得之,能安之乎?夫人之欲发展,其心思才力以致力于世者,必须独立经营其事业。……犹之破布可供造纸,人方乐用。向使一无所用,则人将屏置不顾"。②

通海甲种商业学校落成之际,张謇发表讲话,同样指出信用的重要性:"鄙人对于是校无他奢望,但愿职员之所以为其职,教员之所以为其教,学生之所以为其学,如是而已。……今日仅为商业之始基耳。植基之道云何?在道德与信用。鄙意道德与信用二而一也。古今中外未闻有有道德而无信用之人,亦未闻有有信用而无道德之人。诸生处于师长、同学间,无论何事何时,当力守信用,注重道德,养成将来因应他事之习惯。"③

张謇还对师范毕业生指出,"修身之道,固多端也,即就不说谎不骗人做去亦可矣。至于今日随波逐流、趋炎附势之事,均为社会之恶习。欲得一不说谎、不骗人者,难矣。诸生虽不能强人以善,切不可随之而不善。国虽万变,要不失为我之地位。愿诸生既受父母干净之身,而仍以干净之身还诸父母也"。④

张謇对于商业银行社会信用的养成非常重视,认为银行"必为商民所信望,而后得商民之信用",⑤所以银行员工的素质与品德就很关键。他对银

---

① ② 张謇:《商校本科毕业训词》,《张謇全集》第 4 卷,上海辞书出版社 2012 年版,第 442—443 页。

③ 张謇:《通海甲种商业学校落成演说词》,《张謇全集》第 4 卷,上海辞书出版社 2012 年版,第 361 页。

④ 张謇:《师范第十届本科毕业演说》,《张謇全集》第 4 卷,上海辞书出版社 2012 年版,第 329 页。

⑤ 张謇:《致铁良函》,《张謇全集》第 2 卷,上海辞书出版社 2012 年版,第 187 页。

行专修科学生提出养成诚信品德,学业与道德并重的要求:

是故学术不可不精,而道德尤不可不讲。中国商人之道德,素不讲求,信用堕落,弊窦丛生,破产停业,层见叠出,况银行员日与金钱为缘,更非有优美之道德,不足以恢宏信用,扩张营业。守法宜坚,不可假借;营业宜敏,极忌呆钝。如履行契约,所有条件稍有欺诈,则信用难以保持,何以招徕主顾?便宜不过一时,损失终无尽期!又如审察商情、伸缩金融,非有极敏捷之手段,措置难以适当。而失败之机,隐伏于此。是以守法不可不坚,而营业不可不敏也。须知坚与呆有别,敏非猾之谓也。呆与猾乃经商者所最忌。诸生不可以误会也。不然,学术虽精,必不能信用于人。综之,如自度道德学术俱属优美,又何患其学之无所用哉?①

张謇还特地举了他昔日鲍姓朋友之子,"少年英俊,任职银行,颇能尽职,故人有子深为欣幸,孰意中途变态,行止不端,竟至亏欠万金之巨,身败名裂,罪无可逭"。②以此说明银行从业者职业操守与信用于公于私均有重要意义。

可见,张謇对于实业人才诚信经营观念的养成相当重视,不断提倡,叮嘱毕业生,在之后的职场生涯中,"忠信持之以诚,勤俭持之以恕"。③而这正是张謇本人在创业过程中秉持的价值观与事业观。张謇认为,经营公司尤须尽心,用他的话说,"用己之财则己之善,用人之财则人之善,知其未必善而必期其善,是在经营之致力矣"。④以此说明,诚信经营其实就是认真经营,尽心经营,想股东之所想,急顾客之急,以己之力推动企业更好地发展,以期更好地服务社会。

张謇非常清楚,公司要义之一就在于"公",他曾经指出:"公司者,庄子所谓积卑而为高,合小而为大,合并而为公之道也。西人凡公司之业,虽邻敌战争不能夺。甚愿天下凡有大业者,皆以公司为之。"⑤张謇不仅集合"公

---

①　张謇:《银行专修科演说》,《张謇全集》第4卷,上海辞书出版社2012年版,第277—278页。
②　张謇:《商校本科毕业训词》,《张謇全集》第4卷,上海辞书出版社2012年版,第442页。
③　张謇:《商校本科毕业训词》,《张謇全集》第4卷,上海辞书出版社2012年版,第442—443页。
④　张謇:《大生崇明分厂十年事述》,《张謇全集》第4卷,上海辞书出版社2012年版,第274页。
⑤　张謇:《通海垦牧公司集股章程启》,《张謇全集》第5卷,上海辞书出版社2012年版,第25页;张季直先生事业史编纂处编《大生纺织公司年鉴(1895—1947)》,江苏人民出版社1998年版,第58页。

资",而且提倡公司经营者的"公仆"意识。他指出:"凡公司成立,其被举为公司办事之人,受大众之委托,即公仆也。"①

既为"公仆",则必备"服务"观念,例如大纲盐垦公司成立之后,张謇兄弟"即切嘱公司办事人守正持平,优加体恤。须视灶民如子弟,教训而约束之。不能视灶民如仆役,如路人。灶民之困苦无告,公司义应拯援之情,应爱护之。所派办事黄、徐各生,亦皆遴选及门中和平恺悌之士,必可为各灶民实心筹画,期进于相亲康乐之途。嗣后,灶民对于公司进行如有不甚了然之处,可推请灶中明白事理之人,随时向公司询问。其有不便之处,可随时向公司商请酌办。再如不明办垦之效及公司作用与地方获益之处,可推请明白事理之人,来通参观通海垦牧、大有晋、大豫各公司,视各公司灶民趋向忧乐如何,归述于乡里,必恍然知人人之大利在后,决不为目前无益之举矣"。②这说明,张謇兄弟知道,公司管理人员的服务质量,直接关系到公司的社会信誉。

但对于公司而言,管理人员毕竟受托于股东,即"少数资本家",所以公司与社会有时并不同构,也不同调,两者的利益难免冲突,以盐垦企业为例,管理层如何"一面顾全少数资本家之公司,尤一面顾全灶民数万人之生计",③如何昭示信用于双方,令其均感满意,实为难事。张謇注意到经营实业需要兼顾企业利益与社会利益的平衡,用他自己的话说,"盖利于己而不利于人决非真利,真利者必利及人人也"。公司与社会之所以会产生矛盾与冲突,在于公司及公司之外的相关民众皆立足于本位考虑问题,追求己方利益最大化,所以张謇"老实"告诫"公司与普通人民均勿存一占便宜心",宜共同配合,以"谋永久之利"。④

三、张謇及大生集团的诚信践行

同其他思想品德一样,诚信不仅表现在口头及文字,更见诸实际举措。

---

① 张謇:《勉任苏路协理意见》,《张謇全集》第 4 卷,上海辞书出版社 2012 年版,第 103 页。

②③ 张謇:《与张詧代表大纲公司告新兴灶民书》,《张謇全集》第 4 卷,上海辞书出版社 2012 年版,第 364 页。

④ 张謇:《七场水利大会之演说》,《张謇全集》第 4 卷,上海辞书出版社 2012 年版,第 348 页。

就实业信用而言,更"非力创不能徒口立信"。①如前所述,张謇在口头及文字方面提倡诚信经营的记录并不少见,那么他的实际作为又如何呢?

张謇本人的诚信作为固不难列举,例如大生纱厂创办过程之中,为了筹集旅费,他多次风餐露宿,但他在极端困难的情况下,宁可自己卖字,或求亲靠友,也"不忍用公司钱"。②据张謇自己讲,在大生纱厂筹建的五年期间,他"未支厂一钱",生计全赖自己担任书院讲席所得微薄俸金。③他创办了那么多企业,兼职甚多,但多数不领薪金,所受奖励及分红也多用于公益及慈善事业。可以说,张謇的私德无瑕,就是他本人对股东与社会的最大诚信。

但是,以公司为形式的近代企业绝非个人经营可比,企业领袖的个人信用固然重要,但代替不了企业信用,而后者的作用、影响及其维系难度则均超过前者。

相较于旧式经营,现代公司本身就是一个规则体系。从募股集资、注册开办、股东会议、董事会授权、监察人(监事会)稽查、账目公开、资产管理,直到破产清算,无一不需要相应的法规、条例、章程与规则等加以规范与约束。

张謇创办大生纱厂之际,国内尚无专门的公司法规,"公司无法律,一切无所据依"。④相关企业均以例代法,管理机制各不相同。张謇设计创造出独特的董事管理机制,既照顾了大股东的权益,又适应了企业生产与经营需要。后来,张謇又陆续探索试行过总管理处制和总经理制。晚清《公司律》与北洋政府《公司条例》颁布之后,张謇的企业多能守法运行。他早就认识到,"一公司成立,有董事,有查账人,皆代表股东以监察行政者。有董事会,有股东会,皆办事人以营业情形,筹商股东或代表人者"。⑤大生纱厂于1907年召开第一次股东大会,大生崇明分厂1907年开车之后,即"踵通厂故事,开正式股东会,决议进行方策",选举经理人员。其他公司,当发起到一定程

①　张謇:《复商部大臣函》,《张謇全集》第2卷,上海辞书出版社2012年版,第160页。

②　张謇:《大生纱厂第一次股东会之报告》,《张謇存稿》,上海人民出版社1987年版,第567页。

③　张季直先生事业史编纂处编:《大生纺织公司年鉴(1895—1947)》,江苏人民出版社1998年版,第54页。

④　张謇:《大生分厂第一次股东会之报告》,《张謇全集》第4卷,上海辞书出版社2012年版,第137页。

⑤　张謇:《拟组织江苏银行说》,《张謇全集》第4卷,上海辞书出版社2012年版,第113页。

度,张謇也"集多数股东,选举职员,分任其事"。①每次股东大会,张謇多会发表"总理演说",一方面介绍公司的经营,另一方面提出公司的规划,既"感人",又"动人"。现在留存下来,并收录在《张季子九录》《张啬庵实业文钞》《张謇存稿》和《张謇全集》(两种)等文献中的张謇在相关公司股东大会上的讲演,成为珍贵的近代实业文献,对于反映张謇及大生企业集团经营理念与发展历程,作用不可低估。

对于张謇而言,他是公司的"公仆",而公司是由股东投资而成,公司的生产与经营主体则为企业,由此决定企业的发展质量在张謇的实业信用中是非常关键的内容。欲图公司发展,改进和加强管理自然成为应有之义。

从原料到工艺,从生产控制到质量管理,是企业管理的核心环节,张謇自然较为重视,并反复摸索。他亲撰大生纱厂《厂约》,对于厂内各位"董事",及其属下各位"执事"的职权予以厘定,并规定了企业管理流程及考核与激励机制。本此原则制定的《大生纱厂章程》将企业分为"银钱总账房""进出货处""子花栈""净花栈""批发所""工料总账房""工账房""物料所""机账房""拣花厂""轧花厂""清花厂""粗纱厂""细纱厂""摇纱厂""成包厂""杂务账房""稽查""巡丁""火险""管水龙"等20多个部门与环节,并对各个流程与各项事务的工作均进行了详细规定。其他企业也多踵大生之例,制定了详细的部门与工序管理流程,大生分厂的管理规程之细微甚至超过大生纱厂。

在大生崇明分厂,"纱出于花,其美恶不可不辨;纱成于纺,其工作尤不可不精。丁未开车伊始,崇之男女工,未习其事也,因派各执事驻通厂肄习,归而教导工人,并向通、沪、苏、锡各处,招徕良工,为之导师,日渐月摩,力求细致。久而生者进于熟,又久而熟者能求精矣。而工料,初犹费也。日省月试,力求节约。久之,而浮用除,实用且可省矣。惟出纱之数,终嫌其少,乃严赏罚以惩劝之,另加钟点,不令少休。和花必极其均匀,成纱必极其光洁,日夜孳孳,不敢自暇逸。考工之人,亦云劳矣"。②

大生崇明分厂的质量管理也经过不断摸索与改进,张謇指出:"工厂营

---

① 张謇:《华成公司成立宣言》,《张謇全集》第4卷,上海辞书出版社2012年版,第382页。
② 张謇:《大生崇明分厂十年事述》,《张謇全集》第4卷,上海辞书出版社2012年版,第273页。

业,生货为因,熟货为果。分厂自庚戌春以前,进货贪多,不暇研究潮、次,其存栈者每致亏秤,其随时用者暗耗而不觉,而纱色即不免暗滞。故与魁盘同开,非贬二元,无人顾问。其时售数,且不得多,罕有至二千箱者。庚戌秋后,注意去潮,而次货犹不能尽剔,故售价仍无起色。辛亥秋,与正厂各选派调查员,详考沪上各厂工,锐意整顿,气象顿易,销路浸广,价目提高。"①

对于企业选址,生产流程和厂区建造,张謇均躬亲参与,详为审定。厂房等基础设施建设,"力求坚朴",②设备引进力求先进实用。他还指导各厂加强预算,提存公积、保险、折旧等项,"以厚厂之信用力"③。相关企业在爱惜工人健康,注重劳动卫生方面也有所作为。④

张謇深知创办企业,"经理尤在得人",⑤故对于企业管理人员颇多教诲,告诫他们戒骄戒躁,兢兢业业,"居安思危,持盈保泰"⑥。尤其是管理人员必须群策群力,和衷共济,以公心生合办,因为企业"非一手足之力也",管理人员"同谋厂利则公,各顾名誉则奋",只有"同心一致,趋事赴功",方能使企业不断发展,社会信誉日益增加。⑦

张謇还多次对社会方面对于企业的非议及时予以澄清,以维护企业和经理人员信用。⑧

实际经营活动中,张謇也遇到过别人以不诚信相交者,令他十分气愤。例如,他为践行自己素所主张的"棉铁主义",培养纺织专门人才,提高专业技术,特于南通创办纺织专门学校,除了专业学习之外,还有工厂见习活动,俾来学者养成实用技能,服务各地实业建设。"是以建校以来,所收学生,不限一省,来见习者不止一人,经费除公司股东以余利效此义务外,未尝受政府、社会,或他省、他人分毫之辅助,此心皎然,若揭日月。"但是,没想到,"南之某公司、北之某公司派来学习之人,辄在本厂暗中勾引男女工头、工人,加

---

①② 张謇:《大生崇明分厂十年事述》,《张謇全集》第4卷,上海辞书出版社2012年版,第271页。

③ 张謇:《大生纱厂第一次股东会之报告》,《张謇全集》第4卷,上海辞书出版社2012年版,第131页。

④ 张謇:《再告戒实业同人书》,《张謇全集》第2卷,上海辞书出版社2012年版,第725页。

⑤ 张謇:《与曾铸等禀农工商部文》,《张謇全集》第1卷,上海辞书出版社2012年版,第135页。

⑥ 张謇:《与张詧告诫实业同人书》,《张謇全集》第2卷,上海辞书出版社2012年版,第713页。

⑦ 张謇:《大生崇明分厂十年事述》,《张謇全集》第4卷,上海辞书出版社2012年版,第271页。

⑧ 张謇:《答似非某公之某公驳复》,《张謇全集》第4卷,上海辞书出版社2012年版,第124—125页。

放工价,情同扇诱,虚言投饵,迹近拐骗,致工人扰攘,不能安心工作"。对于这等欺诈行为,张謇当然十分生气,认为"此等鬼蜮伎俩,乃中国下等市侩与某国促狭分子之行为,不独士大夫投身实业不当如此,即上等工商业人亦断不为此"。他明确指出,实业家应当光明磊落,实事求是,"就使某公司、某公司事属新创,需人为用,无路探寻,何妨明告本厂主任人,商同筹画,代为招募,堂堂正正,相见以诚,而必为此等卑劣行为,致主任人有禁阻以后许人见习妨害工作之请?"不过,张謇也并非器小之人,告诫属下"亦未可窒怒而市色,因一二处贪人败类之为,遂改我君子待人之量"。只须在工作环节方面加以改进,"第亦须示限制,每年以若干名为限,并订取缔规则,设仍有逞其诡僻行为者,一经察实,必为露布"。并再次声明:"甚愿以行政或公司团体名义派人见习来者,趋于正大光明之轨,勿专学无间地狱尖酸诡谲之魔鬼也。"①

这说明,张謇也是一个讲究规则的人,正如他自己所言,"以不规则之自由,妨碍有规则之自由,古今中外以为不可,謇亦确以为不可"。②

对于企业而言,毕竟是一个经济组织,首宜追求生产与经营效益,否则,空谈信用,于事无补,结果也只能是既无"信"又无"用"。正所谓,"创办实业,只冀其事之成"。③张謇在大生纺织公司二十周年纪念大会演说时指出,"本公司开办至今,营业尚有进而无退,实力尚有增而无减"。④尤其是"欧战事起,纱厂获利倍蓰,于是南通实业之史豪于海内外",⑤正是因为企业经营顺利,利润不断增加,所以才会有股东受益、员工受益与社会⑥受益的"皆大

---

① 张謇:《敬告派人来南通见习纺织之团体》,《张謇全集》第 4 卷,上海辞书出版社 2012 年版,第 445—446 页。

② 张謇:《通告城区父老昨日一日之观念》,《张謇全集》第 4 卷,上海辞书出版社 2012 年版,第 441 页。

③ 张謇:《大陆制铁公司通电》,《张謇全集》第 2 卷,上海辞书出版社 2012 年版,第 726 页。

④ 张謇:《大生纺织公司二十年纪念开会词》,民国七年(1918.5.23),《张謇全集》第 4 卷,上海辞书出版社 2012 年版,第 372 页。

⑤ 孟森:《吴君寄尘墓志》,曹文麟编:《张啬庵(謇)实业文钞》卷首,第 26 页,总第 67 页。台湾文海出版社 1969 年版(《近代中国史料丛刊》正编,第 440 号)。

⑥ 此处的"社会"既包括与企业无直接经济往来的普通人群,也包括企业债权人等。而普通社会的受益,既包括企业发展带来的投资环境与生活条件改善,也包括企业家的主动捐助。例如张謇兄弟"以创办实业之余财,为嘉惠地方之盛业"[张謇:《恭陈谢悃褒扬呈文》,民国四年(1915.8.17),《张謇全集》第 1 卷,上海辞书出版社 2012 年版,第 468 页],前后捐助地方公益事业款项达一百数十万元[张謇:《为南通地方自治二十五年报告会呈政府文》,民国十年(1921)夏,《张謇全集》第 1 卷,上海辞书出版社 2012 年版,第 524 页]。前者系企业发展对社会的溢出效应,后者则为企业家个人的专项功业。

欢喜"。除此之外,任何一方面受损,都会有损于企业信用建设。三方信任的有机合成,共同构成企业的社会信用。

四、余论:人格抑或制度?

张謇所处的,是一个激烈变动的时期,经商办厂固为国家与社会之所需,但方式与手段则大异于前。正如张謇所言:"今之时,何时乎?商业衰敝至于此极,而世界经济之潮流喷涌而至,同则存,独则亡,通则胜,塞则败。昔之为商,用吾习惯,可以闭门而自活。今门不可闭也,闭门则不可以自活。"①在这样的条件下从事实业建设,其信用建设的条件与要求已大不同于前。近代以降的企业诚信建设实际上越来越成为一个复杂的体系,不仅包括企业内外因素,而且涉及因素之间的相互关系。例如,企业家信用与企业信用、人格信用与制度信用等,就是其中值得思考的问题。

笔者曾撰文论述张謇创业的"人力资本"资源,指出"张謇办厂之前的职场资历与科举功名,为他积聚了丰富的官场人脉网络,使他可以更多地接近行政资源,增加投资的垄断性与特权性"。②事实上,张謇的这些"人力资本"对于他的企业信用还是具有相当大的促进作用,姑且不论在素有"官本位"传统的中国创办实业,张謇的"名人效应"自然有效,单就官场给予张謇创业的便利与特权也足以扩大企业的社会影响。当然,张謇个人的优秀品质对于实业信用建设有着非常重要的影响。可以说,张謇的实业信用体系中他本人的个人声誉占有重要的地位。

而张謇创业的动机不是为了"发财",而是为了"散财",即"名为公司而以利众人者",③从根本上而言是为了实现改造地方社会(用他的话说,就是"地方自治"),所以他虽然创办了大量公司,但又将企业盈利主要用于地方建设,在一定程度上模糊了企业与社会的边界,从而难免造成张謇企业信用与社会信用的混同。而这种边界不清,虽然一度给张謇带来较大声誉,也对实业规模扩充不无助益,但从长远来看,给企业发展造成的不良影响也是不

---

① 张謇:《致商会联合会函》,《张謇全集》第2卷,上海辞书出版社2012年版,第437页。

② 李玉:《从"以身发财"到"以财发身"——张謇创业的人力资本与社会效应》,《江苏社会科学》2014年第4期。

③ 曹文麟:《张退庵先生行状》,曹文麟编:《张啬庵(謇)实业文钞》卷首,第11页,总第38页。

言而喻的,正如著名学者孟森所言,"南通业务盛时,本以实业自治建设之资源,负担甚重,啬翁一手握公司、地方两任,遂以填入地方之赀为亏公司之累,公司为盐垦等各业生枝发叶之本,宗脉失调,百体尽痿,是为啬翁晚年事业中蹶之期"。正是"公司与地方之混淆,资产与负债之缪辀",才导致了大生企业系统的全面危机。①

张謇虽然重视"治人",也不忽视"治法",但中国向以"人治"为基础,即使在近代社会开始缓慢的法制建设时期,习俗与传统的力量仍然十分强大,足以阻挡或淹没法律与制度的规范。例如,公司分红方面的"官利"之制就是其中一例,张謇所办企业大都规定了官息八厘左右的官利,股东历年自官利项下收获颇丰,大生纱厂的官利"无年不付,余利自庚子始。综计庚子、辛丑、壬寅、癸卯、甲辰、乙巳、丙午七年,除每年应付开支正息外,所获余利,每股共一百二十五两有奇"。②而大生崇明分厂,"各股本自附入日起息,按年八厘,年年支出。中间虽经股东会决议,递迟二年发给,以厚运本之力。而其款复认利上之息,周年六厘,计甲辰至壬子,股东所得利息,共银五十三万八千六百六十两零三分四厘"。③张謇这样对大生分厂股东说道:

> 今试合六届之账略、说略观之,未开车前,专事工程,无从取利,即以股本给官利。计自甲辰至丁未三月初四,共付官利九万一千四百七十余两。开办费所谓九万六千五百四十余两,非纯费也,官利居多数也。开车以后,虽始营业,实则失利,乃借本以给官利。计自丁未三月初五至戊申年终,又付官利十二万三千七百九十余两。而两届之亏,十二万零五百五十余两,非真亏也,官利占全数也。凡始至今,股东官利,未损一毫,递迟发息,则又利上加利以对股东,薄乎否也?④

由此可见,张謇确实待股东不薄,此举却不利于企业发展。张謇本人也知道,"泰东西各国商业,获利若干,皆以本年营业为准。赢利若干,即派利

① 孟森:《吴君寄尘墓志》,曹文麟编:《张啬庵(謇)实业文钞》卷首,第26页,总第68页。
② 张謇:《大生纱厂第一次股东会之报告》,《张謇全集》第4卷,上海辞书出版社2012年版,第131页。
③ 张謇:《大生崇明分厂十年事述》,民国二年(1913),《张謇全集》第4卷,上海辞书出版社2012年版,第270页。
④ 张謇:《大生崇明分厂十年事述》,民国二年(1913),《张謇全集》第4卷,上海辞书出版社2012年版,第275—276页。

若干,提奖若干,无所谓官利"。①而晚清《公司律》并无此项条款,张謇担任农商总长时期主持制定的《公司条例》虽然规定特殊企业在开业前可以订明不超过六厘的"官利",但开业之后即当取消,不得再有固定利息,②作为农商总长的张謇也曾以此责令申请注册的相关企业改正章程,③但他在自己的企业却照行不误。他对此曾作如此解释:"各国自有习惯,有他国之习惯,乃有他国之公例,乌可以概中国?且亦赖依此习惯耳,否则资本家一齐蝟缩矣,中国宁有实业可言?"④事实上,在民国时期,也并非每个企业都不折不扣地执行官利制度,甚至废除官利者也不鲜见。⑤但张謇在变通此制时,尤为谨慎,这与他重视德性,遵从习俗,漠视制度有直接关系。此举虽然为张謇及大生纱厂赢得了暂时的信誉,但对企业发展的不良影响不言自明。

因此可以说,张謇的实业信用基础是对人信用,其问题首先是企业与社会边界不清,其次是"人治"与"法治"——换句话说,就是道德与制度——的边界不清。张謇虽然也注意到"公司乃法团"⑥,但大生企业的法人性质一直被遮蔽在他个人的权威与信誉之下,使其信用一直偏重于"对人",而非"对制"。不过,这种偏重"对人"的信用建设也是中国从传统向近代过渡时期普遍做法,具有多方面的效应,今天加以检讨,当给以客观和理性的评价。

①④　张謇:《大生崇明分厂十年事述》,民国二年(1913),《张謇全集》第4卷,上海辞书出版社2012年版,第276页。
②　这一点似比较晚清《公司律》有所倒退。
③　张謇:《咨外长总长陆征祥》,民国四年(1915.3.6),《张謇全集》第1卷,上海辞书出版社2012年版,第449页。
⑤　李玉:《惯性与变迁:北洋政府时期的公司股息制度》,《安徽史学》2009年第1期。
⑥　张季真先生事业史编纂处编:《大生纺织公司年鉴(1895—1947)》,江苏人民出版社1998年版,第68页。

张謇铁路思想研究

——兼论张謇与上海早期铁路

郭　耀*

前言

　　铁路作为现代化的交通运输工具,是人类文明进步和世界贸易发展的重大成果之一,但它在开始进入中国时,命途却不平坦,国人对铁路的认知经历了一个痛苦的转变过程。在这一过程中,上海作为远东最繁荣的港口和金融中心,在外资的推动下,诞生了中国近代第一条正式营运的铁路——吴淞铁路。随后,以上海为重要枢纽,沪宁、沪杭甬等铁路相继修筑,带动了江南经济、社会的迅速发展。张謇作为中国早期现代化进程中的一位伟大开拓者,在对铁路的认知上,同样走在了时代的前列,他的众多铁路活动都与上海有关,他试图通过铁路建设带动国民经济相关部门的变革,从而共同促进整个国家的良性发展,成为引领国人接受并奋力建设铁路的引航者之一。本文从张謇与上海的铁路着手,进而探究张謇铁路建设思想的源头,论述其关于铁路的主张和实践,思考他创办铁路对当时的贡献以及对当下的启发,从而为评估张謇在中国铁路史上的地位提供有益的参考。

一、张謇与上海早期铁路

　　作为中国最大的经济中心城市、国际著名的港口,上海在中国的经济发展中具有极其重要的地位。上海今天的发展成就固然和它得天独厚的地理位置有关,但不可否认的是,铁路对于上海经济繁荣做出了特殊的贡献。然而,100多年前,当火车的汽笛声第一次响彻上海时,等待它的却是拆除的

---

　　*　郭耀,现就职于江苏南通通州区民政局。

厄运,这也成了中国艰难早期现代化进程的一个缩影。好在泱泱中华从不缺少经世致用之人才,他们痛定思痛,外争路权,内办铁路,以振兴中华为己任,而张謇就是其中杰出的一位。在上海早期修建的铁路中,张謇留下了独特的印记。

(一) 预见

甲午战后,西方列强疯狂争夺在华修筑铁路的权益,英国视长江流域为其在华势力范围,极力谋取沪宁铁路的承办权,这使得沪宁铁路一开始就受英国控制。1905 年 4 月 25 日,沪宁铁路分上海—苏州、苏州—常州、常州—镇江、镇江—南京四段同时开工。1908 年 4 月 1 日全线通车,历时 3年,全长 311 公里。“通车的第一年,运载旅客 325 万人次,收入为 138.5 万元。1910 年乘客数增至 425 万人次,收入为 170 万元。1911 年收入再增至200 万元。”①英国从中攫取了巨额的利润。其实,早在光绪二十一年(1895),张謇就提出了修筑沪宁铁路的想法。“查由上海造铁路,以通苏州至江宁,旁通杭州。……朝廷如有意兴办,拟派员带洋人测勘,酌议筹款法,再奏明请旨办理。”②可惜清廷因观念和资金等问题,没有积极回应,十年后,眼看外人获利他却无能为力。

(二) 抗争

沪宁铁路路权的丧失令广大爱国人士十分愤懑,在人民反对英国修筑沪宁路的斗争中,《申报》《外交报》《神州日报》等各大报刊纷纷撰文要求拒款。刘翊宸等人分别致电盛宣怀及江督、苏抚,要求停工自办。张謇也以商部头等顾问官的身份致电商部,推举王清穆、挥祖祁为沪宁路监督,又致电两江总督周馥,主张苏人自筹路基地价 25 万镑,以减少借款。最终在各方的抗议中,按原约减少六十万镑,这是沪宁争路的结局。这一事件后,张謇对以盛宣怀为代表的清政府官方深感失望,在当年五月二十五日的日记中张謇写道:“沪宁铁路行开车礼,九时自沪行,十一时半至苏,适大雨,席棚注漏,彩虹淋漓,染衣如桃花片片,入座之客多不成礼,盛杏孙犹腼颜宣颂词也。全球路价之贵无逾江苏者,即江苏人之受累逾于全球,然则是日之举,

---

①　戴鞍钢:《近代江浙沪地区铁路修筑述略》,《徐州工程学院学报(社会科学版)》1983 年第5 期。

②　李明勋、尤世玮主编:《张謇全集》第 1 卷,上海辞书出版社 2012 年版,第 25 页。

独银公司受贺耳,江苏人应受吊。"①

面临路权丧失的不仅是沪宁铁路,苏杭甬(后改为沪杭甬)铁路同样如此。1898 年 10 月,英国怡和洋行代表英国银公司同清朝铁路公司总办盛宣怀订立苏杭甬铁路草约,夺得了该路的修筑权。为夺回沪杭甬铁路的修筑权,1905 年 7 月 24 日,浙江绅商在上海议决成立浙省铁路有限公司。次年,江苏绅商亦组成江苏铁路公司,张謇为协理,议定先修上海至嘉兴段,以与浙路衔接。在这次运动中两省人民表现出了高度的热情,在张謇、汤寿潜等民族资产阶级上层的策划与推动下,他们通过演说、集会、函电等形式奔走呼吁,最终在社会各界的通力合作之下,沪杭甬铁路终得变为商办,苏浙人民取得了一定的胜利。

(三) 力行

沪杭甬铁路修筑过程中,张謇带领江苏铁路公司成功抵制了向英国的借款,用自己筹措的款项将江苏段修筑完成。沪杭甬铁路江苏段自 1907 年 3 月开工后,修筑顺利,当年就建成了上海龙华至日晖港码头支线,解决了筑路所用钢轨、钢梁、枕木等建筑材料的运输问题。到 1908 年 11 月,江苏段全线通车,自上海南站,经龙华、莘庄、松江至枫泾,全长 61.2 公里。沪枫段路基全部铺设汉阳产钢轨,每米重 37 公斤。1909 年 9 月,上海至闸口段正式营业,浙、苏两铁路公司以枫泾段为界,分别经营,其中上海至枫泾段由江苏省铁路公司负责运营。回顾清末商办铁路的整个过程,沪杭甬铁路是当时建筑和经营最好的一条铁路,更难得的是其在各省商办铁路中集资最充足的一条铁路。

二、张謇铁路思想的形成

张謇所处的时代是近代中国大动荡大变革的时代。一方面,民族矛盾日渐上升,救亡图存成为时代呼声;另一方面,近代中国在内生因素和外在刺激的双重作用下,资本主义开始成长,形成了新兴的民族资产阶级。而面对前所未有的困境,满清王朝却不思进取、故步自封,西方列强趁机不断加

---

① 《张謇全集》第 8 卷,上海辞书出版社 2012 年版,第 631 页。

强对中国侵略扩张,表现在铁路问题上,一方面是中国铁路事业的艰难起步,另一方面是中国铁路利权的日益丧失。在这种时代背景下,张謇的铁路思想日渐形成。

(一) 西方铁路传入的客观影响

著名历史学家陈旭麓先生曾言:"任何一个国家、地区,它同外国和外部地区的交通发达程度往往同其文化经济的发展程度是成正比的。"①交通是一个国家经济、社会发展的重要推动力,被称为国民经济的生命线,工业革命以来,西方国家因为铁路的大规模修建而得到迅速的发展,自身实力进一步加强,对外扩张的欲望也越发强烈。到了 19 世纪中期,列强来到中国,他们用鸦片和舰炮打开中国的大门后,开始谋求在中国修建铁路,以便将自己的侵略势力从沿海向内地延伸。列强在华修筑铁路,不仅使中国蒙受了巨大的经济损失,阻碍了中国民族资本主义的发展,而且严重地侵犯了中国的主权,直接关系到中华民族的存亡。1903 年日本《朝日新闻》更是赤裸裸地宣扬"分之使不知其分,亡之使不知其亡,其铁道政策乎? 呜呼! 铁道所布,即权力所及"。②张謇对列强侵夺中国铁路权极为愤慨。在担任苏路公司协理的一次演说中,他愤然指出"中国铁路必须中国人自办,其利害得失,诸君之所知也","下走本是素寒,向于工商实业未尝学问,但以中国国势日弱,外侮日加,寸心不死,投身实业中,稍尽心力,冀得沟通商学两界,借立中国真实自强之基础",③其爱国情怀昭如日星。

但同时,张謇作为实业家的特质是客观、务实、灵活,在对待铁路问题的看法上也显露无遗。早在 1887 年,张謇随孙云锦赴开封府上任,协助治河救灾。他在向当时清廷河道总督倪文蔚的上书中提到,"是既用机器挖泥,便可用机器运土:无水处置活铁路,用火车拖带土车,有水处用火船拖带土船。运时派段,只送一处"。④可以看出,在对铁路的认知上,张謇已经可以从一个客观的层面进行看待。

从张謇对铁路传入的看法,可以看出,一方面张謇的铁路思想形成是应激性的反映,是对新事物的一种本能的接受过程;另一方面可以从中看出张

---

① 陈旭麓:《近代中国社会的新陈代谢》,上海人民出版社 1998 年版,第 36 页。
② 宓汝成:《中国近代铁路史资料》,中华书局 1963 年版,第 684 页。
③ 《张謇全集》第 4 卷,上海辞书出版社 2012 年版,第 103 页。
④ 《张謇全集》第 2 卷,上海辞书出版社 2012 年版,第 35 页。

謇铁路思想的相对客观性。

(二) 发展资本主义的必然要求

甲午战后,民族资本主义工业取得了初步发展。一方面,自然经济进一步瓦解、城乡商品经济进一步发展,这给民族资本主义经济提供了商品和劳动力两个市场;另一方面,西方列强并不希望中国资本主义顺利发展,在各方面挤压中国民族资本主义的发展空间。但民族资本主义毕竟在缝隙中开始了成长。从 1895 年到 1913 年,中国创办的工矿企业总计 549 家,资本总额达 120 369 000 元,比甲午战前民族工业产生阶段的 150 家增加 3 倍多,资本总额约增长 5 倍。①

随着民族企业的发展,资产阶级力量的壮大,资产阶级对铁路的认识逐渐深化,认识到铁路在国家政治、经济、社会中的重要作用,基于这种认识,资产阶级纷纷要求投资铁路,创设铁路公司。张謇认为:"无运道无以利工商,则铁路宜筑,轮船宜行;无电报无以利工商,尤无以利兵,则支线宜次第连属;无资本无以利工商,亦无以利农,则银行宜大小贯输。"②他充分认识到铁路对于资本主义发展的重要作用。民国后在持续数年的"陇海铁路东段终点之争"中,张謇在后期积极参与,并力图将南通的天生港作为东起点。他多次写信给众议院议员张相文等人,解释陇海铁路东端建到南通地区的好处,"至云先行展筑至南通天生港,俾内地货物得以由江出海,此似当为目前第一步治标之策"。③这些论述固然是站在有益于国家的立场上来阐述的,但是其结果对于大生企业集团来说,利端不言而喻,后来青三铁路的修筑更是体现了这一点。

(三) 自身经历与实践的促使

天将降大任,必先苦其心志,历经劫波的张謇,从 21 岁起,迎来了人生的重大转折。从闭塞的通州、海门来到相对开放的江宁,开始了长达 12 年的幕僚生活。在南京,他开阔了视野、阅读了大量书籍、结识了不少博学之士。此外南京作为东南政治经济文化中心,与开近代风气之先的上海距离很近,1873 年上海的《申报》于 5 月 6 日刊登了标题为《上海至吴淞将造火

① 汪敬虞:《中国近代工业史资料》第二辑,科学出版社 1957 年版,第 870 页。
② 《张謇全集》第 4 卷,上海辞书出版社 2012 年版,第 84 页。
③ 《张謇全集》第 3 卷,上海辞书出版社 2012 年版,第 1161—1162 页。

轮车路》的社论,"最先揭露怡和洋行想造铁路的用意"。①从那时起,张謇的爱国意识愈加强化,在听闻中日台湾事件后,义愤填膺,赋诗道:"未觉长城坚故碍,只闻沧海足明珠","横海楼船今不远,灵旗指顾画招摇",②这是张謇听闻"宰臣议和"后第二天所作:这一方面表现了他对台湾的高度关切,另一方面又展现了其磅礴的气度,显示了他奋发图强的精神特质。后来张謇在著名的《变法平议》中提出要在中国修建铁路,其出发点就是试图通过兴铁路求自强。

对张謇铁路思想形成影响最为直接的还是他所开创的"实业救国"之路。张謇的实业活动开始于 1895 年,当时,他克服重重困难,创办了大生纱厂,且把它办成第一次欧战以前华资纱厂中唯一成功的厂。③张謇在办实业的过程中,把农工业作为根本之计。在"农工为本"的基础之上,张謇又提出"棉铁主义"的实业方针,他认识到,要兴实业,就需用各种机械,包括铁路。

三、张謇的铁路价值观

价值观是基于人的一定的思维感官之上而作出的认知、理解、判断或抉择,其对于动机有导向的作用,同时反映人们的认知和需求状况。张謇对于铁路的重要性有着充分的认知,并且能够随着形势的发展和自身实践的变化而不断深入。

(一) 铁路对于国防的作用

1894 年,张謇大魁天下,这一年正是农历甲午年,张謇已经预感到战争的来临,他在与翁同龢的书信中就多次提到这一点。"韩鲜事起以来,宣南士大夫所闻,言人人殊。甚者至谓日本兵逾万,早据汉城,胁王立'向非中国藩属'之约,而中国之兵,狃于庆典,不开边衅,翱翔海上,已将朝鲜八道拱手授之他人者。"④同时他还指出日本侵略朝鲜的原因之一,就是因为忌惮俄国的铁路。"今中国持重无远略,而北洋敷衍,及其未死而无事之意,各国皆

---

①　席涤尘:《吴淞铁路交涉》,《上海市通志馆期刊》1934 年第 1 期,第 42 页。

②　庄安正:《张謇先生年谱》(晚清篇),吉林人民出版社 2002 年版,第 16 页。

③　陈莉:《张謇的"实业救国"思想》,《武汉教育学院学报》1987 年第 1 期。

④　《张謇全集》第 2 卷,上海辞书出版社 2012 年版,第 52 页。

知之,且日本恐俄人铁路成而朝鲜先为所据,故先发制人。"①可见张謇已经认识到铁路对于国家的战略性作用。

1895年张謇的企业仍处于筹备阶段,但是他的目光却已放眼全国,对于战后国家如何建设,他也提出了自己的思考,其中铁路对于国防的作用,他有了更为系统的认知。在著名的《代鄂督条陈立国自强疏》中他指出:"若地势阻隔,不能相通,故必铁路成,则万里之外,旦夕可至;小民生业,靡不流通;朝廷法旨,靡不洞达;山川之产,靡不尽出;风俗之陋,靡不尽除。使中国各省铁路全通,则国家气象大变:商民货物之蓄息,当增十倍;国家岁入之数,亦增十倍。至于调兵之捷速,可省多营;转漕无阻,可备海埂;民间无差徭科派之困,官吏无驿站办差之累。种种便利,臣于光绪十五年冬间两奏已详言之。臣原议于汉口至卢沟桥先成干路,再设支路,分达各省。醇贤亲王极以为然,决意修造。嗣以议造山海关铁路,遂将此项经费,改归北洋,军事一切隔阂,兵饷军火,转运艰难;费增百倍而仍有缓不济急之患。使铁路早成,何至如此?"②这一年,甲午的硝烟还未完全散去,在华夏大地上空依旧阴云密布。

具体关于江南的铁路建设,张謇认为同样有利于国防:"再,外国铁路要义,利商与利兵两大端并重。卢〈溪〉[汉]干路,兵商兼利,此为中国铁路大纲。此外尚有一路可以兴办。查由上海造铁路,以通苏州而至江宁,旁通杭州……若铁路既通,江宁、苏、杭联为一气,外远内近,可以随方策应,省兵省饷,是于兵亦有大益。"③

(二)铁路对于维护国家利权的作用

甲午战争后,列强加快对华资本输出,争夺铁路投资和修筑权,中国路权几乎丧失殆尽,铁路成为列强巩固和扩大其在华势力的有力工具,中国近代的"利权"问题随之产生。"利权,主要指经济上的权利以及一系列与之相关的权益。利权一般都是相对国家而言,即国家的经济权利与权益,在某种程度上也涉及国家的主权。"④利权的得失直接关系到国家的兴衰。

---

① 《张謇全集》第2卷,上海辞书出版社2012年版,第53页。

② 《张謇全集》第1卷,上海辞书出版社2012年版,第19页。

③ 《张謇全集》第1卷,上海辞书出版社2012年版,第25页。

④ 朱英:《晚清收回利权运动新论》文学集刊,2013年第3期。

1911 年 6 月,清政府已是风雨飘摇,统治阶级在关于铁路借款问题上,张謇一针见血地指出,铁路问题不光是铁路本身,而关系到政治经济等一系列国家权益。"四国六百万磅之借款,指定之粤汉铁路,固可列于生计铁路之数,川汉铁路已不能纯谓之生计铁路。此外干路,属于政治者较多。"①在实践中,他进一步指出铁路与主权的关系,"苏省路政紧要,应如何保护地方主权之处,乞钧示"。②"江浙迫切情形,蒙为上达,全体感荷。仍求随时维护,为两省即为中国。"③

铁路作为重要的交通运输工具,其要害关系国民经济的多个部门,"近沿铁路又与交通要政有息息相关之利害,且经营缔造,需款甚巨"。④外国铁路所到之处,利权随之丧失,其中就包括林权,"自鸭绿江中日合办采木公司,中东铁路伐木公司相继成立,林权渐失"。⑤民国建立以后,张謇逐渐主张路权统一,因为只有如此才能对抗列强的势力。"如办不到,则向统一铁路、共同投资方面,尽力进行。铁路而统一,则破除列强特殊之势力,不至陷国命于巴尔干,中国之利也。日人为日,反对自宜;我政府诸公以拥护私人权利,患得患失之故,不惜为虎作伥,而借以自卫,思之可痛。"⑥

(三) 铁路对于发展经济的作用

张謇认为,中国修建铁路必将打通国家的经济脉络,于商于国均有益处。他认为,"若地势阻隔,不能相通,故必铁路成,则万里之外,旦夕可至;小民生业,靡不流通;朝廷法旨,靡不洞达;山川之产,靡不尽出;风俗之陋,靡不尽除。使中国各省铁路全通,则国家气象大变:商民货物之蓄息,当增十倍;国家岁入之数,亦增十倍"。⑦对于江浙铁路,张謇认为,"查由上海造铁路,以通苏州而至江宁,旁通杭州。此路最有利于商:货物蓄,行旅多,道路平,大河少,道路近,成功易,获利速"。⑧这年离英国正式修建沪宁铁路正好十年,张謇的前瞻意识在铁路上表现得淋漓尽致。

---

① 《张謇全集》第 1 卷,上海辞书出版社 2012 年版,第 222 页。
② 《张謇全集》第 2 卷,上海辞书出版社 2012 年版,第 156 页。
③ 《张謇全集》第 2 卷,上海辞书出版社 2012 年版,第 228 页。
④ 《张謇全集》第 2 卷,上海辞书出版社 2012 年版,第 346 页。
⑤ 《张謇全集》第 1 卷,上海辞书出版社 2012 年版,第 335 页。
⑥ 《张謇全集》第 2 卷,上海辞书出版社 2012 年版,第 670 页。
⑦ 《张謇全集》第 1 卷,上海辞书出版社 2012 年版,第 19 页。
⑧ 《张謇全集》第 1 卷,上海辞书出版社 2012 年版,第 25 页。

同时,张謇还注意到,铁路对于一个地区的经济掌控尤为重要。以川汉铁路为例,他认为此条线路的修筑,将对西南地区的矿产开发极为有利,"蜀称天府之国,地大物博,为西南第一都会。金沙江之金矿,雅州之铜矿,皆人所共知,且西连藏卫,尤素号产金之区。川汉铁路既以成都为终点,而由成都控制川西矿产富饶之区,亦颇利便"。①

当然,作为张謇一切事业的起点,南通的繁荣是张謇的首要目的。由此他希望南通能够尽快通铁路,以此促进这片江海平原的跨越式发展。因此,一方面他多次对南通修筑铁路后的前景进行美好展望,"现交通部有国道、省道、县道之规定,平治道路,本自治范围内事,既与商业有关,亦属地方名誉。将来铁路工竣,则小黑沙、天生港二处,必为内江外海交通所集,运输既便,商务未有不兴者"。②1913 年张謇在《通海新报》上刊登了《大聪电话公司招股启》,"世界日进文明,事务日臻复杂,斯交通不得不日求便利,不如此不足以应给而资整理。我南通当交江海要冲,航路往来已形络绎,清通铁路亦露端倪。若海兰线成,则且尽黄河流域商务而吸收之,日后荟为江北巨埠可断言也"。③另一方面,在陇海铁路东端之争中,他竭力争取将陇海铁路的出海口修到南通地区,这也体现了张謇对于铁路与经济的关系早已了然于心。

四、张謇的铁路建设观

(一) 关于铁路资金的筹集思想

张謇认为用发行股票的方式集资可以带动广大民众的铁路投资热情。在当时众多商办铁路线路中,沪杭甬铁路最为典型,1906 年,苏路公司成立后,各府县代表纷纷公举代表人至沪,商议沪杭甬路的认招股份之事。为此,张謇及其他原始股东随后便在上海、苏州、北京、常州等地活动,大张旗鼓地招募股份,力图以全国商民之力承担起修筑沪杭甬铁路的任务。苏路公司颁布招股简章,规定若各招股处招满一千股,则给予红股五十股作为奖励。至 1910 年年底苏路公司筹集资金 4 098 715 元,几乎全部用于苏

① 《张謇全集》第 1 卷,上海辞书出版社 2012 年版,第 297 页。
② 《张謇全集》第 4 卷,上海辞书出版社 2012 年版,第 240 页。
③ 《张謇全集》第 5 卷,上海辞书出版社 2012 年版,第 136 页。

杭甬路。①同时张謇作为铁路公司的发起人,也身体力行,带头购买公司股份,以此带动广大民众对于铁路的热情。根据 1912 年"同仁泰盐业公司第十届账略(壬子年)"记载,同仁泰盐业公司账目多处有苏浙铁路股票款的记录。

　　张謇在铁路修筑的实践中逐渐发现了银行在融资过程中的重要作用。苏杭甬铁路创办之初,江浙地区除上海的信成和通商银行外,没有一家华商银行,各企业的资金周转基本依靠钱庄放款。钱庄利息重,期限短,而铁路的建设经营周期很长、资金周转较慢,过分依赖钱庄,资金的周转将面临很大问题。张謇明锐地察觉到这一点,"或者谓银行兴,则钱庄将败。诚然诚然。顾中国无大兴实业之望则已,实业将大兴则银行必兴,银行兴则钱庄必败"。②为此,江苏铁路公司将一部分资金存于上海的信成和通商银行,作为其储存路款以及周转资金的枢纽。1906 年,为了江苏银行筹资的问题,张謇主张成立江苏银行。他认为银行的成立符合世界潮流,并且能够最大限度筹集资金,"今者铁路虽有公司,于各省为尾声,即于吾江苏为雏形,无资本何以图发达? ……江苏银行者,我江苏农工商实业生计之母,而江苏人进化之阶梯也"。③

　　虽然在沪杭甬铁路的修筑问题上张謇主张坚拒外款,但总体来看,张謇认为在不损害国家利益的前提下,适当借用外资不失为一种权宜之计。1924 年,张謇在回忆清末借债修路:"当清光绪之季,袁氏任北洋大臣时,举国喧腾借外债造铁路之说。袁令杨士琦南下,以外债可借否,咨询汤君蛰先、郑君苏堪及謇。汤君绝端主张不借,郑君绝端主张借,謇则以风气未开,国人常识不足,不尽知实业、交通之利益,有力者徘徊观望,无力而徒知者不足济事,故外债可借,但借时即须为还计,用于生利可,用于分利不可,而用之何事,用者何人,用以何法,尤不可不计。此謇夙昔所主张也。故北洋当时有南方借外债分三派之说。"④在卢汉铁路修筑过程中,张謇指出,"中国应开铁路之地甚多,当以卢汉一路为先务……此事需款虽巨,可使洋商垫款包办卢汉一路,限以三年必成。成后准其分利几成,年满后即归中国"。在

　　① 于闽杰:《浙路公司的集资与经营》,《近代史研究》1983 年第 3 期。
　　② 《张謇全集》第 4 卷,上海辞书出版社 2012 年版,第 67 页。
　　③ 《张謇全集》第 4 卷,上海辞书出版社 2012 年版,第 114 页。
　　④ 《张謇全集》第 4 卷,上海辞书出版社 2012 年版,第 597 页。

洋股的份额问题上,张謇也有考量,他认为中方应掌握控股权。"嗣后洋商附股,均应按照商律第三十八条原文办理。并援照铁路、矿务章程,不得逾华股之数,以示限制,咨行查照等因到本大臣。"[1]

(二)铁路规划的思想

张謇是中国较早具备现代规划思想的人物,他对于近代南通的城市功能区域的布局,在当时独树一帜,哪怕以今天的视角来审视,也极具代表性,故吴良镛先生将南通称为"中国近代第一城"。而张謇的铁路思想,从一开始就具有铁路的规划理念。

1. 铁路规划的原则

铁路规划必先有依据,这里的依据就是铁路规划之原则。梁启超认为,"各国之造铁路,其选择路线也,不外两原则:其一,则已繁盛之地,非有完备之交通机关,则滋不便,故铁路自然发生也;其二,则未繁盛之地,欲以人力导之使即于繁盛,而以铁路为一种手段者也"。[2]梁任公的原则看似两点,其实着眼的只是经济。而张謇认为,铁路规划的原则必须遵循两点:一是分清轻重缓急,集中有限资源修建重要干线;二是必须有利于军事和商业。他指出:"中国应开铁路之地甚多,当以卢汉一路为先务。此路南北东西皆处适中,便于通引分布,实为诸路纲领。较之他路之地处一偏,利止一事,此轻重缓急,大有区别。"[3]这在当时中国资金短缺的情况下,是最务实也是最无奈的举措。

2. 铁路规划的三个层面

在具体线路的规划上,张謇一方面站在国家层面思考全国铁路的布局;另一方面,他作为江苏铁路公司的协理,全面规划江苏全省的铁路线路,并倾力为之;同时,张謇为了南通的早期现代化,曾一度希望铁路能够修建到南通。

(1)国家层面

张謇关于全国铁路的规划思想,最早出现于1889年,他在向朝廷的奏折中建议"于汉口至卢沟桥先成干路,再设支路,分达各省"。[4]可惜当时清廷准备修筑这条铁路的资金被北洋挪用,故该路未能修建。甲午战后,张謇

---

① 《张謇全集》第8卷,上海辞书出版社2012年版,第52页。
② 梁启超:《饮冰室合集》第2册,中华书局1989年版,第80页。
③④ 《张謇全集》第1卷,上海辞书出版社2012年版,第19页。

"夙夜忧惧,不知所出"。①他在痛苦的思考过后,向清廷提出了自强八策,其中铁路的规划依旧是重要的方面。他认为,"使中国各省铁路全通,则国家气象大变:商民货物之蕃息,当增十倍;国家岁入之数,亦增十倍。至于调兵之捷速,可省多营;转漕无阻,可备海埂;民间无差徭科派之困,官吏无驿站办差之累"。②民国建立后,张謇担任实业总长,一心想为国效力的他,认真思考国家的铁路规划。他于1914年在《申报》上刊登了《张总长道制草案》,这份草案分省规划了全国的主要道路及相关行政区划,值得注意的是,草案中他在提到有关城市时,都会将经过的铁路线路一一标明,比如京汉、正太、京张绥、洛潼等,这些规划无疑是中国较早的关于全国铁路网的系统总结。

(2) 全省层面

1916年,江苏铁路公司成立,公司总经理名义上是王清穆,但张謇作为协理,实际上主持公司的日常事务。江苏士绅推举张謇为协理,是看中他"办事结实,向能整理实业,究心商务,于铁路事宜,亦所熟悉"。③苏路公司自获准成立后,张謇等人就积极开始选定地基,聘请工程师,规划江苏全省的铁路计划。苏路公司的修路计划分南北两线:南线由上海至嘉兴、苏州至嘉兴组成,与浙路的杭嘉铁路相连接,共同构成苏杭甬(后改为沪杭甬)铁路;北线则以清江为中心,分别修筑清江至徐州、清江至瓜州、清江至海州三线。苏路公司对全省的铁路的详细规划,纵使以今天的视角来看也非常具有战略眼光。

苏嘉铁路原是苏杭甬铁路的一部分,也是江苏铁路公司规划的江苏5条铁路中的1条。1898年,中英签订《苏杭甬铁路草合同》。根据这个合同,铁路总公司派人会同英国工程师对苏杭甬段进行了草测。1906年,苏路公司成立后,张謇会同德籍工程师对苏嘉线进行了测量,但仅仅测了苏州至吴江段。在测量的同时,也发现了该段有以下三大缺点:水口太多,妨碍太湖水利;与运河平行,商运不能发展;地形过低,挖废民田太多。所以,苏嘉段铁路以"缓办"的名义搁置下来。

1906年,苏路公司成立后,除组织修筑沪杭甬铁路江苏段外,还筹划修

① 《张謇全集》第1卷,上海辞书出版社2012年版,第16页。
② 《张謇全集》第1卷,上海辞书出版社2012年版,第19页。
③ 宓汝成:《中国近代铁路史资料》,中华书局1963年版,第1007页。

筑了苏北铁路。苏北地区筹议修筑的铁路以清江(今淮安)为中心,分别为清徐、瓜清、海清三线。清徐铁路,拟与津浦铁路相连,计划由清江浦起,沿运河北岸,经桃源(今泗阳)、宿迁,西渡运河,以达徐州,全长169公里。1908年,邮传部大臣吕海寰奏准江苏省铁路公司修筑,限期4年完工。1909年3月,工程开工建设。1911年4月,自臧家码头至杨庄段完工,全长17.3公里。同年开通运营,设车站于清江浦城北八面佛,由江苏省铁路公司经营。相较清徐铁路部分得以建成,另外两条,瓜清铁路由于终点未定终未得建,海清铁路由于资金问题,至1911年只修筑了清江至西坝7公里。1927年,该路段停运,翌年被拆。张謇领导建设的苏北铁路,因种种原因,竣工数量极少,所造两段皆为断头路,不与干线相连接,后来随着盐业的衰落,铁路运输也随之萧条,没有发挥应有的作用。但张謇为之付出的诸多努力,至今看来仍使人敬佩。

(3) 桑梓铁路梦

张謇一直以务实著称,在实业方面取得巨大成就后,他试图将铁路修到有北上海之称的南通。为此,他一方面全力争取陇海铁路东端修到崇明大港;另一方面,以一己之力修筑了苏北第一条铁路"青三铁路"。

陇海铁路是中国甘肃兰州通往江苏连云港的铁路干线,于1905年起动工,经过四十余年的分段建设,至1952年全线建成,1953年7月全线通车。关于陇海铁路东段的终点,在民国后有过持续多年的争论,争论的双方分别持有两种观点:"一派主张从徐州横贯江苏腹地经南通天生港,衔接崇明大港,是为南线,为江苏淮扬两属人所坚持;而另一派主张由徐州就近直达海州西连岛,是为北线,为江苏海属人所坚持。"①张謇认为南线人口、物产、发展潜力等多面都优于北线,竭力主张陇海东端入通。"若大港,地连平陆,建筑不如东西连岛之繁难,而路线所过,则由徐塘而宿迁,而泗阳,而淮阴,而淮安,而涟水,而阜宁,而盐城,而东台,而如皋,而南通,而海门,而崇明,纵横十二县,其间人口之多,物产之富,决非沐、东、灌三县所能比拟。一彼一此,以铁路营业互较,孰衰孰旺,不辨自明。"②然而经过多次激烈交锋过后,1923年8月5日,《申报》刊登荷兰公司的单方面报告,北线修筑的计划被

① 朔一:《陇海铁路东段终点的争执》,商务印书馆,1923年第10期。
② 《张謇全集》第3卷,上海辞书出版社2012年版,第1171页。

确定下来。对此张謇已无力回天,他给张相文的函电中说:"自辛亥后,謇于铁道主来不拒,不来不迎。今诸君此事之争,诚为大局。"①

几乎与这场争论同时,张謇已经着手在南通修筑铁路。据《海门县志》记载,青三铁路始筑于民国九年(1920)初,次年6月筑成,全长6.5公里,占地80亩,铁轨为25英寸工字钢,枕木为硬杂木。小铁路的建设为大生三厂的生产和青龙港的繁荣起了十分积极的作用。面对路权的步步丧失,实业家张謇外争路权,内造铁路,但是他始终没有忘记作为实业家的本职,用自己的力量建造了一段足以写进中国铁路史的铁路。

(三) 铁路人才的培养思想

修建铁路需要大量铁路人才。当时各商办铁路公司大都规定,全部工程技术人员用本国人,但是,当时中国铁路工程人才奇缺,不仅工程师不易聘请,连稍有技能的工人也很难找到。为此张謇一方面主张从学校入手,大量培养人才;另一方面,他多次向友人推荐有才干的铁路人才,关心人才的成长。

为了铁路工程的需要,自1906年至1911年,全国设立了闽皖赣三省铁路学堂、湖南铁路学校、湖北铁路学堂、浙江铁路学堂、四川铁路学校、江苏铁路学堂、江西铁路学堂等十余所铁路学校。张謇作为江苏铁路学堂的创办人之一,既是创办人又是学堂监督。1906年6月18日,张謇在日记中曾写道"写讯。相度铁路学校改筑之事"。②应该是与人商议铁路学校建设的相关事宜。次月,又致函赵凤昌谈到铁路学校的经费问题,"洛如好学,自应为之赞成,拟由敝处先垫,将来归铁路学校支应。公司将来补助铁路学校,目前不费公司一文。欢迎事已于曾、施言之"。③

张謇十分关心铁路人才。1906年6月28日,张謇在写给赵凤昌的信中推荐俄国留学生陈飞卿,"有在俄学铁路毕业之陈飞卿,江浦人。此人曾闻念劬,许其好学。陈浏之弟,与浏大异,以之为颜之佐极佳,又有夏赋梅佐之"。④1922年陇海路修建,张謇还推荐懂法文的奚达:"平湖奚生达为施理老之婿,素擅法文,历充教习、交涉署、海关等差。近闻陇海开工在即,需用

---

① 《张謇全集》第3卷,上海辞书出版社2012年版,第1179页。
② 《张謇全集》第8卷,上海辞书出版社2012年版,第632页。
③④ 《张謇全集》第2卷,上海辞书出版社2012年版,第173页。

法文人材甚多,辗转求介。观其所经历,知能用其所学。"①同时张謇对于铁路人才的要求也十分严格,他认为铁路工程需要技术,因而培养的铁路人才应该具备良好的文化素质:"铁路学生须调各高等小学及中学一二年生英文算术有根柢者,不足则考本科三年、专修一年半。详章续订。"②

五、张謇铁路思想的启示

20世纪初,中国出现的声势浩大的商办铁路运动,在张謇等人的大力推动下,一定程度上收获了维护国家利权、促进实业救国、推动民主宪政等诸多成果。虽然最终因种种原因,筑路成绩日益下滑,最终被收归国有,但是张謇在这一过程中所表现出的精神特质,仍然值得今人学习。

(一) 爱国精神

爱国是中华民族的优良美德,而爱国作为一种意识和实践的结合体,在不同的历史时期有着不一样的表现形式。清朝末年,列强的铁蹄在中华大地肆意横行,百姓生活水深火热,民族资本主义的发展更是举步维艰。在这样的背景下,张謇等有识之士力争路权实际上是一种国家利权意识,他们试图通过商办的形式阻止外国资本利用铁路在华不断势力渗透,也希望自身的努力能够尽可能多为国家争得利益。张謇所从事的铁路事业,从广义上说,也是他所倡导的"实业救国"的重要内容之一,是在民族危机空前严重的情况下对救国方案的一种选择。就如同张謇所言:"天下将沦,惟实业、教育有可救亡图存之理,舍实业,官不为,设至陆沉之日,而相怨当日吾辈不一措手,则事已无及。"③他对国家的责任感和使命感可见一斑。

(二) 科学精神

在铁路建设的过程中,张謇通过对铁路的全方位规划,表现出一种难能可贵的科学精神。一方面他能够根据当时国家的实际情况,提出铁路建设的一些基本原则,为铁路的建设提供最原始的依据;另一方面在规划的层次上,他能够从国家、全省、南通三个层面整体思考中国铁路的格局,这在当时

---

① 《张謇全集》第3卷,上海辞书出版社2012年版,第1087页。
② 《张謇全集》第3卷,上海辞书出版社2012年版,第1424页。
③ 《张謇全集》第8卷,上海辞书出版社2012年版,第576页。

的中国非常可贵。究其原因,这和张謇十分重视科学是分不开的。1918年,中国科学社由美国迁入祖国,面临众多困难,张謇知晓后全力赞助,科学社逐渐走上正轨。1922年科学社大会因故不能照常在广州召开,后改在南通开会,张謇在开幕式上的一段话解释了他关注科学的原因:"盖今日为科学发达时代,科学愈进步,则事业愈发展。譬如此次各处发生蝗蝻,民咸以为忧,而自科学家观之,则惟患其不多,多则可用以为饲鸡之食料。即此一端,可见科学与地方事业关系之重要。"①这也充分体现了他学以致用、积极进取、为济世经邦的精神主张。

(三) 实干精神

虽然在铁路事业的成就上,张謇很难和同时期的盛宣怀、张之洞等人相提并论,但张謇在从事铁路建设过程中,所表现出的坚韧、实干等品质,依然值得今人学习与借鉴。在铁路建设过程中,张謇事必躬亲,深入铁路勘察一线。1906年盛夏,为了铁路建设,张謇和两位从俄国学习建设铁路回国的工程师一起,冒着酷暑连续多天勘察铁路路线。他在日记中写道:"19日,晨与陈飞青、范冰臣二生勘路,由吴门桥至五龙桥、奠浪桥、爪泾桥。自奠浪桥觅乡民粪船乘而东,往返爪泾十八里,幸日光不烈,有微风,强可忍耐。"②"20日,复同陈范二生至上津桥,迤逦至枣市桥,中午甚热。枣市桥夸胥江之上,东南西北与胥江之东北西南成正交线。"③"21日,王胜老与陈范二生复至枣市五龙间勘路。"④凡事亲力亲为是张謇的一贯作风,只有如此他才能第一时间掌握第一手资料,才能够最准确地作出决策。

(四) 创新精神

张謇在苏北铁路修筑过程中与时俱进地提出"以工代赈"的主张。虽然修筑铁路表面上看仅是一项工程,但是铁路修筑过程中,不得不考虑多方面的影响因素。苏北铁路修筑时,苏北各地正遇上大灾,哀鸿遍野。"旋接勘路报告,饥民有食婴之惨。"⑤面对这样的紧急情况,张謇结合铁路修筑的现实情况,提出了具有创新意识的"以工代赈"的主张,他认为,"非急谋路工代赈,不足济春赈之穷","刘守朴生电请移筑路工代赈,由公司集股归还较有

---

①　《张謇全集》第4卷,上海辞书出版社2012年版,第512页。
②③④　《张謇全集》第8卷,上海辞书出版社2012年版,第632页。
⑤　宓汝成:《中国近代铁路史资料》,中华书局1963年版,第1006页。

着落"。这样的主张既体现了张謇心系百姓的情怀"灾民望救如焚,不胜迫切之至",①又顺应了时势,加快了铁路的建设进程。27 年后美国遭遇前所未有的经济危机,为应对危机,罗斯福采取了著名的新政,也提出了这样的政策。

最后,张謇的人格力量同样值得敬佩。张謇曾说:"天之生人也,与草木无异。若遗留一二有用事业,与草木同生,即不与草木同腐。"②这句话劝诫为人就要力求成就一番事业。然而,很多人却忘记了成就事业的前提,那便是成就一个健全的人格。人们说张謇令人感动,从他从事铁路建设的一系列行为中也同样可以看出。光绪三十二年(1906)张謇在《勉任苏路公司协理的意见》中有过这样一段慷慨之词:"凡公司成立,其被举为公司办事人,受大众之委托,即公仆也。……何以欲先为诸君发明此一段意见? 是愿我商学两界共注目于此铁路关系之公益,抉去猜疑,能力相扶,知识相助,相爱相量,使为之仆者得安心于公。次对于诸君事理上之意见。"③

---

①③　《张謇全集》第 4 卷,上海辞书出版社 2012 年版,第 103 页。
②　《张謇全集》第 4 卷,上海辞书出版社 2012 年版,第 508 页。

张謇哲学思想及其吴淞开埠的实践

蒋建民*

一、张謇哲学思想概述

古今中外关于"哲学"的表述五花八门。教科书式的说法有：哲学是时代精神的精华；哲学是关于世界观和方法论的学问；哲学是关于自然、社会和人类思维的最一般规律的学问等。这些表述固然都是对的，然而对于普通读者来说，难免枯燥乏味。

我们看看张謇先生是怎么说的。1922 年在欢迎美国哲学家、教育家杜威博士来南通讲学的介绍词中，张謇说："博士于研究哲学有年。哲学之作用最大，能呼吸高尚之空气，而使之附丽于实质之中。此实质之为物，使无空气以为营养，则日就陈腐而无用。"①1924 年在给张孝若的函电中他再次讲了类似的话："哲学乃各学之空气灵光，尤不可不知。"②张謇并非传统意义上的"哲学家"，但他关于哲学的表述，却优于古今中外所有的"经典"说法，更加通俗易懂！

张謇的哲学世界，可以用"一体三翼"来高度概括。"一体"就是自强不息的智慧学说；"三翼"即实事求是(大真)、辩证思维(大善)和以人为本(大美)。

（一）自强不息的智慧学说

张謇与传统意义上的坐而论道的哲学家不同，他不仅有独特的哲学思想，而且有鲜活的社会实践。

《周易》曰：天行健，君子以自强不息。自强不息，最能够体现中国哲学的积极进取精神，是中国哲学之精华。传统文化学养极深的张謇，一直把这

　＊　蒋建民，现任职于南通市社科联。
　①　李明勋、尤世伟主编：《张謇全集》第 4 卷，上海古籍出版社 2012 年版，第 462 页。
　②　《张謇全集》第 3 卷，上海古籍出版社 2012 年版，第 1566 页。

句话奉为座右铭。他平时所用的花押,篆刻有"自强不息"四个大字,以此来经常激励自己为国家富强、民族兴旺奋发进取。他说,"下走本是寒素,向于工商实业未尝学问,但以中国国势日弱,外侮日加,寸心不死,投身实业界中,稍尽心力,翼得沟通商学两界,借立中国真实自强之基础"。①可以说,"自强不息"是张謇哲学思维之精髓所在。关于这一点,学术界比较认同。南通学者赵鹏 2000 年出版的《状元张謇》,书的扉页和最后一页同时印有张謇的花押"自强不息";巧合的是,章开沅教授同年出版的《张謇传》扉页的正面是张謇像,背面也是张謇所用的"自强不息"花押!

张謇自强不息的智慧学说,其理想形态便是大真(实事求是)、大善(辩证思维)和大美(以人为本)。

1. 大真(实事求是)

真,是指符合人类利益、合乎人性发展的真理性认识。亦即毛泽东所说的"主观与客观,理论与实际,知与行的历史的统一"。张謇一生笃学善行、求真务实。在他 70 寿辰时,河南省议会议长胡鼎元率 140 余议员联名发来贺词,颂扬先生"常以实事求是为指归,而不骛一时之浮荣"。②好友俞若曾的贺词称赞张謇:"我公不好名,事事务求实。"③

张謇他虽然没有专门写过哲学著作,但他实事求是的思想却非常丰富。张謇治学处事主张理论与实践相结合,他说过:"必须适合世界之大势,根据本国之历史,若徒好为高论,无裨事实,不过理想上之改革,非吾辈所宜出此。"④因此,张謇对顾炎武等先哲的"君子之为学,以明道也,以救国也"的经世致用思想比较崇尚,而对空洞之说教却从不苟同。他曾对友人说过:"我在家塾读书的时候,亦很敬佩程朱阐发的'民吾同胞,物吾同与'的精义,但后来研究程朱的历史,他们原来都是说而不做,因此我亦想力骄其弊,做一点成绩,替书生争气。"⑤

2. 大善(辩证思维)

广义的善就是"好"。哲学意义上的善,是指处理人与自然、社会关系上

① 《张謇全集》第 4 卷,上海古籍出版社 2012 年版,第 103 页。
② 张謇研究中心重印:《张南通先生荣哀录》,第 413 页。
③ 《张南通先生荣哀录》,第 359 页。
④ 《张謇全集》第 4 卷,上海古籍出版社 2012 年版,第 230 页。
⑤ 刘厚生:《张謇传记》,上海书店 1985 年版,第 251—252 页。

的好的行为。如,"善于做某事""与人为善"等。哲学是以理论思维方式去改造、掌握世界。张謇先生的思维方式是辩证统一的思维方式,亦即辩证思维。张謇先生的辩证思维,主要表现为整体协调发展观和可持续发展观两个方面。

整体协调发展观,意即张謇先生所经营的南通并不是仅仅局限于某一个点、某一个面的发展,而是整体协调的发展。譬如,推行"父教育,母实业"的思想,实行"棉铁主义""村落主义";实业与教育并举,社会事业、交通、农业、水利等全方位发展;城乡结合、一城三镇的精巧布局,等等。

可持续发展,就是不仅顾及眼前利益,更要考虑长远利益;实现良性循环和永续发展。比如,张謇办实业的开端是大生纱厂,并且取得了成功。但他并未止步。又陆续创设了产棉基地通海垦牧公司,开办了改良棉种和种法的农业学校,以及培养纺织专门人才的纺织学校等。

3. 大美(以人为本)

美,即美好的品德,指人的德性与价值观。张謇先生的大美,主要体现在"以人为本"上。以人为本,是指以人为价值的核心和社会的本位,把人的生存和发展作为最高的价值目标。

张謇先生的大美,就是始终想着黎民百姓。张謇先生曾经和挚友刘厚生说过一段很有名的话:"我们儒家有一句扼要而不可动摇的名言'天地之大德曰生';这句话的解释,就是说一切政治及学问最低的期望要使得大多数的老百姓,都能得到最低水平线上的生活……这就是号称儒者应尽的本分。"①

为了"使得大多数的老百姓都能得到最低水平线上的生活",张謇先生披肝沥胆、殚精竭虑地创实业、办教育、兴慈善、助公益。"他独立开辟了无数新路,做了 30 年的开路先锋,养活了几百万人口,造福于一方,而影响及全国。"(胡适语)他在《南通公园记》中写道:"实业、教育,劳苦事也,公园则逸而乐。偿劳以逸,偿苦以乐者,人之情;得逸以劳,得乐以苦者,人之理;以少少人之劳苦成多多人之逸乐,不私而公也,人之天……"②这里的"人之情""人之理""人之天",无疑是张謇先生人文关怀的最佳写照!

---

① 刘厚生:《张謇传记》,上海书店 1985 年版,第 258 页。
② 《张謇全集》第 6 卷,上海古籍出版社 2012 年版,第 423 页。

不言而喻,张謇的哲学世界是丰富多彩的。自强不息的智慧学说,乃是张謇的人生观,亦即张謇的哲学总纲。大真(实事求是),即科学态度之真,是张謇的世界观。大善(辩证思维),即思维方法之善,是张謇的方法论。大美(以人为本),即人格德性之美,是张謇的价值观。真、善、美的和谐统一,构成了张謇先生独特的哲学体系。

二、张謇开发上海吴淞的哲学思考

张謇关于开发吴淞的思想,集中地体现在《吴淞开埠计画概略》(以下简称《概略》)一文中。这篇文章虽然只有 3 600 多字,内容却极其丰富。

(一) 自强不息

张謇开发吴淞的动因,可以追溯到 1895 年。他在《代鄂督条陈立国自强疏》中指出,"自中外通商以来,论者或言通商便,或言通不便,此皆一偏之论也。大约土货出口者多,又能运货之外洋销售,不受外洋挟持,则通商之国愈多而愈富;土货出口者少,又不能自运出洋,坐待外人收买操纵,则通愈久而贫者"。①张謇力求独立自主、不受外洋挟持与操纵的理念,此处已显而易见;之后,他一直将这一思想贯穿于创业之中,立志走自强之路。

上海吴淞的地理位置非常重要,外国列强垂涎已久。关于这一点,张謇在《概略》中开宗明义地讲道:"吴淞之名震于海内外久矣,外人有不知陕西、甘肃等省所在,而未有不知吴淞者。则以吴淞为吾国第一口岸,于水为长江门户,于陆为铁路终点,而又位于上海租界之前,宜为世界所瞩目。"②为了阻止外国列强的企图,清政府在 1898 年先行将吴淞辟为商埠,设置了吴淞开埠工程总局。但是,只修了几条路即草草收场。

(二) 实事求是

张謇办事向来求真务实。在《概略》中,他对吴淞开埠所存在的有利因素和不利因素,进行了客观细致的分析与研判,并将其概括为"四难""四利"。

---

① 《张謇全集》第 1 卷,上海古籍出版社 2012 年版,第 21 页。
② 《张謇全集》第 4 卷,上海古籍出版社 2012 年版,第 528 页。

他先举了"以旧市改造者,用费大而收效迟"的四个困难:"拆毁已成之物,必遭物主之反对拒抗,困难一;旧市地价,难定标准,咫尺之间,价值悬殊,不以为异,以贩地为生涯者,往往高抬地价,妨碍新计画之实行,困难二;旧市非无雄丽坚固之房屋,依计画在所必移,论事实难以拆毁,困难三;旧市原有之营造物,既需收买之费,复需拆卸之资,毁旧营新,与时间经济均有无穷之损失,困难四。"①

接着,他又分析了"从平地建造者,用费省而成功易"的四个便利:"从平地上计画市场,可以廉价预收多数土地,以供道路、河渠及一切公用局所之用,便利一;先就图形上计画,在未实行之前,地面上无何等痕迹,地价不致聚变,公私事业觅地较易,便利二;地面上无已成之物及不便毁弃之建筑品,无虞有反动难行之事,便利三;全市规画,通盘筹计,先立基础,次第实行,成功纵有迟速,建设必就范围,终能成一极新式、极完备之商埠,便利四。"②

"四难"与"四利",条分缕析,缜密细致,科学客观地反映了吴淞开埠所面临的实际状况。

(三) 辩证思维

《概略》开头部分便分析了"顾前清曾开埠矣,其结果予外人以杂居置产之权,而埠政权筑路数条而止"的原因,认为在于"盖因无全盘计画,而先支节筑路,致地价骤变,徒供地贩投机,转使商民裹足"。③有鉴于此,张謇必须对吴淞开埠做出"全盘计画"。他的"全盘计画",即是辩证思维。

张謇的辩证思维,主要表现为协调发展。具体来讲就是时间上的三步走和空间上的六分法。

三步走,即:"埠局成立将及二年,入手方针分为三步:第一步测绘精密地形,将全埠道路、河渠位置,预为规定,如弈者之先画棋盘;第二步考证各国建设商埠成规,拟为分区建设制度,如弈者之布一局势;第三步以所拟分区制度,征求公众意见,认为妥善然后实行,如弈者度必胜之势,而后下子。"④

六分法,即吴淞开埠总体计画的六个分计画,或曰将吴淞全埠建设分为六个大的板块:"街道之计画;码头之计画;水陆交通之计画;公共事业之计

---

① ② ④ 《张謇全集》第4卷,上海古籍出版社2012年版,第529页。
③ 《张謇全集》第4卷,上海古籍出版社2012年版,第528—529页。

画;分区之计画(按照不同的功能分为:工业区域、住宅区域、教育区域、劳工区域);模范市街之计画(所谓'模范市街',类似于现在的开发区或特区)。"

(四) 以人为本

以人为本是张謇办一切事情的最终落脚点。这在《概略》中也体现得淋漓尽致。《概略》写道:"公共事业拟支配于各区中点,凡中点之地均收归公有,如市政、司法、警察、消防、税务等机关,位于繁盛市区之中点;如学堂、医院、图书馆等,则位于住宅区僻静之处。公园除于各区中点各设一处外,其余就斜直两路交叉之地,所留三角地及高低不平暨原有树木之处,或为公园,或为菜市,分别布置。总使各区居民于十分钟内可以到达。……自来水设于采淘港口,汲江水而避海潮,盖水质江优于海,宁稍远多费,以期饮料之洁净。其排水道等卫生事项,亦于划定路基时,预为布置。"①

此段话虽不多,人文关怀之情结已溢于言表。老百姓的学习、生活、健康、就医、休闲等及配套设施均在张謇的计划之中。尤其是"总使各区居民于十分钟内可以到达","宁稍远多费,以期饮料之洁净",更是体贴入微!

写到这里,不禁让人想起章开沅教授曾经说过:"张謇是一个百科全书式的人物,具有很高的文化素养,试问现今以国学大师自我标榜者,有几人可望其项背?"②还有卞毓方先生的散文《张謇是一方风水》:"张謇逝世70多年了,他的操守还在为后人谈论,他的形象还在供后人敬仰。百年后的中国文人,包括官员,也包括商人,终究又有几个能赶得上他?"③说得极是!

然而,张謇先生却很低调,他认为改善老百姓的生活,是号称儒者的"不可动摇的""应尽的本分"而已。这,就是大德之人的大美之处!

由于诸多原因,吴淞开埠未能如愿以偿。但是,张謇先生的《吴淞开埠计画概略》留给后人的智慧之光,却永照千秋。

---

① 《张謇全集》第4卷,上海古籍出版社2012年版,第531页。
② 崔之清主编:《张謇与海门——早期现代化思想与实践》,南京大学出版社2010年版,第1—2页。
③ 卞毓方:《长歌当啸》,东方出版中心2000年版,第239页。

张謇实业教育之特色及课程设计评析

吴木崑^{*}

张謇为了达成富民、启智与强国之实业教育目标,乃借由经营实业之所得,在南通创办了一系列的实业学校。张謇之实业教育活动除了是一种训练谋生技能的生计教育之外,更重要的目的乃在于培养实业发展所需要的专门人才,落实以教育改良实业之思想。就实际办学之特色而言,张謇除了办理农、工、商等各项实业教育之外,他对于女子实业教育、盲哑教育、戏剧教育和收容教育的重视与办理,则别具意义与价值。

张謇的实业教育特色之一,是农、工、商等各项实业办学目标明确,学校教育与社会需求紧密结合。由于西方帝国主义和资本主义的强行侵略和剥削,当时的中国社会处处呈现出贫穷与落后的景象,概括言之就是弱、贫与愚三种现象。张謇的救国药方来自他对当时国家社会局势的诊断。张謇认为要救弱与贫,唯有致力于发展经济一途,一方面以经济实力作为政治改革进步的后盾,一方面以经济成果达成脱贫的目的,所以张謇一再强调"救穷之法惟实业,致富之法亦惟实业"①;而要救愚,则唯有普及教育一途,所以张謇才会说,要开通人民智慧,使其明了公理,除教育之外,别无他途可循。"天下将沦,惟实业、教育有可救亡图存之理。"②这是张謇坚定的信念,也是他进行社会改造工程的具体实践。

张謇之实业办学目标明确。就个人而言,在于使个人具备自谋其生的技艺与能力;就社会国家而言,在于提升生产力,促进社会国家之经济发展与繁荣。同时,张謇在推动实业教育时,必定紧密贴近社会的需求,也就是说社会需要什么人才,学校教育就培育什么人才,学校所教的也就是社会所需要的;学生的所学与所用是一致的,学生之毕业与就业两者没有落差。此

---

* 吴木崑,中国台湾学者。
① 张怡祖编:《张季子(謇)九录》,台湾文海出版社 1983 年版,第 1322 页。
② 李明勋、尤世玮主编:《张謇全集》第 8 卷,上海辞书出版社 2012 年版,第 576 页。

点可从张謇所创实业学校之设立宗旨看出端倪,现将各实业学校之宗旨整理如下表,以明其梗概:

表 1　张謇所创实业学校宗旨一览表

实业学校名称	学校宗旨内容
南通农业学校	以教授农业必需之学识技能,养成将来开垦荒地、改良农业之人才为宗旨。
南通纺织专门学校	专授棉花纺织之知识,以养成技师,振兴棉业为宗旨。而应于世界之趋势,国民之倾向,得兼授丝毛及染色必须之学术。
河海工程专门学校	以养成河海工程之技师为宗旨。
银行专修科及甲乙种商业学校	培养新式银行会计人才,以适应实业发展的需要。商业学校则以培植商界人才为宗旨。
私立南通医学专门学校	祈通中西,以宏慈善。培养新一代中西结合具有高尚医德治病救人的医生。
狼山盲哑学校	期以心思手足之有用,弥补目与口之无用,其始待人而教,其归能不待人而自养。
女红传习所	讲求生计教育。
女子蚕桑讲习所与发网传习班	使妇女习勤于农之外,兼事工以广生计。
伶工学社	伶工学社,为助通俗教育,兼为寒苦子弟生计而设。
贫民工场	教授无所依靠的贫民子弟各种手工工艺,一方面使其具有一技之长,俾能独力谋生;一方面亦得以保存与传承传统工艺,使其不至于失传。
南通济良所	以娼妓,婢女及无宗可归、无亲可依之妇女,入所留养择配并施以教育,为出所后治家之预备。
南通栖留所	收养哀怜无依之乞丐,使其能有做工谋生、自食其力的能力。

　　本表整理自朱有瓛主编:《中国近代学制史料》(华东师范大学出版社 1983 年版),第三辑上下册;肖正德主编:《张謇所创企事业概览》(南通张謇研究中心 2000 年)以及张謇研究中心、南通博物苑编:《南通地方自治十九年之成绩》(南通张謇研究中心 2003 年)。

　　从上表中可知,张謇在创办各个不同实业学校时,皆有学校创立之宗旨,由其内容可以看出几个现象:第一,是实业教育为个人发展服务。张謇将教育的目的从传统"学而优则仕"的藩篱中跳脱出来,转而变成学以致用的谋生教育,是其教育思想中具有突破性与开创性的前瞻作法。传统之教育以参加科举考试取得功名为鹄的,学生沉埋于时文制艺,一切徒托空言,教育之内容与社会实际应用脱节,无益于社会国家之经济民生。张謇力矫其弊,崇尚实际致用之学,主张实业教育必要以为个人谋生、个人发展为依归。从表中内容可以明显看出,张謇实业教育的目标,在于养成个人谋生所必须具备的技艺和能力,个人在具备谋生的技艺之后,才能够以此为基础,继续追求更高的人生意义和价值。

第二,是实业教育为经济发展服务。张謇实业教育在为经济发展服务之办学目标,具体实现在为社会培养所需的专门人才上面。张謇早在甲午战败之后来年(1895 年),在其所撰拟的《代鄂督条陈立国自强疏》中,就曾深刻地指出立国由于人才,人才出自立学的论点。张謇不但主张兴学以培养立国之人才,更加强调的是有计划地培养人才,他批评说:"国家縻无数经费,教育累年,待学成返国,又更未尝与以出身,收其实用,听其去就,实为可惜。"造成国家经费的浪费以及人才无法适当运用的原因,张謇认为这是因为人才培养缺乏计划所致,他主张:"盖培之于先,必思所以用之于后。如能预定章程,则人心鼓舞,必有人才出于其中矣。"①在张謇近三十年时间兴办各项实业的历程里,他所遭遇到的困难除了庞大的资金筹措问题以外,他最感棘手与困扰的麻烦的,就是专门技术人才的缺乏。由上文实业学校概览之叙述可知,张謇在南通创办农业学校、纺织专门学校、河海工程专门学校、银行专修科、甲乙种商业学校和医学专门学校等,都是为了培养促进经济发展和推进导淮治水工程所需要的专门人才。张謇之实业教育使学生毕业于学校而就业于社会,在校所学即出社会之所用,教育目标与社会需求无缝接轨。

张謇实业教育特色之二,是强调技能学习之女子实业教育。中国之女子教育受传统重男轻女、男主外女主内、女子无才便是德等文化之影响,向来将女子界定在家庭范围内"贤妻良母"的角色,纵有对女子所施的教育,也是着重于贤妻良母角色功能的认知与学习。梁启超指出:"自鸦片战争而后,国人渐知国之不竞由于无学,乃渐言变法自强;及甲午而后,此种思想乃大倡。但谋国者从不言及女子应负何种责任,更不曾言及女子教育。"②清

---

① 《张謇全集》第 1 卷,上海辞书出版社 2012 年版,第 21 页。
② 舒新城编:《近代中国教育思想史》,福建教育出版社 2007 年版,第 278 页。

末洋务派大臣张之洞,在其 1898 年所著的《劝学篇》外篇中论及教育,其中论设学、学制以及农、工、商、兵、矿等学,皆有专篇详述,独缺女学。女子教育不受重视,完全是受中国传统数千年来父系社会,男尊女卑文化框架之影响。

近代女学之提倡,始于光绪二十三年(1897)梁启超之《论女学》。在《论女学》中,梁氏直言:"推极天下积弱之本,则必自妇人不学始。"他列举四个理由以论证非兴女学不可,其一是女子分利之害:女子无业,则必然待养于他人,"今中国之无人不忧者,则以一人须养数人也,所以酿成此一人养数人之世界者,其根原非一端,而妇人无业,实为最初之起点"。其二是妇人无才即是德乃妇人之累:梁启超认为天下女子不识一字、不读一书,而称其为贤淑典范,实乃天下之祸端,女学"内之以拓其心胸,外之以助其生计,一举而获数善,未见其于妇德之能为害也"。其三是着重于母教的功能,强调妇女对蒙养稚子教育的重要。其四是"胎教",倡论妇女健身保种之义。[①]同年,梁启超再著《倡设女学堂启》,文中声言男女平权,强调女学之功,而极力倡设女学堂。[②]综而观之,梁启超之论女学与倡设女学堂,其女子教育的重点,在论女子分利之害以及妇人无才即是德乃妇人之累方面,乃是着重于女子"贤妻"角色的扮演,主要的目的都在于使妇女成为生利之人,不待养于人及累于丈夫;在重视母教和胎教方面,则是强调"良母"角色功能的发挥,是故,梁启超女子教育的精神和重点还是在于"贤妻良母"的意义上面。光绪二十八年(1902),由张百熙所奏之"钦定学堂章程",详订了各级学堂之章程,但是,却无只字提及女子教育。光绪二十九年(1903),由张之洞、容庆和张百熙等人所奏之"奏定学堂章程",也没有女子教育的章程出现。光绪三十三年正月二十四日(1907 年 3 月 8 日),学部以"开办女学,在时政为必要之图,在古制亦有吻合之处",奏拟女子师范学堂章程三十六条,女子小学堂章程二十六条,请颁全国各省遵照办理。[③]至此,女学在正式学制系统中,才算有了一席之地。

从以上女学之发展来看,虽有思想提倡与制度拟订,但却较缺乏实际的

① 张品兴主编:《梁启超全集》第 1 卷,北京出版社 1999 年版,第 30—32 页。
② 张品兴主编:《梁启超全集》第 1 卷,北京出版社 1999 年版,第 104 页。
③ 中国人民大学清史研究所编:《清史编年》第十二卷,中国人民大学出版社 2000 年版,第 444 页。

办理。张謇以私人集资方式,致力于女子实业教育之办理,就是女学的具体行动。张謇与梁启超等人之为文宣传女学不同,他之女子实业教育,是使女子不待养于人、使其成为生利之人的具体实践。1905 年,张謇与其夫人、兄长张詧等共同捐资兴办了中国最早的私立女子师范学校,为儿童普及教育奠立师资基础。1914 年,由张謇、张詧两人私资捐办的女红传习所,是我国培养女子刺绣工艺人才最早的一所专门学校。1920 年,张謇开办女子蚕桑讲习所于狼山。1922 年,张謇在南通军山奥子圩创设了发网传习班。不论是 1905 年开办的女子师范学校、1914 年开办的女红传习所、1920 年的女子蚕桑讲习所,还是 1922 年的发网传习班,均是张謇具体的女学行动。张謇之女子实业教育除了具体的女学行动之外,也在让妇女习得一技之长,除广其生计之外,也对社会经济发展尽了一分力量和责任。

张謇实业教育第三个特色,是以教育代替照养之盲哑教育。盲哑教育是特殊教育的一环,自中国近代以来,一向由西方传教士或教会团体办理。1870 年,英国长老教会牧师莫伟良先生(Pastor Willian Moore)在北京城内干雨胡同基督教会内附设瞽目书院,专收盲童,教以读书、算术、音乐等科,此为我国第一所盲童学府。至清光绪十一年(公元 1885 年),该校董事英人官华德牧师,在北京阜城门外海甸南八里庄,购地八十亩,重建校舍,改名"启明瞽目院",于同年八月迁移新校址,并扩充职业设备,设置纺织科,规模相当可观。清光绪十三年(公元 1887 年),美人梅耐德夫人(Annettd Thopson Mills 1853—1929)在中国山东登州府首创"启瘖学校"一所,专教育聋哑儿童,是中国最初的聋哑学校。至公元 1898 年迁移烟台,改名"烟台启瘖学校",后来又改称为"梅氏纪念学校"(C.R.Mills Memorial School)。清光绪十七年(公元 1891 年),美国传教士(姓名已不可考)在广州茅村创立明心学校,招收盲童。最初仅有盲生六名,使用英文点字教学,翌年又招收成年基督教徒盲人,专门授以宗教课程。其后各地教会及慈善团体,陆续开办盲哑学校。至民国五年张謇创设盲哑学校时止,全国已有十二校,至此我国的特殊教育才算有了一点薄薄的基础。民国十六年(公元 1927 年),国民政府定都南京后,教育当局因鉴于欧美各国对盲哑教育的努力与发展,便在首都南京创办市立盲聋学校,完全比照普通学校办理,此为我国公立盲哑学校之始。①张謇

---

① 张遐龄:《我国盲哑教育简史》,《教育与文化》1958 年第 158 期。

在创办狼山盲哑学校之前,曾于清宣统三年闰六月十六日(1911 年 8 月 10 日)之日记上写:"早至烟台,德润与劲直登岸观看盲哑学校。"①张謇登岸所参观的盲哑学校,应该就是前述梅耐德夫人于 1898 年,在山东烟台所创办的"烟台启瘖学校",该校是近代中国第一所由外国人办理、专门教育和训练聋哑儿童的学校。

　　就上述近代中国特殊教育的发展而言,在张謇之前,中国境内之盲哑教育完全是由欧美国家之教会团体和人士办理,张謇之后才有政府公办的盲哑教育机构。张謇于民国五年(1916)所开办的私立南通狼山盲哑学校,则是中国近代第一所由国人集资自办、国人自己任教、自己担任校长的特殊教育学校。狼山盲哑学校是张謇地方自治当中有关特殊教育重要的一环。在狼山盲哑学校开幕会上,张謇明确地表达了他对盲哑儿童教育的期望,他期待能够以有用的心思和手足,弥补盲哑儿童目与口之残缺。起初他们需要别人的教育与协助,但最终的目标是要他们能够独立,自力更生、自己养活自己。张謇深刻地认识到,盲哑学童向来是家庭与社会的负担,唯有教育他们习得一技之长以独力更生,才是根本之道。归纳言之,张謇盲哑教育的推动,具体落实了使人人有业、使人人不待人而自养的实业办学目标,盲哑学校教育的目的就是要教育盲哑学生,使其具有独立谋生的能力。

　　以服务社会代替取悦之戏剧教育,是张謇实业教育的第四个特色。中国传统社会受"万般皆下品,唯有读书高"价值观念的影响,对于从事戏曲工作人员评价极低。"伶"之一字的意思,就中文大辞典的解释,一是弄臣,《说文》上,"伶,弄也";二是供役使的人。无论是弄臣或是供役使的人,都是指社会地位极其低下,专事取悦别人,任由别人决定自我价值的人。有关伶人的负面评价,尚有"婊子无情,戏子无义""下九流"等,闽南方言更有俗谚"爱扮戏的,不会读书"之批评,他们与沦落红尘之女子一般,同处于社会最底层,同是社会主流价值以外的存在。

　　然而,职业戏曲演员(唱戏的)在张謇的眼里,却有极不同的评价。1918 年,张謇在《致梅浣华函》中指出:"世界文明相见之幕方开,不自度量,欲广我国于世界,而以一县为之嚆矢。至改良社会文字,不及戏曲之捷,提倡美

---

①　《张謇全集》第 8 卷,上海辞书出版社 2012 年版,第 724 页。

术工艺,不及戏曲之便。"①又张謇复在1919年之《致梅浣华函》中表示:"我国之社会不良极矣,社会苟不良,实业不昌,教育寡效,无可言者,而改良社会措手之处,以戏剧为近。"②由此观之,张謇将戏剧视为改良社会、移风易俗之最有效、最便捷的方式,张謇之创立伶工学社其主要的着眼点之一,就是基于其社会教育之功能。张謇曾指出:"伶工学社,为助通俗教育,兼为寒苦子弟生计而设。"③张謇一方面想要借助戏曲的通俗教育功能以倡导善良风俗;一方面也为贫苦子弟开辟一条谋生之路,将戏曲教育实施与生计谋求结合在一起。张兰馨指出,张謇认为戏曲是社会教育快速收效的可行途径。无论识字或不识字的人都能得到教育,雅俗共赏,寓教育于娱乐之中。欧阳予倩(1889—1962)④曾在开学时宣布:伶社是"为社会效力之艺术团体,不是私家歌僮养习所","要造就改革戏剧的演员,不是科班"。这一切说明了伶校是以培养新型戏剧人才为办学宗旨的。⑤张謇于1919年,筹措经费所创办的伶工学社,是中国第一所以学校形式来培养戏剧人才的新型戏曲艺术学校。

　　为了彻底改变传统戏剧演员被视为不入流的刻板印象,提升戏剧从业人员的社会地位和价值,张謇非常重视伶工学社的课程配置。伶工学社的学生分古剧与新剧两班,有戏剧专业课程,也有文化课程。文化课程有伦理学、国文、英文、珠算、笔算、历史、地理、音乐、体操、舞蹈、美术等课程;戏剧课程以京剧为主,昆曲为辅;还有音乐课,学习西洋音乐,能演奏交响乐。主任欧阳予倩亲自给学生讲授戏剧理论,介绍外国戏剧作品,并给学生以舞台实践的机会,除隔日在校演习一次外,每日晚间前往更俗剧场实地演习,还带领学生到外地演出。学生毕业后,多活跃于京沪各剧场。京剧艺术大师梅兰芳(1894—1961)曾于1919年至1922年四年中,三次来南通演出,演出过程中,伶工学社曾选出学生12名配合饰演。梅兰芳赞誉说,在当时的南方,伶工学社是开风气之先,唯一的训练戏剧人才的学校。⑥张謇认为戏曲

---

　　①　张怡祖编:《张季子(謇)九录》,台湾文海出版社1983年版,第2414页。
　　②　张怡祖编:《张季子(謇)九录》,台湾文海出版社1983年版,第2416页。
　　③　《张謇全集》第5卷,上海辞书出版社2012年版,第259页。
　　④　伶工学社创立时,张謇任董事长,张謇之子张孝若任社长,中国戏曲艺术大师梅兰芳任名誉社长,欧阳予倩任主任实主其事(肖正德主编:《张謇所创企事业概览》,第283页)。
　　⑤　张兰馨:《张謇教育思想研究》,辽宁教育出版社1995年版,第182页。
　　⑥　肖正德:《张謇所创企事业概览》,第283—284页。

是改良社会文字、提倡美术工艺最为快捷的措手之处,透过戏曲艺术教育的实施,最能发挥社会教育的功能。传统社会里,"戏子"原本都是家世清白的人,只因为家里贫穷,而被卖去唱戏,以致遭人戏弄谩骂,张謇创办伶工学社,即是为此寒苦子弟之生计而设。伶工学社之主任欧阳予倩,在学社开学时所宣称的,伶工学社是一个为社会服务的艺术团体,而不是私家的歌僮养成训练所,着意也在提升戏曲从业人员的社会地位。张謇创办伶工学社,除了带动南通地区的艺术文化风气之外,着有扭转社会价值取向的用意,更有寓教于乐、改善社会之教育理想的实践。

以技艺学习代替慈善救助之收容教育,是张謇实业教育另一个重要的特色。张謇之社会公益实业教育活动,涵盖面广,包括以提供贫民手工艺学习机会进而独立谋生的贫民工场、收容与照顾无依妇女和娼妓并给予教育的南通济良所以及收养哀怜无依之乞丐的南通栖留所等。早期的南通地处江北一隅,人民生活困苦,丧失教育机会的儿童四处流窜;缺乏养护照顾、无家可归的人成为流落街头的游民,这两者均造成了严重的社会问题。张謇透过贫民工场的设置,兼采收容与教育的方式来提升贫民的生活水平。

1914 年 8 月,张謇在南通县城西门外大码头创办贫民工场,具备收容与教育合一的性质。场内还附设"恶童感化院"及"游民习艺所"。贫民工场开办所需经费,由两淮盐商捐款,大部分由盐务局及地方筹划。此外,亦有场内自己产品的收入,例如工徒所制的各项产品收入、场内还有一段养鱼河的养鱼收入、园圃所种蔬菜除场内食堂自己消耗外,余者提供市场的收入。贫民工场内所学之工艺,种类分木工、漆工、藤竹工、革工和缝纫工等五种,每种工艺均聘请老师傅传授,根据工徒性质所近而专授一种工艺。工徒所学的技艺工种,达到能单独操作、制成产品又不需老师傅加以修饰加工的水平,经场长察验核实后,即发给毕业证书。工徒毕业后,得在工场义务工作一年,方可外出就业。[①]贫民工场设置的目的在于教授无所依靠的贫民子弟各种手工工艺,一方面使其具有一技之长,俾能独力谋生;一方面亦得以保存与传承传统工艺,使其不至于失传。

1914 年,南通警务长杨懋荣发起筹办济良所,其规划则以娼妓入所为

---

① 　整理自肖正德主编《张謇所创企事业概览》,第 322—323 页。以及张謇研究中心、南通博物苑重印《南通地方自治十九年之成绩》,第 158—159 页。

原则,而婢女之被虐,及无宗可归、无亲可依之妇女,亦得入所留养择配。经过县署的批准,将通州城内南街原有的税务署旧址,并收购部分民宅,改建为"南通济良所"。1915年5月落成,这是一个为不良妇女和娼妓而设的收容机构,雇男司事一人,专司二门以外之事务。又门役一人、杂役一人,并请女董事一人,女检察一人,专司二门以内之事务。又女仆一人,司侍应、购买、膳食、洒扫各事。守卫、巡警,则由警察事务所拨警充之。除履行一般的收容职责外,还对入所女子施以教育,学习科目不仅有国文、算学等基础知识,并有研究人生行为之价值、指示人类处世之方法的伦理学,以及缝纫、手工、洗濯、烹饪等工艺技术课,为出所后治家之预备。学制六个月,每期24人。常年经费除由募捐等收入外,张謇、张詧亦有所补助。济良所在改良社会风气、保障妇女身心健康等方面起了积极的作用。①

　　1916年5月,张詧、张謇在南通城西门外,将清时的养济院改建成"南通栖留所",收养哀怜无依之乞丐。栖留所占地2亩许,改建工程自1916年5月动工,将原有房屋屋檐升高以通气透光,辟浴室以改善卫生条件,置工作室使能有习艺的场所,历5月而落成。栖留所内订有较为完善的管理制度,食、息、起、居都有定时。凡被收养者"日作粗工","并习有小艺",使其能有做工谋生、自食其力的能力,然后分送各处令其做工自立。常年经费除由募捐所得外,不足之数由张詧、张謇捐助。②张謇以技艺教育代替慈善救助之收容教育,不仅对社会上的弱势族群提供了完善的收容与照顾,更重要的是他不忘教育他们,培养他们独立养活自己的能力,因为张謇深刻地认识到,他们需要的不是悲悯施舍,而是教育。

　　由以上之叙述,可以得知张謇所创办的实业学校皆具备有明确的办学宗旨和教育目标,而要实现这些办学宗旨和教育目标,则必须通过适当的课程设计来加以落实。第一,是强调德、智、体三育协同发展之课程设计。张謇通过学校课程的配置来具体实现其德、智、体三育协同发展之目标。今以张謇所创办的河海工程专门学校和纺织专门学校两所学校之课程配置为例加以说明。首先,就河海工程专门学校之课程配置而论,从张謇在1914年时所拟定的河海工程专门学校章程中所列的课目表,当可明其梗概:

---

① 整理自肖正德主编《张謇所创企事业概览》,第324页。以及张謇研究中心、南通博物苑《南通地方自治十九年之成绩》,第159页。

② 肖正德:《张謇所创企事业概览》,第326页。

表2　河海工程专门学校甲(正科)之课目时间、所占比例分配表

课　目	时间(分)	所占比例(%)	课　目	时间(分)	所占比例(%)
修　身	140	2.82	木石桥工	100	2.02
国　文	210	4.23	工用静力学	540	10.88
英　文	350	7.05	简易铁桥工	150	3.03
数　学	350	7.05	混凝土及铁筋混凝土	140	2.82
物　理	210	4.23	矿物写生画	35	0.70
化　学	70	1.41	几何绘图	70	1.41
地理学	70	1.41	测量学及实习	350	7.05
地质学	35	0.70	力　学	350	7.05
用物学	35	0.70	水力学	10/80	1.62
简器画	70	1.41	机械学	140	2.82
电机学	140	2.82	水　工	175	3.52
经济学	70	1.41	河　工	175	3.52
工用质料学	70	1.41	农用水工	105	2.11
木石结构	105	2.11	海　港	70	1.41
土　工	140	2.82	体操及游戏	350	7.05
质料强弱检定法	70	1.41	总　计	4 965 分	

本表摘自朱有瓛主编《中国近代学制史料》第三辑上册,第690—691页。表中之"所占比例(%)"乃是由笔者计算后增列。

表2中,"水力学"一科所占时间只有10分钟,这应该是误植。因为将全部课目的授课时间加总起来并不是表中所列的4 965分钟,而是4 895分钟,两者相差了70分钟。而从表3中发现"水力学"一科所占时间是35分钟,因此可以确定甲(正科)"水力学"一科所占时间应该不是只有10分钟。本文在计算所有科目所占时间分配时,即将授课总时数所相差的70分钟加回到"水力学"一科(笔者将之修改为80分),以4 965分钟之总时间做为母数来计算各科之所占比例。从这个课目时间分配表中,可以看出其特色如下:(1)道德教育单独设科。道德教育以"修身"之单独设科方式实施,其单科时间所占比例为2.82%,在总课目数31科中排序第12,足见张謇对学

表3　河海工程专门学校乙(特科)之课目与时间表

课　目	时间(分)	课　目	时间(分)
修　身	70	机械学	70
国　文	70	工用质料学	70
英　文	140	木石结构	105
数　学	175	土　工	140
理　化	175	桥　工	140
地　理	35	混凝土及铁筋混凝土	140
用器画	70	土　工	175
简易写生画	35	河　工	175
测量学及实习	140	体操及游戏	350
力　学	140	总　计	2 450 分
水力学	35		

本表摘录自朱有瓛主编《中国近代学制史料》第三辑上册,第691页。

生品德教育之重视。(2)透过体育活动锻炼学生体魄。体操及游戏这一单科所占的时间分配比率为7.05%,在全部课目中仅次于"工用静力学"(所占比率10.88%)一科,由此可见张謇强调透过体育活动以强健学生体魄之用心。张謇所办的学校都有运动场,并且在南通每年都要举办运动会,他总是要亲自到场发表演说。①(3)重视基础科目。除了众多的专业课目之外,张謇十分重视基础科目(国文、英文、数学、物理、化学、地理学、地质学、用物学、经济学)的学习,合并这些课目其所占的时间比例计有28.19%。(4)强调专业科目。河海工程测绘养成所专业课目(简器画、电机学、工用质料学、木石结构……农用水工、海港等)之学习,合并这些课目其所占的时间比例计有61.94%。

　　从河海工程测绘养成所的课程设计来看,道德教育所占授课时数之比例为2.82%;体操及游戏这一单科所占的时间分配比率为7.05%;基础科目所占的时间比例为28.19%;专业科目所占的授课时间比例为61.94%。这

---

① 张廷栖:《张謇工科教育的办学实践和思想》,载于马斌主编《张謇职教思想研究文集》,东华大学出版社2007年版,第289页。

是一个兼顾道德教育、基础课目、专业课目和体育教育活动的课程配置,如此的课程设计其精神基本上是一个讲求德、智、体三育协同发展的教育计划。

　　其次,就纺织专门学校之课程配置而言,以纺织专门学校四年课程设置之第一学年的学科课程表来作为说明:

表4　南通私立纺织专门学校第一学年学科课程表

上　学　期			下　学　期		
科　目	教授程序	每周时数	科　目	教授程序	每周时数
伦　理	人伦道德之要旨	1	伦　理	同上	1
国　文	讲读作文	4	国　文	同上	4
英　文	选读名人杰作文法作文	12	英　文	同上	12
数　学	平面三角	3	数　学	同上	3
图案画	混色法	2	图案画	织物印花应用图案	2
物　理	力学	3	物　理	热学	3
化　学	有机	3	化　学	有机	3
机　织	手织实习、人字纹斜织及各色小花纹(实)	5	机　织	手织各色花纹(实)	5
织物组合	棉织斜纹、平纹缎纹、通用花纹、点缀及经纬线图形解法	2	织物组合	同上	2
织物分析	棉织普通布分析原料制造及算纱法	2	织物分析	同上	2
体　操	器械游戏及兵式训练	2	体　操	同上	2
合　计	(讲)34　(实)5	39	合　计	(讲)34　(实)5	39

本表摘自朱有瓛主编《中国近代学制史料》第三辑上册,第675页。

　　从以上南通纺织专门学校第一学年之学科课程表中可以看出:张謇以"伦理"这一个课目来代替"修身"这一门课的道德教育功能,其以"人伦道德之要旨"为课程之内容,这也是张謇一贯的"首重道德"之理念的发挥;其次,在整个课程的配置上,张謇对基础课目、专业课目的教育都十分重视,基础课目中包含了国文、英文、数学、物理和化学等科目,在专业课程中,张謇则兼及了纺、织、染三方面的教育训练,同时每周还安排了 5 个小时的纺织实习课程(占每周授课时数的 12.82％),通过实习课程的实施,来印证学校所学和强化学生的专业技术能力;最后,张謇在纺织专门学校课程里安排了每周 2 小时的体操课,通过器械游戏及兵式训练来进行学生体魄以及精神意志的锻炼。

　　由此可见,张謇南通纺织专门学校的课程设计乃是一份注重让学生在德(伦理课)、智(基础课目和专业课目)、体(体操课)等方面都能得到发展的教学计划。王观龙等认为,张謇采用这种课程设计,既注重学生思想品德的陶冶,又注重学生智力、体育的发展;既注重学生的理论学习,同时也兼顾学生能力的训练;既为学生成才提供宽厚扎实的知识基础,又为学生创业谋生提供具体实用的专业技能。①张謇之实业教育尽管具有由低到高、多层次、多科性之性质,然而每个不同性质的学校皆具有具体明确之创校宗旨及教育目标,其精心策划的德智体三育并举之课程设计与教学实施是达成实业教育目标的有效途径。

　　第二,是落实实习教学之课程设计。为达成学生毕业后能够实地应用之教学目标,张謇在他的专门教育里具体落实实习教学之课程设计。张謇透过各个实业学校课程的配置,将实习教学纳入正式的课程当中,以确保实习教学之实施。为了实习教学能顺利进行并达到预期的目的,南通农、纺、医等学校都将实习纳入学校的章程(简章)、学则之中,以规章制度来保证其实施。②在张謇所创办的农业学校与纺织专门学校之章程与学则中,皆有相关之规定。首先,就农业学校之章程与学则而论,依据《南通农业学校学则》第四章第十三条"学科课程及每周时数分表"之内容可知:第一,在"乙种农业科课程时间表"里,乙种农业科三个学年里每一个学期的学科名单里都明列了实习一科,每周时间分配则载明"无定时"。第二,在"甲种农业科课程时间表",甲种农业科三个学年里每一个学期的学科名单里同样明列了实习一科,其每周时间分配亦载明是"无定时"。③在"乙种农业科课程时间表"和"甲种农业科课程时间表"里都有"实习时间临时增订"的字眼,很显然农业

_____

① 王观龙、张廷栖:《张謇素质教育思想探析》,载于马斌主编《张謇职教思想研究文集》,第86 页。

② 孙模:《专门教育,以实践为主要》,载于马斌主编《张謇职教思想研究文集》,第 125 页。

③ 朱有瓛主编:《中国近代学制史料》第三辑下册,第 208—213 页。

学校的实习时间乃视课程的状况及需要而做弹性的调整,但不论如何,学生都要上实习课,因为它是正式课程的一部分。

其次,就纺织专门学校之章程与学则而论。纺织专门学校有关实习之课程规定,依据《南通私立纺织专门学校学则》之规定,从其第四章,"学科课程表"和第十章"实习"两方面来加以说明:(1)以"学科课程表"中有关实习课之时数分配来看,依据《南通私立纺织专门学校学则》第四章所载之学科课程表得知,纺织专门学校之修业年限四年,第一学年上、下学期的实习科目是"机织",其内容是手织实习、人字纹斜织及各色小花纹(实),每周实习时数是 5 小时,每周总时数是 39 小时,所以实习科目所占的时数比是 12.82%;第二学年上、下学期的实习科目分别是物理、化学、机织和雕花纹法、化学、机织,每周实习时数是 8 小时,每周总时数是 39 小时,所以实习科目所占的时数比是 20.51%;第三学年上、下学期的实习科目分别是织物组合、雕花纹法、棉纺学和机织、雕花纹法、棉纺学、染色学,上学期每周实习时数是 10 小时,每周总时数是 39 小时,所以实习科目所占的时数比是 25.64%,下学期每周实习时数是 12 小时,每周总时数是 39 小时,所以实习科目所占的时数比是 30.77%;第四学年上、下学期的实习科目分别是雕花纹法、织物整理、棉纺学、铁工实习和雕花纹法、织物整理、棉纺学、染色学、铁工实习,上学期每周实习时数是 21 小时,每周总时数是 39 小时,所以实习科目所占的时数比是 53.85%,下学期每周实习时数是 25 小时,每周总时数是 39 小时,所以实习科目所占的时数比是 64.10%。①

从以上实习课之时数分配所占的百分比率来看,它是逐年增加的。从第四学年上学期开始,每周实习时数所占的百分比率就超过百分之五十,到了下学期甚至超过六成四。数字所显示出来的意义是,随着越接近毕业时刻的到来,实习的重要性也随着陡升起来,毕业的意义就是接着要就业,张謇为了要让学生一旦毕业马上就能与就业完全衔接起来,所以不断加重实习的时数。(2)以第十章"实习"②之相关规定来看,第十章"实习"之相关规定总计从学则之第三十九条至七十八条共四十条的内容,观其条文之相关规定可说是巨细靡遗,择其要者加以叙述。在教员指导方面,第三十九条特

---

① 有关《南通私立纺织专门学校学则》第四章所载之学科课程表,详见朱有瓛主编《中国近代学制史料》第三辑上册,第 675—677 页。文中百分比乃笔者为叙述方便所算出。

② 朱有瓛主编:《中国近代学制史料》第三辑上册,第 680—683 页。

别说明："纺织实习所各设助教一人，辅佐教员之进行，担任职务如下：甲、机器之保管及修理，乙、非实习时间内工作之鉴察，丙、进出货之合算与报告，丁、报告每届实习所添配零件及一切应用对象，戊、随时解答实习生之询问。"实习前学生必须分组，第六十三条之规定："本校机织既非一种，所有实习学生即由教员按照人数分为几组，派在各机工作。组有组长，由教员指派或由学生公举。"在学生管理方面，如第四十条之规定："实习学生应着工作服，限蓝色斜纹布。"第五十六条："学生除在实习时间内，非得特别之许可，不得任意开拆机器。"其他如维持清洁、器具归还原位、所有实习项目学生必须自己动手做等，也都有详细的规定。实习时与实习后也有规定，第六十四条之说明："实习时各部学生应有记载。织成之后，组长应收集记载编辑完备，送请教员鉴核，开会评议。"其他细节之规定尚多。张謇极度严谨地监督纺织专门学校实习教学课程之进行，因此纺织专门学校达到了一定的教育成效。

在张謇所规划的实习教学课程里，另外有一个值得注意的特色，那就是张謇非常重视的"修学旅行"。在《南通农业学校学则》之第四章"学科课程"第十四条以及《南通私立纺织专门学校学则》第七章中均有详细说明"修学旅行"之相关规定。从农校与纺校的修学旅行之相关规定内容来看，张謇所主张的教学实习，其实习场所并不限定于校内，外出旅行参观也是一种实习。在出发旅行前，教师提示若干问题，引导学生掌握住参观的重点，返校时请学生一一回答，借以检核学生参观之所得。现代教育中户外教学所强调的学习单应用，与张謇所规划之修学旅行课程实施，可说是如出一辙。

第三，是注重英文学习之课程设计。注重英文学习是张謇实业教育活动中的重要特色之一。张謇之所以重视英文学习，主要是基于他沟通中西的思想以及办理南通地方自治事业的实际需要。张謇将英文列入学校的正式课程之中，通过课程实施来落实英文学习，而且在语文的学习上，英文授课时数所占的比重往往高于本国语文甚多。一个世纪多以前，正逢西方大潮汹涌窜入中国之际，当传统之守旧者尚持拘泥与排外之见时，张謇就能够体认撷取彼人之长的重要而强调英文学习，这不能不说是张謇的远见。

首先，不通英语，实为南通自治之羞。张謇认为英文是向西方学习、沟通中西最重要的媒介之一。就沟通中西之思想而言,最明显的当是体现在张謇的医学教育方面,因为张謇为医学专门学校所提写的校训便是"祈通中西,以宏慈善"。要与西方沟通或者是向西方学习,语言文字是最重要的工具之一。1919年,张謇在《交通警察养成所开学演说》一文中强调:"诸生此次来学,于锻炼精神以外,须极端注意英语一科,因所办交通警察,强半为外人来通参观而设。英语在世界上最为普及,若不通英语,设西人有所询问,警察瞠然不知所对,实为南通自治之羞。"[①]张謇要求交通警察养成所的学员必须会讲英语。张謇的这种做法与现在各个国家或者世界上之重要都市要求其境内的出租车司机必须熟练基本的英语对话,以利于外宾接待的做法有异曲同工之妙。

张謇以私人集资兴办实业、文化教育与慈善活动,在南通进行地方自治事业,吸引了众多外国人的注意,他们纷纷来到南通参观。这种情形可由邝富灼所著《现代之胜利者》看出,他说:"笔者曾经同英美法日各国的外宾,到过南通,访晤先生(按:指张謇),参观地方事业。"[②]张孝若也指出:"我父在南通创办事业,各国人都很注意,来参观的人,每月都有。"[③]为了接待络绎不绝的参观人潮,张謇特别开办了交通警察养成所,又因为要接待的是外国人,所以会讲英语便成为交通警察必备的条件之一。张謇认为如果外国人有事询问交通警察,而他们却因为不懂英语而瞠目结舌,那对南通的地方自治而言无疑是一种羞耻。不过,张謇要求交通警察要学会英语而对于日语却有不同的看法,他表示:"至日语可不必学,日人须通英语。我以英语向日人说,而日人不知,是日人之羞,非我之羞也。"[④]张謇认为英语是世界上最为普及的语言,只要学会说英语就可以了,从有效运用资源的角度来看,这也是讲求教育投资报酬的一种观点。

其次,实业教育课程中强调英文学习。张謇为了落实英语学习而将之列入正式课程实施,这样的课程设计分布在张謇所创办的学校当中。今以甲种农业科、纺织专门学校和河海工程专门学校为例,将国文与英文在课程中所占的授课时数比重整理如下表,以便比较及说明。

---

①④ 《张謇全集》第4卷,上海辞书出版社2012年版,第440页。
② 张孝若:《南通张季直先生传记》,台湾学生书局1974年版,第404—405页。
③ 张孝若:《南通张季直先生传记》,第405页。

表5　英文与国文所占授课时数比重表

学校名称	科目	授课时数比重	备　注
甲种农业科	国文	3	每周时间(时)
	英文	3	每周时间(时)
纺织专门学校第一学年上下学期	国文	4	每周时间(时)
	英文	12	每周时间(时)
纺织专门学校第二学年上下学期	国文	2	每周时间(时)
	英文	6	每周时间(时)
河海工程专门学校甲正科	国文	210	每周时间(分)
	英文	350	每周时间(分)
河海工程专门学校乙正科	国文	70	每周时间(分)
	英文	140	每周时间(分)

　　本表整理自朱有瓛主编《中国近代学制史料》,第三辑上册,第675—677页、第690—691页,第三辑下册,第211页。

　　碍于数据不足,其他学校诸如商业学校、医学校等皆有英文课程的配置,但却无法看出其所占授课时数之比重。但从上表可以看出:除了甲种农业科国文与英文之授课时数比重相同以外,其余如纺织专门学校在前两年上下学期的英文授课时数比重皆是国文科的3倍;河海工程专门学校甲正科与乙正科的英文授课比重也都远高过于国文科;河海工程专门学校甲正科英文科的时间比重占总体课程比重的7.05%,超过国文科的4.23%甚多,由此可见张謇对于英文学习之注重。①另外,从此表中所列的学校来看,英文授课时数比重远高于国文的学校几乎都是工业实业学校,中国向来就比较欠缺工业方面的知识与专门人才,所以需要大量的借镜于西方,因而需要在工业教育的课程上特别加强英文的学习。

　　归纳而言,张謇办理实业教育之目的在于实践其"没有饭吃的人,要他有饭吃;生活困苦的,使他能够逐渐提高"以及"使无业的人有业"之教育

①　河海工程专门学校(甲)正科之课目时间表中,所有课目之总时间为4 965分钟,国文科之时间为210分钟,占总时间之4.23%(210/4 965);英文科之时间为350分钟,占总时间之7.05%(350/4 965)(朱有瓛主编《中国近代学制史料》第三辑上册,第690—691页)。资料中并无百分比率,所列是笔者计算的结果。

理想。

为了实现使人人有业之理想,张謇务求实业办学之目标明确,学校教育与社会需求紧密结合。张謇之实业教育不仅着眼于高层次专业技术之学习及专业人才之培养,也有属于中低层次谋生技艺的职业教育活动,更有兼及社会上弱势族群的短期职业训练。为此,张謇办理了以技能学习为主之女子实业教育、以教育代替照养之盲哑教育、以服务社会代替取悦之戏剧教育以及以技艺学习代替慈善救助之收容教育。张謇对于社会底层或者处于社会边缘之相对劣势的人们,所采取的对待方式不是给予他们同情、施舍和救济,而是安排适当的教育方式来教育他们,使他们具备独立谋生的能力,自己养活自己,而不至于造成家庭或社会的负担。张謇所办的实业教育,范围几乎涵盖了社会上各阶层人士的职业需求,它既是一种普罗大众式的谋生教育,更是一种攸关国家社会发展的专门人才培养教育。

实业教育理想的实现必须通过实际的实业教育课程之设计和实施来完成。强调德、智、体三育协同发展,落实实习教学和注重英文学习三方面是张謇实业教育课程设计与教学实施之重点。在强调德、智、体三育协同发展方面,张謇着重德育(单独设科)、智育(基础科目和专业科目)以及体育(体操与游戏)之课程配置。通过如此课程配置以实现德、智、体三育并举之教育目标,培养具备良好的品德、渊博的知识和强健的体魄之健全国民;在落实实习教学方面,张謇通过学校的章程、学则之规定,在各个实业学校课程的配置上,制度化地将实习教学纳入正式课程当中,以确保实习教学之实施;在注重英文学习方面,基于沟通中西和地方自治事业的需要,张謇在语文学习课程上,拉高英文学习所占的课程比重。虽然现代教育强调的是五育(德、智、体、群、美)均衡的教育,但那是奠立在德、智、体三育之基础上的;落实实习教学的教育策略在现今职业教育的课程里更是不可或缺的重要部分,通过实习教学所延伸而出的产学合作尤其是衔接毕业与就业的重要桥梁;而张謇在一个世纪前之注重英文学习与现代教育之讲求国际化是不谋而合,国际化教育强调的是"走出去"的能力,而这个走出去的能力最直接的条件就是国际语言,也就是英语的学习。张謇强调德、智、体三育协同发展,落实实习教学和注重英文学习等课程配置,皆是符合现代教育思潮的课程设计。

张謇的金融实践与思想探析

刘志英*

张謇是中国近代史上的重要人物,一生致力于中国近代工业、教育与政治的发展。张謇认为,近代工业发展与现代金融密切相关,"农工商业之能否发展,视乎资金之能否融通。近十年来商场之困顿,不可言喻。盖以国家金融基础不立,而民间钱庄票号等金融业,索索无生气,重以倒闭频仍,信用坠地。于是一国现金,非游荡而无所于归,即窖藏而不敢或出。总之金融家无吸收存款之机关,无以供市场之流转,遂至利率腾贵,企业者望而束手。于是而欲求工商业之发展,虽有智者,无能为役,此亦謇所亲历,故知之甚深。窃以为为今之计,惟有确定中央银行,以为金融基础,又立地方银行以为之辅。励行银行条例,保持银行、钱庄、票号信用。改定币制,增加通货,庶几有实业之可言"。[①]而张謇的金融思想是与他的经济实践分不开的,思想理论来源于实践活动,张謇平生的实践活动是他金融思想形成的重要渊源,本文将对张謇一生的经济实践与金融思想做一探讨,[②]以就教于学界同仁。

一、张謇的股份制与证券市场、公司债的实践与思想

大生集团是张謇近代企业的起步,同时也是张謇经过多年苦心经营的

---

* 刘志英,西南大学历史文化学院教授。

① 张謇:《在国务会议上发表实业政见宣言书》(1913 年 11 月 8 日),沈家五编:《张謇农商总长任期经济资料选编》,南京大学出版社 1987 年版,第 12 页。

② 目前学界对于张謇的研究成果十分丰富,但主要集中于近代轻纺工业、教育以及立宪政治等方面,对于张謇金融思想与实践的研究还相对薄弱,根据检索,现有的研究主要有:章开沅《张謇与中法劝业银行》,《民国档案》1987 年第 3 期;周新国、张进《张謇金融现代化的理念与实践》,《北方论丛》2004 年第 1 期;张敏《论张謇现代金融体制理念的思想渊源》,《忻州师范学院学报》2006 年第 5 期;张启祥《张謇与危机中的交通银行》,《南通大学学报》2007 年第 6 期;羽离子《大生集团早期金融事业的兴衰》,《南通大学学报》2011 年第 6 期等。本文将在前人研究的基础上,对这一问题进行再研究。

融工业、农业、商业、金融等为一体的大型企业集团。然而,大生纱厂在初创的过程中也是十分艰难,张謇为筹集资本,几经挫折,从1895年秋创议至购机建厂开车,共历时44个月。开始时原拟商办,张謇对当时南通的大地主陆海贵、徐秋谷、冯聘三等人极力拉拢,然而效果不佳,大生纱厂的入股者最少的只有37两。①光绪二十一年(1895年)秋,张謇往来于上海、南通、海门,联络当时江浙一带的富商,经过两个多月的奔忙,才邀集6名商人勉强答应入股:上海广丰洋行买办潘华茂(广东人)、洋行买办郭勋(福建人)、宁波富商樊棻(浙江人)、通州花布商刘桂馨(通州人)、通州关庄布商沈燮均(海门人)、陈维镛(海门人)。②拟集资60万两,至次年秋,沪董因见纱市不利,首先退出,接着通董亦推翻成议,要求退股。不得已又创官商合办之议,奔走官商之间,而商人畏难而退,官又空言不可靠,张氏则舌瘃神疲,最后仅得创业资本25万两,除各项开支外,作为流通资金的只有四五万两。③大生纱厂初定的25万官股,主要以官机做本,25万商股则经过五六年之后才筹足。④可见,企业资本筹集之不易。

1894年甲午战后,出现投资设厂热潮,华商的证券交易市场也相继建立,无论是在1914年建立的"上海股票商业公会"还是1920年创立的上海证券物品交易所中,张謇的大生纱厂都进入交易所进行交易。

甲午战后建立的民族工商企业如:裕源纱厂、大生纱厂、商务印书馆、江浙铁路公司等的股票进入市场。1914年,"上海股票商业公会"成立,以九江路渭水坊为会所,并附设证券买卖市场。其制度形式,仍沿袭茶会旧制。但各项设备与规模渐具,集合有一定场所,交易有一定时间,买卖有一定办法,佣金有一定数额,⑤该公会交易的股票有招商局、中华书局、大生一厂、大生三厂、既济水电公司、汉冶萍、交通银行、中国银行等20种,后又增加交易南洋兄弟烟草公司等股票。随着股票商业公会业务的蒸蒸日上,会员获利颇多,原以股票为副业的会员纷纷转而以股票为主业,并且在各自店前挂

---

①　张寿彭:《论张謇创办的大生纱厂的性质》,《兰州大学学报》1983年第4期。

②　王敦琴:《传统与前瞻——张謇经济思想研究》,人民出版社2005年版,第68页。

③　陈真、姚洛合编:《中国近代工业史资料》第一辑,生活·读书·新知三联书店1957年版,第763—764页。

④　《大生纱厂股东会提议》(清光绪三十二年丙午),张孝若编:《张季子九录(三)》(实业录)卷四,上海书局1931年影印本。

⑤　《上海证券交易所复业前后》,《财政评论》第15卷第4期(1946年10月)。

牌设立股票公司,在上海的福建路、九江路、汉口路一带举目皆是,蔚为大观,形成热闹的华商股票市场。①

正是因为张謇自己创办的企业采取了新式的股份制公司制度,同时积极进入证券交易市场上市交易,他才感受到建立公司制与证券交易所对发展资本主义工商业的重要性、必要性和迫切性,因此,当1913年9月11日,张謇出任北京政府农林、工商总长(后改为农商总长)之后,积极推进公司法与证券交易所法的制定与颁布。

1913年12月16日,张謇呈文大总统,修改前清《公司律》,增多二百余条,颇为完备,改称《公司条例》,并交付国会议决公布。1914年1月13日,《公司条例》正式公布,共有251条,较清代《公司律》131条多了120条,明确了公司的性质,"以商行为业而设立之团体","凡公司均认为法人",受到国家法律之保护。公司共分为四种:无限公司、两合公司、股份有限公司、股份无限公司。并详细制定了四类公司的设立、对内外关系、股份、董事、监察人、公司债、变更、破产、清算、罚款等各方面的条文,②《公司条例》是近代中国有公司企业以来制定的最为完备的法令。

1914年,在时任北京政府农商总长的张謇的积极推动下,北京政府农商部拟定了《证券交易所法》(八章35条),并于1914年12月29日公布实施。次年5月5日又有《证券交易所法施行细则》26条及附属规则13条的公布。《证券交易所法》及其施行细则是近代中国第一个关于证券交易的法规,它以日本明治二十六年《改正取引所法》为蓝本,明确规定证券交易所的组织形式采用股份有限公司。对证券交易所创设的具体条件与必备手续,申请注册程序具体要求,证券交易的种类及基本的交易规则,证券经纪人与职员的资格,经纪人的申请程序以及证券交易所的违法处罚,均作了相应的规定。③

---

① 奇良:《上海华商证券交易所概况》,《20世纪上海文史资料文库》(5)财政金融,第282—283页;邓华生:《旧上海的证券交易所》,《上海文史资料选辑》第60辑,上海人民出版社1988年版,第321页。

② 《请准用清代资政院所拟商律为工商现行条例给大总统呈文》(1913年12月16日),《公司条例》(1914年1月13日),沈家五编:《张謇农商总长任期经济资料选编》,南京大学出版社1987年版,第24—56页。

③ 有关这一立法的详细研究,参见拙作《近代上海华商证券市场研究》,学林出版社2004年版,第68—72页。

　　《证券交易所法》的颁布为近代中国华商证券交易所的建立提供了法律依据,以法律形式来保障证券交易所的建立和正常经营,并规定不允许外国人插手其间。之后,根据这个法令,从1916年始,在全国不少城市陆续有了筹办证券交易所的活动,标志着近代中国证券市场进入交易所时代。

　　从1921年5月1日的上海证券物品交易所市场公告——《证券部现期买卖纲目》可知:在该所上市交易的现期买卖证券种类主要有"公债票"和"股票"。"公债票":元年六厘公债上海付息、元年六厘公债北京付息、元年六厘公债南京付息、元年八厘公债、三年六厘公债、四年六厘公债、五年六厘公债、七年六厘长债、七年六厘短债、八年七厘公债、九年金融公债。"股票":中国银行股、浙江兴业银行股、交通银行股、通商银行股、四明银行股、劝业银行股、民新银行股、上海银行股、商务印书馆股、中华书局股、华商电器股、招商局股、宁绍公司股、汉冶萍股、大生纱厂股、和丰纱厂股、华洋德律风股、面粉交易所股、本所股、振泰纱厂股、大中华纱厂股、南洋烟草公司股、英美烟草公司股、荧昌火柴股。[①]

　　张謇不仅将自己的企业股票交到证券物品交易所去上市交易,同时还积极支持设立南通交易所。1921年9月,南通成立了"南通棉业、纱业、证券、杂粮联合交易所",交易所股票每股面值50元,总计24 000股,总股本为120万元,股东多为南通地区钱业和花纱布业的资本家、大生纱厂股东和高级职员。[②]张謇在该交易所的开幕式上致辞:希望在南通交易所成立后,"南通之经济社会,须使因有交易所,而感受调剂之福利,毋使因有交易所,而感受破裂之危险。此则交易所唯一目的"。[③]但是,事与愿违,交易所的创建并没有按照张謇的理想发展,南通交易所也在1921年"信交风潮"中倒闭。

　　公司债(Debenture),即股份公司在遇资金必要时,依一定形式,从公众或某特定人,借入一定金额,并约定日期偿还的有价证券。公司债的发行方式,通常分为直接与间接两种。直接发行系由发行公司,不经第三者之手,直接以债券向社会公众募销。间接发行则系由发行公司,委托银行、信托公

　　① 《证券物品交易所设现期交易(续)》,《申报》1921年5月2日。
　　② 张敏:《论张謇现代金融体制理念的思想渊源》,《忻州师范学院学报》2006年第5期。
　　③ 《南通联合交易所开幕辞》(民国十年辛酉),张孝若编:《张季子九录(三)》(实业录)卷六,上海书局1931年影印本。

司或其他金融机关,代理推销一部分或全部债券。直接发行系产业发展初期所采用的方法,优点为手续简单,费用节省。但采取此种方式发行债券,往往分布不广,且范围狭小。间接发行因经过一层或多层中间机构的活动,故资金募集较易,且由于证券市场继续性交易的存在,债券的行销更为顺利。

在近代中国,公司债的发行大大晚于股票与政府公债,其种类通常以财产为担保之公司债为主。而在上海,公司债首次通过市场发行是从1921年上海银行公会及钱业公会联合组织银团发售通泰盐垦五公司债票开始的,其发行方式一开始即采取了较为先进的间接发行,足见上海金融界对公司债发行的重视,而此次通泰盐垦五公司债发行的成败又关系着公司债这一新生事物在近代中国的命运。

上海银钱业之所以选择通泰盐垦五公司作为首发的公司债,主要因为:该五公司——大有晋、大豫、大赉、大丰、华成五垦殖公司,为著名实业家张謇、张叔俨等创办,早在光绪二十七年(1901年),张謇首倡将从前淮南淮北各属煮盐改为盐垦兼营,创立了通海垦牧公司,经过20年经营而卓有成效,继后相继建立大有晋、大豫、大赉、大丰、华成、新南、大祐、大卓、大纲、新通、泰源、中孚、华丰、五祐各公司,统计通泰各属,可耕之地,约有500万亩,每亩产花,以年60斤计,年可收获3千万担,价值六七千万元,每亩若将来价值20元,可值1万元,以每一佃户种25亩,每户人口3人计,可养活六七百万人,通泰各盐垦公司中,最大者为大有晋、大豫、大赉、大丰、华成五公司。①

到1921年前后,各公司收入短绌,负债日增,而兴工施垦需款甚巨,临时调汇,利率甚重,期限尤促。各公司为轻减利息负担,促进公垦,商议发行公司债。由各公司邀请上海银行界张公权到各公司参观,张謇回沪后邀集沪上各银行及钱业秦润卿,协同讨论,银钱业认为我国农业不振,亟待扶助,而公司债之制,在我国尤应及时提倡,使金融界实业界得以联合,互相发展,遂决议组织银团,代为经募。②于是,上海银行公会、钱业公会发起承募通泰五家公司债票500万元,分两期招募,第一期300万元,第二期200万元,五年还清,每千元可分红田12亩。1921年8月6日经募通泰盐垦五公司债

① 《中国第一次发行之公司债》,《申报》1921年7月28日。
② 《经募通泰盐垦五公司债票银团报告》,《银行周报》第6卷第31号(总第261号)(1922年8月15日)。

票银团,在银行公会召开银团成立大会,通过章程,选举董事,当场选定盛竹书、钱新之、田祁原、宋汉章、陈光甫、倪远甫、田少瀛、叶鸿英、吴寄尘9人为董事,主持银团一切事务。8月9日召开董事会,推举盛竹书为主席,讨论进行事宜,并推宋汉章、田祁原两人为银团代表,会同五公司代表在公司债票上签字。该银团除承募公司债票外,还组织农事试验场,聘请中外农业专家为委员,还前往美国聘定农业昆虫技师研究改良,试验场经费,由五公司与银团分任。①

　　根据合同可见,此次公司债的发行具有用途明确(专充公司清偿旧欠及扩广工垦之用,不得移作别用)、监督严格(由银行团公推稽核员分驻公司,监察账目,筹奖红地,由公司划分区域,银行团派员检定,确保债权者的利益)、担保确实(五公司未分地租及公司其他收入,尽先充此次公司债票还本付息之用,如遇青黄不济,或有不敷,由银行团会保障其到期可以还本付息)、利益优厚(除利息常年8厘外,每债额千元,可分筹奖红地12亩)四大特点。②

　　此次公司债的发行方式采取的是由上海银钱业公会组织银团认购一半,向社会公开销售一半。第一期发行300万,由银行团各银行认购120万,钱业公会认购30万,其余半数,则公开向社会招募。虽然以后的发行并不是十分顺利,但却是近代中国公司企业第一次通过现代金融机构组成银团发行企业公司债,这是开启先河之举,对以后公司债的发行起到了很好的示范效应。

　　总之,张謇通过建起大生纱厂,发行股票,募集股份,熟悉与了解了近代股份制企业,为民国之后出任农商总长,颁布《公司条例》与《交易所法》奠定实践基础,在这些法规的指引下,又进一步推动了交易所的建立,发行公司债更是开创了近代华资股份制企业的融资新平台,为民族工商业的发展作出了重要贡献。

二、张謇的银行业实践与发展现代银行的思想

　　在近代,金融可谓经济之命脉,属于百业之首,而银行则是金融的主体。

---

① 《公司债募集成绩之优美》,《银行周报》第5卷第31号(1921年8月16日)。
② 《五公司债票述要》,《银行周报》第5卷第31号(1921年8月16日)。

同时,银行也是张謇较早关注并积极提倡设立的新式金融机构。张謇通过提倡银行设立,投资入股、所有权、经营权、信用制度等方面的实践,充实了自己的金融理念。

清光绪二十八年(1902年),张謇在《劝通州商业合营储蓄兼普通商业银行说贴》中,较早地阐述了自己对银行的认识,强调了创办银行对发展资本主义工商业的重要性:"国非富不强,富非实业完不张,实业非有多数之母本不昌,欧美人知之,故广设银行,东人师其意,上下一心,合力次第仿效,三四十年之间,由小国而跻于强大矣,其根本在先致力于农工商……银行种类甚多,性质各别,其在民间者,大概以劝业为中心,以普通汇兑为手足,以储蓄为口鼻,导进饮食,吸嘘空气,以养中心而利手足,此则储蓄之转能也。""东西各国,各种银行皆具,自无此虑。中国民智尚塞,商学未兴,安得各种银行同时并建,是今日为实业计,必先银行,为银行计,必先营储蓄而兼普通商业,以储蓄资普通商业之本,以普通商业资储蓄之息,一行兼之,尤为灵通而稳固,无锡周舜卿所设上海信成储蓄银行,即是此法。"为此,劝说通州商业诸君效仿上海信成储蓄银行,募集股本1万股,每股10元,筹建通州储蓄兼商业银行。①他希望能在通州境内开启建设银行的风气,促进工商业的发展。这些筹建银行的思想,为其在民国后出任农商总长期间力促筹建金融机构奠定了基础。

当1905年户部银行创立后,1906年,张謇再次对在中国建立银行问题发表了自己的观点:"謇谓今日中国筹财政者,莫亟于养国家之信望,俾渐通官商之邮。出国家银行由国家饬令设立,予以特权外,民立银行,定政府入股之制,用人办事之权,由股东选举报部立案。不愿遵新制者听,此上策也;筹集管款,并招集商款,为商业模范银行,作中央银行之预备,此项总理,诚如原奏应由股东内选举,此中策也;若以共和国体银行之规制,而但利其可以受制于政府之下,遂以共和国所颁银行律之命令,强我国商人以服从,是寸木岑楼之喻也。……银行为实业之母,天下方待实业而兴,而户部先以银行为梏,其失不止北行南辕而已,影响所系甚广。"②由此可见,在晚清时期,

---

① 《劝通州商业合营储蓄兼普通商业银行说贴》(清光绪二十八年壬寅),张孝若编:《张季子九录(三)》(实业录)卷二,上海书局1931年影印本。

② 《论银行致铁尚书函》(清光绪三十二年丙午),张孝若编:《张季子九录(三)》(实业录)卷四,上海书局1931年影印本。

张謇对学习借鉴西方创立银行,促进中国实业发展就有了清醒的认识。

民国建立后,1913 年 3 月,张謇奉大总统令督办导淮事宜,12 月 21 日,复奉任命全国水利局总裁,在筹措疏浚之款之时,设立农业地产银行。①此后,在 1914 年 4 月 17 日,担任农商总长的张謇与财政总长周自齐共同商议,制定了《劝业银行条例》(53 条),呈请大总统袁世凯批准施行,在呈文中,明确阐述了筹设银行的理由:"窃我国地大物博,夙擅天府之称,惟农工各业,囿于小成,未能宏大规模,扩充营业,推原其故,端由农林、垦牧、水利、工矿等项,非有雄厚资金,不足发展事业。而环顾国内,金融机关,既未偏设,农工借贷,尤苦无从,遂使地利未获尽辟,富源不克大兴,国计民生,胥受其困,亟宜特设银行,借以劝导实业。"②《劝业银行条例》规定,劝业银行专门"以放款于农、林、牧、垦、水利、矿产、工厂等事业为目的",采取股份有限公司组织,资本总额定位 500 万元,分 5 万股,每股 100 元,营业年限 60 年,总行设于北京。并对劝业银行的营业、职员、股东会、劝业债票、公积金、监督与补助、罚则等进行了详细的规范。③

张謇在创办大生纱厂的过程中,真实感受到了利率偏高对发展民族资本企业的危害,如果长期借取高利贷,大生纱厂必将不堪重负。本来大生纱厂的余利应归股东,但鉴于工厂"支持之苦,筹调之难",1901 年,不少股东提出倡议将上年余利存厂,"股东迟入一年之赢余,厂中实享数万金之利益,同志赞叹,盖无异辞"。为此,从 1901 年开始,张謇决定缓发股东红利,均延迟一年支付,通州大生纱厂为此也要追加 6％的利息。④此后,1908 年,崇明大生纱厂分厂"议照正厂余利递迟一年,加六厘息发给之例。所有分厂官利,作为递迟二年,亦加周年六厘息补发。如开办费扣清,余利优厚,亦可提前补发"。⑤即便如此,也比当时的高利贷借款低,而且资金使用比较方便,这一方法既降低了利息开支,又解决了企业的流动资金问题,使企业与股东

---

① 张孝若:《南通张季直先生传记(附年谱年表)》,中华书局 1930 年版,第 198 页。

② 《关于拟定劝业银行条例理由给大总统呈文》(1914 年 4 月 17 日),沈家五编:《张謇农商总长任期经济资料选编》,南京大学出版社 1987 年版,第 283 页。

③ 《劝业银行条例》(1914 年 4 月 17 日),沈家五编:《张謇农商总长任期经济资料选编》,南京大学出版社 1987 年版,第 284—289 页。

④ 《通州大生纱厂第二届述略》(光绪二十七年辛丑二月),南通市档案馆等编:《大生企业系统档案选编(纺织编Ⅰ)》,南京大学出版社 1987 年版,第 5 页。

⑤ 《崇明大生纱厂分厂第二届说略》(光绪三十四年戊申),南通市档案馆等编:《大生企业系统档案选编(纺织编Ⅰ)》,南京大学出版社 1987 年版,第 244—245 页。

都皆大欢喜。

1916年,当中国银行遭遇到政局上好几次严重破坏,根本几乎动摇。先后为政府停止兑现风潮,北京政府对此要撤换中国银行的总裁,在此险象环生的情况下,股东们联合起来组织了一个股权联合会,大家推举张謇担任会长。① 为此,张謇致电段祺瑞总理,发表了很严正的主张:"中国银行,自经风潮,元气未复,信用未昭,京行虽力求开兑,近复阻滞,行誉日见随,幸赖沪行艰苦支持,保全半壁,宋张二经理有功于行,无待赘述。为国计,为行计,正宜畀以久任,力加维护。乃近闻总行有移调张副经理之说,人言凿凿,未始无因,当此市面紧迫,行务杌陧,设有更动,不特本行无由进步,且于市面恐有影响,大局所系,关系重大,謇默察时局,博采众意,为行事前途,为股东血本,不敢缄默,务请饬该行不得逞私见而扰大局,幸甚。"② 正是在张謇的竭力维护下,北京政府才迫于压力,放弃了这一主张,使风潮平息下来,而张謇担任中国银行董事,直到1926年逝世。

1919年,张謇为了更好地发展自己的实业,试图建立专门为大生提供融资、信贷服务的金融机构,决定创办淮海实业银行,由于大生实业处于巅峰时期,淮海银行很快筹措资金125万元,1920年1月,淮海实业银行宣告成立,总部位于南通城区濠阳路路北一侧的新建成的西式楼宇,9月,上海分行成立。然而,好景不长,由于受到金融风潮和水灾的影响,流动资金几乎枯竭,唯有闭歇一途。1924年,淮行只保留了海门分行,1925年,淮行保存机构,停止所有业务,体面地实现了破产。③

1921年年底,交通银行的董事会会长梁士诒接任北京政府的内阁总理,1922年初,直奉战争爆发,4月,奉系军阀张作霖失败后退出关外,而其支持的梁士诒因战争祸首罪而遭到通缉。梁士诒内阁变化,因交通银行与交通系之关系,交通银行受政局动荡的严重影响,立刻随着政变渐入紊乱不稳的状态。本来有人主张将交通银行取消,归并于中国银行。④ 到这个交通银行生死存亡的关键时刻,1922年6月,交通银行第十一届股东会选举张

---

①　张孝若:《南通张季直先生传记(附年谱年表)》,中华书局1930年版,第269页。

②　《为中国银行风潮致段总理电》(民国五年丙辰),张孝若编:《张季子九录(三)》(实业录)卷五,上海书局1931年影印本。

③　周新国、张进:《张謇金融现代化的理念与实践》,《北方论丛》2004年第1期。

④　张孝若:《南通张季直先生传记(附年谱年表)》,中华书局1930年版,第271页。

謇为总理,钱新之为协理。在其主持之下,为挽救危局,对交通银行的业务采取了不少措施:首先是维持其中央银行的地位,要避免与政府过分亲近,而造成银行资金困难与危机,但更要行使作为国家银行的职权,拥有发行权和国库的管理权;其次是采取稳健的营业方针,强调交通银行的营业主旨是工商业;第三,完善放款制度和积极清理旧欠;第四,整顿行风,创设行务会议新模式。①通过这一系列的整顿,交通银行渡过了难关,走出了1922年至1923年的低谷时期,其行务走上了健康发展的道路。

　　张謇的银行理论是相对完整的,纵观他从晚清以来有关建立银行的言论,可以看出,他在论述近代银行的时候,不仅强调需要建立和发展中央银行来加强宏观调控,更强调需要创建各种商业、专业银行以及地方银行来积极拓宽业务,为政府与民资资本主义工商业提供全方位的金融服务。在这些理论的指导下,张謇参与的银行实践也是相对成功的,为近代中国金融现代化作出了积极贡献。

　　总之,张謇一生不仅以实业救国、教育救国、立宪救国而著称,而且他也是近代中国,较早关注现代金融业以及金融体系建立的人,同时也是极少数较早提出建立自身金融保障想法的人,他力主建立完备的金融体系,强调只有建立银行和股票交易所等现代金融组织,才能推动民族资本主义的发展。他的金融思想与其金融实践是密不可分的,他在创建自己企业体系的过程中,深刻感受到了现代金融对于民族资本工商业发展的重要性,因此,张謇的金融实践是其金融思想的基础,而金融思想则是金融实践的反映和总结。

---

① 交通银行总行、中国第二历史档案馆编:《交通银行史料》第一卷(1907—1949),中国金融出版社1995年版,第276—279页。

多元身份下张謇慈善公益事业的矛盾冲突

周秋光*   李华文**

状元、绅士、实业家、慈善家、教育家、政治活动家等等,张謇拥有常人难以企及的头衔与光环,这既是张謇自身奋斗的结果,也是晚清民国时局变迁的产物。转换于多重身份之间,张謇并没有做到游刃有余,从而将每一个角色的作用都发挥到极致。相反,身份间的差异和冲突,在张謇的人生轨迹中不断凸显。从文化层面和价值认同角度看,张謇是一个儒家绅士,一个由农民转变而来的绅士;而从现实层面和社会交往看,张謇最具实力的身份却是实业家和由状元升级而来的政府官员,前者为张謇提供了坚实的物质基础,后者则有利于他周旋于形形色色的政治舞台而不致被政治风浪所吞噬。

多元身份对于张謇的慈善公益事业而言,同样具有双重性影响:既推进,又制约。以绅士、官员、实业家、慈善家这四个张謇生命中颇具分量的身份观之,不难发现:交错转换的多元身份给张謇的慈善公益事业带来了诸如理想与现实、利益与道义、奉献与索取等多种矛盾冲突。从根本上看,这些矛盾冲突又是过渡时代的近代中国的历史缩影在张謇这一历史过渡人物身上的必然体现。

一、理想与现实之间:绅士主导下的慈善公益事业

关于绅士,费孝通和张仲礼两人均做过权威性的界定及解读①,两人观

---

  *   周秋光,湖南师范大学历史文化学院教授。

  **   李华文,湖南师范大学历史文化学院研究生。

①   关于绅士(gentry),费孝通认为其是一个阶级的人,处于统治阶级的底层,某种程度上也可以叫作士大夫、学者一官员。绅士通过规范儒家文化伦理来获得社会权威,但他们不具有政治实权(见费孝通《中国绅士》,惠海鸣译,中国社会科学出版社2006年版,第2页,第37—44页)。

而张仲礼认为,绅士是一个统治中国社会的特权阶层,科举和捐纳是区分绅士正途与异途的重要标准。绅士可以划分为上层和下层两个层次,若以正途观之,通过科举获得的官员身份,进士、举人、贡生诸荣誉是上层,而生员则是下层(见张仲礼《中国绅士:关于其在十九世纪中国社会中作用的研究》,李荣昌译,上海社会科学院出版社1991年版,第1页,第6页)。

点虽有所不同,但都认为"中国绅士"是一特殊阶层,主要依靠科举功名获得身份认可,通过规范儒家伦理秩序获得社会威望,且是沟通官方和民间的重要中介。从这一点看,张謇不仅是绅士,而且是绅士阶层中的领袖人物。他原处于乡土中国的底层(农民),然后通过科举平台而状元及第,进而荣获绅士身份,之后回归故里,经营村落。同时,中国传统的基层政权结构又有其固有的局限:朝廷的直接统治力止于县这一行政区域,县以下的乡村统治权力则由地方乡绅代行管理,朝廷对此则给予默认。在这种主客条件相互作用的情况下,张謇凭借其"亦官亦绅"的身份勾连起南通内外,进而成为当地的领导者、建设者与保护者。

张謇以绅士身份主导地方慈善公益事业,这既是绅士固有职责所在,也是传统士人"心在畎亩、心忧天下"的儒家信条体现。按照张仲礼的说法,绅士的职责很广,主要有八类:为慈善组织和民间团体筹款;调解纠纷;组织和指挥地方团练;为公共工程筹款并主持其事;充当政府与民间的中介;为官府筹款;维护儒学道统;济贫。[①]以此观之,张謇的慈善公益之事无一不在其列,在他看来,自己乃"一南通之人也",[②]"兹事具地方慈善事业性质,邦人君子当亦不忍听其中绝",[③]只要一息尚存,便当全力以赴,即使日后因此而死,亦是无怨无悔,而身后之事更是听由南通父老评之。在这样一种使命情怀的熏染下,张謇对慈善公益一事抱以几近大同世界的完美主义倾向,他希望"地方无不士、不农、不工、不商之人",[④]甚至"只要地方上有一个人不上路,一块地方不整洁,都是他的担心,地方的耻辱,更是他的责任"。[⑤]正是这种"士不可不弘毅,任重而道远"的信念支撑,张謇的慈善公益事业才能取得巨大成就。由此可见,儒家绅士的身份及信念正是张謇慈善公益事业向前发展的主要精神动力。

然而凡事均有两面性,绅士身份在带来精神动力的同时也伴随着难以

---

① 张仲礼:《中国绅士:关于其在十九世纪中国社会中作用的研究》,李荣昌译,上海社会科学院出版社 1991 年版,第 1 页,第 232 页。

② 曹从坡、杨桐主编:《张謇全集》(第四卷),江苏古籍出版社 1994 年版,第 446 页。

③ 《张謇全集》(第四卷),江苏古籍出版社 1994 年版,第 354 页。

④ 《张謇全集》(第四卷),江苏古籍出版社 1994 年版,第 427 页。

⑤ 张孝若:《最伟大的失败英雄:状元实业家张謇》,华中师范大学出版社 2013 年版,第 222 页。

剔除的书生意气。这对张謇慈善公益事业的健康、持续发展来说，是一个绕不开的坎。这种制约主要体现在以下几个方面：其一，张謇的慈善公益事业往往过于强调道德自律的作用，而忽视了制度建设的重要性。张謇要求众人均像他一样，笃信"孔子富而教之之义"，①"先励富，使人富而后仁义附焉"。②然而这不过是他的一厢情愿罢了，姑且不论当时中国遍地贫穷的状况，仅以富贵者观之，为富不仁的现象即随处可见。其二，在经营村落的过程中，张謇常常固执己见，多次未与董事商议，即自行携公司款项支援村落事业。在离任掌舵人之际，他甚至以自己"从此逝，不负厂责，亦不负地方之责"③的语气"请求"大生继任者继续支持南通慈善公益之事，这无疑是在以地方绅士领袖的资历及威望来要求大生企业继续扶持慈善事业。其三，张謇知其不可为而为之，办理慈善、耗费甚大，所需费用却大都由自己一人支付。在政府无能为力的时候，他依旧不为所动。其精神固然令人敬佩，但却又透现出他以一介书生之气对这个失道的世界表示抗议，以此抚慰失落的理想情怀，即所谓的"以道抗势"。④其四，张謇将慈善公益之事视为"王政不得行"的补充，⑤将村落主义视为拯救南通百姓的治本之策，所谓"解救人民之痛苦，舍自治岂有他哉！"⑥从当时的社会环境来看，这是一种理想情怀多于现实可能的社会改良方案。

对于张謇的书生之气，日人驹井德三曾有过恰如其分的评说，他视张謇为一儒士，认为张謇的长处在于学识丰富、眼光宏远、意识坚固、勇敢决断、人格高洁，甚有高雅之风，而其短处则体现在所信过坚、不肯妥协、有智者通病，总是以对自己的要求来试诸他人等等。⑦可以说，儒家绅士的角色是张謇人生舞台的本色出演，但于其慈善公益事业而言，则是一份难以实现的理想主义情怀的遗憾表达。

---

　① 《张謇全集》（第四卷），江苏古籍出版社 1994 年版，第 427 页。

　②⑤ 《张謇全集》（第四卷），江苏古籍出版社 1994 年版，第 341 页。

　③ 《张謇全集》（第三卷），江苏古籍出版社 1994 年版，第 112 页。

　④ 参见严翅君《伟大的失败的英雄——张謇与南通区域早期现代化研究》，社会科学文献出版社 2006 年版，第四章之第一节"以道抗势和权力颟顸"相关论述。

　⑥ 《张謇全集》（第四卷），江苏古籍出版社 1994 年版，第 439 页。

　⑦ （日）驹井德三：《张謇关系事业调差报告书》，载于《江苏文史资料选辑》，第 10 辑。见于张孝若《最伟大的失败英雄：状元实业家张謇》，华中师范大学出版社 2013 年版，第 237 页。

二、实业家与慈善家之间：利益还是人道

张謇有着一个为世人耳熟能详的称谓：状元实业家。①辞官经商，在那个仍崇信士农工商秩序的时代，无疑是一件惊世骇俗之事。张謇兴办实业的原因很多，其中实业救国和实业济民这两个因素极为重要。其子张孝若曾说，"中国国势，一天比一天危迫下去，朝局用人政事也是一天比一天紊乱黑暗起来"，此时"要中国不贫不弱，救醒他，除了振兴工商业，绝没有第二样办法"。②与此同时，要想国家富强，非妥善解决慈善公益之事不可，然而在政府无能为力的年代，要解决这些社会问题，"非广兴实业，何所取资以为挹注？"③

经济基础决定上层建筑，张謇之所以能够在南通建立起一个几近无所不包的地方慈善公益体系，这与他所创建的大生企业有着不可分割的关系。可以说，没有大生企业所带来的巨额利润，就没有南通慈善公益事业的辉煌成就。张謇兄弟投入慈善公益事业的资金高达 300 多万元，用张謇自己的话说就是"二十余年自己所得之公费红奖，大都用于教育慈善公益"。④在1925 年大生纱厂被迫易手他人之前，南通的慈善、教育、公益诸事经费，每年约 85 080 元，⑤这笔钱由张謇支付大部，亲朋资助、捐赠小部。

在张謇的主持下，大生企业对地方慈善公益事业所做的贡献是巨大而可贵的。"大生"之名取自《周易》"天地之大德曰生"，张謇一开始便对大生企业寄予了泽被天下的宏大志愿。在他看来，大生纱厂的获利与南通慈善

---

① 实业家(industridist)是一历史词汇，通常用于 20 世纪中国遭遇列强凌辱时，那些以产业救国为己任的爱国人士。《现代汉语词典》对其解释是：拥有或管理大规模工商企业的人(参照《现代汉语词典》(第 6 版)，商务印书馆 2012 年版，第 1180 页对"实业"词条的相关解释)。实业家、企业家、资本家三者之间有很多一致之处，但也有个别不同。当代商界人物严介和对此曾有过精辟见解：围绕钞票运转的人叫资本家，是钞票的积累；围绕企业运转的人叫企业家，是能力的积累；围绕社会运转的人叫实业家，是形象的积累。某种程度上说，实业家与儒商有着一致之处(严介和：《我终身不做资本玩家》，见新华网，2005 年 11 月 28 日，http://news.xinhuanet.com/newmedia/2005-11/28/content_3845255.htm)。

② 张孝若：《最伟大的失败英雄：状元实业家张謇》，华中师范大学出版社 2013 年版，第 54 页。

③ 大生系统企业史编写组：《大生系统企业史》，江苏古籍出版社 1990 年版，第 10 页。

④ 《张謇全集》(第三卷)，江苏古籍出版社 1994 年版，第 116 页。

⑤ 《张謇全集》(第三卷)，江苏古籍出版社 1994 年版，第 111 页。

公益之事是二位一体、相得益彰的。南通为"产棉最优、销纱最多之区,亦即
收棉较廉、售纱较胜之区",纱厂获利,"实为地利"。若想"享地方之厚利,必
应报地方以优待",①如此,方能有利于大生纱厂的长远发展。而对于因兴
办慈善事业导致企业资金不足、流动不畅的外界指谪,张謇则给予了部分承
认:"致厂支绌之一,亦诚然。"但他坚持认为绝大部分的慈善公益费用都是
由自己所分红利支付的,加之亲友资助的一部分,"未以累股东"。至于因此
欠下的债务,则从自己往后的红利及退休费中抵扣,必不连累公司,"股东亦
大可安心"。②

　　以大生一厂的利润分配为例,建厂之初即规定:每年利润除酌提保险
金、公积金外,分成 13 股,10 股归股东,3 股作董事和职员花红。在 3 股花
红中,2 股归绅董,1 股归职员。而绅董所有的部分又再次分作 10 成,取一
成至一成半作善举之款。③1902 年对此稍作修改,规定红利作 14 成分配,10
成归股东,3 成作花红(花红内仍按前法取之部分以作善款),1 成提作通州
师范学校常年经费。④大生二厂的分配原则大体与此相同。而大生一、二厂
的盈余总额截至 1921 年年底已高达 1 663 万两之巨。⑤

　　按照上述分配方法,充作地方慈善公益款项的资金绝对是一个可观数
字。有论者统计发现,"1926 年以前,大生一厂利润分配中用于公益的部
分,达 69.11 万两,占总利润的 5.46%,这还不包括企业在其他费用中的附
支和无法明确区分的部分"。⑥此外,据后人统计,大生一厂的年平均社会贡
献率高达 9.91%,⑦这在中国近代企业史上是极其罕见的。下面以 1913—
1922 年十年间大生一厂的纯利收入和慈善公益支出为例,以说明大生一厂
为地方慈善公益事业所作出的巨大贡献。

---

①　《张謇全集》(第三卷),江苏古籍出版社 1994 年版,第 112 页。
②　《张謇全集》(第三卷),江苏古籍出版社 1994 年版,第 116 页。
③　大生系统企业史编写组:《大生系统企业史》,江苏古籍出版社 1990 年版,第 32 页。
④　《大生系统企业史》,江苏古籍出版社 1990 年版,第 131 页。
⑤　《大生系统企业史》,江苏古籍出版社 1990 年版,第 160 页,第 131 页。
⑥　汤可可、钱江:《大生纱厂的资产、盈利和利润分配——中国近代企业史计量分析若干问题
的探讨》,《中国经济史研究》1997 年第 1 期。
⑦　社会贡献率＝企业为社会创造和支付的价值/企业平均资产,参见汤可可、钱江:《大生纱
厂的资产、盈利和利润分配——中国近代企业史计量分析若干问题的探讨》,《中国经济史研究》
1997 年第 1 期。

1913—1922 年间大生一厂纯利收入与慈善公益支出对照表

单位:规元两

年份	纯利收入	慈善公益支出
1913	367 691.972	育婴堂 1 003.75,纺校 7 203.409,南京赈款 4 464,善举酬应 11 907.679
1914	347 573.76	善举 14 287.359,纺校 5 537.904,育婴堂 1 008
1915	275 649.933	纺校 6 779.74,育婴堂 982.8,善举酬应 14 108.088
1916	62 920.316	育婴堂 900,纺校 9 262.107,善举酬应 11 040.095
1917	796 768.53	育婴堂、公园 1 872,纺校 16 034.855,纺校 35 964.836,善举酬应 18 870.303
1918	638 669.775	育婴堂 1 010.8,纺校 9 139.928,纺校 31 000
1919	2 644 451.615	育婴堂 1 172.8,纺校 13 812.956,唐闸医院 50 000,马路工程 20 000,纺校 20 000
1920	2 077 007.445	育婴堂 1 032.48,纺校 12 437.165,小学补助 2 162.078,南通大学 14 500,北省赈款 46 800
1921	866 092.154	善举 43 998.621,育婴堂 1 017.8,纺校 10 950.262,小学补助 2 514.955
1922	−196 074.049	善举 42 466.589,育婴堂 1 099.5,纺校 13 576.634,小学补助 2 361.544,医院 4 998.227

（表格来源:以大生系统企业史编写组《大生系统企业史》,江苏古籍出版社 1990 年版,第154—158 页所列表格为参照,抽取其中的纯利收入和慈善公益支出部分而做成此表格。

[注](1)原表格中并无"慈善公益支出"字样,而是分为育婴堂、医院、赈款、学校补助、纺校、马路工程等多项,笔者将其汇总而成"慈善公益支出"。(2)原关于此类支出中,有巡警、商团、警卫等内容,因其涉及暴力机器问题,虽有服务地方、保卫民众之意,但笔者未将其列入"慈善公益支出"一栏。(3)关于"酬应"方面,原表格中分为善举酬应和酬应两种,笔者出于慎重起见,亦未将"酬应"支出列入"慈善公益支出"一栏,仅将"善举酬应"列入其中。)

张謇兴办实业的目的在于实现其救国济民的理想抱负,"办企业必须赢利,但盈利不是最终目的,而是为了利于强国富民"。[①]张謇并非"唯利是图的资本家,而是一个务实而又有理想的实业家"[②],他并没有一味追逐利润的最大化,而是将大生企业视为改良南通社会民生的物质基础。

① 虞和平主编:《张謇:中国早期现代化的先驱》,吉林文史出版社 2004 年版,第 103 页。

② 章开沅:《开拓者的足迹——张謇传稿》,中华书局 1986 年版,第 349 页。

　　然而即便如此,张謇依旧是一名追求实业获大利的商人。虽然"言商仍向儒",[1]但他依旧急切渴望通过商场上的比拼获得更多的利润。1904 年上海商人朱畴意图在崇明增设工厂,张謇担心此举会冲击到自己在通海市场的垄断地位,于是上书清廷请求阻止,结果如愿以偿。1914 年张謇在得知无锡新冶厂向农商部呈请立案后,立即指示麾下资生铁厂,令其从原料、资金等多个方面进行打压,使之无法与自己竞争。

　　同时,大生企业在对待工人上亦非外界宣扬的那样使之处在"中国的乐土"[2]之上,相反,工人所承受的剥削也相当严重。从工人最为关心的工资、工时问题来看,1919—1920 年为大生一厂发展的全盛期,当时一般男工日工资为 2.5—6 角,女工则为 2—4 角,而每日工作时间至少为 12 小时,14 小时是常有的事,最多的时候长达 16—18 小时。[3]然而早在 19 世纪 90 年代,每日 2 角钱的工资已很难维持一个男工在苏沪一带的基本生活,更不用说养家糊口,况且在这 20 年间,物价又以呈倍数的速度向上翻滚。更有论者根据大生企业的存留档案计算出当时工人的受剥削程度,即剥削率高达243.6%。[4]同时,工人还要承受诸如扣薪、革除、搜身、押工资等多种超经济"待遇"。可见,大生企业工人的生活仅能够延存性命,基本没有其他发展性目标可言。而对于通海垦区内的民众来说,他们的生活同样不容乐观。在这个被张謇多次称赞的地方上,佃户除了在承佃时需向通海垦牧公司交纳"顶首"外,还须将每年收成的 40%上交公司。此外,还有各种高利贷、罚做小工、关禁闭等处罚。可以说,垦区内的民众承受着一种类似专政机器的"待遇"。[5]

　　在此应该说明的是:张謇凭借大生企业所获得的巨额财富,大多未用于企业的扩大再生产[6],更无挥霍之举,而是大部地投注于地方自治之中(慈

---

[1]　章开沅:《开拓者的足迹——张謇传稿》,中华书局 1986 年版,第 44 页。
[2]　郑富灼在《现代之胜利者》中提到,张謇治下的南通是当时中国乐土。见张孝若《最伟大的失败英雄:状元实业家张謇》,华中师范大学出版社 2013 年版,第 235 页。
[3]　大生系统企业史编写组:《大生系统企业史》,江苏古籍出版社 1990 年版,第 160 页,第 161 页。
[4]　剥削率=剩余价值/可变资本,见大生系统企业史编写组:《大生系统企业史》,江苏古籍出版社 1990 年版,第 160 页,第 153 页。
[5]　大生系统企业史编写组:《大生系统企业史》,江苏古籍出版社 1990 年版,第 60 页。
[6]　大生企业在利润分配上大都实行"得利全分"的做法。在一、二厂近 1 400 万的利润中,股东、职员得 1 100 万,占总额 77.8%,而属于资本本身积累的仅有 300 万,只占总额 22.2%。即便在这 300 万中,业外投资又占了 2/3,这些投资又大多经营不善,盈利甚少,甚至有一些根本无法开业。见大生系统企业史编写组:《大生系统企业史》,江苏古籍出版社 1990 年版,第 140 页。但汤可可、钱江在《大生纱厂的资产、盈利和利润分配——中国近代企业史计量分析若干问题的探讨》一文中却并不赞同这种观点(《中国经济史研究》1997 年第 1 期)。

善公益占据相当部分),以此改善民生疾苦,改良社会环境。从这一点上看,又不能对大生企业的超强经济剥削作过多的指责。因为这里涉及两个至关重要的问题:一,若没有张謇的慈善公益事业,南通民众和南通城乡贫穷落后样貌似难改变,更不会成为"当时中国的乐土";二,在攫取利润和回馈社会之间,商人应该如何把握,才能寻找到一个理想的平衡点,这个问题非但张謇那批人没有给出令人满意的答案,即便在今天也未必能获得圆满的解答。

三、政治威权下的慈善公益事业:扶持还是阻塞

对于从政为官,张謇曾有言,"謇天与野性,本无宦情","愿为小民尽稍有知见之心,不愿厕贵人受不值计较之气;愿成一分一毫有用之事,不愿居八命九命可耻之官,此謇之素志也"。[①]然观张謇一生,自 1894 年状元及第荣获翰林院修撰起,他的后半生便始终笼罩于各种政府头衔之下,未曾真正离开过中国的政治大舞台:翰林院修撰、奉旨总理、两江商务局总理、商务部头等顾问官、江苏谘议局议长、实业部总长、农商部总长、全国水利局总裁、吴淞商埠督办等等,或实或虚,张謇始终有着政府官员的身份。而对于包括戊戌维新、东南互保、清末立宪、南北议和、北洋政府成立等在内的清末民初的绝大多数政治活动而言,张謇都是其间的重要参与者。很明显,张謇不愿为官的志愿与其谋划官场的行为形成了强烈的反差,造成了一种内在性的必然矛盾。造成这种矛盾局面的原因很多,但有一点极为重要,即张謇需要借助官员身份和政治威权来为他事业的发展与南通的安稳"保驾护航"。正如张謇自己说的,"若不为地方自治,不为教育慈善公益,即专制朝廷之高位重禄,且不足动我,而顾腐心下气为人牛马耶?"[②]

以张謇的慈善公益事业观之,他的官员身份和政治光环确实为南通民众带来诸多实惠,并在一定时期内保全了通海地区的安定及发展。关于地方慈善之事,张謇虽曾说"皆以謇兄弟实业所入济之","对于政府官厅,无一金之求助",[③]但很多事情,他还是借助了官方的力量:1907 年呈文两件于

---

①　《张謇全集》(第四卷),江苏古籍出版社 1994 年版,第 526 页。

②　《张謇全集》(第三卷),江苏古籍出版社 1994 年版,第 116 页。

③　《张謇全集》(第四卷),江苏古籍出版社 1994 年版,第 459 页。

总督,请求拨款一万五千八百八十千文以充作南通地方自治之需;1910 年上书朝廷,请求免提苏省积谷款,留之充作地方办学之用;1910 年致电民政部,请求拨款以赈通海潮灾;1915 年卸任农商总长前夕,更是为南通领来十五万亩荒地,以作自治基产。①无论清廷或民国政府,对于张謇此等慈善请求,大都会酌情办理。此外,自辛亥革命后至 1924 年江浙战争前的十余年里,通海地区大多时候都能保持相对安稳的局面而不受战火肆虐,这与张謇利用其"亦官亦绅"身份不断周旋于各派军阀间,委曲求全以谋地方安定的做法有着密切的关联。为此,张謇甚至还违心地为军阀孙传芳奉上一道"华盛顿汤",以示对孙联帅的美好祝愿。②对此,张孝若曾说,这并非其父亲"改变了他的本性的人格有所迁就合污,实在是人民经不起再闹,地方经不起再扰乱,事业更经不起再破坏",其父亲只是"但求部局秩序有相当的维护,人民元气能保一分就保一分"。③可以说,张謇的官员身份为南通民众提供了乱世之下的一份政治庇佑。

　　然而正是这种政治庇佑,使得张謇几乎成了南通的救世主,他在南通威权极重,说一不二。固然,张謇凭借其能力与人格使得这种政治威权运用到了改善通海民生疾苦之上,但也埋下了人存政举、人亡政息的历史伏笔。后来的历史发展基本证明了这一点。同时,张謇渴望成为尧舜禹式的圣人,④他在南通施行的一系列慈善公益措施也带有明显的政治施恩色彩。他在以一种圣君贤臣的思维方式从事地方慈善事业,这种思维方式又与他的政治身份相互吻合。此外,张謇的慈善公益体系已超出了他个人及企业所能承受的范围,而代行了政府的部分社保职责。这固然是政府无能和不作为的结果,但也与张謇本身的体制内身份不无关系,倘若张謇未曾状元及第进而获得各种政治头衔,其亦无望统率南通地方事务。总之,张謇的政治庇佑已使他的慈善公益事业被禁锢在自己的思维模式之中,而未能随着形势的变化作出相应的调整。然而在军阀混战、贫穷落后的民国初期,这种禁锢又是必然的,也是南通民众所依赖的。

---

①　分别参见曹从坡、杨桐主编《张謇全集》(第四卷),江苏古籍出版社 1994 年版,第 380 页,第 91 页,第 382 页,第 406 页。

②　章开沅:《开拓者的足迹——张謇传稿》,中华书局 1986 年版,第 327 页。

③　张孝若:《最伟大的失败英雄:状元实业家张謇》,华中师范大学出版社 2013 年版,第 225 页。

④　参见曹从坡、杨桐主编《张謇全集》(第五卷·上),江苏古籍出版社 1994 年版,第 151 页。

辛亥张謇论

——鼎革之际士人政治伦理的困释

周育民*

在专制时代,以"忠"为核心的中国政治伦理体系制约着官僚士绅的政治行为。"忠""奸""逆""叛",都是以君臣伦理标准而确定的道德褒贬。至宋代新理学兴起以后,这套政治伦理体系简化为可以明确判定的公式。在朝为臣,伪忠营私曰"奸",抗命犯上曰"逆";朝代更替,易主称臣,旧君在称"叛",旧君亡称"贰"。因此,在这鲜明的政治伦理规范面前,宋亡、明亡,士大夫的叛降称臣,几乎都经历过痛苦的道德煎熬,而忠臣死事之烈,异乎前代。生死存亡之际,"尔曹身与名俱灭"与"留取丹心照汗青"即系乎一念之间。

辛亥革命时期,在民族矛盾与西学东渐的催化下,传统政治伦理观念发生了深刻的变化;但在现实政治结构的错动中,"旧臣"向共和国民、官员的转化,仍有一个调适政治伦理而立于道德无亏的过程。这种政治伦理的调适同样也深刻地影响着历史进程。本文以此为基点,考察张謇在辛亥时期的政治伦理过程的思考和调适。

一

政治伦理作为现实政治关系的反映,是维护和协调现实政治关系的道德规范。君臣关系,是专制政治体制中的核心政治关系,君使臣以礼,臣事君以忠,则是最高道德规范。在儒家学说中,君王之位,必有德者居之;如果君王无道,无异独夫民贼。为人臣者,必忠君之事,扶君之非,均为臣子应尽之责;君有德泽而不布施,君有失德而不谏言,则无异尸位素餐。但宋代以

* 周育民,上海师范大学历史系教授。

降,君臣间的这种可以互相调适的伦理关系,在主流意识形态中日益趋向于强调臣僚的"忠诚"。

明清易代之后,贰臣问题虽然困扰过许多士大夫,但一旦俯首称臣,虽有亏旧德,但照此规范行事,在新朝仍不失德行。像吴三桂这样的降而复叛的反侧之臣,反而更为人所不齿。但清王朝的满汉民族矛盾,使清王朝的"君位"合法性问题面临着新的挑战。其中最严重的一次,就是曾静案件。雍正五年,湖南人曾静受到吕留良遗诗中强烈的"夷夏之辨"意识影响,提出"夷夏之辨"高于"君臣之义"的伦理主张,并搜集了雍正帝在继位过程中的不少"失德证据",企图说动川陕总督岳锺琪举兵反清。这种挑战清王朝核心伦理准则的言论,引起了雍正帝的高度重视,竟亲自操刀,写下了洋洋洒洒的《大义觉迷录》,论证在大一统的政治格局下谈论"华夷之辨"的荒谬,澄清其继位过程宫廷内斗中的是与非。以天子之贵,与凡夫俗子争辩自己的"君德",逾于专制秩序的常理之外,乾隆即位之后,即将《大义觉迷录》收回销毁,处死了曾静、张熙等人,后世亦以为雍正帝此举愚蠢可笑。但从意识形态领域的斗争方式和策略而言,雍正帝一反常态,敢在触及专制制度核心而敏感的政治伦理问题上降尊纡贵,展开论辩,虽不免有发泄怨忿之意气,却也是表现和证明其"君德"的有效策略。[①]乾隆一朝,变本加厉地推行"文字狱",满汉之"华夷之辨"成为不可进入的政治和意识形态的雷区,则是维护满洲君主为中心的政治伦理准则的"霸道"。

"霸道"的后果,便是乾嘉时期"万马齐暗究可哀"局面的出现,各种社会矛盾迅速激化。1813年的"癸丑之变",王伦起义军竟然袭击了禁宫,嘉庆帝不得不下"罪己诏",自承失德之处。王鼎尸谏,也仅止劾琦善、穆彰阿而已。直到道光末年,臣僚粉饰弥缝之风依然如故。咸丰即位之初,天下已乱,曾国藩奏称:"十余年间,九卿无一人陈时政之得失,司道无一折言地方之利病,相率缄默,一时之风气,有不解其所以然者;科道间有奏疏,而从无一言及主德之隆替,无一折弹大臣之过失,岂君为尧舜之君、臣皆稷契之臣乎?"[②]"君

---

① 雍正嗣统之合法与否,学界争议颇多,各有所本,难以定论。以心理分析的角度看,雍正帝写《大义觉迷录》这一看来十分乖张之举,实际上多少有内心愤懑发泄的因素。试想,如果一个合法继承的皇帝,继位前、继位后不断遭遇手足兄弟的挑衅争权、世人的诬测质疑,在世不辨,后世还有什么机会?敢于争辩,恰恰是他内心坦然的表现。

② 应诏陈言疏(道光三十年三月初二日),《曾国藩全集》奏稿一,岳麓书社1987年版,第9页。

德"问题的禁坝由此逐渐打开,迨至同治、光绪,两宫听政、"清流"崛起、疆臣强悍,君臣之势为之一转。后世以为"清流"之起,系慈禧太后用以钳制督抚,其实大源还在于朝纲不振、"君位"分歧之故。同治、光绪均以冲龄即位,太后以听政行君权,臣下之"忠",本位却在于皇帝,而非太后。同治八年,山东巡抚丁宝桢以祖制为名,怒斩慈禧宠监安德海,太后不敢稍示薄惩。同治帝驾崩奉安惠陵,懿旨以醇亲王子载湉嗣咸丰帝之统即位,御史吴可读于途中尸谏,坚请新帝必继同治帝之统,矛头直指两宫的听政地位,太后虽未收回成命,却不得不以"忠臣"礼葬。光绪五年,慈禧遣太监送礼醇亲王府,值日护军以祖制禁太监出宫,竟遭拟流处罚,"清流"纷上奏章,请太后收回成命。至光绪亲政以后,所谓围绕着最高统治权力的"后党""帝党"之争,使得宫廷内部的政治伦理关系更加复杂,但"君"之本位在光绪帝,臣下事之以"忠"的道德力量,仍令慈禧太后气馁。太后以撤帘后"颐养天年"为由重修颐和园,光绪帝格于"孝道"难阻,臣下威于势而趋奉,但"后德"有亏,在士大夫的道德天平上已经昭然。

　　张謇经"帝师"翁同龢百方罗致,以甲午恩科中为状元,授翰林院修撰,俨然"帝党"后起之秀,也从此确定了他与光绪帝的君臣关系。张謇入院不久,甲午战争爆发,他参与了"帝党"的主战、劾李(鸿章)等活动,即因父丧丁忧回籍。光绪二十四年闰三月,入都销假,补散馆试。次月因翁同龢开缺,加以通州纱厂事务,遂于六月初请假离京。张謇合计甲午、戊戌两次在京任官,共 120 日。①戊戌政变后,维新派与帝党分子纷纷南逃,而京城废立光绪帝的活动也紧锣密鼓。新党、帝党与东南督抚在阻止废立的问题上互通声气,立场相同,遂由两江总督刘坤一出面上奏《太后训政保护圣躬疏》,而拟稿人就是张謇。

　　张謇所拟原稿,不见世传,而见之于世的只是刘坤一寄总署代奏电文:

　　　　国家不幸,遭此大变。经权之说须慎,中外之口宜防。现在谣诼纷腾,人情危惧,强邻环视,难免借起兵端。伏愿我皇太后,我皇上,慈孝相孚,尊亲共戴,护持宗社,维系民心。并请查照八月十一日、十四日两次谕旨,曲赦康有为等余党,不复追求,以昭大信,俾反侧子自安,则时

————————————

① 啬翁自订年谱,光绪二十四年戊戌,《张謇全集》第 6 卷,江苏古籍出版社 1994 年版,第858 页。

局之幸矣。坤一受恩深重，图报无由，当此事机危迫之机，不敢顾忌讳而甘缄默，谨披沥具陈，伏乞圣明俯赐采纳。①

张謇后谈及此奏云："为新宁拟《太后训政保护圣躬疏》，大意请曲赦康、梁，示官庭之本无疑贰，此南皮所不能言。刘于疏尾自加二语，曰：'伏愿皇太后皇上慈孝相孚，以慰天下臣民尊亲共戴之忱。'乃知沈文肃昔论刘为好幕才，章奏语到恰好，盖信。"②此次干预"废立"，首发于列强，"各国船集天津，诘译署问上病状"。③"经权之说须慎，中外之口宜防"一语，直指慈禧心病，劝其不得一意孤行，当知权变之理；而曲赦康梁，旨在缓和矛盾，以免反侧，疏稿"保护圣躬"主旨若无刘坤一所加"慈孝相孚"一语，竟落于虚，以张謇笔力，不至于此。

王照于此事另有一说："戊戌八月变后，太后即拟废立，宣言上病将不起，令太医捏造病案，遍示内外各官署，并送东交民巷各国使馆。各使侦知其意，会议荐西医入诊，拒之不可。荣禄兼掌外务，知弄巧成拙，又尝以私意阴示刘忠诚公，忠诚复书曰：'君臣之义已定，中外之口难防。坤一为国谋者以此，为公谋者亦以此。'荣禄悚然变计，于是密谏太后，得暂不动。"④《清史稿》康有为、刘坤一传记载与此说相同。胡敬思记刘之电复为"君臣之义至重，中外之口难防"，系道员陶森甲之词。⑤刘坤一与荣禄复书，不见传世，所言语出陶森甲，并无旁证。张謇自叙不采世传名句，当知内情。⑥

次年，慈禧太后立溥儁为"大阿哥"，废立光绪帝的阴谋即将成行。刘坤一再上《奏国事乞退疏》。张謇自订年谱载："闻太后立端王子溥儁为上子，兼祧穆庙；明正内禅，改元'普庆'，人心惶惶。新宁奏国事乞退疏，有'以君臣之礼来，以进退之义止'语，近代仅见。"⑦刘坤一所上《奏国事乞退疏》同样未见传世，而章开沅先生以为，此疏中有"传诵一时的名句为：'君臣之分

① 寄总署(光绪二十四年八月二十八日)，《刘坤一遗集》第三册，中华书局1959年版，第1415页。
② 嗇翁自订年谱，光绪二十四年戊戌，《张謇全集》第6卷，第858页。
③ 张謇日记，光绪二十四年八月初九日，《张謇全集》第6卷，第413页。
④ 王照：《方家园杂咏记事》页七。
⑤ 胡思敬：《国闻备乘》卷三。
⑥ 有关此事，李春华先生《"君臣之分久定，中外之口宜防"辨》(载《历史教学》1992年第4期)已有考订。张謇自叙年谱，完稿于1925年12月，胡思敬《国闻备乘》刊于1924年，而《方家园杂咏记事》《清史稿》均刊于1928年。
⑦ 嗇翁自订年谱，光绪二十五年己亥，《张謇全集》第6卷，第860页。

已定,中外之口宜防。'以比上次疏文为强硬的语气劝阻废立"。①

其实,刘坤一谏阻废立的名句,出于戊戌八月张謇的代拟稿。刘厚生曾向张謇询问此稿之如何措词,謇说:"只有两句尚能记忆,那就是'君臣之义久定,中外之口难防'之十二字也。"②刘坤一或以封疆大吏对慈禧太后以"君臣之义久定",语气过重,改为"经权之说须慎,中外之口宜防",请太后与皇上慈孝相孚,不失臣下之体。至己亥建储。刘坤一再奏,取张謇旧稿"君臣之义久定"意,用"以君臣之礼来,以进退之义止"句,足显老臣风骨和练达。而张謇能道其详,当曾亲阅此疏稿,或竟参与拟稿,抑或未定。③张謇的"君臣之义久定",终虽未达天听,但在光绪帝位即将不保的关键时刻,将传统政治伦理的最高准则提出来,不能不使刘坤一动容。

"经权之说须慎",既是刘坤一劝慈禧改弦的说词,也是他立身行事的一个座右铭。北方义和团起,东南督抚谋东南互保。清廷前有与列国宣战之懿旨,封疆大吏却与列强媾和,应对事态的"权变"不得不如此,但君臣纲常之"经"何在? 这使刘坤一在决策前踌躇不定。刘坤一问张謇:"两宫将幸西北,西北与东南孰重?"张謇答以:"虽西北不足以存东南,为其名不足以存矣;虽东南不足以存西北,为其实不足以存也。"刘蹶然曰"吾决矣!",即定议电约张之洞,发动互保。④"西北"是"宫廷"的代词,以臣下议宫廷与东南生灵孰轻孰重,不合封建伦理。张謇答语中的"虽"字,作"仅"字解,⑤讲的是"东南"与"西北"相互依存的关系。如果东南糜烂,西北的朝廷也就名存实亡了。东南互保的"权变",可以维护清廷之"实存",这就解了盘绕刘坤一内心经、权悖论之结,让刘坤一毅然作出了决定。

清季官场贪渎成风,对外战争中临阵逃脱者亦不鲜见,但这并不意味着封建政治伦理规范已经彻底崩坏,它依然在晚清重大政治事变中发挥着实

---

① 章开沅:《开拓者的足迹——张謇传稿》,中华书局 1986 年版,第 110—111 页。

② 刘厚生:《张謇传记》,上海书店 1985 年影印版,第 187 页。

③ 张謇日记,光绪二十六年二月二十三日,张謇诣刘坤一,赠"送新宁尚书入朝诗",在"戊己堂堂两奏传"句下注:戊戌八月廿七日公奏有"伏乞皇太后皇上慈孝相孚,以慰天下臣民尊亲共戴之忧"语。己亥十二月公奏有"以君臣之礼来,以进退之义止"语,朝野传诵。(《张謇全集》第 6 卷第 432 页)此诗既送赠刘坤一本人,所引奏语不应有误。

④ 啬翁自订年谱,光绪二十六年庚子,《张謇全集》第 6 卷,第 861 页。

⑤ 有将张謇此语解作"无东南不足以存西北,无西北不足以存东南"者,意思不错,但"虽"字不能作"无"解。《管子·君臣下》:"决之则行,塞之则止。虽有明君能决之又能塞之。"

实在在的作用。深受传统礼教熏陶的士大夫，一旦触及最高政治道德的核心问题时，往往能表现出惊人的道德力量和勇气，并深刻地影响着历史的进程。而张謇，正是在废立、东南互保等重大事变中，高举"君臣之义"的大旗，说动刘坤一等封疆大吏采取了几乎不计个人利害得失的道义之举，得到了海内一片喝彩。这种卫道士形象的耸立和披靡，表现了张謇的传统政治伦理修养的深厚底蕴，也要求他在辛亥世变中的道德抉择中有更为复杂的思考。

二

　　清末政治，由变法新政到预备立宪，是一大枢机。而君权与民权、君主与民主的赫然对立，则深刻地动摇了传统政治伦理的根基。在革命党等新派人士，高扬美利坚独立自由、法兰西民主共和的旗帜，无论跻身官厅还是投笔从戎，无不以推倒君权为目的，不存在道德伦理转型的问题。而对于相当一批希望与时俱进的士大夫而言，要在政治枢机转换的过程中，在公众中继续保持自己的道德形象，至关重要。将传统的政治伦理观念与舶来而大行的民权思想嫁接，既是一批清末士大夫深沉的理论思考，也是现实政治抉择推动的题中必有之义。

　　在以儒家学说为核心的中国传统政治理论中，君臣关系、君民关系是一个相当复杂的系统。君主授命于天，统率百官牧民，故"天命"是君主统治合法性的来源。天行有常，四时有序，国泰民安，是君主"天命"所在的证据。"天命"授予有道德的君王，故天象有异、四时失序、民变迭起，即为君主失德、上天示警的表征。民心、民意即因此而成为天命、天意的有机组成部分。"天视自我民视，天听自我民听"，民归民去，载舟覆舟，是天命自然之理。古有国君设采风、谤柱以听民意，专制大一统以后均废，在等级制度下，君民之间，没有直接关系，也没有合法的沟通渠道。观天象有钦天监，而民之视听，在专制王朝却没有正常的渠道，"为生民立命，为天地立心"，也就成为儒者立朝正君的使命，也是士大夫忠君的基本政治伦理。商代忠臣比干言："主过不谏非忠也；畏死不言非勇也。过则谏，不用则死，忠之至也。"①主过与

---

① 《史记》第四，殷本纪，正义。

否，即以天心民心为衡，君民轻重，亦在于此。

当西方近代政治体制和观念渐浸中国之时，在士大夫心中引起震动的是这种政治体制对于君民关系的重构，而将"民"直接纳入政治参与的框架之中。大学士文祥奏称："外国无日不察我民心之向背，中国必求无事不惬于民心之是非。中国天泽分严，外国上议院、下议院之设，势有难行，而义可采。"①19 世纪末，中国知识界虽已有君主、民主之说，只是对西方政治体制的专用术语，而维新思潮中奔涌的时髦词汇，不过是"民权"而已。"民权"与"民主"一字之差，前者强调的只是人民的政治权利，后者突出的是国家主权在民的政治体制。梁启超批评"三代以下，君权日益尊，民权日益衰"②，也不过是以承认君权的前提下使用的"民权"概念，而非"民主"的本来含义。"民权"这个新话语符号在中国思想界的确立，即使到孙中山提出"民权主义"，虽赋予其全然的"民主"内涵，也不得不是"旧瓶装新酒"。在清廷宣布实行预备立宪以后，除革命党外，朝野的基本政治共识仍是君主之下的"民权"，而分歧只在于"民权"的限度。因为"民权"一词，可以在传统政治伦理范畴内对西方的公民政治权利给予最大限度的包容。

但是，直到立宪运动兴起，"民权"一词依然还是体制之外的话语，其内涵的表达在立宪派的头面人物那里，是隐讳曲折的。1906 年 9 月 2 日，清廷颁预备立宪懿旨。岑春煊立即致书张謇，议立法政研究会，愿助开办会一万元。10 日，由刘厚生出面宴请郑孝胥等人，议立"国民会"，集股"设科学高等讲习所及大报馆一区，而设法政、交涉、财政、工商研究所隶于报馆，其宗旨以研治实业，主持清议为主"。③岑春煊补授云贵总督之后，该会筹组工作由郑孝胥、张謇等继续推进。9 月 23 日，开会再议，名称商议为"立宪研究公会"，至 10 月 21 日，正式定名为"预备立宪公会"。名称的改定，标志着这一团体不再局限于学理研究和舆论宣传，而增强了政治参与色彩。12 月 16 日，预备立宪公会在上海豫园开成立大会，投票推郑孝胥为会长，张謇、汤寿潜为副会长。④张謇对于立宪公会宗旨的政治转向，并不同意，他后来回忆说："会成，主急主缓，议论极纷驳。余谓立宪大半在政府，

---

①　《清史稿》卷 386，文祥传。
②　梁启超：《〈西学书目表〉后序》。
③　劳祖德整理：《郑孝胥日记》第二册，中华书局 1993 年版，第 1056—1057 页。
④　同上，第 1086 页。

人民则宜各任实业、教育为自治基础。与其多言，不如人人实行，得尺则尺，得寸则寸。"①可见，他对于"预备立宪"和"民权"的认识，还只是强调民众在"预备"过程中是责任和义务，而不是政治参与权的积极争取。因此，说张謇在清末立宪派中最为保守人士的代表，大概不是过甚之论。

国会请愿运动兴起，预备立宪公会实际上成为各地立宪派的中枢。1908年倡开国会时，预备立宪公会致宪政编查馆通电中称：

> 近日各省人民请开国会者，相继而起。外间传言，枢馆将以六年为限，众情疑惧，以为太缓。窃谓今日时局，外忧内患乘机并发，必有旋乾转坤之举，使举国之人，心思耳目皆受摄以归于一途，则忧患可以潜弭，富强可以徐图。目前宗旨未定，四海观望，祸端隐伏，移步换形，所有国家预定之计画，执行之力量，断无一气贯注能及于三年之外者。……某等切愿王爷、中堂大人上念朝事之艰，下顺兆民之望，乘此上下同心之际，奋其毅力，一鼓作气，决开国会，以二年为限，庶民气固结，并力兼营。②

此稿由郑孝胥撰拟，由孟昭常商之张謇、汤寿潜后，以预备立宪公会名义发表。"旋乾转坤"，影射了主权由君上转到国会的主题，而"上下同心"，则直奔立宪的宗旨。立宪派的翘楚们在传统政治伦理的语境之下，表达速开国会的要求，可谓费尽心思。这个通电，张謇列名其中，并商经同意。郑孝胥的第二份电稿，因张謇不在沪上，仅"录稿寄之"而已。

光绪皇帝、慈禧太后相继去世以后，载沣监国，颁《钦定宪法大纲》，明确君主总揽国家立法、行政、司法、外交等大权，统率陆海军以及对外宣战、媾和之权，甚少涉及国会权力和公民权利。清廷根据预备立宪九年期限，于1909年10月召开各省谘议局会议，立宪派士绅发现这个民意表达机关对地方督抚毫无制衡作用，次年召开的资政院会议情况可想而知，国会请愿运动遂以预备立宪公会成员占优势的江苏谘议局首先发起，而16省谘议局的代表在沪开会地点就在预备立宪公会事务所。请愿书相传是张謇所拟，但整个事件的实际主持者是郑孝胥。时杨度有言，"上海名人，惟郑苏戡（孝胥字）尚有野性"。郑孝胥闻之，颇为得意。③"尚有野性"一语，传神地刻画了郑孝胥言行已略脱传统士大夫在朝在野的规矩。他在预备立宪公会的积极

① 啬翁自订年谱，光绪三十二年丙午(1906)，《张謇全集》第6卷，第868页。
② 《郑孝胥日记》第二册，第1147—1148页。
③ 同上，第三册，第1209页。

活动,目的就是"以先举一时旅沪知名之士为会员,专以速成为主义,非独破坏腐烂专制之政府,兼欲删改列国完全之法度"。①端方因办理慈禧奉安,沿途照相,肩舆冲过神路,以电线杆设于风水墙行树内,遭人劾罢,郑孝胥竟腹诽"朝廷视大臣如奴隶,百姓亦从而轻藐之,不亦愚乎!"之语。②

张謇对于士大夫在立宪运动中应遵守的政治伦理表现出了强烈的敏感性。他为16省代表饯行之时,发表了著名的《送十六省议员诣阙上书序》,③详述了自己的政治主张,在与清廷政见明显分歧的情况下,这篇序文运用传统政治伦理观念之妙处,颇值得观赏:

> 中国二千年来,亡国之祸,史不绝书。秦始专制而享祚最促,一椎大索,三户崛兴。亡国之民,其魂魄激于兵锋之惨愈郁而祝愈烈。下此则有玉步未更,而故老遗民结其禾黍故宫之痛,寓托篇章,传之子孙,或百年或数十年而不能尽泯者。故有形之亡国,国亡而民不尽亡。今世界列强之亡人国,托于文明之说,因时消息,攘人之疆域、财产而尸其权,而并不为一切残杀横暴之劳扰,使亡国之民,魂魄不惊,而詟服其威权之下。故无形之亡国,国不必遽亡而民亡。至于民亡而丘墟宗社之悲,且将无所于托。此其祸视我昔时一姓覆亡之史何如?诸君则既心知之矣!

> 幸而先帝之明,上师三代,旁览列国,诏定国是,更立宪法,进我人民于参预政权之地,而使之共负国家之责任,是古之君子所谓国之兴亡匹夫有责之言,寄于士大夫心口之间。今之责不必士大夫,而号称列于士大夫者,顾或诿焉,而可无疚于心乎?

> 君子之立言也,有经有权。必明乎经之所在,而后不谬于权之用。朝廷以义使人民共任国家之责,人民亦以义奋而任其责,所谓经也。视国之濒于危而虑其亡,而谋所以救亡。"其亡其亡,系于苞桑",圣人之言也,所谓经也。外审势之所灼,内度言之所宜,庶几达请愿之意而无所阻,则权也而不戾于经也。

> 专制之国亡,乃一姓宗社之亡,国亡而民未必亡;当今之世,列强亡人之国,先亡其民,使一姓宗社无所托而亡,其祸更烈。

① 《郑孝胥日记》第三册,第1138页。
② 同上,第三册,第1216页。
③ 《张謇全集》第1卷第127—129页。以下引文,段落、句读有所改动。

张謇由民乃社稷所托起论,符合儒家大义。次论人民参政,系先帝遗志,赋天下兴亡匹夫有责于实际。经义既立,请愿之权变即不得违乎经义。"势之所灼",不得不请愿;"言之所宜",则不能不诚。下文"输诚而请,则请,则国家之福,设不得请而至于三至于四至于无尽,诚不已,则请亦不已",自然划定了不至于离经叛道的"经界"。至于"不得请而至于不忍言之一日,亦足使天下后世知此时代人民固无负于国家,而传此意于将来,或尚有绝而复苏之一日",张謇依然强调的是人民与政府各自的责任,而非权利。郑孝胥所谓的"旋乾转坤"的"野性"之语,在张謇的"言之所宜"的权变中是不容置地的。那桐看了请愿书之后,认为"措词得体",询系何人手笔,代表答以张季直意见为多。①不过,"言之所宜"的请愿书,并未得到愚钝的清廷"俯准"。

第一次国会请愿运动,清廷以"具见爱国悃忱,朝廷深为嘉悦"而打发后,郑孝胥应锡良之邀前往东北,预备立宪公会于 1910 年 1 月改选会长,推朱福洗为会长,张謇、孟昭常为副会长,②第二次请愿运动于 6 月发动,声势更大,张謇以诚请之情再拟请愿书,清廷仍以慰语轻易打发,并以"毋得再行渎请"进行警告。当年 9 月,资政院开议,立宪派借此机会,发动第三次请愿,并以资政院为舞台将请愿书转奏请准,加上锡良领衔的 18 个总督、巡抚、将军、都统联名奏请明年设立国会,清廷不得不允准于 11 月 4 日宣布将九年预备立宪改为五年,定于宣统五年开设议院。锡良运动疆吏联名上书在国会请愿运动中的独特作用,自然与郑孝胥的"野性"煽动大有关系。

两次诚请速开国会之后,张謇实际上已无"再三再四"之兴。到次年 5 月,江苏谘议局与两江总督在宁属预算案教育经费产生严重分歧,难以成立,张謇愤而辞去江苏谘议局议长职务,全体议员公议全体引咎辞职。5 月 8 日,清廷颁布皇族内阁,张謇日记竟不着一字,注意力集中到了组织中国商界代表赴美考察事宜,准备赴京报聘。6 月 7 日,他在离开汉口之前致电袁世凯"来晚诣公,请勿他出",8 日在彰德洹上与袁世凯长谈至深夜,随后起程前往京城。13 日,摄政王载沣召见,面对内容涉及外交、内政、实业等

---

① 《张謇全集》第 1 卷,第 142 页。
② 同上,第 3 卷第 1223—1224 页。种种迹象表明,预备立宪公会的后台,是岑春煊。成立该会是岑春煊的提议,开办经费一万两是他提供,锡良请郑孝胥赴奉天,也事先致函岑春煊牵线作合(见同书 1224 页)。

各个方面,实事居多,而政治举措唯劝"朝廷不为大拂人心之举动","朝廷实意立宪",于国会一事,不置一词。①张謇与清廷在政权体制问题上不再公开立异,而着意于实业,并非放弃了他的"经义"定见,而只是一种基于政治现实的权变,这种权变,也是出于他所主张的政府与人民各尽责任的初衷。无论进退,张謇都不需要脱出传统政治伦理的界线。

　　政治伦理关系是客观政治秩序的反映。君、官、绅、民的不同政治身份,适用的政治伦理道德也各不相同。君与官之间,守君臣之义;绅为四民之首、君民之介,有辅官治理、教化民众之责任,传导民意之义务,其地位介于臣、民之间,其政治伦理关系的把握十分微妙,稍有不慎,极易逸出体制之外。像郑孝胥、张謇这些曾经食过官俸的巨绅,情况更加复杂。请开国会之电文刚发出,《中外日报》专电讯,"闻廷意有擢用郑苏庵京卿消息"。《神州日报》更报道,"政府议奏保郑孝胥襄办宪政"。但郑孝胥自度,"国会之电,昨日计已到京,政府纵有推荐之意,得此电必中止"。②绅、臣界线,虽无明文,却是当时官、绅内心自明的。绅可以辞官不就,官只可因老病辞官。张謇任江苏省谘议局议长,系议员推举,而非君上任命,故张謇可以公议为由毅然辞职。绅可与官抗礼,却不可与君抗命,诚不已,请亦不已,就成为张謇在立宪时代本于经义而自定的面君为绅之道。

三

　　辛亥革命风暴的迅速到来,整个政治秩序发生了天翻地覆的变化。在政治秩序"转乾移坤"的大变局中,如何调适各自的政治伦理关系,成为前清故臣、士绅立世行事的一大难题。对于像张謇这样对政治伦理道德具有高度敏感性而社会关注度极高的巨绅,如果在这个问题上处理不慎,将会对自己的道德形象和生平事业带来毁灭性的后果。

　　张謇在 1911 年 10 月 3 日为庆祝大生集团在湖北的大维纱厂开工到达武昌,10 日晚上 8 时乘上开往上海的日本商船襄阳丸。他亲眼看到了武昌起义的发动:"八时登舟,见武昌草湖门工程营火作,横亘数十丈不

---

①　以上内容,见《张謇全集》第 1 卷 162—164 页,张謇行程日期据日记改正。

②　《郑孝胥日记》第二册第 1148 页。

已。火光中见三角白光激射,而隔江不闻何声。舟行二十余里,犹见光熊熊烛天也。"①他当时并没有意识到革命已经开始。两天后船到安庆,按约定第二天见安徽巡抚朱家宝共商导淮工程,朱家宝在武昌失守、安庆风声鹤唳的情况下,对导淮工程自然已经兴味索然。朱家宝让他看了武昌失守的电报,并说了安庆新军动摇之后,张謇才明白"势处大难"的境地。离开安徽巡抚衙门之后,张謇于当晚乘船离开安庆,13日抵南京。第二天,张謇去江宁将军铁良处,建议军督合力援鄂,电奏速定宪法。这两项建议,是张謇在船行途中仔细考虑过的挽救清王朝的最后办法。江宁将军铁良与两江总督共同出兵镇压武昌起义,可以消除遍布全国的革命干柴的"燃点";速定宪法,可以挽回人心,以宪政抵制革命。铁良不置可否,请他先找张人骏商定此事。张謇遂于15日面见张人骏,但张人骏给他泼了一盆凉水。张不仅大诋立宪,而且说湖广总督瑞澂既造首祸,也应能自了,无需增援。张謇以安庆危急,接下来就是南京,以利害动之。张人骏的回答却是"我自有兵可守,无恐"。南京将督临危瞒盰木然,让张謇大愤:

> 乌乎! 大难旦夕作矣! 人自为之,无与于天。然人何以愤愤如此,不得谓非天也。②

张謇心有不甘,于16日赶到苏州,向江苏巡抚程德全面陈自己的主张。程德全请张謇代拟立宪奏稿,张謇约雷奋、杨廷栋一起在旅馆连夜起稿。此奏后由程德全与山东巡抚孙宝琦联名发出。21日,张謇又在南京与沈恩孚、雷奋、杨廷栋等商议,以江苏省谘议局的名义起草了内容大致相同的文稿,向内阁通电。这份电文,成了张謇为挽救清王朝作出努力的最后记录。他所扮演的,不过是光绪遗臣和立宪派绅士的角色。

形势比人强。清王朝在摧朽拉枯的革命洪流之下迅速坍塌,张謇的务实态度和处理政治伦理关系的经权原则发生了巨大的冲突。张謇的复杂政治角色,无需让他恪守忠臣的义务,充当不识时务、于事无补而愚忠于清王朝的遗老遗少,共和革命的新型政治秩序,也没有为前朝旧臣提供相应政治伦理原则的先例,张謇是以务实态度摸索其相应伦理原则的。

11月3日,上海光复,紧接着江苏巡抚程德全"挑瓦革命",就任江苏都

---

①　啬翁自订年谱,宣统三年辛亥,《张謇全集》第6卷,第875页。

②　同上,第876页。

督;杭州光复,预备立宪公会的副会长汤寿潜就任浙江都督。旧式官绅在"新朝"中的角色迅速改变并未造成这些名宦巨绅道德形象的跌落,对张謇是一个巨大的冲击。清王朝在国会请愿、设立内阁等问题上的倒行逆施,地方大员在大厦将倾时的"惯惯如此",使张謇失望至极。11 月 18 日,清廷任命张謇为农工商大臣、东南宣慰使,张謇自然不愿再为这个腐朽的王朝殉葬了。

11 月 11 日,张謇与原来一批谘议局议员筹组江苏省临时议会,是张謇政治立场转向共和的一个标志。12 月 14 日,张謇正式剪掉发辫,他在日记中沉痛写道:"去发辫寄退翁(张謇),此亦一生纪念日也。"[1]发辫去而不弃的仪式,十分恰当地表现了张謇对于清廷去而不弃的态度。作为旧臣,他在辛亥革命时期所作的全部努力,可以归结为两点,一是保全清室;二是防止满汉相仇;作为巨绅,安定地方社会政治秩序。这些旧臣巨绅的义务和责任,嫁接到"五族共和"的新政治伦理道德的框架内,可以说十分审慎、务实,也为当时社会所接受和赞许,但在张謇的内心之中,却不乏煎熬和思考。

从南京临时政府成立到民国二年,张謇写了两篇论文,一篇是《革命论》,一篇是《尧舜论》。这两篇论文,从中国古史探讨革命与政权授受的伦理问题,曲折地反映了当时在张謇脑际盘桓的一些"形而上"问题。

《革命论》作于 1912 年 1 月 11 日。张謇日记记"作《革命论》上下篇",现在的《张謇全集》只有一篇,已难窥其全豹。

"革命"一词,典出易传:"天地革而四时成,汤武革命,顺乎天而应乎人。"张謇首先从易传卦象论革命之含义、条件与吉凶。《易》为中国传统文化的经典,犹如几何之公理,以经义而展开的申论,则是论说的中心。

> 天下之局,止于揖让征诛;圣人之心,处于光明正大。揖让之光明正大者,至尧舜而终;征诛之光明正大者,自汤武始。舜受之尧,禹受之舜,其政治纲纪,相承而无所改革,故尧舜禹授受之际,不得谓革命。夏桀纣悉背祖宗之法,而虐夫民。民之疾苦若陷水火,焦焦然日思得一人而拯之。而汤武以侯国之势,有保惠之仁,累世之泽,民之望之若旱望雨。是所谓信者,盖积于未革之先,而汤武犹兢兢不敢遽革也。汤审之于夏台之释,葛伯昆吾之伐;而武且审于文王羑里释归,洛西献地,盟津

---

① 啬翁自订年谱,宣统三年辛亥,《张謇全集》第 6 卷,第 661 页。

既会,微去箕囚比死之余,至于巳日之候已通,而无咎之征乃作。三就之孚既洽,而改革之吉始彰。……

使革人之命,而上无宽仁智勇文武神圣之君,下无明于礼乐兵农水火工虞之佐,则政教号令,旧已除而新无可布,布者不足以当王泽而屡民望,其愈于不革者几何? 是故后世布衣太息,辍耕陇上,大呼奋挺,因时乘会,以成大业,与夫莽操炎裕之徒,始窃威灵,终移大柄者,其人虽亦备一姓之史,蒙陵庙之尊,要祗可谓一治一乱之间,有此应运而生之人。事成于天幸,而非有始终诚信、稽合天人而能顺应如汤武者也。治之不得复比于殷周,岂必观其典章制度之成,即其执辔发轫之人,而已可知矣。

夫是故二千年来,革命不一,而约其类有四:曰圣贤之革命,曰豪杰之革命,曰权奸之革命,曰盗贼之革命。汤武,圣贤也;假汤武者豪杰或庶几;其次类皆出入于权奸盗贼之间。此诚专制国体有以造之。假日非专制,而天人则犹是也,奈何乎? 革而不信,而况乎不正,吾见其自蹈于厉与凶悔与亡巳耳! 革命云乎哉?①

革命当顺乎天而应乎人,即共和革命也需循此规律,是此篇立论的中心;"治之不得复比于殷周,岂必观其典章制度之成,即其执辔发轫之人",是张謇观察南京临时政府的一杆标尺。如果革而不信,制度不立,还谈什么革命,这是他对革命前途的担忧。《革命论》下篇按照理路,应展开论述由专制而民主的革命。当时张謇概允就任南京临时政府实业部总长一职,对"成一巩固健全之大共和国家"②充满希望,下篇的论点恐有出常人意外者,因政治形势变化太快而致持论难立秘不示人,甚或至于"灭稿"。如果真是这样,现存《革命论》的尾语,当有删增。③

《尧舜论》分上中下三篇。上篇论尧舜为人君之极轨,"使夫君必为尧舜,臣亦必致君于尧舜,后世可几尧舜之世,民得为尧舜之民"。"孔子生衰

① 《张謇全集》第5卷,第159—161页,分段、句读有所改动。
② 《张謇全集》第1卷,第200页。
③ 原稿可能在"假日非专制,而天人[之]则犹是也"结束,删去"之"字,语义转折,即可增补下面的文字。在担任新政府实业部总长当天,即如旁观者那样下笔"吾见其自蹈于厉与凶悔与亡巳耳",可能性不大。张謇日记明确记载了成文日期,而在《张季子文录》则系于民国二年,可能于二次革命后改动,如果这样,连上段最后一句,"治之不得复比于殷周,岂必观其典章制度之成,即其执辔发轫之人,而已可知矣。"也可能是后加的。

周之世,战争之祸烈,而君臣之道替。"此篇立论直指儒家核心的"君臣之义"并非君臣关系的最高道德范畴。中篇以华盛顿比较尧舜,论尧舜为天下得人而让,是为圣;华盛顿为天下而让,而得人与否听之国会,是为贤。下篇论尧舜精神,在于君至于有天下而不与;为天下得人而让之。孔孟祖述尧舜,其根本精义即在于此。①

张謇的尧舜三论,《张季子文录》亦系于民国二年(1913),其实其成稿年代也应该在民国元年,至晚不会超过临时政府北迁。

《革命论》探讨的是革命的天经地义,以汤武革命的"顺天应人"为标准,否定中国历史上其他革一族一姓之命朝代更替。下篇失佚,但顺理成章,不能回避当时正在发生的辛亥革命问题。而张謇辞谢清廷的封官,而就任南京临时政府的实业总长,需要给出自己行为的理由,《革命论》的下篇当如何行文,具体理路虽不得而知,但绝不可能出于贬词。

《尧舜论》则高屋建瓴地把专制时代的君臣之义下降到次等地位,而把为天下得人提到最高政治伦理,由此推演,张謇对清廷的去而不弃的行为,就可以突破传统政治伦理道德的桎梏,而上升到更高的政治道德境界,而这种境界又是孔孟所推崇的政治极轨。他在转向共和之后,即开始致力于"为天下得人",并努力使政治进程按照其自己的设想运行,其精神动力即是这种他想象的儒家推崇的"尧舜精神"。辛亥革命对于张謇政治伦理观念的"脱胎换骨",在张謇内心世界的心路历程,只是一次由"君臣之义"向"尧舜精神"的飞跃,而并非外观上与五族共和的简单嫁接。

毫无疑问,张謇"为天下得人"的现实目标是袁世凯,而其"精神飞跃"也是在这一目标形成过程中完成的。在南京临时政府成立后第三天,孙中山与张謇有一次面谈,当天的张謇日记只留下短短一句"与孙中山谈政策,未知涯畔"。②与革命党领袖的第一次谈话,给张謇留下了谈话不着边际的印象,恐怕不能简单地以政见不同而判断。得到武昌起义消息仓促回国就任大总统的孙中山,根本来不及考虑南京临时政府面临的许多实际问题,并提出一些切实可行的政策方案,"未知涯畔",当是事实。此事让他的目光完全移向袁世凯却从张謇后来的行事清晰可循。

---

① 《张謇全集》第 5 卷,第 163—169 页。
② 张謇日记,宣统三年辛亥,《张謇全集》第 6 卷,第 682 页。

我想在这里重点讨论的是张謇是如何根据政治进程所提供的可能性，考虑实现符合其"尧舜为天下得人而让"的理想政治境界的。

在南京临时政府成立以后，南北和谈关于国体问题的争议不复存在，在清帝退位优待，由袁世凯担任总统的前提下达成协议，于是袁世凯通电效忠共和，转而逼迫清帝退位。根据张謇的路径，由清帝退位，授权于袁世凯组织政府，在形式上最符合"得人而让"的政治状态。他的政治意图为清室起草的退位诏书表达得明明白白：

> 朕钦奉隆裕太后懿旨：前因国民军起事，各省响应，九夏沸腾，生灵涂炭。特命袁世凯遣员与民国代表讨论大局，议开国会，公决政体。两月以来，尚无确定办法。南北暌隔，彼此相持，商辍于途，士露于野，徒以国体一日不决，故民生一日不安。今全国人民心理多倾向共和，南中各省既倡议于前，北方各将亦主张于后，人心所向，天命可知。予亦何忍侍帝位一姓之尊荣，拂亿兆国民之好恶？是用外观大势，内省舆情，特率皇帝将统治权归诸全国，定为共和立宪国体，近慰海内厌乱望治之心，远涉古圣天下为公之义。袁世凯前经资政院选举为总理大臣，当兹新陈代谢之际，宜有南北统一之方，即由袁世凯组织临时政府，与民军协商统一办法，务使人民安堵，海内宁安，听我国民合汉、满、蒙、回、藏五族完全领土，组织民主立宪政治。予与皇帝得以退处优闲，优游岁月，长受国民之优礼，亲见邦治之告成，岂不懿哉！钦此。①

根据这份诏书，民国国体由清帝决定，民国政府由清帝授权袁世凯组建，清室以禅让而得优待。张謇的《尧舜论》所表达的思想和政治伦理与他所代拟的《清帝退位诏》相互之间的关系清清楚楚。所有前清故臣在专制与民主鼎革之际面临的传统政治伦理困境均可以此解脱。也是根据张謇的政治安排，此前袁世凯就向南方代表提出，清帝宣布退位之后，南京临时政府即行解散，由他在北方成立新政府。袁世凯的方案遭到孙中山的坚决拒绝，明确表示，"清帝退位，其一切政权同时消灭，不得私授于其臣"；"在北京不得更设临时政府"；孙中山向参议院辞职后，袁世凯总统之职须由参议院公举。②清帝退位之后，一切程序基本上照孙中山的方案走，《清帝退位诏》除

① 《张謇全集》第1卷，第207页。
② 《孙中山全集》第2卷，中华书局1982年版，第26页。

了下台是实之外，其余一切内容都成了虚争面子的自说自话，靠枪杆子上台的袁世凯也并不在乎张謇之流编造的"尧舜精神"的神话和"良心"自慰的需要，基本照着南京的路子走，以得到政权为目标。

1912年2月12日，清帝宣布退位。同月15日，南京临时参议院推举袁世凯为大总统。4月1日，孙中山宣布辞职，5日，参议院议决临时政府北迁。当孙中山宣布辞职的消息传出，张謇在他的日记中写道："孙中山解职，设继清帝逊位后数日行之，大善。"①善在何处？如果孙中山马上辞职，整个程序是否还能这么走，便成了问题，张謇所设想的清廷"得人而让"的政治程序就有可能实施。如果真的实现的话，张謇在辛亥之际完成的由"君臣之义"向"尧舜精神"的飞跃，便成了对共和革命所造成的现实政治伦理关系的反动。

在前清时代处于官绅之间的张謇，根据专制政体的伦理关系，恪守"君臣之义"与"为民请命"的道德准则，可以审时度势地在经权之间游走自如。辛亥革命的爆发，造成现实政治伦理关系的错动，张謇既没有死守君臣之义，愚忠于清，也没有完全接受民主共和的理念，而是试图从传统思想的武库中寻找伦理规范的解决之道。他憧憬五族共和、振兴实业的远景，他从旧武库中找出的"有天下而不与""为天下得人而让"的"尧舜精神"，迎合了在政治鼎革之际的一大批旧官僚士绅的精神需要，却背离了民国主权民授的政治现实，遭到了以孙中山为代表的革命党人的有力抵制；他在辛亥革命时期"为天下得人"的努力，也因袁世凯上台之后的倒行逆施让自己处于尴尬的境地。辛亥革命以后，年事已高的张謇离政治舞台渐行渐远。但辛亥革命促动他对于政治理想与政治伦理道德的思考，并没有停止。1925年，他在自订年谱完成之后，写下了一篇"自序"，约略谈了他对中国历史进程的基本看法。

> 由今日而企五帝之世，其国体为君主，则可断言；嬗民主而开天，尤非今莫属也。惟君主故更，数十年或数百年必有争。争故预其争，当其争者，千万人蒙其害，而一二最强伯。善争者享其利，利至于无厌足而莫之止，乃复有争，此大较也。

---

① 《张謇全集》第6卷，第666页。

民主启于法、于美,亦千万人不胜一二人专与争之害而为此制。制此者,以灭害、以平争。为此善于彼之冀幸,我踵而行之,十有四年矣。散一二人之专为千万人所欲之专,而争如故;合千万人之争,附一二人之争,而争逾甚,其故安在?一国之权,犹鹿也,失而散于野,则鹿无主,众人皆得而有之,而逐之,而争以剧。一人捷足而得之,则鹿有主,众无所逐,而争以定。此虽名法家言,而事实如此,不可诬也。然一人独有众之所欲,得而又私,而不善公诸人,则得亦必终失。夫私也,若何而善公诸人,则孟子所谓舜禹之有天下也而不与焉是也。世固不能皆舜禹也,不能舜禹而欲其公,固莫如宪法。

自清光绪之季,革命风炽,而立宪之说以起。立宪所以持私与公之平,纳君与民于轨,而安中国亿兆人民于故有,而不至颠覆眩乱者也。主革命者目为助清,清又上疑而下沮,甲唯而乙否,阳是而阴非,徘徊迁延而濒于澌尽。前此迁延徘徊之故,虽下愚亦能窥其微,虽上圣不能警之窭。謇当其间,有一时一地一人一事之见端,而动关全局者,往往亲见之、亲闻之,当时以为恨,后时则且以为不足道。然而黄帝以来五千年君主之运于是终,自今而后百千万年民主之运于是始矣。呜呼,岂非人哉,岂非天哉!

謇年二十有二,始有日记,至于七十,历四十有八年。视读古史,殆易数姓,此四十八年中,一身之忧患,学问出处,亦尝记其大者,而莫大于立宪之成毁。不忍舍弃,撮为年谱,立身行己,本末具矣。系日于年,固有事在,以供后之作史,而论世之君子倘亦有所取裁。[①]

张謇的这段文字,当然鲜明地否定了专制政体。"岂非人哉,岂非天哉"的感叹,也依稀可见当年《革命论》的影子,但将他提出的"尧舜精神"移诸其在立宪运动之时的说法,不免有点时间错位。"一身之忧患,学问出处,亦尝记其大者,而莫大于立宪之成毁",道出了当时亲见、亲闻乃至亲历之恨,恨"上圣不能警之窭",以至宪法不立。君主立宪的历史机遇已经"沉舟侧畔","百千万年民主之运"开启之后,能否实现以宪法为基础的"有天下也而不与",为天下而选贤与能的"尧舜精神",却是张謇在辛亥革命时期思考政治伦理关系准则的当代价值。

---

① 《张謇全集》第5卷,第298—299页,句读略有改动。

民初张謇与《申报》研究

李　健* 廖大伟**

　　清同治年十一年(1872年)，英国商人安纳斯托·美查(Ernest Major)与友人合股在上海创刊了着眼于华人阅读的华文报纸《申报》。光绪三十二年(1906年)以7.5万元将产权出售给国人席子佩等，宣统元年(1909年)正式签订合同，但仍用洋人名义进行经营与发行。1912年席子佩等又欲转让产权，时东南社会名流张謇、赵凤昌等人经过慎重考虑，最终筹措资金12万元①，以张謇、赵凤昌、应德闳、史量才、陈景韩五人合伙的形式接办了该报，并于是年9月30日正式签约，10月20日正式移交。张、赵、应三人为实际出资入股人，史、陈二人并未出资，史任该报总经理，陈景韩任该报主笔。

　　张謇与《申报》的关系可追溯到席子佩时，从旧时染指《申报》到1912年成为《申报》真正股东，至1915年退出股份后对《申报》影响逐渐减弱，《申报》见证了张謇的宦海沉浮，更微缩了民初政坛的风云变幻。以往学界有关张謇、《申报》的研究成果丰硕，但涉及张謇与《申报》关系的史料及研究成果则鲜见关注。秦绍德教授在《上海近代报刊史论》一书中，系统地论述资产阶级商业报纸的发展道路，其中涉及张謇等五位合伙人接办《申报》的相关史实。宋军的《申报的兴衰》一书，在"报业发展的新时期"一章介绍了张謇、史量才、席子佩与《申报》的诸多问题。黄振平在《张謇的文化自觉》中，探讨了张謇运用《申报》等报刊宣传立宪主张及辛亥革命后《申报》政治态度的变化。以往学者多侧重于对张謇入股《申报》史实的描述，对二者关系的深入分析并不多，不少关节点仍未明朗清晰。本文欲在以往学者研究成果的基础上，搜索各种史料，对张謇与《申报》关系的历史进行描述。

---

　　*　李健，东华大学人文学院研究生。
　　**　廖大伟，东华大学人文学院教授，现任职上海大学历史系。
　　①　银元，龙洋。

一、张謇是否出资入股

秦绍德教授在《近代报刊史论》中提出疑问：购进《申报》需要 12 万元，为数不小。他们当时是否完全从自己的腰包出钱，实属历史上的一桩疑案。张謇历来有个习惯，凡属开办企业的规划、资金往来，都作记录。为何对参股《申报》这桩大事却没有明确记载，是遗忘，还是未有此事？ 12 万元究竟是何种货币？ 查阅现有史料都并没有明确说明，笔者从张謇信函中寻找到些许线索。

张謇在 1912 年给张詧①的信中提到："葛雷夫②（Graves）之借款，顷须续议息六厘扣，恐须九七（葛要九六，弟说九八，折中则九七）。苏督③公布沙地案稿已来，大约阴历初十日前必到通矣（函电之催已是余次，成事之不易如是，他人何论）。到则公布定界（拟筑土墩一丈，高而立木志向于上）。为了《申报》，四港④加任六千，全境⑤加任⑥五千，能做到否？ 须订期开一会，因第一年即须还五万五千，即各处加任，亦仅得四万五千，尚少一万。而每年还本还息，须至第八年乃得四万五千之内。现核前七年，除四万五千外，短三万九千两，约五万二三千圆，何处得来？ 拟先将沙滩卖去二三千亩（作二十圆一亩），最好今冬明春先卖千亩，余陆续卖，如此方能转气。兄更与诸君酌之。"⑦

在收购《申报》之前，张謇因保坍护岸⑧曾找过洋行大班葛雷夫借款，张謇办《申报》之前手头并无多余的流动资金。购进《申报》是采用分期付款的方式，但筹够第一年所需之款仍不易，故他欲在四港及全境内分配任务，即当地一些绅民提供借款，张謇按期付息偿还。此外欲通过卖掉二三

---

① 张謇三兄。
② 英国人，上海鹰扬洋行大班（经理）。
③ 程德全。
④ 姚港、任家港、芦泾港、天生港。
⑤ 南通县。
⑥ 四港并非张謇私产，故从当地绅民所筹之借款需还本还息。
⑦ 《致张詧函》民国元年（1912.6），李明勋，尤世玮主编：《张謇全集》第 2 卷，上海辞书出版社 2012 年版，第 339 页。
⑧ 保坍护岸本是政府之事，但新堤甫成，保堤不能缓，政府款项未借成，故张謇私人向上海鹰扬洋行付息抵押贷款。

千亩地来缓解购进《申报》资金不足的窘况，若非真心想购进《申报》，张謇
不至于此。

　　1916 年 1 月 6 日张謇在致赵凤昌函中写到："尘网幸已摆脱，惟有仍致
力于村落主义，求自治之进步。前谋教育、慈善基本地久而未得，今幸有可
藉手，但须下本耳。弟《申报》股顷已出脱，不如去之为净。大约照原数八折
稍零，拟即投入泰属富安垦业之内。富安地质优美，但得资本充足，发展指
日可期。为教育、慈善基本计，则尚须更番选进耳。兄前亦有以是款捐助公
益之说，并有以弟所向为前马之说，不知今日主义有无斟酌更动之处？极愿
闻之。兹以富安盐垦公司优先股启奉览，希即见答，答函由大生账房转寄
最善。"①

　　袁世凯称帝后，张謇对袁失望毅然辞职，返乡发展村落主义致力于南通
自治。此前他一直筹划发展教育和慈善事业，但限于无发展两项事业所需
的地皮。1915 年 2 月，张謇向袁世凯申请，"南通教育、慈善须设基本产，请
地十五万亩于泰属"，后来总统"允可南通教育、慈善基本产之请"。②如今有
幸借人之手可助己，但这两项事业需要投入大量资金。正好退出《申报》股
份，可得入股本金的八折，手头有一些可用资金，所以打算全部投入到泰属富
安垦业之内。赵凤昌曾打算将退出《申报》的资金用于公益，也说过如果张謇
有此行为，他也照做这样的话，遂张謇写此信以确认他之前想法是否改变。

　　事隔 9 个月，张謇此前欲将退出《申报》所得之钱直接用于公益的想法
有所改变，在 1916 年 10 月 7 日至赵凤昌函中提到："申报脱卸③最善，其款
尤宜用于公益为心安理得，但蒙垦与近垦尚有比较择善而从之处。兄意亦
与弟合，似以经营垦业后取息助公益为尤长耳。"④张謇退出《申报》的钱用
于慈善公益是心安理得之事，他此想法未变，只是认为如果先投资蒙垦与近
垦，待到经营垦业获得收益后，用所得之钱再发展公益事业更为妥善，所以
写信阐明事情之原委，希望得到赵凤昌的认可。

　　在已有史料中虽未明确记载张謇参股《申报》之事，但从他给张詧和赵

　　①　《致赵凤昌函》民国五年(1916.1.6)，《张謇全集》第 2 卷，上海辞书出版社 2012 年版，第
577 页。
　　②　《张謇全集》第 8 卷，上海辞书出版社 2012 年版，第 783 页。
　　③　指赵凤昌出售《申报》股份事。
　　④　《致赵凤昌函》民国五年(1916.10.7)，《张謇全集》第 2 卷，上海辞书出版社 2012 年版，第
617 页。

凤昌的信函中可知其入股《申报》款项来源及退出《申报》股款欲作他用的规划。以此可断定张謇入股《申报》确有其事，而且股款确是出自个人腰包。

张謇提到"短三万九千两，约五万二三千圆"，两是白银的价格单位，圆是银元的价格单位。即白银与银元折算关系为 0.736—0.75 两每圆，入股《申报》股款 12 000 元（圆）折合白银 88 320—90 000 两。上文所说的"三万九千两，约五万二三千圆"要通过卖沙滩获得，卖去二三千亩（作二十圆一亩），即卖沙滩获得 40 000—60 000 圆。按照 60 000 圆计算，减去五万二三千圆，付款后结余 7 000—8 000 圆。根据"现核前七年，除四万五千外，短三万九千两"，可以算出前七年所需为 45 000＋39 000＝84 000 两，约合 84 000/0.75＝112 000 圆。综上，前七年需要付 112 000 圆，再加上卖滩结余的 7 000—8 000 圆，共 119 000—120 000 圆，这个结果与总数 120 000 圆基本一致。又根据"辛亥革命以后，上海银钱业所开的银元市场，即洋厘价格，每市分鹰洋、龙洋（江南、湖北、广东、大清银币）两种，大约以鹰洋为主，龙洋减小二豪半或一豪一忽半，无正式行市的杂色银元兑换时，则需多少不等的贴水"，[1]为尽快统一全国货币，上海中国、交通两银行于 1915 年 7 月与上海钱业公所相互致函，达成协议："江南、湖北、广东及一圆银币四种龙洋，暂时与新币一律通用，先将其他龙洋逐日换掉，一俟新币充裕，再行一律办理，至于龙洋行市亦于阴历七月一日起取消，每日只开新币及鹰洋行市。"[2]可初步推断出购进《申报》的 12 万元是上海货币市场上流通的"龙洋"。

通过以上论证和推演，可基本肯定张謇与赵凤昌入股《申报》都是自己出钱，其中张謇出资最多，他入股前的预算支出几乎是全部股款，所以退出《申报》的股款主要是由张謇安排投资方向，这是符合常理的。毕竟赵凤昌在财力方面与张謇是不能相提并论的，他能成为《申报》股东之一，多是凭借其善于在清末民初的各种力量之间斡旋，左右逢源，在政治舞台上的活跃。

二、此时《申报》姓官姓私

《申报》属商业办报纸，有一定政治倾向但又不直接宣传某一个党派团

---

① 萧清：《中国近代货币金融史简编》，山西人民出版社 1987 年版，第 56 页。

② 中国人民银行总行参事室编：《中华民国货币史资料选辑》第一辑，上海人民出版社 1986 年版，第 121—122 页。

体组织的政治主张。但鉴于民国肇建之初历史环境的特殊,张謇参股期间的《申报》难免被官方染指。我们从以上两则信函中可知,张謇退股后欲将两人退出《申报》的股款共同用于公益事业,赵凤昌之前已表心迹,现如今张謇如何践行需与他商量是乃情理之中,但蹊跷的是如若按照我们熟知的情况,当时入股《申报》是张、赵、应三人共同出资,退股之钱为何只是张、赵两人商量,虽说史量才"接办申报馆,是张謇与赵凤昌出力最多",①但入股《申报》的钱毕竟不是小数目,缘何张赵二人绕过应德闳,此处为疑点一。

我们说 1910 年席子佩从美查手中接过《申报》,1910 年 2 月 28 日的《申报》上刊此声明:本馆自宣统二年正月十八日(公元 1910 年 2 月 27 日)起,由前东盘记裕记自办,所有馆中各项交待,已于十八日结算清楚,以前往来账项,希归裕记接受。此后盈亏一切事宜,概与前东无涉。此举意在告知世人,申报主已是席子佩。1915 年 2 月 17 日史量才接办《申报》申报馆也有类似声明。"本馆自接收以后及以前所有期票等现已完全收回以后,本馆银钱出入均由经理人签字,若只有本馆图章而未有经理人签字者,不能作,此布。"②此后《申报》为史量才独资所有。为何唯独张謇等人接管《申报》之事在当时《申报》上或上海其他大报上都未找见,此处为疑点二。所言至此,就牵涉到下面的问题:作为民政部长的应德闳参股《申报》系个人行为还是有官方插手,当时的《申报》姓官姓私?

来看当时江苏财政状况,收购《申报》前夕,江苏省财政状况十分拮据。1912 年 7 月 13 日下午 6 点,赵凤昌代笔应德闳,在致张謇信中提到,"宁饷万急,罗掘俱穷,日内亟须凑发伙食等项。前存沪商会大生股票五十万,已赎回股息,四万余两,即乞核发救急",③江苏省"财力支绌达于极点,然不能不勉力维持",④8 月,袁世凯见此实情,还允"随时接济,断不使独位其难"。⑤

1912 年 10 月 20 日《申报》换主之时,恰值应德闳担任江苏省财政长,

---

① 包天笑:《钏影楼回忆录》,中国大百科全书出版社 2008 年版,第 330 页。

② 《申报馆声明》,《申报》,1915 年 2 月 17 日第 1 版。

③ 上海社科院历史研究所:《辛亥革命在上海史料选辑》,上海人民出版社 2001 年版,第 971 页。

④ 《江苏军政区域及设置议案》民国元年(1912.7),《张謇全集》第 4 卷,上海辞书出版社 2012 年版,第 211 页。

⑤ 《致江苏都督程德全电》(1912 年 8 月 15 日),骆宝善、刘路生主编:《袁世凯全集》第 20 卷,河南大学出版社 2012 年版,第 304 页。

在财政如此窘境下,应德闳以官方名义出资入股《申报》的可能性不大,但如果是以他个人名义出资,就是我们一贯认为的三人合资,那么后来张謇与赵凤昌商讨退出《申报》的股款用于公益事业时,理应提到过应德闳。查阅张謇与应德闳往来信函,未见他们提到过此事。笔者有一个大胆的推测:最大的可能性就是当时应德闳以官方名义入股《申报》,但未出钱,他至多算是名誉股东,并没有实体股份。其根据是:一方面,《申报》作为民国时期第一大报,与政府和外国人都有千丝万缕的联系。如果没有官方背景,单凭个人财力,要收购成功确非易事,应德闳时任财政长,他的加入使得《申报》有官方庇护,方能换主顺利。另一方面,在1912年11月19日应德闳被任命为江苏都督民政长后。按照民国初年曾任江苏都督府顾问的章士钊的解释,他说,当时江苏都督民政长应德闳曾聘请他出面管理《申报》。告诉他“申报属本省民政管理,连不得当,因执管无适当之人故”,言下之意希望他能担当此任,因章“方任《民立报》笔政,求脱不得。又时局倥扰,主直接行动,意不在办报”,坚辞不就,才改任史量才接管《申报》。章由此断言,“申报乃官物,量才不过任监守之责”。①基于《申报》的官方身份,所以就难怪其在1912年换主时未见报载。

三、参股目的及“申报案”

民初社会嬗变,在立宪运动、辛亥革命中《申报》的政治立场及对待革命的态度,对清政府形成较大冲击,主导舆论独特作用不可忽视,某种程度上引起了整个社会结构的连锁反应,在此情形下张謇入股《申报》为何由,下面且作略述。

(一)走向政坛,党争需要

“共和时代,舆论为法律之母。无论为官为商,总须与报界联络。”②在收购《申报》之际,张謇是亦官亦商,他欲通过《申报》扩大自己的政治影响的意图是显而易见的。1912年10月,张謇出任袁世凯政府农商总长前夕,曾

---

① 章士钊:《〈申报与史量才〉书后》,中国人民政治协商会议全国委员会文史资料研究委员会编,《文史资料选辑》(合订本)第7卷第二十三辑,中国文史出版社2000年版,第209页。
② 陈旭麓主编:《辛亥革命前后:盛宣怀档案资料选辑之一》,上海人民出版社1979年版,第278页。

发起召开全国农协联合会,扩大自己的影响,由于种种原因未能成行。张謇便写给赵凤昌,要寻找一个理由在《申报》上登出,敷衍舆论,信函说:"全国农协会联合会势不能于十月内开,请嘱史量才登报,以事兵事为辞,俟事定再开。"①这时正是他们购进《申报》不久,史量才担任申报馆的总经理,张謇的口气完全是把《申报》当作自己可以随意操纵的工具,甚至连报道内容都加以匡定。

民国成立后,实行议会制度,许多人为争取议会中的席位,在共和政治的口号下,纷纷组成政党团体,一时间中国社会出现了一股结社建党热潮。以宋教仁为代表的稳健派联合会外几个小党,于 1912 年 8 月组成国民党,致力于政党内阁活动。从同盟会分化出去的章太炎等人联合原立宪派领袖张謇等,成立统一党,以后又演化共和党。国民党与共和党成为民初政党中最大的势力。各种政党在上海的活动,牵动着全国的政局。②"刊布报纸杂志,为当时利用传播工具最普遍的宣传方法。"③各路政客均企图通过操控报纸及社团,制造民气,以达到权利目的。"同盟会——国民党"与"统一党——共和党"两大政党,对国内外事务,无不针锋相对、相互攻击。他们需要通过报纸宣传,壮大声望,争取民意,在内阁选举中占有一席之地以获得更大的权利。《申报》为"舆论之代表,以上海树全国之风声",④故是民初政党争夺的舆论重地,此时恰好席子佩转让《申报》产权,这为张謇提供了重要契机。

(二) 办报大潮,顺势而为

辛亥革命爆发,清王朝被推翻,引起上海报刊一二年间的短暂繁荣,各种政党报刊大量涌现,资产阶级上层开始接办商业性大报,报刊上的报道,言论空前活跃。⑤张謇入股《申报》是受办报大潮影响,又目睹外国人在中国办报做得风生水起,他与《新闻报》创始人福开森早年就有交往。1896 年 10

---

① 《致赵凤昌函》民国四年(1915 年 5 月 12 日),《张謇全集》第 2 卷,上海辞书出版社 2012 年版,第 290 页。

② 秦绍德:《上海近代报刊史论》,复旦大学出版社 1993 年版,第 71 页。

③ 张玉法:《民国初年的政党》,岳麓书社 2004 年版,第 178 页。

④ 《江苏教育会颂词》民国七年(1918 年 10 月 10 日),《张謇全集》第 4 卷,上海辞书出版社 2012 年版,第 383 页。

⑤ 秦绍德:《上海近代报刊史论》,复旦大学出版社 1993 年版,第 5 页。

月 12 日,他曾到南京拜访当时担任汇文书院院长的福开森,次日福开森去南通回访张謇,①二年后,张謇在日记中又提到"视南洋公学工程,并晤福开森"。②张謇因结识外国报界的上层人物,对新闻报纸有了更深了解。

了解社会,扩大事业。"有些新闻,报馆里往往称为独得之秘",③在报纸未出版之前,新闻信息是不准泄露出去的,张謇要第一时间了解社会动向,又深谙此道,入股《申报》是不可多得的好机会。此外,张謇在南通发展实业,兴办各种事业,推行地方自治充分需要利用报纸来营造氛围,扩大影响力。

正当史量才筹划振兴报业之际,欧战已经爆发,席子佩突然向公共租界会审公廨控告,其意思是 1912 年 10 月转让的只是《申报》馆产权,而报纸还有版权。结果租界公廨偏袒席子佩,申报馆败诉,判决赔偿席子佩 25 万 5 千两银子,作为承购商标的费用。当时的席子佩告赢了表面看来声望、地位、资财均占优势的五位《申报》合伙人,是不是有人在幕后指使?

"申报案"是租界当局受审,但与袁世凯政权的黑手在上海报界和租界当局的活动不无关系。民国至后,官方势力介入上海报界、贿买报纸,几成冠冕堂皇之举。袁世凯党政期间,不仅上海办有《亚细亚报》等官报,还收买了《大共和报》《时事新报》等报。一些报人经不住诱惑而纷纷"落水",④袁世凯收买报纸,贿赂报人,是他在新闻界的惯用伎俩。申报馆在英商美查经营时自是挂英国招牌,后来转到史量才手里就改挂了德国旗,到"1915 年,德国已经丧失它在中国的特权,包括治外法权在内"。⑤《申报》暂时没有了洋人的庇护,这为袁世凯插手《申报》提供了有利的客观条件。"当建设时代,报界鼓吹更不可少",⑥况"上海是全国的大商埠,东南沿海的政治文化中心,又是历年来革命派活动的重要基地,这里新闻舆论,向全国传播,对局势变化有举足轻重的影响"。⑦袁世凯是何等人物,早已心知肚明,当然不会

　　① 《张謇全集》第 8 卷,上海辞书出版社 2012 年版,第 412 页。
　　② 《张謇全集》第 8 卷,上海辞书出版社 2012 年版,第 453 页。
　　③ 包天笑:《钏影楼回忆录》,中国大百科全书出版社 2008 年版,第 328 页。
　　④ 崔波:《清末民初媒介空间演化论》,北京大学出版社 2012 年版,第 114 页。
　　⑤ [美]罗兹·墨菲:《上海——现代中国的钥匙》,上海社会科学院历史研究所编译,上海人民出版社 1986 年版,第 101 页。
　　⑥ 《在上海报界公会欢迎会的演说》(一九一二年一至二月间),中国社科院近代史等编,《孙中山全集》第 2 卷,中华书局 1981 年版,第 495 页。
　　⑦ 宋军:《申报的兴衰》,上海社会科学出版社 1996 年版,第 87 页。

将《申报》这块舆论重地轻易拱手让人。通过以上分析,可推断袁世凯指使席子佩制造"申报案"的可能性极大。

四、参股前后张謇与《申报》关系之比较

(一)入股前的张謇与《申报》

张謇最早在《申报》上发文章是 1905 年(见图 1),但仅有 3 篇,并不多,此时《申报》的主人仍是英商美查。从 1906 年买办席子佩接收《申报》产业开始直至 1911 年,张謇在《申报》上刊载的文章呈递增趋势。所言至此,这就牵涉到张謇与席子佩的关系问题。

1906 年的席子佩"抱着'印刷事业关系全国文化甚巨',联合沪上名流,发起组建中国图书公司,聘'状元实业家'张謇为董事长、沈信卿为编译所长,借重他们的地位和声望,扩大公司影响"。①张謇在 1906 年 9 月 8 日的日记中第一次提到过参与"图书公司议事",9 月 10 日又有"图书公司开股东会,众仍推少卿,不允辞"②之言。推辞之后,但仍参与中国图书公司事,张席二人,因着中国图书公司这个纽带,建立起多年的合作关系。1906 年张謇在《申报》上发的 15 篇文章中有 6 篇是与中国图书公司有关,其后几年又见 4 篇与之相关,1909 年 9 月 12 日张謇在图书公司股东会上,"陈说被推总理原因,力辞"③,至 1910 年,张謇在《申报》上正式发文声明退出中国图书公司。

张謇借助与席子佩的合作关系,实际上从 1906 年开始就已经左右了《申报》言论和政治倾向。致使 1909 年蔡乃煌企图以个人名义参股控制《申报》之际,张謇极力反对蔡乃煌钳制言论、封查报馆的行为,实际是在力求掌控上海社会舆论主导权,满足其在政界、商界、教育界诸多领域的欲求。

1911 年张謇在《申报》上所发文章达最高值(见图 1),有 22 篇之多。《申报》本是商业报纸,以商业信息和时事政论并重,读者群从工商界普及到士绅阶层。为何这一年张謇发文最多?是缘于海量的商业信息还是瞬息万变的政坛动态?

---

① 马学强:《江南席家——中国一个经商大族的变迁》,商务印书馆 2007 年版,第 112 页。
② 《张謇全集》第 8 卷,上海辞书出版社 2012 年版,第 636 页。
③ 《张謇全集》第 8 卷,上海辞书出版社 2012 年版,第 690 页。

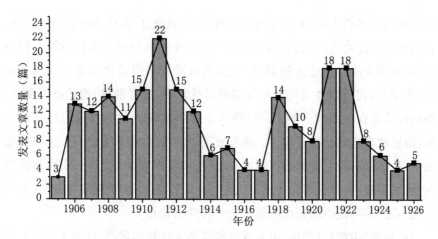

图 1　1905—1926 年张謇在《申报》上发表文章数变化趋势图

资料来源:1905—1926 年《申报》。

　　1911 年的中国政坛,可谓风云际会,历时半个世纪的清王朝已经走到穷途末路,有洹上村垂钓的袁世凯,虽身居彰德,但蓄养政客甚多,确有虎踞山林之势。亦有不受传统忠君观念束缚、不知涯畔暴力相逼的孙中山。张謇作为南方颇具声望的状元实业家,虽不在朝中做官,确有着举足轻重的影响力,这不仅在于他是清末状元、实业家、教育家的名声,更在于早年入幕政界、军界的人脉关系,他与民初众多实力人物、知名人士有着较为深厚的情谊。"一个人和另一个人建立的关系不是点与点的关系,也不是人与人之间的关系,而是网络之间的关系。在这个意义上,个人和关系是不可分解的,一个人是带着其他群体的关系印迹来和其他人发生关系的,所以个人和群体之间的关系具有双重性。"①况且作为当时咨议局的议员,都是各省的优秀分子,具备领导一般社会的能力,而凭张謇的声望,又足以领导各省咨议局,在江苏咨议局致致各省咨议局电稿中,张謇要求:"请登大报。借助外兵,其害必至亡国。此电不独警告政府,亦将使武汉一方深维斯义。用请登报公布。"②

　　一方面可看出张謇对其他省份咨议局议员的领导力。另一方面可知张謇若想在《申报》上发文,并非难事,报纸亦为其舆论重地,他是可主导江南

---

①　周雪光:《组织社会学十讲》,社会科学文献出版社 2003 年版,第 114—115 页。

②　《江苏咨议局致各省咨议局电》清宣统三年八月(1911.10),《张謇全集》第 2 卷,上海辞书出版社 2012 年版,第 280 页。

时局呼风唤雨的人物,无论是晚清政府,袁世凯也好,孙中山也罢,要想掌控新旧更替的民初大局,若欲绕开张謇,是当真办不到的。袁世凯洹上村出山,做内阁大臣时就已认识到这一点,他对清朝亲贵说:"你要我讨伐黎元洪、程德全,我可以办得到。但你要我讨伐张謇、汤寿潜等,我是办不到的;他们都是老百姓的代表啊。"①张謇在无形中就成为此二人极力拉拢的对象,纷繁政事自然比往日增多。张謇政治上的活跃,我们在《申报》上可初见端倪,他在《申报》上登载的文章在 1911 年主要内容涉及政治、革命、教育等方面,其中政治、革命占的比重最大,具体又多与咨议局、川事鄂变、共和光复相关,这多与此阶段发生的重大历史事件密切相关。

在翻阅《申报》过程中,可发现张謇很多文章是连载的,这些文章标题相同,内容具有连贯性,在《申报》上刊载的版面相同或相似。如 1911 年 7 月 22 日和 23 日的《中央教育会开会辞》分别位于《申报》第 3 版"要件"第 1 条和第 3 版"紧要新闻"第 1 条。又如,1915 年 5 月 23 日和 24 日的《对于救国储金之感言》分别在第 11 版"专件"和第 11 版"专件"特辟整个专栏,这并非无意之举,而是报纸编辑的有意为之。

文章在《申报》上版面安排不同,显示其重要性的差异,从某个侧面也可以体现作者当时的政治地位与社会影响力,对舆论的导向也不尽相同。而此阶段张謇的文章在《申报》上主要排在第 1 版、第 2 版、第 3 版重要版面,占大篇幅或是头版全版。这多在于 1911 年的中国,旧政权即将垮台,新势力又未完全崛起,人心涣散,政府官员的权威已大不如以前,反倒是像张謇这样有名望的士绅更具有法理权威和人格魅力,成为凝聚人心的无形力量,可看做是社会大动向的航标。再者,《申报》可以利用张謇的"名人效应",吸引众多读者,把他的文章放在重要版面也是由《申报》作为商业性报纸的性质决定的。

除却版面重要,1911 年张謇在《申报》上发的 22 篇文章中有 6 篇是在周末刊载,多以头号字刊出专电,很醒目,更值得一提的是其中有 16 篇位于各大版面的头条或是特辟专栏,"头条是报纸每版最重要的消息",②头条新闻的新闻性和导向性特别强,易被受众接受,具有较强的文化引导性,"一个

---

① 刘厚生:《张謇传记》,上海书店出版社 1985 年版,第 192 页。
② 复旦大学新闻系:《新闻学小辞典》,广西日报编辑部 1976 年版,第 74 页。

媒体办得活与否,在很大程度上取决于头条新闻是否具有吸引力。无论是传者、被传者,还是受者,都不能不重视头条这块'寸金之地'"。①从中足见张謇文章在《申报》上的重要程度,从某种意义上反映出他社会地位的提升和政治参与度增强。

(二) 1912—1915 年的张謇与《申报》

张謇入股《申报》期间,《申报》凭借旧权威及新兴势力,采用新法,引用新人,营业额大增,俨然成为上海报业的领袖。但在(图 1)中我们通过对比可以看出在张謇入股这四年期间所发文章数量较之前大幅减少,按照正常推理,1912 年 10 月 25 日在他成为《申报》股东后,在《申报》经营比较好的情况下,如若想在《申报》上发文章会更容易,数量理应增加,但结果却出乎所料。主要原因如下:

其一,身份特殊。成为《申报》股东后正值张謇在袁世凯政府做官,《申报》一向追求政治上中立,不偏不倚,如若利用张謇《申报》股东这一特殊身份发文,某种程度上会对张謇的声望及《申报》的社会公信力造成不良影响,所以为避嫌不宜多发。此阶段的张謇身份已今非昔比,直接参与国家行政事务,职掌实业管理大权,如稍有不慎,在报上发文,则可能会透漏出袁政府的政治机密导致袁世凯与南方革命政权斡旋陷入困局。混迹官场本就如履薄冰,袁世凯又是多疑之人,当初为实现政治野心竭力拉拢张謇,但地位巩固后,袁世凯便感到他的威胁,民国三、四年,江苏闹厘公债案,"是发于江苏某名士,而不知中有嗾使之者。其人为谁? 即袁是也。是案攻击对象,实以张季直为中心。盖以张名声太大,将借此杀之也"。②张謇此时确不想节外生枝。

其二,公私事缠身。1913 年张謇在北洋政府任职公务繁忙,在农商总长及水利局任上做了许多关乎国计民生的大事,也堪称将职权发挥到极致。制定数十部法律法规,促进了农工商的发展。又值一战爆发,西方国家忙于战事,无暇东顾,放松了对华经济侵略,客观上为民族工业发展提供了有利的外部条件,张謇南通事业发展逐渐进入黄金阶段,各种公事私事缠身,他并无太多时间写文章。

---

① 陈一新:《头条新闻论》,广西人民出版社 2012 年版,第 6 页。
② 黄炎培:《黄序》(民国二十五年),荣孟源、章伯峰主编:《近代稗海》第 3 卷,四川人民出版社 1985 年版,第 9 页。

其三,袁世凯扼杀新闻事业。1914 年 4 月 2 日,袁世凯公布了《报纸条例》,从政治和经济两方面来限制和扼杀进步新闻事业,对于所谓违犯者,规定了种种残酷处罚。12 月 5 日又制定了《出版法》,对出版物的申请登记、禁载范围,规定得更加苛细,对违犯的处罚更加残酷。1915 年 2 月袁政府又制定了《新闻电章程》,7 月《修正报纸条例》出台,其他法律也有限制处罚新闻出版物的条文,全国新闻出版界处于严重的白色恐怖之中。"据统计在 1912 年 4 月至 1916 年 6 月袁世凯反动统治时期,全国报纸至少有 71 家被封,49 家被传讯,9 家被反动军警捣毁;新闻记者 24 人被杀,60 人被捕入狱。被查封的期刊及其他出版物更多,全国报刊从 500 余家下降到 130 家",[①]上海是这场劫难的重灾区,故张謇尽量少在《申报》上发文章。

诚然,张謇在 1912 年 10 月至 1915 年 9 月发的文章不多,但所发文章在《申报》中的位置却是很重要。为明晰起见,兹根据统计情况列表 1 及图 2、图 3 如下:

表 1　1912 年 10 月—1915 年 9 月所发文章所占《申报》版面一览表

第一版	第二版	第三版	第六版 (相当第二版)	其 他
1913.3.7	1913.1.15	1913.10.23	1913.11.13	1914.4.2
1913.6.14	1913.1.12	1914.7.30	1913.11.30	1914.4.4
1913.6.13	1913.3.7		1914.1.29	1915.5.23
1913.9.25	1913.9.22		1915.1.18	1915.5.24
1915.4.16	1913.11.3		1915.1.20	
1915.5.19	1913.12.2		1915.3.20	
	1914.3.2			

资料来源:1912—1915 年《申报》。

《申报》通过版面的编排塑造政治空间,以观点的表达聚焦社会热点。此时张謇所发文章在《申报》中占据重要版面,就算是广告也占据绝对突出位置(如表 1),在 25 篇文章中,第二版占据比重最大(如图 2)(如若按正常的文章排版,第一版通常为广告),第二版在《申报》中一般情况是最重要的,其余多被

---

①　马光仁:《上海新闻史》,复旦大学出版社 1996 年版,第 431 页。

排在第一版、第三版及第六版(如图 3)(相当于第二版,因为前 5 版均为广告),多以大字标题,头号字刊出,特辟专件,占大块篇幅,很醒目,能够吸引读者,更便于读者阅览。这是为何? 这多与张謇的身份变化(见图 4)有关。

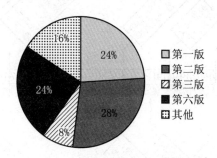

图 2　文章各版面所占比重

资料来源:1912—1915 年《申报》。

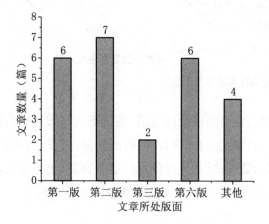

图 3　文章各版面数量

资料来源:1912—1915 年《申报》。

我们从(图 4)中可看出,张謇以前无论是做过预备立宪公会宁属学务长,宁属教育会会长,还是咨议局议长,地方议会议长等职,多是凭其声望被推荐,并无真正的实权,即便是在南京临时政府时,任实业总长兼两淮盐政总理时,由于临时政府的组织无力、财政亏空,他也并未发挥其应有之职权,直到在北洋政府担任农商总长兼全国水利总裁后,张謇这才算在其位谋其政,手中掌握了一定实权。此时,凭借他的政治身份和手中的实权,完全有能力建构舆论气氛,引导舆论、制造甚至控制某些舆论。

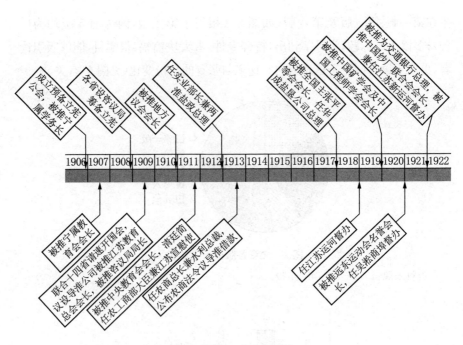

图 4　张謇一生官职变化

资料来源:《南通张季直先生传记》。

　　报纸的编辑通常会借用版面空间,编排形式与布局结构传达出编辑部对新闻的评价。张謇文章在《申报》的版面安排,可看出《申报》对张謇思想观点、政治论断的赞同,这与他是《申报》股东有关,更主要的取决于政治身份变化,使他能对《申报》的政治倾向把握有一定话语权。

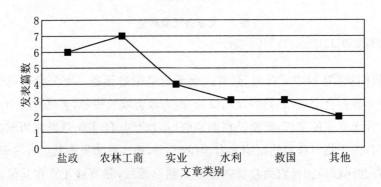

图 5　1912—1915 年张謇在申报上所发文章类别概况

资料来源:1912—1915 年《申报》。

张謇的政治身份也决定了他在《申报》中所发文章的内容。他参股《申报》的时间与他在北洋政府任职农林、工商总长兼全国水利局总裁时间大致是重合的,所发文章内容更多是与其官职相关的政论文(如图6)。涉及盐政、导淮、农商、水利之事等内容,农林工商在25篇文章中占7篇之多(见图5),多是表达他的一些政治观点和施政理念及态度倾向的政论文。

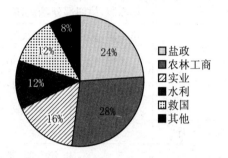

图6   1912—1915年张謇在申报上所发文章类别各占比重

资料来源:1912—1915年《申报》。

(三) 退出股份后的张謇与《申报》

从1915年6月到1916年5月,张謇在《申报》上并未发一文(如表2),就连广告也未涉及。这又是为何? 主要有以下几方面原因:

一是,"中国的报纸,其力量的大小,和政府的强弱成反比;这是不能否认的事实。一九一四年以后,袁世凯阴谋推翻共和复辟帝制,这时中国的报纸陷入了堕落的渊薮"。[①]1905年至1915年是政论发达的时代,但自袁世凯称帝之后,极力践踏言论自由,压制舆论,许多政论机关烟消云散。"政论文章之退潮,当然与袁世凯压制有关,但它还有更深层的理由,也就是政论家的无力感。"[②]张謇受此影响又恰遭《申报》官司以退出《申报》股份。

二是,在史量才苦心经营的《申报》事业遭遇危难时,张謇并未给予支持,历经千辛万苦渡过难关后,史量才与张謇隔阂尚未完全消除。主笔张默后来在《六十年之申报》的回顾中,称这件事是"意外之诉讼案,天外飞

① 《新闻学集成》第七辑,方汉奇主编:《民国时期新闻史料汇编》第6卷,国家图书馆出版社2011年版,第61页。

② 王汎森:《中国近代思想与学术的系谱》,吉林出版集团有限责任公司2011年版,第253页。

表 2　1915—1917 年张謇在《申报》上发表文章情况

日　　期		版、部、条
1915 年 1 月	18 日	第六版,第二部分,第一条
	20 日	第六版,第三部分,最后一条
1915 年 2 月	无	
1915 年 3 月 20 日	第六版,第四部分,第三条	
1915 年 4 月 16 日	第一版,第一部分,第八条	
1915 年 5 月	19 日	第一版,第二部分,第七条
	23 日	第十一版,第四部分,专件
	24 日	第十一版,第三部分,专件
1915 年 6 月至 1916 年 5 月	无	
1916 年 6 月	15 日	第二版,第六部分,第六条
		第二版,第六部分,第二条
1916 年 7 月	30 日	第二版,第五部分,第一条
1916 年 8 月至 1917 年 1 月	无	
1917 年 2 月	6 日	第三张,第十一版,第五部分
	12 日	第一版,第一部分,第三条
1917 年 3 月	27 日	第一版,第一部分,第二条
1917 年 4 月至 1917 年 9 月	无	
1917 年 10 月	3 日	第三版,第一部分,第一条
1917 年 11 月至 1917 年 12 月	无	

资料来源:1915—1917 年《申报》。

来之奇祸"。[1]为着一个招牌发生诉讼案,结果变成了经济赔偿。这对当时尚无足够财力的史量才来说压力十分沉重,几欲抛弃三年之心血,从此不干,后来觉得弃之可惜遂决心把报纸办下去。史量才办《申报》是以营利为上,关注市场稳定,必然要非常小心地处理与政府的关系,不可激进到自断生路的地步。[2]张謇与袁世凯的关系已经决裂,发张謇的文章如若言辞不

① 宋军:《申报的兴衰》,上海社会科学出版社 1996 年版,第 87 页。
② 崔波:《清末民初媒介空间演化论》,北京大学出版社 2012 年版,第 127 页。

当,极容易造成似申报馆公开向袁世凯挑衅之相。况袁世凯对苏省人士的印象是"颇好讥评政府施政得失","与官不做,遭事生风",极其深恶之①牵扯此事可能触怒袁世凯,无端造成关闭申报馆的隐患,此前的报案史量才已经较量过,他再不欲因涉入政治漩涡而惹祸上身。

三是,张謇感慨"鄙人于前清尽忠告不听,于孙黄尽忠告不听,于袁则忠告之尤挚,亦不听。而三者之颠覆相寻续"。②值袁世凯闹称帝之时,如若在《申报》上发文章公开反对袁世凯称帝,其实就是和袁世凯针锋相对,毕竟袁世凯掌握实权,以张謇的实力还不足以对抗袁世凯。张謇害怕滋生不必要之事端。若是发文而不提反对袁世凯称帝之事,作为东南社会舆论导向,是违背舆情的,势必会招来舆论的谴责,所以张謇他宁愿选择蛰居,仓黄世事,实在不忍置喙。

纵观张謇政治立场的变化,我们可从《申报》中见其端倪。从最早的支持晚清,这要追溯到望平街上发生的读者打砸《申报》馆事件。"那时《申报》馆获得了清廷冯国璋等部攻打汉阳的电讯,立即在报馆门口贴出号外,也还画上了鲜红的圆圈。望平街头的行人看到这张号外,顿时引起愤慨,纷纷拥进报馆,责问是何用意。馆中人见来势汹涌,赶快取出电稿给大家传观,证明外号消息并非虚构。但群众仍怒火难平,责问为何为清廷张目,动摇人心。一怒之余,居然将报馆门口的大玻璃打碎了。当时《申报》的产权虽然表面上仍由席子佩执掌,而实际已在张謇、赵凤昌等安排下,言论大权已由陈景韩执掌。"③在张謇拥护晚清政府时,《申报》很明显是在替清政府说话,但迫于共和已深入人心,《申报》主办方只能小心谨慎,不敢贸然忤逆读者对共和之信仰。在张謇支持孙中山时,《申报》对推翻清政府,建立中华民国,结束封建制度是持欢迎态度的,政治倾向孙中山的民主共和。后孙中山辞退大总统之职让位袁世凯时,张謇随即到袁世凯政府任职,《申报》对待袁世凯的态度也随之改变,由批判改为支持,转向拥护袁世凯。当袁世凯称帝,张謇去职不在北京政府为官,《申报》对待袁世凯称帝的态度是虽不敢公开反对,但客观的报道之中仍能见其反袁倾向。

① 黄炎培:《黄序》民国二十五年,《近代稗海》第3卷,四川人民出版社1985年版,第9页。
② 《复周应时等函》民国五年(1916.4),《张謇全集》第2卷,上海辞书出版社2012年版,第583页。
③ 马光仁:《上海新闻史》,复旦大学出版社1996年版,第393页。

1918—1922 年一战结束,张謇发文章数增多,他"把自己的命运与民族国家的命运更紧密地联结在一起,以忠于全民族的爱国主义思想取代了忠君爱国传统思想"。[①]在《申报》上再次发文:"各大国方于战祸后重造世界,必能尊重公理,保全此东方商务大市场,抑非专为我国之利益计也。"[②]此次他不再是以官员身份,而是以爱国士绅身份,借助自身声望呼吁和平,主张国际税法平等,为民族资本主义的发展创造更好的外部条件。

1922—1926 年张謇发文章减少,在《申报》共 41 篇(如图 1),处于第十版之前的文章仅 17 篇,商业广告占 12 个,政论性文章并不多,而且字体较小,在翻阅过程中已经不易找到,其文章在《申报》中的重要性已明显下降。无官衔且大生事业走向低谷的张謇身份地位大不如以前。1924 年,《东方时报》竟诬蔑张謇私吞导淮款项,张謇《申报》刊载文章回应道:"论中国目下报纸,除一二间有讨论价值外,纷纷报纸,大都党同伐异,淆乱黑白,本在不足齿数之列,然以为此我国无聊赖、无意识人所为耳,不意贵报亦诬枉若此。贵报有何作用不可知? 个人名誉受损,则依公例须请更正,贵报即凿凿言之,当有所本,当有凭证,请为尽情披露,否则请即日更正,声明误会。"[③]表面上看不过是张謇在《申报》上为自己辩白,但实际上透过此事,可看出张謇无论在政治资源还是社会网络上,都已失势。权位声望都大不如从前,致使有人敢公开向他挑衅,甚至诋毁他在舆论界的权威。

五、结语

综上所述,审视张謇参股《申报》始末,无论是他支持清政府预备立宪、拥护孙中山南京临时政府推行民主共和,还是后来的亲袁最终疏袁,"以企业家之力,办社会化之事",寻求国家富强始终是他的内驱力,而《申报》正是他实现此目标所凭借的重要舆论手段。《申报》背后潜伏的不仅是一个大上海,更微缩了民初社会的人间百态,张謇一生与《申报》都有着"微妙而错综"

---

① 虞和平:《中国现代化进程》第 1 卷,江苏人民出版社 2007 年版,第 200 页。
② 《致陆徵祥电》民国七年(1918.12.1),《张謇全集》第 2 卷,上海辞书出版社 2012 年版,第 690 页。
③ 《致天津〈东方时报〉馆函》民国十三年(1924.5),《张謇全集》第 3 卷,上海辞书出版社 2012 年版,第 1293 页。

的密切联系,掺杂复杂的政治因素和利益纠葛,甚至在一定程度上影响着民初新旧政权的交替。席子佩时张謇未入股《申报》,但可左右其言论导向,使其亦步亦趋。民国肇始,史量才接管《申报》,张謇成为五大股东之一,他反倒谨言慎行,不失股东身份。后来退出《申报》股份,但《申报》仍是他重要的舆论阵地。《申报》可作为研究张謇官场升迁变化,政治命运起伏的重要参考系。综观以上史实,张謇与《申报》关系的历史内涵远比我们所熟知的信息要丰富、多面和耐人寻味。

简议上海与张謇的立宪活动

卫春回*

一、世纪之交的上海

上海的崛起无疑是近代以来中国城市发展史上最值得关注和书写的篇章。作为中国最早的五个通商口岸之一,自 1843 年 11 月开埠后,其便以超凡的速度迅速发展,在 19 世纪末 20 世纪初已俨然成为中国新的经济和文化中心。

绝佳的地理位置使上海在五个通商口岸中首先成为内外贸易中心和金融中心。上海位于东亚大陆海岸线的中点,是中国沿海航运的中枢,同时,上海又位于长江入海口,是中国最富庶的长江流域的海上门户。明清时期,上海仅是一个人口不足 20 万人的县级城市,其经济远不及有"天下四大聚"之称的苏州,或者说,它仅是"大苏州"中的小上海,摆脱不了农业时代的县城发展规律。但开埠后,上海的发展则走向了市场经济的全新发展模式,西方各国对华贸易主要选择上海口岸,仅 10 年时间,上海对外贸易总额便超过广州;第二次鸦片战争后,长江可以自由航行和通商,上海又具有了辐射长江流域的优势。海洋经济与长江经济的结合,造就了上海商业贸易的迅速繁荣,很快成为全国最大的内外贸易中心和轮船航运基地。江海交汇的地理优势,还吸引了大量国内外的商业和金融资本,19 世纪 80 年代上海的金融结算已占全国总额的 80%,[1]外国银行的数量在 1911 年达到 27 家,成为中国最大和最重要的金融中心。

上海同样是中国发展现代工业最早、工业种类最齐全的城市之一。开埠不久,一些外国商人就在上海先后开办了一些中小型工厂。19 世纪 60 年代以后,洋务派创办的军用和民用工业也以上海为重要基地,江南制造

---

* 卫春回,华东理工大学艺术与传播学院教授。

[1] 隗瀛涛:《中国近代不同类型城市综合研究》,四川大学出版社 1998 年版,第 24 页。

局、上海机器织布局、上海机器造纸厂、上海机器轧花局等都是洋务运动的产物。1895 年《马关条约》签订后，国外资本在上海建厂正式有了条约依据，上海的工业更加蓬勃发展。到 20 世纪初年，据《海关十年报告》称："上海的特征有了相当大的变化。以前它几乎只是一个贸易场所，现在它成为一个大的制造中心……主要的工业可以机器和造船工业、棉纺织业和缫丝业。"①民族资本的工业企业也于同时兴起，20 世纪初的"实业救国"思潮对民族工业的发展有巨大鼓舞，上海逐渐亦成为民族资本最集中的地方。显然，上海在向一个多功能的经济中心城市迈进。

新式教育在上海也起步很早。开埠不久，外国传教士及其他侨民便开始在上海按照西方模式开办初等、中等学校，其中包括徐汇公学、裨文女子中学、圣芳济学堂等著名的学校。19 世纪 80 年代以后，又在上海开办大学。受外人办学的影响，也出于培养新式人才的目的，19 世纪 60 年代以后，上海地方政府与上海地方士绅也开始兴办采用新式教育方法和学习新知识的新式学校，其中较著名者有广方言馆、格致书院（中外合办）、梅溪书院以及后来的南洋公学、经正女塾、三等学堂等。由于这些新式学校与近代上海的经济、文化的发展联系紧密，因而"它们具有顽强的生命力，越办越兴旺"。②20 世纪以后，随着科举制度的废除，上海新式文化教育得到更大的发展，并形成了多层次、多种类的教育结构。

在新式文化事业方面，上海同样遥遥领先。19 世纪末新式的图书出版业已占据全国中心，尤其是创立于 1897 年的商务印书馆发展迅速；在报纸、杂志出版方面也是全国的中心，其时有学者分析上海在杂志出版方面占据全国第一位的原因，"上海坐着第一把交椅，不是近来的事情，好久好久已这样了。因为在全国中它是最拥有多量的印刷工具者，又是对内对外交通最方便的口岸，故输入纸张等原料便利低廉，而印成的东西更容易分送到各处去。再又一个历史的原因，就是由于上述两种缘故的绵延，使上海出的杂志带有普遍性，而不是地方性的，于是尊重了上海出版物的地位"。③

随着经济、教育和文化的发展，上海在政治上的重要性日益凸显，尤其

① 徐雪筠等编译：《上海近代社会经济发展概况——〈海关十年报告〉编译》，上海社会科学出版社 1985 年版，第 33 页。
② 张仲礼主编：《近代上海城市研究》，上海人民出版社 1990 年版，第 991 页。
③ 胡道静：《1933 年的上海杂志界》，《中国出版史料（现代部分）》第一卷，下册，山东教育出版社 1999 年版，第 351 页。

是上海绅商的自觉意识快速提升，他们为保护自身利益开始了各种活动。上海的绅商最早感受到工商业者的艰难处境：一方面受到传统行会制度的羁绊以及官府的种种剥削和限制，另一方面则受到外国商人的打压，其发展受到很大的束缚。随着自身力量的不断扩大，他们对于建立维护自身利益的组织团体——商会的呼声越来越高，希望通过商会"以联络商情、开启商学、扩大商权"应对激烈的竞争。1902 年，为了应对与列强的谈判，上海商业会议公所成立，这是上海绅商阶层临时成立的商会组织；次年在清政府商部衙门颁布了《商会简明章程》后，上海在商业会议公所的基础上改组成立了上海商务总会，这是国内较早的商会组织。

地方自治也是上海绅商们最为关注的重要活动。20 世纪初，清政府开始实行"预备立宪"，地方自治便是其中一项重要内容。上海作为最早开放的通商口岸，其地方自治较其他地方更早开始。与内地不同，上海自开埠后，英、法、美便在上海设立租界，因界外的战乱，原本"华洋分局"转变为"华洋杂居"，清政府的地方政权面临瘫痪状态。租界抓住这一机会建立统治机关，并由小到大，将租界变成"国中之国"。英美租界（公共租界）和法租界到19 世纪 60 年代分别成立了行政机关：工部局和公董局。外国人通过攫取种种特权在租界建立日渐完善的市政机构，展现了西方先进的物质文明、市政管理、议会制度、生活方式、价值观念等，逐渐与华界有了巨大差距。在租界的示范效用下，1905 年开始，上海地方绅商主动发起地方自治运动，并得到了地方政府的完全同意和支持。11 月南市的总工程局正式开张，由李钟链担任总董，后改为"上海城自治公所"，成为整个上海华界的地方自治总机关。

可以看出，自开埠后，在独特的港口经济的背景下，上海迅速发展成为一座集贸易、工业、金融、教育、文化等诸多现代元素为一体的大都市，具有辐射江浙乃至全国的巨大影响力。上海绅商阶层也以其独特的姿态在城市现代化进程中扮演着重要的角色，他们与江浙一带的绅商有着广泛和频繁的联系，而江浙的绅商也以上海为重要的活动基地。在清末立宪运动中，江浙立宪派的头面人物均以上海为宣传和汇聚力量的首选之地。

二、预备立宪公会

清末立宪派大张旗鼓地宣传立宪，始于光绪二十九年末发生的日俄战争。日本在战争中的小胜,被立宪派们认为是君主立宪制对俄国专制制度的胜利,因而实行立宪势在必行。张謇作为江苏立宪派的头面人物,自光绪三十年(1904)到三十二年(1906)清政府颁布立宪上谕的三余年时间中,做了大量的促进立宪的工作:一是为张之洞、魏光焘起草立宪奏稿;二是宣传和普及立宪知识;三是主动恢复和袁世凯绝交20年的关系以获取其对立宪的支持。这三件事情,均与上海以及上海、江浙的绅商密切相关。在为两督起草奏稿的过程中,张謇与蒯礼卿、刘世珩、赵凤昌、汤寿潜等友人反复磨勘斟酌,七易其稿,而这些磨勘之人均是张謇在江浙两地有名望的绅商老友,蒯礼卿常驻江宁,赵凤昌久居上海,汤寿潜乃杭州要人。为宣传和普及立宪知识,张謇先后组织编译出版了《日本宪法义解》《日本议会史》等宣传立宪的著作,而这些著作的出版印刷,均委托于在上海的赵凤昌,显然上海发达的出版业是其他地方所不及的,光绪三十年(1904)的七月到八月,张謇和赵凤昌频繁通信,催问印刷出版的情况:"印书必望速成、速布、速进,并望以百本即见寄。"①之后将其分赠予王公大臣,甚至送达内廷。在与袁世凯复交的问题上,张謇极为谨慎,除了与汤寿潜等绅商好友商量外,还在光绪三十年(1904)四月专程赴上海与袁世凯的机要谋臣杨士琦交谈甚久,了解袁世凯的政治动向。

　　光绪三十一年(1905)年五月,日俄战争终以日本在海陆两个战场的胜利而告终,一年来人们对这场战争的分析似乎得到了印证。特别是日俄战争加速了俄国资产阶级革命的到来,1905年沙皇被迫宣布立宪,这对清朝统治集团无疑是不小的刺激,使他们深刻体会到专制体制无法再存在下去。在巨大的压力下,清廷诏命载泽、端方、戴鸿慈等五人为考察政治大臣,分赴东西洋各国考察。是年十一月底,五大臣考察终于成行,张謇看到了立宪的新希望,他在日记中详述了立宪推进的过程,并寄望五大臣考察回国后政府的决策。光绪三十二年(1906)六月,五大臣先后回国,张謇专程赴上海谒见端方、戴鸿慈,"诣端谈宪事,意尚不衰",②两位大臣支持立宪的决心使张謇甚感欣慰。为表欢迎,张謇联合上海及江浙绅商及学界人士,"公宴二使于洋务局,众心希望立宪也"。③数日后,他又为端、戴两使草拟致各督抚电,以

---

① 张謇:《致赵凤昌函》,张謇研究中心、南通市图书馆编:《张謇全集》第1卷,第78页。
②③ 张謇:《日记》,张謇研究中心、南通市图书馆编:《张謇全集》第6卷,第575页。

加强立宪的声势。由上可见,围绕立宪的诸多活动,离不开日益重要的上海和江浙绅商的支持,上海已是江浙两地各界人士政治活动的中心。

正是在此背景下,国内第一个结社性质的立宪团体在上海应运而生。光绪三十二年(1906)清政府颁行"预备立宪"上谕,张謇更加积极地为立宪事奔忙,最重要的成果便是于年末在上海正式成立了"预备立宪公会",与之前在上海成立的学术性质的"宪政研究会"不同,预备立宪公会是国内第一个具有政治结社性质的立宪团体。该组织先是由两广总督岑春煊提出动议,据郑孝胥日记载:"刘厚生邀宴于商学公会,晤陆伟士,在岑云帅幕中,云云帅有信与季直,欲立法政研究会,愿助开办费一万元,仍筹常费岁壹千。"①岑春煊最初的想法是希望张謇主持此事,因张謇不能常驻上海,便把发起组织的责任交给了过去的幕僚郑孝胥。郑孝胥(1860—1938),字苏戡(亦作苏堪、苏龛、苏盦),号太夷,福建省闽县(今福州市)人,光绪二十八年(1903)郑孝胥任广西边防督办,因其在任上的几年之中,治理广西颇具成效,深受上司岑春煊的赏识。

在筹备过程中,张謇与郑孝胥有过反复的商议。郑孝胥日记中多有记载:"初六日,赴刘厚生、沈友卿之约于商学公会,在座者王丹揆、张季直、王胜之、曾少卿、李平书、陆伟士,议立宪政研究公会。曾少卿、李平书先去,余人皆署名入会为发起人,各捐入会费五十元。""十九日,午后,过商学公会,为宪政研究公会第二次谈判会。""甘七日,宪政公会第三次会议。""初四日,午后,诣公会,会议改会名曰'预备立宪公会',入会者凡二十七人。"②光绪三十二年(1906)十一月一日(12月16日),预备立宪公会的成立大会在上海愚园召开。"是日,为立宪公会第一次开会,会员、来宾二百余人。"③下午四时,参加公会成立的会员,选举出预备立宪公会的会长、副会长、会董等,郑孝胥为会长,张謇、汤寿潜为副会长,以后张謇连任四届副会长,宣统三年(1911年)当选为第五届会长。

预备立宪公会的会员来自江苏、浙江、福建、广东各省,以江浙两地为主,人数最多时计有300余人。其主要人物多是宪政研究会的成员,他们或

---

①　中国国家博物馆编、劳祖德整理:《郑孝胥日记》第2册,中华书局1993年版,第1056—1057页。

②　《郑孝胥日记》第2册,中华书局1993年版,第1058—1061页。

③　《郑孝胥日记》第2册,中华书局1993年版,第1068页。

是上层绅士或是文士名流,在江浙地区极为活跃,如朱福洗、孟昭常、张元济、沈同芳、许鼎霖、雷奋、陶葆廉、周廷弼、赵凤昌、温宗光、陈宝琛、瑞澂、谢远涵、庆山、伍光建、高而谦、沈林、沈懋昭、章宗元、刘厚生等。①引人注目的是会员中的新式知识分子,他们大多为留日学生、教员或报社编辑,在预备立宪公会中表现非常积极。如公会的编辑部的成员孟氏兄弟——孟森、孟昭常,以及秦瑞玠、汤一鹗等人。黄炎培称赞他们"都是当时留日学生中久负盛名的,开讲习会必请这几位先生为讲师;修订章则,非请这几位先生起草不办"。②

学界的研究表明,围绕着立宪预备事宜,预备立宪公会在数年间做了若干卓有成效的工作。主要是:第一,出版报刊,宣传宪政。光绪三十四年(1908)十一月,该会刊印《预备立宪公会报》半月刊,宣统二年(19910)移至北京,改为《宪政》月刊;另外还将《城镇乡地方自治宣讲书》印送各省,以备参考。第二,编纂商法,以促商法尽早颁行。该会建立后,积极联络邀请各商会人士,共同研讨编纂保护工商业发展的商法,宣统元年(1909)十一月完成公司法及总则两部。此草案成为以后张謇担任农商总长期间颁布公司法和商法的基础。第三,开办法政讲习所,训练立宪人才。讲习所分一年班与半年班两组,一年班注重法律,造就司法人才;半年班注重地方自治所需财政、预算、决算等方面的知识。第四,积极参与各政团的请愿速开国会活动,后文有详述。

在预备立宪公会的示范效应下,其他各地也先后建立了类似的组织,如湖南的"宪政公会"、贵州的"宪政预备会"、广东的"粤商自治会"、湖北的"宪政筹备会"等。海外的康梁也积极响应宪政,光绪三十三年(1907)九月,在东京成立"政闻社",次年初其本部迁至上海,很快和"预备立宪公会"建立起密切联系。光绪三十四年(1908)七月,立宪公会发起的大规模签名请愿速开国会,虽在清政府的压制下被迫停止,但它成为此后一系列请愿活动的开端。总之,预备立宪公会作为国内首个立宪预备团体,在宣传鼓吹立宪、编纂商法、培养立宪人才方面做了不少实实在在的工作,而这些工作的开展都依托于上海这个越来越具有吸纳力和影响力的中心城市。

---

①　张玉法:《清季的立宪团体》,北京师范大学出版社 2011 年版,第 367 页。

②　黄炎培:《我所身亲之中国最初及最近期宪政运动》,《宪政》创刊号,1944 年。转引自李新《中华民国史》,中华书局 1981 年版,第 47 页。

三、国会请愿

　　预备立宪公会的一项中心工作是积极参与请愿速开国会运动。国会请愿运动可以分为两个阶段，1907—1908 年在各省咨议局成立前，主要是各地宪政团体和个人的上书请愿活动。首先提出国会请愿的是湖南宪政公会的立宪派人士杨度。光绪三十三年(1907)，杨度在《中国新报》上发表文章，说明立宪国家中宪法、国会、责任内阁三者尤为重要，缺一不可。而三者之中，国会最为重要。目前之时局应速开国会，才能实现立宪，挽救国家危亡。"故吾今日所主张之唯一救过方法，以大声疾呼号召于天下者，曰'开国会'三字而已。"①

　　此后，宪政公会率先上书清廷，请求召开国会。是年 9 月，熊范舆、沈钧儒、恒钧、雷光宇四人受宪政公会委派，前往京师上书，要求在一二年之内召开民选议院。"伏乞速颁诣旨，晓示天下，督饬廷臣遵去年七月十三日上谕，发布选举制度，确定召集期间，于一二年内即行开设民选议院，俾全国人民得以勉参国政，协赞鸿圜，同德一心，合力御外。"②

　　湖南宪政公会的请愿活动，在社会上引起广泛的响应。各地的立宪团体，亦纷纷组织请愿活动，康有为领导的帝国宪政会、梁启超的政闻社等均要求速开国会。预备立宪公会更是积极参与。是年 12 月，副会长张謇、汤寿潜与蒯光典等人商议召开国会事，"与汤寿潜、蒯光典等筹立宪国会事"；③与此同时，公会又与宪政公会、政闻社、宪政研究会一起共同设立国会期成会，希望以此作为国会请愿活动的领导机关，实现速开国会之目的。光绪三十四年(1908)四月，会长郑孝胥在会员常会中提议，设立国会研究所一处，负责编纂《速成国会草案》一书："余议设国会研究会，合有志之士共编《速成国会草案》，俟《草案》成，合各省上书进呈《草案》，请政府实行，众皆赞成。"④之后连开四次会议，讨论该草案。六月底《速开国会案》编纂完成，郑

---

　　①　杨度：《金铁主义说》，刘晴波主编：《杨度集》，湖南人民出版社 2009 年版，第 322 页。

　　②　《湖南即用知县熊范舆等请速设民选议员呈》，1907 年 10 月 5 日，故宫博物院明清档案部编：《清末筹备立宪档案史料》，中华书局 1979 年版，第 616 页。

　　③　张謇：《啬翁自订年谱》，张謇研究中心、南通市图书馆编：《张謇全集》第 6 卷，第 869 页。

　　④　《郑孝胥日记》第 2 册，中华书局 1993 年版，第 1138 页。

孝胥亲自拟定致清廷电文,大意是传言清廷预备立宪六年为限,应提前至二年之内速开国会,方能挽救国家于危亡。郑将此稿交与张謇、汤寿潜二人过目,"此稿交孟庸生商之季直、蛰先,以立宪公会名义发电",①"归,过立宪公会,电镐为季直、蛰先各异数语,遂令即发"。可见,这是一份张謇和汤寿潜均过目和修改后的电文,以预备立宪公会的名义致清廷。

国会请愿活动在各省咨议局成立后进入一个由咨议局的立宪派们为主导的新阶段。咨议局是清政府预备立宪中准予设立的一个新的议政机构,各地即刻闻风而动。光绪三十三年(1907),预备立宪公会等11个团体齐聚上海,商议筹办咨议局的相关事宜。次年(1908)六月,张謇奉旨在南京筹建宁属咨议局,经过一系列的筹备活动,八月三日咨议局开会,到会者95人,张謇以51票当选江苏咨议局议长。半年之内,各省咨议局纷纷诞生,其议长几乎是清一色的立宪派头面人物,除张謇外,浙江咨议局议长汤寿潜、湖北咨议局议长汤化龙、湖南咨议局议长谭延闿、四川咨议局议长蒲殿俊都是知名的立宪派首领。事实上,这个新的议政机构吸纳了各地的社会名绅和新兴阶层,使他们有了更大的政治独立性和活动空间,其影响力很快就超出了清政府的预想。咨议局不仅力争立法权力,而且有组织有计划地积极推进立宪步伐,从宣统元年(1909)末到二年(1910)形成了三次以设立责任内阁和早开国会为目标的大规模的请愿活动,以张謇为首的江苏咨议局扮演了领导者的角色。

宣统元年(1909)年八月,张謇凭借自己的私交,与时任江苏巡抚的瑞澂等人商议,由瑞澂联合各省的总督、巡抚,共同上书清廷请求组织责任内阁;由张謇亲自出面联络各省的咨议局议员等人,亦共同上书清廷请求速开国会,二者相互呼应,相互促进,以便早日实现立宪:"与瑞中丞及雷继光、杨翼之、孟庸生、许久香诸君议,由中丞联合督、抚请速组织责任内阁;由咨议局联合奉、黑、吉、直、东、浙、闽、粤、桂、皖、赣、湘、鄂十四省咨议局请速开国会。议定翼之、唯一、庸生三人行,联合督抚,瑞任之;联合各咨议局,余任之。"②九月二十一日,张謇又赶赴杭州,与时任浙江巡抚的增韫讨论,劝说其参与,"晚晤增中丞,为陈国会及内阁之要。增极表与瑞同意"。③江浙两省在立宪

---

① 《郑孝胥日记》第2册,中华书局1993年版,第1148页。
② 张謇:《张謇日记》,张謇研究中心、南通市图书馆编:《张謇全集》第6卷,第625页。
③ 张謇:《张謇日记》,张謇研究中心、南通市图书馆编:《张謇全集》第6卷,第626页。

问题上达成一致。与此同时,三位联络员的四处奔走也很有成效,各地约定推举代表于十一月齐聚上海,共商进行之方。

各省请愿活动代表们的汇聚地选在上海。十一月十五日,奉、吉、直、陕、晋、鲁、豫、湘、鄂、苏、赣、皖、浙、闽、粤、桂十六省咨议局代表共五十一人,齐聚上海的预备立宪公会事务所,各省咨议局代表成立"请愿国会代表谈话会",选举福建咨议局副议长刘崇佑主持会议,江苏咨议局议员雷奋、福建咨议局书记林长民为书记,决定数日后联合赴京请愿。当夜,张謇将林长民所拟《请开国会公民呈》重新修订改稿。十七日,再开会推举进京代表三十三人。接连数天,预备立宪公会、咨议局研究会等团体为各省请愿代表设宴践行,张謇特作《送十六省议员诣阙上书序》以资鼓励:"闻诸立宪国之得有国会也,人民或以身命相搏;事虽过激,而其意则诚。我中国神明之胄,而士大夫习于礼教之风,但深明乎匹夫有责之言,而鉴于亡国无形之祸,稚然秉礼,输诚而请;得请则国家之福,设不得请而至于三至于四至于无尽,诚不已,则请亦不已,未见朝廷之心,忍负我人民也,即使诚终不达,不得请而至于不忍言之一日,亦足使天下后世知此事代人民固无负于国家,而传此意于将来,或尚有绝望而复苏之一日。"①张謇的讲话表明,请愿之事,虽属激烈,但全处于挽救国家危亡的至诚之心。纵然一次不成,还可三次、四次乃至于无尽,此乃无愧于国家民族。

其实,张謇早已做好持续请愿的准备。初次请愿失败后,立宪派马不停蹄地投入到下一次请愿的准备,宣统二年(1910)年五月第二次请愿再以失败告终;仅隔两天,代表们已经商讨次年进行第三次请愿。事实上,当年七月各省咨议局在北京成立了咨议局联合会作为领导立宪运动的统一机构,张謇尽管没有直接参加,但他领导的江苏咨议局在请愿活动中的地位非同一般。八月,他以具有全国影响力的威望致函各省咨议局:"此次请愿,拟向资政院陈请建议,以期必达,此第一步也。请愿之人,就苏言,拟推謇以议长名义北上,此第二步也。请愿之期,以十月底成行,十一月到院陈情,适已毕本局之事,而尚在资政院开院之期,此第三步也。以议长名义北上,各省能否赞同或不尽能去,亦当转托他省能去之议长为代

---

① 张謇:《送十六省议员诣阙上书序》,张謇研究中心、南通市图书馆编:《张謇全集》第1卷,第127—128页。

表,合成一议长之请愿团,以结前二次代表团之局,而别开第三次请愿之新面目,此第四步也。"①这四个步骤显然经过了精心策划,尤其是组成各省咨议局议长团赴京,对清廷的巨大压力不言而喻。

九月五日,在举国一致的呼声中,国会请愿代表团的第三次上书正式开始,各省咨议局和人民团体纷纷上奏以作后援,各督抚亦联合电奏,各地报刊舆论也对清廷给予无情抨击。大势所趋下,清廷于十月三日宣布缩短预备立宪的期限:"唯是召集议院以前,应行筹备各大端,事体重要,头绪纷繁,计非一二年所能事,著缩改于宣统五年,实行开设议院。"②即由九年预备立宪改为三年,在宣统五年(1913)实行开设议院。张謇在上海听到消息,释然宣称"北行可免矣"。③并以咨议局名义致电资政院叩谢。较之更激进的立宪者,张謇不仅有耐心等待,而且对清廷的立宪诚意抱有乐观的估计。然而,宣统三年(1911)四月十日"皇族内阁"的成立,让张謇的失望溢于言表:"是时举国骚然,朝野上下,不啻加离心力百倍,可惧也!"④他已预感到更大的动荡将要来临,清政府处在朝不保夕的危险境地。

以国会请愿为高潮的立宪运动,终因不能见容于清朝当局而宣告失败。就张謇个人而言,追求宪政的经历是刻骨铭心的,他晚年总结一生诸多大事,"莫大于立宪之成毁",⑤足见其对立宪至殷至诚的期望。深厚的宪政情怀表明,以张謇为代表的新兴绅商阶层在政治上已具有可贵的独立与自觉意识。

四、结语

众所周知,南通是张謇事业的根据地,其"实业救国""教育救国"的理想付诸实际也以南通为依托,他在南通的地方自治卓有成效,起到了"造福一方,影响全国"的重要作用。但是,南通毕竟是江北小城,其影响力和号召力

---

① 张謇:《致浙江咨议局函》,张謇研究中心、南通市图书馆编:《张謇全集》第 1 卷,第 150—151 页。

② 《缩改于宣统五年开设议院谕》,1911 年 11 月 4 日,故宫博物院明清档案部编:《清末筹备立宪档案史料》上,中华书局 1979 年版,第 78 页。

③ 张謇:《张謇日记》,张謇研究中心、南通市图书馆编:《张謇全集》第 6 卷,第 640 页。

④ 张謇:《年谱》,张謇研究中心、南通市图书馆编:《张謇全集》第 6 卷,第 873 页。

⑤ 张謇:《年谱自序》,张謇研究中心、南通市图书馆编:《张謇全集》第 5 卷(上),第 299 页。

是有限的。在具有全国意义的立宪运动中,上海成为江南立宪人士的首选之地,张謇频繁地出入上海,把主要的立宪活动放在了这个新兴的都市。

上海开埠后,经过半个多世纪的发展,迅速形成中心口岸,同时也成为中国的贸易中心、经济中心和金融中心,辐射整个长江流域,尤其是中国最富庶的江浙两省。上海是中国最早开始社会转型的城市,由于得风气之先,这里的新式绅商、新式知识分子群体成长迅速,他们的自我意识和独立意识格外强烈,因而第一个立宪团体"预备立宪公会"诞生在上海实则是顺理成章之事,这个组织实际吸纳了东南地区特别是江浙两省的社会精英,在各地的立宪组织中是最具广泛性和包容性的。

上海在近代中国的地位远不止经济和金融,它还是新文化、新知识、新思潮的出发地和来源地,是沟通中西文化的桥头堡。上海拥有全国最发达的报业和出版业,最发达的传播系统,是当时中国信息的集散地和新学枢纽。19世纪末期创建的商务印书馆,在全国的很多城市都建有分馆,使上海的出版物可以遍布各地。立宪运动期间,无论是张謇组织编译的《日本宪法义解》《日本议会史》,还是"预备立宪公会"的各种宣传立宪著作都是在上海印刷出版,进而传播到更多的省份。

拥有诸多现代元素的上海,在清末也成为新的政治中心。在这个自由多元的现代都市,集聚了包括绅商和新式留学生在内的各种新兴阶层,他们也让这个城市充满了活力。事实上,江浙绅商和新式知识阶层均视上海为首要性城市,自然向这里集中和汇聚。不仅江南,清末全国的新兴力量都看好上海,第一次请愿活动即汇聚了全国十六个省的立宪人士,在以后的辛亥革命和南北议和中,上海更是发挥着不可替代的新政治策源地的重要作用。可以说,以新兴绅商为主体的立宪运动乃是上海在政治上凸显作用的开端。

张謇与"东南互保"

王敦琴* 羌 建**

最终在上海议成的"东南互保"是中国近代史上的一次特殊事件,是地方官、绅共同策划的一次公开"抗旨",其策划背景、实施过程及善后处理都超出常规,甚至可以说是中国历史上绝无仅有的。"东南互保"的推动者到底是谁?目前尚未形成共识。不过,"东南互保"最终得以实现,的确是多方合力的结果。一般认为,刘坤一及李鸿章、张之洞为决策者,"拳匪乱起,坤一偕李鸿章、张之洞创议,会东南疆吏与各国领事订约,互为保护,人心始定"。[①]事后,这些决策者均作为功臣得到朝廷奖赏。其实,在这些功臣的背后,活跃着一群东南士绅,他们是"东南互保"的幕后英雄和真正推手。作为主要功臣之一的刘坤一身后就集结着一个强大的智囊团,张謇可谓其中之一,在"东南互保"策划及其实现过程中,他扮演的是刘坤一之谋士的角色。

一、"东南互保"策划过程中的"官民之邮"

1899 年,当义和团兴起、清政府派兵镇压之时,张謇就在致汪康年、梁启超的信函中感叹:"官民之情不通,天下事无可为者。"[②]其后二十多年,张謇担当起"官商之邮""官绅之邮""南北之邮",可以认为,张謇的"官民之邮"肇始于策划"东南互保"。

(一)关注时局联络朋僚

张謇的《柳西草堂日记啬翁自订年谱》显示,在"东南互保"动议及其实现前后,张謇特别忙碌。或是忙于写信致电,或是穿梭于上海、南京、南通之

* 王敦琴,南通大学文学院历史系教授,张謇研究所所长。

** 羌建,南通大学文学院历史系副教授。

① 赵尔巽:《清史稿》第 39 册,中华书局 1977 年版,第 12050 页。

② 李明勋、尤世玮主编:《张謇全集》第 2 卷,上海辞书出版社 2012 年版,第 103 页。

间,频繁与地方督抚、东南士绅、文化报人等进行交往、密议、策划。所见、所联络之人主要是刘坤一及其相关者,包括何嗣焜、沈瑜庆、汤寿潜、陈三立、施炳燮、赵凤昌等,他们或是刘坤一亲信、幕僚,或是与刘持相同政见者。在保卫东南问题上,张謇与他们可谓志同道合,他们实际成为刘坤一、张之洞"东南互保"的智囊团核心成员。

自光绪二十六年(1900 年)五月至十二月间,有关时局及与"东南自保"相关的文字成为这段时间张謇日记的主要内容,包括围绕"东南自保"的各种信息、信函、会见、交谈、商讨及主张等,现摘录五月至八月①相关部分:

五月:

二十日至省,方卯正也。

二十九日蔼苍来,议保卫东南事。属理卿致此意。

三十日与伯严议易西而南事。江以杜云秋(俞)为营务处,鄂以郑苏龛为营务处,北上。

六月:

一日蛰先来深谈。

二日蛰先谒新宁。新宁以甫闻德使被戕,京师焦烂,终夜不寐。与伯严定蛰先追谒李帅,陈安危至计。

三日与蛰先、莘丈同行,候蛰先,故失船,莘丈先行。与蛰先同寓下关江岸。

四日附"益利"行。至镇江,见禹九,知北警益甚。

五日至沪。晚与蛰先别,诵"无几相见"之诗。

六日闻各使均被害。闻有宫禁非常之谣。

七日闻合肥行次香港。非公推此老入卫两宫,殆无可下手。与梅生、小山谈。蔼苍邀谈于一品香。饭罢,即附轮旋通。

八日至厂。与新宁说帖,申公推合肥统兵亟北,内卫外戢。

九日闻合肥北上之说不确。

十日旋长乐,迁道海门,与王同知议陈团丁。

十二日闻有停解洋债移充军饷之旨。此则东南亦不靖矣。

十三日知梅生去宁,移饷事已缓宕。

---

① 《张謇全集》第 8 卷,上海辞书出版社 2012 年版,第 481—489 页。

十四日恕堂自山东回,言本初黑瘦,意徘徊南附,拥兵自卫。

十五日恕堂去江西贵溪。与王同知讯,说各典不可止当。

十七日与莘丈讯,施理卿、刘聚卿讯。

二十一日与刘澂如讯,说不可止当。得梅生讯,知近日寄谕、明旨两歧。

二十六日得梅生讯,知天津不守,聂士成阵亡。聂未可亡也。

二十七日彦升来,知磐硕已挈眷至济南。

二十八日招少若来谈。

七月:

七日有闻李磐硕挈家自京师至济南感赋诗。

八日专人诣磐硕家问讯。与恒斋讯。

九日梅生、子培来讯,约诣沪。

十三日书箴来。

十四日与烟丈诣书箴,丈述兰孙言,阻去沪。

十六日逆风,丑刻开行,酉初至沪,颠顿殊甚。约梅生来谈。

十七日与梅生诣子培、爱苍,谈竟日。晤严又陵(复)。

十八日梅生、子培同在一品香,闻王相孙由京至沪,述京事可痛。

十九日爱苍约至张园见赵善夫(即宋子东)。劝爱苍、彦复随合肥行,入都。

二十日夜附"瑞和"回通。

二十二日与刘督部讯:"比上一笺,乞公与南中疆帅,公推合肥总统各路勤王之师,入卫两宫。"

二十七日得梅生讯,西兵以二十一日入京,由东直、东便门入。两宫以二十日西狩,或云由房山、易州至五台,或云由保定。……生灵涂炭,谁实为之?真可痛恨。彦升、肯堂去。晚,磐硕来,与谈北事至四鼓。

二十八日与新宁书,请参政府速平乱匪,为退敌迎銮计。

二十九日磐硕去。延卿来。梅孙婿刘厚生来。

三十日延卿去。湖南唐才常谋以会匪之为,行复辟之事,事泄,伏法于武昌。氏书鄂友曰:光武、魏武军中焚书,使反侧子安也。

八月:

一日夜分，小山、积馀、聚卿、礼卿、炎之公电约赴宁。

二日电答缪、蒯诸君函复，以函付局寄。

三日回长乐，刘厚生同行。雨。晤延卿、肯堂、磐硕于江太守处。宿江西会馆。

七日新宁电，速赴宁。与敬夫讯。

八日启行，由川港至城西门分销所宿。彦升亦以为舍退敌剿匪、请两宫回銮议约无他策。謇谓宜先退在京之寇，迎还两宫，徐议除匪定约事，久则变生，投鼠者忌器也。

十日氐省。晤徐、陈、缪、蒯、刘诸君。见七月廿六日诏，似罪己，非罪己。

十一日见新宁，藩司在坐，絮絮说时事，未便抒陈己意。新宁亦无一言申明电约之意（电云有要事），精爽不逮前见时。知合肥奏加荣、庆、刘、张为全权，又引各国语直讦端、刚，请上定主裁。礼卿论团练事，欲兴亩捐、房捐，新宁、藩司皆不可。时未至，诚未见其可也。

十二日与敬夫、梅生、彦升及家讯。见七月廿八日诏，求直言。

十三日写方安庆、姚怀宁、章海州讯。

十五日再谒新宁，请奏请罢斥端、刚，以谢天下。

十六日新宁以请罢端、刚，电商合肥、南皮联衔。

十九日启行至上海。

二十日至上海。蛰先一晤即别，归山阴。

二十一日合肥北上，法人为之保护。请罢端、刚疏具而未发，闻须至京相机电上，此真所谓揖让救焚。

二十二日闻德人将分兵犯江海。与新宁讯，治海州防，请罢政府。

二十三日再与新宁讯，用蛰先说，请令端、刚自求罢斥，另电劝端、刚自屈，以全大计。与莘丈讯。

二十六日不适，恶寒，服姜茶。答寿平电。与两江咨呈，催小轮。

三十日闻端仍总理军机。前后朝旨时有矛盾，祸未已也。

以上是五月底至八月张謇日记中有关局势及其相关活动的记录，从这些记载中可以发现几个特点：

一是张謇这期间的记载几乎是围绕时局变化及"保卫东南"而进行的；二是基本能看出这段时间内义和团、八国联军、清政府的动态；三是大体了解"东南互保"酝酿前后的相关情况;四是可以对张謇每天所思、所见、所说、所到有一个清晰的了解,同时,张謇的观点、主张也一目了然;五是记载极为简单,内容亦多不明说。

从目前所见资料来看,在慈禧太后以光绪皇帝名义发布宣战上谕时,"东南互保"酝酿其实已经开始。在各国公使准备武力镇压义和团、向北京调兵遣将、出兵入卫天津租界、英国军队等在东南蠢蠢欲动之时,东南绅商们就在秘密策划如何避免北方战乱而实现自保之事了。由此可见,提议、策划"东南互保",其初衷并非与朝廷对立。同时,朝廷在发布宣战上谕一周后其实已改变了态度,对列强变战为和,对义和团变抚为剿。如果东南官、绅获得此信息,那么,他们策划"东南互保"的底气就更足了。"东南互保"可谓"表现于若即若离,而终止于不离不弃"。①

张謇除关注时局、多方联络外,他在家乡亦采取各种措施应对日益紧张的形势。一是通知他大生纱厂助手沈敬夫审时度势,"相北方匪警缓急为操纵";②二是与海门王同知"议陈团丁",③以保地方平安;三是要求南通各典当行"不可止当",④以免引起人心恐慌。

(二) 为刘坤一出谋划策

张謇对刘坤一施加影响主要通过这样几种方法:一是直接与刘晤面陈说,或是致函呈文;二是与刘坤一亲信幕僚频繁接触,电函不断,互通情况,商议对策;三是与其他相关之人交往联系,互通信息和主张。

1900 年 5 月至 6 月间,张謇在上海逗留近一个月,其间,他晤见多人,其中有一重要人物是沈曾植。张謇日记中记载,四月十三(5 月 11 日)"子培到沪",⑤子培即沈曾植字,他在北方动荡之时携家眷到沪。当时,义和团在京津迅速发展,朝廷以载漪为首的排外势头正旺,而各国公使正一面照会清政府,要求"剿除义和团",一面将舰队聚集大沽口进行威胁,并酝酿出兵镇压义和团。沈曾植 5 月 11 日来上海后,张謇与之"晤谈",⑥至于晤谈几次,张并未明确记载。但从这几天的日记看,张謇很有可能与沈晤面多次,

---

① 戴海斌:《试析 1900 年"东南互保"中的几个问题》,《历史档案》2014 年第 1 期。

② 《张謇全集》第 8 卷,上海辞书出版社 2012 年版,第 481 页。

③④ 《张謇全集》第 8 卷,上海辞书出版社 2012 年版,第 483 页。

⑤ 《张謇全集》第 8 卷,上海辞书出版社 2012 年版,第 480 页。

⑥ 庄安正著:《张謇先生年谱》,吉林人民出版社 2002 年版,第 174 页。

因为在记载"子培到沪"后，紧接着出现两日空白，至 5 月 15 日晚，张謇"至虹口晤仲弢。晚与子培同车，送登'大通'"，①说明这日张謇与沈曾植、黄绍箕亦进行过晤谈。关于会谈的内容，张謇虽没明说，但可以肯定的是与"东南互保"有关。其后，沈便奔走于南京、武汉、上海之间，游说于两江总督刘坤一、湖广总督张之洞、总办商约大臣盛宣怀，联络联合自保之事。

进入 6 月份后，北方情形越来越复杂，这使得张謇将更多的精力投入东南自保。义和团起初，刘坤一、张之洞关于义和团的态度并不十分明朗，而当张謇得知刘、张对义和团的明确态度后便在日记及年谱中称之为"团匪"，张謇在日记中写道："闻张、刘合电请剿团匪。匪大恣肆，黄巾、白波再见矣。"②此前，张謇穿梭于上海、南京、南通之间，会晤刘坤一、何嗣焜、沈曾植、黄绍箕、恽祖祁等，其会谈内容一般都不明说，此后，张謇才在日记、年谱中明确提"保卫东南"。③张謇 6 月 25 日（农历五月二十九）日记写道："蔼苍来，议保卫东南事。属理卿致此意。"④蔼苍即沈瑜庆，他代表刘坤一在上海参与策划"东南互保"，理卿即施炳燮，为刘坤一的亲信幕僚。如前所引，其后的一个多月，张謇日记几乎都是围绕东南互保记述的。"与伯严议易西而南事。江以杜云秋（俞）为营务处，鄂以郑苏龛为营务处，北上。"⑤伯严即严三立，杜云秋即杜俞，郑苏龛即郑孝胥。张謇此时与严三立商讨将光绪皇帝等从西安迎到南京，并拟由杜俞为江苏营务处、郑孝胥为湖北营务处，分别负责迎銮的相关事宜。

《翁甏自订年谱》将五月商讨的要点简单地作了记载："五月，北京拳匪事起，其势炽于黄巾、白波。二十二日，闻匪据大沽口，江南震扰，江苏巡抚李秉衡北上。言于新宁招抚徐怀礼，免碍东南全局。蔼苍至宁，与议保卫东南。陈伯严（三立）与议迎銮南下。蛰先至宁，议追说李秉衡以安危大计，勿为刚、赵所误，不及。至沪与眉孙、蔼苍议，由江、鄂公推李相统兵入卫。与眉孙、蔼苍、蛰先、伯严、施理卿（炳燮）议合刘、张二督保卫东南。"⑥这些是张謇在自订年谱中记载的农历五月活动内容，信息量颇大，包括这样几个方面：一是义和团到了北京，其发展势头很是迅猛；二是天津大沽口失陷，东南

① 《张謇全集》第 8 卷，上海辞书出版社 2012 年版，第 481 页。
② 《张謇全集》第 8 卷，上海辞书出版社 2012 年版，第 482 页。
③④⑤ 《张謇全集》第 8 卷，上海辞书出版社 2012 年版，第 483 页。
⑥ 《张謇全集》第 8 卷，上海辞书出版社 2012 年版，第 1016 页。

既震惊,也受到影响,积极主战的李秉衡北上;三是张謇因担心徐宝山会对东南大局的稳定造成影响,便给刘坤一献招抚徐宝山之策;四是与沈瑜庆在南京商量保卫东南之事;五是与陈三立议商迎接光绪皇帝及皇室到南京之事;六是汤寿潜到南京,张謇与之深谈,商讨如何劝解说服李秉衡以国家安危大计为重,不要被刚毅(军机大臣兼吏部尚书)、赵舒翘(军机大臣兼刑部尚书)所误;七是张謇至上海与何嗣焜、沈瑜庆商议由两江及湖广公推李鸿章率兵北上勤王;八是与何嗣焜、沈瑜庆、汤寿潜、陈三立、施炳燮商议请两江总督刘坤一、湖广总督张之洞联合保卫东南。

在招抚徐宝山、迎銮南下、劝说李秉衡、公推李鸿章北上勤王、游说刘坤一和张之洞保卫东南等等一系列事件之中,落脚点其实是保卫东南、迎銮南下。而这一系列活动,看似无绪,实则节奏感强,张謇从中似乎起到了枢纽的作用。

二、策划游说之效果

当慈禧太后宣战上谕通电各省之时,除东北及其他北方个别省份响应外,其他各省纷纷观望。上海各租界立时实行戒严,外国军舰驶入吴淞,陆军登陆布防,大有一触即发之势。作为中国第一大通商口岸,上海地位特殊,情势紧急。刘厚生在《张謇传记》中记载,李鸿章老部下盛宣怀与其幕僚保嗣焜商量应对之策,何认为,事关重大,非盛之权力所能达到,只有将两广总督李鸿章、两江总督刘坤一、湖广总督张之洞三人拉在一处才能有办法。但是,这三个人又是很难拢到一块的。可以请两个人出面去游说,这两个人,一个是张謇,一个是赵凤昌,"可请张謇说服刘坤一,赵凤昌说服张之洞"。①刘厚生关于盛、何的动议虽然有待进一步考证,但张謇、赵凤昌事实上的确为说服刘坤一、张之洞下了功夫。

关于张謇策划游说刘坤一,到底效果如何,研究者们有不同看法。有学者认为"张謇对刘坤一颇有影响",②亦有学者认为张謇等的游说对决策的影响"至今仍难精确定论"。③张謇在"东南互保"中的角色和影响可以从以

---

①　刘厚生:《张謇传记》,龙门联合书局1958年版,第92—93页。

②　卫春回:《张謇评传》,南京大学出版社2001年版,第71页。

③　戴海兵:《在上海中外官绅与东南互保——〈庚子拳祸东南互保之纪实〉笺释及"互保"、"迎銮"之辨》,《中华文史论丛》,2013年第2期。

下几方面来看。

(一) 成功招抚老虎徐宝山

义和团运动发生后,各列强乘机入侵之时,张謇就在思考如何安定东南地方势力。因为北方局势十分危急,如果战火再烧到南方,或者南方地方势力乘机起事,再引起外国势力干预,那么中国必致列强瓜分,"南中闻警,伏莽腾谣,揭竿之徒,在所可虑"。①对于南方,张謇认为可作两步走,第一步是安"内",第二步是攘"外"。

当时,长江中下游一大势力、"盐枭"头目、帮会首领、拥私人武装、人称徐老虎的徐宝山就是一大隐患。当张謇清楚地知道张之洞、刘坤一对义和团的态度后,便在日记中明确表明对义和团的态度。其后一天,张謇便见刘坤一,"知大沽口失,陈招抚徐老虎策"。②正如章开沅先生所说:"张謇把招抚徐宝山看作是与帝国主义达成与'互保'协议的前提。"③当时,张謇当面给刘坤一献计"招抚"徐宝山,并且陈述招抚目的:"言于新宁招抚徐怀礼,免碍东南全局。"刘坤一依计第二天就着手"招抚"事宜。张謇在晤面后便再"上新宁书",首先表示感谢"抚徐之说,荷赐施行",其次道出抚徐意义"内患苟弭,可专意外应矣"。"上书"中,张謇还就"招抚"的具体办法、度的把握及其善后事宜再次献计献策:"此辈如乱柴,徐则约柴之绳也。引绳太紧,绳将不堪,太松且枝梧,宜得有大度而小心之统将处之,俾不猜而生嫌,不轻而生玩。若予编伍,饷额宜檄统将发原封令徐自给,但给衔不可逾守备以上,不可便单扎。且令一善言语、有计略之道员前往宣示诚信,以开谕之,令专镇缉沿江诸匪。若请来谒,宜即听许,不请勿遽强。此人闻颇以胆决重于其党,控驭得宜,安知不有异日之效?"④后来的情况正如张謇所料,徐宝山不仅归顺了朝廷,而且还为政府做了大量有益之事。"招抚"地方恶霸,对巩固一方平安的确起到重要作用。抚徐的确不失为一着好棋,其的确未给"东南互保"大局形成障碍。

(二) 促成刘坤一义无反顾

关于张謇促成刘坤一最终下定决心联合张之洞议约"东南互保"情况,

---

① 《张謇全集》第 8 卷,上海辞书出版社 2012 年版,第 487 页。
②④ 《张謇全集》第 8 卷,上海辞书出版社 2012 年版,第 482 页。
③ 章开沅:《开拓者的足迹——张謇传稿》,中华书局 1986 年版,第 117 页。

张謇日记及年谱的记录应是可信的。

张謇在自订年谱中将当时对话情景作了描述:"与眉孙、爱苍、蛰先、伯严、施理卿(炳燮)议合刘、张二督保卫东南。余诣刘陈说后,其幕客有沮者,刘犹豫,复引余问:'两宫将幸西北,西北与东南孰重?'余曰:'无西北不足以存东南,为其名不足以存也;无东南不足以存西北,为其实不足以存也。'刘蹶然曰:'吾决矣。'告某客曰:'头是姓刘物。'即定议电鄂约张,张应。"①

这段与刘坤一的精彩对话,张謇是引以为豪的。不仅因张謇将东南与西北的关系表达得透彻,而且很具说服力,从中可看出,刘坤一在听了张謇的"名"与"实"之后才下定决心的。尽管他深知"保守东南,实顾全局,一涉孟浪,祸在眉睫",②但仍义无反顾。

张謇日记也好,自订年谱也好,基本是流水账,记述颇为简单。很多重要内容不仅是一笔带过,而且记录很隐晦,有的大事甚至不记,以空白页表示。这既令人费解,也令人深思。记述简单可以理解,因为张謇太忙,有太多的事务,没有时间来从容记述,只要自己能看懂就行。但为何一些大事要事常常会一笔带过甚至留白,特别是一些敏感之事、重大之事? 细细揣摩,这恰恰是张謇性格的重要体现,他做事稳重,为人低调,不事张扬,他或是预见或是准备有朝一日其日记、年谱可能公之于众,很多事情他并不想说得太明白,或者不想让别人太明白,他并不图虚名,也不想贪功。当然,细细揣摩,他会不会还有另外的考虑? 当时事件尚未完全过去,他或许并不想牵涉其中。例如,作为"东南互保"运动的起始标志,五月二十七(6月23日)盛宣怀、何嗣焜、赵凤昌、张謇、汤寿潜、蔡钧、沈曾植、陈三立、沈瑜庆等会商,最终共同认定通过中外"订约互保"的形式,从国际法上来约束外国列强。③这么重要的事,张謇在这天的日记为空白。张謇是务实派,他不想说的或不能说的,在日记、年谱中就一笔带过甚至只字不提,这其实更增强了张謇日记的可信度。

"东南互保"虽然订约,但仍有许多善后事宜。张謇给刘坤一写信:"謇蜷伏海澨,北望舟楼,忧来如焚,鬓毛渐白,不能旦夕府庭申緜緜之愚。"他表达自己的万分焦虑,详细分析不利时局及可能出现的情形,张謇吁请刘坤一

① 《张謇全集》第8卷,上海辞书出版社2012年版,第1016页。
② 中国科学院历史研究所:《刘坤一遗集》,中华书局1959年版,第2566页。
③ 彭淑庆、孟英莲:《再论庚子"东南互保"的首倡问题》,《东岳论丛》2011年第11期。

出面协调,因为"公忠勋著于王室,信义孚于列强"。张謇陈说利害,"东南为朝廷他日兴复之资,诚不可不为之早计也"。最好的办法是:"坚明约束,以固东南之疆寓。"张謇言辞恳切,力图打消刘坤一的疑虑,"盖申朝命以系人心,保疆土而尽臣节,非独反经合道之权宜,实亦扶危定倾之至计也",在信函中,张謇还具体献计献策如何将保护订约之本末说与朝野。

张孝若于1930年9月由上海中华书局"订正初版"《南通张季直先生传记》中记载:"光绪二十四年以后,我父回到南通,决心开辟他的新路,又碰到两江总督刘公坤一。刘公当时也是一朝重望,齿德俱尊,好像中流的砥柱,对于我父,又是一样以国士相待,言听计从。"[1]这也可以旁证当时刘坤一对张謇的倚重和信赖。纵观"东南互保"动议及实施过程,可以看到,在刘坤一这里,大凡有相关大事要事,便会召张謇赴宁,抑或是由刘的亲信、幕僚约谈张謇。为南北之事,张謇上串下联,既充当了刘坤一的谋士,又起到了"官商之邮""官民之邮""南北之邮"的作用,其游说效果已不言自明。

(三) 退敌迎銮未有效果

张謇在日记及年谱中,有几处记录了他与朋僚商讨退敌迎銮之事。

> 五月三十日与伯严议易西而南事。江以杜云秋(俞)为营务处,鄂以郑苏盦为营务处,北上。[2]

> 陈伯严(三立)与议迎銮南下。[3]

> 七月二十八日与新宁书,请参政府速平乱匪,为退敌迎銮计。[4]

> 八日启行,由川港至城西门分销所宿。彦升亦以为舍退敌剿匪、请两宫回銮议约无他策。謇谓宜先退在京之寇,迎还两宫,徐议除匪定约事,久则变生,投鼠者忌器也。[5]

> 八月,再说新宁退敌迎銮。[6]

在三个多月的时间内,张謇一再与友人策划"易西而南""迎銮南下",并一再上书刘坤一请其参奏朝廷"退敌迎銮"。起初,张謇对迎銮南下颇为积

① 张孝若:《南通张季直先生传记》,上海中华书局1930年版,张謇研究中心2014年重印,第84页。

② 《张謇全集》第8卷,上海辞书出版社2012年版,第483页。

③⑥ 《张謇全集》第8卷,上海辞书出版社2012年版,第1016页。

④⑤ 《张謇全集》第8卷,上海辞书出版社2012年版,第488页。

极,但到后来,眼见无望便退而求其次,认为可"先退在京之冠,迎还两宫",然后再"徐议除匪定约之事",张謇担心"久则生变",谓为"投鼠忌器"。

其实,"易西而南""迎銮南下"谈何容易!当时东南绅商们如此积极,其主要目的是想借易都打击慈禧太后的势力,为真正还政于光绪帝作努力。事实证明,这些只是东南人士的一厢情愿而已。

(四) 弹劾端、刚目的达到

张謇参与东南互保,"大致分为三个步骤:第一步是筹划招抚徐宝山为首的大股盐枭;第二步是推动刘坤一等订立《东南保护约款》;第三步是谋求'退敌迎銮'并让光绪当政"。[1]在张謇这里,其实还有一个目的就是弹劾端(端郡王载漪)、刚(刚毅任军机大臣兼吏部尚书),以绝后患。如果说,张謇将招抚徐宝山作为"东南互保"的前奏,那么,弹劾端、刚则是他为"东南互保"善后的事宜。从张謇日记及年谱可见,弹劾端、刚一直是张謇朋僚圈的重要议题。现摘录几段:

> 蛰先至宁,议追说李秉衡以安危大计,勿为刚、赵所误,不及。[2]

> 十一日见新宁,藩司在坐,絮絮说时事,未便抒陈己意。新宁亦无一言申明电约之意(电云有要事),精爽不逮前见时。知合肥奏加荣、庆、刘、张为全权,又引各国语直讦端、刚,请上定主裁。礼卿论团练事,欲兴亩捐、房捐,新宁、藩司皆不可。时未至,诚未见其可也。

> 八十五日再谒新宁,请奏请罢斥端、刚,以谢天下。

> 八十六日新宁以请罢端、刚,电商合肥、南皮联衔。

> 八月二十一日合肥北上,法人为之保护。请罢端、刚疏具而未发,闻须至京相机电上,此真所谓揖让救焚。

> 八月二十三日再与新宁讯,用蛰先说,请令端、刚自求罢斥,另电劝端、刚自屈,以全大计。与莘丈讯。

> 闰八月初三日闻李、刘、张、袁四衔劾端、刚误国,请予罢斥,得旨解端差使,刚、赵交部议处。此初二日事,似有转机。然闻鹿传霖亦入军机,是又一刚也,可危。[3]

---

① 章开沅:《开拓者的足迹——张謇传稿》,中华书局1986年版,第116页。
② 《张謇全集》第8卷,上海辞书出版社2012年版,第1016页。
③ 《张謇全集》第8卷,上海辞书出版社2012年版,第489页。

年谱：

八月，再说新宁退敌迎銮。诏求直言。请新宁联合南皮劾罢端、刚、李，疏具不上。

闰八月，李、刘、张、袁始联劾端、刚、赵。诏解端差事，刚、赵交部议。鹿传霖入军机。①

由上可知，张謇等围绕弹劾端、刚所作的努力及其过程，先是劝紧跟端、刚之人，"勿为刚、赵所误"；在应刘坤一之请晤面时了解到李鸿章也"引各国语直讦端、刚，请上定主裁"，不过，此次见面因有第三者在场，刘未肯多谈；张謇便"再谒新宁，请奏请罢斥端、刚，以谢天下"；其后，刘坤一便"以请罢端、刚，电商合肥、南皮联衔"；可是，当李鸿章北上后怀揣上疏却未呈上，表示要见机行事，这使张謇很着急并深感遗憾，火烧眉睫之事，李可谓"揖让救焚"；张謇并不气馁，继续给刘坤一去函，采取汤寿潜的说法，"请令端、刚自求罢斥"，与此同时，张謇自行给端、刚去电，奉劝其"自屈，以全大计"；十天后，终于得到一个重要消息：李鸿章、刘坤一、张之洞、袁世凯"四衔劾端、刚误国，请予罢斥"，弹劾有效，"得旨解端差使，刚、赵交部议处"。至此，弹劾端、刚之事终于有了一个令人满意的结果。

三、热心"东南互保"之缘由

张謇心目中最热衷的并不是政治，他甚至常常想远离政治。然而，在"东南互保"策划及实施过程中，他却对政治表现出异常的热情，且付出极大努力。究竟是什么动力使得张謇对"东南互保"如此尽心？

（一）稳定东南的责任意识

如前所述，在促刘领衔"东南互保"时，张謇将东南与西北的互存关系表达得淋漓尽致，就当时情况而言，东南能否免受战乱，的确关系国家的生死存亡。

对于东南地区在全国所处的地位，张謇早有深刻的见解。早在1879年科考策问中就曾写道："其始军饷所出，太半取之东南"，②"自唐安史之乱，中原沦丧，萃东南以供西北，江介一隅之地，始为国家财赋中心"。③1900年

① 《张謇全集》第8卷，上海辞书出版社2012年版，第1016页。
② 《张謇全集》第6卷，上海辞书出版社2012年版，第14页。
③ 《张謇全集》第1卷，上海辞书出版社2012年版，第586页。

7月29日,当"东南互保"议商正紧锣密鼓之时,张謇借《憎乌》诗表达自己对东南与西北关系的理解:"昔汝来巢以为祥,东南西北巢相望。"①其后,他在《变法平议》中谈到改革漕运时说:"京师仰漕于东南。运输之法,河不如海,民船不如轮船,而本色又不如折色。"②后来,他在《耕织图跋》中写道:"东南赋税之供甲天下。"③在《建立共和政体之理由书》中亦说:"中国近二十年来,一切进化之动机,皆发起于东南,而赞成于西北。"④张謇后半生之所以醉心于水利事业,对导淮更是情有独钟,正是基于他对导淮的理解"关东南大局"。⑤在东南,"江苏为东南财赋之区",⑥早在1879年三院会试策问中,张謇谈江苏水利时写道:"兴利莫大于治水,治水莫亟于江苏。江苏者,天下重赋之所在,而东南众水之所会也。赋所在而不开其源,军国失仓庚之富。"⑦《招待日本实业团颂词》,"江苏一省,在敝国为东南要地,居民耳濡目染,颇知趋重实业",⑧"苏系东南七省安危"。⑨张謇在晚年给友人信中回顾:"苏浙自甲午以来,凡有事变,均能联合东南七省或五省共资维助,民今称之。"⑩由此可见,张謇对东南在全国地位、江苏在东南地位认识之深刻。

　　正是基于这些认识,作为东南士绅的张謇自觉有份责任和义务,不仅在"东南互保"时期体现出来,其后,仍然以东南稳定、发展为己任。因此,"子培约为东南士民上政府行新政书",⑪他欣然应诺。1905年,日俄战争爆发,张謇十分忧虑:"日俄事了,来日大难,东南之人,日夜焦苦以图之,未知有济豪芒与否?"⑫他在致周馥函中表示:"外患日逼,民智未开,实业气尚稚薄,谋力均单,设有蹉跌,不止一人之名誉,故多方求助,以冀所营一一成立稍完,为东南实业前马之义务。"⑬对民生的关怀,使得晚年的张

① 《张謇全集》第7卷,上海辞书出版社2012年版,第118页。
② 《张謇全集》第4卷,上海辞书出版社2012年版,第45页。
③ 《张謇全集》第6卷,上海辞书出版社2012年版,第315页。
④ 《张謇全集》第4卷,上海辞书出版社2012年版,第201页。
⑤ 《张謇全集》第2卷,上海辞书出版社2012年版,第214页。
⑥ 《张謇全集》第4卷,上海辞书出版社2012年版,第106页。
⑦ 《张謇全集》第6卷,上海辞书出版社2012年版,第23页。
⑧ 《张謇全集》第4卷,上海辞书出版社2012年版,第165页。
⑨ 《张謇全集》第3卷,上海辞书出版社2012年版,第775页。
⑩ 《张謇全集》第2卷,上海辞书出版社2012年版,第778页。
⑪ 《张謇全集》第8卷,上海辞书出版社2012年版,第1017页。
⑫ 《张謇全集》第2卷,上海辞书出版社2012年版,第157页。
⑬ 《张謇全集》第2卷,上海辞书出版社2012年版,第160页。

謇仍时时关注时局及东南,他在 1924 年《苦旱》诗中写道:"北方河正决,东南兵未偃。何人闵农艰? 天意漠然远。"①该诗表达了他对天灾人祸的感叹,尤其是对民生的关切。

张謇的努力和付出赢得时人的普遍认同。施滋培《启东设治汇牍》称之"公砥柱东南,一言九鼎",②曾任中华民国代总统的冯国璋给张謇回电称其"为民请命,语重心长","执事东南泰斗",③可见,当时大都承认张謇在东南的地位,也可谓因他努力实现东南理想而得到了认可。

(二) 寻求实业发展的基本环境

在义和团掀起之时,张謇或许并未给予特别的关注,至少未在日记中反应。原因是多方面的:一方面,义和团开始时主要是在北方,对张謇事业发祥地长江中下游影响似乎甚小。同时,张謇此时更关注的是慈禧太后欲行废立之事,张謇在日记中记道:"闻今上有立端王子溥儁(宣宗元孙、惇邸之孙)为子,承穆庙后嗣统之诏。岁晏运穷,大祸将至,天人之际,可畏也哉!"并且,在第二天张謇对此事查看报纸进行确认:"见《申报》《新闻报》《中外日报》,昨说果确,并有明正元旦内禅,改元'普庆'之说,亦有'保庆'之说。海内人心益惶惶已。"④另一方面,张謇创办的大生纱厂在历经艰难险阻后,自 1899 年 4 月后又遭遇资金周转的极大困难,张謇一度甚至准备将纱厂租出去,只因租金未能谈拢最终作罢。在最困难时期过去后,"厂纱日佳,价亦日长",⑤"当沪上各厂积纱如山之时,而通厂之销独旺"。⑥张謇拜见刘坤一,"相见大欢,拱手称谢"。大生纱厂这段时间的困境及好转亦使张謇无暇他顾。此外,当时执掌的江宁文正书院亦耗费他不少精力。

当八国联军步步为营时,"东南互保"的酝酿策划也在紧锣密鼓,此时张謇的大生纱厂产销两旺。这让张謇更为担心动乱的局面会波及东南,波及他千辛万苦创办的大生纱厂,从而破坏纱厂发展的大好势头。他极为盼望有一个稳定的实业发展环境。

---

① 《张謇全集》第 7 卷,上海辞书出版社 2012 年版,第 752 页。
② 《张謇全集》第 2 卷,上海辞书出版社 2012 年版,第 618 页。
③ 《张謇全集》第 2 卷,上海辞书出版社 2012 年版,第 665 页。
④ 《张謇全集》第 8 卷,上海辞书出版社 2012 年版,第 474 页。
⑤ 《张謇全集》第 8 卷,上海辞书出版社 2012 年版,第 465 页。
⑥ 《张謇全集》第 2 卷,上海辞书出版社 2012 年版,第 102 页。

同时,"自咸丰、同治以来,东南商富最著称",①"上海本商贾荟萃之区,凡商人皆具身家,无不爱和平者"。②这里的商贾们最担心的就是发生战乱,使其工商业遭受炮火摧残。渴求稳定的环境是商人的共同愿望和追求。

东南半壁江山的稳定成为张謇持之以恒的追求。直到晚年,在军阀混战之时,张謇仍在为追求良好的实业发展环境而呼吁,他给中央政府暨江浙当道致电:"据上海、南京、杭州总商会通告略云'上海为江浙两省要冲,全国商务中心。华洋辐辏,百货云集。江浙两省之安危,上海一隅实为门户,尤大局治安、全国商业盛衰之关键也'。民本安,曷为而使之危?民求治,曷为而迫于乱?"呼吁政府"保境安民。"③晚年,张謇在诗作《我马楼饮客作重阳》中仍表示:"踟蹰困东南,迂阔何西北。一醉无远谋,且晚望兵息。"④渴求稳定的环境,让实业得到充分发展,这成为张謇的毕生追求。

(三)易都东南并惩凶绝后患

"东南互保"从酝酿到议约再到施行,前后有一个过程。在这个过程中,张謇的思想是有变化的。

起初他思考如何在北方纷乱情形下不使东南受影响,如何能保东南一方平安,因此,他提出的概念是"东南自保"。为使东南自保,他认为首要的是制止地方某些势力,不让这些势力与义和团遥相呼应,于是,他给刘坤一献策招抚老虎徐宝山。他不仅提出招抚之计,且提出如何招抚。招徐之策立即被刘坤一采纳,招抚进展亦顺利,效果也令人满意。在招徐后,张謇开始在日记中明确记载与朋僚商议的"保卫东南"之事。紧接着,张謇便思考讨论"易西而南"之事,并且就迎銮的相关准备都作了商讨。然而,定都东南绝非易事,当此设想难以实现时,张謇便提出迎銮回宫。不过,在此问题上,张謇的认识又有变化。七月二十八日,张謇上书刘坤一"请参政府速平乱匪,为退敌迎銮计",此时,张謇认为先"平乱匪",再"退敌迎銮",而到了八月,张謇的想法有了变化,认为还是"宜先退在京之寇,迎还两宫,徐议除匪定约事"。这里其实牵涉的是先对外还是先对内的问题,当张謇的朋僚们还

---

①　《张謇全集》第 6 卷,上海辞书出版社 2012 年版,第 289 页。
②　《张謇全集》第 2 卷,上海辞书出版社 2012 年版,第 294 页。
③　《张謇全集》第 3 卷,上海辞书出版社 2012 年版,第 1215 页。
④　《张謇全集》第 7 卷,上海辞书出版社 2012 年版,第 756 页。

停留在其原有思想时,张謇的思想其实已经发生了变化。当张謇认为宜退寇——迎銮——除匪时,周家禄等还坚持退敌——剿匪——迎銮。张謇为何会有这样的变化? 主要原因是,张謇担心"久则变生",也就是说,最担心"皇帝""太后"久西,京城恐生变节,如果那样,国家则会大乱。那么,张謇缘何如此热心策划"易西而南"? 其真实意图还是想让光绪皇帝当个名副其实的皇帝,通过易都东南,让慈禧太后真正还政于光绪帝。

与易都东南相联系的是,张謇还想乘机削弱慈禧太后的力量,为光绪皇帝掌握实权扫除障碍,同时,也为"东南互保"处理好善后,不让其有翻案的机会。要达到这些,需要直接打击的对象就是端、刚之流。在对待义和团运动及列强的问题上,端、刚所持观点和态度直接左右了以慈禧为首的主战派,也给朝廷带来很大的被动,给中国带来被瓜分的危险。张謇及其朋僚正是抓住这些,力图通过刘坤一上书来弹劾端、刚。经过持之以恒的努力,终于,李鸿章、刘坤一、张之洞、袁世凯联合弹劾获得预想效果,使得端、刚被解职并"交部议处",最终得以严惩。

张謇认为,惩凶是稳定局势的有力步骤,但回銮更是稳定局势的关键,"知朝廷已严治祸首之罪,而无回銮之期,和无日也"。①对两宫回銮,张謇极为关注并十分担忧,当他"闻西人有再不回銮,当立明裔之电"②时,还是在日记中欣喜地记上了一笔。后来,在自订年谱中他也郑重记下,"十月,外交使团坚促回銮"。③张謇认为,如果两宫继续西狩,就会夜长梦多,甚至会出现内乱。

在"东南互保"酝酿、商讨及其付诸实施过程中,张謇作为刘坤一智囊团事实上的核心成员开展了大量活动,发挥了重要作用。尽管如此,张謇却颇为内敛,不想居功。刘坤一去世后,张謇的挽联"吕端大事不糊涂,东南半壁,五年之间,太保幸在;诸葛一生惟谨慎,咸同两朝,众贤而后,新宁有光",④给予刘坤一一生特别是"东南互保"功绩以礼赞。对朋僚,张謇同样给予极高的评价。张謇曾与熊希龄一起致函汤寿潜"民国告成,我公保障东

---

① 《张謇全集》第 8 卷,上海辞书出版社 2012 年版,第 492 页。
② 《张謇全集》第 8 卷,上海辞书出版社 2012 年版,第 493 页。
③ 《张謇全集》第 8 卷,上海辞书出版社 2012 年版,第 1017 页。
④ 《张謇全集》第 7 卷,上海辞书出版社 2012 年版,第 503 页。

南,功在天下"。①汤去世后,张謇作挽词五首,其中两句为"不交何上下,所系在东南"。②张謇给汤寿潜拟写家传,更是将劝说之功记在汤的头上:"及庚子拳乱,召八国之师,国之不亡者,仅君往说两江总督刘坤一、两湖总督张之洞,定东南互保之约,所全者甚大,其谋实发于君。"③张謇在挽施理卿词前小序中说:"光绪庚子拳匪之乱,东南互保议倡于江南,两湖应焉。欧人称刘总督临大事有断,如铁塔然,虽不可登眺,而巍巍屹立,不容亵视,亦人物也。施君佐刘幕久,是役助余为刘决策,尤有功,亦为两湖总督张公所重。"④这里,张謇一方面高度评价了施,同时,也道出了"助余为刘决策"之实情。

---

①　《张謇全集》第 2 卷,上海辞书出版社 2012 年版,第 442 页。
②　《张謇全集》第 7 卷,上海辞书出版社 2012 年版,第 200 页。
③　《张謇全集》第 6 卷,上海辞书出版社 2012 年版,第 606 页。
④　《张謇全集》第 7 卷,上海辞书出版社 2012 年版,第 208 页。

二、社会网络与空间

张謇与吴淞商埠再研究[①]

戴鞍钢[*]

张謇的实业生涯中,曾在民国初年主持筹建上海吴淞商埠,设想以港口建设带动区域经济,促进民族工商业的发展,笔者曾撰有《张謇与吴淞商埠筹建》。[②]之后,有新编《张謇全集》和《刘坤一奏疏》出版,内有不少新见史料,其中尤以前者所收录的原藏台北"中央研究院近代史研究所"的"北洋政府外交部未刊档案",为笔者的再研究提供了必不可少的难得资料,在此谨向上述两书的编者深表谢意。[③]

一

吴淞自开商埠的动议,始自晚清。位于黄浦江入长江口要冲的吴淞,是中外船只进出近代中国第一大港上海的必经之地。1860 年代后,进出上海港的外国商船日多,而面对吴淞口外的淤沙,大吨位远洋船只常受滞阻,往往要候潮进港,因而曾有开辟吴淞港区的动议。海关报告载,"在上海开埠以后的年代里,进口船只的体积大大增加,而长江进口水道一直没有疏浚修

---

① 本文系国家社科基金重点项目《近代上海与长江三角洲城乡经济关系研究》(11AZS006)和 2014 年上海市哲学社会科学规划委托课题《上海通史·清代后期卷》(2014WLS008)的阶段性成果。

* 戴鞍钢,复旦大学历史系教授。

② 载崔之清主编:《张謇与海门——早期现代化思想与实践》,南京大学出版社 2010 年版。以往中外学术界相关研究成果,该文已有梳理,如据徐晓旭整理《张謇研究百年成果一览》(王敦琴主编:《张謇研究百年回眸》,南京大学出版社 2007 年版)载录,以往相关论文有:黎霞《张謇在吴淞开埠的一次尝试》(《上海档案》1995 年第 2 期);郑祖安《吴淞两次自开商埠始末》(《档案与史学》1999 年第 3 期);郭振民《张謇吴淞开埠与上海建设"四个中心"及现代化国际大都市》(《浙江国际海运职业技术学院学报》2006 年第 3 期)等。

③ 李明勋、尤世纬主编:《张謇全集》,上海辞书出版社 2012 年版;(清)刘坤一撰,陈代湘、何超凡等校点:《刘坤一奏疏(一)》,岳麓书社 2013 年版。

治,浅水时江口拦沙水位比黄浦江还要浅。所有巨轮都只能停留在口外,航商对这种情况啧有烦言"。[①]清政府则出于防务考虑,拒绝疏浚,列强便起意开辟吴淞港区,先是提议修筑淞沪铁路,1866 年英国驻华公使阿礼国致书清廷:"上海黄浦江地方,洋商起货不便,请由海口至该处于各商业经租就之地,创修铁路一道。"强调"浦江淤浅挑挖不易,铁路修成,水路挑挖无关紧要"。经清廷议复,认为"开筑铁路妨碍多端,作为罢论"。[②]

时隔六年,1872 年美国驻沪领事布拉德福背着清政府组织吴淞道路公司,并于 1874 年兴筑淞沪铁路,1876 年 2 月铺轨,企图在吴淞开辟水陆转运泊岸。一位美国学者在参阅美国国会档案后指出,美国领事此举"是受横滨—东京间建筑铁路的刺激的,上海港口的运输问题与东京有些相似。外国船舶认为碇泊在距离外国租界下游十二英里的吴淞江(应为黄浦江——引者)中比较便利。从这个碇泊处建一条铁路通到这个城市,将会起与横滨—东京线的类似作用"。而日本的那条铁路,正是由美国人在 1869 年承建于 1872 年通车的。[③]

列强筹开吴淞港区的举措,惊动了上海地方官员。1876 年 3 月,苏松太兵备道冯峻光照会英、美驻沪领事:"通商章程第六款载明,各口上下货物之地,均由海关妥为定界。又江海关定章,浦江泊船起下货物之所,自新船厂起至天后宫为界,商船只许在例准起货下货之界内起货下货各等语。是吴淞既非起货下货之所,又吴淞口一段尽属海塘,关系民生、农田保障,为中国最紧要之事,断不能任百姓将官地盗卖,建造房屋、码头。"强调"上海贸易租界,自洋泾浜起至虹口止,有法国租界,有美国租界,吴淞口系宝山县所管,不在通商租地界限之内。又各国通商章程,只有上海口岸,并无宝山地界通商"。[④]英、美领事无言以对。后经交涉,由清政府出巨资将淞沪铁路购下拆毁。

列强筹开吴淞港区的举措虽然受挫,但淤沙仍横亘吴淞口外,列强据此仍不断发难。1881 年 12 月,两江总督刘坤一遂上书奏称:"吴淞口在黄浦

①　徐雪筠等:《上海近代社会经济发展概况:〈海关十年报告〉译编》,上海社会科学院出版社1985 年版,第 287 页。

②　《清季外交史料》卷 5,第 19 页。

③　宓汝成:《中国近代铁路史资料》第 1 册,中华书局 1963 年版,第 34、35 页。

④　宓汝成:《中国近代铁路史资料》第 1 册,第 43、44 页。

江口内,本与长江防务无涉,惟赴上海必经此沙。此沙日积日高,各国大船出入不便,有碍洋商生计,故彼饶舌不休。夫中外既经通商,水道本应疏浚,如我置之不理,彼得借以为词,抽费兴工,势必永远占据,谓系洋商捐办,华官不能与闻。……再四思维,只有自行筹款挑挖,则所挖之宽窄浅深,作缀迟速,均可操纵自由,只令通船而止,万一有事,则沉船阻塞,亦反掌间事也。"①意在通过自主疏浚淤沙,堵塞列强口实。

次年,从国外进口的设备运抵,进度缓慢的疏浚工程开始,筹开吴淞港区的动议一度沉寂。但列强并未止步,甲午战争后日本报纸公然声称:"日本在上海择地开租界一事,以吴淞为佳。黄浦江淤沙日厚,其势迟早必至无法可治,不能行船。如吴淞则日后必大兴胜之地,与上海来往之路之极便,本当择租界于吴淞。"②沿江一些地段则先后易主,至 1898 年初"吴淞口之蕴藻浜南沿江水深之地,除操厂一块,悉为洋人所得"。③当时的海关报告亦载:"修筑堤岸的作业,继续由日本人进行。"④英、德等国还以兵船进出吴淞口不便为由,向清政府索要蕴藻浜以北沿江百余亩空闲官地,以建造所谓兵船码头,企图再开吴淞港区。⑤如 1898 年 4 月 15 日《申报》所言,"自上海通商,外洋轮船出入,吴淞为咽喉要路……第水路虽为通商要道,而岸上未有租界,且地属太仓州之宝山县,又非上海所辖,西商欲于此间设栈起货,格于成例,不克自由;而淞沪铁路工程又未告竣,公司货物必由驳船起运,船乘潮水涨落,未能迅速克期,此西人之心所以必须辟租界于吴淞者"。

为杜列强觊觎,1898 年初两江总督刘坤一奏请吴淞自开商埠获准。事后他陈述说:"上海近来商务日盛,各项船只由海入江,以吴淞为要口。只因拦江沙淤,公司轮船必须起货转运,致多阻滞。现值淞沪铁路将次竣工,商货往来自必益形繁盛。经臣商准总理衙门,将吴淞作为海关分卡,添建验货厂,俾得就近起下货物以顺商情,并于该处自开商埠,准中外商民公同居住,饬道会商税司妥切筹议,将马路、捕房一切工程仿照沪界认真办理,期于商

①　刘坤一:《订购机器轮船开挖吴淞口淤沙片》,(清)刘坤一撰,陈代湘、何超凡等校点:《刘坤一奏疏(一)》,岳麓书社 2013 年版,第 738 页。

②　《时务报》第 22 册(1897 年 3 月),译载。

③　北京大学历史系编:《盛宣怀未刊信稿》,中华书局 1960 年版,第 61 页。

④　徐雪筠等译编,张仲礼校订:《上海近代社会经济发展概况(1882—1931)——〈海关十年报告〉译编》,上海社会科学院出版社 1985 年版,第 48 页。

⑤　《盛宣怀未刊信稿》,中华书局 1960 年版,第 61 页。

务、地方均有裨益。"①消息传出，吴淞地价陡升。同年 5 月 22 日《申报》以《吴淞口开埠近闻》载："张华浜以及吴淞炮台一带农田已为中西商人购置殆尽，地价飞涨，每亩可值五六百金，至灯塔左近沿浦滩地则更涨至每亩四千五六百两矣。"而先前每亩只值数十两，至多也不过百余两。②

　　随后，自开商埠的步骤渐次展开。未来商埠的地域，确定为"以北过炮台至宝山县南石塘东西大路为界；南界牛桥角，以东西进深三里为界；西面浜北，以泗塘河为界；东以泗塘河对岸起，距浦进深三里为界"。③即沿黄浦江从吴淞炮台向南，越过蕰藻浜，迄于陈家宅这一狭长地带。为此成立了开埠工程总局、清查滩地局等机构，次年在蕰藻浜北筑成东西向马路五条、南北向马路三条，沿江驳岸也着手兴建。④中国自开商埠的举动，招致列强的忌恨，英国领事抱怨"由于这个港口是'自动地'开放的，因此中国有权指定开放的条件，其中之一就是外国人不得在租界（应为商埠——引者）之外取得土地"。⑤诚如刘坤一所指出的，"彼族觊觎吴淞已非一日，今幸自开商埠，不能占我要隘，必思挠我利权"。手法之一，是对招租官地反应冷漠，使刘坤一等欲将官地变价用于开发商埠的设想受挫。⑥不久北方义和团起，1901年《辛丑条约》规定疏浚黄浦江包括吴淞口淤沙，"洋商营业趋势益集中于上海，淞口无转移之希望"，列强不复再提开辟吴淞港区事，清政府的"自开商埠"遂也陷于停顿。⑦埠工、升科、会丈等局亦于是年次第撤销，"惟筑成之马路交错纵横，犹存遗迹"。⑧

二

　　时至 1921 年初，张謇受命出任上海吴淞商埠督办，"重兴埠政"。⑨自投

---

① （清）刘坤一撰，陈代湘、何超凡等校点：《刘坤一奏疏（二）》，岳麓书社 2013 年版，第 1126 页。
② 《申报》，1898 年 5 月 23 日。
③ 张謇：《呈大总统文》，《张謇全集》第 1 卷，上海辞书出版社 2012 年版，第 589 页。
④ 民国《宝山县续志》卷 3，营缮。
⑤ 李必樟译编：《上海近代对外贸易经济发展概况：英国驻上海领事贸易报告汇编（1854—1898）》，上海社会科学院出版社 1993 年版，第 949 页。
⑥ （清）刘坤一撰，陈代湘、何超凡等校点：《刘坤一奏疏（二）》，岳麓书社 2013 年版，第 1260页。按：此处官地，系指"吴淞一带滨海沿江历年涨出滩地"（同前注，第 1260 页）。
⑦ 民国《宝山县续志》卷 6，实业。
⑧ 民国《宝山县续志》卷 6，实业；卷 1，舆地。
⑨ 民国《宝山县再续志》卷 6，实业。

身实业建设始,张謇就很重视近代航运和港口建设。1900 年,大生纱厂为从上海运入机器设备等,向上海慎裕号商人朱葆三、潘子华名下的广生小轮公司包租了一艘"济安"小轮往来通沪之间。不久,两江总督刘坤一准许大生纱厂自办轮运业,张謇即与朱葆三等沪商集股设立大生轮船公司,原"济安"轮改名"大生"。1901 年,"大生"轮往返于通沪。次年,因通沪股东不和,公司股权由通州股东全盘收购。

　　1904 年,张謇又在上海集资设立上海大达轮步公司。1906 年 5 月,大生轮船公司订造的"大新"轮投入营运后,行驶于通沪间,原"大生"轮航行于上海与海门之间。这两条船的客货运输业务,均由上海大达轮步公司代理经营。1908 年,上海大达轮步公司从上海英商太古洋行购得小轮 2 艘,更名为"大安"和"大和",随即投入营运,并将上海至通州的航线向上游延伸到口岸,改称沪口线。

　　当时通州尚无适合轮船靠泊的港口,来往的轮船仍停泊在江中,所载客货由木船驳运,费时费力,效率低下。为改变这种状况,张謇着手在天生港建造了轮船码头,并请求在天生港自开商埠。清朝政府则顾虑"洋商租地之纠葛",只准天生港作为"起卸货物之口岸,以通航路而兴商务,不必预筹开埠通商"。[①]张謇在天生港自开商埠的愿望落空,海关资料载"经当地制造商向中国政府申请,已于 1909 年 7 月开放位于上海镇江间长江左岸之通州天生港为停靠港"。[②]

　　上海开埠后,黄浦江沿江港区岸线几为列强所全占。上海大达轮步公司成立后,在上海十六铺建造了码头,争得一席之地。1908 年成立的经营上海宁波航线的宁绍商轮公司,本想在十六铺以北外商码头林立处寻找一立足处不成,改向日本人商租外白渡桥旁的东洋公司码头也不成,又向天主教三德堂借外洋泾桥南首码头又不成,再向十六铺一带设法,最后得张謇帮助,才在十六铺租定码头,建造堆栈。[③]

　　经历天生港自开商埠受挫,又目睹上海港区几为列强占尽,张謇受命主

---

　　① 《署江督周苏护抚濮会奏通州天生港暂借商款自开商埠应归江海关派员经理片》,转见本书编写组:《大生系统企业史》,江苏古籍出版社 1990 年版,第 67 页。

　　② 海关总署本书编译委员会:《旧中国海关总税务司署通令选编》第 1 卷,中国海关出版社 2003 年版,第 651 页。

　　③ 董枢:《金利源码头外交史话》,《上海研究资料》,上海书店 1984 年版,第 352 页;樊百川:《中国轮船航运业的兴起》,四川人民出版社 1985 年版,第 413 页。

持吴淞商埠筹建后，倾力而为，直陈"本督办僻处海隅，叠膺重任，自维年大，深惧弗胜，只以淞沪接壤，沪已有人满之患，淞而不图，恐拓界容民，人不我待。是以勉暂受命而不敢辞。所愿政府地方各尽本能，共相策进，庶天然形便，不至坐失时机"。①他在《吴淞开埠计画概略》中，追溯清末吴淞自开商埠中辍实因受制于列强的阻挠，指出"吴淞之名震于海外者久矣，外人有不知陕西、甘肃等省所在，而未有不知吴淞者。则以吴淞为吾国第一口岸，于水为长江门户，于陆为铁路终点，而又位于上海租界之前，宜为世界所瞩目。顾前清曾开埠矣，其结果予外人以杂居置产之权，而埠政仅筑路数条而止。盖误于无全盘计画，而先支节筑路，致地价骤变，徒供地贩投机，转使商民裹足。在各国旨在谋上海门户之自由，藉杂居以伸外势，本不欲吴淞自成一市，以分上海租界之势。此前清开埠半途而废之原因也"。②

张謇从全球海运业和港口发展态势，认为吴淞商埠的辟建势在必行，指出"今者海舶吨增，不能入浦，非就吴淞筑港，无以利国际运输。淞沪相隔不足九英里，汽车、电车顷刻可达，例以伦敦、漫切司头、纽约、旧金山、亨堡、安特维卜、毕那爱各埠，面积纵横数十英里，淞沪合一势所必至"。③继而陈述了商埠筹建的具体步骤："埠局成立将及二年，入手方针分为三步：第一步测绘精密地形，将全埠道路、河渠位置，预为规定，如弈者之必先画棋盘；第二步考证各国建设商埠成规，拟为分区建设制度，如弈者之布一局势；第三步以所拟分区制度，征求公众意见，认为妥善然后实行，如弈者度必胜之势，而后下子。"④

他着重谈了港口建设构想："淞口自谈家浜起，以西经剪淞桥至杨树泓，计长二千一百英丈，均为深水，足供码头船坞之用。剪淞桥之东，为海轮码头，其西为江轮码头。本局曾商准交通部颁布招商承办码头章程，有中国海外航业公司集股银五百万两，已收七十余万两，在谈家浜地方购地八十余亩从事建设。剪淞桥之西，亦有请设码头一二起，正在接洽，尚无具体办法。并拟于此设保守仓库（指保税仓库——引者），为转口货免税存储之处，使商货无未销先税之累，轮舶得随时装卸之利。"⑤

---

① 《吴淞商埠局组织之内容》，《申报》1921 年 2 月 24 日。
② 张謇：《吴淞开埠计画概略》，《张謇全集》，第 4 卷，第 528、529 页。
③④ 张謇：《吴淞开埠计画概略》，《张謇全集》，第 4 卷，第 529 页。
⑤ 张謇：《吴淞开埠计画概略》，《张謇全集》，第 4 卷，第 530、531 页。

进而展望了商埠的规模和前景:"全埠面积有四百三十余方里,工商事业必因地制宜,预为规定,庶易发展。蕴藻、泗塘两岸,为天然之工业区域。市场区域之计画,关系最为重要。拟俟详细画图编制完竣,再经市政专家之品评,方能决定。其附近各中点公园之地,均为住宅区域。炮台湾之后,自同济、中国两校以北,则为教育区域,第中小学校则不限一隅,散置于住宅区域。另于西隅鹅馋浦两岸,辟为劳工区域,专备容纳流寓客民。此分区规画之大概也。"①

如此规模的建设,经费来源是一大难题,张謇直言"开埠云云,需费浩繁,岂仅成一行政机关所可济事",认为"国家财政支绌至此,除行政费及无关营业之公共建设费,不得不由官筹款外,其他惟劝商投资,而官为规画",如此方有成功的希望。②1921 年 2 月 12 日,张謇在《督办吴淞商埠就职宣言》中就强调:"商埠云云,需费浩繁,岂仅仅成立一行政机关所可济事? 国家财政支绌,苏省岁计亦甚不足,有何财力经营此埠? 是以一切设施,除向系官营业者如邮政、电话之类,其他以劝商投资建设而官为之规画为本。"③在实际工作中,他确实为此全力以赴。1922 年 1 月 6 日,张謇曾致电北洋政府禀报:"吴淞建筑公共码头,招商承办,指定沿浦西岸淞口至衣周塘间,任商自择地点,与埠局协筑。"④

针对吴淞商埠筹建启动后,中外之间的地权交易或纠纷在所难免,为了维护民族利权,张謇未雨绸缪,于 1921 年 9 月 21 日致函北洋政府颜惠庆,要求预作必要的防范:

> 综计清季吴淞开埠案内得许洋商租地,凡十六图经转道契外,其余各图洋商与地主立契后,须呈由本国领事函送上海道署,札发宝山县查明果无无盗卖侵占情事,由县派员会丈,即将丈实亩分四址概于契内注明,盖用县印,由道转送领事交与洋商执管。良以此项租地与租界情形不同,至会丈手续,吴淞则曾设有埠工局,商埠以内自行办理。邻近上海各图,则曾设立会丈局(亦称会丈公所),赁屋于上海租界,由县委派员司及丈手人等驻所办事。光复后改组为宝山会丈经理处,所有应办

---

①　张謇:《吴淞开埠计画概略》,《张謇全集》,第 4 卷,第 531、532 页。
②　张謇:《吴淞开埠计画概略》,《张謇全集》,第 4 卷,第 532 页。
③　张謇:《督办吴淞商埠就职宣言》,《张謇全集》,第 4 卷,第 477 页。
④　张謇:《致政府电》,《张謇全集》,第 3 卷,第 1001 页。

事宜,悉仍其旧,惟丈地绘图改由宝山清丈局分任(现清丈局改为田地册单事务局)。

民国三年,上海杨前交涉员与外人商定条件,收回上海会丈局管理权,凡宝山县境内关于华洋租地勘丈给契,向由宝山会丈局办理者,悉提归上海会丈局合办,一律盖用交涉员印信。自此以往,县知事既不便时加过问,而交涉员远在上海,尤属耳目难周,致地贩人等每每影戤洋商,因缘为奸,弊窦丛生。甚至侵占、盗卖,莫可究诘。当此商埠规画伊始,非澈底查明,明定权限,不足以区别县界而重主权。相应咨达大部查照,希即令饬上海交涉员、沪海道尹商同本局(指吴淞商埠局——引者)暨宝山县知事筹议整理办法,以期中外相安。①

令人叹惜的是,尽管张謇倾力而为,精心谋划,当时的社会环境很快使他的设想落空,1924年直系军阀齐燮元与皖系军阀卢永祥之间的江浙战争,中断了吴淞商埠筹建的进程,后又因"经费告竭"②被迫停办,满怀报国热望的张謇壮志未酬!

---

①　张謇:《咨外交总长颜惠庆》,《张謇全集》,第1卷,第525、526页。

②　民国《宝山县再续志》卷6,实业。

张謇与范旭东产业发展策略的对比

李健英* 赵 津**

一、引言

在近代中国工业化从起步向初步发展阶段转变的过程中,张謇和范旭东各自作出了有益的探索。

张謇认为,在西方列强的威胁下,仅靠农业无从抵御强敌,所以要挽救民族危亡,必须建立新式工业。一个国家只有拥有强大的棉铁工业,才能实现工业化,成为一个发达的工业国家。[①]棉纺织工业是当时轻工业的核心部门,而钢铁工业是重工业的核心部门,张謇主张将棉铁两种工业作为发展大工业的起点和重点,实际上提出了工业发展的顺序问题——即核心部门优先发展的正确思想。因轻工业投资小,回本快,与农业经济联系紧密,工业化的起步一般从轻工业的发展开始。对于棉铁主义中涉及的棉铁两种工业,张謇认为在发展大工业的起步阶段,"棉尤宜先"(即优先发展棉纺织工业)。张謇曾说:"究今日如何致穷,他日如何可富之业,私以为无过于纺织,纺织中最适于中国普通用者惟棉。"[②]甲午战争之后,民间资本纷纷进入轻纺工业,掀起了一股实业救国的热潮。这些民营企业投资兴建的棉纺织企业几乎全是专业的纺纱厂,[③]而张謇创办的大生纱厂即是这一股发展浪潮中的佼佼者。同时,张謇还在南通创办了一系列辅助性企业,有力地促进了当地经济的发展。

范旭东则是中国重化工业的创始人。1914年,范旭东在塘沽创办久大精盐公司,[④]在中国首开精盐生产的历史。1917年,他在塘沽创办永利制

---

　* 李健英,南开大学经济学院讲师。

** 赵津,南开大学经济学院教授。

① 周执前:《试论张謇对中国工业化道路的探索》,《船山学刊》2001年第3期。

② 《拟请酌留苏路股本合营纺织公司意见书》,《张季子九录·实业录》(卷五)。

③ 陈争平:《试析近代大生企业集团的产业结构》,《江苏社会科学》2001年第1期。

④ 本文简称"久大",它是该集团最早创办的企业,俗称"老大哥",但久大在集团内部的地位逐渐边缘化。

碱公司。①在范旭东的支持下，留美归国的化学家、永利碱厂总工程师侯德榜博士反复试验，成功突破技术难关。永利生产的红三角牌纯碱于1926年8月在美国费城的万国博览会上夺得金奖，为中国人争得了荣誉。在国际竞争中，永利与长期垄断化工产品市场的英国卜内门公司在日本和中国市场展开了激烈竞争，最终获得了销售的主动权。1922年，范旭东又创办中国第一家私立化工研究所——黄海化学工业研究社，②由哈佛大学毕业的孙学悟博士主持。黄海化学工业研究社首开国内企业设立科研机构之先河，黄海社成立后，永久黄团体（包括永利、久大和黄海社）形成。制碱成功后，范旭东又在南京建设硫酸铔厂。③1937年2月，南京硫酸铔厂建成投产，永久黄团体专注于酸碱双主业的产业布局清晰成型。从此中国化学工业具备了酸、碱两翼，开始腾飞。1937年日本侵华战争全面爆发，永久黄团体内迁四川。抗战期间，永久黄团体发明了举世闻名的"侯氏制碱法"，书写了民族企业跻身世界科技前沿的辉煌篇章。新中国成立后，久大永利合并为国营天津碱厂；南京硫酸铔厂成为国营南京化学工业公司；黄海化学工业研究社并入中国科学院；集团内的其他企业也都成为各地化学工业的骨干企业。久大厂长李烛尘曾出任中国食品工业部部长、中国轻工业部部长；永利总工程师侯德榜曾出任中国化学工业部副部长；集团内的大量技术专家支援了国内外的化学工业建设。

　　1953年8月，毛泽东在中南海和永久黄团体的元老李烛尘谈到了中国工业发展史，提出有四个人不能忘记，他们是搞重工业的张之洞，搞化学工业的范旭东，搞交通运输业的卢作孚和搞纺织工业的张謇。作为中国工业化早期阶段的风云人物，张謇和范旭东在各自的领域分别取得了巨大的成功，然而，两人产业布局却完全不同，本文着重分析两者产业布局的特点及影响。

二、大生产业闭环及其消极影响

　　张謇创办的大生纱厂在发展初期依赖南通本地市场起步。而南通土布的销售本就存在当地自然形成的专营收购运销业务的布庄，如县庄系

---

①　1934年为创办硫酸铔厂更名为"永利化学工业公司"，在本文中简称"永利"，它是该集团的核心企业。

②　简称"黄海社"，有时亦称为"黄海"。

③　本文中硫酸铔厂又称为硫酸铵厂、铔厂或酸厂。

专销里下河各县,京庄是专营南京远销业务的布庄,关庄则将土布销到山海关外。①大生初创时,就与这些花布商建立起紧密的合作关系。大生通过布商,与大批农户形成上下游合作关系及产品供需关系,促进了土布生产流通市场的扩大,发挥了江苏农村家庭手工棉纺织业的传统优势。大生还通过花商实现就地购棉,就地销纱。"土产土销"意味着大生参与地方性的专业化分工,融入了南通早就存在的稳定性系统。这个系统的优势在于大幅节约了交通成本,外部厂商难以进入该市场,这使该体系带有一定的封闭性。这个小循环的市场体系由于存在土布外销的环节,因此并非一个绝对封闭的系统。

张謇将注意力集中在本地市场上,大生纱厂作为南通的产业链一环,与当地的植棉、手织等结合起来,上下游之间纵向联合,形成了超市场的紧密关系。在大生出现资金短缺的当口,张謇还通过花商实现了"尽花纺纱,卖纱收花"的方法,维持大生经营于不坠。②但张謇有意自力建立完整的产业链,代替本地的市场网络,此种策略使上述关系发生了很大的变化。

大生具有靠近原料产地的优势,"南通棉产优质、量多、价廉……堪称冠绝亚洲"。③通过使用本地优质原料,大生形成了一定的质量差异化。日本纱厂曾试图到南通收购棉花,在收花过程中与大生存在竞争的激烈。为了彻底解决原料问题,张謇创办了通海垦牧、大有晋、大豫、大丰等盐垦公司,自己种植棉花,来保证原料供应。张謇和张詧共创办了 21 家盐垦公司,④这是一个令人惊讶的数字。在他的带领下,江苏等地逐渐形成了一股创办盐垦公司的潮流。1914—1922 年间,江苏境内的盐垦公司达到 41 家。⑤通过自己种植棉花,大生具备了原料供应上的优势。大生投资创办的其他企业,如大达内河轮船公司、上海大达轮步公司、资生铁厂等,也是为了减少交易成本,增强竞争力。⑥

1895—1926 年间,张謇及其家族投资兴办的企事业机构达 100 多家,其中工业企业 27 家,盐垦农田 43 个,交通运输业 16 家,金融商贸 24 个。⑦张謇对于生产过程中需要的机器、电力、运输和销售过程需要的轮船、通讯、

---

①②　严翅君:《伟大的失败的英雄:张謇与南通区域早期现代化研究》,社会科学文献出版社 2006 年版,第 129 页。

③⑥　陈争平:《试析近代大生企业集团的产业结构》,《江苏社会科学》2001 年第 1 期。

④　陈有清:《张謇》,江苏古籍出版社 1988 年版,第 35 页。

⑤　李文治编:《中国近代农业资料》(第 2 辑),生活·读书·新知三联书店 1957 年版,第 349 页。

⑦　韩红俊:《大生系统企业投资结构分析》,《南通工学院学报(社会科学版)》2003 年第 1 期。

金融等机构都尽量自行设立,如电力方面有东明电气股份有限公司,冶铁厂包括资生铁厂、资生冶厂,机器制造厂为中国纺织机器制造特种股份公司,运输部门包括:大生轮船公司、大达内河轮船公司、通州天生港大达轮步公司、上海大达轮步公司、达通航运业转运公司、泽生水利公司、大中通运公司、大达通靖码头海门等,除此之外还有各种打包公司、公栈等。金融类公司包括:淮海实业银行、大同钱庄、南通实业银行、南通县地方公债事务处等。贸易类公司为中比航业贸易公司、南通绣织总局、新通贸易股份有限公司等。[①]

另外张謇还进入一些与主业关系不大的领域,如盐业(同仁泰盐业公司)、房地产业(懋生房地公司、上海南通房产公司)、电信业(大聪电话公司)和旅馆业(桃之华旅馆、南通有斐旅馆)。

大生企业集团以机器纺纱为中心产业,以纵向一体化发展为主,形成三次产业齐全的大型企业集团。大生企业集团农工结合的主要产业依赖关系见下图:

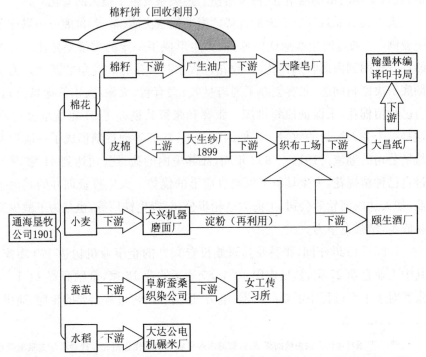

资料来源:张廷栖《张謇与大生集团产业结构的生态化》,《江南大学学报(人文社会科学版)》2005 年第 4 期。

---

① 陈争平:《试析近代大生企业集团的产业结构》,《江苏社会科学》2001 年第 1 期。

　　以棉纺织业为主体,张謇所创办的各企业之间形成了一环扣一环的有机产业链。如通海垦牧公司向纱厂提供原料;资生铁厂负责纺织机器的维修、制造;大兴面厂(复兴面厂)的产品除食用外,还是浆纱的工业原料;纱厂的下脚料油渣可用于广生油厂,而大隆皂厂则利用油厂的下脚料油渣。①

　　在棉纺织工业竞争力有限的情况下,大生企业集团通过延伸纵向产业链,利用全产业链优势形成了较强的本地竞争优势。而这个优势成为威慑潜在对手侵入南通市场的重要手段。1914 年,无锡新冶厂呈请农商部立案,张謇为阻挠该厂设立,指使其名下的资生铁厂收购原料,使新冶厂无法立足,从而放弃在南通设厂的计划。②成功阻挠新厂在南通设立,这成为张謇投资众多产业的“战果”之一。

　　上述分析表明,大生企业集团通过封闭和保护维系了在南通一地的稳固竞争力。为打造更封闭的排外体系,张謇还需要辅以一定的行政手段。如浙江人朱幼鸿曾有意承租大生纱厂,因张謇的反对而未成。此后,朱幼鸿计划在崇明外沙(今江苏省启东市)创办大有纺织公司,遭张謇呈部劝阻。1903 年,朱幼鸿又准备在海门筹建裕泰纺织公司分厂,张謇一面呈部阻挠,一面开始在崇明外沙久隆镇筹建大生分厂。该分厂建成后,张謇呈部获得了百里之内 20 年内他人不得设立纱厂的特权。③行政手段的介入导致外部经济力量更难介入南通本地市场,张謇多年的经商生涯中,鲜有外地人在该地设厂。

　　张謇刻意打造封闭性的南通市场,使大生受到的外部冲击很小。保护能使公司存活下来,但由于较少参与市场竞争,一旦面对公平的较量,将发现封闭体系已导致企业丧失了基本的竞争力。这种保护的悖论是导致大生失利的潜在原因。相比之下,上海纱厂加入更开放的市场链中,参加全国性乃至全球性的专业分工,比大生更富竞争力。

　　张謇创办的众多附属企业围绕并依靠大生而存活,市场竞争力很弱。

　　①　韩红俊:《大生系统企业投资结构分析》,《南通工学院学报(社会科学版)》2003 年第 1 期。

　　②　严翅君:《伟大的失败的英雄:张謇与南通区域早期现代化研究》,社会科学文献出版社 2006 年版,第 132 页。

　　③　严翅君:《伟大的失败的英雄:张謇与南通区域早期现代化研究》,社会科学文献出版社 2006 年版,第 130—131 页。

如资生铁厂的原料系从国外或南通之外购入,该厂技术力量薄弱,产品质低价高,开工之后很快出现亏损。[①]与资生铁厂类似,张謇创办众多企业缺少自我维持的能力,难以在自由市场上立足。为维持经营,它们不得不从大生挪用资金,即依赖大生的余利或借贷而活。投资领域过广使大生的流动资金逐渐变得紧张,如盐垦一项就消耗了大量的资金。当大生失利时,张謇的产业帝国自然受到严重的影响,众多企业均难逃破产的命运。

三、范旭东对资本技术密集型产业的重点投资

张謇认为:"纱厂必欲扩张耳,扩张则必有利耳,出纱多则开支少,开支少则盈利多。"[②]但纱厂分开经营,营运费用不一定能降下许多。大生一、二、三厂的建立很难通过协同产生规模经济,几大工厂的建成并没有形成主业纱厂强大的竞争力。这些工厂由单个机器组成,可分割的投资为张謇打造封闭性的产业矩阵提供了机会。大生的生产率与工厂规模并无太大关系,这是大生和永利的巨大差别。实际上,大生、永利之间存在技术范式上的根本性差异。近代化棉纺织工业是第一次工业革命的主要成就,它开创了机器代替手工劳动的时代。但此类纺织厂由独立运转的机器组成。而永利制碱涉及的技术和工艺则代表了第二次工业革命的巅峰成就,在苏尔维法制碱工厂内,完整的生产线代替了传统产业分散、独立设备的组合。[③]

在制碱领域里,除技术难题外,还须面对"不可分割"的投资产生的难题。"不可分割"的投资可简单地理解为一次性投资的要求,例如农夫购买一头完整的奶牛即属于"不可分割"的投资。生产线投资同样具有类似的性质,企业购买生产线的一部分是无法产生效益的。[④]永利踏入了一个规模经济和范围经济并存的领域,新产业"一业勃兴动辄全世界市场为所控制,历

① 严翅君:《伟大的失败的英雄:张謇与南通区域早期现代化研究》,社会科学文献出版社2006年版,第130页。

② 韩红俊:《大生系统企业投资结构分析》,《南通工学院学报(社会科学版)》2003年第1期。

③ 以上参见赵津、李健英《资本技术双密集型产业融资方式的探讨》,《中国经济史研究》2009年第2期。

④ [美]R.I.麦金农(Ronald I. Mckinnon):《经济发展中的货币与资本》,卢骢译,上海三联书店1988年版,第14页。

数百年而不衰"。①但由于资本短缺,永利最初设计的碱厂仍嫌太小(永利和国外技师杜瓦尔所定合同第一条中载明设计产量为"每二十四小时至少能出 30 英吨"②)。随后,范旭东、陈调甫"经精密研究知小办出品太少,万难生存",③决定扩大工厂规模。1920 年,陈调甫寄回国内(由孟德重新设计的方案)的即是日产 50 吨的碱厂设计方案。④

　　即使规模不大,建立生产线所需的巨额投资还是令永利颇感为难。1918 年 11 月,永利创立会决定招收股本 30 万元,至 1919 年 9 月,实收 4 万余元。因须自制安摩尼亚,⑤1920 年 5 月 9 日,永利第一届股东会决定增资为 40 万元,此时实收股本为 34.6 万元。⑥事后证明,这只是创业者不自量力的理想,以 40 万元的资本创办苏尔维法碱厂看起来很勇敢,但也很危险。1921 年 9 月 18 日,永利董事会议定增资为 200 万元,这是基于苏尔维法碱厂所需投资额的准确估计。考虑到融资困难,采用分阶段招募的办法,先收 100 万元(除原收 40 万元外,续招 60 万元);1922 年 12 月 17 日,永利决定再收 50 万元,⑦因无人认购,1924 年 5 月 25 日,永利董事监察会决议采用旧股两股增收一股的办法凑齐 150 万元股本,⑧但此数直到 1929 年才收足。1917—1926 年间永利创办苏尔维法碱厂的试验费和创办费总计为 900 962.53 元,⑨碱厂开工后,房屋、机器及其他财产(包括设计费 324 890.77 元)除去

---

　　①　黄海化学工业研究社:《黄海化学工业研究社之概况》,见原化工部久大永利公司历史档案之《创办黄海社经过和工作情况卷》。

　　②　1918 年 3 月,《永利公司与窦凡尔合同译稿》(第二次修正后签字之合同),见原化工部久大永利公司历史档案之《为创办碱厂在美联系设计、技术之函卷》。

　　③　1929 年 12 月,实业部技监徐善祥:《调查报告》,见原化工部久大永利公司历史档案之《(内)碱厂拟加官股及免税卷》。

　　④　1920 年 7 月 21 日,陈调甫致范旭东函,见原化工部久大永利公司历史档案之《为创办碱厂在美联系设计、技术之函卷》。

　　⑤　即氨,NH_3。

　　⑥　赵津:《范旭东企业集团历史资料汇编——久大精盐公司专辑》,天津人民出版社 2006 年版,第 323 页。

　　⑦　1926 年 12 月 5 日,永利决定招收另外的 50 万元股本,但三次吸收新股均不顺利。资料来源:1949 年 9 月 8 日,《永利化学工业公司资本额历年变更简史》,见原化工部久大永利公司历史档案之《公司业务资本情况概述卷》(第 12 卷 27 页)。

　　⑧　1924 年 5 月 25 日永利董事监察会议事录,见原化工部久大永利公司历史档案之《永利董监联席会议议事录卷》(一号卷)。

　　⑨　1930 年 2 月 15 日,余啸秋致范旭东函,见原化工部久大永利公司历史档案之《碱厂初期财务成本函卷》。

折旧后之价值达 198.5 万余元,①因此,永利创办日产 50 吨纯碱的碱厂大约花费了 290 万元,101.9 万元(截至 1927 年时的资本额)的股本远远不够。②由于规模化生产所需投资额巨大,永利根本没有余利进行其他方面的扩展,这也是范旭东的事业较为专注的重要原因。

　　永利的竞争对手是在中国碱业市场处于垄断地位,"对于中国碱业贸易有充分之知识"③的英国碱业巨头卜内门公司。永利产品进入市场后,卜内门将售价定在永利成本线以下。就传统产业来说,如果售价低于成本,理应减少产量,所谓少卖少赔。但在适合大规模批量生产的产业内,情况恰恰相反,这正如陈仲韩在碱厂第 31 次特别会议上所说:"厂中产少产多不影响于厂中消费,如产少则成本更重,再售之低价,赔本亦多,不如尽量出产。"④对此,永利内部也有不同的声音,他们认为,即使碱厂保持现有的生产规模,永利尚且难以缓解流动资本的压力。如果碱厂生产出更多的纯碱,产品"市价及本者售之,不及本者待价而沽",那时跨期资金回收的压力对永利来说势将更难以承受。纯碱堆积在仓库中,仅利息一项就是一笔不菲的损失。但永利跟随卜碱不断降价,这决定了其应对卜内门竞价的基本策略只能是扩大产能,降低成本。这也是此后很长一段时间内永利的主旋律,通过大量借贷,永利的产能规模逐渐形成。

　　规模化生产和规模化营销是规模经济效应明显的产业性质迥异却又先天不可分割的两个环节。对永利来说,伴随规模化生产能力而来的是规模化营销的困难,一旦失去了规模化销售能力,规模化生产势将无以为继。近代中国工业落后,需碱量少。加上新生企业运营体系极不完整,规模性营销网络的缺失已成致命的威胁。但迟到者的代价是巨大的。销售网络的铺设需要时间,巨大的成本也是新企业难以承担的,利用兄弟企业久大的销售网络及国内现成的碱业销售网络自然成为永利进入市场最原始的努力方向。利用集团化的优势(即销售上的范围经济)是永利在跨国巨头打压下应对策

　　① 约为 1930 年 4、5 月间,徐善祥:《改组永利公司以发展制碱工业计划书》,见原化工部久大永利公司历史档案之《(内)碱厂拟加官股及免税卷》。
　　② 赵津、李健英:《金城银行与"永久黄"团体的银企关系》,《历史教学》2011 年第 3 期。
　　③④ 赵津主编:《"永久黄"团体史料——永利化学工业公司专辑》,天津人民出版社 2010 年版,第 135 页。

略的关键。在永利形成规模行销能力前,久大的精盐行销网络为碱品的推广立下了汗马功劳。

除利用久大的销售网络外,如果能利用卜内门的代销店销售永碱,永利必能迅速打开局面。但对于卜内门来说,若允许自己的经销商自由代销永碱,其销售网络的优势将荡然无存。为此,卜内门在营业上严密布置。为防止本公司富有经验的经销商兼营永碱,卜内门在岁末年初订换新约时郑重规定:各销售店不得兼销别家之碱,如若违反,不单扣除年终应发放的全部佣金,还没收抵押金,以为惩戒。卜内门抬高了新进入者的准入门槛。在此"高压"政策下,卜内门代销店对代销"红三角"牌纯碱显然心存疑虑;加上永利初出时设备未周,产量有限,无法保证正常供应产品,这导致他们更不敢轻易与永利接近。

面对卜内门的凌厉攻势,范旭东一面降价应战,一面苦谋对策。范旭东、李烛尘等早年曾留学日本多年,对日本市场较为熟悉。日本工业较中国发达,用碱量巨大。永利纯碱面市后,曾少量卖给三井天津分行。面对困境,日本市场成为永碱重要的出路。当时日本三井和三菱两大财阀正处于激烈的竞争之中。三菱因下属子公司——旭硝子工厂在制造玻璃时需要大量纯碱,为此,三菱在玻璃厂内附设碱厂,由此踏入了制碱领域。而三井集团则无碱厂,它常苦于对主顾不能供碱,在与三菱的市场角逐中处于被动地位。为免在与三菱的争霸战中落于下风,三井急需代销富有竞争力的碱品,以与三菱集团旭硝子公司生产的碱品相抗衡。1927 年夏,当范旭东了解到上述情况后,随即与三井津行接洽,表示永利希望委托三井公司在日本市场试销"红三角"牌纯碱。此提议正合三井的心愿,一谈之下,双方都有意签订代销协议。

三井的营业分支机构遍布日本,"三井在日本地位亦首屈一指,并不亚于卜内门之于英伦"。加上三井代为义务宣传,"红三角"牌纯碱在日本逐渐打开市场。三井的庞大销售网络而非单店销售能力对卜内门造成了极大的冲击,该公司意外地成了永利打破困局的倚重力量。三井代销带来的好处是明显的,1928 年,永利碱厂产量为 14 479 吨,销量为 12 470 吨,[①]永利产

---

①　以上数据系根据 16.8 担折合成 1 吨计算而得,数据来源:1929 年 12 月,实业部技监徐善祥:《调查报告》——"历年产销一览表"(原化工部久大永利公司历史档案之《(内)碱厂拟加官股及免税卷》)。

销逐渐显露出平衡的苗头。①事后看来,利用国外现成的营销通道,永利最终实现了规模化销售的目标。

四、结论

张謇和范旭东两人的发展战略有明显的差异,张謇注重交易成本内生化的纵向发展,范旭东则提出工业的发展应以关键性产业突破为重点的理念。同时在产业布局上,两人的事业存在封闭性和开放性的区别。

张謇采用封闭性的产业布局实有不得已的原因。当时南通以农业和手工业为主的传统经济占主要地位,发展近代工业必需的一系列配套基础设施,如供电、原料、产品运输等设施极为缺乏。当地创办近代工业的条件远不如上海等通商口岸,张謇在此地创办近代工业,必须设法解决配套基础设施问题,这是大生纱厂采取纵向一体化发展战略的原因。②另外,为保持优势,张謇需要排斥外来经济势力,这是大生企业集团在南通打造封闭性体系的原因。张謇采取纵向一体化发展战略,将市场交易行为内部化,确实减少了交易成本,增强了市场竞争力。③

而在范旭东的时代,技术进步成为时代的新主题。麦金农曾指出,"贫穷和无能力借款引起非连续支出,而这种形式的投资,甚至无法进行最简单和最有效益的技术创新"。④此时,公司之间的竞逐不仅局限于生产技术、制造成本的较量,广阔的销售网络及强大的营销能力构成了企业成长的重要支点。为了达到不可分割的投资要求,范旭东引领下的永利相继实现了生产和销售上的规模经济性,从而具备了与跨国巨头较量的初步能力。在此过程中,永利很难将市场范围局限在一国一地,而必须通过扩大生产规模,降低成本,抢占更广阔的市场。

张謇抓住了历史发展的趋势,他已然认识到工业的重要性,因此才有"凡有国家者,立国之本不在兵也,立本之本不在商也,在乎工与农,而农为尤要"⑤的

① 以上参见赵津、李健英:《近代中国碱业技术变迁中的"跨国"影响》,《南开学报(哲学社会科学版)》2011年第1期。

②③ 陈争平:《试析近代大生企业集团的产业结构》,《江苏社会科学》2001年第1期。

④ [美]R.I.麦金农:《经济发展中的货币与资本》,卢骢译,上海三联书店1988年版,第14页。

⑤ 《请兴农会奏》,《张季子九录·实业录》(卷一)。

论断。产业发展有先后顺序,张謇所从事的事业介于农与工之间,此时贸然发展化学工业等战略性新兴产业显然是不切实际的,而科学与技术在中国还基本没有起步,很难在这些层面与西方公司进行较量。这一切都在此后几十年中慢慢发生变化,这也是范旭东有条件创办起苏尔维法制碱工厂、硫酸铔工厂的原因。因此,张謇和范旭东对产业发展认识和布局的差异,与他们所处的发展阶段不无关系。

张謇与穆藕初

穆家修[*]

张謇(1853—1926),状元出身,创办了南通大生纱厂,他是在甲午战争后救亡图存思潮的推动下,放弃仕途,以实业救国为己任而下海办厂。1900年后大生纱厂进入全盛期,他一口气创办了上下游19家大大小小的企业,赫然成为国内最大的民营企业集团。张謇则因此而被公认为中国近代高尚的学者和中国近代老企业家中的领军人物,影响很大,从此知识分子下海经商在当时的中国才渐成时尚。穆藕初(1876—1943),甲午当年他十九岁,甲午国耻让他,"心中之痛苦,大有难以言语形容者。……求学心益切——与他国竞争求西学之决心于是时始"。穆藕初比张謇年轻23岁,差了整整一代。他是受张謇实业救国思想与实践的感召、影响并留美接受西方文化教育后创业成功的一位"新兴商人"。张謇称穆藕初为"吾友",其实说他俩是"师徒"也不为过!穆藕初是一直视张謇为长者,在穆藕初一生的许多业绩中我们都可以看到张謇的印记。

杨立强与我在2000年曾撰有《对中国近代新、老实业家的评析——以张謇、穆藕初为例》一文,今补充若干史料与内容。

一、张謇对穆藕初的影响与提携

张謇在筹建大生纱厂那些年经常往来于南通及宁沪之间,南通企业创办成功以后不仅使他在江浙赢得了很高的声望,而且使之获得商界领袖的地位。1905年5月美国政府推行歧视、排挤旅美华人的《华工禁约》,激起了国人的极大义愤。上海商界首先发动唤起国人一致御辱抵制美货运动。在一次千人大会上,马相伯等与被请来的张謇先生先后演说,影响很大。这

---

[*] 穆家修,穆藕初之子。

些活动穆藕初都曾亲自参与。当时穆藕初已任海关总会董事职,他也邀集海关、邮政的相关华人开会,合力抵制,此举遭美籍副税务司忌恨后,穆毅然弃职而去。

穆藕初的爱国行动和组织才能,受到了张謇等前辈的赏识,穆刚离开海关就被当时颇负盛名的龙门师范聘为英文教员,兼学监。从此,穆藕初就由学徒、职员而正式跻身知识阶层。1906 年夏张謇出任江苏铁路公司总协理,1907 年春正物色苏路警察长人选时,张謇想到的也是穆藕初。穆晚年讲起这一经历时说:"我对于警务,原是门外汉,但既受了上峰的信任,我除了硬着头皮负起责任实干之外,没有其他办法。那时风气未开,铁路经过的地方,都是闭塞的内地,小小一点事情,都会酿成相当严重的纠纷。如是每迁一桩案件到我手里,我总得根据事实来认真处理,迅速地予以圆满解决。"这对穆藕初是一次很好的工作能力实际锻炼,公司安排他赴北方调查路警更给了他一次了解国情的大好机会。穆藕初见了西北一带的落后,"触目皆激起余振兴实业之观念",留学之心更切。

1908 年春穆藕初向公司董事部提出了为节省铁路公司经费,酌裁路警归并于车务处的建议。得公司采纳后,穆进一步提出了卸任警察长的报告。张謇是知道穆要去留学,特开绿灯予以放行。12 月得准后,穆随即就开始筹措留美经费,作赴美准备。1909 年夏,他在友人资助下开始赴美留学。

穆藕初于 1914 年 7 月初学成归国抵沪,当月张謇即曾致函沪上沈信卿先生,欲请穆藕初赴南通任教。其云:"穆君以硕士而不求得官,有学识而不思厚值,目为难遘,诚然诚然。穆君所注重者为棉与纱。棉属农之范围,纱则工业也。不知抑曾涉猎否? 通沪只半日程,如穆君有兴游通,可与家叔兄浃洽。纺织校方须教员,不知彼此合宜否也? 若彼此适合,则学生得师,穆君亦可借此以增阅历。"张謇先生慧眼识人才,穆藕初则领悟到了长者的良苦用心。到了设厂办所,有了名气之后,穆藕初仍然视张謇先生为前辈、领袖,而倍加敬重。

二、传奇留学得瑰宝

去留学时穆藕初 34 岁,已是两个孩子的父亲。穆藕初在美留学期间学农、学工,还学科学管理;从课堂学到农场再到社会,既学知识还学民俗更学文化,读完了学士、硕士学位。尤其是他取回了堪称西方瑰宝的《科学管理法》。当时,泰罗的《科学管理法》刚问世不久,当年多位在美留学读 MBA 的学者未能注意到,唯独是这位学农的却看到了它的含金量。穆藕初回忆道:"当鄙人研究农场管理法时,觉声入心通,快愉万分。遂进而至于事业管理法,穷思竭虑,探索中国不能振兴实业之故,昧于管理法亦一大原因也。"穆藕初抓住这个机会进而直接登门去拜访了泰罗,当面请教以求"真经"。

穆藕初回国后不久即着手开办纱厂,同时,于百忙中还把泰罗的《科学管理法》译成中文,边译边学边用。他在引进美国设备时,更是特别注意狠抓以科学管理为中心的企业管理体制改革,并且在实践中建立了一整套现代化的中国经营理念。"德大"这个完全新型的现代化纱厂,投产以后所出之"宝塔"棉纱又在"北京赛会得列第一"。这一炮恰如春雷,从此奠定了穆藕初在中国棉纱业的地位——随张謇、聂云台、荣宗敬之后,被誉为这个时期中国的四大棉纱巨子之一。《科学管理法》被译成中文,译本名为《工厂适用学理的管理法》。此法讲究以尽可能小的投入,争取尽可能大的产出。说穆藕初得此法而得以出现人生的转折并不为过,而且穆藕初在其有生之年是一直都在为推广与普及此法而不懈努力!该译本由中华书局于 1915 年正式出版时,穆藕初想到了前辈张謇,特意请他为译本作序。

序

企业者之要素二,资本与劳力而已。资本有率者也,有时而无率,则金融之消息是;劳力无率者也,有时而有率,则管理之操纵是。泰西各国,当十八九世纪之顷,固以商战称于世,今且又以工战矣。工战之动力,机械与劳力而已,机械尚已,机械之变而益进,视劳力工作之贵贱、迟速为张弛,而机械断不能尽脱乎劳力。夫劳力者,佣其力以得值,天职也;惰其工以图逸,劣性也。而时虑佣主之驱逼迫压,于是乎有工党以固其势,而同盟罢工之举动,且为惟一无二要挟之资料。佣主之所业,以资本原料为营利之母,而所以成之者,则劳力也。佣主日逼劳力者之加工,以增进产额,而权其赢美,于是乎有工场之管理。斯二者盖普通之惯例,而佣工与佣主之所需,必欲其趋于同等之轨,实难。劳力者之肉体,其动作之度,亦必如机械马力有定率,过其量以要求,其不出于反抗之一途,则亦必有不能继续之时。于是乎管理者之必有法,法之必依学理也明甚!盖亦善用其力而已。吾友穆君藕初游泰西而习工者，归译其所习《学理管理法》行于世，而问序于予。夫予营工厂二十年矣。指臂之助，职在有司，而间亦研极其理，乃有时知其弊之所至与所生。而处之穷于法，则于科学固未之学焉耳。革新以来，吾国之工日有进行之势，而劳力者动作能若之富量，则且冠誉全球。窃愿有管理之责者，能手此一编，使劳力者得尽其长而全其誉，是所深望者也。民国四年张謇。

张謇是一位有管理和经商才能的天才。他在下海之前从未涉足过工厂，但根据丰富的行政工作经验，他非常重视工厂管理工作，并通过"研极其理……知其弊之所至与所生"，而且他对大生纱厂的管理也是成功的。在大生厂开办之初，他亲自制定的《厂约》对自己和几个董事都作了明确的职责分工，奖罚措施、利润分配等也都有具体规定，各部门主管在每天规定的例会上有汇报有讨论，为提高效率有问题可随时解决。《厂约》之外还有 25 个章程，规矩达 195 条之多，非常实用！对于张謇这些很有中国底色的管理经验，穆藕初取其精华，也都吸收进来，这体现在《德大纱厂服务约则》之中；而张謇面对革新带来的现代科学管理法也完全持开放与欢迎的态度予以热情推荐。

三、张謇为《中华今代名人传》作序

张謇德高望重，他的社会地位很高，当时能请到张謇为书刊作序从一定意义上说，也是一种荣耀！1925 年美人勃德（A. R. BURT）、鲍威尔（J. B. POWELL）和克劳（Carl Crow）共同编写，由上海传记出版公司出版了《中华今代名人传》（BIOGRAPHIES OF PROMINENT CNINESE）。鲍威尔是当年美侨在上海出版的英文周刊《密勒氏评论报》（The China Wleekly Review）的主编。该报自 1917 年创办以来，就经常在"Who's Who in China"栏目内刊载中国当时各类名人的小传。后来，该报把至少三百位以上的名人小传，编辑成《中国名人录》一书公开出版。1926 年已出到第三版。此次，鲍威尔从国内请来了勃德当第一编辑，出版了这本《中华今代名人传》，意在向海外进行介绍。这本传记涵盖了到 1925 年（北洋政府时期）的中国政界、商界、教育界、工业界、金融界等界别的 200 位名人之小传。该书用真皮包装，封面是烫金字体和图案，每位传主一页，用厚铜版纸印刷，左上方是传主肖像，右上方是传主的中文小传。下半部是传主的英文小传，页边烫金，书的开幅很大，整书有十余斤重，很显庄重。该书请张謇作序，序文如下：

美人勃德编中国名传序

人与人之不相知，必有人焉有物焉有事焉以为之介，而后因人因物因事以知其人是人也，亦因是以知知之人此言乎。并世生存或耳目确踪得接触者，然耳然耳茫乎！千百世之相隔越也，邈乎千万里之相暌离也，纷乎千百世千万里之人非一人可指而名也。世不能复苋苋闷闷老死不相往来，则人与人有不相知，由不相知而至于不相信、不相藉。不相信必相猜；不相藉必相沮，而世自此多故。千百世之上下寥寥远矣，赖有书在。书言某世某人言论若何；所为事若何，并其所处世所与交游若何。何者吾敬之爱之；何者吾师之友之，否则吾非议之炯鉴之，虽千百世犹并世也；千万里之阻绝，并世而观宜无若。中与美两极东西，海包陆隐，天地易其位，日月贸其昼夜。不相同如此，而舶市大通货物，殷辀辐帘，农生工成商贾交易，弋利其间而已。问其国有何人彼知不相知知者，其荦荦最著者而已，或既往之圣贤豪杰巨人长德而已。美之勃德君慨焉，辑我今代生存人事略名为小传，以贻其国人而介使相知。夫果相知与否，异日彼人与此人之事也。而勃德君介使相知之心，不啻会百业于一冶，聚万里于一堂，其盛心也！君初游中国因问而胪其听，因密勒报主笔鲍惠尔君之介，惠然相见道其意例。且征余叙余兄弟所营于南通者，其于中国殆海之一波，山之一石，波宁足矣，海石宁足异山矣，知不知非我事也。申余之意，答君之请，以为君之意，固有足推概者在也。张謇。

该书第61页介绍的是"穆藕初"，该页结尾部分这样写："君为人和蔼、交友以信、举止正大、见识宏远，中西人士无不乐于相处。噫！如君之才高德备，诚可谓中国第一人物矣！"在英文传稿内我们没见到相应的文字描述。这样的编辑方式及如此分量的评语，必是经过多方咨询和慎重斟酌才最后敲定的，其后的故事无从得知，却耐人寻味！

四、民族精英　中华先贤　堪作楷模　功宜常祀

张、穆两氏在世期间的建树很广泛。通观两氏的全部业绩大多数都极

为相似,应该说张謇先生高尚的人格力量及其在社会上的崇高声誉对穆藕初的影响是深远和巨大的,有些则可能是潜移默化的,致使穆藕初在自己的为人处事方面,就自觉不自觉地以此为准则。近代史上这新老两代两位著名实业家的事迹也可算是一段佳话。

无独有偶,张、穆两氏身后的某些情况竟也十分相似。首先,两人差不多都是两手空空离开人世的,因此,在社会及其亲朋好友对他俩的怀念中普遍弥漫有一种惋惜的哀情。这种情况于穆藕初在1942年12月遭蒋介石撤职查办的冤案中最为明显。当时就有一篇题为《穆藕初的悲剧》的文章,几十年后还有类似的悲情文章出现。然而,近十几年来在追寻穆藕初心路历程时,我体验到的是他一以贯之的乐观向上心态!即使在逝世前不久,他在重庆会见上海友人时津津乐道的竟还是他自己在办教育中最得意的中华职业学校和位育小学,他说回上海还想要办一个小戏场以普及昆曲。他不仅想要去英国访问,甚至还在为战后国家的棉业恢复思考着!

穆藕初认为,作为一个人来到这世界上就应该服务于社会。他说:“我们把社会看作一个什么东西,我们可以当社会是一个储蓄银行,也可以当社会是一个金矿。不过当它是金矿,那么金子要采完的。所以我们要当社会是一个储蓄银行,大家加一点东西进去。倘大家当社会是一个金矿,那么只有到社会里来享权利的人,没有为社会服务的人了。当社会是一个储蓄银行,我有能力的,应尽我的一分能力,为社会做一种有益的工作。我有财力的,应尽我的一分财力,创造一种社会需要的事业。”

穆藕初还有他的梦。1933年元旦,《东方杂志》第一期就“新年的梦想”向各界精英进行社会调查时,提出了两个问题:第一,梦想中的未来中国是怎样? 第二,个人生活中有什么梦想? 作为被访问的三位实业家之一,穆藕初对第一个问题的回答是:“政治上必须实行法制。全国上下必须同样守法,选拔真才,澄清政治。官吏有贪污不法者,必须依法严惩,以肃官方。经济上必须保证实业(工人当然包括在内)。以促进生产事业之发展。合而言之,政治清明,实业发达,民安居乐业,便是我个人梦想中的未来中国。”对第二个问题的回答是:“在事业上可以按照计划逐步推广,以造福于平民生计。在生活上可以稍有余暇,继续研究一种专门学问。尤希望在职业以外,能有余力为社会服务,为大众谋幸福。”穆藕初的回答是认真的,而且,因为穆藕初很讲信用,他说出的梦也是真正准备予以实现的。

　　无论在他归国后的创业阶段，还是在南京政府任工商部次长的从政阶段；及至下野以后研究经济学，穆藕初自任主编创刊出版了"交易所周刊"的阶段；直至抗战期间在后方当"农产促进委员会"主任职，他以推广先进农业科技应用为己任，发明了适合农村使用的"七七纺纱机"及农本局任职阶段。他扮演的角色在不断变化，但他干一行爱一行，还总能干一行精一行。穆藕初学了科学管理，化裁而妙用于自身，一生都在为实现自身价值的最大化而努力，以造福于平民生计，为大众谋幸福。正因为他付出了很多，所以他很满足。

　　2013年11月上海文史馆馆长沈祖炜在纪念穆藕初时说："穆藕初的一生，可谓丰富多彩，事业涉猎范围广博。说他是什么'家'都行，可又都无法涵盖他的全部业绩，且有以偏概全之嫌。"沈祖炜认为，只有民族精英、中华先贤的称呼，才足以表达穆藕初的历史地位。同样，以民族精英、中华先贤来称呼张謇也是完全贴切的。

　　穆藕初被撤职查办冤案的起因是，在1942年12月初的全国总动员会上，穆藕初被他人诬陷为"推诿塞责，贻误重要业务"，加上当时还有某要员的附和，蒋介石偏听偏信，当即将穆撤职查办，第二天就见了报，此事在重庆成了重大新闻。最近笔者查阅了蒋介石日记，发现在该事件发生后没过几天，12月5日蒋在日记中开始对自己近日的"急切偏激"情绪有所反省，认为自己"修养不足"，"对穆湘玥查办事亦操之过急"。

　　在穆藕初逝世后的重庆追悼会上，董必武作挽联："才是万人英，在抗战困难中，多所发明，自出机杼；功宜百代祀，于举世混浊日，独留清白，堪作楷模。"一位共产党元老，对一位民族实业家在人品上作如此评价，耐人寻味。穆藕初生前在当农本局局长期间，掌管着事关国计民生的棉布资源，当时前方吃紧，后方紧吃，官场内外贪赃枉法是一片乌烟瘴气，可穆藕初出淤泥而不染，董老的挽联正是最好的写照。同样，张謇的一生则更堪作楷模。

辛亥革命前后程德全与张謇关系述略

谢俊美 *

1911 年的辛亥革命可以说是全民参与的一场民族民主革命。参加者除了"具有崇高思想与高超见识的人",①如以孙中山为首的革命派外,尚有反清排满、怀有种族革命的人和对现实不满的人,如会党、众多抗捐抗税的民众;也有对清廷"行宪"感到失望、进而转向革命的人,如立宪派人士和部分清朝地方官员。张謇与程德全就是其中最典型的人物。他们抱着"行宪救亡"的思想,希望清政府能认真实行真正的宪政,然而"皇室内阁"的成立,使他们彻底失望。武昌起义爆发后,他们仍不死心,继续致电清廷,解除亲贵内阁,下罪己诏,提前宣布宪法待到这最后的努力都完全失败,他终于决定"抱弃落日,改而手捧朝阳",②转赴革命。张謇和程德全,一个作为江苏省临时咨议局议长,一个作为江苏巡抚,不仅领导了江苏的独立,而且双双参加了中华民国南京临时政府,分别担任实业总长和内务总长,直接为民主共和作出了重要的贡献。

有书说程德全从一个清朝地方官僚一度成为民国"政要",得之于张謇的"知遇之恩"。③这里就他们在辛亥革命前后的关系略作论述。

一、忧危国家危亡,主张君主立宪,是张、程走近的原因

1910 年 4 月(宣统二年三月),奉天巡抚程德全调任江苏巡抚。此前,张謇和程德全,一个在东北,一个在江南,可以说平日几乎没有什么联系,然而两人均名扬全国,张謇是甲午状元、清末知名的教育家、实业家、立宪派的

---

* 谢俊美,华东师范大学历史系教授。
① 孙中山:《中国问题之真解决》。
② 张謇:《张季子九录》政闻录,卷三,第 40 页。
③ 崔杰:《程德全传》,黑龙江教育出版社 2013 年版,第 23、99 页。

领袖；而程德全在 1900—1903 年沙俄侵占我国东北期间，誓死抗俄、拯救受难民众、捍卫国权的英勇行为早为中外周知，深得朝野的颂扬。两人虽不相识，但相知是完全可能的。最终因忧危国家的危亡，两人由相知进而相识，在波谲云诡的晚清朝局中走到了一起。

　　程德全（1860—1930），字纯如，号雪楼，法号寂园，四川云阳（今属重庆市）人。出身于书香世家，父亲曾是一名副贡生，以教书为生。到程德全时，已是家道败落。程德全自幼师从于父亲，饱读诗书。云阳县学结业后，一度随父外出教书。1884 年（光绪十年）考取廪生。此后他前往京师国子监学习。其间因生活所迫，曾到一家俄国人开的作坊干活，并借此了解俄国的历史和风土人情，留意搜集有关东北的资料，关心东北边疆的形势。一次偶然的机会，他结识了爱国将领、齐齐哈尔都统寿山将军。1891 年（光绪十七年）后，经寿山推荐，程德全先后在黑龙江副都统文全、黑龙江将军依克唐阿幕中任职。1899 年（光绪二十五年）寿山任副都统，将程德全从安徽候补知县调至自己幕下，任为银元局董事，总办将军文案。1900 年（光绪二十六年），沙俄借口镇压东北义和团，大举入侵中国。程德全奉命担任寿山的行营营务总理。俄军逼近齐齐哈尔时，奉命代寿山前往俄营交涉。他只身前往敌营，指责敌军背约、不义，力劝不要过河，面对俄军的强横无理，他毫不畏惧，并以死抗争。寿山壮烈殉国后，受寿山重托，为了保护齐齐哈尔全城生命财产，他"以身挡住（敌军）炮口"，[①]使全城幸免俄军炮火涂炭。事后，黑龙江将军萨保如实奏报朝廷。折中说："程公既无官守，又无言责唯因受寿帅一言之托，即奋不顾身，以定和议，使江省免屠戮之惨于前；又复投河觅死，以抗俄霸，使江省免剥削之虐于后，在江省之人，得以复生。"[②]折上，程德全晋升为道员，发往吉林，慈禧太后当时正需要这样"忠勇任事"的官员，破格赏加副都统衔，命其署理齐齐哈尔副都统。汉员任副都统，这在当时是极为少见的。程德全后来还一度署理黑龙江将军。

　　1905 年，清廷为了缓和空前尖锐的社会矛盾，宣布预备立宪。江苏的张謇表示赞同，认为当时国势阽危，唯有行宪才能救国。张謇还被举为江浙立宪公会副会长。宣统改元后，曾率领名省代表赴京请愿，要求提前召开国

　　① 崔杰：《程德全传》，黑龙江教育出版社 2013 年版，第 23、99 页。
　　② 萨保：《奏为补用知县程德全恳恩留江治理一切并请圣意破格谕允片》。《光绪朝黑龙江将军奏稿》第 651—652 页，全国图书馆文献缩微复制中心，1993 年版。转引崔书，第 25 页。

会。张謇还以南通为基地,大办实业,创办大生纱厂、垦牧公司,兴办教育,建造园林等,搞得轰轰烈烈。而在黑龙江的程德全也在大力推行新政。为了实边,改"旗领民佃"为"旗民兼招"的耕种制度,招民垦种;为了制止沙俄侵占中东铁路沿线的中国土地;设官殖民,进行开发;效法道胜银行制度,创设官钱局,以济商困;修建龙沙公园;重视文化教育,和张謇一样,程德全也认为"今日为政之要,莫先于力图富强,而富强之基必本于改良教育,以开通民智,造就人才"。①在各府、厅、州、县创办小学,聘请内地师范毕业生担任教员。为了宣传宪政,专门设立宣讲兼阅报处。此外,他还认为"教育贵乎普及,师范急宜养成",师范教育是培养人才的基础。因此又大力发展师范学校,先后创办两级师范学堂、满蒙师范学堂、呼兰、肇州等多所师范学堂。创办齐齐哈尔、呼兰、巴彦州立女子学堂,农商实业学校、齐齐哈尔民族学校等。在君主立宪的问题上,他多次上奏朝廷,要求召开国会。"自日俄协约,日法协约,屡见披章,彼此弃仇寻好,协以相谋,侵逼之来,岂必在远。我若不于此时大辟新规,实行宪政,开国会以大伸民气,先躬行以激动人心,不惟有他族吞噬之忧,亦将有自相鱼肉之祸,此则臣眷恋家国而不能不急切上陈者也。"②他的这些想法和活动与张謇极为相似。共同的志趣、相似的追求,使他们走到了一起。

1910 年 4 月,程德全调任江苏巡抚。由于他素以革新自命,所以,一到江苏,就很快同张謇、沈恩孚、赵凤昌等著名立宪人物发生交往。江苏立宪派人士大多数是从地主官僚、工商业者等人士转化而来的,资产阶级的倾向比较明显,他们不满列强对中国无休止的侵略,要求争回利权;他们希望政府进行政治改革,制订有利于资本主义发展的政策,让他们参与对国家的管理,因此,强烈要求早开国会,早日行宪。立宪派的这些政治主张对程德全无疑具有巨大的影响,他的政治态度也由此趋向积极。他到任不久,就与张謇等人协商,参与十八省督抚将军都统的上书活动,要求清廷迅即召开国会,设立责任内阁。书中还对清政府以所谓的民众和议员水平不高为由,拖延立宪的步伐表示不满,并予以驳斥。"以程度论,上下同一不足,必须互相淬励,程度自有足之一日。"③也在此前后,张謇与各省咨议局代表再次赴京

---

① ②　李兴盛编:《程德全守江奏稿》,黑龙江人民出版社 1999 年版,第 384、824 页。
③　故宫博物院明清档案部编:《清末筹备立宪档案史料》上册,中华书局 1979 年版,第 276 页。

请愿,要求提前召开国会,实行责任内阁。"国势之危,过于汉季且将十倍,出万死而求一生,惟持国会与责任内阁之成立。"①

1911 年 6 月(宣统三年五月),张謇前往汉口,议"租纱、布、丝、麻四厂",在参加大维纱厂开机活动返回南通途中,在安庆得知武昌起义爆发。在南京,他曾劝告两江总督张人骏和江宁将军铁良"合力救鄂",遭到拒绝。②到达苏州后,应程德全之约,寓于钱万桥塊的惟盈旅馆,商量对策。程德全认为这是敦促朝廷迅速接受立宪派要求召开国会的最佳时机,遂请张謇"代拟"。张謇又邀资政院议员雷奋(继兴)、江苏省咨议局议员杨廷栋(翼之)同作,这就是有名的"秋夜草疏"。草疏由张謇代拟,直至深夜方才完稿。"夜为草奏请速宣定宪法,开国会,至十二时。继兴、翼之同为参酌。因睡迟,彻夜不寐。"③程德全看后,表示满意。接着他通电各省将军督抚,征求是否列名,山东巡抚孙宝琦等复电赞成列名,于是遂以孙宝琦领衔致电北京内阁。疏中要求"解除亲贵内阁、提前宣布立宪"。指出"窃自川乱未平,鄂难继作,将士携贰,官吏逃亡,鹤唳风声,警闻四播。加之本年水灾,横连数省,失所之民,穷而思乱,止无可止,防不胜防。沸羹之势将成,曲突之谋已晚,论者金谓缓急之图必须标本兼治。治本之法不外同民好恶,实行新政。拟请宸衷独断先将现任亲贵内阁解职,特简贤能,另行组织,代君上确负责任。其酿乱首祸之人,并请明降谕旨,予以处分,以谢天下。然后定期告庙誓民,提前宣布宪法,与天下定始"。④疏上,清廷留中不发,并以程德全保奏幕友应德闳署理藩司违例,降二级留用处分。程德全见清廷如此冥顽不灵,大失所望。随后,他的政治态度转向革命方面,直至宣布江苏独立。

二、彼此顺应革命潮流,大力促成江苏独立

1911 年 11 月 3 日(宣统三年九月三日),上海宣布独立。在此前后,上海革命党人黄炎培和张謇、沈恩孚等立宪派人士曾多次派人前往苏州面见程德全,程表示他"倾向光复"。张謇和当地官绅许鼎霖、雷奋、刘聚卿、杨廷

---

①　张謇:《张季子九录》政闻录,卷三,第 40 页。

②③　张謇:《柳西草堂日记》。《张謇全集》第 8 卷,上海辞书出版社 2012 年版,第 728 页。

④　张謇:《代鲁抚孙宝琦苏抚程德全奏请改组内阁宣布立宪疏》。《张謇全集》第 1 卷,第 227—231 页。

栋等人甚至密商推举程德全为江苏都督。为了保证江苏独立稳步进行,张謇还以江苏咨议局议长的名义发布致全省父老书,"望各州县同志君子,各以地方治安秩序为重,联合约束,保卫维持"。①以示对程德全的支持与配合。当时两江总督张人骏以南京形势危急,库中缺饷,请苏省予以援助,程德全因听了张謇有关他曾劝张氏出师援鄂、遭张人骏拒绝及张反对君宪之类的话,②对张人骏大起恶感,对其请求不予答应。提督张勋曾密电程德全死守苏州,程德全也未予理睬。上海光复后,陈其美率五十多名荷枪实弹的民军前往苏州,和苏州新军代表一同前往江苏巡抚衙门面见程德全。程当即表示,他赞成独立。并接受"中华民国军政府江苏都督府"的印信和旗帜,派人鸣炮九响,以示祝贺。为了表示与清廷的决裂,程德全提议挑去巡抚衙门屋顶上几片旧瓦、换上几片新瓦。他说:"既是革命,自应除旧布新,江苏光复一应如此。"③稍后,他以都督的名义,通令全省各属一律"反正"。他制定江苏临时议会章程,建立带资产阶级政权性质的江苏省临时议会。在他的支持下,张謇当选为省临时议会议长。下令禁止滥杀旗人,强调满汉一家,共享太平;严格军纪,维护境内社会秩序,保护人民生命财产安全。由于他和张謇等立宪派人士的密切配合,江苏独立中少有杀戮行为,保持了社会的和平稳定。江苏独立的同一天,浙江亦宣布独立。苏浙沪的独立进一步推动了全国革命形势的发展,并对武昌革命党人形成了有力的支援。

　　武昌起义后、清廷被迫起用袁世凯。袁世凯采取又打又拉的反革命两手,一面派清军炮轰武汉,给革命党人施加压力;一面派人与革命党人接洽,要革命党人答应日后向他交出政权。清军的军事进攻,给人民生命财产造成巨大损失。有鉴于此,张謇与程德全特联名致电袁世凯,要袁氏认清大局,顺应形势,赞同共和,做中国的华盛顿。"至于华盛顿,则世多能道之,公亦所稔,不以烦听。"电中说:"德全牺牲一身以保地方,謇欲调停而无可容喙,此岂一月以前所及料者。事既至此,惟有持人道主义,得不至引起意外

---

　　① 张謇:《代鲁抚孙宝琦苏抚程德全奏请改组内阁宣布立宪疏》,《张謇全集》第1卷,第227—231页。

　　② 据张謇《啬翁自订年谱》宣统三年八月二十四日记载,他在南京曾拜会张人骏和铁良,劝"军、督合力援鄂",张"大否之"。"张大诋立宪,不援鄂,谓瑞瀓能首祸自己了,不须入援。"张謇"谓武昌地据上游,若敌顺流而下,安庆又有应之者,江宁危矣"。"张曰:我自有兵能守,无恐。"张謇指责其为"无心肝人"。《张謇全集》第8卷,第728、1029页。

　　③ 转引崔杰《程德全传》一书,第83页。

分裂之祸,而可以纳两族于共同之中。……世界学说所趋,殆如往坡之马,谁无子弟,不乐平世? 愿公轸念之。"①并派杨廷栋等携带他们的亲笔信专程前往北京进行劝说。信中说:"謇持立宪之说十年,上疑而下阻;德全上改政之疏不一,一笑而百非。驯至今日,武汉一方,惨无人道。外人有虎狼之目,各省兴狐兔之悲。德全固无所施,即謇夙昔所主张,亦无容喙之地。其必趋于共和者,盖势使然矣。"②要求袁世凯停止进攻,认清形势,顺应共和。

江苏独立后,盘踞在南京的两江总督张人骏和提督张勋仍负隅顽抗、敌视革命,对革命党人构成了严重威胁。苏浙沪三地革命党人决定共组联军,会攻南京。会战中,程德全派出刘之杰率领二千新军参加联军,而他本人则亲临前线督战。张謇对程氏此举致电祝贺。"闻前锋已逼孝陵,日内当可即下。不即电请大旆旋苏者,冀日晚听相公之破蔡州也。"同时,又要求程德全严肃军纪,"入城之日,严戒兵士杀害旗人,亦必应收之义声也。幸公加意,先为军中宣布命令"。③

考虑到南京光复后百废待兴,尤其是社会秩序有待恢复。张謇、程德全先后会见黄兴、宋教仁、章太炎等人,商量善后。由张謇等人提议,江苏省临时议会决定都督府由苏州移驻南京,全力支持程德全恢复重建南京的各项事务。此后,张謇、程德全又先后往来于南京、苏州、上海,"调和诸军",与汤寿潜、陈其美及徐绍祯等筹商"组织政府"事宜。④其间,程德全还于11月14日(九月二十四日),致电独立各省,以"大局初定,军政民政,亟须统一,拟联东南各军政府公电恳请孙中山先生迅速回国,组织临时政府,以一事权"。⑤12月2日,南京光复。独立各省代表由沪、鄂移至南京,决定以南京为此后中央政府所在地。程德全与章太炎、陈其美、汤寿潜频繁接触,筹划北伐事宜。程甚至主张"应当尽快把北京攻下来,拖延时间是不利的"。⑥他的这些激烈言论大触袁世凯之忌,也是后来不为袁世凯所容原因之一。张謇当时正与赵丰昌等忙于筹商清室退位的事,深知袁世凯不赞成南方组织中央政

---

① 《张謇、程德全致袁世凯电》,《张謇全集》第2卷(上),上海辞书出版社2012年版,第290页。
② 张謇:《拟会程德全嘱杨廷栋进说袁世凯书》。《张謇全集》第1卷,上海辞书出版社2012年版,第231页。
③ 张謇:《致程德全电》,《张謇全集》第2卷(上),上海辞书出版社2012年版,第293页。
④ 张謇:《柳西草堂日记》,《张謇全集》第8卷,上海辞书出版社2012年版,第731页。
⑤ 胡长青:《论辛亥革命前后的程德全》。转引自崔杰《程德全传》第85页。
⑥ 见崔杰:《程德全传》第86页。

府的心迹,所以对于程德全的上述主张没有公开表示。张謇当时的政治态度游离于革命党人与袁世凯之间。他的事业主要集中于革命党人控制的长江下游的江苏地区,他既不敢开罪革命党人,也不愿得罪父母官——江苏都督程德全,所以一直谨慎地与他们保持联系。但作为封建士绅,张謇把未来的目光更多地寄托在袁世凯身上,这也是张謇后来远离革命党人、逐渐同程德全疏远的原因。

12月25日(十一月初六日),孙中山从海外回国,到达上海。接着着手组织临时中央政府,各省代表选举孙中山为临时大总统。孙中山和同盟会领导决定以江浙的政治力量为基础,以同盟会为权力核心,联合拥护革命的江浙立宪派和旧官僚(包括起义的清朝海军将领)共同组织政府。在这一原则下,推举张謇为实业总长、汤寿潜为交通总长、程德全为内部总长。程德全当上总长后,张謇随即通过江苏省临时议会,推荐与他政治态度接近的庄蕴宽代理程的江苏都督职务,此举带有架空程氏的意思。南京光复后,"客军之扰,居民大恐"。程德全认为要恢复秩序,保持首都安静,必须设官办理民事;欲撤走大量军队,必须筹饷,力荐张謇担任两淮盐政,筹款解决。根据众人建议,张謇实行军政府卖盐和就场征税标本兼治的办法来解决筹饷。新的临时政府是一个革命政府,旧官僚出身的程德全还无法胜任内务总长一职,因此行政中多有与孙中山等革命党人"不协","龃龉之事"时有发生。连张謇也都听到"程有悲愤之言"之类的话。①程在南京无法履职,遂托病前往上海。在革命派和立宪派的挤压下,他的行动逐渐陷入孤立。

三、共同参与政党政治,"二次革命"后终于分手

程德全卸去江苏都督后,虽然一时失去对江苏的控制权,但并没有停止政治活动,他和张謇仍保持交往。就在南京临时政府成立的第三天,1月3日,他与张謇、章太炎、赵凤昌等一批对同盟会不满的人共同发起成立了中华民国联合会,章太炎任会长,程德全任副会长。当时南北议和正紧张地进行,清帝尚未退位。张謇与程德全等正全力忙于作袁世凯接受政权的各项准备。待到2月12日,溥仪退位,孙中山辞去临时大总统,他们则公开表示

①　张謇:《柳西草堂日记》,《张謇全集》第8卷,上海辞书出版社2012年版,第731页。

支持袁世凯。张、程的所作所为赢得袁世凯的认可。3 月，袁世凯在北京宣誓就职。鉴于张謇、程德全的活动表现，4 月，北京临时政府任命张謇为盐政院盐政，正式任命程德全为江苏都督。都督府仍设在苏州，南京则专设由黄兴负责的留守府。驻宁士兵索饷哗变事变屡有发生，黄兴请辞，袁世凯要程去处理。陈其美既不愿程德全控制南京，也不愿程氏继任江苏都督，曾秘密组织"洗程会"，企图武力驱逐程德全，但事为程氏察觉，未成。①6 月，南京留守府裁撤。革命党人在同程德全争夺江苏地盘的斗争中，遭到失败。

在这场争夺江苏地盘的权力斗争中，张謇起了关键作用。从张謇来说，他不喜革命党人控制江苏，也不喜革命党人控制国家政权，所以支持程德全继任江苏都督。北京临时政府对程的任命多少反映了他与袁世凯的这一意图。在这一时期，张謇与程德全多有接触、会面、交谈。他在《柳西草堂日记》和《啬翁自订年谱》中多有记载。如民国元年二月二十日日记写道："孙中山解职，设继清帝逊位后数日行之，大善。"四月二十三日日记写道："诣苏（州），苏以昨夜复有谋乱事，无知少年为之，破露幸早。"专程前往苏州慰问程德全。六月初八"诣苏，晤程都督"。南京留守府裁撤后，张謇从上海专程赴宁"晤雪老（程德全号雪楼）"。②当然除了在政治上彼此交换看法外，两人还十分关注民生。民国元年，就导淮问题，张謇曾专"为程德全、柏文蔚草拟《请导淮开垦呈》"。③

中华民国联合会成立后不久，就与统一党、民社、国民协进会、国民公党、国民公会、共进会合并为共和党。其间，张謇、程德全等因与章太炎政见不合，另行组织"政见商榷会"。次年 4 月，程德全宣布退出共和党，专事"政见商榷会"，以沟通南北、调和党争为目的。

1913 年 3 月 20 日（民国二年二月十三日），国民党代理事长宋教仁在上海火车站被刺身亡。袁世凯闻讯，装腔作势下令悬赏缉凶，电令程德全限期破案。因宋教仁曾在江苏都督府担任过政务厅长、中华民国南京临时政府法制局长，与程德全共过事。所以应革命党人的请求和袁世凯的指示，立即下令上海县政府、沪宁铁路局和闸北警察局迅速破案，程氏本人还亲自到沪与黄兴、陈其美、于右任等一起会商"宋案"缉凶问题。两天后凶手武士英

---

① 苏辽：《民国首任江苏都督程德全》，《民国春秋》1998 年第 1 期。
② 张謇：《柳西草堂日记》，《张謇全集》第 8 卷，上海辞书出版社 2012 年版，第 736—742 页。
③ 张謇：《啬翁自订年谱》，《张謇全集》第 8 卷，上海辞书出版社 2012 年版，第 1032 页。

和指使者应桂馨均被上海租界当局抓获,经审讯供出幕后策划、指使刺杀宋教仁的不是别人,正是袁世凯。袁世凯见内幕被揭露,要求将人犯押解北京,遭到程德全的拒绝。程要求袁世凯组织特别法庭审理此案,未获批准。随后,在革命党人强烈要求和黄兴等人敦促下,程德全、应德闳通电全国,将全部案件证据予以公布,"宋案"真相至此大白于天下。①程氏此举引起袁世凯的无比愤怒。程氏虽与革命党人政见不合,但对袁世凯用这种暗杀手段对付政敌也不以为然。不过因此而开罪袁世凯及其北洋集团。

张謇获悉宋教仁被刺身亡,深表"惜之"。② 案件真相大白后,舆论一片哗然。袁世凯见此,要求张謇出面进行调解,"旋北方有电向民党解释,即与赵凤昌、汪精卫、黄克强调解"。③张謇的角色颇为难堪,因为案件真相清楚,他既不能责怪程德全办理不善,又不好偏袒革命党人,更不愿开罪袁世凯,只好应付,调解的结果自然是"迄无效"。④

宋教仁被刺后,孙中山急忙从日本回国,决定武力讨袁,这就是"二次革命"。7月15日(六月十二日),黄兴率一批高级军官来到南京城北的江苏都督府,要求程德全宣布江苏独立。程德全起先表示拒绝,他虽对袁氏的倒行逆施不满,但又不愿与中央政府公开对抗,认为就凭江苏这点兵力,也难有作为,况且内战只能造成社会动乱,百姓遭殃,誓不相从。但在黄兴等强力要求下,程德全见形势不可逆转,革命党人意志难违,且担心自己有性命之虞,最后只好表示同意宣布江苏独立,任命黄兴为江苏讨袁军总司令,并委托与黄兴来宁的章士钊起草讨袁独立宣言,随后以都督的身份和江苏民政长应德闳及黄兴发表联名通电,宣布江苏独立,北伐讨袁,捍卫共和。程氏此举,不啻表示他同袁氏彻底决裂,同时也宣告与张氏关系的终结。

"二次革命"很快遭到失败,孙中山、黄兴等率部分革命党人又一次逃亡日本。袁世凯对革命党人进行清算。在围剿逮杀革命党人的同时,对程德全也未放过,下令将其罢免,并追究他的责任。幸有张謇等人的斡旋,程氏才幸免牢狱之灾。此后他遁迹上海长达多年,从此淡出政坛。

程德全因受知于满洲将军寿山,在庚子沙俄入侵我国东北事变中,不顾个人安危,誓死抗俄,捍卫了国家和民族的尊严,由此赢得了国人的尊敬,同

---

① 详见崔杰《程德全传》第94—96页。

②③④ 张謇:《啬翁自订年谱》,《张謇全集》第8卷,第1032页。

时也博得以慈禧为代表的满洲贵族集团的赏识,由候补知县而超擢为地方大员。他追求社会革新,希望通过君主立宪来挽救垂危的封建清王朝,又使他受知于立宪派领袖人物张謇,在辛亥革命的风云变幻中,彼此呼应,携手联合,最终顺应共和,促成江苏独立,并为推动民主共和的实现,作出了努力。但他在晚清政坛中毕竟属于崛起的"新贵",根基不深,随着清王朝的灭亡,他失去了靠山。辛亥革命中,因与张謇在政见方面趋同,以及立宪派为了自身的利益诉求,而使他能同张謇一度保持合作,但张謇的地位声望远不在江苏,他是朝野瞩目有影响的人物,连袁世凯都需要借用他的声望行事。程德全与他是一个不等量的人物。在江苏巡抚任上时间甚短,他尚未形成自己的政治力量。他既与革命党人不协,又被迫宣布"江苏独立",附和革命党人武力讨袁,终为袁世凯所不容。若不是张謇等人的一手庇护,可能他的下场还要惨。

"苍松历久等烟消,古寺还凭江岸描;居士雪楼曾小隐,扁舟一叶应嘉招。"①程德全革职后,先是寓居上海,日读经卷,消磨岁月。袁世凯败亡后,他渴望东山再起,"苍松历久等烟消",但是当年与他共患难的革命党人并没有用他。在"久等"无望之后,遂借口不耐沪上车马喧腾的环境,于1920年(民国九年)在常州天宁寺出家,受戒于冶开法师门下。1926年(民国十五年),革命党人北伐,进军江浙,他仍未受到党人关注,彻底绝望、决定遁迹空门。冶开法师给他取法名寂照,又名先慧。此后他曾一度用寂照法名剃度,在木渎镇的法云庵隐居,并担任该庵主持。他的礼佛实属不得已之举。1929年(民国十八年),因病不得不再回上海求医,寓居爱文义路(今北京路)迁善里。次年5月29日(五月初二日)去世,终年70岁。风云一时的程德全就此了结一生。

在程氏追思会上,革命党人袁希洛感慨地说,程氏对民国有功无过,且有功不居,是仅次于孙中山的民国第二个"完人"。②这多少表达了国民党元老派中一部分人对当局待程氏不公的看法。程氏系前清官僚,既不是革命党人,与革命党人的关系又不深,其结局在预料之中。程氏死后,灵柩初葬于苏州半亩桥西南的周巷。1965年被移放到灵岩山寺的塔院内。

---

① 潘泽苍:《程德全终老法云庵》,《苏州杂志》1993年第3期。转引自崔杰《程德全传》第102页。

② 王贵宝:《民国第二完人程德全》,《苏州时报》2009年10月25日。

张謇与袁世凯政府

张华腾*

张謇为近代著名实业家、教育家,袁世凯为清末民初军政强人,中华民国北京政府大总统。张謇与袁世凯有着四十余年的交往,[①]尤其是辛亥革命前后的十余年间,两人关系达到亲密无间之地步。南北统一,袁世凯北京政府成立,张謇摇旗呐喊,为北京政府助力。继而张謇北上,出任北京政府农商总长,成为北京政府的重要成员。张謇在北京政府主导发展经济方面充分发挥作用,是这一时期中国经济发展的关键人物。对张謇在袁世凯政府中的作用,学术界已有了一定的研究,[②]但似不够,还有广阔深入研究的空间。本文在学术界研究的基础上,对张謇与袁世凯政府之关系、张謇在袁世凯政府时期的作用作进一步的探讨,以求教于学术同仁。

一、袁世凯政府的强有力支持者

1912 年 3 月 10 日,袁世凯在北京宣誓就任中华民国临时大总统。3 月 29 日,南京临时参议院通过各部总长名单,随后国务总理唐绍仪宣布北迁,标志着中华民国北京临时政府的确立。其间,张謇为袁世凯北京政府的成立摇旗呐喊,利用自己的影响促进北京政府的尽早成立。早在是年 2 月清帝宣布退位,南京临时参议院选举袁世凯为临时大总统,孙中山等革命党人坚持袁世凯在南京就任大总统时,张謇就极力反对,主张在北京建立政府。

* 张华腾,陕西师范大学教授。
① 自 1881 年袁世凯投军吴长庆庆军,为张、袁交往之始,时张謇为庆军幕府人员。详见张华腾《袁世凯与近代名流》,新华出版社 2003 年版。
② 前期研究成果见周季鸾、刘大洪:《张謇任农商总长时期振兴实业的措施》,《中南财经政法大学学报》1989 年第 1 期;朱英:《张謇与民初的"商会法"之争》,《近代史研究》1998 年第 1 期;虞和平:《张謇与民国初年的经济体制改革》,《社会科学家》2001 年第 2 期;虞和平:《张謇与民初的农业现代化》,《扬州大学学报》2003 年第 6 期等。

当孙中山派遣蔡元培等迎袁使团北上迎接袁世凯南下时,张謇派亲信刘垣代表自己向袁世凯献策,建议袁世凯不要南下就任。他在致袁世凯电中说得明白:"公不能南之义,一面有北数省人民,一面有在京外交团,皆可与南使言之。"①即以北方数省人民、外国外交使团反对袁世凯南下为由拒绝到南京就职。他在致唐绍仪电中有同样的表示,"为今计,惟有利用外交团,以非正式公文劝告南北两方,并声明不能听项城南下,致生变故。商之竹君,亦谓非此不易解决"。②

张謇为袁世凯在北京建立政权出谋划策,不久发生的北京兵变,印证了张謇对于袁世凯不能南下的预言。北京兵变发生,③北方局势混乱,迫使南方革命党人妥协退让,不得不允许袁世凯在北京宣誓就任临时大总统并在北京建立中央政府。张謇为此非常高兴,致电袁世凯,"代表南回,北事当以大定,甚慰"。④

张謇对袁世凯北京政府倾力支持,他的支持主要体现在两个方面:第一,为北京政府施政献策献计。比如在治理淮河方面,他向袁世凯建议,"迴电承示徐宝山请导淮事。合地势、工程、灾状、军事四者通筹,治本自在理淮,治标宜先造路"。⑤为迅速统一中国,集权中央,结束各省各自为政的混乱局面,袁世凯提出军民分治,削弱集军权、民政于一身的都督的权力,每省设民政长1人,主管民政,与都督主管军政分立。军民分治不失为一项治国良方,但在辛亥革命后的初期实行不易,原因是革命党人控制着长江中下游各省,制约北京政府的集权。鉴于如此形势,张謇建议不可骤行,分期逐步行使。他说:"军民分治,不易之经。各省都督以不能遽予实行,致多异议。但此系事实问题,各省果有一时难行之处,不妨声明理由,规定分期进行办法,务以达到分治目的为止。中央立法为永远之图,未便以一时之窒碍,更易立法宗旨,尤不便见某某省暂缓施行字样,窒碍统一。事关全

---

① 张謇:《致袁世凯电》,杨立强、沈渭滨等编:《张謇存稿》,上海人民出版社 1987 年版,第 30 页。

② 张謇:《致唐绍仪电》,《张謇存稿》,上海人民出版社 1987 年版,第 31 页。

③ 传统观点认为北京兵变为袁世凯策划导演,最新研究北京兵变与袁世凯无关。见尚小明:《袁世凯策划民元"北京兵变"说之不能成立》,《史学集刊》2013 年第 1 期;尚小明:《民元"北京兵变"并非袁世凯策划》,《国家人文历史》2013 年第 8 期。金满楼:《蹊跷的定都之争与北京兵变》,《读书文摘》2011 年第 2 期。

④ 张謇:《致袁世凯电》,《张謇存稿》,上海人民出版社 1987 年版,第 31 页。

⑤ 张謇:《致袁世凯电》,张謇研究中心、南通市图书馆编:《张謇全集》第一卷,江苏古籍出版社 1994 年版,第 223 页。

局,用敢直陈。"①在政府用人方面,张謇也曾提出中肯建议,比如对章太炎的任用,他认为"太炎识正而量不宏,宜优处于学问言论之地,如史馆、法制院等,而不甚宜于政治"。②第二,极力维护北京中央政府,抨击反对政府的任何政治势力。如民初内阁风潮,唐绍仪辞去国务总理后,袁世凯任命陆征祥组阁,而当陆征祥将阁员名单交临时参议院通过时,参议院因不满陆征祥的演讲而将阁员名单全部否决。陆征祥受此打击,称病住院,陆内阁流产。对内阁危机,张謇愤愤不平,时他为江苏议会议长,于是以江苏议会名义致电各省议会,号召各省议会抨击参议院的行为,"本会为参议院否认阁员事,电院警告。其文曰:'民国未经国承认,外交信用关系匪轻。陆总理能得外国之贺电,而不能治民国之党见,外人其谓我何。参议院前日信任总理,甫历旬余,未见政事成败之迹,忽又以不信任闻。国民索解不得,益滋疑骇。贵院诸君,宁不以国为前提。国苟不存,党于何有?栋折榱崩之祸,举国共之。泪尽声嘶,伏祈哀鉴。'等语。大局至此,已陷无政府地位,乞贵会分电参议院警告"。③当国民党人借宋教仁案及善后大借款案,准备发动二次革命以推翻北京政府时,张謇先是居中调停,后来完全站在政府立场。他在《致袁世凯函》中,非常鲜明地表达了自己的立场。他说:"综诸现象,皆政府之利。试问举国之人,何所私于政府? 则以政府者,人民所赖以托命之地,西哲所谓恶政府犹愈于无政府也。然若无国民党之狂激大器,拂戾极多数乐生安业之众情,政府岂易受此举国之倾向,则政府实受国民党非常之赐。"④

总之,在袁世凯北京政府初立的一年半时间,张謇作为袁世凯的友人,不仅拥护北京政府,且为北京政府出谋划策,反对与北京政府为敌的任何政治势力,期望北京政府稳定社会秩序,恢复发展经济,极力赞赏"以国计民生为前提,保持秩序为宗旨"。⑤张謇维护北京政府的苦心是可以理解的,因为实业家的憧憬,就是在安定的社会秩序下,大力发展实业,振兴民族经济。

---

① 张謇:《致大总统、参议院电》,《张謇全集》第一卷,江苏古籍出版社 1994 年版,第 225 页。
② 张謇:《致袁世凯电》,《张謇全集》第一卷,江苏古籍出版社 1994 年版,第 223 页。
③ 张謇:《江苏省议会致各省议会电》,《张謇全集》第一卷,江苏古籍出版社 1994 年版,第 224 页。
④ 张謇:《致袁世凯函》,《张謇全集》第一卷,江苏古籍出版社 1994 年版,第 254 页。
⑤ 张謇:《复松雨村函》,《张謇存稿》,上海人民出版社 1987 年版,第 46 页。

二、袁世凯政府的重要成员，宣布其大政方针

1913 年 9 月 11 日，二次革命的硝烟刚刚消散，进步党内阁正式宣布成立，熊希龄任总理兼财政总长，梁启超任司法总长，汪大燮任教育总长，张謇任工商、农林总长（后二部合为农商总长），进步党人在内阁中居其半，因此此届内阁被称为进步党内阁。其余外交孙宝琦、内务朱启钤、陆军段祺瑞、海军刘冠雄、交通周自齐等由北洋人物充任。不管是进步党骨干抑或是北洋人物，均为当时国内著名人物，因此是届内阁还被称为名流内阁。张謇出任工商、农林总长，兼全国水利局总裁，主管国家的经济发展部门，绝非偶然。

张謇在清末民初发展实业、振兴教育的业绩，为朝野所赞扬，享有崇高的社会地位，他积极参与政治的热情与能力，也深为人们所知。他是著名的立宪派，清末立宪的推动者，武昌起义之前，在北京曾先后受到摄政王载沣、庆亲王奕劻以及载泽、载洵、载涛等亲贵的接见。[1]武昌起义后袁世凯出山、组阁，任张謇为农工商大臣，张謇对清政府放弃了希望，拒绝就任。1912 年 1 月 1 日，中华民国南京临时政府成立，任命张謇为实业总长，其因反对孙中山、黄兴与日本合资汉冶萍公司，愤而辞职。

南北一统，袁世凯继任中华民国临时大总统，在筹建北京政府过程中，曾邀请张謇主管实业事务。张謇以时机不到为由却之。他在《致袁世凯电》中说："客腊效电，属以实业，同尽义务，于公有所怵。惟审察时局，尚未至可以效力之期。自忖目前但可以一、二事稍分公虑，幸勿处于国务地位，庶几彼此皆有余裕。"[2]张謇所说的一二事，就是盐政与赈务。他在稍后《致刘垣电》中说明，"前许项城以一、二事自效，目前盐、赈二事外，不可再加"。[3]为什么如此？恐怕与张謇刚刚辞去南京政府实业总长职，马上就任袁世凯北京政府总长职，未免亲袁的政治形象太露骨了，先在野做事，待有机会再从政。

张謇出任工商、农林总长，一是张謇经营工商农业的业绩以及其社会地

①　《张謇全集》第六卷，江苏古籍出版社 1994 年版，第 873—874 页。
②　张謇：《致袁世凯电》，《张謇存稿》，上海人民出版社 1987 年版，第 31 页。
③　张謇：《致刘垣电》，《张謇存稿》，上海人民出版社 1987 年版，第 32 页。

位。二是张謇与袁世凯的亲密关系,袁世凯甚至还有让张謇出任总理的想法和打算。三是张謇的政治抱负,不仅自己经营实业成功,而且有以实业富国、强国宏大的政治抱负。他曾说:"謇有一至愚极拙而为我国自今以往更历百年而不可逃之观念,则救穷之法惟实业,致富之法亦惟实业。实业不能三年、五年、十年、八年,举世界所有实业之名,一时并举。"①

张謇雄伟宏大的政治抱负,主要反映于他就职后宣布的大政方针中。他的大政方针,名之曰《实业政见宣言书》。《实业政见宣言书》是张謇根据自己经营实业的经验与当时实业所面临的诸多问题的思考,张謇的政见分四大方面:

第一,制定发展实业的法令法规,健全法制,以促进实业的发展。

张謇说:"故农林工商部第一计划,即在立法。将来提出关于农工商法法案,若耕地整理法、森林保护工场法及商人通则及公司法、破产法,运输保险等规则。"②张謇建立健全经济法规的志向不仅仅在其政见宣言书中,他就职前后一直坚持不懈,如他在《对于工商部务的政见》中说,目前发展工商业有一大障碍,"余对于工商部务,首先着手者约有四端:一为排除工商业之障碍。盖今日而言振兴中国实业,不先排除障碍,几无方法之可言"。"欲排除此种障碍,惟有速订商法"。③他在是年11月《呈大总统》书中再次重申:"窃维本部职任,在谋农工商业之发达。受任以来,困难万状。第一问题,即在法律不备。非迅速编纂公布施行,俾官吏与人民均有所依据,则农林工商诸要政百端待举,一切无从措手。"④

第二,发展金融,完善金融市场,为发展农工商业助力。

从民初实业计,金融业当为实业之一类。金融业发展与否,是制约工商业发展的重要条件。张謇在其实业发展的经历中深有体会,因此认为实业是否发展,决定于金融业的发展。他说,"农工商业能否发展,视乎资金之能否融通。近十年来商场之困顿,不可言语,盖以国家金融不立"的结果,因此要发展农工商业,必须发展金融业,"窃以为为今之计,惟有确定中央银行,

① 张謇:《拟请酌留路股合营纺织公司意见书》,《张謇存稿》,上海人民出版社1987年版,第44页。
② 张謇:《实业政见宣言书》,《张謇全集》第一卷,江苏古籍出版社1994年版,第272页。
③ 张謇:《对于工商部务的政见》,《张謇全集》第一卷,江苏古籍出版社1994年版,第270页。
④ 张謇:《呈大总统》,《张謇全集》第一卷,江苏古籍出版社1994年版,第277页。

以为金融基础,又立地方银行以为之辅,厉行银行条例,保持民业银行、钱庄、票号之信用,改定币制,增加通货,庶几有实业之可言"。①鉴于发展金融也是进步党内阁的大政方针,熊希龄总理已经进行了陈述,所以张謇表示,贯彻执行这一方针政策,在议及金融法案时,他将通力支持,同时也希望国会两院予以支持。

第三,减轻税收,规范税则,以促进工商业发展。

张謇对当时沉重的税收非常不满,如厘金、常关税,"百里一税,二百里再税,道途梗阻,节节为厉。行之愈远,则商货成本愈重,是禁止商货之流通,迫其近售,而罚其远行者也。商货运行则有罚,是乌可言商政?"所以张謇将减轻税收作为自己的责任之一,"故本部亦亟以此事提出国务院,谋所以提倡保护商业之道"。②

第四,对有关国计民生的大企业,实行奖助政策。

张謇认为,对投资多、收效慢、有风险的大企业,政府应该实行奖助政策,保护其健康发展。他说,"凡大企业资金巨、得人难,实皆含有危险之性质,若航海、远洋渔业等尤甚。故各国皆有奖励补助之法",奖励补助大企业的发展,是为经济发展奠定基础,增强国力的深谋远虑之计,因此张謇认为此为自己的职责,当努力积极进行,"故本部深愿以此为积极进行之策"。③

对以上四项政见,张謇认为是自己的职责,必须去做,"凡此四事,皆农工商行政范围中应行之事,而以謇艰难困苦中经验所得,尤视为一日不可缓"。④的确如此,张謇的经验是个人企业成功的结晶。现在,他身负领导全国实业发展的巨任,将自己的经验转化为发展经济的国策,促进国家经济的发展。民初政坛选择这样一位人物领导国家经济发展,是最佳的选择。

以上四项政见之外,还有一项具体政策,即发展实业,抑制官办,大力扶持民办。

在中国近代工商业的起步阶段,即洋务运动时期,由于特殊国情的制约,工商业大都官办或"官督商办"。中国官办或"官督商办"企业,对中国工商业的发展具有开拓和示范作用,但随着工商业的发展,官办或"官督

① 张謇:《实业政见宣言书》,《张謇全集》第一卷,江苏古籍出版社 1994 年版,第 272—273 页。
② 张謇:《实业政见宣言书》,《张謇全集》第一卷,江苏古籍出版社 1994 年版,第 273 页。
③④ 张謇:《实业政见宣言书》,《张謇全集》第一卷,江苏古籍出版社 1994 年版,第 274 页。

商办"企业的弊端日益突出,逐渐成为工商业进一步发展的障碍。张謇深知其道,在自己主持工商业发展的重任期间,要抑制官办,大力支持和扶持民办企业。他明白宣布:"謇意自今为始,凡隶属本部之官业,概行停罢,或予招商顶办。惟择一二大宗实业,如丝茶、改良制造之类,为一私人或一公司所不能举办,而又确有关乎社会农商业之进退者,酌量财力,规划经营,以引起人民之兴趣,余皆听之民办。此謇对于官业之主张。至扩张民业之方针,则当此各业幼稚之时,设助长外,别无他策。而行此主义,则仍不外余向所主张之提倡、保护、奖励、补助,以生其利;监督制限,以防其害而已。"①

张謇发布自己促进国家实业发展的政见之外,还发布了自己的理念与追求,即张謇的棉铁主义。他说,"謇对于实业上抱持一种主义,谓为棉铁主义",即轻工业方面的棉纺织业,重工业方面的钢铁工业。张謇还特别自信,以为自己的理念和追求,是科学的,符合中国国情,"故此一种主义,敢自信为适当"。②张謇还认为,棉铁主义之实施,需要一定的条件,即人才、资金、国力和良好的政治环境,"至若何举办,则视乎人,视乎财,视乎国力。总之,政治能趋于轨道,则百事可为;不入正轨,则自今以后,可忧方大。区区部务,更何足言!"③将张謇的话转化为现代汉语,则为贯彻棉铁主义,实现中国的经济腾飞,并非农工商部一部所能做到的,需要良好的政治环境,需要国人的共同努力。张謇的远见卓识,不仅在民初具有现实意义,100余年后的今天,仍然具有不朽的价值。

三、在袁世凯政府中发挥重要作用

袁世凯对发展经济是给予支持的。他在参加北京临时参议院开院礼中申明:"民国成立,宜以实业为先务。故分设工商、农林二部,以尽协助提倡二义。凡学校生徒,尤益趋重实业,以培国体。吾国实业尚在幼稚时

① 张謇:《宣布就任部任时之政策》,《张謇全集》第一卷,江苏古籍出版社1994年版,第275页。
② 张謇:《实业政见宣言书》,《张謇全集》第一卷,江苏古籍出版社1994年版,第274页。
③ 张謇:《实业政见宣言书》,《张謇全集》第一卷,江苏古籍出版社1994年版,第274—275页。

代,实言之,中华实农业国也。垦荒、森林、畜牧、渔业、茶桑富藏于地,类
多未辟之菁华。愿我国民,无从空中讨生活,总须从脚底下着想,即以矿
产言之,急须更改矿章,务从便民,力主宽大,以利通行。且商律与度量、
权衡,亦应迅速妥订实行。"①进步党内阁雄心勃勃,拿出一揽子发展规
划,发布政府大政方针,"实业、交通二政为富国之本",不同部门采取不同
的振兴政策,"我国产业幼稚,故宜采保护主义。我国资本缺乏,故又宜采
开放主义。斟酌两者之间,则须就各种产业之性质以为衡,若棉若铁若丝
若茶若糖,其最宜保护者也;若普通之矿业,其最宜开放者也。外商投资
于我境内所生之利,彼得其三、四,而我恒得其六、七,故政府原与国民共
欢迎之"。②

有袁世凯的支持及进步党人才内阁的良好政治环境,有张謇"举世界所
有实业之名,一时并举"的宏大抱负,张謇在政府中大展宏图,发挥了重要作
用。张謇发展实业的计划大部分得以实现,其中最为重要的就是基本建立
健全了经济法规,初步确立起市场经济体制,为民初农工商业的发展提供了
法制保障。

由上所述,张謇将自己农工商总长任上的第一计划,就是为实业发展立
法建制,"农林工商部第一计划,即在立法"。张謇说到做到,在他的努力下,
两年任上所颁布的经济法规,是袁世凯政府时期最多最全的,制订经济法
规、律例达 20 余种,重要者诸如公司保息条例、公司条例、商人通例、矿业通
例、公司注册规则、劝业银行条例、商会法等。笔者曾将 1912—1915 年袁世
凯政府颁布的经济法规、律令进行细化分析,汇集一个表来说明。③

1912—1915 年间北京政府制定和颁布的主要经济政策和法规

时　间	名　　称	门类
1912 年 9 月 24 日	《农会暂行规程》	农业
1912 年 9 月 24 日	《农会规程施行细则》	农业
1912 年 11 月 11 日	《东三省国有森林发放暂行规则》	林业

---

① 朱宗震、杨光辉编:《民初政争与二次革命》上,第 12—13 页。
② 林增平、周秋光编:《熊希龄集》(上册),湖南人民出版社 1985 年版,第 556—557 页。
③ 张华腾:《封建买办政权还是资产阶级政府?——1912—1915 年北京政府性质新议》,《史学月刊》2008 年第 2 期。

（续表）

时　间	名　称	门类
1912 年 11 月 27 日	《兴华汇业银行则例》	金融
1912 年 12 月	《暂行工艺品奖励章程》	工矿
1913 年 4 月 9 日	《中国银行则例》	金融
1913 年 5 月 31 日	《工商部公司注册暂行章程》	综合
1914 年 1 月 13 日	《公司条例》	综合
1914 年 1 月 13 日	《公司保息条例》	综合
1914 年 2 月 8 日	《国币条例》	金融
1914 年 2 月 8 日	《国币条例施行细则》	金融
1914 年 3 月 2 日	《商人通例》	商业
1914 年 3 月 3 日	《国有荒地承垦条例》	农业
1914 年 3 月 4 日	《制盐特许条例》	矿业
1914 年 3 月 11 日	《矿业条例》	矿业
1914 年 3 月 31 日	《矿业条例施行细则》	工矿
1914 年 3 月 31 日	《权度条例》	综合
1914 年 4 月 7 日	《交通银行则例》	金融
1914 年 4 月 11 日	《植棉制糖牧羊奖励条例》	农牧
1914 年 4 月 17 日	《劝业银行则例》	金融
1914 年 4 月 28 日	《公海渔业奖励条例》	渔业
1914 年 5 月 3 日	《矿业注册条例》	工矿
1914 年 5 月 6 日	《矿业注册条例施行细则》	工矿
1914 年 6 月 30 日	《造林奖励条例》	农林
1914 年 7 月 16 日	《国有荒地承垦条例施行细则》	农牧
1914 年 7 月 16 日	《植棉制糖牧羊奖励条例施行细则》	农牧
1914 年 7 月 19 日	《公司注册规则》	综合
1914 年 7 月 19 日	《商人通例施行细则》	综合
1914 年 7 月 19 日	《商业注册规则》	商业
1914 年 8 月 8 日	《修正东三省国有林发放规则》	农林

（续表）

时　　间	名　　称	门类
1914 年 8 月 17 日	《公司注册规则施行细则》	综合
1914 年 8 月 27 日	《商业注册规划施行细则》	商业
1914 年 9 月 13 日	《商会法》	商业
1914 年 9 月 21 日	《修正公司条例》	综合
1914 年 11 月 3 日	《森林法》	农林
1914 年 11 月 11 日	《修正国有荒地承垦条例》	农牧
1914 年 11 月 27 日	《商会法施行细则》	综合
1915 年 1 月 7 日	《权度法》	综合
1915 年 2 月 15 日	《权度法施行细则》	综合
1915 年 6 月 30 日	《森林法施行细则》	农林
1915 年 6 月 30 日	《造林奖励条例》	农林
1915 年 7 月 11 日	《小矿业暂行条例》	工矿
1915 年 8 月 24 日	《银行工会章程》	金融
1915 年 10 月 20 日	《取缔纸币条例》	金融

　　（以上经济法规政策除《农商公报》外，均见中国第二历史档案馆编：《中华民国史档案资料汇编》第三辑，工矿业、农商部分，江苏古籍出版社 1991 年版。）

　　以上所列 44 项经济法令法规，是 1912—1915 年袁世凯政府时期的主要经济法规。从内容方面来说，涉及实业的各个领域，农业、林业、工业、矿业、商业、金融业等。从时间上说，1912 年 5 项，1913 年 2 项，为张謇任职前的法规。1915 年 7 项，其中张謇在职任内 2 项，1915 年 6 月以后的法规，为后任周自齐时期所制定。余下 30 项是 1914 年间制定的，是经济法规制定的高峰期，而高峰期正在张謇任期内。张謇任期内制定和颁布的法规，即 1914 年的 30 项加上 1915 年的 2 项，共有 32 项之多，占 1912—1915 年间 44 项法规的 72.7%。所以我们说张謇任内制定的经济法规，是袁世凯政府时期最多最全的法规。这些经济政策和法规，初步确立了市场经济体制，为民初经济发展提供了法制保障。

　　张謇任内制定的经济法规，在《张謇日记》及《啬翁自定年谱》中可以看到蛛丝马迹。如《张謇日记》民国二年十月十一日，"九时总统府例会。午后至院议工商保息法"。二十四日,"院议。定实业部官制、矿法"。二十八日,"院议,定保息案"。①十二月十三日,"午后院议,通过公司条例"。②民国三年闰五月二十五日,"部请变通'矿区税则'批准"。二十七日,"本部公布'商人通例施行细则','公司条例施行细则','商业注册规则','公司注册规则'"。③《啬翁自定年谱》民国二年癸丑十月,"十一日,提议'工商保息法'……订'农林工商官制'并'矿法'"。十二月,"院议订'公司条例'"。④如此等等,充分说明张謇在任上系列经济法规的制定情况,民初系列经济法规的制定,张謇主持有功焉。

四、张謇与民初经济发展

关于张謇在袁世凯北京政府农商总长兼全国水利局总裁职位上的贡献,他自己认为"内不过条例(即制定经济法规),外不过验场(即张謇创办的各种试验场)","日在官署画诺纸尾"而已。我们评价张謇在袁世凯政府中发挥的作用,不能以张謇的谦辞为依据,更不能因袁世凯后来的称帝而贬低张謇在袁世凯政府中的努力,应该实事求是充分肯定他对中国经济早期现代化所作出的贡献。他任职时间不长,不足二年,但贡献很大,表现在诸多方面。

第一,制定一系列经济政策与法规,初步确立了市场经济体制,促进了民初经济发展(如上所述第四部分)。

第二,减轻税收,规范税则,为工商业发展减轻负担。

张謇在政见宣言书中,批驳了苛捐杂税对工商业发展的阻碍,尤其是近代以来的厘金、常关税等,决心要为工商业发展减轻税收。他确实做了大量工作,也颇有成效。比如根据工商界代表所提出的建议,将清政府所颁旧矿章中的矿税额大幅度减少,其中如矿区税(每亩每年):贵重矿由 0.42 元减至 0.30 元,一般矿由 0.28—0.15 元减至 0.15 元;矿产税(按产值抽税):贵重矿由 10% 降至 1.5%;一般矿由 5%—3% 降至 1%;还取消了旧章每年提

①　张謇:《张謇日记》,《张謇全集》第六卷,江苏古籍出版社 1994 年版,第 684—685 页。
②　张謇:《张謇日记》,《张謇全集》第六卷,江苏古籍出版社 1994 年版,第 687 页。
③　张謇:《张謇日记》,《张謇全集》第六卷,江苏古籍出版社 1994 年版,第 694—695 页。
④　张謇:《啬翁自订年谱》,《张謇全集》第六卷,江苏古籍出版社 1994 年版,第 880—881 页。

取公司余利十分之五归政府与矿区地面业主均分的规定；对勘矿区每亩每年只征收 5 分地租，免征其他税项。①但对阻碍工商业发展的厘金、常关税等，废除时机尚不成熟，因为民初中央财政非常困难，而厘金、常关税是财政的重要来源，北京政府不可能在财政非常困难的情况下自断源流。

第三，设置银行，为经济发展创造一定的条件。

张謇会同财政总长周自齐，创制了《劝业银行条例》等。他在呈报袁世凯批准时说："环顾国内金融机关，既未偏设，农工借贷，尤苦无从，遂使地利未获尽辟，富源不克大兴，国计民生，胥受其困，亟宜特设银行，借以劝导实业。自齐、张謇会同商议，酌采他国之良规，参以我国之习惯，讨论再三，力求妥善。谨拟订劝业银行条例，凡五十三条，是否有当，理合将拟订劝业银行条例，缮具清折，呈请大总统鉴核批准施行。"②

第四，对有关国计民生的大企业以及工商、农业等实行奖助政策。

在上述一系列经济法规中，奖助政策非常鲜明，如《植棉制糖牧羊奖励条例》《公海渔业奖励条例》《造林奖励条例》等。特别需要指出的是，张謇还代表北京政府对一些著名企业家与大公司采取了特别的荣誉奖励。1914 年 1 月 20 日，张謇以南洋大利树胶公司创办人杨监莹创办树胶产业，"外抵输入，内塞漏卮，苦心孤诣，实力提倡，其爱国热忱、兴利卓识，俱有特征"；江西赣县公民刘树堂开辟山地，种植多年，以"图远大之事业，树林艺之先声，又复劝告闾阎，群相仿效，俾得乐其乐而利其利，厥功甚伟"为由，呈请总统袁世凯核准授予勋章，以彰激劝。袁世凯马上予以批准，"以森林一项为利最巨，该商民等竭力提倡，成效卓然，殊堪嘉尚，杨监莹、刘树堂均给予四等嘉禾章，以昭激劝"。③当时享受勋章者，一般为有功的军政人员，"未有一及实业界者"，所以刘树堂等分外感激，赞颂袁世凯"处国家艰难缔造之时，为下民利用厚生之计，虽北美之有华盛顿、林肯，未足以媲隆焉"。获得四等嘉禾章的企业家还有河南安阳广益纱厂经理徐积勋，"农商总长张謇呈核覆河南安阳县广益公司总理徐积勋办理纺纱，卓著成效，请援案给予勋章等语。

① 《矿业条例》第六章矿税，《政府公报》1914 年 3 月 12 日。
② 《农商总长张謇、财政总长周自齐呈大总统会同拟订劝业银行条例缮折请鉴核批准施行文》，《政府公报》1914 年 5 月 16 日。
③ 《政府公报·命令》，1914 年 1 月 21 日。

徐积勋给予四等嘉禾章以资激励。此令"。①启新洋灰公司经理陈惟壬、李士鉴等,同样获得四等嘉禾勋章。吉林林鹤皋因在当地"创设农林蚕牧公司,振兴实业,使贫民生计日裕,成绩昭然",也获得袁世凯奖给的四等嘉禾勋章。②对发展经济成绩卓著者授予勋章,是历代政府前所未有之举。

第五,营造发展经济环境,促进民初经济的快速发展。

张謇在任职农商总长期间制定的一系列经济政策与法规,大大促进了民初经济的发展,使民初经济发展进入中国经济发展的快车道,为稍后民族资本主义发展的黄金时代奠定了基础。正如当时一家实业杂志上所说:

> "民国政府厉行保护奖励之策,公布商业注册条例、公司注册条例,凡公司、商店、工厂之注册者,均妥为保护,许各专利。一时工商界踊跃欢忻,咸谓振兴实业在此一举,不几年而大公司、大工厂接踵而起。"③

民初经济的快速发展,具体体现在以下几个方面:

矿业的发展:张謇发展矿业的一系列措施和政策的实行,大大促进了民国初年矿业的发展。④据有关资料统计,1912 年向农商部领取的矿照为 21 件,1913 年为 32 件,1914 年增加到 58 件,1915 年猛增到 153 件,其中以领取煤、铁等矿照的居多。矿区面积也大为扩大,以矿业中最重要的煤矿业为例,1912 年为 5 145 亩,1913 年为 8 397 亩,1914 年《矿业条例》颁行后,增加到 253 542 亩。⑤全国煤的总产量增加显著,1912 年机械采煤量只有 516 多万吨,其中外资煤矿的产量为多数,华商煤量也从 1912 年的 41 万多吨上升到 1915 年的 215 万多吨。⑥冶铁业的产量也大为增加,以最为著名的汉冶萍公司所属汉阳铁厂为例,1912 年的产量为 7 989 吨,1914 年为 128 599 吨,1915 年为 135 781 吨,四年内产量增加近 16 倍。⑦

工业发展:机器工业,清末上海共有 65 家,1912 年新创设 15 家,1913 年新创 11 家,1914 年新创 17 家。火柴业,从 1912—1914 年,全国新创设火柴工厂 25 家。1913 年在济南创设的振兴火柴公司,拥有资本 20 万元,

---

① 《政府公报·命令》,1914 年 7 月 5 日。
② 详见李玉《保息减税:北洋政府的实业奖励政策》,《南方都市报》2014 年 1 月 24 日。
③ 《中华实业界》第二卷第五期(1915 年 5 月)。
④ 此处主要参考了李洪超:《张謇与民国初年的矿业政策》,《聊城大学学报》2002 年第 4 期。
⑤ 李新、李宗一:《中华民国史》(第二编第一卷上册),中华书局 1987 年版,第 385—386 页。
⑥ 严中平:《中国近代经济史统计资料选辑》,科学出版社 1955 年版,第 124 页。
⑦ 李新、李宗一:《中华民国史》(第二编第一卷上册),中华书局 1987 年版,第 387 页。

日产火柴 7 000 箩(每箩 144 盒),是全国规模最大的火柴企业,所生产的火柴,将大部分的日本火柴从市场上排挤了出去。卷烟业,从 1912—1914 年,仅上海一地,就新设有 6 家卷烟厂。华侨简照南、简玉阶兄弟所创立的南洋兄弟烟草公司销路顿开,1912 年盈余 4 万元,到 1913 年,盈余 10 万元,1914 年,更增加到 16 万元,并在上海、广州、北京、汉口等地设立分公司,资本额发展到 100 多万元,产品畅销全国,几乎可以与国际垄断组织英美烟草公司相抗衡,打破了该公司垄断中国卷烟业的局面。[1]

农业发展:张謇棉铁主义的基础是发展农业,着重扶持棉花的种植,为棉纺织业打下原料基础。其实张謇重视和发展的不仅仅是棉花的种植和生产,而是农业发展的各个方面,如经济作物的种植、林业的发展、畜牧业的发展等。他从发展棉纺织工业、制糖工业和毛纺织业出发,主张采取奖励措施,大规模发展植棉、种蔗、种甜菜和牧羊业。他的计划是:"每年扩充植棉地至二十万亩,计费(即奖励金额)三万元,改良棉种至一万亩,计费一万元。增殖(植)制糖原料地十万亩,计费三万元,改良羊种十万头,计费二万五千元。"[2]张謇雷厉风行,为激励以上各业的发展,1914 年 4 月 11 日农商部正式颁布《植棉制糖牧羊奖励条例》,对不同的扩充和改良者给予不同的奖励。规定:凡扩充植棉者,每亩奖银 1 角;凡改良植棉者,每亩奖银 3 角;凡种植制糖原料者,蔗田每亩补助蔗苗银 3 角,肥料银 6 角。甜菜田每亩补助甜菜种银 1 角,肥料银 3 角;凡牧场改良羊种者,每百头奖银 30 元。[3]为保护环境,大力发展林业,农商部先后于 1914 年 11 月 3 日、1915 年 6 月 30 日颁布《森林法》《森林法施行细则》和《造林奖励条例》,规定:凡个人或团体愿意承包官荒地造林者,"无偿给予之","自承领之日起,得免五年以外,三十年以内之租税"。[4]对造林在 200 亩至 3 000 亩以上,并成活满 5 年以上者,分五级给予四等至特等的荣誉奖励。[5]

在如此政治经济环境下,农业各个方面岂能不迅速发展?大量荒地得到开垦,农作物种植面积扩大,农业科技的运用促使主要农作物单位面积产

① 以上见贾熟村《袁世凯晚期的经济史》,《衡阳师范学院学报》2011 年第 5 期。
② 沈家五:《张謇农商总长任期经济资料选编》,南京大学出版社 1987 年版,第 358 页。
③ 《植棉制糖牧羊奖励条例》,《政府公报》1914 年 4 月 12 日。
④ 《森林法》,《政府公报》1914 年 11 月 4 日。
⑤ 《造林奖励条例》,《政府公报》1915 年 7 月 1 日。

量不断增加,使这一时期中国人民生活水平和生活质量有了保证。①尤其是张謇在发展农业方面的一系列努力,促进了民国初年中国农业现代化的新气象之产生。②

总之,张謇任职农商总长时期中国经济的发展是多方面的。当然这一时期经济的发展并非张謇一人之力,张謇前任工商总长、农林总长刘揆一、宋教仁、陈振先,以及继任农商总长周自齐等,都为民初经济发展作出了一定的努力。他们的努力以及效果,不仅仅局限于他们的任上,他们营造发展经济的环境和制定的一系列经济政策与法规,其影响一直持续到 20 世纪20 年代,可以说 20 年代中国资本主义发展的"黄金时代"的出现,与袁世凯政府,与主管经济发展的农商总长的努力紧密相连,是他们夯实了民初经济发展的基础。

五、忍痛脱离袁世凯政府

袁世凯、进步党内阁以及张謇等为代表的民初资产阶级,在发展经济方面是一致的。袁世凯对张謇的工作是给予支持的,"张季直于日前谒见大总统,谈论时局至二小时之久。张所主张者以农矿为救济方法,猛进主义。大总统深然其说"。③但在国家权力的支配方面有着根本的分歧,袁世凯主张总统制,国家权力高度集中于总统,进步党内阁主张内阁制,"实行责任内阁,与总统划清权限,勉成责任内阁人员,当不顾利害,积极负责任"。④虽然总统制也好,内阁制也好,均为西方资产阶级的民主政治体制,但中央政府权力重心不一,总统制权力中心在总统,内阁制权力中心在内阁。袁世凯决不允许熊希龄内阁分割其权力,1914 年 5 月 1 日颁布《中华民国约法》,废除内阁制,确立总统制,充分说明袁世凯的心迹。熊希龄内阁是袁世凯确立的,但为临时的、过渡的内阁,所以熊希龄内阁运行不到半年解体就不足为

---

① 暂缺此一时期各类农作物的总产量数字,无法了解这一时期人民的生活水平。但虞和平的研究证实,"就耕地面积增加而言,它在一定程度上缓解了人口的压力,增加了资源产出和供给"。见虞和平《走向现代化的历程》经济卷 1900—1949,人民出版社 2010 年版,第 215—217 页。

② 虞和平:《张謇与民国初年的农业现代化》,《扬州大学学报》2003 年第 6 期。

③ 《申报》1913 年 10 月 25 日。

④ 周秋光主编:《熊希龄集》(中),湖南出版社 1996 年版,第 681 页。

怪了。

1914 年 2 月,随着总理熊希龄的辞职,进步党内阁解体。张謇为进步党骨干,内阁重要成员,进步党内阁解体,张謇自然离职。但张謇不是一般的政治人物,"张自到任时已宣言:将尽其职力所能,力将保障商人商业。为时势所必需之法规一一订出"。①他怀抱发展实业的宏大抱负,肩负重任,现在实业发展刚刚起步,他决不忍心半途而废,所以当有人征求他的意见时,他慷慨激昂,鲜明地表达了自己的政治态度:"余本无仕宦之志,此来不为总理,不为总统,为自己志愿。志愿为何?即欲本平昔所读之书,与向来究讨之事,试效于政事。志愿能达则达,不能达即止,不因人也。"②张謇要通过努力,实现自己的理想,利用中央政府的力量,大力发展实业,以实业富国,以实业强国,即实业救国之路。由此可见,张謇实业救国的抱负决不会因为政治风波所动摇。

张謇实业救国之路的选择是坚定和光明的,与教育救国、科学救国等途径的选择,代表了民初知识精英与民族资产阶级的理想追求。但这种理想追求,受制于政治的同向发展,对此张謇是非常清楚的。如他所说:"总之,政治能趋于轨道,则百事可为;不入正轨,则自今以后,可忧方大。"③他对袁世凯还抱有极大幻想,依靠袁世凯政治强人、强大政府稳定社会秩序,发展实业,或许是实现理想的途径。正因为如此,所以张謇继续留在北京政府,继续为发展实业南北奔走。

还有,张謇梦想多年的导淮工程,现已提上议事日程。1914 年 1 月,他以全国水利局总裁的身份,与美国红十字会签订了导淮借款二千万美元的合同,如果他辞职,这项合同也就中止了。其他的努力,也将半途而废,他的心血将付诸东流,那是他最痛心的事。他不因政局的变化而放弃自己发展经济的努力,张謇的这种精神,体现了中国早期一代实业家的精神风貌。所以,尽管一流内阁解体了,他继续在农商总长的位子上扎扎实实地做有利于国、有利于民的事。这年春天,他还以农商总长身份与美孚石油公司订立了3 500 万美元的借款合同,合组中美实业公司,准备开采陕西省延长油矿和

---

① 《申报》1914 年 2 月 27 日。

② 张謇:《啬翁自订年谱》,《张謇全集》第六卷,江苏古籍出版社 1994 年版,第 881 页。

③ 张謇:《实业政见宣言书》,《张謇全集》第一卷,江苏古籍出版社 1994 年版,第 274—275 页。

热河省建昌油矿。翻开《张謇全集》经济卷,可以清楚看出,张謇发展实业,振兴经济的计划有许多是在这一时期付诸实践的。比如在经济立法方面,《公司条例》《商人通例》以及扶持民营企业发展的《保息法》等是在这一时期颁布的。他认为,国内经济作物棉花、糖等大量生产,林牧资源非常丰富,均有很好的发展前景。但无论棉业、糖业,还是林业、牧业,生产方法落后,均需用科学技术进行改良,以扩大生产,增加出口。为此,他还在这一时期计划筹办棉花实验场、糖业实验场、树艺实验场等。上述三个实验场在全国各设三处,为此他详细拟定了一个经营预算方案,呈请拨款兴办。①其他如移民殖边、承垦荒地、整顿茶叶、开采矿产等一揽子计划全面开展。中国经济在张謇的主持下开始了全面振兴。如果不是袁世凯称帝中断了张謇的发展计划的话,那么中国在第一次世界大战中的民族经济发展将更辉煌。

张謇倾心发展实业,振兴经济,但他对袁世凯从独裁到称帝的发展趋势并非毫无觉察,也不是听之任之。就在熊希龄辞职前后,他致电袁世凯,借用外国人的话警告袁。他说:"敝闻汇文书院拍主教之言,疑所谓朝代之说何所传流。继又闻一欧人言,乱党散布南洋及欧美各国,到处演说,以解散国会,改总统制,祀天用衮冕,为帝制复活之渐,据为口实,腾其簧鼓。"他又借用苏东坡的一句名言劝袁,"操网而临渊,自明为不取鱼,不如释网而人自明也"。②

然而,随着袁世凯集权专制统治政治体制的形成,他的帝制思想进一步膨胀,已经无法遏止了。从1914年冬到1915年春,帝制派已经开始在行动了。张謇看到局势的发展无可挽回,心灰意冷,对袁世凯开始失望,于是向袁世凯请假,借机南下并接连向袁呈递辞职书,但一直未得袁的批准。

张謇何时有辞职之意?从《张謇日记》中看,为民国三年九月十八日(公历1914年11月5日),"上公府辞职书"。③民国四年正月十八日,"具呈请假二月,查勘鲁、皖林牧试验场"。④此次请假时间虽然较长,只是不在北京

　　①　张謇:《筹办棉、糖、林、等场列表经费呈》,《张謇全集》第二卷,江苏古籍出版社1994年版,第204—225页。

　　②　张謇:《致袁世凯电》,《张謇全集》第一卷,江苏古籍出版社1994年版,第290页。

　　③　张謇:《张謇日记》,《张謇全集》第六卷,江苏古籍出版社1994年版,第698页。

　　④　张謇:《张謇日记》,《张謇全集》第六卷,江苏古籍出版社1994年版,第702页。

办公,而是在职到山东、安徽考察。三月十六日(4月29日),"至分厂。见许解部职之令,可以息众猜矣"。①实际上张謇正式解职在1915年4月27日。《政府公报》1915年4月28日命令:"据本任农商总长张謇呈称,乡事羁牵,请免去部职,专任局务等语,该总长以实业专家入长部务,成绩卓著,众望咸服,前以本籍公益事宜诸待整理,历经吁请开缺,专任水利局事务。环顾实业人才,罕与伦比。是以始终慰留,迄未准许。此据历陈,国家、地方势难兼顾情形,语出至诚,未便强为敦促。张謇准免农商总长本职,仍任全国水利局总裁。中华民国四年四月二十七日。"②袁世凯对张謇的评价是非常高的,也是符合实际的。

张謇何时辞去全国水利局总裁一职?民国四年十一月二十七日(即1916年1月2日),"得政事堂电,许解局职并参政,可喜也。电政事堂解代谢"。③张謇在农商总长任上一年零七个月,任全国水利局总裁向后延续了八个月,在中央政府任职前后达两年又三个月。

张謇出任农商总长兼全国水利局总裁,在袁世凯政府中充分发挥作用,促进了民初经济的快速发展,书写下辉煌的一页。袁世凯由集权滑向帝制,失去了一次民族振兴的良好机遇,酿成了中国现代化进程中的悲剧。

企图依靠强权人物袁世凯,依靠强权的北京政府发展资本主义,谋求国家富强的梦幻非张謇一人,梁启超、蔡锷等一大批民初精英莫不如是。实际上不管是现代化政治理论大师亨廷顿的"强大政府论",还是民国初年中国实际,在强大中央政府的领导下,通过自上而下的发展道路取得民族独立和国家富强,确实是一条很好的发展道路,而且在这种发展模式下已经取得成效。"自此制实现后,中央之威信日彰,政治之进行较利,财政渐归统一,各省皆极其服从,循而行之,苟无特别外患,中国犹可维持于不敝。"④时"中央威信已著,各省解款皆能如数而至。关、盐两税亦集权中央,故库有存余,且约计每年可余二千万"。⑤民国元年、二年完全依靠借外国

① 张謇:《张謇日记》,《张謇全集》第六卷,江苏古籍出版社1994年版,第705页。
② 《政府公报·命令》,1915年4月28日。
③ 张謇:《张謇日记》,《张謇全集》第六卷,江苏古籍出版社1994年版,第711页。
④ 章伯锋、李宗一主编:《北洋军阀》第二卷,第1045页。
⑤ 周学熙:《周止庵先生自编年谱》,周小鹃:《周学熙传记汇编》,甘肃文化出版社1997年版,第40页。

款以维持中央政府运行的日子一去不复返了。非常可惜的是,袁世凯由集权走向帝制,淹没了这一模式的合理性与合法性。袁世凯的政治顾问、英人莫理循曾客观地评价这一时期的形势说:"形势本来很好,这个国家自行维持得相当成功,它的财政义务都已履行,可是这项帝制运动一下子搞乱了一切。"①

① 〔澳大利亚〕骆惠敏编:《清末民初政情》下册,知识出版社 1986 年版,第 555 页。

张謇参与上海抵制美货运动之探微

陈 炅*

1905 年的中国掀起了抵制美货运动。当年夏,张謇在运动的中心上海呆了约两个月,亲历了上海抵制美货运动的高潮阶段,并参与其中。抵制美货运动是一次中国民众外争国权、内保商利的针对外国强权势力的抗议运动。1905 年张謇对参与抵制美货运动的记事寥寥,本文试从考察当年夏张謇在上海的活动入手,对他在这个运动中的态度进行研究。1905 年夏,张謇发动通州商界响应上海抵制美货运动,协调上海商学各界的措施,提出"力兴工艺"的主张,沟通政府与商界之间的关系,体现了他保护中国商民利益的思想。

一、运动前张謇的实业活动及抵制美货运动兴起

19 世纪后半叶,美国为加快西部开发与修造铁路,鼓动中国民众移民美国,充任劳工。世纪之末经济萧条,1882 年,出于对加州华人移民的抵制,美国国会通过了排华法案,以阻止华人进入美国。中国移民遭到美国移民当局的虐待,针对华人的暴力行动时有发生。1904 年年底,清政府和美国签订的《中美会订华工条约》期满,海外华侨和国内商人要求废除这个不平等条约,而美国则要求与清政府续订条件苛刻的新约。1905 年,当中美两国条约谈判破裂的消息传到中国国内以后,中国沿海各省率先掀起抵制美货的爱国运动。

(一) 致力于实业建设及处理纱捐纠纷

1905 年上半年,张謇忙于实业及各项事业的建设。在通州,张氏私立初等小学、崇明大生分厂正在建设中,唐闸实业公立艺徒预教学校已经建

---

* 陈炅,张謇研究中心干事会干事。

成。这年 3 月,他到了南京,拜见两江总督周馥,商讨江浙渔业公司的问题;在上海,他承诺担任震旦学院院董。4 月至 5 月中旬,张謇在苏北各地考察,为营建耀徐玻璃公司等作准备。5 月中下旬,他陪同周馥考察通州实业、教育。6 月,张謇在通州参与开办通海五属学务公所,处理各纱厂及垦牧公司事务等等。这几个月中具有特别意义的是他在 3 月处理了沪通纱捐纠纷,这是裁厘认捐、裁厘统捐的一次成功的尝试。

3 月 17 日,张謇在上海协议通州纱商事,处理纳捐纠纷,事情引发于 2 月 24 日。那天,通州商户装载八十二件已纳厘税棉纱的船只在吴淞口受到拦截,且棉纱竟为"营勇抢劫一空",吴淞认捐棉纱公所责令通州商户缴纳"落地捐"。通州纱商认为,商家已经按章缴纳了"出口厘",而"落地捐"一直是货到通州后向通州方缴纳的,不应一货两次纳捐。沪方提出"出口厘""落地捐"都要在上海交纳,通州纱商有偷漏"落地捐"之嫌,并否认抢劫棉纱之事。双方各执一词。沪通纱捐纠纷,事关通州商品与外地交流的大局,出口、落地厘捐的征收,最终以通州纱厂办理"统捐"而告终。张謇处理纱捐纠纷是对厘金制度的一次冲击。通州方自愿认捐,由棉纱行业按额包缴厘金,省去了厘卡的繁琐与刁难;通州纱厂获得办理统捐权,可在通州实行棉纱包税,在一定程度上有利于棉纱流通。在此期间,张謇广泛接触沪方商界,展现了张謇在协调官商之间、商民之间关系的能力,也为他后来在抵制美货运动中协调商界各项事务创造了条件。

正当 5 月张謇忙于苏北公司及通州实业事务之时,上海商界抵制美货运动正在酝酿着,且不断高涨。

(二)上海抵制美货运动风起云涌

抵制美货运动首先在上海商界展开。1905 年 5 月 10 日,《申报》刊登《筹拒美国华工禁约公启》,揭露美国对华工履行的种种苛刻规定。同日,上海绅商汇聚商会,商量抵制美国禁约的办法,约定两个月后相戒不用美货,并向 21 个通商商埠通电。5 月中旬,旅沪粤商、福建绅商分别集会,加入到抵制运动中。上海公忠演说会集合数百人召开特别会议,商定对付美国禁止华工入境的办法六条,除抵制美货、不入美人设立的学校外,还要求华商向美工商部发电抗议,并要求华商与美商沟通,使其向美政府施加影响,等等。公忠会还提出"调查美国各货花名,使不与他国洋货混淆,以便不买美货"①的抵制办法。随着运动的深入,抵制美货从商界延伸到学界。5月下旬到6月上旬,上海沪学会召集会议,商讨抵制美国华工禁约。6月6日,南洋中学、师范讲习所、务本女塾等27个团体100多名代表参加会议,声明学堂用品不用美货。②

国内抵制美货的运动得到旅居海外的华商支持,5月中下旬,外务部等分别收到美商,旅居日本长崎、横滨的华商及商会的电文,要求清政府拒绝续签美约。旧金山的旅美华商致电上海商务总会称,"抵制事请力持到底","美洲十万同胞叩谢",③横滨华商还致电天津袁世凯,认为禁约"有伤国体,于华民生计大有关碍",④请求转呈商部、外务部,责成驻美公使梁诚拒签禁约。海外华商等要求拒签禁约的呼声尽管有保护自己商业利益的目的,但也显露了中国民众力争国权的意愿。

上海发起抵制运动,国内沿海各省及开放商埠纷纷响应,抵制美货的运动在各地迅速掀起。

二、由参加抵制运动到受命商部妥善拒约

《张謇日记》及《自订年谱》中没有留下多少有关张謇当年参与抵制美货的记载,1905年农历六七八三个月的日记,仅农历七月二十五日至八月三日提及此事,这就需要先对张謇这几个月在上海的活动进行查考与研究。《日记》所记,于六七两个月张謇曾两次到上海,根据当年的情况推断,在此期间应当还有一次未记,所以在这两个月中张謇至少应当有三次到过上海。三次赴沪均有各自目的。

(一) 第一次赴沪处理商学事务,旋发动通州商界响应上海抵制美货运动

张謇第一次到上海的日期是7月8日(农历六月初六):"附'安庆'至

---

① 《公忠会演说抵制美禁华工》,《申报》1905年5月16日。
② 《学生也起来抵制华工禁约》,夏东元主编:《二十世纪上海大博览》,文汇出版社1995年版,第65期。
③ 《旅美华商电请坚持抵制美约》,《申报》1905年5月23日。
④ 《寓日本华商筹拒美国华工禁约电文》,《申报》1905年6月3日。

沪,船中人满,露坐达旦。"①这时,上海抵制美货运动已经快两个月了。

张謇这次来上海是处理江浙渔业公司等事务的,张謇的《为创办渔业公司事咨呈商部》可证:"六月初来沪,适江浙渔业公司福海轮先期亦至,因就考查上年九月初一日始开办至今情形,参以平时及五月间在海州②查访所得渔业各大概粗定办法……为大部陈之。"③张謇这次到上海还参与了另一件事,即震旦学院复校。1905年初,教会干涉震旦校务,导致多数学生退学,学院被迫停课。后在复校干事会马相伯会长的主持下,震旦更名复旦公学。7月中旬,张謇曾在震旦学院参与商谈学院恢复办学事宜。

曾铸于7月11日(六月初九日)到了嘉定县,不久,他收到美国总领事罗志思、上海道道台袁树勋以及张謇等人的信函,要他立即回上海。17日曾铸回到上海,于18日和19日两天下午在"复旦、震旦两学院会议要事"。④曾铸与张謇都是震旦学院的院董,7月中旬,正直院董举行会议讨论学院复校事之时,而曾铸还是上海商务总会总理与抵制美货的领导者,张謇与他交往,难免受到他坚定抵制美货的影响。

7月中下旬,上海抵制美货运动继续高涨。19日和20日,沪学会及上海学界、商界、工界联合各外埠代表,商务总会各行业代表分别集会,宣布抵制美货。张謇在上海耳濡目染抵制美货运动的情况,受了上海商学各界抵制美货运动的感染。在这种形势下,他回到南通,组织工商学界参加抵制美货运动。

8月2日,通州工商学界集会,响应上海抵制美货的运动;9月,通州十家米业致函曾铸,表示不用美货,支援上海的运动。8月9日,《申报》发表了通州商会《致曾少卿书》,其中介绍了8月2日通州集会的大致情况:

> 抵制美约诚为我国空前绝后之大提议,贵会大声疾呼,海内外同志无不响应,以不用美货为和平办法。会议后函电络绎,尤见实心热力,钦佩无量。敝会前亦电达,愿表同情,既将美货牌号就各报所已载者辑印传布。兹于初二日会集各帮演说,当时签名承认不买不卖美货者共有百余人,今将签名、店号量录奉览(店号列后)并求随时函示,以便照办。敝会以实行不用美货为主义,坚持共勉,志不稍懈。

① 李明勋、尤世玮主编:《张謇全集》第8卷,上海辞书出版社2012年版,第611页。
② 据《柳西草堂日记》四月上旬张謇在海州,参见《张謇全集》第8卷,第606页至608页。
③ 《张謇全集》第8卷,上海辞书出版社2012年版,第102页。
④ 《纪曾少卿与美总领事罗志思面商工约事》,《申报》1905年7月21日。

函件中的"初二日"即公历 8 月 2 日,此前应还有一则致上海总商会的电文。

在通州的集会上,张謇介绍了上海抵制美货运动产生的缘由,谴责美国人虐待海外同胞的罪恶行径,大声疾呼,"吾通州尚寂寂无闻,无人议及,可耻也! 吾通在实业界占优胜之名誉,焜耀于各埠,若此次不用美货之实行甘落人后,岂非憾事?"号召商户"抱定不用美货之言,家喻户劝,竭力实行,坚确不移,维持到底,以抒率土之公愤,以全通海之名誉"。①大生纱厂、广生油厂、大兴面厂、阜生蚕桑染织公司等 108 家工厂、商号,以及通海五属学务公所、通州师范学校、通州各初等小学堂的代表参加了大会,通过了参加抵制美货的决议。

(二) 第二次赴沪参加沪学会会议,发表演说

张謇第二次到上海约在 8 月 6 日(七月初六日)之前一两天,这个行程在《日记》中没有记录。这次来上海是参加沪学会抵制美货会议。

8 月 6 日下午,沪学会集会商讨抵制美约的办法。大会由马相伯主持,张謇应邀在会议上作了演讲。会议曾于 3 日事先发出预备通知,原定初五日(8 月 5 日)下午召开大会,再议抵制美货的办法,并请张謇、严复两先生演说。原本定在 5 日的会议并没有如期举行,却于 4 日登报更改会议日期。笔者推测,张謇于 8 月 2 日(七月初二日)在通州召集会议,那么 5 日赶赴上海参加沪学会会议则时间较为紧迫,沪学会会议推迟一天召开,为张謇留下了充裕的时间处理通州事务。

8 月 6 日下午五点,约两千人到上海务本女塾参加由沪学会组织的会议,继续共议抵制美货的办法。马相伯首先演讲,他说,7 月 19 日(六月十七日)的会议决定不用美货、不订美货,这成为商学各界的共识,因实际情况有异,他提议:美国尚未出口之货一律退货,已经到沪的货物,进行调查,确认时间后张贴印花销售。张謇接着演讲,大意为"美人自藐我华人,以野蛮手段虐我华工。不用美货固是抵制,惟尤以力兴工艺为持久计"。②他赞成马相伯的建议,认为对华商手中的美货有条件地销售就是疏通,疏通亦即团结。③也就是说,疏通可以使主张不用美货与主张不订美货的两派团结起

---

① 《张謇全集》第 4 卷,上海辞书出版社 2012 年版,第 97—98 页。

② 《沪学会会商抵制美约办法》,《申报》1905 年 8 月 7 日。

③ 张存武:《光绪卅一年中美工约风潮》,台湾近代史研究所 1982 年版,第 154 页。

来,一致对外。这次会议之后,张謇于 9 日(七月初九日)乘"通宁"轮途经宋季港返回通州。

(三)第三次赴沪,受命"疏通华商美货"

8 月 25 日(七月二十五日)张謇第三次赴沪,因为他接到"大部电,属疏通华商积货"。①8 月 9 日张謇回到通州后,于 19 日和 23 日先后接到上海商务总会转来的商部电文。19 日电文要求"张季直、汤蛰仙、汪穰卿、张菊生、孙荔轩"等人,把积压的价值数千万美货"集商善法,标明记号销售";23 日电文则明令"季直、菊生、穰卿""联合商会、商学会及各学堂会议,凡华商前定之美货,无论现存及装运在途,或已定未装,由商会发贴印花,妥议照办,一面转电各埠,一律办理"。②

张謇到上海后为处理商界所存积货的问题与各界进行了会商。到上海后,张謇于 26 日 27 日两天"与元济、康年、廷弼会同商会,先议疏通之法";随后两天,"由謇与各学堂代表人一再陈说,始能相谅,所有章程,逐渐磋商,各学堂代表人意气益形开豁"。30 日(八月初一日),与"康年、廷弼同议不另设公销验货公所,仍由商会发给印花,担任调查之责,商界益便,遂以决议"。③可事情并不那么简单,张謇"察商界势将死斗,益劝学界开放",④道出了商学两界致死不改变最初议定"不用美货"方案的大有人在。商界与学界抵制美货的主张是一致的,然而在抵制方式的问题上发生了分歧,"疏通、不用两说,始而商界与商界战,继而学界与学界战,大约疏通之说商界主之,不用之说学界主之",⑤"闻商界运动甚广,甚有谓某某卖我者,其然乎,其不然乎?"⑥这些都说明了疏通积货的复杂性。

早在 5 月 22 日,上海报人、小说家吴趼人曾致函曾少卿,对"不用美货"的抵制方式谈了自己的看法。他担心清政府会借口因"匪徒藉端煽惑"而进行干预,赞扬"不用美货之议自是实行抵制之上策",认为应当顾全中国商家之资本,不使"专办美货之资本家""大受其亏"。⑦他还建议商会查核商家积存的美货,并给以印花粘贴进行销售,以减少商家的损失;对于超期违规进

---

① 《张謇全集》第 1 卷,上海辞书出版社 2012 年版,第 880 页。
②③ 《张謇全集》第 2 卷,上海辞书出版社 2012 年版,第 143 页。
④⑥ 《张謇全集》第 8 卷,上海辞书出版社 2012 年版,第 613 页。
⑤ 梁少梅:《疏通美货与不用美货说》,《申报》1905 年 9 月 4 日。
⑦ 吴趼人:《致曾少卿函》,《申报》1905 年 7 月 15 日。

货的商家则行处罚。吴趼人的建言为商会所接受,因为这符合多数经营美货商人利益。张謇等在上海做的疏通努力遭到力持不用美货者的反对,他们认为,对华商持有的美货,在美约重新修订后方可进行销售。①这使疏通更为困难。

(四) 低调处理事务,退出运动

上海抵制美货的局势因抵制方式的分歧而发生了微妙的变化,这让张謇陷入了进退维谷的境地。继续调停,持不同意见的双方各有主见,互不退让;退出争执,商部的指令难以完成,不好交差。

在抵制运动持续高涨的同时,反对运动者也在活动。8月8日(七月初八日),曾铸接到两封密函,函称有人密谋加害于他;9日又有"素不相识之客二人来",力劝曾铸"暂时走避"以免遭遇不测。对于反对派的威胁曾铸进行了反击,他以《留别天下同胞》为题通过《申报》向社会公开揭露反对派的阴谋。他申明,"死于美人,死于业美货者,皆仆正当死法,虽死犹生","愿曾少卿死后千万曾少卿相继而起,挽回国势,争成人格,外人不敢轻视我、残贼我、奴隶我、牛马我。有与列强并峙大地之一日,则仆虽死之日,犹生之年"。②曾铸还向社会公开了自己每天上午十点到下午五点的行踪,丝毫没有半点畏惧及退让之意。曾铸受到威胁,激起了抵制派的义愤,纷纷致电声援,运动又起高潮。9月14日(八月十六日),亦即清廷发布上谕,禁止民众抵制美货之后约半个月,曾铸在《申报》发表《正告上海美商书》抨击美公使柔克义对清政府施加压力,迫使清政府下令"不准禁用美货"的行径。史家称,在清廷的"压力之下,民族资产阶级内部出现分化,上层人物开始动摇。曾铸发表了《留别天下同胞书》后,从此就称病不出"。③"上层人物开始动摇"应当不错,曾铸"从此就称病不出"未免失实。

曾铸受到威胁,这对张謇却没有丝毫影响,因为他是受命而来的,且这段时期官方的态度尚没有发生重大变化。直至8月28日,两江总督周馥在发给沪道的电文中还称"民有暴动官可禁止,商人买卖官不能禁",④并要求

---

① 张存武:《光绪卅一年中美工约风潮》,第155页。

② 曾少卿:《留别天下同胞》,《申报》1905年8月11日。

③ 龚书铎:《人民的反抗斗争和资产阶级领导的爱国运动》,白寿彝《中国通史·第十一卷近代前编(1840—1949)》(上),上海人民出版社1999年版,第282页。

④ 《江督电致沪道令与张殿撰妥商拒约》,《申报》1905年8月29日。

沪道把这种情况转告美驻沪总领事,还电令沪道"与商部头等顾问官张殿撰妥商办法"。上海商务总会也接到商部指令,"请张季直、汤蛰先、周舜卿诸君联合商会、商学会及各学堂筹议",①处理各商号积存美货的办法。两则消息均先后见诸报端,显然这对张謇"疏通华商美货"事是极为有利的。

在张謇、张元济、汪康年、周廷弼的调停下,沪方商学界的意见渐趋统一。然而,形势发生了剧变:八月初三日突然发生风潮灾害,江苏沿江沿海地区遭到海涛袭击,上海多处遭水淹,通州垦区也传来了堤岸遭到破坏的消息;就在这时,张謇看到了清廷于初二发布的禁止不用美货的谕旨,谕旨透露出清廷准备弹压,以消除隐患的态度,对此张謇并不赞同。"见初二日禁止不用美货之谕旨,政府知识乃不及沪道",②这十分清楚地表明张謇对清廷谕旨的反感态度。

清廷的"谕旨"让张謇顿生退出的决心,突然发生的自然灾害让张謇有了摆脱上海尴尬局面的机会。张謇在上海已经见到水灾的惨状,当然也牵挂家乡的垦牧事业,朝廷的态度发生了变化,再在上海逗留已经没有多少意义了。八月初五日他"专足北渡,探沿海潮灾";初六日与汤寿潜、周廷弼联名呈文,"定复商部疏通美货事",③对商部的指令做了圆满的交待。返回通州后,张謇往垦区探视,检查风潮灾害的状况。此后,笔者没有见到张謇参与抵制美货运动的记载。

由上所述,1905 年 8 月 2 日张謇在通州组织会议,号召通州工商学各界响应上海的抵制美货运动;6 日,他在上海参加沪学会会议,发表演说支持抵制美货运动;8 月底,受商部指令,他在上海参与疏通商号积压美货的事宜。9 月上旬末以后,张謇把主要精力放到查看垦区水灾灾情及整治垦区上去了。这段历史反映了张謇在 1905 年上海抵制美货运动中由观望到积极参与,再到悄然退出的过程。

三、抵制运动中张謇态度变化原因简析

1905 年的 7 月 8 日到 9 月 4 日短短两个月的时间里,张謇由观望到积

---

① 《上海商务总会接商部唐右丞电》,《申报》1905 年 8 月 29 日。
②③ 《张謇全集》第 8 卷,上海辞书出版社 2012 年版,第 613 页。

极参与抵制美货运动转而退出抵制,这种态度的变化有多种原因。

(一) 维护民族与国家尊严,促使张謇投入抵制美货运动

20 世纪初,西方文化迅速传入中国,一部分接受西方民主思想的国民开始把自身的命运与国家、民族的兴衰连在一起。"比年以来文明之思想日输灌吾民族,人人知国民之责任,不甘放弃其权利以受外祸之侵凌"。①人们逐渐认识到美国排华对于中国来说是"遏害国家之尊荣","玷辱国民之人格","失两独立国彼此同等相待之权利",②这是对中华民族尊严和国家荣誉的严重侵犯。时隔不远的中日甲午战败与《马关条约》的签订已经使张謇产生了的忧愤之情。他认识到,和约割地、赔款已经使国家元气大伤,而美国的对华禁约,更是"通商之害,如鸩酒止渴,毒在脏腑"③的又一次体现。张謇在通州抵制美货大会上大声疾呼,"今届实行不用美货之期已逾十余日,而美人仍聋耳无闻,不允改约,可见其蔑视我国民,蔑视我国工商界人,达于极点! 此正普天率土义愤同深之日! 苟吾同胞于此时尚欲袖手漠视,不思实行抵制之法,则将来各国效尤,欺侮必将加甚"。④显然,在张謇的心目中,民族与国家的尊严已经高于个人的经济利益。正是这种维护民族与国家的观念,驱动张謇投身抵制美货运动。

1905 年的通州商会刚刚成立一年,这是通州的第一个民权组织。六月,通州总商会总理张詧呈请刊用总商会及分会木质图记,这是正式介入社会行使其权力的象征。七月初二日,通州商会"会集各帮演说,当时签名承认不买不卖美货者共有百余人",⑤这无疑是通州商会参与社会重大政治经济事务的第一次亮相。经过多年的经营,通州实业已经有所发展,大生纱厂具有了一定规模,与大生纱厂相配套的企业逐步建成,通州实业在中国社会初露锋芒。抵制美货也许会给通州商界带来新的机遇,张謇在抵制运动中当然不甘落于他人之后。卫春回在《张謇评传》中说,张謇"在对待中外关系上","坚持国家主权的立场"。⑥在美国排华问题上,张謇已经认识到美国排

---

① 《论中国民气有发达之机》,《申报》1905 年 5 月 17 日。
② 《筹拒美国华工禁约公启》,《申报》1905 年 5 月 10 日。
③ 《张謇全集》第 1 卷,上海辞书出版社 2012 年版,第 15 页。
④ 《张謇全集》第 4 卷,上海辞书出版社 2012 年版,第 97 页。
⑤ 《通州商会致曾少卿书》,《申报》1905 年 8 月 9 日。
⑥ 卫春回:《张謇评传》,南京大学出版社 2001 年版,第 188 页。

华损害的不仅是华商个人的利益,更是损害中国国家的尊严,参与抵制美货,是他维护国家主权的一次体现。

(二) 贯彻实业救国理念,提出力兴工艺为运动的后盾

张謇认为,抵制美货运动要以发展实业为后盾,特别是在 8 月 6 日的演讲中主张"尤以力兴工艺为持久计",这是他"实业救国"思想在运动中的体现。

"力兴工艺"就是要发展工业生产,丰富民族工业的产品。张謇虽然赞成抵制美货,但他在经济上有其独特的前瞻性,只有振兴与发展自己的民族工业,其产品广泛地为人们所接受,才能持久地不用美货。发展民族工业的要求在上海商界也有显露。8 月 4 日,上海商学会集议兴办劝工公司广造货物以抵制美货。会议上,吴趼人认为公司"广造货物,抵制美货为目的",可以仿制各种产品;周廉生等建议以织造业先行。这些广造货物的建议却是张謇在实业救国的实践中早就践行了的。

张謇对立国的方略有独到的理解与认识,早在 1895 年他的《代鄂督条陈立国自强疏》中就有"洋富民强国之本实在于工"①的见解。在《请兴农会奏》中,他提出"立国之本不在兵也,立本之本不在商也,在乎工与农……工不作则商无所鬻,相因之势,理有固然"。②发展工业生产即是他立国方略之一,棉铁主义则是他后来在长期工农业实践中产生的基本思想。没有现代工业,则不能生产民生所需的各种商品,亦不能"广土货之销,或敌洋货之入",正因此,他提出"各省督抚招商设局,各就本地土宜销路筹办",各省必须"分遣多员,率领工匠赴西洋各大厂学习","种植、制器、纺织、炼冶、造船、造炮、修路、开矿、化学等事"的主张,因为这是"养民之大经,富国之妙术"。③

在实业救国的实践中,张謇统筹规划,一步步建立起实业体系。至1905 年,大生集团中的大生纱厂早已正常生产,通海垦牧公司克服了重重困难,已经顽强地在江海之滨站立了起来,在工业、农业、交通运输等方面的实绩已逐渐完备,在种植、制器、纺织、修路等方面"富国之妙术"初见成效,

---

① 《张謇全集》第 1 卷,上海辞书出版社 2012 年版,第 22 页。
② 《张謇全集》第 1 卷,上海辞书出版社 2012 年版,第 27 页。
③ 《张謇全集》第 1 卷,上海辞书出版社 2012 年版,第 23 页。

而炼冶、造船等企业也在积极筹划之中。1905 年上半年,张謇一直在为振兴实业奔走,即便是在上海掀起运动的 5 月,张謇还在陪同江督巡视通州的各业实体。这充分表明,张謇 8 月份的演讲是以他工业立国思想为前提、振兴实业实践为基础的,参与抵制运动也正是他推行实业救国论的一次展现。

(三) 统治集团的态度、忠君思想左右了张謇在运动中的进退

1894 年夺魁以来,尽管张謇有步入统治集团中枢的机会,然而甲午战争中国的惨败、戊戌变法中维新派遭到镇压,给他以极大的震撼。列强对中国的侵略,清政府的腐败无能,使他毅然离开仕途走上实业救国的道路。张謇虽然脱离了官场,但他与统治集团却又有着不可分离的联系。1904 年他被任命为三品衔商部头等顾问官,这种身份虽然给他在官商两界都有较为广阔的活动空间,但却也迫使他在抵制美货运动中不得不依照朝廷的意旨决定进退,因而他的行为在较大范围内又是受封建统治集团的政令所左右的。"张謇总想远离政治,却时时卷入政治的漩涡。他辞官返回家乡创办实业,就是想远离政治,远离政界。但是他又不得不时时地参与政治,甚至还不时地成为风云人物。"①在上海抵制美货运动中,张謇没有成为崭露头角的风云人物,他深谙清末高层权力斗争之残酷,清政府的腐败、官场的险恶,导致他产生最初的观望态度,而随着清廷态度的剧变又让他悄然退场。

上海和广州均为通商口岸,运动中两地地方长官的态度倾向于维护商民利益,甚至朝廷也不得不表示关注。6 月初,外务部密电梁诚暂缓签约;6 月下旬,皇太后摆出姿态"召见各臣工",提出"尔等务需速议废约,电饬协约国美使臣认真保护"②在美华商。朝廷这么表态,地方官当然不会落后。两广总督岑春煊认为,"禁约关系大局,而粤民旅美者较他省尤众,此约不改,粤民受苦更甚","美禁华工于我国体有损,万万不能迁就"。上海道台袁树勋在回复美国总领事罗志思要求清政府弹压运动民众的信函中明确指出,这次抵制运动"与寻常仇教排外者不可同日而语",欲要中国政府解散民众,"非得有贵国改良禁约,足以餍满华人之意之确据",是"不能取商民之信而释其疑"③的,回绝了美总领事的无理要求。运动前期,清政府对于民众的

① 王敦琴:《张謇研究精讲》,苏州大学出版社 2013 年版,第 309 页。
② 《皇太后垂询华工禁约事》,《申报》1905 年 6 月 2 日。
③ 《上海道复美总领事罗函》,《申报》1905 年 7 月 28 日。

行为持默许的态度,当然这也就使张謇在通州发动商民响应运动有了一定的现实依据。

地方高级官员对运动的态度并不一致,直隶总督袁世凯就是反对运动的一个代表。当年盛夏,张謇还致函袁世凯,称赞他"此次请禁华人不用美货之议,与当下外交手法极合",并劝他"执牛耳一呼",①让各省响应。可是袁世凯在天津却借口《大公报》对于抵制美货运动的报道"有碍邦交,妨害和平",而下令禁止官民购阅,迫使《大公报》停刊。②这种做法虽然有戊戌变法中故伎重演的味道,但从另一角度看,他确能猜测朝廷深层次的用意。

美国政府为维护自己的利益,对清政府施加压力,让清政府下令弹压华商民众的抵制运动。8月31日(清光绪三十一年八月初二日)清廷颁发上谕称,"中美两国睦谊素敦,从无彼此牴牾之事。所有从前工约业经美国政府允为和平商议,自应静候外务部切实商改,持平办理,不应以禁用美货,辄思抵制,既属有碍邦交且于华民商务亦大有损失……倘有无知之徒从中煽惑,滋生事端,即行从严查究,以弭隐患"。③与6月相比,时隔两个月,清廷对待抵制运动的态度截然相反。"倘有无知之徒从中煽惑,滋生事端,即行从严查究,以弭隐患",这就是统治集团为维护清廷利益在外强施压下真实面目的暴露。

严格地讲,张謇是统治阶级中的一员,他毕竟经受过长期的封建伦理教育,朝廷即国家,忠君思想,根深蒂固。儒家伦理观念、三纲五常道德原则"表明封建社会是宗法家长制与专制制度合一的社会",④在这种历史条件下,君主的意志决定臣民的行动是必然的。张謇认为,一个人的行为是他能否忠君爱国的标志,他说,"其人果正,则必有忠君爱国之心……其人苟不正,则必无忠君爱国之心"。⑤当然他自己也是身体力行的,在抵制美货运动中,清廷颁发上谕,禁止这种温和的抵制运动,尽管张謇认为"政府知识乃不及沪道",⑥而中枢的命令终究代表了君主的意志,至此,张謇只能退出运动。当然,在退场之前,他还是与汤寿潜等以复函的形式向商部汇报了处理

①　《张謇全集》第 2 卷,上海辞书出版社 2012 年版,第 142 页。
②　张存武:《光绪卅一年中美工约风潮》,"中央研究院近代史研究所"1982 年版,第 200 页。
③　《清实录·德宗实录》第 59 册,中华书局(影印)1985 年版,第 271 页。
④　王敦琴:《张謇研究精讲》,苏州大学出版社 2013 年版,第 263 页。
⑤　《张謇全集》第 4 卷,上海辞书出版社 2012 年版,第 16 页。
⑥　《张謇全集》第 8 卷,上海辞书出版社 2012 年版,第 613 页。

上海商家积货等问题,圆满地结束了这件差事。

抵制美货运动有外争国权,内保商利的目的。张存武先生认为,在经济上,"抵制运动包括拒约和排货两层意义,前者是目的,后者为手段"。[①]他根据 20 世纪初美国出口统计与清海关贸易统计资料的数据,得出"抵制美货运动,并未给美国对华贸易如何严重的打击,可能只临时性地阻止了进口成长率的跃进"[②]的结论。可以说,抵制美货运动在全国范围内的展开,其政治意义要高于经济意义。

张謇奉命在上海"疏通华商积货"则以另一种形式保护国内商民的利益。保护中国商民利益是张謇的一贯主张。他曾经强调,中国驻外使臣应当保护华商在国外的权益,因为"各国公使皆以觇国为密谋,护商为专责","而中国使臣未闻关心于此,似亦使职之最要者也"。[③]对于国内商民,诸如限制洋商在内地投股设厂,"不准于内地开机器厂,制造土货,建立行栈",[④]以保护"小民一线生机";对国内商民主张始办企业者"免捐税三年",零售商"酌减捐税之半",以及建议改革厘金税收制度等等。张謇参与抵制美货运动则是他保护中国商民利益的又一次尝试。

---

①　张存武:《光绪卅一年中美工约风潮》,第 237 页。
②　张存武:《光绪卅一年中美工约风潮》,第 239 页。
③　《张謇全集》第 1 卷,上海辞书出版社 2012 年版,第 22 页。
④　《张謇全集》第 1 卷,上海辞书出版社 2012 年版,第 15 页。

张謇与晚清上海

邵　雍[*]

上海与张謇一生的事业有着千丝万缕的联系,本文旨在讨论晚清时期张謇与上海的关系。

张謇是江苏南通海门人士,近代著名的实业家、教育家。从 1876 年 3 月 16 日他 23 岁第一次踏上上海这方热土起,数十次来过上海,有的是路过中转(如 1903 年去日本考察),有的只是做短暂停留,进行些人际交往应酬,也有专程前来办理大事、要事的。而这些大事、要事对于张謇事业的开展有着重要的意义。

一

上海自 1843 年开埠后,发展迅速,成为我国最大的工商业城市。人口密集,人才荟萃,资金聚集,充满商机。1892 年 6 月 14 日张謇到上海,16 日离开时赋诗一首《吴淞口望月》,这可能是他咏唱上海的最早诗作。1910 年 1 月 16 日张謇再到上海时,又写下了《海上杂感》。上海医疗条件好,1900 年 4 月张謇让夫人徐氏往上海就医。上海物价高,1900 年 5 月张謇侄子在上海办婚事,"费用十倍于海门"。[①]上海慈善事业发达,张謇成名后,曾经在 1908 年在新育婴堂经费短缺的情况下,"鬻字以济"。[②]1910 年 1 月又为新育婴堂募捐。1911 年 10 月 31 日他被当时最大的救济团体华洋义赈会选举为理事。

---

  * 邵雍,上海师范大学历史系教授。

  ① 庄安正:《张謇先生年谱》(晚清篇),吉林人民出版社 2002 年版,第 174 页。附带说明:庄先生在《张謇先生年谱》(晚清篇)的不少地方已经注明了资料出处在《张謇全集》某卷某页,但考虑到新版全集已经问世,笔者准备抽空查对新版全集,更新本文的注释。

  ② 庄安正:《张謇先生年谱》(晚清篇),吉林人民出版社 2002 年版,第 275 页。

二

　　作为晚清状元,张謇高度重视教育事业,是我国近代教育事业的当之无愧的先驱之一。1898 年冬,他在上海议商建设女子学堂,1905 年在上海撰写了《请设工科大学公呈》,1906 年元旦又写了《留学生归国兴学说略》。理念前卫,关注面广,有气度,有远见。

　　1905 年 12 月 12 日江苏学务总会成立,张謇向 120 名代表宣布立会宗旨,次日被推举为该会会长。第二年江苏学务总会改名为江苏教育总会。1911 年 4 月至 5 月,张謇等人以江苏教育会为基础,发起全国教育联合会。

　　就实际参与建校办校来说,1905 年 3 月张謇就担任上海震旦学院院董,震旦学院学生退学后,张謇等人资助原创办人马良另觅校址,筹建新校。此外 1906 年 2 月他参与创办中国公学,1910 年 7 月 28 日到上海访问中国公学董事会诸君。①

　　1906 年 4 月张謇上书商务部,提出建立吴淞商船学校之建议,同月该校开工筹建,年内建成,"非特为养成驾驶人才,可以为恢复海军之用,亦即使人知航业必求发达,航路必应扩张"。②1907 年 7 月 17 日《申报》刊出张謇致端方函,内容涉及为吴淞商船学校筹款,强调"中国创办商轮局已数十年,而管驾、管机悉委权于异族,非特利权损失,且无以造就本国人才。际此商战竞存之世,欲借以保主权而辅海军,非创设商船学校不可"。

　　文教不分家,张謇在热心开展教育事业的同时对图书公司也很感兴趣。图书是知识的载体,文化的媒介,与教育事业有着较高的关联度。1906 年 4 月张謇顺应大办学堂的大趋势,提议在上海建立图书公司。4 月 25 日与其他著名人士联名在《申报》《时报》刊登《中国图书有限公司缘起》并附有招股章程,宣告公司成立。1906 年 9 月下旬他与曾铸前往上海小南门小教场现场查看公司的建筑地基,并与徐吉云商议解决小教场的地权问题。10 月下旬他在上海参加中国图书公司的股东会。1907 年 10 月 22 日曾铸因病辞去公司总理职务后,由张謇继任。1909 年 11 月他力辞职务未果,继续被举

---

　　① 庄安正:《张謇先生年谱》(晚清篇),吉林人民出版社 2002 年版,第 309 页。

　　② 庄安正:《张謇先生年谱》(晚清篇),吉林人民出版社 2002 年版,第 256 页。

为总理。中国图书公司是张謇当时在上海掌控的少数几个企业单位之一，1908 年 2 月该公司总发行部在上海开业。6 月 26 日张謇在上海参加了公司的会议，商议应对"外人破坏公司事"。①1909 年，先前由通州师范学校印行的《张殿撰教育手牒》改由中国图书公司印刷兼发行。1911 年他的《张季子说盐》由中国图书公司发行，并译成英文介绍到国外。如此看来，中国图书公司与张謇学术成果的推广是相得益彰，相辅相成的，两者之间有着良好的互动。

三

纵观晚清时期张謇在上海办的文教事业基本上是成功的，但在创办实业方面却在上海遇到了不少的阻力。首先是关于大生纱厂的集股，屡遭挫折，进展维艰。1896 年有些上海的股东退股。1897 年 10 月 29 日张謇为大生纱厂集股事来上海，次日访盛宣怀，议商集股事，不得要领，毫无结果。1898 年 12 月张謇在上海公共租界福州路广丰洋行内设黎大生纱厂事务所，为纱厂采办物料、安排往来人员食宿、融资、开盘批售纺织品等业务。该事务所先后迁往上海小东门与紫来街日升里，改称通州大生纱厂沪账房，1901 年在天主堂街外马路购房设所。这是张謇在上海设立的首个企业的事务所。②1898 年 11 月 26 日张謇为该厂筹股事抵达上海，至 12 月 10 日虽连日多方奔走，但还是功亏一篑。次年 3 月底 4 月初，他再来上海，在官商各界奔走，但筹备股份之事仍无进展。直到 7 月张謇"坐困围城，矢尽援绝"，"每夕相与徘徊于大马路泥城桥电光之下，仰天俯地，一筹莫展"。③1905 年 3 月大生厂与上海棉花认捐公所发生冲突，起因是公所勒索大生厂在吴淞口的船只，"将全船货物起岸充公"，"价值二万余金"。张謇不甘示弱，通过公共租界的印度巡捕突击检查该公所财务档案，"查其账簿记载，勒索枉法之资为数甚巨"，最后该公所后被江苏巡抚罚银。④1909 年 4 月张謇在上海参加大生厂董事会。他也多次来上海查阅该厂的账目，了解运营

①　庄安正:《张謇先生年谱》(晚清篇)，吉林人民出版社 2002 年版，第 280 页。
②　庄安正:《张謇先生年谱》(晚清篇)，吉林人民出版社 2002 年版，第 151 页。
③　庄安正:《张謇先生年谱》(晚清篇)，吉林人民出版社 2002 年版，第 166 页。
④　庄安正:《张謇先生年谱》(晚清篇)，吉林人民出版社 2002 年版，第 236 页。

情况。

除了大生在沪进展屡遭挫折外,张謇的大生轮船公司在上海也遇到麻烦。1902 年 7 月 23 日,大生轮船公司在上海成立,不久南通与上海的股东发生矛盾,8 月 4 日改通沪合办为"专归通办","沪并于通时,沪股二万,照时值七折作银一万四千元,由通如数集足",一次性解决。①

1904 年 7 月张謇开始筹设上海大达轮步公司,他在《请设上海大达轮步公司公呈》中说,黄浦江畔,北自外虹口,南抵十六铺,"每见汽船帆舶往来如织,而本国徽帜反寥落可数,用为愤叹",准备"先就十六铺以南老太平码头左右,购定基地,建筑船步,并造栈房,以立根据而固基础"。"以商界保国界,以商权张国权。"②同年年底上海大达轮步公司在天生港建了三座码头,购买了"大新"等轮,在天生港与上海之间航行。1905 年 12 月该公司正式成立。1907 年 10 月 1 日大达轮步公司与上海浚浦局、总工程局筹备商量建造公司码头,这当然是经营有方、业务扩张的标志。③

1905 年 6 月张謇曾经就大达内河轮船公司小轮船牌问题请示周馥,"凡造自上海者,已就近向沪道领牌行驶","然江阴以下,外江虽属沪道,而内地则系常镇道所辖"。究竟是"向沪道领用,抑分为外江用沪,里河用镇?"④7 月 23 日因常镇关道无理阻挠,人为设限,他再次询问周馥"应用何处船牌?"⑤其实张謇内心是希望上海的船牌能够畅行内地里河的,两相比较,上海官方比常镇关道要好一些。此外,1909 年 4 月张謇还与窦价人筹建中国商业银行。

四

与文教、实业方面的建树相比,张謇在上海的政治活动更加突出,毫不扩张地说,上海是张謇展示政治抱负,实行政治主张的最佳舞台。晚清时期,张謇在上海的政治活动主要可以归结为以下几个方面:

① 庄安正:《张謇先生年谱》(晚清篇),吉林人民出版社 2002 年版,第 195 页。
② 庄安正:《张謇先生年谱》(晚清篇),吉林人民出版社 2002 年版,第 223 页。
③ 庄安正:《张謇先生年谱》(晚清篇),吉林人民出版社 2002 年版,第 271 页。
④ 庄安正:《张謇先生年谱》(晚清篇),吉林人民出版社 2002 年版,第 239 页。
⑤ 庄安正:《张謇先生年谱》(晚清篇),吉林人民出版社 2002 年版,第 240 页。

第一，积极支持 1905 年首先在上海兴起的反美爱国运动。这年 5 月 10 日，为了抗议美国官方压迫、歧视华侨，上海商务总会曾铸领衔致电天津、汉口等 21 个城市商会，要求采取一致行动，抵制美货。张謇"曾于其时以商会代表电致海上，赞成其事"。但"吾通州尚寂寂无闻，无人议及，可耻也。吾通在实业界占优胜之名誉，煜耀于各埠，若此次不用美货之实行甘落人后，岂非憾事"。①7 月他专程来沪声援。7 月 9 日至 8 月 8 日张謇在上海月余，代表通州商界"布警告""发传单"，发表"抵制禁约实行不用美货"之演说。②8 月 6 日，参加沪学会集会，与马良、曾铸、穆湘瑶等发表演说，提出各地"各店铺偶有积存美货，六月十八日（7 月 20 日）以前所运进者，亦可折价速售。售罄之后，大家立誓不再进美货，以为公义"。③张謇还要求与会代表在禁止美货倡议书上签名，声援上海商界。9 月 2 日张謇对沪上各界表示，对美货"疏通即是团结，此一语相反而实相成。经权并用，诚不刊之论也"。④

第二，积极引领预备立宪。预备立宪是清政府为了消弭革命、应付舆论的被动之举，就内心而言，是很不情愿，能拖则拖的。但张謇等人为了维护民族资产阶级的利益，则接过预备立宪的旗帜，千方百计向清政府施压，强烈要求假戏真做。1905 年 8 月张謇在上海致函袁世凯，在吁请官方支持反美爱国运动的同时，再次呼吁袁为倡导立宪"执牛耳一呼，各省殆无不答应者，安上全下，不朽盛业，公独无意乎？"⑤1906 年 7 月他在上海与先后从国外考察政治回来的载泽、端方、戴鸿慈等人谈论宪政问题，⑥10 月就与郑孝胥等人创办宪政研究公会，12 月 16 日该公会召开成立大会。1907 年 12 月他又发起筹备成立国会期成会。1908 年 12 月张謇参加预备立宪公会年会，当选为董事。毫不夸张地说，张謇在上海扮演了预备立宪急先锋的重要角色，紧锣密鼓，节奏相当快。

第三，积极参加保路运动。1906 年 5 月，张謇就任商办苏省铁路公司协理。1908 年 7 月提出辞去协理职务，"专任北线规画"。⑦1909 年 1 月 18

日他到上海与人商议江苏铁路北线工程事宜。1911 年 2 月 16 日张謇在上海参加商办苏省铁路公司临时股东大会,发表演说,抨击邮传部"束缚商人间接借款,商办之局已破","今款项已竭,智尽能索,又处处受邮部挟制,实欲逼人于山穷水尽之地。鄙人等身人重围,不能不为全局计,今日当现存一死战之志,以筹进止方法"。①同年 6 月他在《申报》发表《谘议局联合会请饬阁臣宣布借债策呈都察院代奏稿》,指出举借外债"必政府与国民均有用债之能力,而后可利用之,以为救时之药。否则饮鸩自毙,势必不救"。"中国幅员之广,铁路何以必须国有? 铁路何以摈斥民款,而纯借外债以收回之? ……非有成算在胸,安敢毅然取消累年之成案,夺商民已得之权利。"②对清政府悍然宣布"铁路国有",大肆举借外债兴修铁路表示强烈不满与坚决反对。

第四,武昌起义后与革命党的合作。1911 年 10 月 10 日武昌起义爆发,敲响了清政府的丧钟。张謇作为末代状元,却能审时度势,顺应时代潮流而动。上海光复后,张謇于 1911 年 11 月上旬主动与沪军都督府联系,请前狼山镇总兵许宏恩率部前往光复通州。11 月中旬,张謇等人组织江苏临时参议会在上海两度开会,"拟联合(沪军)都督府,组成临时政府"。③12 月17 日张謇抵达上海后,"每星期总有一天或两天"去南洋路 10 号赵凤昌寓所惜阴堂,与革命党人汪兆铭、陈其美等就当时正在公开进行的南北议和的具体内容私下交换意见。④12 月中旬,张謇等人为防止群雄并起,闹成无政府状态,决意发起共和统一会。他们在《共和统一会意见书》中称:"居今日之世界,尚不能为无政府","设共和政治进行时代有力之枢机,而即成一巩固健全之大共和国家者,此本会唯一之天职也"。⑤该会后与国民共进会、政治谈话会合组统一共和党。1911 年底 1912 年初,张謇还在上海与赵凤昌、章太炎等人发起建立中华民国联合会,以"新共和国家统一主义"为指导思想。⑥1912 年 3 月该会改成统一党。统一共和党也好、统一党也好,他们与孙中山的同盟会——国民党既联合又斗争,在民国初年的政党谱系中占有

① 《申报》1911 年 2 月 17 日。
② 《申报》1911 年 6 月 19 日、20 日、23 日。
③ 庄安正:《张謇先生年谱》(晚清篇),吉林人民出版社 2002 年版,第 331 页。
④⑤　庄安正:《张謇先生年谱》(晚清篇),吉林人民出版社 2002 年版,第 334 页。
⑥　庄安正:《张謇先生年谱》(晚清篇),吉林人民出版社 2002 年版,第 335 页。

重要的地位,反映出以张謇为代表的立宪派人士比较善于审时度势,抢占政治高地,深度介入共和革命的进程,以达到自己的目的。但不管怎样,他们赞成共和的大方向是毋庸置疑的。

五

晚清时期张謇在上海的事业主要有三:文教、实业与政治。无论在哪个方面,上海(只要是上海租界)均提供了便利的交通、丰富的信息、自由的媒体。在文教方面,张謇进展颇为顺利,这与他晚清状元的身份地位有关,办起事来得心应手,顺理成章。但在实业方面却是另外一幅景象:举步维艰,困难重重,这与他初入行、资本少,尚未建立信誉,经济人脉奇缺等因素有关。在上海这个地方,出资者当然要求有经济回报,而且是愈快愈好,越多越好。在张謇创业的起步阶段,什么都缺,既无经验,也无担保,无法确保做到这一点。出资者为了规避风险,追求利润最大化,游移不定,反复无常,甚至反悔撤资也在情理之中。这一现象说明上海是个商战大舞台,同行之间的竞争相当激烈,有外人破坏,实属正常。在政治方面,张謇积极参与1905年的反美爱国运动、预备立宪运动与辛亥革命运动,他作为一个立宪代表人物走向全国是以上海为起点的。之所以顺利,原因有二,首先,站在民族主义的立场上抵制美货,既在道义上与全国民众站在一起,也在经济上符合自己所属的民族资产阶级的利益;其次,由于清政府将主要精力用来镇压孙中山为首的革命派,因此对持有不同政见的立宪派不得不稍加宽容,网开一面,留有余地。从本质上讲,要求真立宪、早立宪,也是民族资本家保护自身利益的举动,他们不赞成革命派激烈的武装暴动,唯恐造成天下大乱,因而寄希望于清政府的自我革新。不料清政府当政者无意真正搞“预备立宪”,而且越行越远,使张謇们伤心、灰心。最后武昌起义爆发后,又是“驱除鞑虏,恢复中华”的汉民族主义成了立宪派与革命派最大公约数,它是以张謇为代表的立宪派人士转而与革命党的接触、在一定程度上实行合作的思想基础。总体而论,张謇在晚清上海是与时俱进,在文教、实业与政治诸领域中不断开拓前行的,从某种意义上讲,是上海成就了张謇。晚清时期张謇在上海进行的各种活动奠定了进入民国以后他在上海乃至全国持续发展的坚实基础。

张謇与上海

张光武 *

　　张謇一生的重要政治和经济活动,几乎都与上海分不开。这不是一种偶然,而是必然。

　　不妨回顾一下与张謇有直接关系的几件大事:

　　一是南北对峙期间,张謇为顺应时势,民生大计,与政治上志同道合的至交赵凤昌,在上海赵凤昌府第惜阴堂运筹帷幄,出谋调停,促成南北议和,清帝退位,弭连天战火于一旦,为创建民国立下奇勋。二人其实同为民国之产婆。

　　一是张謇创办中国第一家民营大生纱厂,从张之洞到刘坤一两任两江总督手上接手承诺的纱锭。这批堆在上海黄浦江边的纱锭,几经周折,最后作为官股入股大生纱厂,这是张謇"父教育母实业"之不能不记的一笔。

　　一是上海几所知名大学的创办,张謇都或创办或参与创办,它们是现今的东华大学、上海海洋大学、上海海事大学、复旦大学、同济大学、上海财经大学的前身。

　　中共一大代表的住地及会议地博文女校,系辛亥女侠黄绍兰创办,早期资助人有黄兴及夫人,章太炎及夫人,后黄兴出国,章太炎正遇财政困难,女校因经费短缺停办,黄绍兰应张謇聘请,赴南通女师任教,后又由张謇出资复建博文女校,黄绍兰仍任校长,张謇任名誉校长。1921 年夏,由董必武、王会悟等出面接洽,中共一大借博文女校住地为代表居所,预备会议和会期中的活动一直在博文女校进行。博文女校旧址自 50 年代起成为上海市重点文物保护单位,黄绍兰生前长期寓居于张謇及其四子张敬礼上海家中。

　　作为南通与全中国交通和信息沟通、交汇的主要枢纽、中国最大工商业都会城市的上海,自然也是张謇南通战略、中国战略的主要窗口,20 世纪 20

*　张光武,张謇后人。

年代起,张謇、张詧兄弟在上海建立了大生上海事务所。

今天只着重谈,张謇为什么选择南通为创业基地,又为什么一定会选择上海作为创业和发展事业的窗口。

中国历代知识分子的家国情怀,起始于桑梓。什么是桑梓,古人种植在住宅旁的桑树和梓树,桑梓就是自己的田园、家乡。服务桑梓、造福桑梓就是服务、造福家乡的意思。扩而大之,又有皮毛论,皮之不存,毛将焉附。意思就是,没有国,哪有家。这就是家国情怀,是深植于张謇、张詧兄弟心底的南通和中国情怀。所以,张謇选择南通作为创业基地,是兼顾到家乡和祖国。

第二,南通有没有适合创业的基础呢?有。南通是江浙棉花重要产地,也是重要的土布产地,张謇著名的"父教育母实业"思想,就源自他从小看到的南通女子纺纱织布、养家糊口、供养子女读书科考的生活画面。纺纱织布的原料是棉花,有了原棉,纱厂就能源源不断地开动机器,生产纱布。人生四件大事衣食住行,衣字打头,创办纱厂,这是大商机。有了商机,就有财源,在经济上就站住了脚,就能兴学、办校,就能发展教育,就能实现张謇的民生和智民抱负。"天地之大德曰生。"张謇创办纱厂,厂名用了儒家的核心思想,大生。

张謇是一个战略家,他的目光,他的抱负,不只是局限于一个纱厂,办纱厂获得厚利后,他和张詧又把属于他们兄弟两人可以支配的全部红利,以及经厂议可以动用的盈利,统统拿出来,一部分用于教育,一部分用于盐垦,一部分用于慈善,一部分用于南通地方建设。其中仅仅教育一项,仅在南通地区,就办了 370 多所小学,6 所中学,3 所大学;由张謇、张詧弟兄创办或参与创办、百年来在中国经济脉动中一直发挥着重要作用的大中学校,就有前身为南通学院的南通大学,东华大学的前身南通学院纺科,苏州大学医学院前身南通医学院,复旦大学,同济大学,上海财经大学,南通师范学校,上海海洋大学,上海海事大学和大连海事大学,南京河海大学,东南大学,南通中学,南通第二中学,等等。从这些学校培养出来的莘莘学子,遍布全国各地,遍布海内外,数不胜数。其中,仅南通学院纺科,直接为上海等重要工业城市输送的纺织专门人才就数不胜数,20 世纪 30 年代至 50 年代,上海、无锡、常州等城市的纺织企业中,重要的技术骨干,大都毕业于南通学院纺科,由上海去了香港的纺织业巨子,求是基金创始人查济民也是南通学院纺科毕业,翻阅通纺上海校友会名录,卓有成就者,比比皆是。至于理工医农之杰出人才,更是不胜枚举,我国近现代著名物理大师、李政道的恩师束星北,即为张謇女婿束曰琯侄子,其伯祖、祖父均为张謇、张督挚友,其伯束曰琯、其父束曰璐长期服务于张氏企事业,束星北生于南通唐闸大生里,就读唐闸实业小学,由南通走向了世界物理科学的前沿行列。

胡适曾评价张謇养活了几百万人,这不是虚指,而是实指;不是指南通一地,而是指苏北地区甚至更大的区域。

张謇开办纱厂和后来的恳牧植棉,源自他的民生理念。

晚清淮南盐产衰落,灶民生活深受影响。许多灶民不顾盐官严禁,纷纷私自废灶兴垦,更有许多灶民离乡背井,流离失所。

老百姓没有饭吃,没有田种,张謇想到开办纱厂,开垦荒地,让他们有工做,有田种,有屋住,有饭吃,有衣穿,有书读。这是张謇从文化源头上对"天地之大德曰生"("一切政治及学问最低的期望要使得大多数的老百姓,都能得到最低水平的生活")的解读。

1901 年,距大生一厂在唐闸开机不足两年。

张謇决意仿效当年范仲淹筑堤方法,筑成江苏省内黄海之滨一个长堤,进而将大片荒滩开垦出来,种上棉花,鼓励沿海人民,自愿报垦升科,废除旧制,"废灶兴垦",垦牧植棉。

张謇的这一筹划,得到了时任江南盐政和负责督察通海盐务的徐乃昌的支持。

第一个试验场,就是张謇 1901 年创建的通海垦牧公司。

通海垦牧公司问世后,成为大生纱厂坚实的原棉基地,是张謇民生理念和棉纱战略的一次成功实验,遂有后来云蒸霞蔚、劈空排浪的张氏盐垦事业大发展。

之后,1913 年,张督在三余镇创办大有晋盐垦公司,揽地及余东、余中和余西,占地 27.6 万亩,计 12 个区和 1 个盐场,张督亲任总办。

1915 年,张督在南通、泰州交界处创办大赉盐垦公司,自任总理。公司占地 20 万亩,为 9 个区,资本总额达 80 万银元,合 57 万两白银。

1917 年,张督又在掘港场创办大豫盐垦公司,占地 48 万亩。

1918 年,张謇与张督再于东台县新丰集草埝场联手创办大丰盐垦公司,占地 112 万亩,为淮南地区最大之盐垦公司。公司最初集资 200 万银元,累增至 400 万银元,合 320 万两白银。

按照张謇设想,张氏兄弟在通州、如皋、东台、盐城、阜宁五县境内,开辟垦荒棉田一百万或二百万亩,既可解决当地乡民无田可种,被迫离乡背井,四处谋生之苦,实现让天下百姓"有地可种,有工可做,有屋可住,有书可读,细水长流,繁衍生息"的民生大愿,又开拓了盐垦之大业。

据统计,张謇、张詧在苏北沿海创办之盐垦公司,资本估计 1 620 万银元。大生纱厂举其历史积累之款,全数入股淮海实业银行,几乎倾其全部股本用来经营盐垦公司。张氏盐垦实业事业在苏北地区卷起千堆雪,至 20 世纪 30 年代中期,"江苏长江以北地区新旧垦区棉田已占江苏省棉田面积二分之一,占全国棉田面积八分之一"。苏北垦牧事业发展直接推动了该地区近代农业和工商业发展,推动了地方社会之改造,同时也为上海等中国纺织工业城市提供了重要的原棉供应基地,极大改善了上海等城市周边的社会生态环境,形成江浙沪区域内社会经济和人文环境的持久良性互动态势。

张謇、张詧发起的这场盐垦运动,不仅令张謇的民生理念花逢长春,还对中国纺织工业发展起到重要持久的推动作用,上海作为中国最大的纺织工业基地,无疑与南通同为主要之得益者。

作为中国纺织工业的先驱者,张謇的地位已经得到了历史的肯定。

综上所述,在张謇的战略蓝图里,有一个实业—教育—盐垦—慈善—地方建设和南通—上海—中国的一揽子计划。这个战略蓝图的核心,就是张氏家族绵延几代、在张謇心中蓄积已久的民生理念。

张謇深知南通在地理位置上的先天缺陷,这造成南通在交通运输上的不便和信息上的闭塞滞后。以他长期在上海从事重大政治活动和经济活动的经验,他深知上海在全国政治和经济舞台上举足轻重的地位,而南通的发展更是必须依托和借力于上海这个一衣带水的全国都会城市,所以他的一生与上海密切相关:

1895 年,在南北之汇的上海建立的强学会,张謇列入会籍;

1900 年,由刘坤一、张之洞、李鸿章等领衔,由上海道余联沅出面与各国驻沪领事商定"东南互保章程",张謇、盛宣怀和赵凤昌等为实际牵线策划人。"东南互保章程"保证上海租界、长江及苏杭内地各国商民教士产业得到认真切实保护,从而有效阻止了战火向南方蔓延,保证了东南广大人民的安居乐业,也保护了上海等地方兴未艾的中国民族工商业的成果和健康发展。

1901 年，刘坤一与张之洞联名上《江楚三折》，主张育才兴学，整顿变通朝政，兼采西法，发晚清政改先声，其中多采纳张謇等人的积极进言，而正是在重任两江总督兼南洋通商大臣期间，刘坤一在积极支持张謇创办大生纱厂同时，也令苏沪地区的经济发展成为全国之首，进而推动了全国的近代化进程。

在晚清政改中，张謇成为立宪派主帅，他率先在苏州成立"江苏立宪学会"，并亲任会长。后又在上海发起成立"预备立宪公会"，先后担任副会长、会长。在晚清政改中，张謇视上海为发轫腹地，上海因张謇之政改步伐而风生水起，上海俨然成为立于北京之外的政治改革风暴中心之一。

1906 年，张謇、张詧为解决大生企业日益繁忙的交通运输，在 1903 年建立大达内河轮船公司的基础上，又创办上海大达轮步公司，资金主要取自张詧为总理的通崇海实业公司。1950 年 8 月，上海大达轮船公司加入公私合营长江轮船公司；1953 年 10 月，在时任上海大达轮船公司董事长也即南通学院院长、张詧四子张敬礼的牵头下，联合当地 33 家同行申请合营合并，成立公私合营长江航运公司；1954 年 10 月，公私合营上海轮船公司正式成立。

1911 年辛亥革命后，张謇积极调停南北方，促成议和。张謇与赵凤昌将赵在上海南阳路的寓所"惜荫堂"作为策划、商讨民国大事之地，义不容辞地担当起通"南北之邮"历史重任，凭借其声望与威信，邀约北方代表唐绍仪、南方代表伍廷芳及黄兴等恳切商谈，终使南北对峙，相持不下，一触即发的战火消弭于一旦。也正是在张謇等人的全力斡旋下，袁世凯终于表示拥护共和、敦促清帝退位。在这一重大历史转折时期，上海的地位十分重要。

在企业发展进程中，张謇意识到金融在经济活动的重要性。1913 年，张謇在南通开办甲种和乙种商业学校，设立银行专修科，学制为预科一年，本科三年，毕业生分布南通、上海等沿江城市，为南通和上海等地的工商业发展提供了金融专业人才。

1916 年 5 月，以张謇为会长的中国银行业商股股东联合会在上海成立，联合会要求各家银行采取通兑等措施，保持市场稳定。仅仅四天，席卷京沪等大中城市的金融危机得以平息。

这一年之中，中国银行上海分行一波三折，险相丛生，幸有张謇热情护助,方才化险为夷。

张謇对交通银行的扶助也得到时人盛赞:"(张謇)先生的毅力经历和其他的美德,得了全国人士充分的信仰,在接受交通银行总裁的时候,可算作一个很充分的测验和实证。……本来有人主张将交行取消,归并于中国银行,到这时候,大家都认为时势所趋逼,这种主张,恐怕要实现了。哪晓得先生任职以后,立刻风平浪静,万分的困难,都迎刃而解了。"

不仅是中国、交通两家银行,当时国内较大的民族企业汉冶萍公司、轮船招商局等,都曾发生过生存危机,在关键时刻,也都是借张謇的声望而得以保存。

在长期的政治、经济和社会活动中,张謇凭借其无与伦比的人格魅力,在上海积聚了广泛深厚的人脉,朋友遍及工商业、教育、银行、文化、宗教各界,其中包括聂云台、穆藕初、蔡元培、荣宗敬、荣德生、宋汉章、张嘉璈、陈光甫、马相伯、王一亭、吴昌硕、印光等诸多上海知名人士。

著名社会活动家和教育家黄炎培是上海浦东川沙人氏,他与张謇、张詧是志同道合的长期朋友,曾与张謇共同创建江苏教育会。卢作孚青年时期怀抱救国救民理想,在上海邂逅黄炎培,结成忘年之交,其时,黄炎培刚刚辞去江苏省教育厅长职务,与张謇在江苏省教育会共事,十分敬佩张謇的"父教育母实业"思想,便向卢作孚热情推荐和详细介绍张謇和张詧以家乡南通为基地,教育救国和实业救国的理念和卓越实践。卢作孚深受启发,回到家乡重庆后,学习张謇模式,办实业,兴教育。抗战开始后,卢作孚将其旗下民生轮船公司整个船队和征用来的民船,组成浩浩荡荡的水上运输大队,无偿将关系中国民用工业和军需工业命脉的重要机器设备一批批运往大后方,完成了中国式的"敦刻尔克大撤退",为中国抗日战争的胜利提供了重要的物质准备。他又在重庆北碚地区进行大规模的乡村建设和社会改革的伟大实践,兴办实业,发展文化教育,为民众谋福利。抗战期间,北碚接纳了大批中国文化科学界精英人士,以及复旦大学、江苏医学院、国立歌剧、戏剧专科学校等 20 多所大中专学校,中央研究院动物所、植物所、气象所、物理所、心理所等 22 个研究单位。纵观卢作孚的人生事业道路,有一条明晰的张謇精神印记,而卢作孚最早与张謇精神结缘正是在上海。

同样,以上海为重要活动基地的著名教育家陶行知也称自己的平民教育理念是"学习张謇"的。从 20 世纪 20 年代起,陶行知与张謇在共同教育理念的支配下,在美国教育家杜威、孟禄赴南通讲学、调研活动中,有过多次交集。作为中国科学社成员的陶行知、陈鹤琴等人,都曾亲身感受到张謇对中国科学社的关注和支持。1921年,中华教育改进社成立,陶行知任主任干事,张謇和杜威、孟禄等均为名誉董事。直到1946年,陶行知在一次演讲中还谈道:"我搞生活教育,张謇是我第一个先生。"

张謇的人格魅力和无私的奉献精神,在上海以及全国有志人士中产生了难以估量的影响。

张謇晚年,经门生江谦推介,与近代高僧、净宗祖师、上海太平寺印光大师结下佛缘,在上海佛教界留下深深的印迹。

1918年,大生公司在上海九江路买地,筹建上海事务所。1920年,一幢四层楼西式建筑在上海市中心拔地而起,这就是有名的"南通大厦"。当时,大生事业蒸蒸日上,上海等地的银行、钱庄争先恐后给大生上海事务所提供贷款,人们口口相传:"不怕大生借,只怕大生不来借。"上海见证了中国第一家民族资本企业的辉煌。

事实上,张謇和张詧家族中的许多成员,包括张孝若、张敬礼等,都长期生活和活动在上海,张詧1939年在上海逝世。在张氏家族许多成员心目中,上海就是他们的第二故乡。

张謇和张詧的事业不仅属于南通,也属于上海,属于中国。

啬公暮年与沪上两才女的交谊

徐慎庠*

1920年,啬公68岁。又逢一年晏春,已是阳历3月6日,才刚过元宵佳节。此后诸事繁杂,一个多月没有消停。先为江北运河工程局开局诸事,在扬州、泰县、东台、阜宁、射阳兜了一大圈。直至4月13日,稍得空闲,从随身所带的公文包里取出一封信,信中还附一张照片,记得还有一封电报,思量着也差不多近一个月没有回复,于是他坐定下来动笔撰文。

一、缘起谢珩函电　哀赞浦东议员

原来这是上海浦东谢珩(字林风)女士给啬公的信,顺附一张刚过世的父亲谢源深照片,因为十年前被公推为江苏咨议局议员,与议长张謇先生稔熟。临终前,嘱咐独生女将自己的遗像交寄给南通张謇,请他写一段文字。啬公接信,适逢沈寿(字雪君,晚号雪宧)第3次发大病,他心急如焚,惦记着请医生,甚至没有睡个安稳觉,没有及时回复。时隔多天,谢珩不知情,便电报催促此事。从射阳湖巡视机垦地结束后,得稍有闲空想到作了一首《谢君像赞》,赞曰:

> 议事弗良,厉为世诟。溯洄其朔,若昏绝昼。罡罡谢君,昔者吾友。文炳有章,器温而厚。朱弦自高,白璧无偶。奄忽长徂,遗像如觌。有女子子,封胡掩秀。沈沈少微,芳风有后。

这篇哀赞共8句,首句表明与主人公曾共事,实赞谢君为榜样。第二、三句回忆与谢君为友初识之时,就已知他为公益鞠躬尽瘁。"罡罡"意为活动能力很强。第四、五句乃评价他的文才与人品。第六句是啬公得知噩耗和见到遗像的内心伤感和怀念之情。最后两句是表达逝者以及作者对其独

---

* 徐慎庠,海门市张謇研究会成员。

生女寄予厚望。谢君在啬公心目中是上海浦东最具影响力的人物,与自己倾心于地方事业志趣相投,事实也正是如此。

谢君即前清孝廉谢源深(1869—1920年)字志澄,号酉山,出生浦东医药世家。1894年(光绪二十年)中举以后,"'逆知时局日危……决计不应会试,致力于乡里公益',时年年有海潮为患,土堤冲决。为抵制外国势力扩张,在浦东搞非法占地,联合朱有恒、朱有常等人上书上海知县汪懋琨,于1906年6月,创办浦东塘工善后局,任董事"。他常带头捐资并身任修筑圩堤,开辟道路、桥梁、码头之役,并对浦东一带洋商勾结地痞、侵占滩地的丑恶行径进行斗争。有学者记载:"浦东塘工善后局,实际上是一个获得官方批准的民间组织,在浦东至1918年先后清理议结了英商亚细亚、太古、升平、怡和、威尔逊、梯司德、尔和丰、耶松,美商合义和、美孚,日商三井、川崎等十数家洋行侵占公地案,维护主权,获得卫乡护权斗争胜利。"1910年又创设问道小学(现为上川路小学)。他率领工程人员踏勘全浦东,并将浦东建设规划呈报上海知县汪懋琨。宣统元年(1909年)当选为江苏咨议局议员,始识议长张謇,对地方利弊及实施公益提出建议。浦东咸塘浜原为浦江支流,随着洋商开发已严重淤塞。于是,他计划并实施填平筑路,未料工程尚未完工,即于1920年初去世。后来筑路工程全面竣工,1922年浦东塘工局为缅怀谢源深先生所作的贡献,将这条道路命名为源深路,亦成为迄今为止上海保留的唯一一条以当地名士作为纪念的路名。

二、谢庭爱女纤纤　啬公赞"柳絮才"

啬公撰谢君像赞,并知道谢林风是樊增祥的弟子。樊增祥(1846—1931年)字嘉父,号云门,别署樊山,湖北恩施人。啬公与樊山初识于1909年4月21日,樊山年前由军机大臣张之洞举荐为江宁布政使,因赋红梅禁体诗,人称"红梅布政"。与许星璧(字东畬,时任江宁太守)、端方(字陶斋,时任两江总督)一起商讨咨议局建筑图定稿。樊为咨议局总办曾多次召集会议。同年9月16日,经过初选和决选,张謇以51票超半数人选当为议长。当啬公知谢女士有师从樊山的关系,便对她的来信给予关注。此后与她有信函往来,谢林风附寄诗作求教啬公。

1920年6月23日接林风信,次日啬公作《柬林风》《坳池对月》诗,《柬林风》有"咏絮清才不道盐,谢庭爱女正纤纤"句,这里用谢安与侄女谢道韫赏雪的典故,称赞她是工于吟咏的才女,并从她所寄来的诗中体会到她是一位柔美的女子。此后,诗书往来,特别是蔷公喜得长孙融武生,6月28日喜过三朝。翌日即东行视垦牧公司三闸地。此间正巧有林风来信并《夹竹桃》诗,蔷公兴致极高,在舟中作《有夹竹桃,排律十韵和林风》,全诗照录如下:

> 连理谁家瑞木栽,春余夏始此低徊。相当相对真花叶。奇女奇男孰介媒。墨采风流愁与可,绯衣人影隔天台。字输万个还千个,郎问前回接后回。笛好何心伍椽楠,露零满抱泣琼魂。逃虚或悟维摩色,结子应怜斗谷才。吴下园亭尝假顾,门前诗句已题崖。欲扶翠袖依香阁,凭染红笺上玉台。梦里潇湘疑有雨,落时窗簟愿为苔。猗猗灼灼经都贵,分付群蜂莫浪猜。

这"夹竹桃"是《夹竹桃顶针千家诗山歌》的一个民歌总集的简称,作者为明朝浮白山人,有人考证认为是《三言》作者冯梦龙。全集收123首。蔷公试作,并不按"首尾七言,中间四言"的格律,统以七言排律,唱和林风。我们无从知道谢女士原用《夹竹桃》的诗,因为其诗律本是曲调,可以任意加衬字,处理成情歌。殆为谢女士从樊老师那儿学到,但不愿接受艳体诗,而作了一些较为规整的正韵排律。这使蔷公感到此女子善于独立思考,心存爱怜。蔷公向有行舟途中写作的习惯,于是欣然命笔。诗作于1920年7月1日,诗句有"墨采风流愁与可,绯衣人影隔天台",还有"逃虚或悟维摩色,结子应怜斗谷才",表达了对原诗作的评价和怜才的真诚情怀,还主要诗意劝其找一位如意郎君。蔷公将诗作好,于7月5日在崇明寄出,次日回常乐,白天"乘汽油船视新河"。晚上"寄林风讯,次晨专送港"。当然,蔷公在信中将喜得融武孙生的消息告诉她。7月13日,"林风寄贺孙生诗"。蔷公收到她的贺诗,次日"以夏布一端寄赠林风"。一端,即二丈,蔷公之投桃报李,可见一斑。

林风赠诗,其目的实为欲拜前辈状元公为师。那么她在自称"天琴老人"樊增祥那儿也不是可以学到吗?其实不然,前面说过,蔷公已从她所作诗赋中,觉察到她不喜欢艳体诗。这里需要简述一些有关名士对樊山先生的评语。例如,"曩张文襄师最爱鄙文。每秦报至鄂,欣然披览。时对僚属诵之,且曰'云门下笔有神,每言出若口,必与人异',已而曰'藩司官不为小,而好作谐语是其一病',感念斯言,为之泣下"。史学家王森然评曰:"其诗才尤俊逸,瑰奇鲜丽,陆离光怪,芒彩万丈。其人清癯如鹤,好闻鼻烟,髭烟染成一色;手指极不洁,衣冠污秽,见者厌之。"又说,"晚近时流若谢寿康、刘半农震赛金花之名,或为制剧本,或为撰自传,盖颠倒于樊山文字之力为多焉"。

啬公知道樊增祥缘张之洞力荐官复原职,原任陕西布政使,因下属盐官贪污被劾。初相识不久,6 月端方调任地隶总督兼通商大臣,亦由樊山代护两江总督之职。至于谢珩拜樊山为师,也是由于其父谢源深在江苏咨议局任职时说合。所以,啬公虽与谢林风诗书往来亦有长一辈往来的因素。

三、林风专程拜谒　啬公喜收弟子

啬公刚寄出夏布,没想到第二天(7 月 15 日),"林风与上海周静君女士来谒。……喜为诗,爽直似男子。雪君留住于小筑。晚与雪君合置酒款之"。这是啬公当天的日记,也是与林风第一次见面。濠阳小筑与啬公住地濠南别业一河之隔,相距三四百米,次日"林风来谈诗,并以二十五日为寿诗见示"(农历五月二十五日是啬公 68 岁生日,亦是谢珩拜师晋谒之礼)。谢珩初谒即拜啬公为老师,并在濠南别业啬公书房畅叙,见于日后啬公所作《谢生三十初度》,全诗照录如下:

> 谢生故家歇浦东,幼耽文翰传之翁。时妆新学不挂眼,散郎爱摹林下风。樊山老人重奖假,近取求益来南通。自言婚嫁逐鸡狗,不如不嫁忘猪龙。道韫徒恨诉安石,孟光天幸随梁鸿。女慎适人若士仕,生语吾不能异同。雪宦女士立于绣,生奋学识期等双。三十而立圣年谱,生即始志亦已雄。为生初度策千里,左弧右帨庭当中。

此诗收录于《张謇全集·诗词联语》,知林风来南通之前向樊山师拟向状元公拜师学诗,所以"重奖假"。谈到婚嫁之事,诗中有七言四句,林风拟独身,啬公与之讨论,女士在选择对象以做学问与做官之间选择,啬公对此以"举案齐眉"的典故作喻,意即情投意合,且能男耕女织即最佳选择。殆啬公诗成后,为慎重起见,过后作了修改,所以没有写日期。林风与静君在南通逗留四天三晚,两女士去狼山游览,晚上在别业啬公与家眷一起隆重招待。回沪时啬公嘱家佣携行李物品送至码头,回报说轮船脱班,啬公日记云:"不知是日江风如何?"

啬公与林风初次见面,即以师生关系结为忘年交,也是继沈寿之后第二位女诗弟子,除日记中云"爽直似男子"外,在啬公另一首诗中有"发梳留髡两"句,说得相当明白,谢珩梳的是披肩发,完全是上海一副新派女郎打扮。后来师生之间互赠礼物,并互赠诗句唱和。不过有一桩,与此同时谢珩也与之结识,并详细知道沈寿的基本情况,也见证了啬公与沈寿在濠阳小筑的生活细节,这也是纯真的师生情谊。

四、女史拜谒状元　诗媛唁诗针神

因为啬公常到上海办事,所以林风更有机会与啬公约见。一次是1920年9月17日,淮海实业分银行开幕,啬公与三兄退翁"酬应竟日"。林风住处在蓬莱路119号,距地处九江路的银行很近,第二天"林风来谈"。一次是11月30日,沈寿主持的南通绣织局,由啬公出面"设计海外贸易,与女士谢珩议发网事"(《啬翁自订年谱》)。发网,是一丝织品,是妇女发髻所用的染黑的网罩,有固定和美化发髻的作用。林风即上海讲的"头子活络",能在上海与商界对外斡旋。

这期间,林风与常出入嵩山路90号冯超然家的女友孙琼华接触,谈及状元公健谈,平易近人及与诗唱和等情,使孙琼华十分羡慕,意欲拜谒这位尊长。

孙琼华,浙江诸暨人,号铁厓女史,钤印"璃华画记"。从父孙廷翰(字文荣,1861—1917年),光绪十五年(1899年)三甲第1名进士,亦工书画。受家庭熏陶喜习书画,拜冯超然(1882—1954年)为师,冯名迥,以字行,号涤舸,别号嵩山居士,晚号慎得,江苏常州人。早年精仕女,晚年专攻山水,代表作《李营邱寒林雪霁图》(画幅110×1 880厘米)曾于2009年嘉德秋拍以近200万元成交。另有传世之作《仕女捧桃图》《岁寒图》收藏于上海博物馆。孙琼华除跟冯师学画仕女,还喜欢仿玉壶山人笔意,玉壶山人即松江"改派"代表人物改琦(1773—1828年)字伯韫,号玉壶山人,因其画风秀逸,宗法华岩,也是女史私淑于玉壶的缘故。

1921年4月9日,林风与孙琼华相约同到南通,正赶上农历三月初二"东奥家庙落成致祭",啬公在剑山东麓有东奥山庄建一支庙。当晚留住东奥,林风殆有事先返沪,孙琼华逗留南通多日,于4月15日回沪。

1922年6月16日,琼华与林风两人第二次相约拜谒张南通。这次她带来她所画的观音像,作为贺啬公七十寿之礼,另外还有一花卉画册请啬公题款。啬公有《孙琼华画观音像》赋,赞曰,"以无住住,观真修修。善哉慧业,现此灵区",为专题观音大士塑画像之作所不多见。啬公为题画册,按平素生活习惯置于卧榻旁反复观摩,有诗序曰:"女士学画有年,此其前作,近希宋元益进矣。然此册正复楚楚有致。壬戌六月过余征题,女士友谢林风,我诗弟子也,为之敦促。朝夕偶暇,遂为成之,不复简别,女士固若多得我诗也。"在第一首诗中,啬公联想到三十余年前,在北京琉璃厂见到清初著名女画家马荃(字江香)画牡丹八十幅两大册,未能购得的遗憾。今将啬公《题铁崖女士画册》选诗两首:

苦学瓯香著意摹,妍指妙粉会婀娜。生愁楚舞东风里,一曲虞兮奈若何。(虞美人)

畦田种芍傍西山(西山村庐外种芍药二亩),花为妨根岁岁删。何似铅华寄缣素,晴窗一对一开颜。(芍药)

啬公仔细琢磨琼华所画的花卉,倾注自己的真情实感。如诗题芍药,所云西山自注西山村庐,选址在黄泥山北麓,因在狼山西,故称西山村庐,解放后曾辟为工人疗养院。前面有二亩地种芍药,可欣赏也供药用。

这里需补充一件事,就在吴琼华女士恳请啬公题画册之时,这引起同在冯超然家学画的师弟袁樊(原名心泰,1903—1963年)关注,也曾由谢珩介绍拜张啬公为师,具体详情未见日记,但是,《张謇全集·诗词联语》有载《赠袁生》五言十八句,时在1923年4月29日。诗赞曰:"十五学吟讽,好词润金碧。十七学画成,便瞰宋人室。十九学度曲,曼喉赴声律。""学度曲",系指向俞宗海(粟庐,俞振飞之父)学习昆曲。也是成名的画家,多才多艺。啬公在三绝《嘉袁生》序中叙事甚详,有"迫而鬻画……为订润例示余"语,奖掖后学,"期生终不至是尔,书三绝于其例后"。近期网传袁樊《临陆探微山水卷》啬公题跋中有:"意袁吴公子,朱蓝近可益,傥归与磨砻,千里王恽业。"诗,将袁樊与吴湖帆并称。冯超然也有诗跋称赞(此画还有何汝穆、俞宗海二名家题跋)。这里需补充一段谢林风与被誉为"针神"沈寿的交往。前面提到过啬公为沈寿发病没有及时回复林风的信和电报。沈寿始发病于1917年1月,半年以后啬公才逐渐知道病情和病由,先是安排谦亭养病。当年10月底濠阳小筑上梁结顶,后选定1918年2月16日"子时雪君移入借宅"。1920年3月6日(农历正月十六日),沈寿第3次发病,啬公在房门外搁一木板床守护，"辄警铜环问女嬃"，病人呻吟或有动静，叩铜环问保姆。
1920 年 10 月 5 日，"绣织局与女工传习所同时落成，沈寿移住局后"，有专
人轮流陪护。至 1921 年 1 月 18 日，沈寿第 4 次发病，当闭门谢客。所以，
孙琼华来南通没有与沈寿接触过。延至 5 月底，沈寿生命垂危，经中西医多
方救治无效，于 6 月 8 日子时正逝世，啬公"怆痛不可言"。林风得噩耗后撰
《吊雪君夫人六首》，其中一首为："一篇绣谱百年文，天下声名沈雪君。自立
精神传不见，传真应有薛灵芸。"薛灵芸，三国时期魏文帝曹丕的妃子，刺绣
技艺绝妙，被喻为"针神"。对沈寿被誉为"针神"薛灵芸，首见于林风诗中。
此诗于 1984 年重印《雪宧绣谱》，南通工艺美术研究所为之作跋时采用。谢
女士诗作六首，足证她与沈寿有过多方面的交流。还有一层，谢珩与啬公又
与沈寿的交叉往来中见证了张沈之间的纯真友谊，这与邹韬奋夫人沈粹缜
身为沈寿侄女一样，不仅是"存史"而且有"教化"的作用。

五、精心呵护友情　沁人心脾如兰

　　林风与啬公不仅书信往来，且多次到南通来，向老师求教，并与家人相
处甚洽。张怡祖亦"有专讯与之"。1922 年 10 月 2 日（农历八月十二日）民
国十一年八月十二日（1922 年 10 月 2 日）啬公午后去东奥山庄，为九月初
九重阳邀请一些朋友到山庄聚会，先给山庄的管家及佣工报个信作好一应
准备。日记中唯提"与林风讯"，意即邀她来作客。果然，林风应邀提前于初
七日来南通。为什么啬公要提前二十多天写信通知她呢？因为谢林风活动
能力较强，在上海就有浦东或蓬莱路两居所，也或许到南京樊山师那儿，所
以提前写信。啬公见她应邀聚会，有诗《喜林风至》一首。
　　　　汝约重阳到，重阳为汝晴。画诗增箧重，风日快江行。菊对前人
　　好，杯因别意倾。溪山终窈窕，鱼鸟亦将迎。
　　东奥山庄在南通剑山的东南麓，故称东奥山庄，此次重九集友聚会，啬公
与其叔兄共同举办。啬公在日记中以及作诗，足见他对这位女弟子十分器重。
　　林风回见樊山师 8 个月后，到 1923 年 5 月下旬林风向啬翁索小楷。啬
公《日记》中有这样的记载："为林风作小楷，久不作楷，目不眵而指腕生。"断
断续续，连头带尾花了 5 天时间"作小楷六纸竟，寄谢生"。刚寄出的第三
天，啬公收到她寄来的照片，啬公"率纪以诗"云："思发春归后，人来月满余。

慰情孤坐里,亏魂一弦初。寸步觇天命,三生怪子虚。料应飞不去,长伴满床书。"此诗啬公感叹人的三世轮回,虽年逾古稀,还是"长伴满床书",无奈是多年的习惯。半个月后,林风专程来看望她的老师,啬公记"谢生来晤"。

1924年1月27日(腊月二十二日),因前几天有新疆督军杨增新等人来访啬公,带来新疆特产大宛葡萄和哈密瓜,特地分赠寄林风、琼华,诗云:"宛夏葡萄哈密瓜,远来万里督军衙。殷勤分与江南客,助尔辛盘笔上花。"作为迎春度岁的礼物,赠给沪上两才女,啬公之情谊,可非寻常。

5月10日,林风给老师寄来小礼物及书信,当天啬公有感而发,诗题《林风馈角黍清酱》,诗七律云:"口腹累人烦手制,裹蒸瓿酱似诗工。赤心战栗何由答,泥泥江南豆影红。"角黍,俗称粽子,从诗中可以看出林风是一巧手,裹了足够老师一家人吃的粽子,还有亲手酿制的酱油,都是很实惠的食品。啬公也不含糊,第二天即回信,并回寄蒸饼。

再说,后来成为近现代沪上女画家的孙琼华,虽不是啬公弟子,对她的画作题款都有求必应。自题画册以后,琼华女士诚请啬公为题画作不多,留有为题画屏二款,以及最为精心的是为她所作《画兰赋》,时为1923年9月26日,全赋289字,今录此赋的下半阕。

春怖兮惜惜,秋堂兮泠泠。芬菲兮自袭,绿叶兮紫茎。辞萧避艾,若矜若隘。青青无妃,左蘅右篱。葳葳蕤蕤,素心自知。尔乃是兰是人,味同意亲。妆余绣罢,凝睇写真。入芝室而得友,偎绮石而愿邻。琴几香凝,筠帘罥人。翠袖琴闲,冰瓯笔涤。献无所而独芳。握谁予而不得。何公子之可言,望骚人兮如接。花盈盈兮视正,叶婷婷兮反侧。开奁镜而近庄兮,呼湘灵而默默。

显然,一是琼华女士擅画仕女、山水,且工书。晚清书画鉴赏家、沪上著名画家陆俨少(琼华师弟)的启蒙老师王同愈,称琼华书画作品"笔墨秀劲,力争古人,无纤毫闺阁态,不可多观也"。其师冯超然在她的一幅《拟王蓬心山水》亦题:"是纸为琼华女弟所临、苍润秀逸兼而有之。"二是啬公欣赏琼华所绘兰花,确实热情奔放,感慨多端,拟人拟事,如芝兰的清香淡雅跃然纸上。

谢珩女士听从啬公劝导,嫁一如意郎君。日记中未见具体情况,笔者遍查资料,一时无从查考,唯啬公赠联,曰:"初日芙蓉家咏熟,好春杨柳玉郎新。"1926年8月24日,啬公逝世。谢珩女士有唁电。

依托上海　接轨上海
规划上海　建设上海

——浅议张謇经济社会事业中的上海印迹

黄鹤群*

纵观张謇的一生,依靠实业,创造利润,兴办社会事业。其创办的社会事业,领域宽泛,涉及面甚广。但无论是企业还是事业,无论其借水行舟的思路,还是借脑聚智的用人,无论是前店后厂的模式还是集聚资金的理财等,都与上海密不可分。他充分利用地缘、人缘、商缘、文缘之便,依托上海、接轨上海、规划上海、建设上海、发展上海,谋求经济社会的发展、国家事业的兴旺。其睿智的谋略、远见的卓识,实在是世所少见,令人钦佩。

一、立足南通,依托上海,推进大生集团各企业的创办和经营

1895年,张謇受甲午战争失败和丧权辱国《马关条约》的刺激,毅然弃官经商,走上实业救国之路。从何入手办实业? 张謇脚踏实地,就地取材。他首先想到,南通滨江临海,自然环境优越,盛产优质棉花、稻麦和蚕桑。尤其是棉花,"通产之棉,力韧丝长,冠绝亚洲"。[①]"故自营心计,从通海最优胜之棉产始,从事纱厂。"[②]于是,他利用当地的资源,通过股份制进行融资,积极创办以棉花为原料的大生纱厂。终于在历经千辛万苦之后,于1899年竣工开车生产,获得成功。张謇在创办大生纱厂之时,就意识到上海作为近代中国经济中心城市,在资金集聚、人才荟萃、技术支撑、市场贸易等方面拥有无可替代的优势。所以,他利用地缘、人缘之便,紧紧依托上海,用以催生和

---

　*　黄鹤群,张謇研究中心成员。
　①　李明勋、尤世玮主编:《张謇全集》第2卷,江苏古籍出版社1994年版,第17页。
　②　《张謇全集》第2卷,江苏古籍出版社1994年版,第384页。

助推他在南通诸多近代企业的创办和经营,取得了显著成效。

(一) 为大生纱厂筹集资金,在上海专事招集沪股

张謇从官场转入商界,其手头并无资金,要创办实业唯有通过社会集资。张謇所办的大生集团的发展主要依靠借贷、集股。即使后来企业有了部分盈利,也大多数被张謇用来投向社会公益事业。可以说,他始终没有建立起稳固的资本基础。因此,资金短缺一直是困扰张謇事业发展的瓶颈。但张謇一生交友甚广,不乏军政大员、豪绅巨富、地方名流等,特别是他在上海这一全国最大的金融中心有不少熟人朋友,加上通沪仅一江之隔,这种人缘、地缘因素,自然使张謇将上海列入筹措资金的首选之地,依靠上海的金融资本壮大自己的事业。1895年,正是张謇筹建大生纱厂的起步之时,他首先与当时的上海商界巨子严信厚取得联系,商洽贷款事宜,后因其条件苛刻而未成。但他并未因此而终止与上海有关金融机构的合作,经不懈的努力,他终于从上海中国通商银行取得了大生纱厂急需的贷款。

为解决资金问题,张謇还诚邀上海广丰洋行潘华茂、郭勋等为沪股董事,与沈燮均、刘桂馨、陈维镛等通股董事一起,集股办厂,相约如"通股不足",则"沪股补认",并由潘、郭等在沪上专事招集沪股。起初,因纱布行情不好,集股不顺,有的已入股的"沪董"也找种种理由退股。后来,纱厂开工一年后即盈利,发展势头甚好,原先退股的"沪董"又重新要求入股。上海的官僚、钱庄、布商等,甚至像上海栖流所等一些慈善团体也积极入股,上海的资金源源不断地流向大生集团企业。自此之后,张謇所办的企业多数采用股份制形式在上海集资,例如,上海股东的资金占大生轮船公司总股份的62.5%,占上海大达轮步公司总股份的70%。张謇在上海集股融资为其成功创办企业、发展事业奠定了良好的基础。

(二) 在上海设立事务所,为大生企业拓展业务

早在1897年冬,大生纱厂竣工开车前夕,张謇就在上海福州路广丰银行内附设账房,料理货物资金的往来。后于1907年改称大生上海事务所,几乎囊括了大生集团各家企业所有的物资机件采购、产品运送销售款往来、银钱汇况、进出口、投融资等事务,甚至还负责有关大生企业大型建筑包工、实业盐垦等人员的食宿往来,成为其"中枢神经"。特别是在1913年之后的一段时间,由于大生集团各纺织厂连年盈余,业务项目不断扩大,大生上海

事务所又承担了置办布机、批售布匹、付货收款等业务。当时，沪上的一些银行、钱庄纷纷向大生上海事务所提供信贷。大生企业集团内的数十家企业凭借银行、钱庄的信贷，注入资金，全面扩张。张謇顺势而为，干脆将大生上海事务所改组为外汇调剂中心和金融融资、投资中心。这种功能的改变，使大生上海事务所成为大生企业与上海银行业融资的桥梁，也为大生企业集团诞生出一个真正意义上的银行机构积累了经营经验。与此同时，大生上海事务所的业务范围也随之从国内扩展到国外，像南通绣织局的绣织品和发网还远销美国纽约，复兴面粉厂的二号面粉运销日本等。这些出口产品的运销、报关、结汇以及银根调度等，均由大生上海事务所张罗办理。从中可看到，张謇的实业活动把办在南通的大生集团作为生产厂家，而把上海则作为原料采购和产品销售的中转站。这种经济功能的架构，用现在时髦的说法是一种"前店后厂"的经营模式。

（三）去上海招募业务骨干，为企业提供技术支持

大生纱厂的开业需要大量工人、技术人员和管理者，尤其是纱厂需要女职工。起初，其来源绝大部分是向附近农村招募的，但由于这些农村妇女缺乏技术，进厂后不能熟练操作。特别是纱厂缺少懂机械的技术工、懂管理的带班人。张謇意识到，上海是全国智力劳动者最为密集的中心，于是就从上海招了一批懂机械的机工、懂管理的工头和熟手女工。张謇称："我国之有纺织业也，缘欧人之设厂于上海始。欧人之始设厂，辄募我十数不识字之工人，供其指挥；久之此十数工人者，不能明其所以然，而粗知其所受指挥之当然。由是我之继营纺织厂者，即募是十数工人者为耳目，而为之监视其工作者，都不习于机械之学，强半从是十数工人而窃其绪余。"[1]由此也开启了上海的智力劳动者向苏北移动的先例。

（四）从上海采购大批原材料，又将所产棉布销往上海

大生纱厂竣工开车后，其所需的原材料大多数是从上海购买，所产的棉布等产成品再销往上海出售。据载："本年全年用棉二十七万二千余石，陆续收花总数仍占用量百分之九十四，其中通购百分之五十六，沪购百分之十八，花纱交换百分之二十六，至全年纱布产量不但未受影响，且较上年增加。而销货数量则仅占产量百分之九十四，纱销通居百分之四十九，沪居百分之

---

① 《张謇全集》第4卷，江苏古籍出版社1994年版，第130页。

五十一,布销通百分之十八,沪居百分之八十二。"由此可知,大生纱厂自创办以来一直与上海保持着密切的关联,且一直延续到解放前夕。1948年,该厂全年实际销售的棉纱,上海占73%,南通占27%;实际销售的棉布,上海占93%,南通占7%。大生企业所产棉纱、棉布销往上海后,有的再经捎客运销天津、江西、福建、烟台和四川等地。

(五)创建广生油厂等系列企业,经上海中转产品销往欧美东洋各埠

继大生纱厂创办后,张謇不断向前后延伸产业链。向前延伸主要是成立通海垦牧公司,种植棉花;向后延伸除纺纱织布外,还对棉花脱籽后,将棉籽榨油。于是,张謇又在南通的唐闸开办了广生机器榨油股份有限公司等企业。"通自有大生纱厂以来,四乡棉产旺,棉核出数因亦日增而流于外。土法榨制不良,油既混浊,饼亦粗杂。张謇念大生纱厂所轧棉核数亦匪细,与其以生货卖出,不如自制熟货,因倡议就通创榨油厂,专榨棉油以利用之。"①于是,张謇"择地唐家闸大生厂之北,禀案纠股购机建屋,自光绪二十七年夏议办,二十九年春告成"。"其制法参仿美国名厂,其资本初仅集股银五万两,嗣以机器系廉价转售上海华盛纱厂前代山西办而未用之件,式样旧而榨床少,出货不多。二十九年秋,续招股银十万两,添建新厂,购置美国机器,周岁竣事。自此每日夜可榨棉核八百石,出货增多,销路日畅。"广生油厂的设立和经营,也与上海保持着密切的关联。其油厂所产的棉籽油,"销于本地者仅十之二,余皆运销上海、常州、江宁等处,有时由沪上各洋商购销欧美。屏除通海两境尽销外,余数尽由沪上日商购运东洋各埠行销"。②从这里可看出,张謇所办的各种企业,或采购原材料,或销售产成品等,都与上海有关联。在张謇的苦心经营下,大生企业系统获得了突飞猛进的发展。据统计,至1923年,其资本总额达到了3 448余万元,为当年荣氏家族的申新、茂新、福新企业系统资本总额的3.5倍以上。显然,上海的经济地位为张謇开办企业、开创事业提供了广阔的市场空间。

二、开通航运,接轨上海,发展联结东西南北的水上航运业

南通虽与上海隔江相望,但因受长江之阻隔,在近代航运业兴起以前交

---

① 《大生企业系统档案选编》,纺织编(二),第282页。
② 《南通地方自治十九年之成绩》,南通翰墨林书局1915年版。

往甚为不便,南通盛产的棉花及土布,多数运往北方销售。自大生纱厂开办后,张謇为解决工厂购运物料的输送问题,决定发展南通与上海的水上运输业。

(一) 开辟上海至南通的航线,缓解企业原料与产品的购运问题

大生纱厂创办后,有足够的棉花、棉纱、棉布、金属材料需要通过上海中转运输。但上海港口轮船、码头却被外国人占据着,国内的一些沙船运输业经营艰难,多数被外国轮船公司挤垮而不得不倒闭破产,外滩沿江码头也被外国人蚕食改建为洋码头。张謇看到这些情况甚感不平,即举笔致函农工商部,尖锐地提出"自外势日涨,关卡官吏慢而媚外","同一民船也,此受雇于华商,则难需索,节节阻滞;受雇于洋商……则理直气壮,处处畅行"。但是,农工商部收到此函后却置若罔闻,无动于衷。张謇感到,要靠政府来解决此事已经不太可能,唯有以自己的力量付之以行来改变局面。1900 年,张謇就自筹资金,依托大生纱厂办起了广生轮船公司,并作为其附属企业,购置客轮,开辟航线,往来于沪通之间,缓解了企业原料与产品的购运问题,扩大了南通与全国各地的物资交流。

(二) 集资设立上海大达轮步公司,创办联结通沪近代航运业

由于刚开辟通沪航线时,只有一艘小吨位的"大生"轮,运输能力极为有限,不但不适应大生系统企业业务量的扩大,而且常受外轮欺侮,有时船到沪后不让靠近码头,甚至制造种种麻烦。张謇经权衡利弊,反复斟酌,决定集资创办沪通之间的近代航运企业。他与沪上的名绅李厚裕联合筹集了一笔大额资金,以高价租下从黄浦江南码头到十六铺 4 700 米长的江岸线,并以低价收购了祥茂公司,于 1904 年设立了上海大达轮步公司。为了大力发展航运业务,张謇还在上海改建了码头。在十六铺以南,虽然有十多座码头,但都是踏步式的砖石台阶,仅适宜于停靠沙船、小轮,无法停靠大轮船。张謇下决心拆除了旧码头,建造了 7 座新码头,统称为大达码头,为发展近代航运业奠定了基础。

(三) 调整轮船航线,使上海成为中外百货的集散地

为了扩大运力,张謇又于 1904 年在南通天生港建造了码头,成立了天生港轮步公司,开辟了天生港至上海的轮船航班。1906 年 5 月,广生轮船

公司订造的"大新"轮投入营运后,张謇调整了轮船航线,由"大新"轮开航上海至南通航线,而"大生"轮则航行于上海—海门线。这两条船的客货运输业务,均由上海大达轮步公司代理经营。1908 年,上海大达轮步公司又从上海洋商—太古洋行购得两艘小轮,取名为"大安"和"大和",相继投入营运,并将上海至南通的航线向上游延伸。据海关资料载,"经当地制造商向中国政府申请已于 1909 年 7 月 17 日开放位于上海、镇江间长江左岸之通州天生港为停靠港"。①1910 年,大生轮船公司并入上海大达轮步公司。此时,上海大达轮步公司已拥有 4 艘轮船,载重量为 1 630 余吨,资本为39.7 万余元。1922 年,张謇一口气又从国外进口了 19 艘轮船,一时运力大增,打破了外轮公司在中国航运的垄断地位,使上海成为中外百货的集散地,也使南通土布等物资改从上海运往全国各地。

三、规划吴淞,开发上海,创造性地描绘城市区域的良好蓝图

历经数年,张謇在经营实践中深感大达轮步公司规模小,运输能力弱,不能适应企业开展国际贸易的需要。为扩大经营,拓宽市场,开发上海,他首选吴淞作为其开辟国际商埠的试验基地。吴淞位于长江出入口的咽喉之地,是中外船只进出上海的必经之地,其地理位置和军事形势都十分重要。早在 19 世纪中叶,随着我国逐渐对外开放,吴淞口便成为海内外船只进出上海以及长江口的主要通道和锚泊转运地,原来并无地位的吴淞镇因此而日益显赫。19 世纪末,随着外国资本加紧渗入,吴淞宣布自行开埠。然而由于众多的原因,开埠的各项工作难以开展,进程缓慢。张謇看中了这块宝地,决定亲自来规划吴淞,描绘城市区域的美好蓝图,进而为开发上海添上"点睛之笔"。

(一)"为改良商港容纳大舰船计",积极倡导开发吴淞商埠

甲午战争后,张謇逐步认识到,只有不让"外人收买操纵""不受外洋挟持"的策略思想贯穿于自己的创业实践之中,才能坚持独立自主的海外贸易。他十分清楚吴淞与上海在对外开放和发展实业救国中的重要地位与作用,清醒地看到"自欧战停后,世界商战,将在中国;中国形便,必在上海",提

---

① 《旧中国海关总税务司署通令选编》第 1 卷,中国海关出版社 2003 年版,第 651 页。

出要把上海开辟建设成为"东方的绝大市场"和"国际化大都市"。他认为，"上海距江浦交错之处四十余里，轮船驶入，多费周折。吴淞接壤上海，濒临浦江，为国内外货物运输之门户"。①吴淞与上海"壤地相接，足以自图，设更延回，行嗟何及"。他掂量了吴淞开埠的重要性、紧迫性与必要性："上海商务囿于租界，局促一隅，人满为患。""欧战以后，贸易发达，海泊吨数亦日渐增加。为改良商港容纳大舰舶计，因势利便，吴淞较优于上海。""吴淞地位宽气清洁，为一良好消纳之地。"②因此，张謇积极倡导开发吴淞，使之成为重要商埠。

1921 年初，江苏省长、督军齐燮元报北京北洋政府批准，任命大实业家、南通张謇担任吴淞商埠督办，重开吴淞商埠，在商埠规划区内实行高度自治。这为张謇实现自己建设吴淞国际大港和"东方的绝大市场"的愿望提供了平台。张謇受命后，以 68 岁的高龄，怀抱雄心壮志，赶到上海吴淞之地，渴望一展宏图。

他赴任之后，倾力而为，直陈"本督办僻处海隅，叠膺重任，自维年大，深惧弗胜，只以淞沪接壤，沪已有人满之患，淞而不图，恐拓界容民，人不我待。是以勉暂受命而不敢辞。所愿政府地方各尽本能，共相策进，庶天然形便，不至坐失时机"。③从这里可看出，张謇不负重任，踌躇满志，竭尽全力地开发吴淞商埠。

（二）提出《吴淞开埠计划概略》，阐述开发吴淞商埠的发展思路

张謇对吴淞开埠的思路，与第一次开埠的主持者以及上海和其他地方自治事业的领导人有所不同，他既有开发建设地方和开拓工商业的经验，又亲自出洋考察过，具有贯通中西的学识和视野。他在勘测调查的基础上，提出了《吴淞开埠计划概略》，文中首先评论了先前开发商埠不了了之的缘由，主要是"埠政仅筑数条而止，盖误于无全盘计划。而先枝节筑路，致地价骤变，徒供地贩投机，转使商民裹足。在各国旨在谋上海门户之自由，借以伸外势，本不欲吴淞自成一市，以分上海租界之势。此前清开埠半途而废之原因也"。接着，他对开发吴淞商埠提出了"分三步走"的"入手方针"：首先，测绘精密地形，将全部道路、河渠位置，预为规定；其次，考证各国建设商埠成

①② 《张季子九录·政闻录》第 9 卷，第 23 页。
③ 《申报》1921 年 2 月 24 日。

规,拟为分区建设制度;再次,以所拟分区制度,征求公众意见,认为妥善然后实行。同时,张謇还列出了道路建设、码头建设、蕰藻浜疏浚、铁路线开辟、电车线开辟、公共设施和公用事业建设以及分区设置的各个具体设想。其中,分区的主张,是要将吴淞划分为工业区域、仓储区域、住宅区域、教育区域和劳工区域。张謇不但在规划内描绘了开埠蓝图,而且还慎重地提出了在市内先建一个试验区,即"兴一模范市街,为全埠建筑之圭臬"。具体细化为:"拟择适宜之区,依法收地约一万亩。留一千亩为局所、大公园以及运动场、演讲堂、公共事业之用;以二千亩辟街道;其余七千亩为市有公产,由市划分地段,招商承租。"同时,他还提出:"在模范市街界址以内,筑路之费归租商负担,水电事业亦归租商自筹。"这一思路就是说,"以正块之地,借公众之力","创造一市,为全部模范"。用今日之说法就是先行试点,取得经验后再在面上推而广之。张謇在《开辟衣周塘计划书》中也指出:"沿浦马路内外商场、轮埠同时并举,合计东西南北周围二三十里,以与英法美租界比较大小,不相上下,且扼淞口之咽喉,出入商业操吾华人之手,成为东方绝大市场,挽回主权,在此一举。"①足见张謇的开发思路有理有据,清晰可见。

(三) 描绘城市规划的良好蓝图,开创性地提出了实施方案

作为一个城市规划大纲,应是一个城市建设的轮廓和基本的原则而已,但张謇提出的《吴淞开埠计划概略》,却十分详尽精细,其思路和方法也十分可取:一是充分研究了世界各国商埠和大城市开发、发展的经验,借鉴运用了国外近代先进的城市理念,特别是开发新城市的一些新颖思想,向国际先进水平跨进了一大步,为中国城市开发建设提供了一种新鲜的、进步的模式;二是张謇在规划中,阐述了吴淞商埠的开发思路,既有城市理论,更有实际步骤,两相融合;三是张謇着眼于吴淞商埠开发的整体,提出了扩大埠界范围、建立新市中心、采用分区布局等重大决策,比较全面地制定了有关内外交通、港口、河道、公用事业、社会公共设施等具体措施。他按照先勘测、后规划、再实施的步骤,考虑周到细致,所提出的具体措施也切合实际,谨慎为之。诚如他所说:"工商事宜,必因地制宜,预为规定。庶易发展蕰藻、泗塘两岸,为天然之工业区域。"故他提出:"区域之计划,关系最为重要。拟俟详细画图编制完竣,再经市政专家品评。"这在当时中国基本上还没有一个

---

① 南通市档案馆馆藏档案 G02-111-238 卷。

近代化城市设计的情况下，能开创性地描绘出一个中小城市城区的蓝图和实施方案，实在是难能可贵。

张謇一方面在沿江筹建公共码头堆栈，另一方面规划各工厂聚业场所，并派出勘测队前往吴淞。按照张謇就任吴淞商埠督办后拟定的计划，吴淞包括原吴淞的殷行、江湾全乡及部分杨行、大场、刘行、彭浦等乡，面积达430平方里。如果吴淞适逢太平盛世的话，则按照规划"次第实行"，步步推进，必有所为。然而，由于实施计划所需的经费投入严重短缺，政府财政拮据，捉襟见肘，难为无米之炊。故他在就职宣言中大声疾呼："开埠云云，需费浩繁，岂仅成立一行政机关所可济事？ 国家财政支绌，苏省岁计亦甚不足，有何财力经营此埠？"由于政府财政确实空乏，呼吁再强烈也无济于事。尤其糟糕的是，接着战火滚滚而来，张謇所经营的产业全面陷于危机，吴淞商埠开发大势已去，张謇信心崩溃。1925年1月，他无奈地向北京政府发出了辞职电报，这等于宣告吴淞商埠开发的结束。

张謇的城市规划尽管未能付之现实，但其规划理念的先进性，在后来的实践中得到了验证。1929年，上海特别市政府制定了"大上海（建设）计划"，这与张謇当年设想的极为相像。显然，张謇当初的规划思想和方法已被吸收到了后来的实践中，并得到了相应的延续。毫不夸张地说，张謇是最先关注上海浦东地区，是最先身体力行地以先进的城市建设理念设计规划并独立自主地开辟吴淞商埠的第一人，是建设上海"东方的绝大市场""东方大港"的奠基人。

四、经营银行，发展上海，为确立国际金融中心的地位奠定基础

现在，上海是公认的国际金融中心、现代化的大都市。但追溯近代历史，其国际金融中心的地位也不可忽视当年张謇所打下的基础。

（一）兼营金融，向产业资本与金融资本结合经营的领域挺进

1913年，张謇将大生事务所改组为大生外汇调剂中心和金融融资、投资中心，这一功能的改变，使上海事务所成为大生企业与上海银行业融资的纽带和桥梁。1920年1月，历时长达9年之久的筹划，在南通正式成立了淮海实业银行。翌年，又在海门、扬州、南京、汉口、上海、镇江、苏州等地开

设淮海实业银行分行,并在盐城阜宁、东台各垦区等地设立分理处。由于淮海实业银行营运情况被十分看好,本金日渐殷实,声誉鹊起。张謇为拓宽业务之需要,于 1921 年 9 月,在上海购买了九江路 22 号大厦,改名为"南通大楼",在此开设了淮海实业银行上海分行。这历史性地标志着张謇创办的大生企业集团已开始由产业资本经营迈向产业资本和金融资本结合经营的层次了,也标志着张謇在创建金融体系方面的努力结出了硕果。

(二) 享誉盛名,临危受命上海交通银行总理一职

始建于 1908 年的交通银行(以下简称交行)是我国历史上最悠久的银行之一,也是中国早期的发钞行,国民政府时期的四大银行之一。1912 年 3 月 10 日,袁世凯在北京就职大总统,任命梁士诒为总统府秘书长,5 月梁士诒又兼任交行总理,与中国银行共同承担起中央银行的职责。20 世纪 20 年代初,由于交行经营不善,屡次遭受挫折,陷入了前所未有的困境之中。1921 年,上海交行再度停兑,总理曹汝霖引咎辞职。在交行无主期间,有人乘机提议中行与交行合并,这实际上是预谋吞并交行。交行协理陈福颐邀请南方各董事北上商议。上海交行经理钱永铭到京后,认真总结,据理力争,认为交行之所以遭受如此挫折,关键在于与政局过分挂靠,行政性太强,没有独立自主地按企业化的经营方式运行。因此,建议交行总理的职位,应选择具有充分实力但又超越政治的人物来担任。于是,经过董事会决议,聘请张謇任交行总理。当时,交行总秘书谢霖在第一届行务会议上关于行务状况的演讲时就说:"张、钱二公或因本行关系社会经济,或以在行年久,不忍坐视沦替,毅然担任,内外钦佩,自不待言。"①

(三) 启用能人,倾力改变"交通系"原经营管理层

"交通系"是 20 世纪初中国最重要的既得利益官僚集团之一,它的创建和领导者是广东籍的学者型官僚梁士诒。其人于 1894 年获得进士功名,在袁世凯及其主要外交财政顾问唐绍仪的支持下进入邮传部。邮传部成立于 1906 年,经营管理所有的交通事业。其间,梁士诒通过其不正当的政治手腕,结党营私,密织了一个由官僚和财政把持的权力网,并不断地在内部体系的重要部分安插自己的亲信,其中最重要的有叶恭绰、关赓麟、关冕钧和

---

① 《中华民国史档案资料汇编(辑三金融)》,江苏古籍出版社 1991 年版。

赵庆华等人士,这构成了梁士诒所领导的"交通系"的中坚。与此同时,"交通系"中的亲属、同乡、师生、部属、同僚、姻亲以及结拜兄弟等关系,占据了主导地位,表现出特殊利益集团的属性,他们的政治行为本身不能自主制约社会发展的大趋势,而是大多依附政治强权势力,更多的是个人利益上的趋利避害。因此,张謇受命交行总理后近三年时间里,通过改选董事,倾力改变"交通系"依附政治强权势力和特殊利益集团属性,在用人上逐步启用能人进入管理高层,安排了江浙一带金融界的熟悉业务的能人进入管理高层,逐步改变了创办人之一梁士诒在"交通系"独揽大权、独霸一方的状况。当时著名的金融学家徐沧水就认为,通过选举,显露出了交行前途新曙光。他说:"交通银行现改选新董事,另推总协理,今所推选之重员,或曾在交通银行担任重要职掌,熟悉行务者,或现在他行从事银行业务,通晓商情,交行职员经此更新,或为前途之新曙光欤。"①

(四) 大胆改革,规范交通银行重振元气

由于自身具备的实力、威望以及时代的需要,张謇临危受命担任交行总理一职。1922 年,张謇与上海交行原经理钱新之(即钱永铭)搭档,分任交行总理和协理,主持交行的全面工作。张謇认为:"交通银行者,中央银行之一,政府之隶,而人民之资,夫人民之资,亦政府之利也。"②正是出于对政府负责,对人民负责,他呕心沥血,费尽心思和精力,挽救交行的危机。张謇在1924 年 2 月的行务会议上,阐述了自己的主张:"我行前此迭经风潮,元气为之索然,平昔虽中交并称,而自蹉跌以还,活动能力究较中行为逊,目前之计,须先培植元气,以谋基础巩固,然后进可以战退可以守,以此长治久安之策也。"③为此,张謇以实业家的风范,对交行进行了多项业务改革:一是对交行的纸币发行作了一次重大改革,纸币发行由原来的附属营业而改为独立营业。二是将全国交行纸币发行区域,划分为哈尔滨、奉天、天津、汉口、上海五个区域,每个区域设立发行准备库,发行该库地名的纸币。三是将准备金公开,定期邀请社会团体检查发行,以巩固交行的信用,从而使交行逐步规范,重振元气。

---

① 徐沧水:《交通银行前途之曙光》,《银行周报》1922 年第 6 期。

② 《交通银行第二届行务会议记事(1923 年 7 月)》,上海市档案馆藏,档号 Q55-2-360,第 1 页。

③ 张謇:《开会词》,《交通银行第三届行务会议记事(1924 年 2 月)》,第 13 页。

（五）稳健操作,使交通银行迅速走出危机

张謇在主政交行期间,逐步改变交行过分依赖政府、听命于行政指挥的状况,在经营上追求稳健型操作。他发行了民国三年版国币券、民国九年版哈尔滨券和无年份辅币券;并增印了民国十二年版奉天券,以替代该区即将用罄的民国二版券。这几版纸币,都有张謇签字发行的。由于张謇签发的这几种纸币,正处于交行低谷时期,较他人的发行量稍少。在张謇任上,他精简机构和费用,逐步改变分支行割裂以及机构膨胀的状况,行风上提倡员工勤俭,追求公开和简朴。他,"将 60 余处分支行裁减为 39 处,费用预算由 250 万元减至 120 万元"。①为节省印钞成本,张謇改向印价较低的英国华德路公司印制了民国十三年版纸币,可惜此纸币未到发行,张謇就已离任。

（六）清欠旧账,积极完善交行放款制度

张謇主政交行期间,完善了银行放款制度,积极清理旧欠。1921 年 11 月,交行召开行务会议,规定了放款五项原则:"一是军政借款一概婉拒;二是凡官厅及在职人员,须有相当实在的押品方能放款;三是上项规定,不得以代理金库之故有所通融;四是从前政府欠款应速整理;五是商业投资应严格限制。"②1922 年 9 月,经董事会作出决议,成立了清理政府欠款处,派员专办。这在交行的历史上首次将 1922 年前政府各部门的欠款进行专门稽核,将政府账务分为财政账、交通部账和其他政府机关欠款三类。

总之,张謇在上海交行任职虽然不到三年时间,但他为交行走出低谷,重振元气,作出了重大贡献,所取得的成绩有目共睹。一方面,交行成功地避免了被兼并的危险,"这件令人不快的事件(指中行与交行合并一事),表面上看似乎不可避免,而结果却因为张謇的接受任职而立即发生了转变"。③另一方面,1925 年,张謇最终在外部压力下卸任,但在他的主持下,"交通银行的窘迫年境已经有了很大的缓解,并呈现出复苏的迹象"。"所有前任所耗,以盈剂虚,亦以过半。"④可以说,此时的交行已基本上走出困境,经营状况也大为改善,张謇对此起了很大作用,可谓功不可没。

---

① 洪葭管:《金融话旧》,中国金融出版社 1991 年版。
② 《民国十二三年来清理各项债务之经过》,《交通银行月刊》1925 年第 1 期。
③④ 《张謇全集》第 2 卷,江苏古籍出版社 1994 年版。

五、创办教育,建设上海,对我国教育事业产生重要的影响

张謇不但以其独特方式为南通引进上海的人才,如通州师范学校在上海聘请王国维等国内著名学者赴通教学,而且还直接在上海进行了办学实践。他在上海创办了江苏省立水产学校、吴淞商船专科学校,参与创办了震旦学院、复旦公学、上海商科大学,支持中国公学、同济医工学堂的复学等。所有这些育才增智的事业,对上海乃至中国的教育都产生了深远的影响。

(一) 在上海成立了中国最早的省级教育团体,后成为官方的辅助机构

1905 年 10 月,张謇在上海老西门外方斜路上创办了江苏学务总会,他亲自任会长。这个总会成立之时就拥有会员 175 人,至辛亥革命前夕很快发展到 600 多人。此会于 1906 年改称为教育总会,1912 年又改称为江苏省教育会。这是全国第一个最早公开成立的教育会,直至 1927 年被国民党当局解散。江苏省教育会成立之后吸引了大批人才,包括不少社会名流、绅士,他们都是地方上有一定威信的知名人士,其中有不少的人还曾任过各种官职,是省级督抚大吏或地方官推行新政的依靠对象。例如,黄炎培就是最早参会的成员之一,并于 1914 年起任教育会副会长,成为该会的主要领导。教育会不仅是一个从事教育改革的推动机构,而且也是新式绅士的权力基地。在教育会的推动下,1906 年清政府正式承认了教育会的合法身份,将其确定为官方的辅助机构并隶属于提学使管辖。教育会成立后,原来文士不准参与地方事务的禁区从此被打破。教育会还经常调查研究教育情况,组织人员编写教材,定期组织有关人员举行专业活动和新教学方法的试验。教育会还经常在上海的会所组织演讲,邀请中外教育家或专业人士介绍新思潮、新方法。全国教育会联合会也是在其促动下成立的,足见其影响之大。

(二) 奏章提议在上海创办水产学校,后因故筹设水产讲习所

张謇从甲午战争失败中感悟到,兴渔业、护海权必须要培养自己的人才。他认为:"夫立国由于人才,人才出于立学;此古今中外不易之理。"[1]为

---

① 《张謇全集》第 1 卷,江苏古籍出版社 1994 年版,第 35—36 页。

此,他于 1904 年,正式向清朝廷奏章提议,要求创办一所水产学校。他与当时苏松沪道袁树勋商议,并经两江总督批准,在吴淞炮台基地划出一块公地,作为水产学校的建校地址之用。然而,由于清朝廷目光短浅,昏庸腐朽,只疲于应付时局,无强国之梦,加上师资、经费、生源等原因,筹办学校一事,一拖再拖,进展十分缓慢,在无奈之下就由江浙渔业公司先行开办了一所渔民小学校。1914 年 3 月,张謇主持农商部时,还曾通令沿海各省,筹设水产讲习所,并由农商部选派专人去各地巡回授课;其他如直隶、江苏和营口等地,都要开设水产学校;沿海各地的小学要招收渔民子弟。可以说,张謇是我国渔业教育的先行者、开拓者。

(三) 在吴淞炮台基地创立水产学校,誉为"中国现代水产教育的摇篮"

　　虽然张謇倡议创办水产学校因种种原因未能立即成行,但他并不放弃,而是锲而不舍,积极创造条件,为之奋斗。后经黄炎培襄助和首任校长张镠的大力支持下,于 1912 年在吴淞炮台基地正式创立了江苏省立水产学校,这是我国最早的水产学校之一。其宗旨是肩负着维护海权、发展民族实业之使命。在其第一期的校刊上还能查阅到这样的文字记载:"原有炮台基地以建校舍,用意为吾国既无海军与要塞而不得不训练海事人才……而抵御帝国主义之侵略也。故本校之创设不仅求渔业及船业之发展,实具有反抗帝国主义侵略我国沿海之重要性焉。"[①]这座省立水产学校办校宗旨十分明确,初建时设四年制渔捞、制造两科,各招 30 名学生。中国共产党早期著名的领导人张闻天曾在此就读。该校毕业生在渔业、驾驶等方面发挥了重要作用,从此结束了船舶驾驶人员依赖外国的历史,海洋渔业得到发展。该校于 1951 年更名为上海水产专科学校,1952 年又组建升格为上海水产学院,成为中国第一所本科建制的高等水产学府。1972 年因受"文革"影响搬迁到厦门集美办学,更名为厦门水产学院,1979 年迁回上海原址,恢复上海水产学院,同时保留厦门水产学院。至 1985 年,上海水产学院更名为"上海水产大学",又于 2008 年 3 月更名为"上海海洋大学"。这是中国历史最悠久的高等水产专业学府,也是国内唯一水产学科设置最为齐全的大学,被誉为"中国现代水产教育的摇篮"。

────────────

① 《上海海洋大学校史钩沉:张謇"渔权即海权"思想概述》。

（四）创办吴淞商船专科学校，以确保主权而辅海军

在发展渔业、培养渔业人才的基础上，张謇还要发展航运教育，培养轮船驾驶员。为此，张謇在《致唐侍朗论渔业函》中明确地提出，拟设商船学校。张謇为何要急于办这所学校？他在《致瑞澂函》中就细说其因："中国创办商轮局已数十年，而管驾、管机悉委权于异族，非特利权损失，且无以造就本国人才。际此商战竞存之世，欲借以保主权而辅海军，非创设商船学校不可。"为了筹集经费，解决土地问题，他要求"承前监督袁咨请农工商部转咨沿海十一省，合筹银十万两"。为解决校址，他又在上海吴淞炮台基地购置土地，着手筹建商船学校。他关心学校的建设，"除地基已于四月初一开工填筑外，所有监造商船学校事宜，拟另派熟悉工程之员专司其事"。1912年，在张謇的努力之下，商船学校终于在吴淞成立，此后培养了不少航海人才。①

（五）参建震旦学院和复旦公学等，促使中国公学得以延续办学

1903 年 3 月，由祖籍江苏丹阳的爱国人士、耶稣会神学博士马相伯与张謇共商，并请耶稣会创办了震旦学院，张謇为校董，马相伯任总教习。虽因内部纷争于 1905 年 2 月停办。但其后不久，张謇等一些著名人士积极倡议恢复震旦。教会乃聘请张謇等人组成校董事会，震旦学院很快于当年的 8 月重新开学，并于 1928 年改称为震旦大学，后于 1952 年全国高校院系调整时被并入其他学校而宣告结束。值得一提的是，在震旦学院行将复学之时，马相伯又在吴淞另办了一所复旦公学，并于 1905 年 9 月开学，这就是复旦大学的前身。张謇也参与其中，积极助成其事。另外，1905 年 11 月，东京 8 000 余名中国留日学生为反对日本文部省颁布的《取缔清国留日学生规则》而罢课抗议，3 000 余名留日学生退学回国。1906 年 2 月，因大批留日学生返抵上海，于上海四川北路租民房为校舍，筹办中国公学。当该校因经费困难而陷入绝境之时，张謇和郑孝胥等促成政府提供吴淞地区百余亩公地，作为校址建设，并提供经费资助，使中国公学得以延续办学，张謇还兼任董事长。该校不但历史悠久，而且具有光荣的革命传统，一度成为同盟会的重要活动场所。该校师生中如女英雄秋瑾、黄花岗七十二烈士之一的谬德潘等不少人，还积极参加了革命活动。该校于 1932 年"一·二八"战役

---

① 《张謇全集》第 2 卷，上海辞书出版社 2012 年版，第 217—218 页。

中,被日本侵略军的炮火炸毁,被迫停办。

(六) 支持黄炎培职教建议,使上海成为我国职教发祥地

　　1914 年起,黄炎培担任江苏省教育会副会长,负责日常工作。在其建议下,教育会于 1916 年 9 月初率先提出了《实施职业教育方法案》,并成立了全国第一个省级"联业教育研究会"。1917 年 5 月 6 日,张謇与蔡元培、宋汉章等人一起,支持黄炎培在上海成立了中华职业教育社。从此,职业教育在中华大地上蓬勃发展起来。除此之外,张謇还设立了上海商科大学、支持同济医工学堂复学等。张謇的教育观念和教育思想不乏独创性,其教育实践对近代上海乃至近代中国教育的发展起到了有力的推进作用,甚至一直影响到现在。

张謇对近代上海经济社会发展的贡献

周至硕[*]

一个世纪以前,上海属于江苏省的沪海道。道是行政区域的名称,在清代和民国初年,省以下设道。沪海道下辖后来属于上海市的上海、松江、南汇、青浦、奉贤、金山、川沙、嘉定、宝山、崇明诸县,以及当时的江苏省海门县(民国三年至民国十六年)。上海与张謇的家乡海门一衣带水,因此,张謇当年兴办的实业、教育事业以及从事的政治活动与上海有千丝万缕的联系,并对上海的发展起到举足轻重的作用。中国财经人物史研究学者吴晓波称,清末民初,张謇是"上海滩上的七张面孔"之一,这七张面孔是张謇和当时上海工商界的盛宣怀、郑观应、虞洽卿、宋子文、陈光甫、荣氏兄弟七个大亨。张謇经营的大生集团,是当时中国最大的民营资本集团,他在上海滩上留下了不少"大手笔"。

一、开辟沪通水上航道

中日甲午战争后,《马关条约》的签订,使张謇感到"和约十款,几罄中国之膏血,国体之得失无论矣",于是他毅然弃官经商,走实业救国、教育救国的道路。张謇创办的第一个企业是大生纱厂,在经历了千难万险之后的光绪二十五年(1899),大生纱厂于通州唐闸开机出纱,并且产销两旺。之后,张謇的各项救亡图存事业全面铺开。

光绪二十六年(1900),大生纱厂为了把上海的机械物资运到厂里,向上海广生公司包租"济安"轮往来于沪通之间。后来,因扩大生产需要,张謇申请自办长江轮船航运业务,光绪二十七年(1901),由沪通两地集股,创办大生轮船公司,原包租的"济安"小轮更名为"大生",行驶在通州、海门、上海之

---

* 周至硕,海门市张謇研究会成员。

间,开辟通沪航班,张謇任经理。

不过,通沪航班开通后,轮船到了通州,仍然停泊在江心,旅客与货物靠木船转运上岸,不仅效率低,而且不安全,于是张謇决定在通州、上海建筑码头,成立轮步公司,开辟沪通水上航道。

张謇先在通州建筑天生港码头,成立天生港轮步公司,后于光绪三十年(1904),向商部、抚院递交了《请设上海大达轮步公司公呈》,申请建造十六铺码头,呈文曰:"窃绅前开办通州大达轮步公司,于光绪三十年六月咨呈声明,俟上海轮步相有定处,再将坐落一并续报,仰蒙南洋商宪魏批准照复,并扎饬江海关袁道遵照在案。伏查上海濒临黄浦一带,北自外虹口起,南抵十六铺止,沿滩地方,堪以建步停船处,除招商局各码头外,其余尽为东西洋商捷足先得,华商识见短浅,势力薄弱,不早自占地步,迄今虽欲插脚而无从。每见汽船、帆船往来如织,而本国徽帜反寥落可数,用为愤叹。惟念自十六铺起至大关止,沿滩一带,岸阔水深,形势便利,地在租界以外,尚为我完全主权所在。屡间洋商多方觊觎,意在购地建步,幸其间股实绅商产业居其多数,未为所动。值此日俄战事未定,外人观望之际,若不急起直追,我先自办,将来终为他属所有。因此推广租界,借端要索,利权坐失,后患何穷!"

张謇在《请设上海大达步公司公呈》中,明确揭示东西洋商觊觎上海黄浦一带港口、码头的野心,郑重指出国家主权和利益将全面遭受侵害的危机,力陈请设上海大达轮步公司的重大意义。可见张謇在通州、上海兴办轮步公司,从捍卫国家主权出发,以民族利益为目的。

在得到商部、江苏抚院、江淮抚院查核后,张謇与浙江商人李厚佑联合筹建上海大达轮步公司,先购定十六铺至老太平码头之间的地基,建筑船步,并造栈房。然后,招集华商股本一百万两,分作一万股,每股一百两。用张謇的话说,这是"以商界保国界,以商权张国权",十六铺码头和上海大达轮步公司成立后,由张謇任经理,李厚佑任副经理,继而购进数十艘江轮投入行营。如"大新"轮行驶于通沪之间,"大生"轮行驶于上海与海门之间。还有"大和""大德""大安"等轮向上海到通州的航线上游延伸。

而在天生港与上海大达轮步公司成立之前的光绪二十九年(1903),张謇与沙元炳在长江以北,创办了大达内河轮船公司(初称通州大达小轮公司),开辟的内河航线有南通至镇江、吕四、海安、扬州等10条,公司拥有小轮20艘、拖船15艘。

　　通州和上海的大达轮步航运公司成立后，与大达内河航运相互衔接，相互依傍，形成了上海与江北腹地交通运输的大动脉，从此结束了长江下游靠沙船顶风冒险往返长江南北的历史。大达轮步公司在整个 20 世纪的一百年里，对长三角地区的经济社会发展起到了不可估量的作用，更有意义的是有力地打破了帝国主义列强对中国航运主权的垄断。

　　《上海地方志》记载："第一家民营轮船公司，即大达轮步公司。1905 年张謇创办，经营上海至泰州、扬州、盐城之间的航线。"

　　张謇开辟沪通水上航线，创办沪通轮步公司，是国人在上海兴办长江航运事业的破冰之旅。

二、创立海洋捕捞基业

　　20 世纪初，中国海权遭到帝国主义列强的肆意践踏，张謇在《代某给谏条陈理财疏》中陈述："顷闻胶州湾德商在上海招集中国渔业公司；其全数一百七十万，出售一半开办。其法用电灯系网下沉海底，仍系表于网，以测鱼来多少，为起网之节。用渔轮六艘、运船一艘，共七艘。先集洋股，洋股不足，许华商附入。夫德人所租指定胶州湾，胶州湾外非所应预。今张而大之曰'中国渔业公司'，侵我国之海权，夺我民之渔利，上下受损，名实俱亏。"面对这一情况，张謇忧虑不已，大声疾呼维护领海主权，发展海洋渔业。光绪三十年(1904)张謇向清廷建言，凡沿海地方，各宜自设渔业公司，由督抚就各省绅商慎举相宜之人，集股试办公司。事成，禀本省派游弋兵轮，每季周巡一二次，以资保护。可是，张謇在各省设立渔业公司的建议没有得到广泛响应，于是他呼吁南洋大臣魏光焘："江浙闽粤四省皆属南洋，先立总公司，则目前有一气团结之先声。各省有斟酌施行之余地。"在清代，中国沿海七省，江苏以南四省称南洋，而山东以北三省谓北洋，张謇主张先在吴淞成立南洋渔业总公司，然后在南洋四省自主公司。

　　为了捍卫国家主权，推进渔业发展，1905 年，张謇《为创建渔业公司事咨呈商部》云："海权渔界相为表里，海权在国，渔界在民。不明渔界，不足定海权，不伸海权，不足保渔界，互相维系，各国皆然。中国向无渔政，形势涣散，洋面渔船所到地段，或散见于《海国图志》等书，已不及英国海军官图册记载之详。至于海权之说，士大夫多不能究言其故。际此海禁大开，五洲交会,各国日以扩张海权为事。若不及早自图,必致渔界因含忍而被侵,海权因退让而日蹙。滨海数十里外,即为公共洋面,一旦有事,人得纵横自如,我转堂奥自圉,利害相形,关系极大。管见所及,迫不得已。是以上年陈大部,请设江浙渔业公司。购买德船先行试办以为之倡……请奏设七省渔业总公司,于南北适中吴淞口外,请奏派专办七省渔业公司总理。"并力主"就吴淞总公司附近建立水产、商船两学校"。

为了伸海权,保渔界,张謇前后十余次上书商部及南洋大臣,分析国际形势、比较利害得失、列陈创建办法、预算资本投入、推荐合适人选,建言创立渔业公司、派遣盐运使和渔业公司总理。

在张謇坚持不懈的努力下,光绪三十一年(1905)四月,清政府令准张謇的陈条,在上海吴淞口开办了江浙渔业股份有限公司,从青岛德商处购进"万格罗"号拖网渔轮,更名为"福海"轮。从此,吴淞有了中国历史上第一个采用机器捕捞的海洋渔业公司。

《上海渔业志》第十二篇记载:"张謇办渔业公司的宗旨是把当地的渔民和渔商团结起来,改良他们的渔具和渔法,把旧渔船组织起来,予以保护,以保全中国海权,张謇创办的江浙渔业公司,是中国第一个拥有新式渔轮的渔业公司,'福海'号是中国第一艘引进的新式渔轮。""张謇于民国2年(1913)9月至民国4年8月任袁世凯政府农商总长期间,制定并颁布了《公海渔业奖励条例》《公海渔轮检查规划》《渔轮护洋缉盗奖励条例》及施行细则等渔政法规,这是中国近代海洋渔业渔政的开端。"

江浙渔业公司创办的意义,大而言之,在于"伸海权,保渔界",开创了上海海洋捕捞的基业,保护了渔民的安全和利益,小而言之,丰富了上海居民的"菜篮子"。

三、共襄大学教育时代

中国的大学教育起始较晚,19世纪末,张謇曾受老师翁同龢之托,拟定《京师大学堂办法》,京师大学堂是今天北京大学的前身,是中国大学教育的开端。但在20世纪初,中国的大学教育事业十分艰难,1920年12月25日《申报》刊登了张謇《国立东南大学缘起》一文,文中如此总结:"盖今后之时代,一大学教育发达之时代也。吾国初设学校,囿于古者家塾党庠州序乡校国学之阶级，仅仅置一北京大学。若北洋大学，若山西大学，则以特别之关系而立。而东南则无一大学。民国初建，东南人士所兴学校往往号称大学，未几而停辍者相望。近年教育部议设五大学，南京居其一，已草预算矣，迄未见诸实行。故自天津、太原，以南都官私立学校计之，舍今日甫经议立之厦门大学、南通大学外，仍无一大学，有则外人所设立者也。"

光绪三十年（1904），张謇应任江苏教育会会长，为了推动大学教育事业的发展，培养专业人才，他奔波于海门、上海、南京之间，在上海筹备创办吴淞水产学校、吴淞商船学校和中国公学，参与创办上海复旦大学、上海商科大学等多所大学。

光绪三十一年（1905），张謇上书商部，在吴淞江浙渔业总公司附近"建立水产、商船两学校"。张謇在呈文中阐述建立两校的原因：德、美、英、日本都有相关学校或机构，而"中国自福建船政头二班学生以后，未闻有继起之材，江海商船悉委权于以异族……若设商船学校，即选渔业各小学毕业学生，聪明而体弱者令学水产，其强壮者令学驾驶。学成之后，即以渔轮为练习。商船与兵船驾法略同，则渔业与海军影响尤切。中国前途计无亟于此者"。张謇力主创办商船学校的根本目的在于改变"江海商船悉委权于异族"的屈辱局面，建立培养江海驾驶人才的学校，以之伸张国家主权。

经过多年努力，张謇创办商船学校的计划到了宣统三年（1911）才得以实现。《吴淞商船专科学校史稿》记载：宣统元年（1909），邮传部上海高等实业学堂增设船政科，宣统三年（1911）船政科分出，成立邮传部高等商船学堂，临时在徐家汇租用民房办学。新校舍同时筹建，位置在上海吴淞口渔业公司临江空地，由国民政府交通部直辖，改名吴淞商船学校。《大连海运学院校史》则记曰："光绪三十一年（1905）张謇筹集部分经费，在上海吴淞炮台湾购置地皮，着手筹建商船学校。此事因种种原因未竟，但他不久即将所筹费及炮台湾购地皮捐给邮传部上海高等实业学堂，为该校筹建商船学校之用。"

吴淞商船学校建成后，张謇聘请萨镇冰为吴淞商船学校校长。吴淞商船学校素有"中国航海家摇篮"的美称，虽然创办过程几经沧桑，但造就了一批优秀的航海人才，在千余名的毕业生中，大都卓有建树。这所学校是今天上海海事大学和大连海事大学的前身。

张謇主张创办的吴淞水产学校，历经周折，到宣统三年（1911），由江苏省临时议会议决:"设立水产学校亟应派员筹办开学事宜,开列经费一万九千六百八十元,临时费三万元……"其时,张謇任中央教育会会长,江苏省立水产学校于 1912 年在老西门江苏省教育会三楼开学,1913 年全校迁到吴淞,改称吴淞水产专科学校。该学校是现在上海海洋大学的前身。

《上海海洋大学 1904—2011 年大事记》开头记曰:清光绪三十年(1904)4 月,清廷批准在籍翰林院修撰张謇通过商部附奏的《条陈渔业公司办法》载,"条陈设立江浙渔业公司,复条陈商部复咨南洋大臣,就吴淞江浙渔业公司隙地与空闲官房,拨作学校校舍,设立水产学校及商船学校各一所"。民国元年(1912)记曰:……吴淞校址早有张謇规划安妥,面积总共4.4 公顷……

张謇还是中国公学的主要创办人。光绪三十一年(1905),日本文部省公布《取缔清国留日学生规则》,东京 8 000 余名中国留学生罢课抗议,3 000余名留日学生退学回国。回国的留日学生募集经费,在上海北四川路横浜桥租民房为校舍,筹办中国公学。张謇发起联合各地绅民,筹集资金,宣统元年(1909),在吴淞炮台湾为中国公学落成新校舍。不久辛亥革命爆发,学校停办。中华民国建立后,张謇为首的中国公学董事会,多次上书民国政府,要求继办中国公学。民国元年初,张謇在《为拨款继续办学呈大总统文》中写道:"窃维中国公学创自前清光绪三十二年,实因日本取缔风潮,学生回国,各省绅民奔走联合,愤激而设此校。其宗旨纯属民办,即以董事会组织保管。数年以来,筹集开办经费已及百数十万金。而常年费则取给予各省公摊,约二万余两,历有案卷可稽。上年新校舍落成,适值民国起义之际,校内师徒多半从军,校舍亦为吴淞民军所借驻,各省公摊之款更皆无着。公学停办职此之由。今者南北统一,民国成立,凡属学校均宜及时起学以兴教育……謇等谨合词公恳大总统俯念公学系属民立,饬令前清上海道刘燕翼将源丰润等抵押之房屋、股票字据发交公学存充经费,以资持久,而免旷废。"民国大总统孙中山批示:"呈悉,所请以源丰润等户抵押之房产、股票字据发交中国公学存充经费,事属可行,闻此项票据,由刘燕翼交上海领袖领事署存贮,候令通商交涉使清查提还,即行指拨。"1912 年 4 月 27 日,张謇又呈文财政部长熊希龄:"兹中国公学改办政、法、商各科并续办工科,需费甚巨,接济维艰,所在源丰润抵押之款应请贵部核准,将全数拨归中国公学,以便开办各科。"

1912 年 6 月,张謇等中国公学董事《呈财政部派员领收押产文》:"现在公学久经开学,下学期创办大学预科,规模渐宏,需费尤巨。不得已,请中国公学校长谭君心休趋谒钧部,领收此项押产……"

然而,中国公学这份校产回归历程十分艰难,1912 年 9 月 10 日,中国公学张謇、黄兴、蔡元培、熊希龄、胡瑛、王正廷、于右任等 16 位董事联名上书大总统暨教育总长、财政总长,要求把办校资金"发交公学,存充经费,实为公便"。

不料,此份校产的字据被继任苏松太道的刘燕翼存贮在比利时领事署,张謇又于 1912 年 9 月 10 日,撰写《董事会呈外交部文》:"仰恳大部念办学艰难,另行专员与比领事磋商提还发交中国公学,实为公便。"

综上所述,这项提取清末筹集的中国公学办学资金事宜,像皮球一般被众多官府、官员踢来踢去,一时不得专款专用,张謇一腔热血丹心,一路穷追不舍,最后艰难回归。由此可见张謇为创办中国公学付出的艰辛!

中国公学为 20 世纪的中国培养了一大批杰出人才,胡适、冯友兰、吴晗、何其芳、韩念龙等都由其出。

胡适 1906 年至 1919 年,在中国公学读书,毕业后赴美留学,学成之后在北京大学任教。1928 年春至 1930 年初到母校任校长,尽管时间不长,但建立了良好的校风,他评价中国公学说:"中国公学我不敢说它好,但我可以说它奇特。为什么呢? 思想自由,教职员同心协力,有向上精神,没有腐化的趋势,就凭这一点,在全中国是找不到的。"那时的文化名人梁实秋、罗基隆、朱自清、沈从文等均在中国公学任教。沈从文在其自传中写道,"中国公学是第一个用普通话授课的学校","学校里全国各地的差不多全有",可见学校影响之巨大。

张謇还是复旦大学前身复旦公学的二十八校董事之一。光绪二十九年(1903),马良(字相伯)在上海创办震旦公学。二年后,震旦公学因外籍传教士南从周篡夺校政,引发学生风潮,许多学生脱离震旦公学,拥护马相伯在吴淞创办复旦公学,马相伯邀请热心教育事业的张謇、严复、熊希龄等 28 人为校董,筹集复旦建校资金,两江总督周馥拨银一万两,并借用吴淞衙门为临时校舍。当年秋天,民办官助的复旦公学正式开学。张謇和同时代的仁人志士携手开创了复旦大学的历史。

1921 年,上海商科大学在上海成立,该校的前身是东南大学商科,而张謇则是东南大学主要创始人。1920年,张謇、蔡元培、江谦、黄炎培等人发起创立国立东南大学。张謇在《国立东南大学缘起》一文中列陈创立东南大学的十大有利条件,接着向中央政府建议:"准此十利,张謇等拟就南京高师地址及劝业会场,建设东南大学,而以南高诸专修科并入其中。"东南大学根据张謇等人的提议规划,建立在江宁劝业博览会会址及高师地址。高师就是张謇等人创办于南京的两江师范学堂。第二年,东南大学的商科专业迁至上海,组建上海商科大学。解放后,该校更名为上海财经学院。

另外,东华大学虽然建立于1952年,但是该校是由南通大学纺织科和私立上海纺织工学院等7所学校合并而成的。南通大学纺织科的前身是南通纺织专门学校,是张謇1912年创办的国内最早的纺织专门学校。由此可见,东华大学也融汇了张謇纺织高等教育的开山之作。

今天的上海有多座大学城,正如张謇百年以前预言,"今后之时代,一大学教育发达之时代也"。而在百年以前的大学教育起始年代,上海的大学城只有一座,在吴淞。20世纪初叶,上海最早的高等学府很多集中在吴淞镇与炮台湾之间,其中知名的大学有:中国公学、复旦公学、同济医工大学、吴淞商船专科学校、吴淞水产专科学校、国立上海医学院、国立政治大学等。有目共睹,这座近代大学城的形成,倾注了张謇大量的心血。

教育家蔡元培说"大学者,囊括大典,网罗众家之学府也","大学者,研究高深学问者也"。一个国家,一个地区的大学教育规模和水平,反映了这个国家、这个地区的经济社会发展实力与高度。

张謇与同时代的精英们开创的上海大学教育事业,为上海的腾飞注入了无比强劲的动力。

四、谋划吴淞开埠宏图

在中国近代历史上,旧上海有"十里洋场"之名,似乎是上海繁荣的代名词,其实是旧上海充满屈辱的符号。1922年张謇奉总统徐世昌特命,出任上海吴淞商埠督办,规划吴淞商埠建设。上任之初,张謇发表《吴淞商埠督办就职宣言》,认为"淞埠地位之重,中外责望之殷。开埠云云,需费浩繁,岂仅成一行政机关所可济事?国家财政支绌至此,除行政费及无关营业之公共建设费,不得不由官筹款外,其他唯劝商投资,而官为规画。至进行程序,先求测绘之详,次求规画之当,再具计划书,商告国人,广求教益"。张謇上任之初承诺,用两年时间实地考察、走访、调查、测绘,完成一份详实的规划。1923年元旦,《申报》发表了《吴淞开埠计画概略》。

规划中的吴淞商埠四百三十方里,街道定为长方形,南北长而东西短,分为六个区域,每个区域有一中心,各中心之间有斜路互联。路分三种,各中心互联的斜路及电车路宽十丈;市区、工区路宽六七丈;住宅区路宽四五丈。全区全部干道四百四十余华里,支路六百二十余里,拟以三四年建设。

规划中的码头,淞口谈家浜向西至剪淞桥为海轮码头,剪淞桥以西为江轮码头,附近设仓储。

规划中的内河航运,开浚吴淞江故道蕰藻浜及其上游顾冈泾,然后开通与太湖的水上航运线路。铁路运输方面,以张华浜为总站,建筑环绕整个吴淞商埠的铁路,与工厂运输,码头起卸衔接。电车与铁路同向,环绕各区中心,并与租界平凉路、北四川路电车尽头衔接。

公共事业位于各区中心,如市政、司法、警察、消防、税务等机关。学校、医院、图书馆等设于住宅区僻静之处。公园、菜市设于斜直两路交叉之地。电厂、自来水厂都于相宜之处而设。

另外,张謇在吴淞商埠还规划设计模范市街,意在"创造一市,为全埠模范"。张謇拟就的《吴淞开埠计画概略》,还具体介绍了如此规划商埠的原因。

吴淞商埠的规划,张謇根据建设南通模范县的实践经验,还参考了英国伦敦、法国巴黎、德国汉堡、美国华盛顿等国外城市规划的成功经验,因此,吴淞这个商业城市的规划起点很高,倾注了张謇整整两年的心血,尽情演绎了他振兴国家和民族的抱负与情怀。他说:"沿铺马路内外的商场、轮埠同时并举,合计东西南北周围二三十里,以与英法美之租界比较大小,不相上下,且扼淞口之咽喉,出入商业操吾华人之手。成为东方绝大市场,挽回主权,在此一举。"

张謇的吴淞商埠规划规模宏大、步骤严密,上报中央政府后,希望尽快建设,他认为"淞埠有特殊关系,设施为世界观瞻,不俟人求,我先自办,是上策;求而后办为中策;终不自办,拱手让人,乃下策前至无策"。

然而,20世纪二三十年代,正是我国民族危机日益深重、江浙军阀战争不绝时期,张謇精心设计的吴淞开埠规划没有马上付之实施,但是,这个规划唤醒了国人对吴淞主权的高度重视，是以后吴淞规划建设的基础和发端。

两院院士、中国著名建筑学家、城乡规划学家、人居环境科学创建者吴良镛先生，在画传《张謇》的序言中说，张謇晚年城市规划思想更趋成熟。在逝世前三年（1923），他曾在《申报》上发表《吴淞开埠计划概略》一文，是他主持埠局二年后对工作的回顾与前瞻。他以犀利的眼光看到吴淞开埠的区位优势，明确无论选址、筑港与沪淞关系等均需有"全盘计划"，并论述"入手方针"，需要"循序以近"，测绘地图、规划道路；拟定"分区建设"制度，明确区域之计划需要兼顾新城建设与旧城保护；同时对道路之开辟、土地之利用、建筑之布局，以至建设经营等，均做了较深入的思考，论述颇为翔实具体，并且还要"当另具计划书，商告国人，广求教益"。他在20世纪初叶的这些理念，即与今日之"公众参与""沟通式规划"等主张颇有近似。因此，可以认为这是在南通建设实践的基础上，对规划思想的理论总结。而这一规划方案尽管未能实现，在中国以至世界城市规划思想史上，亦应视为闪闪发光之文献。

那么，当今社会是怎样评价张謇的吴淞开埠建设规划的呢？

位于上海淞兴路同泰路，有个吴淞开埠纪念广场，广场上，上海市宝山区人民政府设立了一个开埠广场纪念碑，纪念铭文简述了吴淞开埠的历程。纪念铭文曰："……清末光绪年间，两江总督刘坤一奏准自主开埠，以绝列强觊觎之念。二十世纪初叶，南通巨子张謇再行开埠，以明华夏勤谨之心。于是机械、纺织，初露端倪。铁工、电力，渐透声光。学堂星罗而棋布，巨轮横海而溯江。鹏程发轫，格局甫成……"

除此之外，张謇在上海还创办了多家其他企业机构，早在筹建大生纱厂时，张謇在上海设立上海公所，后改名大生上海事务所，是大生企业在上海政界、商界、新闻界交往联络的中心。

上海大储堆栈股份有限公司，是张謇为配合长江内河航运于1918年创办的物流公司。

1920年，南通成立绣织局，从事绣品生产和出口贸易，张謇在上海九江路设立南通绣品公司，作为南通绣织局的中转站。

张謇还在上海开办大生新通贸易股份有限公司、中华国民制糖有限公司公司、中国图书公司、中国影片制造有限公司、江苏铁路公司、南通房地产公司等多家企业。

　　1920年,大生集团的淮海实业银行在南通成立,同时在上海设立了分理行。张謇还曾任交通银行经理、中国银行股东联合会会长等职。

　　张謇是清末民初著名的政治活动家,为了推动立宪运动,光绪三十二年(1906),预备立宪公会在上海成立,张謇先后任副会长、会长。光绪三十四年(1908),江苏咨议局成立,这是全国第一个咨议局,张謇被推荐为议长。从此,上海成为中国立宪运动的风向标、大本营,标志江浙资产阶级由此崛起,民族工商业在上海打开了崭新的局面。

　　筚路蓝缕,济时拯世,张謇在上海发展历史上,留下了一笔浓墨重彩。

从管理学角度浅析上海大达轮步公司发展历程

孙崇兰 *

一、成立上海大达轮步公司前的铺垫

万丈高楼平地起,地基打得好,楼才盖得又高又稳当。若上海大达轮步公司是一艘航空母舰,前期创办的大达内河小轮公司和天生港大达轮步公司则是建造航母前的缩小模型和第一代"产品",作为"试水",张謇对大达小轮和天生港大达的成功经营后,积累了丰富经验,不断摸索管理新模式,最终推动大达上海公司的"横空出世"和"跨越式发展"。

(一) 大达内河小轮公司

1903 年(光绪二十九年),张謇与如皋的士绅沙元炳在大生纱厂所在地的南通唐家闸集资创办"大达内河小轮公司",这是张謇创办的第一家轮船公司,主营航线为内河,主力船只为"小轮"(区别于钢铁轮),当时募集金额仅 2 万元,只有"达海"一艘小轮,以货运为主,专为纱厂运输物资,少量兼营载客,航线很简单,从南通开往吕四,发展至 1912 年,大达内河小轮公司已拥有小轮 10 艘,拖船 8 艘,并首次开辟上海航线。①

(二) 天生港大达轮步公司

南通天生港是长江北岸的一个港湾,南临长江,北依通扬运河,由长江口至内河仅 10 余里,航运条件优越。张謇于 1904 年兴办天生港大达轮步公司,资金规模 40 万两,公司主航线为长江,主力船只吨位较大。在天生

---

* 孙崇兰,现就职于南通市通州区政协。
① 刘建中:《张謇利用外资的思想经营与管理》,《南开学报》1988 年第 1 期。

港,张謇修建了舰头、栈桥、仓库和码头、办公楼等硬件设施,主要经营大生系公司的棉纱运输,运输纱厂需要原材料,并将成品销往上海等地,其运营模式逐渐被后来的大达上海公司采用。天生港大达轮步公司与上海大达轮步公司是张謇在通、沪两地所建的兄弟公司。

二、从管理学角度看上海航线发展的机遇

下面从管理学角度来阐释经济现象。运输业的蓬勃发展有几个要素不可或缺:需求、供应、生产要素和金融保障。民族资产阶级发展的旺盛需求是首要因素,需求催生供应链——劳力输出和巨量物流的"渴求"使得航运发展成为必然,此外士绅张謇有着殷实的财力作为保障,能迅速搭建企业模型并投入营运。因为张謇在那个时代具备了所有条件,所以地跨南通和上海的航线应运而生。

(一)民族资产阶级发展需求

20 世纪初叶,中国内忧外患,逐渐沦为半封建半殖民地国家,西方列强侵占上海,设立租界,多方加重经济掠夺,导致华东整个地区工、商业的畸形发展。尽管时局恶劣,但逆向而生的民族资产阶级一度呈现出燎原之势,在社会缝隙中艰难求生存。在上海和南通两地,大量行业依靠廉价劳动力维系,尤其一些搬运行业、纱厂、面粉加工业等都属于劳动密集型产业,劳动力缺口大,大量农民从苏北、苏中涌入上海务工,大多数通过航运往来上海。

(二)大量剩余劳动力务工需求

江苏北部、安徽大部频遭天灾,以旱涝为主,很多农民背井离乡来到上海,拖家带口在大城市讨生活。根据史料记载:顶峰时,光一艘轮船,乘客就达 600 人之巨。[①]

(三)商贸往来需求

首先是上海商品对全国的销售需要船舶运输,其次是苏北、苏中农村农副产品对上海的反哺——商贩往来于农村与上海之间,形成独有的贸易群

---

① 《天生港大达轮步公司集股章程并启》,李明勋、尤世伟主编:《张謇全集》第 5 卷,上海辞书出版社 2012 年版。

体,对航运的需求激增。

(四) 资金保障

在大达内河小轮公司和天生港大达轮步公司的运营成功后,张謇的融资平台更为广阔,吸引了汤寿潜、李厚祐等名商巨贾投资,张謇在《请设公呈》中说:"拟召集华商般本规银一百万两,分作一万股计,每股银一百两,分两期收足。"[①]100 万两的"预期"白银注资给大达上海公司带来充足的血液,尽管由于政治环境的恶化,筹得股银远远未达到 100 万两,但有总比没有强,后期资金的弥补主要是张謇从名下实业公司挪借,运营总体平稳。

三、利用管理学科学设计航运线路

管理学中有"经济路线"一说,意指路线的选择要短而且成效最大化,航运业有"黄金岸线"一词,二者有异曲同工之妙。当年的张謇规划出的几条关键线路,建立了南通、扬州、盐城等地连通上海的水上生命补给线,其中沪扬线效益最佳,可说是"最经济"线路。

沪扬线,"沪"指上海,"扬"指扬州,具体线路是从上海—海门浒通港—常熟浒浦口—南通天生港—如皋张黄港—靖江八好港—泰兴天星桥—扬州兰江营(后来线路一度改动),其线路特点是航线最长、货物吞吐量最大、利润最丰厚。

沪崇线(又名沪启线),"崇"是崇明岛,"启"是启东,连接三个县域:上海崇明海洪港—海门的宋季港、牛洪港、青龙港—启东川洪港—泰安港。这是两条主营线路,其他航程线路还有十余条。

四、船舶硬件设施

船舶硬件先进。大达上海公司使用船舶以钢壳船为主,比传统木船有了质的飞跃,在当时十分先进,公司成立后,以循序渐进的方式逐渐从"小微企业"(仅拥有一艘轮船)发展为一个庞大的"集团军"(数艘巨轮)。按照时

---

① 《为内河小轮咨宁藩司李》,《张謇全集》第 1 卷,上海辞书出版社 2012 年版。

间顺序梳理:开始运营时,只有一艘大轮——"大生"轮,重86吨;1907年,张謇以4万白银购置"大新"轮,200吨;1908年购入"大和"轮,549吨;1912年添置"大德"轮和"大升"轮,分别重801吨和885吨,质的飞跃从800吨级大轮开始;不久兼并破产的上海祥茂公司木轮3艘,分别命名"大宁""大顺""大济",开启兼并重组序幕,这是公司现代化运营的转折点;1919年,购置江南造船厂生产的"大庆"轮,重1405吨;1920年,收购两艘驳船。截至1921年,大达上海公司已拥有轮船11艘,总吨位为4555吨。

五、用管理学阐述上海航线开辟的作用

管理学认为,人是根本,人是最重要因素,企业的经营也好,地区的发展也罢,都少不了人的主导作用。在20世纪初内忧外患的环境下,苏北地区积压大量劳动力需要输出,上海航线则发挥了"传送带"的积极作用。

(一) 释放大量劳动力

首先是苏北、苏中及安徽一带的剩余劳动力大量聚集,涌向城市"讨生活",此外通过两地的"本土商贩"运送商品,农民为农村自产自销产品找到了销路,上海航线则提供了物流的保障。史料记载:苏北经南通的客运流动量很大,其中大多(90%以上)是苏北农民,他们在农闲时到上海当雇工并逐渐转化为劳动密集型企业的产业工人。当时客运流量格外频繁,平均每班船次有旅客五六百人,按照满客率85%计算,一天两班,一年运载客流量达37.2万人次。这是一个什么概念? 按照《南通县1900年人口水准》测算,每年经由大达公司运送至上海的储备型工人数量很大,可谓"一年搬运一个县",这是一种了不起的"奇迹"!

(二) 促进上海的发展

农村劳动力输入为上海产业发展提供了最早期的产业工人和廉价劳动力,此外,上海轻工业发展所需的工业原料、消费型农副产品的供应等,都需要通过运输来实现,航运是首选,因为成本低。经查证史料,运河沿线和洪泽湖以西皖北及南通地区,大部分农副产品可运至新港以及天生港等地转运上梅。其中以小麦、杂粮为大宗,棉花次之,另有芝麻、花生和其他干货,还有大批鲜蛋、家禽、鱼虾、猪、牛、羊、猪鬃、肠衣、咸肉腿、皮毛骨、植物油、

棉籽等农副产品和土特产品,尤其是活猪、鸡、鸭、鹅等每日均有成批运往上海以供应市场之需要,所以沪扬班又有"鸡鸭船"之称。平均每班船次载有粮食四五千包、鸡鸭五六百笼、鸡蛋六七百篓。这是一个什么概念?当时"包"的计量约为 200 市斤,"笼"大概为 20 只,也就是说,每年运输上海的粮食超万吨,家禽数十万只,鸡蛋超百吨。这就是对上海发展的贡献所在,即大达公司"填饱"了上海的"大胃口"。①

(三) 促进南通的发展

这为南通发展轻工业和手工业,尤其是棉纺织业带来了巨大的机遇,航线从上海往来如皋、通州、启东、海门等地的港埠,内联南通的吕四、掘港、金沙等处,对城区和县域经济发展产生巨大作用,不但提供了运输便利,还以南通为集聚区,以天生港码头为中转枢纽,运输工业和商业物资。史料记载,排名前四的物资为小麦、杂粮、棉花、芝麻花生,当然对张謇而言,棉纱的运输是最重要的。②数据表明:1921 年,大达上海公司已拥有轮船 11 艘,总吨位在 4 555 吨,按照日常的运货量,假设船只出勤率 50%,则年载货量至少为 81 万吨,这是极为庞大的数据,现代物流业中以货物吞吐作为贸易的重要指标,这说明,大达公司对南通的贸易发展贡献很大!

(四) 促进苏北各地发展

大达上海公司后期开辟的航线还涵盖靖江、江阴、泰兴、扬州、兴化、阜宁以及淮北等地,对苏中、苏北整个地区的覆盖非常辽阔。沪扬线除长江网系,还贯通内河(例如淮河、南通天生港流域、洪泽湖、苏北里下河等)。数据显示:上海市市区户籍人口中超过 5% 为苏北各地乔迁而来。

(五) 形成了管理学的"卫星城"模型

在现代的城市发展领域里,"卫星城"是一个重要概念,意指以大城市为中心,周边辐射出若干小型城镇,作为大城市的后勤保障基地,形成供应和输出的产业链条,互相之间是哺育与反哺的关系,形成"卫星城"的前提条件就是运输,而航运比公路、铁路更廉价,更受青睐。例如,美国波音公司位于

---

① 郭孝义:《试论张謇与大达三公司》,《镇江师专学报(社会科学版)》1992 年第 4 期。
② 李明勋、尤世伟:《请设上海大达轮步公司公呈》,《张謇全集》第 1 卷,上海辞书出版社 2012 年版。

西海岸的西雅图,以西雅图为中心,周边数百个镇区进行配套飞机零部件的生产,形成一个产业集群。与此类似,在 20 世纪初的上海周边,同样形成了这样的卫星城雏形,支撑卫星城发展的基础条件就是物流和客运。大达上海轮步公司的存在成为产业链的重要一环,经由它运输的客流、物流、资金流,都将营养输送到上海这座巨大城市的身体里,保障了上海千万级城市人口的生存。据记载,上海后勤保障基本上一大半都是水运线路提供,①南通船运加强了苏北各城镇之间的联系,通过外江航线与中国最大的城市上海以及沿江重要城市镇江、南京等地连接,为上海输入数以万计的产业工人。而上海周边的南通、盐城、泰州、扬州等地逐渐成了"卫星城",对上海产生"依存"关系。综上,在大达上海公司的作用下,形成一个符合现代管理学理论的"产业集群"和"卫星城"集群,这是一种社会进步。

六、用管理学理论分析上海大达公司运作

虽然因时代所限,张謇无法接触到现代管理学系统的理论知识,但他在实践中摸索、践行出了一条超越时代的管理"学问",其中很多内容符合现代科学管理的范畴,如高效、低耗、合理、效率优先,体现了张謇惊人的经商天赋,例如制定工作定额、选择第一流的工人、实施标准化管理、实施刺激性的付酬制度、强调计划职能与执行职能分开、实行职能工长制、强调例外管理等。可以说,张謇既是一流的商人,又是超一流的管理者。

(一)实施标准化管理

标准化管理意指管理模式和生产模式的标准化,以制度和程序规范作为经营公司的主要手段。探索南通码头标准化。利用天生港长江北岸港湾的优渥地理条件,船运贯通泰州、扬州、盐城,直达上海,对接上海,畅通江河联运,在南通通扬运河左岸建设的大生码头是整个苏北地区最早的港务码头,码头以标准流程操作装卸货物、疏散人流,特点是不设库场,物流和客流直接上船,节约起步和装载成本。推动上海码头标准化。他高租金租用外国人霸占已久的上海十六铺码头南侧岸线,建造了栈房、修理铺、停靠码头、船坞等设施,在上海建立了一个大本营,相当于在寸土寸金的上海拥有了大

①　朱英:《论张謇的慈善公益思想与活动》,《江汉论坛》2000 年第 11 期。

达自己的码头，进行标准化运作，探索形成符合现代标准的经营模式。执行标准化收费。大达上海公司的船票价格标准化，长期稳定，经会计师精算核准，南通到上海的收费在 0.18 元—1.02 元之间（按不同站点、里程来收费），南通到扬州在 0.12 元—1.68 元之间，盐城到泰州在 0.10 元—0.90 元之间，价格区间差异幅度小，这在物价极端脆弱的清末民初是非常难得的。

（二）计划职能与执行职能分设

计划职能与执行职能分设意指将管理层与执行层分设，管理层制订内部规则和运行模块，执行层强力执行即可，互不干扰，各司其职。整合资源：张謇曾出国往日本等地开展了大量考察，大达上海公司全方位布局借鉴了日本现代管理运作模式，管理层制订规则，授意下属公司整合上海一带的轮船、码头、航道等资源，沿途设立分公司，延伸苏北、苏中往上海线路的触角，这就是典型的"管理层下达目标，执行层执行目标"的表现。对执行层进行科学管理：分公司下设"洋棚"（分销代理商，即停靠点），将大达总公司比为人的躯体，分公司则是四肢，洋棚就是细胞，售票权在洋棚一级，但因为是加盟代理商，为避免产生差错，总公司收取洋棚代理人的押金，也就是保证金。设置渡轮模块。这是公司运营中的重要一环，内河码头水浅，为避免大轮搁浅，运送客人使用小渡轮，从洋棚接乘客后用渡轮送往深水区的大轮上，分工协作，有条不紊，各环节运行流畅。

（三）实施刺激性的付酬制度

这类似现代管理学中的"激励机制"，是很重要的一环。大达公司数百员工，实施激励时，有考核，有奖惩，奖优罚懒，运营佳、经济效益好、事故少的分公司就每年均给予奖励，对于运营混乱，秩序不严、利润缩水的分公司，进行撤销和处罚，多劳多得，对员工进行绩效监督和管控。有记载，开始，轮船上的服务员叫作"茶房"，每条船上有三四十人。茶房须缴纳"押拒"（押金，作为绩效考核奖金），茶房不发工资，而是茶房向旅客收取"酒资"（即小费）。酒资分两类：在舱内收的为"大酒资"，旅客下船时在舱口收的为"小酒资"。这样一来，茶房的收入取决于被服务客人的满意度。

（四）开拓思维拓宽市场份额

利用扩散思维进行管理，开辟新的效益增长点。代客保管白银。例如，大达公司很有创意的一项服务是代客保管"现金"流,当时那个年代,不时兴用纸币,而是用银元,银元是硬通货,优点是通货膨胀率低,缺点是分量重,不易携带,给往来商贾带来很大困扰,大达上海公司于是首个提出代客保管(类似钱庄抵押或银行转汇的职能),顾客支付少量的托运费即可托运白银,出于对大达上海公司的信任,很多客商乐于采纳,当时的收费标准是:100公里以内的里程,100元收费2毛,300元收费4毛,500元收费6毛,500—1 000元的每百元收费1毛,千元以上,每千元收费递减0.4%。①金额越大,托运费越公道,此项服务受到广泛好评。自营码头:自己经营码头业务,扩大权限和影响力,并将码头、草船、拖船等设施租借给其他轮船公司,以赚取营收,集团化经营和多样化运作模式凸显。产业发散性扩张:除了客运、货运外,大达上海公司还兼营客栈和仓库,在沿途购买或修造客房和仓库,产生客流、物流的集聚效应,类似于商贸服务集聚区的概念,这种模式类似于南通家纺城,即高速发展现代服务业,形成集聚效应,带动酒店、客运、物流、餐饮等一起发展,形成类似于城市综合体的商业区。

(五) 弹性定价制度

这是管理学中一个重要的手段,商品价格按照实际情况灵活机动,运用精算,经过多轮市场周期的检验,达成定价的合理区间,关键是长期保持稳定。大达上海公司定价船票,十来年运营中票价一直稳定,这很不容易,因为当时时局混乱,货币贬值严重,能稳定票价的很大原因是实行了弹性定价。每公里单价并不一致,体现了人性化管理,其衡量标准有如下几个:船舶吨位及能耗(燃煤为主)、客流量(客流量越大,单价越便宜)、航道通畅度(航道通行条件和政府收费多少)。差别定价:官舱(VIP舱)比统舱(普通客舱)价钱贵2倍,统舱又比烟棚(货仓)贵13%左右。

(六) 参与激烈竞争

市场导向的经济发展环境中,必须存在竞争,这是自由市场的重要特征。主动竞争:运营大达上海轮步公司时,因为利润丰厚,在经营南通往上海航线过程中,诸多公司参与了竞争,张謇利用自己影响力,通过稳定票价、发行公司股、降低成本、设置分公司、招纳贤才等方式参与竞争。此时,张謇

---

① 章开沅:《开拓者的足迹——张謇传稿》,中华书局1986年版。

已清晰认识到通过竞争来增强企业活力,通过竞争来实现优胜劣汰,通过竞争来延伸触角,唯若此,才能将南通公司打入上海。抗击保守势力:大达上海公司开辟航线时,曾遭当地盐官、盐商的阻挠,原因是张謇垦荒废盐改棉,触碰到一些保守势力的利益,小货轮业主也因为旧式木船与大达的钢船无法竞争,开始集体抵制,后来这几股势力联名举报大达公司的大船在运河行驶中"河身浅狭,大船冲击,冲撞木船、溃塌河岸、淤塞运河",①多次阻挠生产。张謇临危不惧,运用自己的政治声望,获取洋务派张之洞(时任两江总督)的支持,解决了这些抗议,稳住了阵脚。兼并船企:1908 年,经营如火如荼的大达上海公司以 6 万元收购太古洋行的轮船,1910 年兼并大赵轮船公司,1918 年将极有名气的祥茂公司吞并。

(七) 利润反哺

这是成熟大企业的一大特征,即通过市场运作获得的利润再投入社会,赢得企业声誉。例如,在运营航线时,张謇被人举报说大轮冲塌狭窄运河的岸堤,他听闻后身体力行,将利润反哺,承担起沿途航道疏浚和泥沙整治的工作。史载"历年疏浚,款逾矩万",②张謇保护沿线的岸堤河田,下令大轮通过狭窄河道时,减速行驶,以免"鼓浪冲刷",这体现了士绅的社会素养和道德风范。

七、以管理学视角透析公司运营缺陷

(一) 盲目相信金融

张謇于 1926 年逝世,人亡政息,公司经营模式发生巨变。六年后,大达上海公司长期缴存营业款的南通德记钱庄倒闭,导致大达资金链断裂,公司濒于破产。无奈之下,公司进行重组,最终压垮骆驼的最后一根稻草出现——大达公司被上海帮派头目杜月笙吞并并接任董事长。1934 年,大达上海公司又与上海大通公司联运,并进行股权再分配,这相当于将大达公司肢解,公司四分五裂。

---

① 《张謇传记》,江苏古籍出版社 1994 年版,第 4 卷。
② 郭孝义:《试论张謇与大达三公司》,《镇江师专学报(社会科学版)》1992 年第 4 期。

（二）涉嫌垄断经营

张謇在他那个时代的影响力不同凡响,在华东甚至整个中国,都是鼎鼎大名的实业家和士绅。1904 年,大达公司经营 10 余条航线,通扬（沪扬线）、沪崇线、盐东泰、盐兴泰这几条线比较重要,利润也最高。通扬线属于黄金岸线,1904 年通航以来,其他轮船公司一直觊觎,一度联合对抗大达公司,比较有名的有马万伯开办的华昌小轮公司,以及招商、太古、怡和、日清等轮船公司,尽管市场环境下此类竞争属于良性竞争,不管是行业内部,还是对消费者而言都是有利的。但大达上海公司利用张謇的社会影响力及强大的政治背景,打压小型公司,为控制通扬线,大达上海公司采取紧盯战术,扩大船队规模,加大航运力度,不惜血本增强运载能力,用"倾销"的票价来吸引顾客,垄断经营,打压和利诱双结合,分化瓦解行业联盟。这种一家独大的情况持续了很长一段时间,总体来看是不利于航运业发展的。但限于时代背景,张謇毕竟是一个士绅,是朝廷的官员,是追求利润的商人。

八、最终衰落

在当时政局下,大达上海公司逐步陷入危机,衰落的原因可以概括为四个字:天灾、人祸。

（一）人祸

华东水岸线被列强瓜分,恶性竞争愈演愈烈,民族资产阶级式微,被各种条款约束,逐渐失去发展动力。张謇去世后,他的影响力逐渐消退,获取民间融资和政府支持的可能性严重削弱,大达上海公司赖以生存的生命线——资金、政策、人才、岸线经营权等逐渐被瓜分。

（二）天灾

1931 年,公司两艘大轮"大吉""大德"号被焚毁。焚毁原因暂未考证,但可以确定的是,两起事故共死亡 300 余人,这惊天的事故差点彻底摧毁这家公司。1932 年,屋漏偏逢连阴雨,南通著名的德记钱庄倒闭,大达公司所存巨款销账,荡然无存,当时并没有金融机构破产的国家担保制度,所以这导致公司濒于垮台。

　　一个世纪过去了，回溯历史，张謇在兴办大达上海轮步公司的过程中，很多实践接近现代管理学的经典理论，在经商的同时他也注重保护群众利益，如疏浚内河航道。此外，他敢于和盐官、盐商、小业主等地方保守势力作斗争，在身处逆境时，仍然不顾个人名利得失，坚特办好民族企业，虽然后来因为贪大、贪全、盲目扩张、垄断经营导致企业竞争力减弱直至被分割，但张謇这种近代实业家的气度和经营理念仍值得人们学习。

张謇与民营航运业

黄志良*

中国是世界上较早开展航海活动的国家之一。商代前已有舟船出现，并有帆船行驶。1403—1431 年，郑和七次下西洋创造过世界航海史上的辉煌。尔后，统治者出于政治上的考虑，长期处于自我封闭的状态，直至清代中叶，禁海迁海政策使原来处于世界前列的中国航海事业，不进反退，与西方的差距愈来愈大。

一、外企在上海兴办近代航运业

1802 年英国人薛明顿（Willian Symingtom），首先将蒸汽机引擎装配帆船，在运河中试航成功，成为最早以机器驱动的轮船。1810 年英国为平衡白银收支差额，采取垄断鸦片产销手段，由东印度公司在印度种植鸦片，向中国输出鸦片，换回茶叶、白银。19 世纪 20 年代，轮船开始在中印航线上出现。到 1839 年，走私鸦片到中国的主要洋商有颠地、怡和、旗昌、考瓦斯吉、马凯、弗巴斯、鲁斯唐姆吉等 53 家，共有轮船 99 艘，吨位 20 852 吨。[①]

第一次鸦片战争后，1842 年 8 月 29 日，英帝国强迫清政府签订《南京条约》，共十三款，包括：开放广州、福州、厦门、宁波、上海为通商口岸，割让香港岛；巨额赔款等不平等条约。

1843 年 11 月 17 日，上海开埠。1844 年，进口外船 44 艘，载重 8 584 吨，其中英国占 70%，美国占 20%。英国怡和公司开设广州至香港航线；1860 年，有两艘轮船从事上海至香港的航运。1862 年 3 月 27 日，美商旗昌洋行在上海成立轮船公司，经营我国沿海和长江航线。1872 年 12 月，英商

＊　黄志良，海门市张謇研究会成员。

①　上海市航海学会主编：《中国近代航海大事记》，海洋出版社 1999 年版，第 26—27 页。

太吉洋行在上海成立，经营在华一切航业。①

　　1896年4月，日商大东汽船会社（大东新利洋行前身）在上海成立，依照《马关条约》派轮行驶于上海苏州之间。次年，增开沪杭航线，运送日方邮件，受日本政府补助。②1907年，日本的日清轮船公司在上海成立，由大东新利洋行及经营长江航业的日本邮船公司、大阪轮船公司等合并而成，每年接受日本政府补助八十万元。③

　　据我国海关统计，进出各口岸船舶吨位，1874年为9 305 801吨，沿海贸易7 562 824吨，对外贸易1 742 977吨；轮船为8 085 716吨，帆船为1 220 085吨。其中英船4 738 393吨，美船3 184 360吨，中国船494 237吨，其余为日、德、法、挪等国。④中国船运量仅占总运量的5.3%。1903年为57 290 389吨，沿海贸易40 993 285吨，对外贸易16 375 104吨，轮船55 930 221吨，帆船1 360 168吨。其中，英船28 122 987吨，日船7 965 358吨，美船559 686吨，中国船9 911 209吨，其余为德、法、挪等国，⑤中国船总运量仅占17.3%。由此可见，外企垄断了中国的航运业。

　　1845—1925年，列强在上海创设租界，占地98 585亩，建立统治机构，排斥中国政权。其对华的资本输出，除路、矿和政治借款外，大都集中在租借区域里，工厂、商店、银行、船坞以及市政工程等，直接利用中国的廉价劳动力和原料，剥削中国劳动人民。⑥

　　华中、华南是中国人口稠密的工商业区域，交通也比较方便，消费洋货数量很大，因此不仅洋货进口价值大，入超也最巨，上海成为中国对外贸易的最大港口，见下表⑦。

---

　　① 《中国近代航海大事记》，海洋出版社1999年版，第41—82页。

　　② 《中国近代航海大事记》，海洋出版社1999年版，第113—114页。

　　③ 严中伟等编：《中国近代经济史统计资料选辑》，中国社会科学出版社2012年版，第165页。

　　④ 《中国近代航海大事记》，海洋出版社1999年版，第85页。

　　⑤ 《中国近代航海大事记》，海洋出版社1999年版，第124页。

　　⑥ 严中伟等编：《中国近代经济史统计资料选辑》，中国社会科学出版社2012年版，第35—37页。

　　⑦ 严中伟等编：《中国近代经济史统计资料选辑》，中国社会科学出版社2012年版，第43—49页。

1871—1931 年若干年份五大港口及其他港口在中国对外贸易总值中所占的比重

(%)

全国各海关总计为 100

年份 \ 港名	上　海	广　州	汉　口	天　津	大　连	其　他
1871—1873	64.1	12.7	2.7	1.8	—	18.7
1881—1883	57.1	11.8	4.2	3.1		23.8
1891—1893	49.9	11.6	2.3	3.1		33.1
1901—1903	53.1	10.4	1.8	3.6		31.1
1909—1911	44.2	9.7	4.4	4.5	4.9	32.3
1919—1921	41.4	7.2	3.9	7.4	13.1	27.0
1929—1931	44.8	5.0	2.4	8.4	15.0	24.4

二、官商合办的轮船招商局

中国近代航运事业(指使用轮船)的产生和发展,不是从沙船主或帆船主蜕变而来,而是最早由少数买办商人集资购买或租用轮船以特殊经营的方式,雇佣外国人出面或与外国人合资以外国人名义悬挂外旗,从事江海航运。这些轮船公司规模很小,拥有的轮船总吨位不过一二百吨。

从 19 世纪 70 年代初起,李鸿章就争辩说:"仅有枪炮和炮舰,不能使一个国家强大;要使用它们和使它们运行,还得靠制造业、矿业和现代运输业的支持;工业将创造这一伸张国力的新财富。""1872 年 3 月,李鸿章倡议建立一个官督商办的轮船招商局。"①12 月 16 日,轮船招商局正式成立,局址设在上海永安街。它的成立,宣告了中国近代航业的诞生,打破了外国轮船在中国的垄断。李鸿章委托朱其昂招集商股,招得 47.6 万两。委托唐廷枢、盛宣怀等为招商局总办,规定该局资本为 100 万两。1874 年,轮船招商局股本收足 100 万两,并自保船险,有轮船 7 艘。1877 年 2 月 12 日,招商局收购旗昌洋行,总价银 222 万两,有轮船 33 艘。总吨位超过怡和、太古,

---

① 〔美〕费正清、刘广京编:《剑桥中国晚清史》(下卷),中国社会科学院历史研究所编译室译,中国社会科学出版社 2006 年版,第 407—412 页。

居于首位。开通上海至烟台、天津、牛庄、汕头、香港、广州的航运线,日本的长崎、横滨、神户,菲律宾的吕宋线及沪甬、长江线。在国内外重要港口,先后设立分局 19 处。

由于轮船招商局把应该用于扩大再生产的财力,投资于织布业、铁矿、银行等,而不增加船舶吨位,1883 年起又落后于太古和怡和,见下表①。

1911 年,全国大小轮船公司近 600 家,合计总吨位 147 200 吨,其中轮船招商局占 35.1%,居国内同行领先地位。从下表可以看出,仅太古和怡和两家外企就有 227 260 吨,超过了我国的总和,外企仍垄断着我国的航运业。

1873—1911 年若干年份轮船招商局与太古、怡和轮船数量比较

年　份	轮船招商局	太古洋行	怡和洋行
1873	6 艘 2 990 吨	4 艘 4 347 吨	7 艘 3 364 吨
1877	33 艘 22 494 吨	8 艘 6 893 吨	9 艘 5 191 吨
1883	27 艘 22 957 吨	20 艘 22 151 吨	15 艘 13 651 吨
1894	26 艘 22 900 吨	29 艘 34 543 吨	22 艘 23 953 吨
1911	29 艘 51 702 吨	60 多艘 130 000 吨	41 艘 97 260 吨

三、张謇带头创办民营航运业

进行交通建设是张謇"实业救国"思想与实践的重要组成部分。张謇认为,强国之道,"即谓中国须振兴实业,其责任须在士大夫"。②而欲求实业振兴,须先修筑道路、铁路、行驶舟船。

(一) 张謇交通建设思想的形成与发展

1895 年,张謇在唐闸兴办大生纱厂时,建筑材料和机械设备大多是从外地购进,从上海运至天生港,再转运至唐闸。而当时天生港至唐闸间港道浅窄,运输不畅,设厂之初,未能浚辟,工厂建设首尾五载,使张謇饱尝交通不便之苦。工厂建成投产后,生产原料大量运进,工业产品不断输出。但交

---

① 《中国近代航海大事记》,海洋出版社 1999 年版,第 112—138 页。

② 李明勋、尤世伟主编:《张謇全集》第 8 卷,上海辞书出版社 2012 年版,第 536 页。

通设施不能适应运输的需要,影响了生产的发展。由此,张謇认识到了交通在工业生产和地方自治中的重要作用。1903年,他创办了通州大达轮步公司,发展水运。1905年设立泽生水利(船闸)公司,经营开河、建闸、筑路、造桥等业务,建设南通天生港至唐闸第一条公路。这是他交通建设思想的产生阶段。

1903年4月,张謇赴日本考察,看到日本在明治维新后经济发展迅速,其主要原因就是"日本维新,先规道路之制,有国道焉,有县道焉,有市乡之道焉,所以谋舟之不及而便商旅者,莫不备举"。[①]日本之行,使张謇对交通的认识得到升华,从而确定了发展交通的思想,并大力投资于交通运输业。

晚年的张謇,对交通的认识达到了一个新高度。他认为,"地方之实业、教育,官厅之民政、军政,枢纽全在交通。交通以道路、河流为两大端。河流汇贯,则士农工商知识易予灌输;道路整齐,则军警政治效力易于贯彻"。[②]张謇对交通在政治、经济、军事及其他各项事业中的地位与作用的精辟论述,至今仍闪耀着熠熠光辉。便捷的交通条件,有助于提高人们的生活质量,促进城乡经济的发展,同时也是一个地区的经济实力和文明程度的重要标志。因此张謇的交通建设思想,就是在今天看仍具有前瞻性与科学性。

张謇的交通思想有着鲜明的个性,他以自己对交通的远见卓识,以自己的社会声誉,进行陆运、水运全面建设,几十年如一日,克服了常人难以想象的困难。1911—1913年,他又在南通城内筑城闸路、城山路、城港路,使南通一市三镇均有公路相通。

1920年,他与韩国钧等人发起成立"苏社",有江苏省60个县知名人士参加,有效地促进了江苏的公路建设。1921年5月,他与上海社会名流黄炎培、王正廷、史量才等67人,在上海发起成立"中华全国道路建设协会",提出"裁兵救国,化兵为工,先筑道路,便利交通"的口号。到1937年,全国新建公路达91 322公里。江苏公路总里程达到5 400公里(包括国道、省道44条,县道及垦区公路),在现上海市范围内有11条,其中国道有常沪公路(现204国道)、锡苏南沪公路(现312国道)、沪青平公路(现318国道)、沪

① 《张謇全集》第8卷,上海辞书出版社2012年版,第403页。
② 《张謇全集》第8卷,上海辞书出版社2012年版,第483页。

杭公路(现 320 国道)4 条,长达 235 公里。省道有东环路、沪太路、嘉罗路、松枫路、淞沪路、珠沪路、沪昆路 7 条,长达 297.23 公里。[①]

(二) 成立民营轮船公司

长江口地区,一向有小帆船航行。1858 年,第二次鸦片战争后,英、法、俄、美等国迫使清政府签订《天津条约》,内河航行权丧失。行驶长江的外商轮船也开始在通州停靠装卸客货。我国民营轮船公司首先从经营内河航运开始,逐步成长起来。1890 年,由外轮公司华人买办在香港成立汕潮揭轮船公司(开始用英商名义),资本 5 万两,购置小轮四艘,驶往汕头、潮阳、揭阳,航程 540 海里。[②]

1895 年,张謇在通州(南通)筹办大生纱厂时,就为解决工厂原材料及产品的运输向两江总督刘坤一提出创办轮船运输的申请,直到大生纱厂建成投产后的 1900 年,方获批准,即允许大生纱厂自行办理轮船运输业务,并准于立案。并从上海慎裕号商人朱葆三、潘子华组织的广生小轮公司包租了一艘“济安”小轮(后改名“大生”),往来于通沪之间。这一年 7 月,正式由通沪两地集股创建大生轮船公司。这一时期,停靠的轮船仍停泊于江中,客货均由大小木船(大的称划子,小的称舢板)转运,不仅效率低,而且不安全,严重影响运输事业的发展。张謇决定建设通州大达轮步公司和上海大达轮步公司。通过实地考察、落实地址、筹集经费,于 1904 年,他呈交《请设上海大达轮步公司公呈》,“窃绅前开办通州大达轮步公司,于光绪三十年六月咨呈声明,俟上海船步相有定处,再将坐落一兼续报”。“伏查上海濒临黄浦一带,北自外虹口起,南抵十六铺止,沿滩地方,堪以建步停船处,除招商局各码头外,其余尽为东西洋商捷足先得,华商识见短浅,势力薄弱,不早自占地步,迄今虽欲插脚而无从。每见汽船、帆舶往来如织,而本国徽帜反寥落可数,用为愤叹。惟念自十六铺起至大关止,沿滩一带,岸阔水深,形势利便,地在租界以外,尚为我完全主权所在。屡闻洋商多方觊觎,意在购地建步,幸其间殷实绅商产业居其多数,未为所动。值此日俄战事未定、外人观望之际,若不急起直追,我先自办,将来终为他族所有。因此推广租界,借端要

---

① 江苏省地方志编纂委员会:《江苏省志·交通志·公路篇》,中国经济出版社 1991 年版,第 11—50 页。

② 《中国近代航海大事记》,海洋出版社 1999 年版,第 106 页。

索,利权坐失,后患何穷。兹议约结同志,筹集开办经费,先就十六铺迤南老太平码头左右,购定基地,建筑船步,并造栈房,以立根据而固基础。"①"务冀华商多占一分势力,即使洋商少扩一处范围。""以商界保国界,以商权张国权,道在于是。"②他呼吁中国有识之人,共同开发黄浦江畔的深水岸线资源,以保国权,"实业救国"思想跃然纸上。在通州天生港筹建了"通源""通靖"两座趸船码头,"通源"趸船是用帆船改建,长 52.28 米,宽 8.99 米;"通靖"趸船是由"威靖"兵船改建,长 70.93 米,宽 10.66 米。并购置"大新"轮船,行驶于上海、天生港之间,原来行驶通沪的"大生"轮改航通沙(通州至海门)线。1905 年,张謇与上海李厚祐(云书)在上海筹建上海大达轮步公司,由张謇任总理,李厚祐任副总理,王震(一亭)任经理。公司在十六铺建造码头,购进"沙市"轮(后改名"大安")和"大和"轮行驶在通沪线和上海到扬州一线。打破了外企、官商对上海航海业的垄断,成为清末在上海仅有的 5 家轮船公司之一。③这也是江苏省首家民营航运公司。1910 年,上海大达轮步公司已拥有轮船 4 艘,资本为 39.7 万元,有沪通、沪扬、沪启、沪崇 4 条航线。其中上海到扬州口岸线全长 295 公里,沿途停靠海门的浒通港、常熟的浒浦口,南通的任港、天生港,如皋的张黄港,靖江的八圩港,泰兴的天星桥口岸,江都的三江营,扬州的霍家桥等处。

　　1903 年 3 月,张謇与如皋士绅沙元炳等创办通州大达小轮公司(后改称"大达内河轮船公司")。首先开通通州至吕四的航线,1904 年又开辟通州到海安、通州到扬州的航线,各条航线沿途停靠站点均仿效长江大轮设置"洋棚"办法,招当地乡绅承办代理处,负责当地业务。到 1918 年经营的航线达 10 条,见下图(采用武同举 1935 年的江苏省水道图编绘):

　　(1)南通—吕四线:经西亭、金沙、四扬坝、包场;

　　(2)南通—掘港线:经石港、马塘;

　　(3)海安—大中集(现大丰市)线:经东台、西团;

　　(4)南通—镇江线:经如皋、海安、泰州、仙女庙、扬州、瓜洲;

　　(5)镇江—清江浦(现淮阴)线:经扬州、高邮、宝应、淮安;

　　(6)泰州—阜宁线:经兴化、沙沟、益林;

---

① "轮"为轮船,"步"为浮桥码头。轮步公司即经营轮船航运,又经营码头业务的机构。
② 《张謇全集》第 1 卷,上海辞书出版社 2012 年版,第 72—73 页。
③ 《中国近代航海大事记》,海洋出版社 1999 年版,第 201 页。

（7）泰州—盐城线：经溱潼、东台、白驹、刘庄；

（8）泰兴—盐城线：经泰州、兴化、冈门；

（9）邵伯—盐城线：经兴化、沙沟、冈门；

（10）盐城—阜宁线：经草堰口。

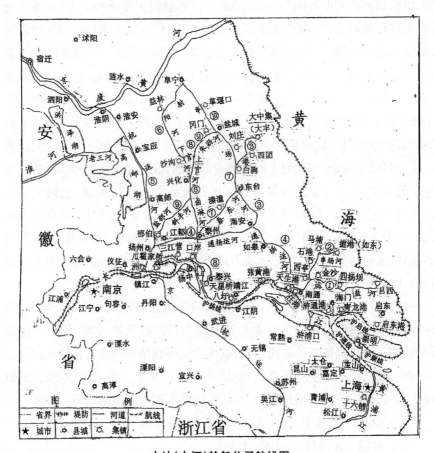

大达（内河）轮船公司航线图

　　张謇将两公司实施江河联运，沟通苏北腹地。沪扬航线沟通腹地可分为三段：上段霍家桥可经京杭运河沟通淮河，中段可经口岸贯通苏北里下河地区，下段南通各港可经运盐河、串场河衔接苏东地区，便利苏北和洪泽湖以西、皖北一部分地区的农副产品与上海的"五洋"百货交流，商旅往来。这对促进当地工农业生产的发展，具有重要的作用。

　　辛亥革命后，上海大达轮步公司与通州大达内河轮船公司及所有码头实行统一管理。1920 年,改称大达轮船公司,由张謇的儿子张孝若任董事长。1924 年,大达轮船公司有轮船 10 艘,"大吉"(1 456 吨),"大豫"(1 445 吨),"大庆"(1 405 吨),"大和"(1 001 吨),"广洋"(653 吨),及"储元""储亨""元达""亨达""利达"5 艘小轮。1931 年,公司所属"大吉""大德"两轮连续发生失火被焚毁,公司蒙受重大损失。股东追究责任,改组了董事会,上海的杜月笙势力乘机打入,杜的门生杨管北任经理,张孝若被安排为挂名的总经理。至此,大达轮船公司的实际权力已经不在其创始人张氏家族的掌控之中。之后几年中,大达轮船公司勉力经营,利润大不如前,但尚能基本自给,这在大生系统企业中是不多见的。

1918 年,张謇、徐静仁、吴奇尘、杨敦甫(上海银行代表)等拟定集股 20 万两,筹建上海大储堆栈股份有限公司。1919 年,张謇等人先向大通航业公司转租南关桥以南生义码头外滩地 1.58 亩,黄浦岸线 43.59 米,建筑东栈一所,二层三库。而后又在生义弄口,东栈西侧购地 4.01 亩,建西栈一所,三层十二库,两栈仓库共计 8 238.2 立方米,可以储存货物 2 万多吨。①

在张謇创办上海大达轮步公司取得成效的影响下,中国其他商人从 1914 年起,虞洽卿创办宁绍商轮公司,后又创办三北轮埠公司,张本正、苏培信等创办政记轮船公司,中国著名的实业家、教育家和社会活动家卢作孚创办民生实业股份有限公司。据上海航业公会 1934 年调查,1914—1926 年间成立 20 家,1927—1934 年成立 34 家,连之前的共 59 家。轮船公司资本在 100 万元以上的仅 5 家,招商局 840 万元,三北集团 300 万元,政记公司 250 万元,宁绍公司 150 万元,民生公司 100 万元。②这些小型轮船公司,很难发展,有人形容 19 世纪末 20 世纪初苏沪杭一带内河小轮公司的命运时说,"少者三月,多者两年",小轮公司就要倒闭。这种情况,自然就说不上发展。③

抗日战争时期,大达轮船公司不少船只被民国政府征用,又遭日本劫掠。到抗日战争胜利,也仅剩"大庆""大豫"两轮,与大通公司联营,勉强支持残局。1949 年 5 月,大达轮船公司的"大达"轮前往香港。1950 年 8 月,上海大达轮船公司带头加入长江轮船股份有限公司。

---

① 南通市档案馆、张謇研究中心:《张謇所创企事业概览》,2000 年,第 167—169 页。
② 《中国近代航海大事记》,海洋出版社 1999 年版,第 201 页。
③ 严中伟等编:《中国近代经济史统计资料选辑》,中国社会科学出版社 2012 年版,第 153 页。

(三) 三方货运量比较

1912—1928 年,中国船货运量占全国货运量为 17.3％—22.3％。1927—1936 年,沪汉航线货运量外轮占 68.2％,招商局占 14.5％,民营航运公司占 17.3％。

据海关统计,进出口船舶吨位,1912 年为 86 206 497 吨,沿海贸易 60 135 015 吨,外贸 26 071 482 吨,轮船 81 203 082 吨,帆船 5 003 415 吨。其中,英船 38 106 732 吨,日船 19 913 385 吨,美船 715 000 吨,中国船 17 271 407 吨,其余为德、法、挪等国船只。中国船占比从 1903 年的 17.7％ 下降为 17.3％。[1]

同样据海关统计,1915 年全国轮船货运量 8 238.1 万吨,其中外国轮船公司运量为 6 392.1 万吨,占 77.6％,中国轮船公司的运量为 1 846 万吨,占 22.4％。到 1928 年轮船货运量增加到 14 826 万吨,增长 80％,外国轮船货运量为 11 522 万吨,占 84.3％,中国轮船运量为 3 304 万吨,占 22.3％。[2]

1927—1936 年,沪汉航线货运量总计为 6 396 529 吨,其中招商局 924 069 吨,占 14.5％,太古、怡和、日清最大的三个外国公司为 4 363 700 吨,占 68.2％,民营航运公司 1 108 760 吨,占 17.3％。[3]这呈现了在统治者的摧残及外轮优势的压力下,中国轮运业难以与外轮竞争的情况。

1927—1936 若干年份沪汉航线货运量

(吨)

年份	合　计		招商局		太古、怡和、日清		民营航运公司	
	载货量	百分比	载货量	百分比	载货量	百分比	载货量	百分比
1927	1 095 792	100	23 776	2.2	977 647	89.2	94 369	8.6
1929	1 236 516	100	148 011	12.0	906 657	73.3	181 848	14.7
1931	916 594	100	161 936	17.7	631 161	68.8	123 497	13.5
1933	736 287	100	130 390	17.7	404 512	54.9	201 385	27.4
1934	1 003 027	100	176 880	17.6	647 088	64.5	179 059	17.9
1936	1 408 313	100	283 076	20.1	796 635	56.6	328 602	23.3
合计	6 396 529	100	924 069	14.5	4 363 700	68.2	1 108 760	17.3

[1] 《中国近代航海大事记》,海洋出版社 1999 年版,第 141 页。
[2] 陆仰渊、方庆秋:《民国社会经济史》,中国经济出版社 1991 年版,第 169—171 页。
[3] 严中伟等编:《中国近代经济史统计资料选辑》,中国社会科学出版社 2012 年版,第 163—169 页。

（四）培养中国的航海人才

招商局开办初期，受海关及外商保险公司的干涉，制定的《轮船规条》规定：船长、大副、轮机长都要雇用外籍人员。中国人员只能担任三副、三管轮职务，这一规定几乎维持了 50 年之久。①1908 年，招商局任用的船长、大二副、轮机长、大轮、二管轮、三管轮全部为外籍人员共 175 人。买办、副手、三水、二车、三车、四车、领港、管事、伙夫、煤匠均为中国人，共 2 254 人。②

为了培养本国的航海人才，1905 年 9 月，张謇在《复唐文治函》中明确提出，在江浙渔业"公司附近，拟设水产、商船两学校。现在开办费分文无着，须有一人坐定筹集"。③1907 年 7 月，张謇在《致瑞澂函》中称："案查上年闰四月，承前监督袁咨请农工商部转咨沿江海十一省，合筹银十万两，就吴淞地区建设水产、商船两学校。""中国创办商轮局已数十年，而管驾、管机悉委权于异族，非特利权损失，且无造就本国之才。际此商战竞存之世，欲借以得主权而辅海军，非创设商船学校不可。惟各省现已解之款，不过四万两千余两，且间有指明为水产学校经费者，兹拟移缓救急，先造中国商船学校。""除基址已于四月初一日开工填筑外，所有监造商船学校事宜，拟另派熟悉工程之员工司其事。"④

唐文治在 1906 年署理农工商部尚书，接任邮传部上海高等实业学堂监督（前身为盛宣怀创立的南洋公学）。1909 年在学堂内增设船政科。1911 年船政科分立，成立邮传部高等商船学堂，临时在徐家汇租用民房办学。1912 年改由国民政府交通部直辖，改名吴淞商船学校。9 月 22 日迁入由张謇督办的吴淞炮台湾新校舍，到 1915 年停办，1911—1915 年共有毕业生 72 人。⑤1923 年上海达兴商船公司任用吴淞商船学校第一届毕业生郑鼎锡为"镇海"轮船长，是第一个被任用的中国的海船船长。第二年又任用该校毕业生陈干青为"升利"轮船长。⑥1929 年复校到 1937 年停办，驾驶科毕业生

---

①　《中国近代航海大事记》，海洋出版社 1999 年版，第 84 页。

②　《中国近代航海大事记》，海洋出版社 1999 年版，第 132 页。

③　《张謇全集》第 2 卷，上海辞书出版社 2012 年版，第 146 页。

④　《张謇全集》第 2 卷，上海辞书出版社 2012 年版，第 216—217 页。

⑤　吴淞商船专科学校同学会《吴淞商船专科学校史稿》编委会：《吴淞商船专科学校史稿》，1994 年，第 19 页。

⑥　《中国近代航海大事记》，海洋出版社 1999 年版，第 171 页。

四届计 75 人,轮机科三届 43 人,两科合计 118 人。[1]

1928 年,商船驾驶员总会成立,致力于收回航权、引水权,争取华籍驾驶员上船任职的权益,在高级船员团体中影响很大。[2]1931—1935 年,发给船员证书 1 166 份,计驾驶员 486 人(船长 172 人、大副 139 人、二副 132 人、三副 43 人),轮机员 680 人(轮机长 204 人、大管轮 145 人、二管轮 176 人、三管轮 155 人)。[3]由中国人自己培养的驾驶、轮机人员驾驶轮船,逐步夺回了我国航政主权,促进了中国航海事业现代化。

张謇创办上海大达轮步公司的过程中,坚守民族气节,克服重重困难,维护祖国航权。其培养中国的驾驶轮船人才,逐步夺回我国航政主权,这在江苏航海史和中国交通史上具有开创性的影响,为促进中国航海事业现代化奠定了一定的基础。

---

[1]　吴淞商船专科学校同学会《吴淞商船专科学校史稿》编委会:《吴淞商船专科学校史稿》,1994 年,第 34 页。

[2]　《中国近代航海大事记》,海洋出版社 1999 年版,第 184 页。

[3]　《中国近代航海大事记》,海洋出版社 1999 年版,第 204 页。

三、 企业经营、教育事业

"调汇"经营:大生资本企业集团的突出特点

——以大生棉纺织系统为中心的分析

朱荫贵[*]

大生资本企业集团是以大生纱厂(设在南通)、大生二厂(设在崇明)、大生三厂(设在海门)等棉纺织企业为核心建立起来的民族资本企业集团,由晚清状元张謇等人创办。其第一家企业大生纱厂筹备于 1895 年,1899 年开车投产。该厂开车投产时,资本只有 44.5 万两。[①]此后发展迅速,1910 年已拥有包括纺织、农垦、航运、食品加工、机械等行业在内的 10 多家企业,近 300 万两资产,是当时中国最大的民营企业集团;民国初年该企业集团继续发展,到 1923 年时已拥有 40 多家企业,控制的资本总计 2 483 万余两,各纺织厂拥有纱锭 16 万枚,布机 1 340 余台。[②]而且,南通的企业均直接间接与大生有关系,这一点,正如大生纺织公司查账委员会报告书中所说:"南通实业,咸肇始于大生,故其对内对外经济往来,咸认大生为主体。"[③]

可是,这家发展快速资本雄厚的企业衰败起来速度也十分惊人:按照 1924 年"大生纺织公司查账委员会报告书"的说法是:"大生自开办以来,历 23 届,届届获利,在事者初不料一蹶之来,遂至不振。"[④]其实何止是"不振",1925 年,由中国、交通、金城、上海四银行和永丰、永聚钱庄等大生债权人组织的联合接管机构,以大生负债过重而清算和接办了大生各厂,[⑤]大生

[*] 朱荫贵,复旦大学历史系教授。

[①] 大生系统企业史编写组:《大生系统企业史》,江苏古籍出版社 1990 年版,第 126 页。以下简称《大生系统企业史》。

[②] 《大生系统企业史》,第 204—208 页、143 页。

[③④] 南通市档案馆、南京大学等编:《大生企业系统档案选编》,南京大学出版社 1987 年版,第 179 页。

[⑤] 《大生系统企业史》,第 226 页。

企业集团的辉煌也从此不再。

历经 23 届财政年度届届获利的大生各厂,为何在短短的一两年时间里就一蹶不振被银行团接管？此前的研究者有的认为大生是"超过本身力量的盲目扩张"所导致。①有的学者认为大生分配制度中实行的"官利"制度是最主要的罪魁祸首。如有的学者认为,官利制度减少了大生"企业的资本积累,增加了企业的困难",是大生企业集团衰落如此之快的根本原因之一。②另有学者认为,"它对企业的正常发展影响极为恶劣","严重影响企业素质的提高","严重影响了大生纱厂扩大再生产的规模,日益蚕食大生资本的积累","从内部蛀空了大生纱厂"。③还有的学者认为,"官利制的最大弊端在于扭曲企业制度……尤其是利润分配问题,直接导致企业实施'有利尽分'政策,祸害企业无穷"。④

本文认为,上述这些说法虽有一定的道理,可却并未说到根本原因。大生纱厂之所以如此快出现颓势,甚至一败难起,在于此前一直长期负债经营,且所负债款越来越多,这种状况在顺境时企业还可维持,但一遇到逆境,无法筹集到足够的新债款来继续维持企业所需的营运资金,也就是一般所说的企业资金链断裂时,被债主接管就是难以避免的必然结局。也因此,本文将对此进行一些分析,在阐释大生企业迅速衰败的原因时,也对当时中国企业的生存环境进行一些剖析。

大生所负的债务,主要分为向外部筹集企业的流动资金"调汇"⑤和向企业内部筹集的债务,以下分别进行探讨。

---

① 如大生系统企业史编写组所写的《大生系统企业史》第四章第四节的标题就是"超过本身力量的盲目扩张"。

② 见《论张謇——张謇国际学术研讨会论文集》,江苏人民出版社 1993 年版,第 362 页。

③ 见《论张謇——张謇国际学术研讨会论文集》,江苏人民出版社 1993 年版,第 189—190 页。

④ 见《近代改革家张謇——第二届张謇国际学术研讨会论文集》(下册),江苏古籍出版社 1996 年版,第 733—734 页。

⑤ "调汇"是大生纱厂向外筹借资金的一种说法。如大生分厂第一届说略中有"(1907 年)八月开股东会,十月开董事局会,议增股本二十万两,以利经营,而入股者仅六万余,不能不别为调汇以应用,而拆息洋厘之大,为近年所未有。若因此缩手不调,则更非工商营业之法……"的说法。1908 年 9 月 15 日大生分厂股东会议事录中也有"调汇有二法:一、各股东群力调助;二、将本厂机器房屋作抵押,可得巨款营运"的记载。见张季直先生事业史编纂处编:《大生纺织公司年鉴》(1895—1947),江苏人民出版社 1998 年版,第 109、115 页。以下简称《大生纺织公司年鉴》。

一、来自外部的债务：以大生企业"调汇"为中心

大生企业兴起时，股本的筹集十分困难，不得不从一开始就不断向近代中国金融机构和各方寻求贷款。大生一厂从 1895 年开始筹办，直至 1899 年才得以开机，"前后五载，阅月四十有四，集股不足二十五万"。[①]在兴办过程中因股本难招资金缺乏几次面临夭折的艰难处境。[②]也因此，在大生的历届账略中，均有记载向各方寻求及获得贷款的"调汇"一项栏目，现将大生一厂从开办开始到 24 届的"调汇"款目列表于下：

表 1　大生一厂前 24 届账略中"调汇"情况表

单位：规元两

年　份	资本数	调汇数	各年支出调汇利息数	调汇数占资本总数百分比	调汇本利支出在总支出中所占百分比
光绪二十五年第一届	445 100	124 910.4	8 656.1	28.1	
二十六年第二届	519 400	163 619.4	15 529.8	31.5	7.05
二十七年第三届	569 500	296 514.2	19 057.1	52.1	7.38
二十八年第四届	787 500	165 023.2	33 934.7	21.0	12.24
二十九年第五届	1 130 000	594 230.1	60 712.6	52.6	18.12
三十年第六届	1 130 000	558 397.6	82 164.6	49.4	16.04
三十一年第七届	1 130 000	651 499.1	81 826.8	57.7	15.61
三十二年第八届	1 130 000	1 036 131.6	152 489.4	91.7	23.52
三十三年第九届	1 130 000	1 017 249.0	123 950.0	90.0	22.11
三十四年第十届	1 130 000	1 178 045.3	105 495.7	104.3	19.92
宣统元年第十一届	1 130 000	1 503 957.4	107 019.0	133.0	18.19

[①]　《大生纺织公司年鉴》，第 84 页。另可参见拙文《从大生纱厂看中国早期股份制企业的特点》，刊登于《中国经济史研究》2001 年第 3 期。

[②]　大生一厂在招股集资中的种种艰难情状，1907 年大生一厂在召开第一次股东常会会议时，张謇向各位股东作了回顾，并以经历"四险"的方式作了总结。见《大生纺织公司年鉴》，第 78—86 页。

（续表）

年　份	资本数	调汇数	各年支出调汇利息数	调汇数占资本总数百分比	调汇本利支出在总支出中所占百分比
宣统二年第十二届	1 130 000	1 282 153.6	108 185.7	113.5	19.53
宣统三年第十三届	1 130 000	861 146.1	101 774.0	76.2	19.05
民国元年第十四届	1 130 000	915 578.7	97 300.0	81.2	18.32
民国二年第十五届	1 130 000	1 129 361.9	99 954.0	99.9	17.94
民国三年第十六届	1 130 000	979 384.8	122 095.8	86.7	19.65
民国四年第十七届	2 000 000	1 833 312.6	136 290.4	91.7	22.84
民国五年第十八届	2 000 000	1 836 574.5	197 599.7	91.8	22.19
民国六年第十九届	2 000 000	2 757 621.2	263 018.6	137.9	21.34
民国七年第二十届	2 000 000	2 545 334.9	348 687.6	127.3	26.10
民国八年第二十一届	2 000 000	2 547 592.4	398 681.4	127.4	23.97
民国九年第二十二届	2 500 000	2 986 145.5	445 931.5	119.4	26.38
民国十年第二十三届	2 500 000	4 016 602.9	584 770.1	160.1	29.07
民国十一年第二十四届	2 500 000	见说明 1	1 002 745.7	372.3	43.82
合　计		36 026 509.6	4 744 732		

说明：1.该届账略中没有出现"调汇"借入的款项数字，但有"借入抵押款（二厂押款在内）规银 3 973 750.8 两"和"存借入信用款规银 1 360 902.2 两"的记载，两者合计共 5 334 653 两（该数字见《大生企业档案资料选编》第 152 页）。2.原账略小数点后为三位，本表保留一位，一位后数字四舍五入。3."调汇数占资本总数百分比"一栏数字为笔者计算。

资料来源：资本数见《大生企业系统档案选编》，南京大学出版社 1987 年版，第 159—161 页。"调汇利"数和"支出调汇利息数"见《大生企业系统档案选编》各届账略（2—146 页）。"调汇利支出在总支出中所占百分比"一栏数字见《大生系统企业史》第 150—151 页间插表。

从表 1 中可见，大生纱厂从第一届开车生产始，就有了向外寻求和获取贷款"调汇"的记录。早期几届向外获取贷款的数字还不是很大，大约占同时期大生纱厂资本数的一半或以下，可从第八届（1906 年）开始就有了明显的增加，从该届开始，大生向外寻求以及获取的贷款，大多数时间与资本总数接近或超过。这期间，大生的资本数从第五届开始有过几次增加：一是第五届(1903 年)增加到 113 万两,此后 1915 年即第十七届又从 113 万两增加到 200 万两,再以后 1920 年第二十二届又从 200 万两增加到 250 万两。可在资本数增加的同时,大生向外寻求和获取的"调汇"数也在直线上升,与资本数的比率在 1917 年第十九届后,就没有少过资本总数,1922 年的第二十四届,向外获取的"调汇"数甚至达到了资本总数好几倍的 372%。二十四届账略中调汇所获总数竟然达到惊人的 3 600 余万两。而与此相应,大生纱厂为此付出的调汇本利支出数字,也是直线上升。除开始的两届外,都是两位数。1915 年开始后的年份,因"调汇"付出的本利数字在大生总支出中的百分比就没有下过 20%,1922 年第二十四届时甚至达到 43%以上,为474 万余两,几乎接近大生纱厂总支出的一半。这种状况,必然给大生纱厂的发展带来极大的困扰和压力。

　　下面,我们把这期间大生纱厂的收益和分配情况作出统计表 2,以便做进一步的观察和分析:

表 2　大生一厂前 24 届收益分配情况表

单位:规元两

年　　份	资本数	收项总额	"官利"支出	"余利"支出	收项总额与总支出两抵状况
光绪二十五年第一届	445 100		38 712.776		
二十六年第二届	519 400	298 611.304	40 623.363	52 369.9	78 312.725
二十七年第三届	569 500	364 150.208	44 402.714	69 983.389	105 978.406
二十八年第四届	787 500	464 274.232	46 188.860	112 144.573	187 002.402
二十九年第五届	1 130 000	648 225.181	79 037.579	127 600.000	265 134.214
三十年第六届	1 130 000	737 490.774	90 400.000	135 600.000	225 124.370
三十一年第七届	1 130 000	1 007 171.479	90 400.000	248 600.000	483 070.474

（续表）

年　份	资本数	收项总额	"官利"支出	"余利"支出	收项总额与总支出两抵状况
三十二年第八届	1 130 000	1 048 578.399	90 400.000	228 717.601	400 204.641
三十三年第九届	1 130 000	616 636.442	90 400.000	17 789.091	55 904.727
三十四年第十届	1 130 000	688 461.924	90 400.000	81 323.280	158 852.592
宣统元年第十一届	1 130 000	795 603.919	90 400.000	113 131.415	207 383.980
宣统二年第十二届	1 130 000	619 111.465	90 400.000	24 350.489	65 090.684
宣统三年第十三届	1 130 000	670 278.181	90 400.000	72 228.970	136 120.558
民国元年第十四届	1 130 000	792 645.632	90 400.000	154 703.757	261 585.232
民国二年第十五届	1 130 000	859 450.354	90 400.000	183 779.980	302 291.972
民国三年第十六届	1 130 000	903 365.953	90 400.000	172 266.971	282 173.760
民国四年第十七届	2 000 000	806 899.316	151 676.424	21 578.874	43 198.890
民国五年第十八届	2 000 000	793 522.574	160 000.000	无	-97 079.684
民国六年第十九届	2 000 000	1 894 298.061	160 000.000	317 780.098	661 768.530
民国七年第二十届	2 000 000	1 839 757.224	160 000.000	307 669.775	503 669.775
民国八年第二十一届	2 000 000	4 177 614.077	180 000.000	1 524 451.615	2 514 451.615
民国九年第二十二届	2 500 000	3 592 585.757	200 000.000	1 207 907.445	1 902 007.445

（续表）

年　　份	资本数	收项总额	"官利"支出	"余利"支出	收项总额与总支出两抵状况
民国十年第二十三届	2 500 000	2 703 020.283	200 000.000	420 171.165	691 092.154
民国十一年第二十四届	2 500 000	1 892 227.749	200 000.000	无	−396 074.049
合　　计		28 213 980.488	2 655 041.000	5 574 170.699	9 037 265.413

资料来源:资本数见《大生企业系统档案选编》,南京大学出版社 1987 年版,第159—161 页。"收项总额"和"收项总额与总支出两抵状况"栏目数字见《大生系统企业史》第150—151 页间插表。"官利"支出与"余利"支出栏数字见《大生企业系统档案选编》,南京大学出版社 1987 年版,第 154—156 页。

从表 2 数字中可见,在大生纱厂 24 届经营中,收益总项达到 2 821 万余两,可谓不少,其中官利分配占去 265 万余两,余利占去 557 万余两,合计822 万余两。收益总额中减去分配中官利余利的 822 万余两,还有近 2 000万两,可是 24 届账略中 22 届均有盈余,只有两届出现亏损,且亏损总额也不到 50 万两,何以一下就使得大生纱厂"一蹶不振",以至于落到被银行等财团接管的地步? 诚然,这其中有大生纱厂资金被盐垦事业和其他社会公益事业挪用等原因在内,可这似乎并不是导致大生纱厂困顿的主因,1923年 7 月 23 日大生纱厂召开股东常会议事时,张謇就表示了不同意见,他说:"本厂开立二十四年,亏者二,赢者二十二……今则多以盐垦借调为累,不知在七、八、九年之交,大生得盐垦存款之利亦复不少。"[1]1925 年大生纺织公司查账委员会报告书证实了张謇的说法:"外间传说大生之厄,厄于垦,其实各垦欠大生往来银一百数十万两,今已逐步收回不少。两年以来营业垫本之需,方恃垦收租花以资周转。"[2]

客观地说,大生纱厂在 24 届财政年度中筹调了 3 600 余万两资金用于纱厂的流动资金,其中有相当部分是为建设几个副厂建设筹调和垫付,为这些"调汇"仅还本付息就付出了 474 万余两,且每年均要为如何筹措"调汇"资金和还债费心。因此 1925 年查账委员会一针见血地说"嗣因谋增副厂,

---

[1] 《大生纺织公司年鉴》,第 169 页。
[2] 《大生企业系统档案选编》,第 180 页。

只收股十余万两,用成本至一百八十万两之巨,纱机亦只一万五千,动力电机尚不在内。公司一旦担此重负,加以二十四、五、六届之积亏,又添九十余万两,成本多而股本少,全恃调款,无怪难支。故就事实推寻,大生之厄,实厄在副厂,而不在各垦"。①本身就已负债累累,还要不断地设法"调汇"维持自己的营运和为"副厂"承担债务,这不能不说是导致大生纱厂"一蹶不振"重要的甚至可能是最主要的原因。

在这种背景条件下,大生纱厂的发展基础必然会脆弱不稳,环境正常生产顺利时还好,一旦外在环境条件改变,"调汇"不利时,企业就会碰上资金链断裂的危险,成为难以克服的障碍。"调汇艰难"的这种隐忧从大生纱厂开工生产时就一直存在,例如第二届账略中就记载有股东将余利存厂的倡议,原因就是股东深知"盖深鉴夫支持之苦,筹调之难"。②1911 年第十三届说略中亦有"沪上金融奇窘,达于极点,钱庄倒闭十有八九,以言调汇,不啻缘木求鱼……"的记载。③此后关于筹调资金困难的记载在历届账说略中也所在多有,1923—1925 年大生第一纺织公司说略中对大生的困境和经营的难局状况,可说描述得最为典型:"查本厂纱机九万五千锭,布机七百二十张,连同房屋及各项财产,计达规元六百五十余万两,而股本仅有三百五十万两,两抵不敷三百万两之巨。此外营业流动之金,尚不在内,全恃调汇以资周转。近年金融界鉴于纺织业失败累累,几于谈虎色变,莫肯助力。夫母金匮乏,已竭蹶堪虞,加以筹调不灵,能无大困?"④

更严重的是,为了筹措这些流动资金,大生纱厂还得忍受各种极为不利的借款条件。1922 年张謇哥哥张詧在给大生纱厂驻沪事务所所长吴寄尘信中的一段话,对此就表露得十分典型:"查去腊中南等银行三十万借款之合同,致以一厂值五、六百万之实产全部质押。此三十万一日不清,则五六百万全部之产皆处危险,苛虐、束缚何至于此?"以至于他气愤地表示,"此项合同已陷一厂于绝境,今惟有将各项股票、田地、居室、衣物,罄其所有破予个人之产,以偿此三十万两之债……"⑤

---

① 《大生企业系统档案选编》,第 180 页。

② 《大生企业系统档案选编》,第 5 页。

③ 《大生企业系统档案选编》,第 71 页。

④ 《大生企业系统档案选编》,第 162 页。

⑤ 南通市档案馆、张謇研究中心编:《大生集团档案资料选编》,纺织编(三),方志出版社2004 年版,第 158 页。

很明显，不断增加的"调汇"债款，使得大生纱厂的各种机器、厂房、土地等等逐渐被抵押，严重影响了大生纱厂的生产活动。由于债务越陷越深，债息越背越重，产品成本无可避免地也会越发升高，经营条件也就越发不利，互为因果，恶性循环。当第一次世界大战结束后外国势力重新大举进入中国市场，与国内众多在一战期间增加的纱厂一起形成混争的局面，外在环境的变化使得继续借入大量债款维持企业运转的局面难以持续，大生纱厂的资金链断裂就成为必然，整个大生企业集团依赖于大生纱厂企业系统资金挹注的局面同样难以维持时，大生集团的衰落也就会成为无法避免的事实了。

二、来自内部的债务：以企业延迟分配、利转股及吸收存款为中心的分析

为减轻企业的债务压力，大生纱厂也采取了不少的办法，其中以延迟分配余利、企业利转股和吸收各种存款为中心。以下分别进行一些具体考察：

首先是延迟分配盈利。大生纱厂第二届述略中记述，股东因为深知企业支持艰难，筹措流动资金之难，所以提出企业获得的盈余，延迟一年分配，认为这样做，可以达到"股东迟入一年之盈余，厂中实享数万金之利益"。这种延迟支付的余利，需要付给利息："兹议周年认息六厘，明春综结本利，归二十七年以前入股者均派（二十七年入股者不与）。"股东会做出决议："此后余利均递迟一年支付（如寅年付子年之利，卯年付丑年之利）"，"俟资本充足，再照旧章办理"。①

其次是利转股。大生企业集团在很大程度上是以大生纱厂所获盈利向内扩大规模和向外投资发展起来的。大生集团的发展模式是扩张企业首先由老厂投资，老厂投资的资金一般都是此前留存下来的余利，如余利不足，再进行招股，招股不足再由老厂贷款维持。1911年大生纱厂第十三届说略中的记载就很典型地表示了大生内部扩张的方式："上年八月间，股东会提议，以谋本厂之巩固，益图将来之发达，则布厂之设，断难置为缓图。本厂前置布机二百，拟再添布机，价约需银二十四万两，建筑费约需银六万两，是开

---

① 上引均见《大生企业系统档案选编》，第5页。

办之费需银三十万两。再筹运本三十万两,合成股本六十万两。其开办之三十万,自本届起,尽股东余利提充,另招外股三十万,作营运资本。当经全体股东表决,自应实行。"①

1914年,大生纱厂欲进一步扩大规模时的做法,与1911年一致:"本厂添购纺纱机二万锭,织布机四百部及新建厂屋,一切工程约计乙卯(1915)夏秋之交竣工。新棉上市,即可开工纺织。统计购机、建屋成本,需银八十余万两。除以截存余利作股,计银五十六万五千两外,尚不敷银三十万两左右。兹经董事会议决,增加股本银三十万五千两,合之原有股本共二百万两,不分新旧,利益同等,先尽本厂原有各股东按股摊入,以本届发息后一月为限,如不愿加入者,即归他股东认入,附以声明。"②

在扩大自身规模时是如此进行,在增设新厂和新企业时也是如此进行。1920年大生纱厂获利甚多,该年,大生纱厂"股本总额增为规银二百五十万两"。同时,通州大生纱厂和崇明二厂各投资二十万两给海门新设的大生第三厂,"通、崇两厂所入第三厂股本各二十万两。查照五年董事会议决案,通厂所入之股,归一百十三万两之老股东分派;崇厂所入之股,归八十六万两之老股东分派"。除此之外,"两厂上届截存余利,计一厂五十万两,二厂二十万两,合计七十余万两,拨入中、比(比利时)航业贸业公司","公决赞成"。另外,"两厂上届余利,每股百两应得五十两内扣入淮海银行股份十元","全体赞成"。③

除了采用内部延迟分配余利和利转股这两种减低大生负债的方法外,大生纱厂还不断向内向外吸收存款。企业吸收存款以作企业自身营运资金,在近代中国是普遍的现象。20世纪30年代学者王宗培由于"深感我国公司企业之资本构造,与欧美先进国家显有不同","尤以收受存款一项为唯一之特色",因此他对企业吸收存款问题特别给予了关注并做了研究。他对中国近代企业吸收存款的总体看法是:"我国以国情迥异,金融制度又未臻完善,普通之公司商号皆自行吸收存款,以为资金之调节。""吸收存款为我国企业界特异之现象。但其运用几普及于各种企业及工商组织。""其历史悠久基础厚实者,存款在运用资金中所占之地位亦更见重要。""以其重要性

① 《大生纺织公司年鉴》,第123页。
② 《大生纺织公司年鉴》,第141—142页。
③ 《大生纺织公司年鉴》,第155—156页。

言,有时且驾凌(银)行(钱)庄借款而上之。"①

　　大生纱厂在解决自身资金不足和降低调汇数额时,自然不会不采用这种方法。在大生纱厂第二届账略中,就有"各记暂存规银6 409.156"两②的记载。此后,随着大生企业规模越来越大,经济紧张调汇压力也越来越重时,大生吸收的存款也越来越多,如1922年大生纱厂第二十四届账略中就有"存入款规银1 139 234.741"两,另有"暂时存款规银209 511.444"两③的记载。1923年大生纱厂召开第二十五届股东常会,会议决定设立7人查账委员会,根据该查账委员会的报告书,我们对于当时大生纱厂吸收存款的情形可以有一个具体的了解。下表就是根据该报告书制作的各户存款详细情况:

表3　1923年大生纱厂查账委员会报告书中存款户情况表

单位:规银两

户　名	存款数	户　名	存款数	户　名	存款数	户　名	存款数
正 记	10 532	慎 记	10 400	永 和	8 600	老顺记	2 621.889
新顺记	2 491.232	恒大昌	5 200	瑞昌顺	7 000	怡 隆	4 588.004
祥大源	6 600	立 发	5 000	东 莱	3 500	顺 泰	8 700.18
锡 记	2 600	鼎 泰	400	复 泰	500.52	元 姓	500
协 兴	500.651	协泰昌	985.2	大 隆	900.9	鼎 昶	10 000
诚 孚	5 000	溥 益	25 720	通商银行	5 961.6	致 祥	15 000
鸿 胜	26 000	裕 丰	16 858.5	厚 康	3 852.72	裕 昌	7 000
顺 余	50 000	育 记	3 000	溪 纪	4 320	骏 记	21 855
朱承德堂	23 413.279	朱德馨堂	3 000	信 平	5 000	鼎 大	3 000
澄衷学校	17 047.25	袁鸿记	5 460.042	郑永记	4 256.4	植代堂	720
沈锡记	432	胡德记	10 010.067	张尚记	243.158	蒋立记	1 014.666

　　① 王宗培"中国公司企业资本结构的分析",载《金融知识》第1卷第3期,1942年5月版。转引自陈真编《中国近代工业史资料》第四辑,三联书店1961年版,第59—61页。另可参见拙文《论近代中国企业商号吸收社会存蓄》,载《复旦学报》2007年第5期。

　　② 《大生企业系统档案选编》,第7页。原文为中国数字,此处改为阿拉伯数字,小数点后以"两"为单位。下同。

　　③ 《大生企业系统档案选编》,第152页。

（续表）

户 名	存款数	户 名	存款数	户 名	存款数	户 名	存款数
得记	819.72	黄远庸	3 826.8	惜阴	6 318.72	王穆记	2 732.371
乐记	737.28	俞恪记	2 160	东记	360	白振民	233.28
徐宋氏	216	旋记	2 655.6	蒋季记	1 560	宋陵记	322.234
林聚记	2 160	庆记	3 000	管自修	1 271.52	得记	690.48
吴静珠	2 068.416	吴静珠	7 128.8	吴福记	7 735.2	季记	631.296
桂义学堂	1 229.804	谷记	1 956.557	吴妙云	6 277.6	福记	694.4
周少记	9 000	公兴铁厂	6 003.281	体仁堂	2 332.8	裕本堂	8 347.519
费定记	794.88	增记	712	程淡记	350	林记	4 500
周少记	7 257.6	胡二记	7 662.133	菽记	2 062.08	黄克裳	786.696
师恒	246.528	婴堂田价	473.472	俞叙伦堂	360	陶瞻记	189.996
闵壁记	4 344.192	退寿	900.955	兰记	720	教养公积社	2 477.892
贻谷堂	2 787.445	任遂记	576	闵之容	136.912	瑞记	2 580.986
瑞记	3 146.224	大悲庵	504	金记	1 023.2	周吉生	157.824
徐钱氏	288	黄树概	725.76	直养斋	8 945.28	刘经贤	1 451.52
吴少记	797.76	陈午记	2 160	刘祖威	731.52	刘祖威	720
经记	216	倪美记	2 306.133	徐许氏	1 612	朱麟之	227.496
朱陈氏	360	许韩氏	193.536	陈硕记	8 945.28	高介记	720
张丙记	648	无逸居	219.893	顾嘉禄	360	德记	2 384
育记	1 104.768	杨壁记	288	保记	360	秀记	1 224
毓记	3 000	祝记	739.44	乐善堂	2 020.8	硕记	1 723.392
乐者堂	2 125.33	晋祜逸记	147.033	毅记	4 881.589	闵简记	4 037.793
闵简记	703.03	张敬记	18 743.088	张敬记	22 117.586	高邵记	789.12
沈福记	161.28	彭记	3 000	惛记	501.84	公记	789.12
白记	403.712	张宜记	1 465.288	闵简亭	2 089.362	培义堂晴记	777.6
叔记	720	金桃记	1 018.933	吴沧围	828.24	章瑞记	1 802.88
鲁记	739.44	尊素堂	1 530.72	义记	5 000	仁记	4 000

（续表）

户　名	存款数	户　名	存款数	户　名	存款数	户　名	存款数
贵念记	394.56	增　记	1 000	傅生来	619.512	簇　记	1 058.111
公　记	577.843	傅通记	199.063	王生荣	504	葵　记	368.496
俞延宾	1 080	畴　记	1 440	蒯叔记	2 745.641	沈燕记	2 177.4
林万记	1 080	朱义记	361.56	文　记	959.233	霭　记	4 965.36
协　记	2 055.688	王　姓	720	永中公司	17 434.568	各庄期款	68 810.75
裕盛隆	64 012.476	五金号尾款	1 712.607	公债银团	1 662.366	带耕堂	10 800
养年堂	7 200	咏芬堂	8 756.898	沈文亮	288	徐积记	32
慎　昌	502.96	汉　运	598.88	汉　运	1 304.15	郑伯记	8 000
阎　记	5 000	杨砚记	3 500	海门淮海	3 852.72	维　丁	17 361.11
海　京	18 529.28	具儒堂	23 842.523	尊素堂	23 842.523	实业同人	8 873.772
恒泰当	2 428.272	公济当	8 205.6	金陵厘捐局	14 125.188	梅　记	744.853
青龙港河工	328.8	张芝仙	1 496	陈兰记	4 468.8	商笙伯	4 000
江苏教育会	2 192	费定生	1 104	南通交易所	58 273.5		
合　计	1 014 999.716						

资料来源:南通市档案馆、南京大学等编:《大生企业系统档案选编》,南京大学出版社 1987 年版,第 195—203 页。

从这份统计表看,大生纱厂 1923 年吸收储蓄的统计表中共有储户 198户,总共吸收储蓄数为 101.5 万余两。这些储户的来源可说五花八门:既有个人,也有商店、学校、公司,还有大悲庵这样的宗教组织,最多的是以"某某堂"或"某某记"的团体、组织或个人。从储蓄的数额来看,多的有几万两,少的只有几十两,但汇聚到一起,也是不少的一百多万了。这些储蓄存款,只需要付给储户利息,不需要用厂房、土地、机器、棉纱、棉花等作为抵押,相对于向金融机构借贷,对企业来说,当然更为方便和合算。

当然,不管是延迟分配、余利转股还是吸收储蓄,都有一个前提,这个前提就是企业运转正常,有利润可赚。如果企业的负债太多,加上外在环境巨变使得企业亏损,则企业的失败或倒闭就无可避免。大生企业在南通的口碑不错,但也未能避免这种命运,给它最后一击的,是金融机构的集体逼债。

三、金融机构的集体逼债:压死骆驼的最后一根草

上面已经提到,1925 年,由中国、交通、金城、上海四银行和永丰、永聚钱庄等大生债权人组织的联合接管机构,以大生负债过重而清算和接办了大生各厂,①那么,这时候大生到底欠了这些银行钱庄多少钱,这些机构又是如何逼得大生无路可走的? 这里,我们依然以大生纱厂 1923 年查账委员会报告书中实在的欠款情况,再结合各金融机构逼债的资料进行一下探讨,也可从中看出当时银行与企业的某种关系和企业的生存环境。

表 4 是大生纱厂 1923 年查账委员会报告书中显示的大生欠金融机构债款以及借贷时所用作的抵押物情况:

表 4　大生纱厂 1923 年查账委员会报告书中欠金融机构债款明细表

单位:规元两

银行钱庄名	银　数	抵 押 品 情 况
永庆公司	75 000	借九江路二十二号南通房产公司屋为抵
四行联合处	300 000	以一厂七万五千纱锭七百二十张布机作第一债权为抵
交通银行	140 000	以一厂全厂纱锭布机作第二债权为抵
上海各钱庄(说明 1)	353 000	以一厂第二债权及大丰公司债权三十万两作抵
中国银行	278 000	借二厂纱机三万五千锭为抵
上海各钱庄银行(说明 2)	315 000	同上
上海银行	400 000	以副厂厂租作抵
中南银行	111 800	以吴淞道契及权柄单各十六纸计出浦地五十六亩二分三厘九毫为抵
金城银行	60 500	同上
盐业银行	23 000	以合德公司部照二百张计田五千亩为抵

① 《大生系统企业史》,第 226 页。

（续表）

银行钱庄名	银　数	抵押品情况
大陆银行	18 000	同上
兴业银行	95 976.51	以吴淞出浦地十八亩四分四厘道契权柄单为抵
信康钱庄	30 000	以大有晋债权作抵,已收有晋南区田照三千亩
德昶润号	50 000	以大有晋、大赉债权作抵,已交有大有晋东余区田照四千亩,海晏区田照四百亩、大赉北区田照三千亩
合　计	2 250 276.51	

说明:1.这里的"上海各钱庄"包括42家各种金融机构,多的一户有两万多两,少的只有两三千两。2.这里的"上海各钱庄银行"包括21家各种金融机构。"说明1"与"说明2"中的金融机构详细名单及所贷金额可见《大生系统企业档案选编》,第187—189页。

资料来源:南通市档案馆、南京大学等编:《大生系统企业档案选编》,南京大学出版社1987年版,第187—190页。

以上向各家银行钱庄抵押借贷的债款总数是225万余两。同报告书中还记载有向各家钱庄用证券抵押的债款221 300两,用各种股票债券向各家银行钱庄抵押的借款1 088 261.606两的明细统计情况,这里为了避免繁琐不再一一列出。以上三种抵押借款的总数是3 559 838.11两。加上向私人以及各种组织吸收的储蓄1 014 999.716两,则1923年时大生纱厂的内外负债已达4 574 837.82两,数额巨大的负债加上当年经营的亏损,使得到期的债款难以偿还,也使得债权人的各家银行钱庄向大生纱厂的催还债款陡然升级。在现有的资料中,1923年到1924年多家银行钱庄向大生纱厂催还欠款的信函电报等连篇累牍,不仅使得大生难以应付,而且预示着大生纱厂已进入危险的经营状态。这里仅举大陆、盐业、金城、中南四银行1924年联合催促大生还款的函件为例,观察这时大生的资金艰难及无法还款的尴尬。

这四银行联合催款函首先回顾了二月一日接到大生来函的内容,其中说"小厂于十二年十二月三十一号以全厂机器、房屋与宝行订立合同,押借元三十万两。其第六条甲项载明:抵押品之第一债权可由规元三十万两增押至一百六十万两,但此第一债权增押之权,仍为银行所有云云。今小厂因欠交通及各庄借款三十万两不能即还,已与商明,并加入此项抵押品内,惟因此项第一债权是宝行所有,今已与交通及各庄声明,所有第一债权以宝行所借三十万两为限,今增押之三十万两,当作为第二债权,与交通另订契约,似此并未侵占宝行权利,想诸公必可照允,即请与函交通证明"。这封四银行回顾大生纱厂的来函内容中透露了几个信息:其一是民国十二年大生纱厂以全厂机器、房屋向四银行抵押借贷了规元三十万两,四银行为第一债权人;其二是大生纱厂因另借交通银行和各钱庄三十万两无法归还,要将原抵押给四银行的抵押物全厂机器、房屋增加给交通银行和各钱庄作为抵押物;其三,第一债权人仍为四银行,要求四银行致函交通银行表示四银行同意。

可是,大生纱厂的这个要求被四银行断然拒绝,拒绝的理由是"此项借款,自成立迄今已将一载,而借款合同规定各条多未切实履行",并列举"如第七条,纱厂于本借款未到期之前,凡有其他收入,必须尽先归还本借款之本金全额,或一部分等语。经年以来,计贵厂收入款项数必不少四行等,并未见分文出入酌还一部分,或全额借款则更无其事矣! 又如第十条,纱厂每日制成之纱计得若干箱,每箱开除原本,提规元一两五钱归还银行往来欠款外,如有盈余,无论多少,悉数提交银行,立大生第一厂借款筹还户名收存,积至每一个月底,取其整数还付本合同借款之一部分等语。此项纱布之余,从未准贵厂拨存,若谓纱价未见起色,盈余无多,亦应详细报告四行等,俾可了然其真相,乃并一报告而无之。又如第十二条,纱厂应向妥实之保险公司保足火险,银数六十万两,保险单交付银行收执等语,而敝行等仅收到保险单三十万两一纸,未能足额,故敝行等对于此项借款已属惶惑不安。现在此抵押借款行又届付息之期,而可付之息何在? 统未据见示"。因此,"四行等综以上各项情形,对于贵厂请求增加押款作为第二债权云云,实不敢承认。或者请查照合同第六条甲项所载,纱厂必须增押时,纱厂可提前还清本借款本息,方得转押他人之办法履行,将本借款本息如数偿清,另行转押,以符合同而资结束。所嘱函与交行证明一节,碍难招办,相应函复查照"。①

此后,大陆、盐业、金城、大陆四银行还在 1924 年 2 月 16 日,5 月 3 日,5 月 28 日,6 月 18 日,6 月 19 日不断催促大生纱厂还款,使得南通大生纺织公司应接颇难。从 1924 年 11 月 25 日四行给南通大生纺织公司驻沪事务所吴寄尘的函中可以看出,此前吴寄尘从南通返沪,"传述啬公(张謇)之

---

① 南通市档案馆、张謇研究中心编《大生集团档案资料选编》,纺织编三,方志出版社 2004 年版,第 202—203 页。

意,谓押品可以处分,但须不卖与日本人",四行的回复是:"研究其所谓不卖与日本人者,大似贵厂对于债务本息则延宕不愿清理,对于押品则以国际关系牵制其处分。"断然称"负债方如此用心债权危险以至极地",并进而声称"四行本息只欲至期如数归偿,押品当然不必处分,否则是债权者受债务者不能清偿之所迫,以致处分押品,其一切责任悉为债务者负之,债权者不负责也"。①

最终,1925 年大生纱厂被中国、交通、金城等银行和永丰、永聚等银行钱庄债权人组织的银行团清算接办,大生纱厂在辉煌了二十多年后,终于黯然谢幕。从上述的回顾及简述中可以看出,大生系统企业在创办时,原始资本往往不敷用于固定资产的投资,开工后,流通资金短缺,不得不靠大量"调汇"向外的抵押借款来维持营运。在分配时,为维持股东对企业的支持和今后招股时有号召力,"官利""余利"不得不分,在扩大自身规模和发展企业集团时,同样要利用已有企业的支持以及对外借贷来维持,这种发展模式在近代中国民间资本企业中十分普遍,荣家企业、刘鸿生企业集团等均是如此。②但是,这种发展模式的最大弱点,就是企业的基础不稳,难以抵抗外在环境大的变化,只要外在环境的变化使得企业难以持续获得"调汇"贷款,资金链断裂时,企业的危机也就来了。大生纱厂的发展以及被银行团清算接办,并非偶然,而是当时中国民间资本企业发展途径中较为典型的案例而已。

---

① 南通市档案馆、张謇研究中心编:《大生集团档案资料选编》,纺织编三,方志出版社 2004 年版,第 205 页。

② 参见拙著《中国近代股份制企业研究》,上海财经大学出版社 2008 年版,第二章。

通泰盐垦五公司银团债票发行始末

朱 江[*]

　　"通泰盐垦五公司银团债票"(下文简称债票)是中国历史上最早的企业债票(时称公司债)。1921 年 7 月,由中国、金城、上海等银行合组"通泰盐垦五公司债票银团"(下文简称银团),在上海经营大有晋、大豫、大赉、大丰、华成等五家盐垦公司(下文简称五公司)的企业债票。"通泰盐垦五公司银团债票"第一期实际发行 300 万元,年息 8 厘,计划每半年付息一次,债本分五年还清,以上述五公司未经分给股东之地的五分之三作为担保。"通泰盐垦五公司银团债票"作为一种金融创新,其本意是为了促进苏北盐垦事业的发展。然而由于五公司连年受灾,更由于银团过分相信土地的担保价值,以至债票最后沦为次级债,原定 5 年的债票期限,一直持续到抗战期间。其教训至今依有可资借鉴之处。

一、五公司遭遇经济困难

　　1921 年春,时任中国银行副总裁的张嘉璈应邀赴通泰地区考察相关盐垦公司,这是一次双方都有所准备乃至有所期待的活动。一方面以张謇为代表的东道主,主要是大有晋、大豫、大赉、大丰、华成等五家盐垦公司,正面临前所未有的经济困难,而另一方面张嘉璈后面所站立的上海金融界,"以南通提倡实业,辛苦艰难,社会有维持之责",[①]愿意伸出援手。

　　张謇,在张嘉璈的事业遇到巨大挑战时,曾给予倾力支持。1916 年 5 月 12 日,段祺瑞以北洋政府国务院的名义,通令各地中国银行、交通银行,暂时对两家银行发行的纸币和应付款项停止兑现付现,时任中国银行上海

---

　　*　朱江,现就职于南通市档案馆。
　　①　《中国第一次发行之公司债》,《申报》1921 年 7 月 28 日。

分行经理宋汉章和副经理张嘉璈,拒绝执行国务院和北京总行的停兑令,
照常营业。他们成立上海中国银行商股股东联合会,推举享有盛誉的张
謇为会长。股东联合会通过了上海中国银行全行事务悉归股东联合会主
持,以后政府不得提用款项;该行所有财产负债,已移交外国律师代表股
东管理一切,并随时有查账之权;上海分行钞票随时兑现;所有存款均到
期立兑;将来商家若有损失,悉归股东联合会负责处理等五项决议。股东
联合会的支持,连同其他一系列有力的措施,使中国银行上海分行渡过了
难关,维护了该行的信誉,也使得张嘉璈声名鹊起,奠定了他在中国银行
业的地位。

　　因此,当张謇主导的盐垦公司遭遇困难时,张嘉璈亲自出面,也就可以
理解。而此时的五家盐垦公司,的确到了摇摇欲坠的地步。张謇于 1901 年
创办通海垦牧公司,十年后股东获利丰厚,从而引发了江苏沿海地区垦牧的
热潮。北自阜宁的陈家港,南至南通的吕四,东滨黄海,西界范公堤,绵延六
百多里的冲积平原上先后办起四十多个盐垦和垦牧公司。其中大有晋、大
豫、大赉由张謇发起,大丰由周扶九发起、张謇协助,华成由冯国璋创办、托
张謇主持。[①]1921 年时该五公司基本情况如下[②]:

名　　称	总公司地址	成立年月	资本额数(万元)	职员数(人)
大有晋	南通三余镇	民国二年春	50	67
大　豫	如皋掘港镇	民国六年春	150	142
大　赉	东台角斜	民国五年冬	80	60
大　丰	东台西团	民国七年秋	200	131
华　成	阜宁千秋港	民国七年春	125	85

　　五家盐垦公司中成立最早的是 1913 年的大有晋公司。处于初创时期
的盐垦公司,普遍的问题就是资金短缺。要把海边的滩涂转化为良田,兴修
水利工程是前提。"盐亭改垦,非开河筑堤建闸,为泄卤御潮启闭不为功,公
司地亩,自地权统一后,第一要务,即为工程。滨海放垦,重在堤河,无堤则

---

① 《大生系统企业史》,江苏古籍出版社 1990 年版。
② 《调查通泰盐垦五公司》,上海市档案馆 S442-1-4。

不能蓄淡,不能蓄淡则地中之卤质不尽,不能垦殖。无河,则蓄水无所流,卤质无由泄,此垦务所以重工程也。"①通常情况下,垦牧公司采取滚动发展的模式,依靠股东的原始投入,再加之佃户缴纳的订守,开展工程建设;日常开支则借租息维持。然而启动资金的不足,使得水利工程举步维艰。"以原招股本本属太小,公司办事人多,欲以极小之资本,得极大之利益,不足时往往借债补充之。以借债转碾利息,所耗甚巨,负担日重。"②而最终打破原有资金链条模式的,是1918年开始的连年自然灾害,"自戊午以来,历经歉岁,非害于虫,则害于风,收入骤绌。而兴工施垦乃不容稍缓,坐是旧欠清还无日,而新债转增,凡此临时调汇,期限既促,利率尤重"。③

根据《大生系统企业史》的统计,截至1920年,五公司的负债情况如下:

名　称	负债(万元)	名　称	负债(万元)
大有晋	83.1	大　丰	160.8
大　豫	137.3	华　成	26
大　赉	46.1	总　计	453.3

如此巨额的债务,后果具有连锁效应的恶性循环。1922年10月20日的五公司董事联席会上,张謇认为,"虽曰天灾,究亦人谋之未尽。办垦以水利为前提。垦牧工程较胜于大有晋,而大豫则不及大有晋,大赉尤次之,故今岁收成之等级,亦因此而递差。大丰之地,数倍于垦牧,而宣泄之利,复远逊于前说之各公司。如此水利,安有收获可言?"④张謇所言之"垦牧",指的是通海垦牧公司,他通过工程建设方面的比较,指出了五公司与通海垦牧公司之间最大的差距,也是五公司当时困难的直接原因。由于防御自然灾害能力差,"各公司田地出产之低下,殊多出人意料之外。出产之大宗为棉,去岁收获之丰,以大有晋为最,然每亩收量不过三四十斤,租息平均不过十斤余耳。大豫租息每亩仅扯六斤,前年仅扯四斤"。⑤租息的下降,加之"来佃者不见

---

①　李积新:《江苏盐垦》,南通市档案馆 B414-111-18。

②　《中国第一次发行之公司债》,《申报》1921年7月28日。

③　经募通泰盐垦五公司债票银团印行:《通泰盐垦五公司债票纪实》,1922年10月,南通市档案馆 B415-111-6。

④　《各公司董事联席会议录》,南通市档案馆 B413-111-4。

⑤　《邹秉文、过探先、原颂周等致张公权函》,1921年,南通市档案馆 B414-111-10。

踊跃"导致订守的衰竭,使五公司到了进退维谷的地步,急需外力支持。

二、上海金融界鼎力资助

张嘉璈的盐垦公司之行,固然有友情的因素,但对于这样一个有担当和抱负的银行家来说,的确持有"金融界实业界得以联络,互相发展"[①]的理念,对于通泰五公司债票的发行,张嘉璈作了大量研究和探讨。

首先是邀请农业专家邹秉文对五公司进行调研。张嘉璈是在吴寄尘的陪同下前往大有晋、大豫、大赉、大丰四家公司考察的,未去华成公司,估计是路途较远的缘故。在随行的来自沪宁的十余人中,有着农业专家的身影。那就是张嘉璈以私人身份邀请的南京高等师范学校农科主任邹秉文(1921年南京高等师范学校改东南大学,任教授兼农科主任),以及该校教授过探先和原颂周。邹秉文一行随后拟写了一份考察报告。该报告主要从农业科技的角度记录了盐垦公司的现状,提出了改良的方向。在邹秉文一行眼中,盐垦公司尚有大量土地可供开垦,而当下生产力水平低下,其潜台词就是有很大的发展余地。他们认为,要改变导致收获歉薄的原因即"病虫害之蔓延、耕种方法之不善、种子之不良",首要措施是组织农事研究机构;直接给农户小额贷款;普及农业知识,推广农业器械。[②]邹秉文是一位享有盛誉的农业专家,他的判断有很强的说服力。这份建议书给了张嘉璈及上海金融界信心,而其中的一些措施也为张嘉璈所落实。

其次是张嘉璈在沪上与相关金融机构的沟通。垦区回来后,张嘉璈"遂邀集沪上各银行及钱业秦润卿先生,协同讨论。金以吾国事业,久待振兴。各盐垦公司规模宏远,关系于农产纺织业者甚巨。偶为天时所困,积累不振,亟应合力扶持,以示提倡"。[③]张謇在南通所作的现代化探索,已经引起了国内外的瞩目。而通海垦牧公司的成功,也让上海金融界对五公司的未来充满了期待。

---

①　《通泰盐垦五公司发行债票之原委》,《银行周报》1922 年第 6 卷第 41 期。

②　《邹秉文、过探先、原颂周等致张公权函》,1921 年,南通市档案馆 B414-111-10。

③　《经募通泰盐垦五公司债票银团之概况》,《银行周报》1925 年第 9 卷第 11 期。

第三是设计了比较合理的债票发行条件。"公司债之制,在吾国未之前闻。"①张嘉璈作为中国企业债票的开创者,深知发行五公司债票顺利的关键在于债票合理的回报,需要在企业和金融机构之间找到平衡点。

五公司都是债重息巨,临时汇调期限短促,"除长存款月息约在一分之谱而外,平时调汇,以市面银根宽紧,故时有重轻。活期往来,有时市拆涨至按月一分五六厘,定期放款最轻月息亦在九厘左右,平均周年计息约在一分三、四厘"。②1919年大有晋公司特别调款及暂调庄款共计48万余元,每年应付拆息6万元。③拟议中的债票,经初步商定不超过周年8厘,这对于盐垦公司而言,可以轻息抵重息,减轻负担。"惟发行公司债票,系属创举,风气未开,仅以轻率利息,恐不足于鼓动企业家之兴味,似须另酬相当利益,方易集款。"根据张嘉璈的提议,每千元债票酬报红地10亩。如果按每亩20元计算,债票持有人预期收益约为1分六七厘。这对投资者是个不小的诱惑,对盐垦公司而言也不是什么大问题,因为特别调款也需要给债权人一定的红地报酬,1920年大丰向股东调款51万余元,月息1分外,至迟5年归还,每千元酬地高达25亩。④赠送红地实质是一种延期支付利息的行为,至少当时不需拿出真金白银,所以可以有效缓解经济的窘况。况且如果通过发行债票渡过难关,土地价值可以提升,对于双方而言是共赢的结局。

三、双方签订合同

对于发行五公司债票一事,上海金融界响应很快,银行公会和钱业公会组成银团,操办发行事宜,推举宋汉章、田祁原为银团代表。五公司方面,在1921年5月分别召开股东会议,均获得股东的赞成,并授权董事会具体办理。5月26日、7月1日,五家盐垦公司在南通濠南别业召开五公司董事联

---

① ④ 经募通泰盐垦五公司债票银团印行:《通泰盐垦五公司债票纪实》,1922年10月,南通市档案馆 B415-111-6。

② 《通泰五盐垦公司发行社债股东会董事联席会议案》,南通市档案馆 B413-111-6。

③ 经募通泰盐垦五公司债票银团稽核处编辑:《通泰盐垦五公司经营概况》,南通市档案馆 B415-111-13。

席会,讨论债票的具体事宜。

经双方多次磋商,双方于 7 月间拟就了《通泰盐垦五公司债票合同》,该合同主要内容为:

(1)数量和时间。"通泰盐垦五公司债票全数由乙方担任,分两期发售,第一期发行三百万元,第二期发行二百万元。自十年七月一日起至十年十月三十一日止为第一期发行期间,第二期发行日期由公司与银团商定之。"①由于第一期债票首次偿付就出了问题,第二期发行事宜成为不可能。

(2)目的。"此项公司债票款项专充公司清还旧欠及推广工垦之用。"②

(3)还本。"分五年还清,每年还五分之一,第一期三百万元自十年十一月一日起计算,满一年开始还本,第二期二百万元自发行截止之翌日计算之。"③

(4)利息。"利息常年八厘,每半年付一次。"④

(5)担保。"第一期发行之三百万元,以五公司未经分派股东之地产割出五分之三计一百零四万八千二百亩作为担保,其划定区域应用信面声明作为附件。"⑤

(6)红地。"债票末期还清时,每债额千元得分酬奖红地十二亩,此项地亩大段工程归公司围筑,地质以可垦草地为度,并由五公司在任何一公司境内划一整区,请银团派员检定,定后仍由五公司管理,至第五年还清,方交由银团自行支配。"⑥

(7)稽核。"银团公推稽核五员,分驻五公司监察账目,所有五公司款项出入应由稽核员审查,其稽核之薪水归公司银团各半支给。"⑦

该合同原件笔者未曾见到,所见者来自《通泰盐垦五公司债票纪实》《经募通泰盐垦五公司债票银团之概况》和 1921 年 7 月 28 日《申报》。这些文本内容一致,应该都来源于同一渠道。合同文本内签字人为草堰大丰公司代表张作三、余中大有晋公司代表徐静仁、通泰盐垦掘港大豫公司代表沙健庵、角富大赉公司代表周宷丞、庙湾华成公司代表韩奉持、五公司总理张詧

---

①②③④⑤⑥⑦　经募通泰盐垦五公司债票银团印行:《通泰盐垦五公司债票纪实》,1922 年 10 月,南通市档案馆 B415-111-6。

和张謇、经募通泰盐垦五公司债票银团代表宋汉章和田祈原。合同签署日期为 7 月 1 日。7 月 1 日当天,五公司董事联席会尚在商议,决定"由五公司董事会各推一人,代表全体董事,会同总理,在正式合同签字"。①上海方面,根据 8 月 11 日《申报》之《经募盐垦公司债票银团消息》,8 月 6 日,经募通泰盐垦五公司债票银团假座上海银行公会,召开银团成立大会,通过章程,选举董事(以后银团的固定办公场所也设在上海银行公会)。当场选定盛竹书、钱新之、田祈原、宋汉章、陈光甫、倪远甫、田少瀛、叶鸿英和吴寄尘为董事;8 月 9 日开董事会,推举盛竹书为主席,推举宋汉章和田祈原为银团代表,在债票上签字。这也不难解释,因为大部分承担债票的银行,即是原来的债权人,只是债权的形式发生了改变而已。尽管没有正式签字,但在双方的合意下,并不影响债票的实际成立。

四、债票认购的完成

《通泰盐垦五公司债票合同》签署以后,围绕着红地的划分、担保地亩的确定等问题,双方进行了一系列磋商。

(1) 第一期债额的筹足。7 月间,第一期债票认购数开始是 253 万。南通盐垦管理处主任江知源与银团商议,如果银团筹足 300 万,五公司愿意增加 4 000 亩红地。而且所有 4 万亩红地,改在大有晋。银团经过协商,同意了五公司的建议。双方续订了债票合同附件。

大有晋作为红地的地亩为:晋余区 12 800 亩,海晏区 4 000 亩,东余区 4 000 亩,晋南区 9 600 亩,御西灶 9 600 亩。②

(2) 债额的分配。原定债额分配为大有晋 40 万元,大豫 100 万元,大赉 40 万元,大丰 100 万元,华成 20 万元。由于红地集中于大有晋,因此由其余四公司分认债额 20 万元。经重新分配,分别为大有晋 20 万元,大豫 108 万元,大丰 108 万元,大赉 34 万元,华成 30 万元。

(3) 债额的认购。300 万元债票,共由 29 家单位认购,具体情况如下③:

---

①②③　经募通泰盐垦五公司债票银团印行:《通泰盐垦五公司债票纪实》,1922 年 10 月,南通市档案馆 B415-111-6。

行　名	原缴债额(万元)	续认债额(万元)
中　国	15	3
交　通	15	3
金　城	15	3
上　海	13.8	2.7
兴　业	9	1.8
盐　业	3	0.6
浙　江	6	1.2
四　明	6	1.2
新　华	3	0.6
大　陆	6	1.2
中　华	3	0.6
东　莱	3	0.6
中国实业	3	0.6
中　孚	1.8	0.3
聚兴诚	1.8	0.3
广　东	1.8	0.3
东　亚	1.8	0.3
东　陆	1.8	0.3
永　亨	1.2	0.2
永　丰	30	3
大　生	30	6
淮海总行	20	4
淮海沪行	10	2
正　利	3	0.6
华　大	2	0.4
源昌正	30	2.8
裕盛隆	15	3
信　康	2	0.4
福　源	15(并入永丰)	3
合　计	253	47

从上表可以看到,来自大生资本系统的债额总共为 72 万元,占比 24％,这些债额为大生资本系统之前对五公司的资金调剂,数额不可谓小。债票的款项先划拨给大生沪事务所,再具体分配。其中 253 万元划拨时间为 1921 年 8、9 月间。

担保地亩的确定:债票是以五公司未经分给股东之地的五分之三为担保的,这些地块由五公司先后划定界限并绘图交银团备案,明细为:大有晋 7 万余亩,大豫 24 万亩,大丰 50 万亩,大赍 8.2 万余亩,华成 15.6 万亩,共计 104.8 万亩。①1924 年以后,为了确保债权人利益,银团陆续收取抵押相关地亩的部照(土地证),为此甚至垫付契税。

五、债本的归还

相对于债票的顺利发行,债票的还本付息是个曲折而又漫长的过程,其间充斥了银团与五公司尖锐冲突。债票的发行,的确是银团在金融领域的创新,"公司债票之发行,我苏省实业中实以此项债票为嚆矢,银团所以有此巨大之组织者,实以维持商务、提倡实业为唯一之主旨"。②银团将半数的债票推向市场,并希望通过第一期债票的顺利进行推动第二期债票,乃至其他企业债的发行。银团对于五公司的支持是诚意的,表现之一就是力主成立农事试验场。农事试验场"位于南通三余镇大有晋公司房屋前面,共计 600 亩左右",由五公司联合银团设立,"特聘著名昆虫专家、作物专家,研究虫害之防除、农事之改良,以图增加各公司之收益",委托东南大学农科代为筹备。③农事试验场每年预算经费 2 万元,其中五公司承担 1 万元、银团 5 千元、张嘉璈 5 千元。④举办农事试验场是银团方面发行债票的条件之一,五公司认为"在银团为改良种植起见,用意良佳"。⑤

然而现实是残酷的。根据约定,五公司须在债票期满 1 年,即 1922 年

① 经募通泰盐垦五公司债票银团印行:《通泰盐垦五公司债票纪实》,1922 年 10 月,南通市档案馆 B415-111-6。

② 《经募通泰盐垦五公司债票银团对于公司违约议决提出严重抗议事》,1923 年 6 月 9 日,上海市档案馆 S442-1-5。

③ 《筹备通泰各垦牧公司农事试验场之情形》,《农业丛刊》1922 年第 1 卷第 2 期。

④ 《中央农事试验场委员会会议记录》,1922 年 3 月 24 日,上海市档案馆 S442-1-17。

⑤ 《各公司董事联席会议录》,南通市档案馆 B413-111-4。

11月1日还本60万元。一直延迟到1923年1月15日，五公司除了年息8厘外，仅偿付本金30万元。未还本金30万元，经协商改称一成欠本，延期1年归还，年息1分。至1925年1月1日，五公司支付本金43万元，尚欠247万元；利息部分，除了华成自1923年起未能照付外，其他4家公司均付清。①至1928年6月30日，五公司欠债本189.618 755万元、欠债息14.724 183万元，另加红地工程垫款5万元以及其欠息0.849 293万元，合计欠款210.192 231万元，其中华成情况最差，30万元债本尚有27万元。②

五公司无法还债的原因，来自主客观两方面。客观上，债本对五公司而言"仅敷偿还旧债一部分，而对于经营地亩、各项工程仍未有所设施，且当债票发行之年，各公司骤遭灾欠"，之后银团方面给予了宽限，然而五公司迭遭天灾人祸，"收成歉薄，支用浩繁，各公司益陷困顿，甚至经常费用，亦难筹措，主持无人，各事停顿"。因此导致主观上，"不复愿惜信用，更无论清理债务"。③

重压之下，公司方面采取了一些有损银团的失信行为。1923年4月27日，大豫第7届股东常会议决"由原股东按所分地每亩津贴4元，其地即收回营业，自收花息"。④此举显然违背了债票合同第六条："五公司未分地租及公司其他收入，当尽先充此项公司债票还本付息之用，设有不敷应以已分地亩之收入补足之，再有余款听凭公司支配。"而同年大丰公司股东会，也有动议售地，"将泰福成三丰区地，连同祥丰等红地十二万五千亩作价每亩十元，共以一百二十五万元之数，移转于华实公司"。对此，银团表示强烈不满，认为"依此情形，则银团在契约上所应享受之权利，完全被各该公司所剥夺。一公司发难，各公司效尤，推其极，必使银团在契约范围内所有之一切利益，必至于被各该公司侵蚀净尽而后已"。⑤银团一方面与江知源积极交涉，另一方面又召开团员会议，起草抗议书。大豫的事项，经过银团的反复交涉，最终于1926年3月25日以大豫与银团签约，允诺"原有股东交入上

---

①　沈籁清：《经募通泰盐垦五公司债票银团之概况》，《银行周报》1925年第9卷第11期。

②　沈籁清：《通泰盐垦五公司债票最近状况》，《银行周报》1928年第12卷第28期。

③　《经募通泰盐垦五公司债票银团报告》，1933年8月，南通市档案馆B415-111-19。

④　《掘港大豫盐垦公司第7届股东常会会议案》，《大生集团档案资料选编（盐垦编Ⅲ）》，南通市档案馆、张謇研究中心编，方志出版社2012年版。

⑤　《经募通泰盐垦五公司债票银团对于公司违约议决提出严重抗议事》，1923年6月9日，上海市档案馆S442-1-5。

海银行之款,尽先划交银团收账,不得挪充别有"而告终。①而类似情况,以后不时发生,如1928年大丰将抵押地亩重复抵押给兴丰银团、1928年大有晋将红地擅自放垦6 000亩收取顶首近3万元、1930年大豫擅自出售抵押地亩中的中三区之酉戌亥等,不一而足。

为了确保利益,银团陆续将担保地亩及红地接收自管:1928年间,先将4万亩红地接收;1929年联合南通兴丰银团组织维持会,共管大丰,1932年维持会期满后又各自就抵押地亩割地自管;1929年与华成达成代管协议;1930年执管大豫。

六、债务的了断

大有晋本身债本较少,加上经营情况略好,因此是最早清偿债务的公司。根据大有晋第18届股东会报告书,到1932年,大有晋债务为92 200余元。除去银团应还大有晋的3年之间的垫款,大有晋"以三余镇市房217间,连地基在内;东余区区房31间,又自垦地200亩;包场市房40间,厕所1处,连同地基作价抵偿"。双方多次谈判、拉锯,基本达成一致。"所有三余镇市房与东余区区房及自垦地,曾于六月间由该团主任翁君季骧先行接收管理。"②

1932年年底,大丰公司欠债本77.279 75万元、欠债息48.894 841万元,加上所欠代垫验契费、摊付经费、维持会垫款,合计欠135.326 185万元。大豫到1932年年底欠债本48.539 005万元、债息18.752 564万元,加上所欠辅息、代垫验契费、摊付经费,合计欠68.462 778万元。大丰、大豫两公司是1936年春天以地抵债的。托付华成代管其担保地亩,对银团而言是一场空,"近三年来,只字报告俱无,遑论交款,屡经催促。置而不理",③甚至擅自放垦1 000余宛。至于大赉,银团1931年接收了部分抵押田亩进行管理,包括亨区垦地17 920亩、利贞区已围草地23 780亩。华成和大赉与银团的债务了断的具体情况,笔者目前尚未见到相关资料。1947年4月20日,淮南盐垦各公司股东,在上海银行公会五楼召开联合会议,参加者包括

①　沈籁清:《通泰盐垦五公司债票近况》,《银行周报》1926年第10卷第24期。
②　《南通大有晋盐垦公司第十八届股东会报告书》,1933年,南通市档案馆B417-111-119。
③　《经募通泰盐垦五公司债票银团报告》,1933年8月,南通市档案馆B415-111-19。

通海垦牧、大有晋、大豫、大赍、华成等 15 家盐垦公司。张敬礼发言中提及"近十年各公司陷于停顿状态,困难情形大致相同,惟目前已到转机之时,一则因各公司从前所负债务,业已解除……"①至少到此时,五公司与银团之间已经不再有债权债务关系。对银团而言,手中持有五公司抵债的土地,固然有一定的营收,但不是其最终目的,金融资本追求的还是流动性。因此银团执掌土地之后,也是择机卖出。根据银团稽核处的统计,1936 年银团卖出田亩及价格如下:②

仓 别	区	匡	亩 数	售定田价(元)
丰 仓	乐 丰	西南、西北、中北	6 875	118 200
	年 丰	零 宛	500	6 325
晋 仓	海 晏	北 匡	2 000	80 000
豫 仓	中 三	子 匡	1 275	33 980
	北 一	已 匡	75	1 800
晋产处	晋 南	零 宛	225	3 625
	东 余	零 宛	125	3 640
合 计			11 075	247 570

　　值得称许的是,作为中国历史上首次企业债票,银团在信息的披露上做得极其到位。银团作为一个组织,其形成的档案完整丰富,其中许多留存至今。在档案基础上,银团先后三次编印了资料汇编,即《通泰盐垦五公司债票纪实》《经募通泰盐垦五公司债票银团之概况》和《经募通泰盐垦五公司债票银团报告》,向社会公布债票发行情形和五公司经营情况。由于多为原始档案,如合同、来往函件等,这三种为后世留下了宝贵的资料。银团还通过上海的《申报》《新闻报》及时向债权人发布消息,在《银行周报》《银行月刊》《钱业月报》等金融类期刊上介绍债票行情。笔者掌握到的债票的最后资料,是《申报》1940 年 1 月 31 日发布的银团启事:"兹定于本年 2 月 1 日起,借香港路 59 号 2 楼银行业同业公会内,凭票发还第三期债本。届期希各持票人携带债票前来领取,特此公告。"这发生在上海公共租界被日军占领之前,此后 1946 年土地制度改革,债本所依的土地所有权随之改变。

---

① 《淮南盐垦各公司股东联合会议记录》,南通市档案馆 B414-111-25。
② 《经募通泰盐垦五公司债票银团稽核处报告》,1936 年 12 月,上海市档案馆 Q275-1-722。

张謇、卢寿联所办中影公司经营概略

庄安正[*]

中影公司全称中国影片制造股份有限公司,由张謇、卢寿联等在江苏南通集资 10 万元创办。公司从 1919 年下半年起到 1922 年上半年,耗时三年进行筹建。1922 年下半年,公司终于建成,开始经营,但到 1923 年五六月,又被迫歇业,前后间仅有一年! 1949 年至今,无论在阐述中国电影史的大部头论著中,还是在探讨南通与中国电影关系的学术论文中,往往都对这家建于电影萌芽时期,对中国电影发展产生先导作用的电影公司作过介绍,并持肯定评价,本人对上述评价不持异义,唯感到有关介绍过于简略。即使少数学者披露了公司筹建期间在南通本地尝试拍摄京剧《四杰村》,以及公司组成人员等较为具体的情况,但该期间张、卢两人的交往与合作亦未能完全为人知晓,至于公司建成后的经营概略更令人雾里看花。公司经营虽仅有一年,却是由幕后走到台前,频显身手,累获成果,最为社会注目亦最为出彩的一年。本人多年来注重从《申报》《时事新报》《民新特刊》《来复》《影戏画报》《上海影剧》与《影迷画报》等民国报刊上搜寻资料,同时结合参考他人研究成果,终将公司建成一年间经营概略梳理成文。现就教于专家,期盼进一步深化对中影公司的研究。

(一)

1922 年上半年,中影公司筹建已近三年,就在马上要进入第四年度的 6 月 12 日,公司以筹备主任卢寿联的名义在上海《申报》头版以较大篇幅连续刊登"悬金征求影戏脚本"广告,这是中影公司第一次向社会各界亮出名片。广告不仅宣布公司"现已初具基础",正式建立,而且申明已聘请学者担任评

* 庄安正,南通大学文学院教授。

判员,悬赏重金征求剧本,"即日着手编演"影片。时隔半年,1923 年 1 月 1
日,中影公司又在《申报》上以较大篇幅刊登广告,向社会各界"恭贺新禧,并
颂进步",另以图(剧照)文兼备的形式,介绍所摄《新南京》与《饭桶》(均为默
片)的剧情。如果说,征求剧本广告乃中影公司用于提醒社会各界对刚建立
的公司"敬请关注"或"敬请期待",元旦贺喜广告则在侧重渲染公司半年中
"着手编演",即将公开放映的影片内容,以吊起社会各界的胃口。显然,中
影公司半年中两次广告,借助的是上海媒体,首先面向的亦主要是上海社会
各界。

　　按常理,中影公司设在南通,并在城内东公园"建有玻璃顶之摄影场一
处,规模宏壮",筹建人张謇、卢寿联又均为南通籍,中影公司宜将活动重点
放在南通,但事实上恰恰相反。中影公司除上述广告均在《申报》而非南通
的《通海新报》上刊登外,张、卢以外的编导人员都与当时上海影坛关系较深
或系上海影坛中人,公司编演、拍摄、制作,以及电影放映等重要活动,亦大
多在上海或面向上海,设在仁记路百代公司内的公司办事处,成为中影公司
实际上的总部。公司移师上海的原因很简单,上海是中国近代电影公司最
集中,电影事业发展最快,拥有的热心观众最多,发展环境亦是最为优越的
城市;南通尽管被誉为国内"模范县",电影发展空间与上海相去不可以道里
计。故立足现实的角度考虑,中影公司的活动重点面向上海应为明智之举。
1923 年初,中影公司开始积极向上海各家电影院推销本公司拍摄的影片,
很快获得五家电影院同样积极的回应(另有沪江影戏院为卢寿联本人经营,
无需推销)。于是在 3 月中旬至 4 月中旬约一个月内,上海包括沪江在内的
六家电影院将中影公司拍摄的六部影片集中推向银屏。六部影片分别为:
滑稽故事片《饭桶》(三本),新闻纪录片《南通风景》(一本)、《上海南洋、约翰
二大学比球》(一本)、《周扶九大出丧》(一本)、《新南京》(一本)与《国民外交
游行大会》(一本)。六家电影院放映时间顺序则是:沪江影戏院,3 月 15
日—18 日;恩派亚影戏院,3 月 22 日—25 日;万国影戏院,3 月 30 日—4 月
1 日;卡德影戏院,4 月 2 日—4 日;闸北影戏院,4 月 5 日—7 日;共和影戏
院,4 月 11 日—16 日。六部影片中,除《国民外交游行大会》因在 3 月 25 日
上海举行反日国民外交游行大会当日拍摄,制作完成较晚,只能中途从万国
影戏院起安排放映外,其他五部影片分别由六家电影院从头到尾逐次放映。
各家电影院每天一般放映三四场,日场从"下午三时起",一至二场;夜场从

"七时"起,"轮演二次",一个月内放映总场次起码在六十场以上。

从这场由中影公司推销,经上海六家电影院安排的放映活动中,可以获取许多方面的信息:第一,因六部影片均在 1923 年 3 月中旬至 4 月中旬间放映,而公司此前与电影院的洽谈,需要一段或长或短的时间,故六部影片中有五部影片的拍摄制作,主要应在 1922 年下半年内完成。可见公司最后一年中,前半年集中精力拍摄制作,后半年则在继续拍摄制作的同时,注重将成果推向社会。第二,放映影片的沪江、恩派亚、万国、卡德等影戏院,都是上海当时规模较大,设备较为完善的电影院。中影公司向这些电影院推销成功,反之这些电影院愿意承担中影公司新摄影片的放映任务,都说明社会各界对中影公司期盼较高,公司影片放映伊始已占领了上海的高端银屏。第三,中影公司六部影片中,在类型上既有故事片又有新闻纪录片,内容较为广泛,涉及上海、南京、南通三地的社情、警政、体育、时政等方面。其中,南通近代以"模范县"闻名遐迩,《南通风景》第一次将"模范县"的影像逼真地呈现给上海观众,无疑会进一步提升南通在上海的知名度与影响力。第四,南通风景的新闻片片名,实为《南通风景》(或《中国新闻》)。新中国成立后,有些论著称中影公司拍摄的南通题材影片有《张季直先生的风采》《张謇游南通新市场》《倭子坟》《五山风景》《陈团长阅兵》等几部,这一说法与事实不符,上述实为同一部《南通风景》中包括的几方面内容,而非影片片名。

须补充说明的是,中影公司上述六部电影中有五部属在上海首映,但《南通风景》的首映地是在南通。1922 年 8 月下旬,中国科学社第七次年会因张謇邀请在南通召开,国内许多一流学者聚集南通。张謇在会议期间特嘱本地剧场举办音乐会,并"开演电影",用以招待参会学者与本地观众。放映的影片有几部,"初为滑稽片、侦探片,最后为纽约风景片,而中间所演之南通杂志,则为本地风光,如陈团长阅兵,张啬公游倭子坟,通城马路之繁盛,更俗剧员之化妆剧,布置配合,饶有兴趣"。"侦探片""纽约风景片",明显不属中影公司拍摄,"滑稽片"则不能确认是不是《饭桶》,而"中间所演之南通杂志",即无疑指中影公司刚完成的新闻纪录片《南通风景》,其放映时间比在上海提前了七个月。由此可见,中影公司尽管将活动重点放在上海,但南通始终在其视野之内。公司这一经营特色,既有公司对上海、南通两地通盘考虑的现实因素,亦与公司创办人南通籍贯的情感因素有关。

(二)

1922 年 8 月下旬,中影公司拍摄的《南通风景》在南通放映时,南通观众与参加中国科学社第七次年会的学者即"无不欢迎",他们"以南通能制此佳片,尤惊叹不已"。1923 年 3 月中旬至 4 月中旬,六部影片在上海六家电影院放映期间,"往观者殊不乏人",再次受到上海社会各界欢迎。例如,第一家沪江影戏院开始放映时,"中西人士之驱车往观者,座为之满"。"第二次在法租界恩派亚影戏院映演时,首先二夜,全院竟为之满座。"上述"驱车往观"者,主要指拥有轿车驱车来观的沪上达官贵人。"中西人士"中之"西",则指在上海的各国领事官员、洋商以及传教士等外籍人士。"中西人士"加上一般观众,数量自然更多,不然电影院不会连续出现"满座"。观众普遍认同中影公司拍摄的六部影片,《国民外交游行大会》"在沪江影戏院试映一次,(观众观后)颇为满意"。《新南京》放映时,观众"无不赞叹南京警务之良美"。"盖新南京所表演,皆南京警察之成绩,如武术、如侦探、如化装、如救火、如会操,皆富有趣味者也……能使观众鼓掌于不自觉间。"其间,还出现了署名"柴主"的观众因观影有感,赋"七绝"四首,投寄电影院抒怀的"佳话"。仅以二首"七绝"为例,一、"倭子坟":"倭子坟前草自春,锄耰杀敌有先民。海东今日留残影,唤起男儿爱国魂。"二、"新南京":"内政无妨寄军令,群雄何事苦修兵。崭新一角钟山地,试看金陵画里城。"《申报》认为,上海"观新片而咏诗者,实属仅见,此亦海上影院中之异闻云"。20 世纪 20 年代初期,中国电影尚处在萌芽时期,银屏上充塞的几乎全是欧美影片,"我国自制之影片,总不能超胜舶来者",电影院上座率一般较低。中影公司六部影片在上海银屏上的首次集中放映能取得如此不俗的业绩,可用"初战告捷,大获全胜"八个字来形容。

透视银屏看幕后,不难发现公司业绩与主管、编导与演员具备的优良素质密切有关。卢寿联作为公司筹备主任(后为经理),"于摄制影片上颇有经验,尝赴美国考察多年","回时极受美国人士之赞美,甚至愿投资合办"。但卢"欲国人自行制造影片,故多拒却",执意回国,"创办(中影公司)以来经营不遗余力"。张謇作为实业家,虽无多少电影专业知识,但他的爱国、与时俱进与追求卓越与卢寿联对民族电影的执著追求颇有相通之处。张、卢能实行跨界合作,显然与张对卢的欣赏与信任因素有关,而这一点有利于卢寿联全力以赴,确保合作的卓有成效。公司所聘编导等人员中,"美籍之摄影师(哥尔金 Harry Gregin),经验颇深;而顾肯夫诸人,亦非庸俗之流",卜万苍更是在南通从向欧阳予倩与哥尔金学艺中起步,转而与电影结缘,日后逐渐成为影坛"红导演"的。可见,以卢寿联为首的公司团队无疑是一个中西结合,水平卓越的专业团队。由于公司所拍故事片仅一部《饭桶》,片中演员人数较少,主角刘幼山、李华等亦不为观众熟悉,但该片演技"精妙,使人无不满意",尤其是刘"演一愚顽乡人之举止,真欲使人喷饭",显示出一个优秀演员的发展潜质,为影片增色不少。

　　另一个原因更为重要,即中影公司在最后一年的精心谋划与全力经营。首先,题材取舍。公司在 1922 年 6 月 12 日征求剧本广告中即申明:"本公司以普及教育,表示国风为主旨。"从以此为标准征求剧本,选择题材,到拍摄制作以及最后放映,该主旨一以贯之。公司的申明与实践完全是针对国内影坛当时宣扬"奸盗淫邪"的现象日益严重有感而发,上海总商会与江苏教育会稍晚亦分别呈文江苏省政府,呼吁取缔阎瑞生、张欣生等电影放映。中影公司的征求剧本广告实际上引领了要求在国内影坛净化风气、去劣存良的社会呼声。上海发生国民外交游行,公司更是立即组织人员赶赴现场拍摄,并以最短时间完成制作投入放映,几乎同步反映了上海反日民众运动的正能量,也由此赢得了媒体与观众的喜爱。

　　其次,拍摄技巧。萌芽时期的默片为增强观看效果,十分注重借助光影技术以表现剧情。中影公司在影片拍摄制作过程中对此项技术极为用心,时常有所创新。例如,《新南京》"取景极佳,摄影明晰,尤足以引起快感"。开场时"现一五色之国旗飘扬于空中",同时配以字幕,"有五千年历史之中华大国云云,何等得体!"《周扶九大出丧》场面宏大,"此种影片最为难摄,人多拥挤"。但"此片进退裕如,远近诸象皆极适宜,不审其以何术得此也"。《上海南洋、约翰二大学比球》"所摄在南洋操场,凡球战之猛烈,球员之勇武,摄来皆十分清楚。摄时摄剧机随球而移,银幕上房屋之像遂亦因之而移动,迟速得宜,故观者绝无头晕之病而有快感"。"南市沪军营国民外交游行大会聚集时,中国影片制造公司曾派摄影师前往摄取全场景象。当全队出发时,该公司又在汽车上摄之,凡当时各种情形,无不搜罗殆尽。"当时业界人士认为,"影片以摄影明晰,表演周到,剧本完善为三大要件"。立此角度观察,中影公司包括第一要件在内的三方面都做得不错。

最后,营销策略。中影公司也极重视发挥媒体的宣传作用。上海是中国广播事业发源地,但电台那时诞生不久,传播功效尚待挖掘,报纸才是社会各界最感兴趣的媒体。《申报》是上海报业龙头,张謇与《申报》渊源颇深,张謇及其公司在上海的活动一向颇受关注,中影公司对公司与影片的宣传,也主要通过《申报》得以实现。

第一,放映必登广告,文字精心撰写。各家电影院放映前除了都在影院大门口张贴广告外,还必预先在《申报》上连续广而告之。而《申报》上的放映广告,实为中影公司与电影院共同策划,广告语尤其形象生动。仅举一例,中影公司与沪江影戏院从 1923 年 3 月 14 日起,每日同时在《申报》上用两份广告将《饭桶》等影片推向社会,广告之一安排在头版显著位置,预告影片将在沪江影戏院放映。广告之二安排在第十八版戏目栏,具体介绍影片剧情,其广告语令人读后几乎立即会产生前往观看的冲动:"你可晓得南京警政的修明么? 你可晓得南通风景的幽雅么? 你可晓得'饭桶'这戏的趣味么? 你可晓得演'饭桶'这戏的胖子有三百磅重么? 你可晓得这胖子呆头呆脑的样子么? 你可晓得圣约翰与南洋球战的猛烈么? 你可晓得周扶九大出丧的热闹么? 你可晓得南通张季直先生的风景么? 赶快请在本星期四、五、六按时到本院来看!"《申报》每日刊登的广告种类繁多,数量很大,但如此一日内用两份较大篇幅的广告推销同一家公司影片,广告语又如此精彩的并不多见!

第二,主动联系媒体,推动影评报道。1922 年下半年,显然出于中影公司的授意,《申报》多次报道了公司的拍摄制作动态,如"改良中国影片事业之先声","中国影戏漫谈","中国影片制造公司之新出品","中国制造影片公司之新讯","中国制造影片公司趣片告成"等。1923 年 3 月中旬,中影公司组织的电影放映活动即将开始,就在第一家沪江影戏院放映前一天下午,中影公司特意安排内部"试映",邀请社会各界尤其是"柬请(上海)各报记者往观评论"。中影公司这一举动,进一步沟通了与媒体的联系,引起媒体对中影公司及放映活动的高度关注。放映一个月内,仅以《申报》为例,有关评论与报道更显频繁。最突出的有署名"俊丰"的记者撰写的系列评论,从评论一写到评论三,将放映的影片洋洋洒洒挨着评论了一遍。估计这位记者往电影院观看有好几遍,不然很难产生如此深刻印象,作出如此详尽的评论。动态报道数量更多，如"《饭桶》新片将即初次开映"，"《饭桶》等片今日先行试映"，"沪江试演'新南京'等片"，"中国新片明晚在恩派亚开演"，"中国影片公司新片之试映"，"对日游行大会之新片开演"，"请看国民外交游行大会"，"观映对日外交游行会新片记"，"闸北影戏院映日游行影片"，"中国影片运往欧美"等。上述这一切，都吸引社会各界在国内尤其是上海"有如春草萌芽般地孕育滋长起来"，但又随生随灭的电影公司中，将目光投射到这家刚刚建立的新电影公司及其影片上来。

（三）

综上所述，中影公司1923年3月中旬至4月中旬在上海组织的放映活动初战告捷，大获全胜。与此同时，公司又将目光投向今后，开始筹划下一步的经营计划，例如，卢寿联准备携带六部影片，"往京、津、哈尔滨等埠开映，同时又须随地考察影戏业之情形"，以扩大公司在北方城市的影响力与放映市场；他又与江苏省警察厅厅长王桂林洽谈，委托王借"出席万国警务会议之便，携带该片（指《新南京》）往欧美各国传映，以表国光"，这部影片在上海放映时，因"往观之西人，见之无不赞叹南京警务之良美"，故卢寿联对在国外放映成功充满自信。4月中旬，恰逢中华全国武术运动会在上海开幕，中影公司"因与马（良）会长预为接洽，故在场拍取新片。该公司经理卢寿联、职员顾肯父（夫），以及摄影师等并在场帮同摄取照片"。武术运动会显然将比两所大学足球比赛的场面宏大许多。另外，中影公司1922年10月向外界透露过一部新影片的拍摄计划，"该公司方竭力招致演员，以摄制'翡翠鸳鸯'一剧。该剧为言情短片，长约五千尺，出自关文清"。《翡翠鸳鸯》为故事片，拍摄制作需要较长时间（《饭桶》即耗时"六月之久"），上海社会各界虽未在六部影片放映活动中发现其踪影，仍对在该年下半年能一睹风采满怀期待。三四月间，正是江南春风沉醉，桃红柳绿的季节，一切都预示着中影公司面临着美好远大的发展前景。但事情发展大大出人意料：公司此后不久却开始了沉默，并一直沉默下去，不仅再没有新消息、新动向发布，就连已在社会上流传的《中华武术运动会》《翡翠鸳鸯》两部新片的拍摄，卢寿联携片北上、王桂林往国外放映等都没了下文。社会各界惊愕、疑惑之余，终于认定中影公司实际上是歇业了！因公司未发布歇业公告，也未透露有关信息,故不能确定公司歇业的准确时间!在 1922 年下半年到 1923 年上半年仅仅一年间,中影公司走完了从正式建立到精彩亮相再到突然歇业的全过程,真是银屏才现一家春,无奈匆匆又归去!

如此结果难免引起社会各界以及后世学者对中影公司突然歇业原因的猜测。其实,意料之外亦在情理之中,寻找答案并不困难。张謇、卢寿联 1919 年下半年开始筹办中影公司时,双方除在发展民族电影上怀有共同志向外,在公司角色定位上有着明确分工,张主要负责筹集资金,而卢则主要负责电影业务。虽不清楚双方合作的细节,但公司初期获得的 10 万元资金,大部分(甚至全部)应为张謇一方提供。"(卢寿联)回国后,即以所抱志愿发表,颇得国内实业家资本家之赞助,乃与张謇等创办南通中国影片制造公司。"1919 年公司创办时,南通的大生企业财源滚滚,张謇正处于事业巅峰,自然乐意而且能够承担这笔资金。但电影拍摄制作需要持续大把"烧钱",即使银屏一时成功断不能保证公司长久自行运转,张、卢对此可能严重估计不足。进入 1921 年,大生企业转入逆境,遭遇亏损,1923 年时,债务已越积越重。不幸的是,中影公司筹备三年,耗时过长,最后于上海初展风采时,原有 10 万元资金消耗殆尽,而张謇却在南通捉襟见肘,无力提供新的支持。另外,中影公司所聘的美国摄影师哥尔金,技术上虽称一流,索价自然更高,导致公司原已不堪的财政雪上加霜。资金匮乏击中要害,遂使中影公司一下子终结运转。1926 年,距中影公司歇业仅有三年,在南通主持过伶工学社,且与张謇交往密切的欧阳予倩披露了公司开销的一些内幕,"(公司)聘了一个美国摄影师,每月薪水六百块,另外还要供给他住洋房吃大菜"。第二年,一位名为钱伯盛的人士反映的情况更为清晰,"惟公司开办二(三)年,资本耗尽,赢余无望,遂不得已而以停办闻,殊可惜也。据知其内幕者云,当时公司开销,月仅数千元,美籍之摄影师,月薪已达七百五十元之重,他若职演员与木匠、纸工,所费更不资,是以不能支持……此当时时势使然,无可奈何者也"。

清末民初的上海与南通

羌 建* 王敦琴**

南通与上海同处长江出海口,一北一南,一衣带水、隔江相望。近代之前,由于长江阻隔,交通不便,两地来往较少。近代以来,随着交通运输业的快速发展,两地联系日益紧密。近代著名爱国实业家张謇先生首先看到了南通与上海之间的区位优势,经过审慎考察,制定了立足南通,依托上海的实业发展路线,开启了两座城市之间对话互动的序幕。张謇是这场对话的策划者、主持人和践行者。

一、张謇选择南通作为实业基地的动因

清末民初,政局朽靡不振,列强环伺,国力衰疲,江河日下。一批有识之士谋求政治改良而不得,转而倡导"实业救国",张謇是其中杰出的代表之一。经过缜密而周全的考察,张謇选择了南通作为"实业救国"的出发地和实践基地。

(一)基于对南通的历史考察

1. 早年实践的经验积累

张謇(1853—1926),江苏南通人,字季直,号啬庵。自幼在父亲张彭年"从古无穷人之天,人而惰则天穷之"的训导下,张謇三岁始读经,四岁入私塾,十六中秀才。清同治十三年(1874),张謇开始投身政治,在江宁发审局孙云锦处作幕宾,深得赏识,继而受聘为书记(相当于秘书)。1876年,受浦口庆军统领吴长庆之邀到其军幕,"治机要文书"。1894年,适逢慈禧太后六十大寿,特开恩科取士。张謇一举夺魁,状元及第。在此期间,深受中国

---

* 羌建,现就职于南通大学文学院。
** 王敦琴,现就职于南通大学文学院。

传统文化熏陶的士大夫张謇,将"修身齐家治国平天下"作为了自己的终生追求。幕僚生涯的经历则给了张謇一个广交当时名士的舞台,扩大了自己的社会知名度,为其实现人生的抱负奠定了重要的人脉基础。此外,幕僚生涯中的所见所闻,除开阔了张謇的眼界,还使其得以对民众的生活有了更加直观的感受和更加深刻的认识。如1874年,张謇随孙云锦到淮安查勘渔滨压讼案,了解了广大农村里农民的疾苦,写下了《农妇叹》:"朝朝复暮暮,风炎日蒸土。谁云江南好,但觉农妇苦。头蓬胫骭足藉苴,少者露臂长者乳。乱后田荒莽且庑,瘠人腴田田有主。"①诗中满怀对穷苦大众的同情与仁爱,同时,改变农村面貌,改善农民生活的思想也随之开始萌芽生长。

张謇出身于一个小农兼商人家庭,一来,从小目睹乡里农耕、从商之艰难,影响所及,感触颇深,从小就埋下了一颗爱惜民力,为民请命的慈善之心。早在1883年,就与通州最大的恒记布庄老板沈敬夫合作,联络各处花布商人,为减少厘捐而多方奔走。1884年,他与沈叔英议商于海门常乐建社仓。这些活动,一方面使张謇获得了本地商人的认可,树立了其在地方商界的信誉;一方面则加强了其在地方上的声望,使张謇闻名乡里。二来,张謇自幼受父亲"天下大势,非农商不能自立"的教育,早已有志于农桑。光绪十二年(1886),张謇邀集家乡绅商,通过出资组织小型蚕桑公司,推广种桑养蚕缫丝。为此,他还亲赴浙江湖州买回桑秧,赊给乡农栽种,并随种分发《蚕桑辑要》,支持种桑致富。但是,由于民间"不善缫丝,丝不成市",加之官府横征暴敛,这使农民植桑无利可图,导致这次实践以失败告终。不过,通过这次实践,张謇不仅加深了与本地商界的联系,还体会到了经商的艰难,对政府及官吏有了进一步的认识。

2. 对于南通纺织业的考察

小农经济是自古以来中国传统经济的主要形态,表现为以家庭为基本生产单位的一家一户式的自给自足式的生产方式,其核心内容主要表现为以农田耕作为主的农业生产和以家庭手工纺织为主的手工业的紧密结合。自宋元始至清末,棉纺织始终占据家庭纺织的大宗。

以鸦片战争为界,西方开始了大规模的对华商品倾销,其中尤以棉纺织品为最大宗,盖西方发达自工业革命始,工业革命自棉纺织业始。随着时间

① 曹从坡等主编:《张謇全集》第5卷下,江苏古籍出版社1994年版,第17页。

的推移,西方列强已不满足于单一的商品倾销,开始谋求在华设厂,进行资本输出,利权外流,"日盛一日",张謇慨叹:"捐我之产以资人,人即用资于我之货售我,无异沥血肥虎,而袒肉以继之。利之不保。我民日贫,国于何赖?"①因此,张謇"自丙戌会试报罢,即谓中国须兴实业,其责任须士大夫先之"。②"查前清光宣两朝各海关贸易册,进口货之多,估较价格,棉织物曾达二万万以外。次则钢铁,他货物无能及者。"③

明清时期,张謇的家乡向以棉纺织业闻名。据说,早在明代,通州棉花即已畅销徐、淮、山东,且已用布袋,每袋60斤,用驴马载运,称之为驮。④经过明代的大力推广,至清代前期,南通已成为长江三角洲地区最重要的棉花产区,江北棉花大多"聚集在沿长江下游的靖江、南通、海门、启东及崇明等地"。⑤时至清中期,据清乾隆年间汪芸巢所编《州乘一览》载,"闽粤人秋日抵通收花衣,巨舶千百,皆装布囊",已是一片贸易繁荣的景象。1894年,张謇因父去世,回乡丁忧。丁忧期间,他对家乡南通的植棉及纺织业进行了考察。考察结果是,"通产之棉,力韧丝长,冠绝亚洲",且对于在华设纺厂最多的日本而言,颇为倚重,"为日厂之所必需"。⑥同时,家庭手工纺织也长期占据南通传统经济的主导地位。据清光绪年间出版的《通州志》,南通货品中,手工业以花纱布为大宗。在南通民间,花、纱、布等业长期以来被称为"老三房",被认为是第一流的行当。

在对家乡棉纺织业的考察基础上,加之对棉纺织业投资少,周转期短,见效快,又为生活必需品,需求量大,同时,又为与列强争夺利权的必然选择,张謇提出了著名的"棉铁主义"思想,即"顾所谓农工商者,犹普通之言,而非所谓的也,无的则备多而力分,无的则智不集,犹非计也,的何在? 在棉铁","而棉尤宜先"。⑦"的"既已确定,张謇便开始将之付诸实践,于1895年选择在南通开始筹办近代化机器纺织工厂。

---

①⑥ 《张謇全集》第3卷,江苏古籍出版社1994年版,第17页。

② 《张謇全集》第6卷,江苏古籍出版社1994年版,第864页。

③ 《张謇全集》第2卷,江苏古籍出版社1994年版,第164页。

④ 林举百:《近代南通土布史》,《南京大学学报》编辑部1984年,第7页。

⑤ 徐新吾:《鸦片战争前中国棉纺织手工业的商品生产与资本主义萌芽问题》,江苏人民出版社1981年版,第6页。

⑦ 《张謇全集》第1卷,江苏古籍出版社1994年版,第155页。

(二) 源自对上海之于南通意义的考量

张謇选择在南通筹办近代机器纺织工业,除了对南通传统产业优势进行考察之外,还对南通与上海位置优势及二者之间的关系作了细致考量。可以说,张謇的早期现代化设想是作了全盘考虑的。

1. 近代上海经济中心地位的确立

唐宋之际,中国经济重心南移,江南逐渐成为全国的赋税重地,经济地位日益凸显,至明清时期,江南地区的社会经济发展已处于全国领先地位,其中"江南苏、松两郡,最为繁庶"。[①]处在江南的上海,此时却鲜有人注意。1832年前后,相继而来的商人、传教士逐步开始认识到上海的重要性,"上海虽然只是一个三等县城,但却是中国东部海岸最大的商业中心,紧邻着富庶的苏杭地区,由此运入大量丝绸锦缎,同时向这些地区销售各种西方货物"。[②]上海的经济地位与日俱增,以至于西方列强强行用武力手段打开中国国门后,就迫不及待地以条约的形式要求上海开埠。上海成为西方列强对中国进行行政割据、经济掠夺、文化渗透的前沿,同时也成为国人了解世界的窗口。江南各地的贸易往来很快向上海聚集,上海迅速走向繁荣。19世纪末20世纪初,随着"实业救国"浪潮的兴起,上海更是成为国人与洋人争夺利权的一个前沿阵地。20世纪初,张謇洞悉时局,提出"自欧战停后,世界商战,将在中国;中国形便,必在上海"。[③]

2. 上海与南通交往的历史基础

南通地处中国黄金海岸中部,长江入海口的北岸,兼具江海之利。据明万历《通州志》记载:"州之东北,海通辽海诸夷;西南,江通吴越楚蜀;内,运渠通齐鲁燕冀。故名通州。"从一个侧面反映出对于南通地理位置的优越性古时已有相当之认识。从现在来看,在中国的版图上,处于沿海经济带与长江经济带"T"形结构交汇点和长江三角洲洲头的城市只有两个,一个是国际大都市上海,另一个就是与其一衣带水、隔江相望的南通。近水楼台先得月,主动接轨上海,无疑是一个明智的选择。

近代之前,囿于交通条件,长江成为两地之间难以逾越的障碍,两地之

---

　　① 尹会一:《敬陈农桑四事疏》,载贺长龄编:《清经世文编》(中册,卷三十六,"户政一一"),中华书局1992年版,第891页。

　　② 编写组:《上海港史话》,上海人民出版社1979年版,第30页。

　　③ 南通市档案馆馆藏档案G02-111-238卷。

间少有互动。即使如此,上海对南通的影响古已有之。据南宋地理专著《舆
地纪胜》(约成书于南宋宝庆三年,即 1227 年)记载:"东布洲元(原)是海屿
沙岛之地,古来涨起号为东洲,忽布机流至沙上,因名布洲。既成平陆,民户
亦繁。"①此时为"海屿沙岛"的"东布洲"后与大陆连接,即为今天之海门。
海门紧邻崇明,早为浦东渔民所开辟,后北移海门外沙,将织布技术带到了
海门地区,再由海门逐渐向南通各地传播开来。棉纺织技术传入南通,促成
了南通经济的第一次转型,②为南通成为全国棉纺织业重要之区奠定了重
要的基础。而早在明季,上海的土布、花纱、丝绸交易已十分旺盛,海外市场
繁荣。鸦片战争后,上海及周边土布、花纱和丝绸的生产和出口仍然保持相
当的规模。据《江苏实业视察报告》称:"外洋如高丽、暹罗、印度及欧美各
国,莫不有盛泽绸之销路,但销往欧美之货,多系由上海商号采购,间接运
出。"这对于南通兴办近代化机器纺织工厂提供了潜在的巨大市场。同时,
上海悠久的棉纺织产业也使得南通与上海的合作与互动有了共同的基础。

　　上海开埠后,"通州地处江海交汇之区,近上海通商之埠",随着航运业
的快速发展,海门、崇明百姓举家迁沪或来沪务工者甚多,"近来风气大开乡
民耳目",③两地联系日益密切,相互影响日益突出。

二、两座城市的互动

　　19 世纪 80 年代开始,以棉纺织业为开端,上海、南通两地逐步发展为
实质性的合作伙伴关系。以南通早期现代化事业的起步(1895 年)为标志,
两地之间的互动迅速向更深层次拓展,开启了两座城市互动对话的历史
进程。

(一) 上海之于南通

　　在张謇看来,仅仅"域于一事",不过"为有限股东之牛马而悦之,于世
无预"。他说:"世界经济之潮流喷涌而至,同则存,独则亡;通则胜,塞则

---

①　陈旵:《通州"海门岛"》,《南通今古》1995 年第 3、4 期合刊。
②　棉纺织业产生之前,制盐业长期是南通经济的支柱。
③　《光绪二十一年十二月初一日南洋督部张照会》,载《通州兴办实业章程》(上册,大生纱厂),第 9 页。

败。昔之为商,用吾习惯:可以闭门而自活;今门不可闭也,闭门则不可以自活。"①张謇对上海,既有长远的规划,又有通盘的考虑。

1. 机纱传入南通,为南通机器纱厂的创建开辟了市场基础

光绪十年(1884)前后,机纱开始从上海传入南通(海门)试销。由于机纱"条干匀匀,不易断头",尤其是 12 支纱"线条长,出布多,而且好织",因而"渐为机户所乐用,作为经纱"。②原来用土纱(家庭手工纺织而成的纱)纺织生产率很低,每人每天仅纺纱 10—12 两(约合 0.625—0.75 斤)。③这样,在按家庭为生产单位的条件下,织 1 匹关庄布(3.5 斤)④则需要 5 个劳动日,而且拉力弱,粗细不匀,易断头。采用机纱后,则省却了纺土纱的时间,提高工效约 10%。由于掺用洋纱织布,无论是质量还是数量均远胜于纯土纱织成之布,加之由于其售价往往较土纱所织布高出许多(最高达 50%),机纱随之迅速被织户广泛采用。至 1895 年时,"通海两境,每日可销洋纱二十大包,已合机器一万锭之数"。⑤机纱的传入对南通传统棉业生产方式的转变产生了重大影响,为大生纱厂的创建奠定了基础。1899 年,大生纱厂建成投产,但流动资金的短缺,使工厂随时有停工的危险。"既开车日,冀出纱之多,而用花亦多,益难周转。"⑥就在大生处于"其势岌岌,朝不保暮"⑦的生死关头,有利的机纱市场需求挽救了大生。因此可以说,上海在一定程度上促成了南通经济的第二次转型,即由传统手工业向近代化大机器生产的转变。

2. 上海是南通建厂的主要资金筹集地

光绪二十一年(1895)农历九十月间,张謇正式开始筹建纱厂。筹建之初,纱厂议定为商办,集股 60 万两。张謇特意从上海和通州两地物色了一批绅商出任"董事"。按照集股地点,6 位"董事"被分为两批,一批负责在上海集股 40 万两,称为"沪董";一批负责在通州集股 20 万两,称为"通董"。由于各种原因,集股较为困难,改为"官商合办",初步商定所需商股 50 万

①　《张謇全集》第 1 卷,江苏古籍出版社 1994 年版,第 291 页。

②　林举百:《近代南通土布史》,《南京大学学报》编辑部 1984 年,第 30 页。

③　严学熙:《论大生纱厂早期成功的原因》,《中国近代经济史研究资料》(8),上海社科院出版社 1987 年版。

④　关庄布,历史上南通家庭纺织的传统主打产品,因主要销往关东地区而得名。

⑤　彭泽益:《中国近代手工业史资料》(第 2 卷),三联书店 1957 年版,第 211 页。

⑥⑦　张謇:《大生纱厂》,《通州兴办实业之历史》(上册),南通翰墨林印书局 1910 年版。

两,由通、沪各筹25万两。虽然集资方面仍然举步维艰,最终导致"沪董"退出,但前后也筹集到2万两左右,对大生纱厂的筹建发挥了一定作用。事实上,张謇十分重视在上海的筹资。1895年,张謇与上海商界巨子严信厚商洽大生纱厂贷款事宜,但终因条件苛刻而未果;1897年冬,筹建中的大生纱厂在上海福州路广丰洋行内附设账房,后逐渐发展为大生在上海的金融中心。

3. 上海成为南通技术、人才的重要来源,为南通事业的顺利发展提供了保障

纱厂建成后,张謇遇到了两个问题。其一:直至清末,南通仍是以农业生产为主,家庭纺织手工业为辅的小农生产方式,对于近代工厂闻所未闻,甚至还传出"工厂要用童男童女祭烟囱"的谣言,"因此尽管当时农村劳动力相当过剩,但进厂的童工和女工并不多。纱厂开车时劳动力不足,不得不招了些男工和上海的熟手女工。不久谣言逐渐消除,本地童工和女工进厂才逐渐多了起来"。其二,即使招到了工人,但是南通教育的落后造成工人文化素质低下,成了纱厂发展的现实阻碍。"一些机工和工头,大部分还是从上海招来的。"①这些上海招来的工人成了纱厂的技术骨干力量。

大生纱厂经营步入轨道后,张謇开始大力经营地方事业,上海又成了南通各项地方事业的人才储备库和引进国外人才的中转站。如,通州师范学校在上海聘请王国维等国内著名学者到校任教;伶工学社从上海专请欧阳予倩等掌教。同时,也延请不少西方技术人才,如大生纱厂初期聘请英籍工程师、技工;聘用德籍工程师为油厂精炼食油;聘用荷兰、比利时、瑞典等国籍的水利专家来通治水;盐业公司聘请日籍技师制盐等,都是通过上海这个"桥梁"引入南通的。

4. 上海成为大生集团设备进口、产品销售的重要枢纽

大生初建时,由于资金困难,发现有一批纺织设备搁置在上海杨树浦码头,便设法领用作为官股。②这批设备虽然长期搁置而大多锈坏,但却为深受资金困扰的大生解了燃眉之急。随着大生分厂的渐次建立,生产规模不断扩大,生产规格不断提高,需要引进大量设备,上海的贸易中心地位又为南通引进先进设备提供了有利条件。如1906年,张謇派人专程赴英国著名

① 编写组:《大生系统企业史》,江苏古籍出版社1990年版,第122、123、124页。
② 这批设备是张之洞在鄂都任内向德商洋行借款从英国买来准备办湖北织布局,被张謇采用官商合办的方式领用。

的"好华特白而厂"采购回纱机 1.4 万锭。①

上海开埠前,由于长江阻隔,交通不便,南通传统土布多销往北方,以关东地区为主,因此也称为"关庄布"。上海开埠后,由于上海航运发达,水路运输成本低于陆路运输具有成本优势,南通又地接上海,拥有地利之便,因而,"关庄布"业务逐渐向上海转移,凡属运销北方各地的货物,俱已改从上海出口,上海逐步成为南通土布的重要集散市场。关庄的买卖,都由上海的捐客接洽介绍,买卖两方从不见面。价格一层,由捐客依照最近所开的盘价和通布牌子的高下来决定。布既成交,关东客商把布款交给捐客,再由捐客转交关庄。②据 1922—1931 年上海南市纱布公所的码头调查记录,在此 10 年中,通(州)海(门)两境经此运出的土布约为 90 万件。其中运销营口 85.3%,安东 10.3%,滞销于上海者 4.4%。③而"纱市关系于布。布销畅则纱销旺,反是则否"。④

大生纱厂因本地机纱需求旺盛而得以快速发展,纱厂所产之机纱则反过来极大地促进了本地土布的生产,土布通过上海大量外销,又促进了织户对机纱的需求,从而形成了一条完整的利益链条,为南通早期现代化提供了不竭动力。著名近代史学者戴鞍钢先生形象地将南通与上海之间的这种生产关系归结为"前店后工厂的模式"。⑤

5. 上海辐射为南通带来了新鲜元素,促进了南通早期现代化进程

上海作为中国经济的中心和前沿,受西方影响最为直接,新的生产、贸易方式不断涌现,成为国人了解世界的窗口,对一江之隔的南通产生了重要的辐射影响,大大加快了南通早期现代化进程。仅举一例以作证明。交易所是大宗商品和证券的交易场所。出于南通大生纱厂最大宗产品棉纱贸易的不断增长需要,为了更好地调节棉纱供应,受上海开办交易所的影响,南

---

①　《张謇全集》第 3 卷,江苏古籍出版社 1994 年版,第 203 页。关于"好华特白而厂"的厂名,据其他资料相关记载,应为"好华德名厂"。参见南通日报馆编辑部编:《二十年来之南通》(下编),翰墨林铅印平装,民国 19 年(1930),第 2 页。

②　蔡正雅:《手工业调查报告》,油印本,第 59 页。

③　"滞销于上海者"主要是指不合于东北销路的冷滞牌货,就近推销给上海的青蓝帮。参见林举百:《近代南通土布史》,《南京大学学报》编辑部 1984 年,第 115 页。

④　《崇明大生纺织公司第十五届说略》,南通市档案馆:《大生企业系统档案选编》(纺织编Ⅰ),南京大学出版社 1987 年版。

⑤　戴鞍钢:《张謇实业与上海的经济关系》,《东方早报》2013-7-9,C07 版。

通于 1921 年设立"南通联合交易所"。①其中,花纱交易以产地与上海大市行情为基数,与上海之间建立了紧密的联动关系。

(二) 南通之于上海

上海在南通早期现代化的起步中扮演了重要的角色,在与上海的互动中,南通早期现代化稳步推进,并与上海之间建立起更加密切的合作关系。在这一过程中,对上海的早期现代化进程也产生了不可低估的影响。

1. 吴淞自开商埠计划

吴淞,位于上海市北部,黄浦江注入长江口(即吴淞口)的西侧,历来为上海市门户,外贸港口和军事要地,在近代名声一度响于上海。正是因为吴淞扼长江咽喉,制东南国防之门户,早在清光绪二十四年(1898)前,帝国主义列强就视吴淞为"肥肉"而垂涎已久,英国、美国和日本等国商人纷纷请求清政府同意他们在吴淞租建滩地,修筑铁路,开放为各国租界。张謇对吴淞的重要性也深有认识,他认为:"上海距江浦交错之处四十余里,轮船驶入,多费周折。吴淞接壤上海,濒临浦江,为国内外货物运输之门户。欧战以后,贸易发达,海泊吨数亦日渐增加。为改良商港容纳大舰舶计,因势利便,吴淞较优于上海,上海商务囿于租界,局促一隅,人满为患,吴淞地位宽展,空气清洁,为一良好消纳之地。"②张謇认为吴淞大有可为,此种利益,迟早为外人所用,遂决定以己之力,推动吴淞自开商埠。1920 年,张謇购买了沪北衣周塘沿浦滩地,拟开辟商埠。他在《开辟衣周塘计划书》中指出:"沿浦马路内外商场、轮埠同时并举,合计东西南北周围二三十里,以与英法美三租界比较大小,不相上下,且扼淞口之咽喉,出入商业操吾华人之手,成为东方绝大市场,挽回主权,在此一举。"③

1921 年,张謇就任吴淞商埠局督办后,立即拟定了"吴淞开埠计划",试图扩展吴淞旧界,使其与闸北、宝山县接壤,形成一个东临浦江,北至马路塘,面积 430 万平方里的广大区域,在此区域内,大兴土木,改良港口,以与

---

① 我国的第一家交易所为成立于 1918 年的北京证券交易所。1920 年 7 月 1 日,上海证券物品交易所成立。从名称可知,北京的第一家交易所经营对象为证券,上海的则为证券及物品两项,属于综合类交易所。南通交易所之设立仅晚于上海约一年(1921 年 9 月 21 日正式开幕交易),为我国较早设立之综合类交易所。

② 《张謇全集》第 1 卷,江苏古籍出版社 1994 年版,第 537 页。

③ 南通市档案馆馆藏档案 G02-111-238 卷。

上海租界一较长短。对于张謇而言,此一"计划"绝非只是个设想。1922 年
6 月,张謇聘请沈恩孚、刘垣、聂其杰、钱永铭等人成立了吴淞商埠市政筹备
处,并很快于 9 月完成了埠界测地绘图工作,拟定了建设公路、电车路线计
划,并定于 1923 年 1 月 25 日由江苏省派员会同沪海道尹会勘。但令时年
已 68 岁高龄的张謇遗憾的是,在计划逐步展开过程中,受到了多方利益集
团的阻挠,加之此时南通棉业受到重大打击,逐渐委顿,使"计划"失去了资
金支撑,最终无奈搁浅。但此次尝试对于扩展时人的视野、提升上海和吴淞
的联系,以及寻找机会,充分利用有利条件与西方在华势力争夺利权等仍具
有重要的参考意义,同时也为后来之人提供了宝贵的经验与借鉴,是一次虽
败犹荣的尝试。

2. 对于上海教育事业的贡献

张謇在办厂之初,即已感觉人才的重要性,因此,他对于人才的培养十分
重视,并提出了"父教育而母实业",①教育与实业二者迭相为用的理念。为
此,张謇自 1902 年始在南通兴办了一系列的学校。同时,在南通以外主持参
与兴建了多所学校,上海是其中最为集中,数量最多的。特择其尤要者概述
如下:(1)1905 年,张謇在上海老西门外方斜路上创办了中国最早的、影响力
最大的省级教育团体——江苏学务总会,并亲任会长。致力于团结省内外的
教育界人士,推动新式教育与新学制在各层面的确立,并为政治改革作准
备。②(2)1902 年,张謇与上海神父马相伯商量,由马发起,商请耶稣会创办
教会大学——震旦公学,张为校董,马任总教习。"震旦"一词出自梵文,意
即中国,在英语中,亦有黎明、曙光的含义。这表达了张謇等人对于这所学
校的期许。(3)1905 年,震旦公学因内部发生权力倾轧事件,马相伯带领学
生脱离震旦,试图另立新校。张謇听闻,十分关注,并为解决学生失学问题多
方奔走。他邀集当时在上海的一些绅商讨论筹措资金办法,考虑到张謇在上
海的影响力,绅商一致推选张謇任新震旦董事,马相伯任校长,拟商借吴淞陆
军公所为校舍,经与军方商议,仅答应借用一年,须尽快购地建校舍。③董事张

① 《张謇全集》第 4 卷,江苏古籍出版社 1994 年版,第 74 页。
② 萧小红:《从黄炎培与江苏教育会看中国国家和社会关系的历史演变(1905—1927)》,朱展
寰:《黄炎培研究文集》(二),文汇出版社 2001 年版,第 2 页。
③ 《震旦学堂不日开课》,《中外日报》1905 年 4 月 11 日。

謇"为震旦已散学徒筹款得万元"。①后天主教会与新震旦代表张謇等人协商，希望新震旦学校仍由天主教会办理，经过"再四熟商"，张謇决定答应帮助原震旦公学复校，同时继续创办复旦公学，而此公学"系中国自办学堂，更责无旁贷，必合力图成，与教会乐与人为善之宗旨，当不相背"。②同时，天主教会也极力争取张謇成为新震旦的校董，并"公订校章，申明不涉宗教，西人专司教授，管理则归华人"。③复旦公学成功创设后，马相伯便请包括严复、张謇在内的28位社会名流担任复旦公学校董，以便让他们为学校募集资金，提高学校声望，并能参与复旦校务的管理。张謇在震旦公学复学和复旦公学创设中发挥了重大作用，居功至伟。（4）1906年，为反对日本文部省颁布的《取缔清国留日学生规则》，近2000名留日学生被迫退学回国后没有着落，经多方奔走得到资助，在上海北四川路成立了中国公学。后由于经费困难陷于绝境。张謇和郑孝胥等促成政府提供吴淞地区百余亩公地为校址，并提供官费资助，使中国公学得以复学，张謇亲任董事长。中国公学曾一度成为同盟会的一个重要据点。（5）同济大学的前身同济医工学堂原为德国人创办，1917年第一次世界大战时被法租界当局关闭，后由张謇借用中国公学和海军学校的校舍得以复学。（6）张謇主张"渔权即海权"。1904年，张謇向清廷倡议"就吴淞总公司附近，建立水产、商船两学校"，④以培养水产、航海人才，兼为培养海军人才。在张謇的热心劝导下，1912年正式成立江苏省立水产学校，该校成为我国官方举办的第一个渔业教育机构，也是今天上海海洋大学的前身。1911年，上海南洋公学监督唐文治有感于我国航权几乎尽操外人之手，拟将该校航政专科分出另设专校，以培养本国的航运人才，正与张謇的倡议不谋而合。经唐、张等人的合力劝导，1912年，吴淞校舍建成，据《第一次中国教育年鉴》记载："该校……（校舍）占地廿余亩，操场卅余亩，全校造价廿余万元。"可见初建时已颇具规模。吴淞商船学校是中国早期航海高等学府之一，也是今天大连海事大学、上海海事大学的前身。

张謇在上海的一系列办学、助学活动，使其在上海声望日隆，以致当时

① 《张謇全集》第6卷，江苏古籍出版社1994年版，第548页。
② 《详纪复旦、震旦交涉情形》，《时报》1905年7月22日。
③ 《震旦学院第二次解散始末》，《神州日报》1907年10月9日。
④ 张謇：《拟办中国渔业公司纪要》，江浙渔业公司1906年，第29页。

江苏省教育会会长非张南通莫属,而张数次恳辞不得允,时人有"有公具名,无事不成"之说。这足以证明,张謇对于上海教育事业的发展功不可没。

3. 南通实业融入上海,成为上海早期现代化的一支重要力量

南通大生纱厂于1899年正式开车投产,获得成功,由于发展生产的实际需要,与上海之间的联系愈发密切。随着各项业务的向外拓展,纱厂开始逐渐融入大上海商圈。1900年,大生纱厂为了从上海运输机物料,向上海慎裕号商人朱葆三、潘子华组织的广生小轮公司包租了一艘小轮往来通沪之间。不久,时任两江总督、南洋大臣刘坤一批准大生纱厂自办轮船运输业务。当年阴历七月,正式由通沪两地集股创建大生轮船公司。1901年,大生轮开航通沪。为了由上海运货到天生港便于起卸,1904年,建成"通源""通靖"两个趸船码头,同时成立通州天生港大达轮步公司进行经营管理,并购置"大新"轮船1艘,行驶于通沪之间。同年,张謇与李厚佑又在上海筹建了上海大达轮步公司,公司在上海十六铺建造了码头。此后,又购进"沙市"轮(改名"大安")加入通沪线,购置"大和"轮行驶上海至扬州一线。1910年,张謇又在上海设立大生公司,专为大生各厂订购机器。创建于1915年的大生织物公司,专织线毯,出品销路甚广,在上海、汉口均设有批发所,经营规模年有扩充。过去上海港埠中国人自己经营的棉花仓库很少,各地运沪的原棉,不得不堆存于外商仓库。由于外商一向轻视华商货物,常任货物露天堆放,往往发生盗窃、火灾等事故,造成损失。1918年,张謇等集资租得南市外马路义记码头沿黄浦江公地一块,修建堆栈,不久,又续租生义弄基地,陆续建筑西栈与新栈三处,仓容总量达1 282 396立方米。[1]所有仓库均系三层钢筋混凝土结构,面临黄浦江,交通便利。1915年,设立上海商业储蓄银行,经营各项商业及储蓄业务,总行设在上海宁波路。"普通营业之外,又与中国、交通、兴业、盐业、浙江、实业各银行共同设公栈于上海。……为吾国商业银行中营业成绩卓著之第一。"[2]1920年,在上海九江路租地自建四层西式大楼,命名为南通大厦。同时成立南通房产公司,由大生上海事务所派员兼管收租、纳税、维修、电梯、警卫等业务。为开拓市场,发展海外贸易,1920年大生在上海设立左海实业公司,经营开辟商埠、建设工厂、经

---

① 参见南通档案馆藏《上海大储堆栈股份有限公司业务报告》。
② 陈翰珍:《二十年来之南通》,张謇研究中心重印2014年,第136页。

营航运等业务。由于资本额过高,集资不易,不久搁置,于次年另组中国海外航业公司,经营航运事业及码头、堆栈业。1920 年,大生在上海创设南通绣品公司,专事向美国销售刺绣工艺品。同年,"为谋南通实业界金融活动流通之便",①南通淮海实业银行宣告成立。主要业务包括存款、放款、贴现、受抵有价证券、代理南通地方公债等。1921 年,设立分行于南京、汉口、上海、苏州等地。1921 年,又分别于上海、天津创建新通贸易公司,经营进口粮食、纸张、玻璃、机器、颜料以及汽车、灭火机、小五金等。1922 年后,取得瑞士 Brown Bonir 公司在华独家经销权,主营进口电机。②1922 年,张謇在上海创建中国影戏制造有限公司,所制影片"颇得赞许",当年在南通东公园建成"玻璃制造厂",作为公司摄制场地。③

　　由上可见,南通实(事)业触角伸及上海之处诸多,其中,大生沪事务所实际上已经成为南通在上海的神经中枢。大生在沪业务涉及航运、金融、教育、影视文化、国际贸易、仓储等业。此外,张謇还参与了上海的新闻出版事业,其中较为著名者如 1905 年,张謇在上海领衔发起成立中国图书有限公司,公司以"巩护我国教育权,驱策文明之进步,杜绝外人之觊觎,消弭后来之祸患"为宗旨,体现出张謇以天下为己任的儒商情怀。1912 年,张謇连同史量才、赵凤昌、陈景韩、应德闳四人买下《申报》,并使《申报》成为这一时期中国发行量最大、读者群最广、影响力最大的报纸,他本人还亲自为该报题写报名。在张謇等人的努力下,南通与上海靠得越来越近,使南通真正成为上海的"小兄弟",并出现了相互影响、融为一体的良好势头,为上海和南通两地的发展注入了活力。

三、当代南通"北上海"战略与上海"四个中心"定位

　　受日本外务省和农商务省的共同委托,日本经济学家上冢司 1918 年专程来华调查中国的经济,重点是张謇的事业,调查的结果显示:张謇事业的发展路线是南通—上海—崇明—海门—通州—如皋—盐城—兴化—宝应—高邮—扬州—南京—镇江—常州—上海—南通。结果表明:张謇事

① 陈翰珍:《二十年来之南通》,张謇研究中心重印 2014 年,第 134 页。
② 除专门注明外,其余均参见编写组:《大生系统企业史》,江苏古籍出版社 1990 年版。
③ 陈翰珍:《二十年来之南通》,张謇研究中心重印 2014 年,第 119 页。

业发展与上海存在至为密切之关系,发展路线体现出立足南通,依托上海的显著特点。从张謇兴办实业,发展各项事业的实践轨迹来看,可以断言:如无上海之辐射,即无南通早期现代化之崛起;如无张謇,即便有上海,亦无南通早期现代化之崛起。

　　张謇是清末民初南通与上海合作共进的策划者、主持人和践行者。在这种融合互利的合作关系的建立过程中,一方面,南通从一个在清末"论其繁华则不如沪,论其财富亦不如苏,论其土质、物产均不足齿于江南各县"①的江北小县,一跃成为苏南、江南乃至全国闻名的"模范县",②知名度大大提高,被誉为"中国最进步的城市",③引起了当时国内外政治家、社会学家、经济学家乃至普通民众的普遍关注。20 世纪 20 年代任江海关税务司的劳德在《海关十年报告(1912—1921)》中提到南通时称赞道:"现在为上海附属口岸的通州,早在 1899 年就开始了建设。它从一开始就坚持自治的原则。……通州是一个不靠外国人帮助,全靠中国人自力建设的城市,这是耐人寻味的典型。"④另一方面,南通事业的成功及全面融入上海也成为上海加快早期现代化进程中一支不可忽视的重要力量,南通因之真正成为了上海的"小兄弟"。

　　20 世纪初开始的这场对话成效显著,影响深远,开创了两地合作共赢的先河。为当今南通提出全面融入上海的"北上海"发展战略提供了历史依据,同时两地之间深厚的合作基础和历史经验也为"北上海"战略提供了重要的历史经验。

---

①② 《南通日报》馆编辑部编:《二十年来之南通》(上编),翰墨林铅印平装,民国 19 年 (1930),第 1—2 页。

③ 1920 年,中国当时最高层科学家和学者的团体——中国科学社在南通召开第七次年会,一些与会的科学家们对南通的发展成就深感惊异,他们称南通为"中国最进步的城市"。

④ 徐雪筠等译编:《上海近代社会经济发展概况(1882—1931)——〈海关十年报告〉》,上海社会科学院出版社 1985 年版,第 249—250 页。

张謇创办南通纺织专科学校及其性质

邓可卉[*]

1865 年上海江南制造局成立并附设机械学堂,这标志着中国近代实业教育的兴起。实业教育的兴起,突破了古代职业技术教育以家传世袭、师徒相传为主的形式,使职业和技术教育从劳作场所转入学堂。1904 年"癸卯学制"的颁行把实业教育列入学制系统,对中国近代教育体系的产生和发展具有奠基作用。实业学堂是实业教育的基本单元,其将实业学堂定性为"农工商各实业学堂,以学成各得治生之计为主,最有益于邦本"。据考,"实业教育"一词首先出现于《奏定实业学堂通则》中。从 1904 年至 1911 年是实业教育发展最为迅速的阶段,由于章程不能涵盖所有在办学过程中遇到的实际问题,所以在这一阶段中对实业教育体系进行多次补充与调整。1912年开始中国实行壬子—癸丑学制,在已经具有的近代教育雏形上,近代教育的转型逐渐完善、彻底,向西方的学习也更为彻底。它提出了新的办学章程,学制改学堂为学校。1912 年建立南通"纺织染传习所",以及 1913 年唐闸新校舍落成后重新定名为"南通纺织专门学校",这是在壬子—癸丑学制以后创办的,对其办学性质进行全面探讨具有重要的学术意义。

一、问题缘起

张廷栖在其论文中说:"南通纺织专门学校是不是我国最早的一所纺织高等专门学校,长期以来有种种说法。有的学者认为中国最早的纺织高等专门学校是浙江丝绸学院的前身蚕学馆,该校创办于 1897 年……还有的学者认为中国最早的高等纺织专门学校是北京工业专门学校。……因此很难说它是一所纺织高等院校。而 1912 年张謇创办的南通纺织专门学校则是

---

* 邓可卉,东华大学人文学院教授。

全国唯一的以纺织命名的高等专门学校。在当时,就被国内外认定为中国唯一的纺织高等院校。"①

该文作者在 2011 年又发表论文,观点与其前一篇论文基本一致,认为"中国最早的纺织教育是创办于 1897 年的浙江蚕学馆,它开创了我国近代纺织教育,在纺织教育史上有其特殊的地位。但它并非一所高等纺织院校。……还有北京工业专门学校,它的前身是京师高等实业学堂,于 1912 年改组而成,当时该校设有机织科。但该校不以纺织为主,机织仅是它其中的一个系科,它还设有机械、电气、应用化工等系科,因此它也并非一所独立设置的纺织高等院校。南通纺织专门学校是全国第一所纺织高等学校"。对于最后一点他给出两个理由分别是:"1912 年创办的南通纺织专门学校,张謇于 1924 年在《致美国政府请求以退还庚子赔款酌拨补助南通文化教育事业基金意见书》中就提道:'纺纱须纺织专门人才,又设立纺织学校,此校为全国所仅有。'另有 1918 年 8 月 25 日美国《新贝德福周日标准报》上发表的《中国棉纺织厂寻求美国机器》的一文,对南通纺织专门学校就有评论:'在整个广阔的中华帝国,它是唯一的纺织院校。'"②

该文作者判断南通纺织专门学校是全国第一所纺织高等学校的主要依据一个是《张謇全集》中张謇曾经说过的一句话;另一个是赵明远、李宜群 2002 年发表在《南通工学院学报》社会科学版上的文章"1918 美国报纸对南通纺织专门学校的长篇报道"。③这些理由从学理上讲是不充分的。

浙江蚕学馆是 1897 年建立的中国第一所纺织和农业学校。但是关于它的办学特点和性质不是本文所讨论的。本文仅就 1912 年著名爱国实业家、教育家张謇创办的南通纺织传习所展开讨论。张謇创办南通"纺织染传习所"的重要性在学术界已经引起重视,相关论文也有不少。④但是如何判断南通"纺织染传习所"及其后来的南通纺织专科学校的性质?其主要依据应该是什么?本文就此提出一种新的观点。

---

① 张廷栖、王观龙:《张謇创办南通纺织专门学校的历史贡献》,《南通工学院学报》2001 年第 3 期。

②③ 张廷栖:《张謇所创"中国第一"或"全国之最"考略》,《南通大学学报(社会科学版)》2011 年第 27(6)期。

④ 周新国:《张謇的教育思想与实践》,《南通师范学院学报(哲学社会科学版)》2003 年第 9 期;单敏、张廷栖:《张謇与南通纺织专门学校》,《南通工学院学报》1996 年第 12(4)期。

二、1912 年的南通"纺织染传习所"是在"壬子—癸丑学制"教育体系下成立的

1904 年的癸卯学制制定了我国的实业教育制度,从 1904 年至 1911 年是实业教育发展最为迅速的阶段。关于这个问题本文后面还有详细的讨论。由于癸卯学制的若干弊病,后来不断进行了补充和调整。执行至 1912 年后即为壬子—癸丑学制所取代。这是中国在 1912 年(壬子)至 1913 年(癸丑)制定公布的学制,所以取名壬子—癸丑学制。学制改学堂为学校,废除了尊孔读经,取消了进士出身奖励,确定了妇女的受教育权利和男女同校制度,同时筹办各级女子学校。章程中的第三阶段为高等教育,包括专门学校和大学两级。设大学本科 3 年或 4 年,预科 3 年;专门学校本科 3 年毕业(医科 4 年),预科 1 年。专门学校以教授高等学术、养成专门人才为宗旨。①大学以教授高深学术、养成硕学闳材、应国家需要为宗旨。

张謇 1911 年任中央教育会长,江苏议会临时议会长,江苏两淮盐总理。1912 年南京政府成立,任实业总长,1912 年任北洋政府农商总长兼全国水利总长。依此判断,张謇既然在 1911 年升任中央教育会长,他不可能不知癸卯学制和壬子—癸丑学制的内容,也不可能不知从癸卯学制向壬子—癸丑学制转变的具体原因。

关于南通纺织专门学校的演变历史是清晰的。1912 年张謇率先在家乡南通创办了"纺织染传习所",1913 年唐闸新校舍落成,定名"南通纺织专门学校";张謇去世后,1927 年"南通纺织专门学校"改称"南通纺织大学";1928 年,南通的农、医、纺三所学校合并称"南通大学";1930 年"南通大学"改称"南通学院",分设医科、农科、纺织科;1952 年全国院系调整时,纺织科并迁上海,与其他院校的有关系科组成"华东纺织工学院"。

从上文的时间顺序我们不难判断,从 1912"纺织染传习所"到 1913 年唐闸新校舍落成,定名为"南通纺织专门学校",这是在壬子—癸丑学制以后创办的,而且在 1913 年重新定名也有重要意义。另外,南通纺织专门学校

---

① 舒新城:《中国近代教育体史资料》,人民教育出版社 1963 年版。

的学制和开设课程①也可以说明，这所学校是在新学制确立后，我国最早独立设置的纺织专科院校。

三、张謇办南通"纺织染传习所"不属于"实业教育"的范畴

周新国认为："张謇教育实践的另一大特色是注意教育与生产实践相结合，重视实业教育。张謇办的实业教育，不仅有南通农科大学、纺织专门学校、医学专门学校三所高等专业学校，而且有商业学校和工商补习学校、女工传习所、女子蚕桑传习所、发网传习班、镀镍传习所等一批中等实业学校、实业训练机构。"②

1904 年"癸卯学制"的颁行把中国教育送入了早期现代化的轨道，对中国近代教育体系的产生和发展具有奠基作用。从其内容看，规定了实业学堂的种种章程，包括实业学堂设计为初、中、高三等，分为实业教员讲习所、农业学堂、工业学堂、商业学堂、商船学堂五种，实业课程以及专业的设置等等。更为重要的是"该学制设立了较为独立、完整的实业教育体系，其颁布使实业教育获得了法定的地位，其实施有助于结束长期以来各自为政的混乱局面"。据考，"实业教育"一词首先出现于《奏定实业学堂通则》中。③

从 1904 年至 1911 年是实业教育发展最为迅速的阶段。这一阶段补充调整了实业教育制度。实业学堂是实业教育的基本单元。尽管如此，接下来的实际办学还是出现了等级混乱、学科程度深浅不一等问题。关于修业年限，癸卯学制中高等学堂毕业年限多为三年。但是在发展过程中对不同专业的年限多有调整。

从张謇的生平来看，他于 1911 年任中央教育会长。在特殊的历史时期，张謇一方面借鉴国外的经验，另一方面根据中国的国情，结合自己创办棉纺企业的实践进行探索。

在创办南通纺织专科学校之初，他首先要解决的问题是筹措办学资金。《大生纺织公司年鉴》这样记载："民国元年（1912 年），纺织公司以养成纺织

---

① 单敏、张廷栖：《张謇与南通纺织专门学校》，《南通工学院学报》1996 年第 12(4) 期。

② 周新国：《张謇的教育思想与实践》，《南通师范学院学报》哲学社会科学版，2003 年第 9 期。

③ 吴玉伦：《清末实业教育制度变迁》，教育科学出版社 2009 年版，第 12 页。

技师,乃议立纺织染传习所。敦劝大生股东出资兴办;协议经常各费,先由大生正厂任六成,分厂任四成。候布厂成立后,则三厂分任之。"其次要解决师资问题,当时中国出国留学生中研习工艺者甚少,攻读纺织技术专业的更是寥寥无几。尽管如此,张謇千方百计选聘了学成回国的优秀人才,最先聘任的是在美国费城纺织专门学校毕业的黄秉璐先生和英国曼彻斯特纺织专门学校毕业的丁士源先生。最后还有办学场地问题:"纺织染传习所"成立后第二年他就建独立校舍于大生纱厂之南,占地 35 亩,五月竣工,九月迁入,定名为南通"纺织专门学校"。

从时间顺序上看,张謇 1912 年创办南通纺织专科学校与张謇的实业活动关系密不可分,是以往经验的积累与办学思想进一步提升的结果。但是,既然我们在前文已经认为南通纺织专科学校是在壬子—癸丑新学制下的一个产物,而就办学规模、办学目标与培养人才几方面来讲,壬子—癸丑学制的建立与癸卯学制存在明显的不同,所以严格地说,它的创办本身不属于实业教育的范畴。前人在关于这个问题的论述中是混乱的。

本文认为,我们提出的这一观点是有其历史语境的。中国近代学制的颁行到它的执行,从教育史的角度来说,每一个学制的内涵与功能是有所限定的,据此意义上来讲,癸卯学制推行实业教育就是其宗旨和纲领,后世如果不加区分地随便运用这个语词,是不科学的。但是如果完全切断癸卯学制和其后的壬子—癸丑学制的功能,力求区分后来的办学是实业教育还是非实业教育也是困难的。借此原因,本文认为南通纺织专门学校不属于实业教育,但是不等同于笔者主张其属于非实业教育。

四、张謇在 1912 年之前从事纺织实业教育的主要活动

张謇创办中国第一所南通纺织专业学校,开中国纺织高等教育之先河;但是,他在中国近代实业教育方面也作出了贡献,这些贡献一是包括他在办实业教育之前就做了许多工作,他首次建立棉纺织原料供应基地,进行棉花改良和推广种植工作;以家乡为基地,努力进行发展近代纺织工业的实践,为中国民族纺织业的发展壮大作出了重要贡献。二是兴办实业教育。下面分别论述。

光绪二十二年(1896 年)初,张之洞奏派张謇在通州设立商务局,张謇

在南通创办了大生纱厂。大生纱厂筹建之初,资金十分有限,张謇四处奔走,最终采用官商合办的方式筹得经费和纺纱机。

光绪二十四年(1898 年),大生纱厂正式在通州城西的唐家闸陶朱坝破土动工,次年大生纱厂建成投产。到 1899 年开车试生产时,运营资金仅有数万两,经过数年的惨淡经营,大生纱厂逐渐壮大,到光绪三十年(1904年),该厂增加资本 63 万两,纱锭 2 万余枚。

光绪三十三年(1907 年)又在崇明久隆镇(今属启东市)创办大生二厂,资本 100 万两,纱锭 2.6 万枚。到宣统三年(1911 年)为止,大生一、二两厂已经共获净利约 370 余万两。

张謇 1911 年任中央教育会长,江苏议会临时议会长,江苏两淮盐总理。1912 年南京政府成立,任实业总长,1912 年任北洋政府农商总长兼全国水利总长。后因目睹列强入侵,国事日非,毅然弃官,全力投入实业救国之路。

张謇作为一名科甲出身的实业家,深知教育对科学技术发展的重要性,张謇在创办纺织厂的过程中,一直为纺织技术人才的紧缺所困扰,正如他所说"从事纺厂者十有八年,以是为恫恫者亦十有八年矣","夫如是则安足以望自树立这一日哉?"所以他开办纺织专门学校之念,非一日所思,最终说服股东,决心办校,培养自己的精于纺织技术并具有科学管理知识的专门人才以实现其夙愿。

再论张謇与南通纺织业现代化

冯小红*

在以往的研究中,凡论及近代南通现代化者,莫不与张謇及其缔造的实业集团发生联系,有不少论者认为张謇是南通现代化的发动者、组织者和总设计师;南通现代化由张謇创办大生纱厂而开启,而后随着张氏企业集团的衰败而失败。也就是说,以往的研究大体上形成了两个基本倾向:一是过分强调张謇及其所办实业、事业在南通现代化中的作用;二是认为南通现代化随着张氏集团的盛衰而起伏,最终走向失败。本文仅围绕近代南通工业化的主导产业棉纺织业,详细考察南通棉纺织业现代化的起步、发展和延续过程,借以重新解读南通纺织业现代化的全过程,并对张謇及其创办的纺织企业在南通棉纺织业现代化历程中的角色予以重新定位。

一、入口洋纱主导下南通纺织业现代化的起步

中国的传统棉纺织业完全是手工生产,且主要由小农家庭完成。直到晚清时期,农村妇女所用纺纱工具仍然多为手摇纺车,每日每架可出土纱四两;而松江一带纺织较为发达之地发明出足踏纺车,每日每架可出土纱八两。①织机则多用脚踏提综开口、手投梭的窄幅木织机。一般说来,织布过程由开口、投梭、打纬、送经、卷布、移综六项动作组成,投梭木机司开口动作者为足踏板,做投梭动作时需双手互相投接,做打纬、送经、卷布、移综动作时,必须停止投梭,因此,投梭木机还构不成一个连续不断的工作系统,仍停留在手工工具的水平上。投梭木机的劳动生产率较低,即使熟练织工,每人每日也不过织成土布 30 尺,且布幅受到双手互投互接力量的限制,一般阔

---

　* 冯小红,邯郸学院地方文化研究院副院长,教授。

　① 彭泽益编:《中国近代手工业史资料(1840—1949)》(第一卷),生活·读书·新知三联书店1957年版,第6页。

不足一尺。①南通的手工纺织业亦当大体如此。

中国棉纺织业的现代化始于洋纱的使用。鸦片战争后,洋纱输入逐年增多,据统计,自 1867 年至 1889 年,我国洋纱进口数量呈逐年递增之势,其中 1868 年进口量为 54 212 担,1899 年为 2 744 829 担,32 年间增长 49.6 倍之多。②洋纱是外国机器大工业的产物,我国农村织户使用洋纱作为织布原料,便在纺织业中注入了现代化因素。

洋纱销行通海地区始于 1884 年前后,最初由民办信局私带少量洋纱,交由当地的本纱摊子代销,所销棉纱多为十支、十二支印度粗纱。通海地区销售洋纱的商户从葛锦成纱摊开始,继而又有程玉岗的溪记纱庄、刘汉章的长泰纱庄、张秉钧的祥泰炳纱庄,其他各钱业、布业也辟专柜销售棉纱。到 1895 年,通海两境每日销售机纱达二十大包。③当地农民使用洋纱作为经线,使用土纱作为纬线,乃生产出"洋经土纬"的"大尺布",成为通海地区使用机纱改良布匹织造后初期的主要土布品种。因而,南通纺织业现代化发端于 1884 年前后。而张謇筹议创办纱厂为光绪二十一年(1895 年)九月,是年十二月,"通股购厂基地于州西十五里唐家闸"。光绪二十四年(1898年),"造厂运机,造工匠房,修闸、砌岸樾坝,筑路造桥,一切工程,先后并举,岁终粗毕"。光绪二十五年(1899 年)三月,"厂工全毕,试开引擎,四月开车出纱"。④两相比较,大生纱厂建成投产比南通纺织业使用洋纱晚十六年。因此,如果以洋纱的使用作为南通纺织业走向现代化的开端,则早在大生纱厂创办之前,南通纺织业已经开启了走向现代化的步伐。南通纺织业现代化的起步是在我国近代经济转型的大势中自发开始的,而不是在张謇的大生纱厂带动下开始的。

二、机器纺纱业主导下南通纺织业现代化的发展

19 世纪后半叶,随着洋纱入口和国内纱厂投产,机纱销行量逐年上升。

---

① 严中平:《中国棉纺织史稿》,科学出版社 1955 年版,第 26 页。
② 彭泽益编:《中国近代手工业史资料(1840—1949)》(第二卷),生活·读书·新知三联书店 1957 年版,第 196 页。
③ 林举百:《近代南通土布史》,《南京大学学报》编辑部 1984 年,第 31 页。
④ 张謇:《承办通州纱厂节略》(1899 年 11 月 17 日),《张謇全集》第 3 卷,江苏古籍出版社 1994 年版,第 13 页。

与手纺土纱相比,机纱不仅均匀洁白,在织造中不易断头,而且价格低廉,它一经入口,便对手纺土纱形成排挤,先是闽广的手纺业受到冲击,后来由南向北,内地的手纺业亦渐受打击。通海地区本来盛产棉花,乡人以土纺土织为业,但是"近来外洋纺织机器盛行,洋纱洋布,销售日广,本纱土布,去路滞减。乡人穷极思变,购用洋纱,参织大小布匹线带,以致洋纱倒灌内地,日甚一日。查计现在(1895年)通海两境,每日可销洋纱二十大包,已合机器一万锭之数。若浸增不已,不出十年,必尽变为洋纱之布。民间膏血,耗夺无形"。①张謇创办大生纱厂恰恰适应了通海地区这种机纱"销售日广""浸增不已"的趋势,不仅实现了当地棉纺业的工业化,而且起到了进口替代作用,使纺纱之利仍留于当地人之手。

继大生一厂之后,张謇又陆续开办了大生二厂、三厂,二厂设于崇明北沙,1907年3月投产;三厂设于海门常乐,1921年10月投产。大生一厂投产时,初装纱锭20 400锭,1913年增加纱锭20 400锭,二厂投产后,大生集团纱锭总数增加到66 700锭,以后两厂陆续增锭,到1921年底,纱锭总数增至144 000锭。三厂投产后,大生集团的纱锭总数增至16万锭。②从1904年到民国初年,大生集团所纺纱支,以十二支纱为主,占到总量的80%。③这些棉纱全部销行南通本地,加快了关庄布的改良步伐,促成了关庄布产销全盛时期的到来。机纱销行之初,当地关庄布的小牌、群牌和提牌渐改为"洋经土纬"、加宽放长的"大尺布";后来,各布庄又与织户接洽,改用密筘,加增综眼,放宽门面为一尺三寸,加长尺码为六丈二尺五寸,完全用机纱织造,逐渐形成次中、中路、杂大、大牌、特大五种类型的各牌大尺布,关庄布的改良至此达到极致。关庄布经过改良后,迅速进入全盛时期,自1899年至1926年,通海地区每年产销关庄布都超过10万件(400万匹),尤其在1904年至1921年的17年间,有好几年突破15万件(600万匹)。④

尽管关庄布改良后产销量大增,但是其改良仅限于织布原料一项,诸如织布工具和工艺、生产组织形式都没有发生太大变化,织机仍多用旧式投梭木机,生产工艺仍然是由摇纱、浆纱、经纱、织造等步骤组成的传统手工工

① 彭泽益编:《中国近代手工业史资料(1840—1949)》(第二卷),第211页。
② 大生系统企业史编写组编:《大生系统企业史》,江苏古籍出版社1991年版,第143页。
③ 林举百:《近代南通土布史》,第32页。
④ 林举百:《近代南通土布史》,第104页。

艺,布匹生产仍主要由农民以家庭副业的形式完成,其生产组织形式一直以
一家一户的个体小生产为主。1921 年左右,为加宽布幅,织造"特大",一些
地方开始使用拉梭机(当地俗称"洋夹子布机")。拉梭机是在旧式投梭木机
的基础上改进而成,"将投梭机的织纬机构,加装滑车、梭盒、拉绳等件,便成
为拉梭机。此机将投梭动作,由双手投接,改为一手拉吊绳,因而能增加织
纬速度;且将左手解放出来,可以执住纬杆不放,以便梭盒一过,便能立即打
纬,因此增加生产能力,每日可织六十至七十尺之多。至于因由吊绳拉梭,
使布匹的宽度能增加至二尺四五寸"。但是,"拉梭机仍和投梭机有一共同
缺点,便是做括布、卷布、放经、移综、移扶撑等项工作,都要停止织布"。①因
此,虽然拉梭机能够提高生产能力,加宽布幅,但是它还构不成一个连续的
工作系统,仍然停留在手工工具的水平上,生产能力仍较低。拉梭机生产能
力的提高程度与所织布匹的布幅有很大关联,大致而言,如织造一尺二寸细
布,拉梭机的生产效率比投梭机至多可提高 50%;布幅阔至一尺六七寸至
二尺的,拉梭机的生产效率比投梭机可提高一倍以上。②通海地区使用拉梭
机大多织造布幅为一尺四寸的"特大",生产效率仅比投梭机提高 50%左
右,即每天至多可出布 50 尺上下。而同时期,华北一些著名的农村织布区,
如宝坻、高阳、潍县等地,已经广泛使用铁轮机作为织布工具,不仅生产效率
比拉梭机提高一倍以上,且布幅可放宽至二尺二寸以上,质地可与洋布媲
美。③与之相比,通海地区在织布设备和工艺上要落后一些。第一次世界大
战之后,外国洋布进口激增,国内纱厂也纷纷附添织机,出产机织棉布。④南
通所产"大布"在质地上无法与高阳等地的改良土布、进口洋布和国内机织
棉布相比,因而在竞争中处于劣势。南通土布的市场主要在东北、江苏、浙
江、安徽等地,其中东北在"九一八"事变前是关庄布最大的市场。受改良土
布、进口洋布和国内机织布的竞争,从 1921 年开始,南通土布每年的销售总

---

①　彭泽益编:《中国近代手工业史资料(1840—1949)》(第三卷),生活·读书·新知三联书店
1957 年版,第 688 页。

②　徐新吾主编:《江南土布史》,上海社会科学院出版社 1992 年版,第 404—405 页。

③　宝坻、高阳、潍县改良土布的生产及销售情况分别见方显廷、毕相辉《由宝坻手工业观察
工业制度之演进》,南开大学经济研究所编:《政治经济学报》第四卷第二期,1936 年 1 月,第 261—
329 页;吴知:《乡村织布工业的一个研究》,商务印书馆 1936 年版;王子建:《中国土布业之前途》,
千家驹编:《中国农村经济论文集》,中华书局 1936 年版,第 127—146 页。

④　吴知:《乡村织布工业的一个研究》,第 17—18 页。

数,逐步替减百分之三十。①到1929年,南通销往东北等地的白大布产销量跌至200万匹。②1931年关庄布的运销量跌至41 625件,1 665 000匹。③林举百《南通土布史》一书记载了1930年关庄布在东北营口的主要零售店汇昌号的营业情况,其柜台内的货品以洋货匹头、各式厂布为绝大多数,南通的大尺布,则置于储藏柜之一角及货厨下,白色大布已不可见。汇昌号的老年店友说:"前二十年,远近乡区的农民,十居八九,都穿通州的大布,元青的好货做面子,白粗做里子,一生一世穿不破;可是现在染坊也少了,各形各式的洋布太多了,不需要染色了,我们记也记不清,只看签条儿卖货,来要买大布的真少得很。"由此可见关庄布在东北市场衰落之一斑。④

有研究者认为,大生纺织企业以机纱的产品形态楔入南通的经济布局中,使得机纱产前产后的经济领域植棉业和家庭手织业得到空前发展,形成了植棉、机纺、手织一条龙的产业结构,将南通经济变成名副其实的棉业经济。⑤撇开植棉业不谈,单看纺织业,张謇的大生集团的确实现了南通棉纺业的现代化,并给棉织业带来了短暂繁荣。但是,张謇只是改造了棉纺业,棉织业的现代化则仅限于采用机纱作为原料,其生产工具和生产组织形式仍主要处于传统产业范畴,因此,经过张謇及其大生集团楔入的南通棉纺织业便形成了一种现代产业与传统产业并存的二元结构,并且是一种现代产业单向依赖传统产业的"一荣俱荣,一损俱损"的二元结构。在中国近代经济转型的过程中,包括乡村手织业在内的传统产业尽管保持了一定的生命力,但是从整体上看仍不能摆脱颓缩的命运,并且在半殖民地条件下,传统产业极易受到某些突发政治事件的影响而发生巨大波动。就南通纺织业而言,手织业的波动反过来影响及于棉纺业,即棉纺织二元结构中的传统产业的波动反过来影响了现代产业的发展。1922年以后,关庄布在东北销售呈下降之势,张謇的大生纱厂不得不开始谋求外销,其营业亦渐形衰落,大生两纱厂仅1922年就分别亏损近40万两和31万余两。⑥"九一八"事变发生

---

① 林举百:《近代南通土布史》,第146页。
② 徐新吾主编:《江南土布史》,第657页。
③ 徐新吾主编:《江南土布史》,第628页。
④ 林举百:《近代南通土布史》,第122页。
⑤ 常宗虎:《南通现代化:1895—1938》,中国社会科学出版社1998年版,第61页。
⑥ 常宗虎:《南通现代化:1895—1938》,第65页。

之后,"日商竭力倾销仿制之布,致通布被摈,营业停顿,布商虽设计竞争,但去路甚微。今年伪国成立,苛增进口税率,每件勒收国币二十余元之多,通布在东北几致绝迹,通海各庄,大有难于撑持之势,农村经济,顿形衰落"。[①] 大生各纱厂就只能依赖外销了。这样一来,张謇在南通设计的棉业产业链条便因手织业的衰落而彻底崩断了。

三、乡村棉织业主导下南通纺织业现代化的延续

据常宗虎研究,张謇的大生集团在 1922 年出现严重亏损,并且负债累累,此后一直靠举债度日。到 1925 年,上海方面的中国、交通、金城、上海四银行和水丰、永聚钱庄等债权人联合成立机构全面接管了大生的四个纱厂,之后在经营方针上作了大幅度调整,开始改粗纱为细纱,努力拓展外销市场,至此,大生集团易主并改变了经营策略。[②]从此以后,张謇便淡出了南通纺织业现代化的历史。但是,南通纺织业现代化并未因张謇的淡出而完全停滞,在当地商民的努力下,20 世纪 30 年代南通乡村的手织业在生产工具和产品类型上仍然有所进步。"九一八"事变后,鉴于关庄布滞销,南通商民发起土布改良运动。1931 年林举百、林左波兄弟创办通华布厂,先后购置 40 台铁木机,招工织造改良布。鼎新福继起,创办国华布厂,借用铁木机与手拉机约 30 台,织造改良布。1932 年,海门张祖根兄弟三人合办利生布厂,全部购置铁木机,织造改良布。随后,又有大生传习所、海门土布传习所、民众教育馆土布传习所、县农会机织传习所、南通土布改良试验所等培训机构之设立,纷纷教授农民织造各种改良布。[③]这些企业和机构的活动都促进了新式织机和先进织布技术的传播,标志着南通纺织业现代化进入以改良织机为中心的棉织业现代化阶段。

在生产工具方面,首先是铁木机的引进和推广。铁木机即铁轮机,是从日本引进的一种织机,其具体构造,"机之工作部分为铁制,支架部分为木制,开口、投梭、打纬、卷布诸运动皆利用轮轴原理构造,主要机件为发士盘一、提纱湾轴一、发动湾轴一、脚踏拉条一、铜波士四、带线轮盘二、牙轮四、

①　徐新吾主编:《江南土布史》,第 296 页。
②　常宗虎:《南通现代化:1895—1938》,第 66 页。
③　林举百:《近代南通土布史》,第 242—250 页。

以上均铁制。经纱轴、卷布棍、综座、吊综轴、筬梭、扯手、踏杆、转轴等各一,脚踏板二,以上均木制"。①它利用齿轮传动、杠杆等机械原理,用足踏板驱动铁轮,铁轮操纵飞梭,杠杆运动带动打纬,卷轴带动送经和卷布。在足踏板的驱动下,铁轮机把开口、投梭、打纬、卷布、送经等动作联结为一个整体。铁轮机是人力织机发展的顶峰,它与动力织机的区别仅在于靠人力驱动还是靠动力驱动。使用铁轮机,织工每人每天可织布八十至一百二十尺,生产效率比传统木织机提高二至三倍,布幅可加宽到二尺二寸以上,布的质地也细密均匀,可与洋布媲美。其次是拉梭机的推广,拉梭机的构造和生产原理上文已有所交代,其生产效率比传统木织机提高50%至100%。截至1936年,南通四乡的铁轮机增加到三千余台,拉梭机增加到约一万台。②

在新产品开发方面,由于生产工具的改进,南通开发出"雪耻布"和"中机布"两种新型棉布。雪耻布即改良布,据汪泽人回忆,通华布厂出产改良布后,与土布业陆玉记、绸布业阜生联合决议,将改良布定名为南通"雪耻布"。③但据1987年7月31日《南通日报》载:20世纪30年代初,张继轩、张季安发起抵制日货运动,宋裕源、震丰恒、群益、乾丰泰和宋裕永等几爿大绸布店积极响应,并由吴少山等人外出金沙、海门、三厂、二甲等地联系,会同金沙四公司共同在民众教育馆展销国产布,大家把这次展销之布叫"雪耻布"。二者记载区别较大,"雪耻布"名称之由来究竟如何尚难以考证。"雪耻布"的规格为长六十尺,幅宽二尺,其质地力求与洋布相似,大江南北均可销行,且用户本于爱国热忱,乐于购用,因而其销路甚畅。1931年,南通尚无改良布(或雪耻布)的产销记录,1932年雪耻布的运销量骤增至100万匹,④此后直至1937年前,每年运销量都在60万至100万匹之间。⑤中机布长四十至五十尺,幅宽一尺八寸,用二十支机纱做经纬,先染后织,经纬的颜色略分深浅,又称中机蚂蚁布。1931年之前,南通也没有中机布的产销记

① 彭泽益主编:《中国近代手工业史资料》(第三卷),第689页。
② 童润夫:《南通土布业概况及其改革方案》,《棉业月刊》第一卷第二期(1937年2月),第220页。
③ 汪泽人:《抗日时期的南通"雪耻布"》,《南通文史资料选辑》第七辑,1987年8月,第152页。
④ 徐新吾主编:《江南土布史》,第659页。
⑤ 童润夫:《南通土布业概况及其改革方案》,《棉业月刊》第一卷第二期(1937年2月),第225页。

录,1932年中机布的运销量骤增至90万匹,[1]此后直至1937年前,每年运销量在50万至90万匹之间,主要销往江北各县。[2]

综上所述,南通纺织业现代化经历了一个起步、发展和延续的历程,分别由入口洋纱、机器纺纱业和乡村棉织业主导。在起步阶段,若以洋纱入口作为纺织业现代化的开端,则大生纱厂建成投产比南通纺织业使用洋纱晚十六年,这就意味着早在大生纱厂创办之前,南通纺织业已经迈开了走向现代化的步伐。南通纺织业现代化的开端是在我国近代经济转型的大势中自发开始的,而不是在张謇及其大生纱厂带动下开始的。在发展阶段,张謇创办的大生集团实现了当地棉纺业的工业化,推动了机纱替代土纱的进程,加快了棉织业的改良步伐,给棉纺织业带来了短暂繁荣。但是,南通的棉织业除原料一项迅速跨入现代化行列之外,其生产工具和生产组织方式仍处于传统产业范畴。此时,南通的棉纺织业形成了一种现代产业与传统产业并存,且现代产业单向依赖传统产业的"一荣俱荣,一损俱损"的二元结构。最终,随着手织业的衰落,反过来影响大生集团的现代纺纱业陷入困境。在延续阶段,随着大生集团易主,张謇本人彻底淡出了南通纺织业现代化的历史,但是南通纺织业的现代化并未因张謇的淡出而停滞,在广大商民的努力下,南通手织业引进了铁轮机,增加了拉梭机,创造出"雪耻布"和"中机布",使南通土布得以进一步改良,再造了当地纺织业的繁荣。仅就南通纺织业一个产业的现代化而言,我们既要充分肯定张謇和大生集团的历史地位,又不要高估其历史作用,应该对其角色作出公允的评价。纵观南通纺织业的现代化历程,张謇及其大生集团既不是"发动者""组织者",也不是"总设计师",而只是参与者。

---

① 徐新吾主编:《江南土布史》,第659页。

② 童润夫:《南通土布业概况及其改革方案》,《棉业月刊》第一卷第二期(1937年2月),第225页。

张謇在上海经营的企事业

华 强 *

张謇从 1895 年创办通州大生纱厂开始到 1926 年谢世,31 年间创办了许多企事业,造福乡里,造福社会,实现了他实业救国和教育救国的抱负。据不完全统计,张謇及张氏家族创办的企事业在 177 家以上。

张謇创办的企事业以南通为中心向周边地区辐射,上海与南通比邻,是张謇施展实业救国和教育救国抱负的重要舞台。本文拟对张謇在上海创办的企事业作一梳理,这些企事业除张謇本人当年亲自创办外,还包括张氏家族和大生集团成员所创办的。张謇当年创办的企事业留下的档案有 8 800 多卷,许多档案尚未清理。

一、张謇在上海创办(参与)的企业

张謇创办的主要有:大生沪事务所(大生上海公所、通州大生纱厂沪账房、大生纺织公司沪事务所、大生总管理处),大生公司,大孚经纪号,大生第一纺织公司,大生第二纺织公司,大生第三纺织公司,南通绣品总公司,左海实业公司事务所。

1897 年 11 月,大生纱厂在南通动工兴建。与此同时,大生纱厂在上海四马路广丰洋行设账房,对外称"大生上海公所"。次年迁至小东门,对外称"通州大生纱厂沪账房",之后再迁至法租界紫来街日昇里。1901 年,张謇在天主堂街购楼房一栋,"通州大生纱厂沪账房"迁入。1907 年,"通州大生纱厂沪账房"改名为"大生沪事务所",简称"大生沪所"。第一任所长为林世鑫。1912 年后,吴寄尘接替林世鑫为所长。

"大生沪事务所"的业务范围为购运原棉、采办物料、置备布机、建筑施

* 华强,南京政治学院上海分院教授。

工以及所有内销外销货品、银根调度等,经营范围广泛。"大生沪事务所"是当时南通企业在上海的总代理,南通来沪人员食宿由沪所统一解决。张謇入阁后,张氏私人事务亦交沪所办理,如政界到沪人员的食宿等,一般由沪所安排接待。

1918 年 10 月,"大生沪事务所"租赁九江路 22 号土地 1.84 亩,自建四层"南通大厦"一栋。南通大厦于 1920 年落成,其建筑及装修、电梯等费用合计 151 328.888 两。同年,"大生沪事务所"迁至南通大厦。

随着大生业务的发达,从 1914 年起,"大生沪事务所"开始设二级公司。最早设立的二级公司名为"大生公司",专营机器进口业务。1921 年,"大生沪事务所"设立"大孚经纪号",在上海华商纱布交易所出售棉纱。1922 年,大生纺织公司设立大生第一纺织公司、大生第二纺织公司和大生第三纺织公司,其均属于二级公司,全部入驻"南通大厦"。先后入驻南通大厦的二级公司尚有"南通绣品总公司""左海实业公司事务所"等。"左海实业公司事务所"计划在上海杨树浦造码头、发电厂、电车、邮船等,预定资本总额 1 000 万元,后因故搁浅。

1922 年以后,张謇经营的纺织、盐垦等企业先后陷入困境,银根难以调度。大生纱厂于 1923 年以 75 000 两的低价将南通大厦抵押给永庆公司。1929 年 12 月,"南通大厦"正式出让给永庆公司,得款 102 551.17 两白银。张謇的企业在自营的"南通大厦"仅 11 年,变卖房产亏损约 5 万两白银。

南通大厦易主后,"大生沪事务所"于 1930 年初迁至老闸区南京路虹庙隔壁保安坊女子商业银行四楼,对外称为"大生纺织公司沪事务所"。1935 年,张孝若去世,"大生沪事务所"于 1936 年改称"大生总管理处"。1937 年 8 月,"大生总管理处"迁入霞飞路 1698 号启人女子中学。1953 年,该机构撤销。[1]

大生崇明分厂:崇明当年属于江苏,大生纱厂于 1904 年 11 月前在崇明创立分厂。一说 1907 年在崇明久隆镇创立大生二厂。因档案资料缺乏,详细情况待考。[2]

达通航业转运公司:张謇计划筹银 9 万两,"拟于通海沪三地,各组织一

---

① 南通档案馆、张謇研究中心:《张謇所创企事业概览》,第 38—43 页。
② 《大生集团档案资料选编·纺织编》3,方志出版社 2004 年版,第 517 页。

公司,定造铁驳 8 只、小轮 4 艘,谋拖运之稳固"。上海公司的地点选择在十六铺,[①]但关于该公司的经营,档案中不见记载。因此笔者怀疑"达通航业转运公司"即 1905 年组建的"大达轮步公司"。

上海大达轮步公司(大达轮船公司):1905 年,大生集团在上海设立"大达轮步公司",张謇自任总理。大达轮步公司在上海十六铺造大达码头,拥有"大生""大新""大安""大和""大济""大宁"等轮船并代理"储元"和"储亨"两轮,主要经营沪通航线(上海至南通)、沪扬航线(上海至扬州霍桥)、申沙航线(上海至海门)。1927 年,大达轮步公司在上海经营 22 年,历年盈余达 1 693 643 两,是张謇在沪经营最好的企业。1927 年,大达轮步公司改名"大达轮船公司"。大达轮船公司盈利丰厚,引起黑社会眼红,杜月笙势力于 1932 年左右进入轮船公司,导致张氏渐渐失去对轮船公司的经营权。

上海大储堆栈股份有限公司:大储堆栈股份有限公司于 1918 年在上海黄浦江边兴建,为仓储企业。1920 年,大储堆栈股份有限公司正式开业。公司设东栈和西栈,东栈为二层三库,西栈为三层十二库,两栈仓容总量为 8 238.2 立方米,可储物 2 万吨左右。

福瀛字号:1919 年 8 月,张謇兄弟在崇明"城北桥镇地方创设福瀛字号,专营钱、纱两业,共 40 股,每股国币 1 000 元,计股本 4 万元整"。[②]笔者疑福瀛字号为钱庄,由于档案缺如,经营情况不详。

南通淮海实业银行上海分理处:1920 年 1 月,张謇在南通成立"南通淮海实业银行",次年在上海等地设立分理处。1924 年后,该行因资金问题陷于停顿,1927 年歇业。

中国海外航业公司:1921 年组建,计划总资本额 500 万两,地点选择在上海军工路。该公司情况其后未见记载,疑未正式实施。[③]

上海南通房产公司:上海南通房产公司于 1921 年设立,主要负责"大生沪事务所"地租、纳税、水汀、电梯、警卫、修理等事务。1929 年 12 月,"南通大厦"出让给永庆公司,上海南通房产公司不再存在。

交通银行:辛亥革命后,张謇对中国银行、交通银行、上海商业储蓄银行

① 张謇研究中心、南通博物院:《南通地方自治十九年之成绩》,第 23 页。
② 《大生集团档案资料选编·纺织编》3,方志出版社 2004 年版,第 436、446、447 页。
③ 南通档案馆、张謇研究中心:《张謇所创企事业概览》,第 113 页。

等金融单位增加投资、扩大股份。张謇在中国银行有股份 4 万元,[①]在交通银行股份为 4 万股。1922 年,张謇被推选为交通银行总理。[②]这是张謇参与的企业之一。

南通实业驻沪事务所:1922 年 4 月 19 日成立南通实业总管理处,规划实业复兴事宜。南通实业驻沪事务所为派驻上海单位,设主任一人,由吴寄尘担任。南通实业驻沪事务所与大生沪事务所是何关系待考。

中国铁工厂股份有限公司:1922 年张謇在上海吴淞蕴藻浜兴办中国铁工厂股份有限公司,事务所设于上海四川路 112 号。该公司负责制造纺织机、织布机、打包机等机器,1932 年毁于淞沪会战。

淮南盐垦各公司联合会:1927 年 7 月成立于上海,职责是协助政府推行改良盐垦促进生产计划。联合会办公地址在上海九江路 22 号南通大厦,1936 年迁至上海南京路保安坊,1947 年被淮南盐垦十六公司总管理处取代。

中国纺织机器制造特种股份有限公司:1936 年 2 月 25 日成立于上海,以制造和修理纺织机器为主要业务。

淮南盐垦十六公司总管理处:1947 年成立,该公司成立后取代了淮南盐垦各公司联合会。1949 年上海、南通先后解放,遂结束使命。

怡太产物保险公司:1944 年,怡太产物保险公司在重庆成立,业务为水险、火险、运输险、船舶险等。1945 年在上海设立分公司。1946 年,重庆总公司迁上海,址在上海四川路 33 号 7 楼 705 室,同时在重庆和汉口设立分公司。

江苏产物保险股份有限公司:1947 年成立于上海,地址为江西中路 371 号,业务范围为水险、火险、粮运险、海运险等。

上海市工厂员工消费合作社联合社:1948 年 9 月成立,业务以本市各工厂员工消费合作社所属社员为对象,供应平价日用品。

中心制药厂股份有限公司:中心制药厂股份有限公司总公司与制药厂设于上海江湾临西体育会路 1102 号,总经销处设于广东路 389 号广大新记

---

① 南通市档案馆等:《大生企业系统档案选编》,南京大学出版社 1987 年版,第 220 页。

② 周新国主编:《中国近代化先驱:状元实业家张謇》,社会科学文献出版社 2004 年版,第 130 页。

药房,业务范围为改良、研究新药,中心药厂占地 9.7 亩。

民享企业公司:大生第一纺织公司持民享企业公司股份 400 股,股金4 000万元;大生第三纺织公司持民享企业公司股份 100 股,股金 1 000 万元。民享企业公司的主体有待档案资料发掘。

二、张謇在上海创办(参与)的事业

震旦学院:1903 年,马相伯等在上海创立震旦学院。1905 年,张謇应邀担任震旦学院校董并对震旦学院有一定经济资助。1906 年大生纺织公司收支簿中记:"正月十七日,收大生 300 元","十八日,收大生 130 元","收大生 50 元",张謇对震旦学院前后资助力度,因缺乏资料,目前尚无法统计。

吴淞中国公学:详况待考。

邮传部上海高等实业学堂船政科:1909 年创办吴淞商船专科学校,后改为上海航务学院,该院于解放后迁至大连,成为大连海事大学的前身。

江苏省立水产学校:1912 年在上海老西门创立江苏省立水产学校,后改名吴淞水产专科学校,为今上海海洋大学的前身。

南通纺织专门学校:南通纺织专门学校于 1913 年成立于南通。1938年,因战争,其农科和纺科迁至上海江西路 451 号,1942 年再迁至重庆北路270 号。抗战胜利后,南通纺织专门学校新生于南通,老校则在上海,形成沪、通两地同时办学局面。1949 年上海解放,南通纺织专门学校在沪学生400 余人转移到南通。1952 年,全国院校调整,南通纺织专门学校纺织科迁上海,与其他院校合并组成华东纺织工学院,为今东华大学之前身。

同济医工学堂:1917 年,同济医工学堂在上海吴淞复校,张謇参与其事。详情待考。

中华职业学校:1917 年黄炎培创立中华职业教育社于上海,张謇被聘为该校议事员,张孝若被聘为该校经济校董。张謇与张孝若均对中华职业学校予以经济资助,具体数目不详。

中国影戏制造有限公司:1919 年成立中国影戏制造有限公司,地址为上海仁记路百代公司之内。该公司在南通东公园建摄影棚五间,聘美国人哥洛今为摄影师,曾拍摄京剧艺术片《四杰村》《打花鼓》及纪录片《张南通游南通新市场》《五山风景》《倭子坟》《陈团长阅兵》等,均为无声黑白片。其中京剧艺术片《四杰村》曾在美国纽约放映。该公司 1924 年因资金原因停办。

南京师范高等学校：1921 年创办南京师范高等学校，在此校的基础上后来成立了国立东南大学，其一部分后迁至上海，成为上海商科大学。

上海国民出版社股份有限公司：1947 年 7 月 25 日成立于上海，地址为河南北路 59 号，营业范围为发行报纸、出版书籍、刊物等，陈立夫、邵力子等为董事。

江苏实业股份有限公司：1947 年筹备成立，地址为上海南京路慈淑大楼 434 室，后迁至上海九江路 113 号大陆大楼 608 室。该公司经营范围不详。

三、张謇在上海创办（参与）企事业的特点和问题

张謇创办的企事业可谓包罗万象，以大生纱厂为核心，创办了制造工业、手工业、交通运输业、航运业、金融业、仓储业、保险业等；以通州师范为主体，创办了高等教育、普通国民教育、职业教育、特种教育及图书馆、博物馆、出版、电影等社会教育体系；以通海垦牧公司为起点，建立了数十个垦牧公司、棉业试验场及农、渔、盐、水利等事业；以地方公益为核心，兴建了医院、公园、养老院、幼稚园、剧场、体育场等。

由于档案的浩繁和精力所限，以上笔者所举张謇及张氏家族、大生集团在上海开创（含参与）的企业 28 家（包含设在南通大厦内的 7 家二级企业）、事业 11 家，肯定不完整，但张謇在上海所创企事业可略见一斑。张謇在上海创办的企事业仅是他毕生所创企事业的一部分，从这些企事业可以发现张謇企事业的一些如下特点和问题：

一、张謇在上海所创办的企事业（不含参与的企事业）基本上采用股份制，张謇将西方的股份公司模式大胆引进来，解决了创办企事业最为关键的资金问题，在近代中国是一个了不起的创造，对近代中国企事业的发展起了标杆作用。

二、张謇在上海所创办的企事业包括他在南通及南通周边地区创办的企事业涉及范围过于宽泛，几乎包括了社会的方方面面。造成的结果，一是资金分散，二是规模较小，三是风险巨大，四是精力不济。张謇在短短 31 年时间里创办了一百多个企事业，虽然多是股份制，但毕竟自己的资金有限，

在许多企业里,张謇所占股份甚少,其话语权受到了限制。企业规模小,抗风险的能力低,难经大风大浪。跨行跨业经营,由于行业间的差别甚大,因此风险陡增,张謇即使三头六臂,也难以招架应付。

三、张謇虽身为阁员,但强龙难敌地头蛇。张謇所创上海大达轮步公司尽管赢利能力强,最后却被杜月笙势力入侵并排挤就是典型的一例。

四、战争频仍,企事业受到重创。张謇创办的一些企事业就是因为战争而倒闭破产的。

五、缺乏能够独当一面的企事业管理人才。

大生纱厂早期的企业制度特征

张忠民*

在中国近代企业史、企业制度史的研究中,大生纱厂以及大生企业集团始终是学界十分关注的研究对象。多年来,海内外学术界关于大生纱厂以及大生企业集团的研究已经很多。但是,从现代企业理论的视角出发,关于大生纱厂早期的企业制度特征,还是有不少的地方值得进一步探究。我们认为,大生纱厂早期的企业制度特征大致上可以归纳为三点:一是"非大股东"控制企业的早期产权制度特征;二是"非职业"经理阶层治理的企业治理结构特征;三是"非盈余"支付"股息"的早期剩余分配制度特征。

考察和研究这三大特征,不仅对于理解早期大生纱厂的企业形态和企业制度形态有很大的帮助,而且对于讨论和解读中国近代企业制度的生成和起源都有着极为重要的理论意义。

一、"非大股东"控制企业的早期产权特征

关于大生企业的早期产权制度,虽然已经有过不少讨论,但是仍然有两个问题十分值得关注。第一是,关于早期大生企业的产权性质,究竟是商办还是官商合办。或者说,究竟是真正的商办、形式上的商办,还是官商合办或者是形式上的官商合办等等。其中的核心含义涉及对所谓"绅领商办"的理解和诠释。第二是,与前一问题有关的关于早期产权制度中的企业产权的控制。不论早期的大生企业是商办还是官商合办,企业产权的实际控制都始终掌握在"非大股东"的张謇手中。究竟是什么原因使得非大股东能实现对企业产权的控制,它们在那些地方显示出中国企业制度的早期特征,这些都值得认真思索和讨论。

---

* 张忠民,上海社会科学院经济研究所研究员。

　　1895 年冬,两江总督张之洞据光绪皇帝"官为设局,一切仍听商办"之谕令,委派通州籍翰林院编修张謇"总理通海一带商务",筹办大生纱厂。大生纱厂筹办之初,计划在通州、上海两地招募商股规银 60 万两。但近一年过去,通州、上海均入股者寥寥,整个招股工作几无进展。就在此时,张之洞原先为湖北南纱局从国外订购的 40 800 枚纱锭的"官机",估价为 97 万余两白银,转到南洋商务局之后一直堆放在黄浦江江边码头整整 3 年,有待出售。经过努力,张謇争取到将此"官机"作价 50 万两入股大生纱厂,大生纱厂另招商股 50 万两,合计 100 万两,官商合办大生纱厂。然而,50 万两商股招募仍然难以为继。1897 年,经多次协商,50 万两的"官机"以张謇自称为"绅领商办"的形式,由盛宣怀和张謇"合领分办",各领用价银 25 万两的20 400 纱锭,在通州和上海各设一纱厂。大生纱厂另募商股 25 万两,合计50 万两,开办大生纱厂。

　　由此可见,大生纱厂的早期开办实际上先后经历了三个方案。一是计划募集商股 60 万两的"商办",无果;二是官机作价 50 万两,计划募集商股50 万两,共计 100 万两的"官商合办",仍无果;三是领官机作价 25 万两,计划募集商股 25 万两,张謇自称的"绅领商办",最后得以实现。

　　在以往的研究中,尽管大生纱厂最初的筹集商股,完成企业创办的计划根本就无法实施。张謇对此感慨,"通州本地风气未开,见闻固陋,入股者仅畸零小数"。最后,只是由于两江总督等人的支持,依靠"官机"以及其他政府机构投资的投入,并辅之以部分的商股才得以完成企业的创办和投产。但由于"官机"以及"官本"投入时,一定的承诺以及限制条件的存在,许多论者认为,"大生纱厂是在甲午战后清政府转变产业政策伊始,由近代著名的民族资本家张謇创办的江南地区较早的近代私人资本主义企业"。

　　然而,据大生机器纺纱厂创办时发行的股票所载,可以清晰地看到股票上明确载明的是,大生机器纺纱厂"官绅订立合同,永远合办"。"长年官利八厘,余利照章按股分派,每届年终结账三月初一日,凭折发利。除刊布章程并另给股息折外,须至股票存根者。"

　　上述所引股票之内容,有三点值得注意。一是,大生纱厂从创办之日起,已经明确规定,企业是官绅订立合同,永远合办;二是,官府以纱机实物形式投入的官本规银 25 万两,是由张謇作为领取人的;三是,企业募集的现金出资,自股银到账之日起,即开始计算股息,即官利,并在每年三月按期发放。

由此,如果按照此股票所载内容,早期的大生纱厂属于官商合办企业,应该没有任何疑义和悬念。因为,单从创办初期大生纱厂的资本构成上看,应该说是典型的"官商合办"企业,而不是纯民营企业。光绪 25 年,张謇在致刘坤一的信函中也说,"官机作价二十五万,商另集股二十五万,合五十万。是为官商合办,又为绅督商办之缘起"。

然而,问题似乎没有那么简单。这是因为大生纱厂筹办过程中的"官机"投入,使得商股不无担忧,认为"有官股必干涉掣肘",于是乎就有了官机、官本入股时的约定和承诺,即在"绅领"官机的前提下,官股不派代表参与企业治理,而只是到期领取"官利"而已。这也就是刘坤一在致张謇信函中所说的,"名虽官商合办,一切厂务,官中并未派员参预。诚如来示,事任商董"。"机价(官机作价)既作商股归入商厂,当照原订章程统归商人经办。商股除官息不论盈亏按年派领,其余应派余利若逢不能获利之年,应有变通办理之外,该机价股本亦照商股一律办理。"意思就是,官机是由张謇以绅商之身份领取后,以商股性质入股。这也就是很多著述所认为的,这部分官股不仅未使官府控制支配企业,而且还与其他商股并无本质区别,故而认定大生纱厂是商办民营企业的最终理由所在。而实际上,在当时所有正式的官府公文中,对于大生纱厂的性质,都是明确载明为"官商合办",而所谓的"绅领商办"一说,则是张謇为了大生的利益而自撰的。

与上述问题相联系的是对企业产权的控制。

《大生系统企业史》详细载有大生纱厂创办初期的资本构成情况。从中可以清晰地看到,大生纱厂自光绪二十一年(1895 年)九月开始筹办,至光绪二十五年(1899 年)四月开车试生产时,企业实收资本为 445 100 两,其中"官机"作价规银 25 万两,地方公款出资 41 900 两,可以确定出资人身份的私人及团体投资 107 200 两,未能确定身份的 46 000 两。在可以确定身份的私人及团体投资中,官僚投资 64 900 两,商人投资 25 400 两,地主投资 800 两,厂董投资 4 100 两。

可见,在早期大生企业的产权构成中,官股的投入占有绝对的比重,按照企业控股权的理论和实践,官股应该具有对企业产权的绝对控制权。但是,如同前面所言,官股在以官机、官本面貌出现和投资的时候,已经对自身的权益进行了类似"优先股"的限制,这就是在"绅领商办"的承诺下,不仅放弃了对企业产权的控制,同时也放弃了企业的治理权,或者说经营管理权。在绅领商办下,官股年官利8厘,不问厂务,官股实际上就成了一种"优先股"。

在官股放弃企业产权控制的情形下,对企业产权实行控制的理应是商股中的大股东。那么,在上述可以确定出资人的10余万两股份中,谁是大股东呢? 这些商股中的大股东能不能实行对企业产权的控制呢? 在当时约规银15万两的商股中,最大的官僚身份的私人股东郯家以13个户名,共计持有大生纱厂股份3.15万两,其他的私人股东有持1.5万两、5000两不等。而总计2.54万两的商人投资中,投资者总共为9户,户均出资金额2800两左右。在团体投资中,持股最多的是上海栖流所持有的1万两。但是,在当时的情况下,这些数额不等的私人或团体投资,一个共同的特点都是囿于官场及相关官员情面而不得不进行的应付。而且,在这些出资中还不排斥有一部分只是以存款的形式的投入。加之于几乎所有的出资人对近代工业企业一窍不通,故而根本就无法出现所谓大股东控股的场景。

相比之下,尽管张謇以"敦裕堂"户名入股大生纱厂的股份仅为20股,计白银2000两。而且在大生纱厂正式投产前,张謇仅交了股金1300两,其余的700两还是由大生"厂董"沈敬夫代为垫付的。但是相比同为大生"厂董"的高清以"立记"投资的300两,沈敬夫投资的1800两,在4100两的"厂董"持股中,张謇的持股金额,至少在名义上是最多的。

正是由于比重最大的官股以近乎"优先股"的形式,主动放弃了对企业的经营控制权,商股中的大股东基本上又多为应付场面性质的入股,这就使得仅仅以极少比重入股企业的企业"总理"张謇,毫无悬念、名正言顺地取得了大生纱厂的企业产权的控制权。

由此,从现代企业制度的理论上看,就发生了这样一个问题,为什么在中国近代早期企业制度的生成过程中,"非股东"或者更精确地说"非大股东",可以实现对企业产权的控制。

从大生纱厂的事例来看,主要的原因大致有三:一是,在当时的企业创办过程中,只有张謇以领旨的形式获得企业创办的特许权,或者说企业的开办权。这也意味着,张謇拥有任何其他人都无法具有的由朝廷和官府赋予的企业创办权。二是,如上所述在身份可考的出资人中,即使存在持股数量超过张謇的大股东或者说大股东群,但在当时情况下,这些"多数不知道办厂是怎么回事,甚至也不知工厂办在何处,只是由于上司的'劝谕'或同僚的'游说',才勉强投股以为应付"者,根本没有能力和可能来实现对企业的控制和经营。三是,所谓"绅领商办"下官股对自有权益的放弃,实际上与企业是由领有"圣命"和官府期望,同时又具有"官绅"身份的张謇在具体操办,有着极大的关系。从某种意义上说,张謇不仅是"奉旨总理通海商务",不仅是"不知厂在何处、作何状者"的商股的代表,同时更是官股的代表。早在1895年大生纱厂筹办之初,张謇就以"謇自任通官商之邮而已"自居。之后,当张謇请领"官机"并以放弃相应权益投入企业,地方大宪之所以会作出这样的承诺和安排,一个重要的原因就是将张謇视为官股的代表。而张謇自己也自视与官府有交,且自视为官股之代表。他自撰的所谓"绅领商办",其真实的含义就是"官机"一经他这个官绅领取办厂,官机所代表的官股就等同于商股。这一变"官机"为"商股"的过程,实际上就是由他这个"绅"实现和完成的。官府大宪认定的"官商合办",到了张謇这里就转化成为"绅领商办"。正因为如此,他才会在筹议官机入股时踌躇满志地说,"官有干涉,謇独当之,必不苦商"。在此后的《厂约》中,张謇也自称,纱厂历经五载得以投产,全赖"大府矜谅于上,有司玉成以下"。在致刘坤一的信函中说,"謇介官商之间,兼官商之任"。

张謇作为企业创办中的"非大股东",凭什么成为企业的真正控制者,可以成立的合理解释之一就是,他可以而且似乎就是"绅领商办"体制下官股的代表。从某种意义上说,自领命创办大生纱厂起,自商股募集无望而致官机、官本入股起,作为非大股东的张謇对于大生纱厂企业产权的控制,就成了一种必然和唯一。

从这个意义上说,张謇拥有对早期大生企业产权的完全控制,与中国近代早期企业制度生成与演进的社会环境和基本制度有着密切的关联。张謇虽有状元头衔却未授实职,其身份他自己在给刘坤一的信中所说,"介官商之间,兼官商之任",但实际上却是"似官而非官,似商而非商"。但是凭借与张之洞、刘坤一等朝廷大员的关系,以及地方封疆大吏的需要,张謇不仅可以得到"总理通海商务"的权力,得到"官机折价入股"的优待,而且在资金极端困难时,还可以得到诸如两江总督等大员的支持,将一些地方公款拨存大生纱厂。在当时的中国社会环境下,实现对企业产权的控制,并不一定是凭借企业产权的实际投资比重和实际拥有,而更大程度上是诸如特许权的赋予,与官府的关系、创办者本人的特殊身份,以及其他一些相关的原因等等。这也正是现代企业制度进入近代中国之后的主要特征之一。

二、"非职业"经理阶层治理的企业治理结构特征

在近代中国企业制度生成早期,社会上并不存在一个有所准备的职业经理人阶层。故而在近代中国早期的工业企业中,也无法出现职业经理阶层治理企业的情景。在近代早期的企业治理结构上,所体现的一定只能是一种"非职业"经理阶层治理企业的制度特征。大生纱厂同样如此。

现代企业制度中的企业治理结构主要有两大内容:第一是企业治理结构的构建,具体而言就是"股东会—董事会—经理"阶层的科层构建;第二是企业科层结构中的人员构成,具体而言就是"企业家—职业经理人—技术人员—管理人员—生产工人"等等。

由于资料的缺失以及局限,对于大生纱厂的早期的企业治理结构状况,我们实际上知之甚少。根据现在有限的研究,我们知道的是,一般认为早期大生纱厂的管理制度、管理机构比较简单。

大生纱厂在设立初期,清政府尚未颁行公司法,企业设立的依据主要是"特许制"下的朝廷或地方大宪特许。至于设立后的企业按照怎么样的一种治理结构、分配制度运行等等,并没有法律层面上的规制。在这种特许制的状态下,现代企业制度中基本的治理结构、科层结构,诸如股东会、董事会、经理阶层等等并未建立,更遑论其职能和作用。在大生纱厂早期的企业治理结构中,企业主要是在借鉴传统组织机构基本元素的前提下,结合近代工业企业的最基本要求,在生产部门方面,全厂设立了轧花、清花、纺纱、摇纱、成包五个生产车间,以及引擎、修机、炉柜、电灯等辅助车间。在企业治理结构上,实行的是总理(总经理)负责制下的执行董事制度。具体而言,在张謇所任的总理之下,设立有进货出货董事、厂工董事、杂务董事、银钱账目董事,分管全厂的进出货(供销)、厂工(生产)、杂务(总务)、银钱账目(财务)四大部门。每名董事下,另设执事、监工,负责管理、监督员工工作。技术方面,则完全依赖所聘洋员以及少数延请自上海的技术工人。

由此可见,大生纱厂早期的企业治理结构完全是在当时的社会条件下,由对现代企业治理知之甚少、经验不足,以及现代企业治理中职业经理人的

不足和匮乏所决定的。在这样一种历史条件下,企业实行的只能是这样一种集权于总理一身的集权型、极端化的垂直治理。企业的最高权力,包括重大事项决策权、日常经营管理权,无不事必躬亲地完全掌控于总理手中。

由此,早期大生纱厂的企业治理主要呈现出三大制度特征:

一是作为官府赋予开办之责的企业创办人、"总理"张謇,大权独揽,可以决定企业的一切方针大计。张謇不仅对企业"规便益之利,去妨碍之弊,酌定章程",而且对企业重要人事的任免和董事、执事的考核赏罚,都拥有至高无上的权力。"举措董事,稽察进退,考核功过,等差赏罚。""在大生纱厂创办伊始,张謇事无巨细,事必躬亲,尤对财务抓得很紧,经济往来、发放钱款均需凭他本人手书之便条。"

二是作为企业科层结构中最重要的经理阶层,即四大"商董"以及以后设立的协理等职,在职业经理人缺乏的情况下,主要都由传统纱布商人出任。这些企业的早期高层管理者,大多经营土布生意多年,不仅十分熟悉当地棉、纱、布市场供销情况,同时又精于商业金融等经营核算,具有相当的旧式管理经验,由此而成为早期大生纱厂企业治理的中坚力量。进出货董沈敬夫为关庄布巨商,厂工董高清为木商出身,银钱账目董蒋锡坤为典当业商人,他们尽管对现代生产技术一窍不通,也没有任何近代工业企业的治理经验,但是却擅长市场销售,兢兢业业、恪尽职守。如资金难以周转,纱厂处于生死关头之时,进出货董沈敬夫可以献计"尽花纺纱,卖纱收花,更续自转",使纱厂渡过难关。厂工董高清负责组织生产,曾经"遍考纺法于上海中外各厂","督工甚勤,竟日无懈……举职称事,十五年如一日"。相比上海机器织布局,长达15年的筹办,苏纶纱厂"未开车以前坐食靡费十万余两",大生纱厂早期的"非职业"经理阶层的企业治理明显要技高一筹。

三是企业章程及管理制度的制定与实施。作为企业创办者的张謇,尽管没有受过任何现代企业理论的训练,也不具备任何现代企业的管理经历和经验,但他深知"坚苦奋励,则虽败可成;偾怠任私,则虽成可败",在经营管理上极为用心。为了弥补企业治理经验的缺失,大生管理团队在张謇带领下,遍访上海中外纱厂,考诸上海各厂,而加以斟酌。创办之初,虽无正式的公司章程,但还是先后制定并颁行了类似公司章程的《厂约》和《大生纱厂章程》。《厂约》规定,"每日两下钟,各董集总办事处,考论花纱工料出入利弊得失,酌定因革损益,由总账房撮记大略,编为厂要日记,以备存核"。而

《大生纱厂章程》更是包括了银钱总账房章程、进出货处章程、粗纱厂章程、细纱厂章程、火险章程等 21 项共计 195 条规定，在企业中开始了章程化治理的现代企业制度。

由此可以看出，尽管早期大生纱厂在其企业治理结构中，并不存在一个经过专业训练，或者说已经有着职业经验的经理阶层以及技术队伍。但是这并不妨碍企业比照和仿效现代企业制度的基本做法，对企业实施近代化或者说近乎近代化的企业治理和管理。相比于同时期的另一些纺织企业，如上海机器织布局等等，大生纱厂的企业治理似乎要比它们做得好得多。由此可以说明一个道理：在早期的工业企业创办过程中，尽管同样地都不具备有训练的职业经理阶层，但是创办人以及早期管理者队伍的基本素质，对新事物的学习、接受能力等等，对于早期企业的实际治理以及相应的效用，有着极大的差异。这也说明，在近代中国早期，在同样的制度环境以及制度框架下，作为企业家和企业队伍的个人品行、素质、能力，对于一个企业创办以及运行的成功与否，有着极大的关系。

三、"非盈余"支付的早期剩余分配制度特征

关于大生纱厂早期剩余分配中的"官利"问题，现有的研究著述甚多。所谓的"官利"制度实际上也就是一种极具中国传统特色的"股息"制度。说其极具中国特色是因为，作为"官利"形态出现和存在的股息，其最基本的特点就是任何投入工业企业的股本，自交款到账之日起就必须即期计息，并按照规定的期限支付固定的股息，其周年息率通常在 4％至 8％，即 4 厘到 8 厘之间。由此引出的一个严峻问题就是，任何一家创办中的工业企业，在其投产、营业之前，一定是没有任何收入和盈余的。在这期间要对股本进行盈余分配性质的"股息"支付，支付资金的可能来源就只有两个，一是挪用企业的资本金，即企业的原始股本；二是向各种行庄的借款或其他借款。这种以"非盈余"支付"官利"即股息的方式，就成为早期剩余分配中最重要的制度特征。如上海机器织布局在其招股章程中，就已经将对官利的支付列入了工厂的建设费用之中。在所列"计开建局购机成本数目……共需集成股本九八规银四十万两"之后，就是"计开官利花价经费数目：一、股本宜提官利也。今集股四十万两，官利照禀定章程周年一分起息，每年共计九八规银

四万两"。

在迄今为止有关近代中国"官利"的研究中,最常见同时也最典型的事例莫过于大生纱厂。这不仅因为大生纱厂尚未建成投产即对官利实行支付,而且即使当企业创办中,建设资金捉襟见肘、万分艰难之时,仍然是费尽心思绝对保证"官利"的按时支付。这在当时的工矿企业中较为典型,也较为罕见。

大生纱厂之所以如此不遗余力地坚持实行"非盈余"支付官利的制度,重要的原因之一是企业创办之际,正值中外纱厂不景气之时。"通州本地风气未开,见闻固陋,入股者仅畸零小数。上海各厂因连年花贵折阅,华厂股分给息六厘者止一家,洋厂或息止三厘。坐是凡迭次劝成之股,一经采听他厂情形,即相率缩首而去。"为了招徕股份,张謇不得不"入手即破中西各厂未出纱不付息之例",在开工投产前的光绪二十二年冬月之二十五年四月期间,"无岁不给息八厘"。

纱厂在此筹办期间,包括机器装运、洋匠监工酬劳、开办舟车川资等各项开支,总共支出规元银 50 703.752 两,其中用于支付商款的官利竟高达21 881.284 两,占全部支出总额的比重高达 43.1%。这也就是不少论者所说的,所谓开办费,实以官利占最大部分。对于筹办中的纱厂,克服种种难以想象的困难,言而有信地坚持支付股东官利,尽管张謇在事先曾不无感叹,筹资办厂,若无官利制度,则"资本家一齐猥缩矣,中国宁有实业可言",但事后也不无自豪地以为,大生纱厂"自丙申开工,己亥竟工,首尾历时四十四月之久而后成。而各股东之官利未尝分毫短缺也"。

值得指出的是,对于官利的支付,当工厂企业还在筹办期间,这种以"非盈余"支付、近乎借贷资本利息的分配,对企业而言确实是一项极为沉重的负担。但是当企业开工投产之后,如果企业有盈余,那它的性质似乎更多的是属于一种近乎"优先股"的剩余分配。

大生纱厂在 1899 年开工投产之后,由于市场销售景气、盈利可观,官利分配似乎并未给企业带来什么明显的负担,对企业生产经营的正常延续也没有带来什么大的问题。

光绪二十五年四月至二十六年五月,大生纱厂分配官机官利 5 882.417两,商股官利 10 994.076 两,总共支付官利规银 16 876.493 两,仅占同时期支出总金额 108 560.588 两的 15.5%。而在支付上述官利之后,企业还尚有盈余 26 850.79 两。之后的 1901 年,纱厂支付官利虽然高达 40 623 两,其中官机官利规银 2 万两,商股官利 20 623 两,但支付后仍有余利 78 312 两。企业不仅由此弥补了之前的亏损规银 23 852 两,而且自此起还首次提取了公积金规银 1 万两,以及作为企业管理层商董、执事酬劳的"花红"规银 9 777 两。此后,企业提取的花红数额逐年增多,1902 年第四届账略,所提官、商股份官利共计 46 188 两,提取花红已经增至 33 643 两。而纱厂在提取官利、公积、花红之后,仍然还有巨额盈余存在。1902 年第四届账略,在实现上述各项提取后,仍然结存"股份余利规银"112 144 两余。

由此可见,所谓的"官利"吞噬企业创办资本,官利对企业的正常经营带来沉重的负担和许多困扰,主要都是集中在企业创办时期。当企业投产且步入正常经营之后,"官利"实际上就成为近代中国特定的社会条件下,产业资本正常剩余分配的一个组成部分。它们的性质似乎更接近于"优先股"的盈余分配。

四、简短的结论

大生纱厂早期企业制度的三大特征,是近代中国民营企业制度起源和演进过程中的一个典型事例。其意义就在于近代企业制度引进中国后,在起始进程中的本土化问题。

所谓本土化问题,首先就是一种外来的新制度如何在一个陌生地域中生成的问题。因为只有先行生成,才可能有之后的演进和变迁。而在早期的生成中,如何使外来的新制度适应和适合陌生国度的初始环境,就成为一切问题的关键。

从理论上来说,一种企业制度在一个地区或国家的出现或产生,在一定的时点上,都需要一个标准的形态。但是从实践上来看,这种标准的形态在实践或者说实施的过程中,往往又会因为时空条件以及实施人的各种情况而发生变化,其中首要的,也是最重要的是如何与本土元素相结合,在本土条件下如何处理出现和存在的问题。大生纱厂就是这样的一个典型事例。

从现代企业的产权制度上看,企业为股东所有,企业产权被大股东为代表而实际控制,是现代产权制度最基本的含义。但是在中国近代早期,企业的产权制度却可以并不表现为如此这般。同样,以企业治理结构而言,现代企业特别是工业企业,企业治理中科层结构的职业化、专业化、技术化是极为重要的。没有这一科层结构,就没有现代化的企业,特别是现代化的工业企业。但同样的道理,中国近代,特别是近代早期,无论是官办、官督商办工业企业,还是民营工业企业,在其生成和演进的早期,都并不具备这样的一个职业阶层。同时,受传统社会政治体制科层结构,以及传统商业制度的影响,早期的近代工业企业,自然而然、不由自主地会将传统政治、行政、商业体制中的科层结构,模仿、移转至近代企业的制度框架或者形式下,成为早期企业制度生成过程中带有某种必然的路径依赖。这种习惯势力和制度的传统路径依赖,以及职业阶层的人才和队伍准备不足,就成为近代中国早期企业治理结构制度特征形成的主要原因。至于早期企业剩余分配制度中的"非盈余"官利分配,更是近代中国企业制度生成和演进中的一种特有现象,早期的大生纱厂即是其中一个最为典型的事例。

由大生纱厂早期的制度特征可以看出,近代中国企业制度在其生成的早期具有极为明显的本土特征。这些本土特征的主要特点就在于与中国传统元素的结合,与中国现实社会条件的相适应。唯此,这种新兴的企业制度才能在近代中国大地生成和演进。

客观地讲,在强制性变迁的情况下,中国近代社会在其开始之初,对于新兴经济制度的传入和移植,不仅准备极不充分,而且还近乎存在不少抵触甚至排斥的因素。在这样的历史条件下,期冀新兴的企业制度在生成伊始就具有完备或者说较为完备的形态,几乎是不可能的。大生纱厂早期的制度特征给予后人的启迪就是,近代中国的企业制度,近代中国的实业发展,以至近代中国的近代化进程,就是在这样的不甚完备、不甚理想,但却是十分现实、十分艰难的状态下,生成和开始的。

南通纺专：中国近代纺织高等教育的起点

杨小明* 苏 轩**

中国纺织业的发展有上千年的历史，基本以手工机器纺织为主，直到第一次鸦片战争爆发，随着外国动力机器的引入，机器纺织业才在中国拉开序幕。为抵抗外国纺织品的倾销，中国的有识之士纷纷设厂自救，开展了一系列动力机器纺织生产。面对先进的机械和技术，人才的培养迫在眉睫，纺织教育尤其是纺织高等教育的兴起成为当务之急。中国纺织高等教育的先声——南通纺织专门学校应运而生。

关于南通纺织专门学校，前人虽已有一些零星的介绍，但还鲜见基于原始文献的发掘，也谈不上系统的研究。基于此，本文从大量第一手资料出发，首次对南通纺织专门学校的创建及发展经过进行系统的梳理，旨在透视当时纺织高等教育对我国近代纺织业和纺织学术的推动作用，以及张謇在其中之贡献。

一、纺织高等教育的筹建

（一）民族资本纺织业的逆境

1912 年，大生纱厂厂长张謇创建了南通纺织专门学校。张謇（1853—1926），祖籍江苏常熟，生于江苏海门，清末状元，中国近代实业家、政治家、教育家，主张"实业救国"，中国棉纺织事业、中国纺织教育的开拓者，被誉为"状元实业家"。作为一个民族资本企业家，张謇选择用自己的力量创办纺织高等教育机构，除了培育高级纺织人才外，解决民族资本纺织业所面临的困境是主要目的之一。

---

* 杨小明，东华大学人文学院教授。
** 苏轩，东华大学纺织学院中国古代纺织工程博士。

民族资本纺织企业在近代中国大的时代背景冲击下应运而生,同时受到官办和外资纺织企业的双重排挤。近代中国随着鸦片战争、甲午战争等的相继失败,一个个不平等条约的签订,极大地伤害了国人的情感和利益。洋纱、洋布的倾销,以优良的品质和低廉的价格侵占中国市场,对国产土纱、土布造成了极大的冲击。西方的动力机器纺织生产,对中国的手工机器纺织发起挑战。民族资本纺织业在力排万难中逐渐兴起,技术上依赖外国技师,管理采用工头制,还需应对种种苛捐杂税的盘剥,在内受到官办纺织企业的竞争,对外又受外资纺织企业的排挤。民族资本企业家张謇在南通创办的大生纱厂正面临如此困境,虽然南通有着丰富的棉花资源、廉价的劳动力及土法织布业所提供的棉纱市场,但工厂所面临的技术及资金等种种问题也亟待解决,这就为大生纱厂纺织传习所(南通纺织专门学校前身)的创办埋下了伏笔。

(二)教育政策的扶植

南通纺织专门学校建立于民初之际,除受大的社会背景、纺织工业背景等影响外,当时旧教育制度的改革、新教育政策的颁行对该校的创建起到了一定的扶植作用。

1.教育政策助纺校清晰定位

一个学校的创建,首先应有一个清晰的定位,有了这个定位,才能决定学校的教学实践安排、生源、师资等具体内容,这对学校将来的发展方向亦很重要。南通纺校建立于1912年4月,最初定名"大生纱厂纺织传习所"。民国时期新学制于1912年9月才正式颁行,因此该校沿用清末学制。适时已废除一千多年的科举制度,据1904年清政府颁布的"癸卯学制",该校应属"实业学堂"范畴。独立于初等教育、中等教育及高等教育的实业教育,作为一个和师范教育并列的旁支,分农业、工业、商业和商船四类,初等没有工业,中等工业学堂包含染织科,高等工业学堂的染织科升为机织科和染色科,大生纱厂纺织传习所在当时的定位为高等工业学堂。①

2.教育政策改革促使学校更名

学校的名称之于学校的重要性,不亚于学校的教学内容。名称包含很多重要信息,相当于门面,通过名称即可对内容略知一二。对选择来校就读

---

① 俞启定等:《中国职业教育发展史》,高等教育出版社2012年版,第55—60页。

的学生,通过学校名称可了解到该校是一所与纺织有关的高等实业学堂。对纺织企业,可直接录用毕业于该校的学生,因校名显示该校与纺织行业密切相关,且培养的是高级纺织人才。

1912年9月,民国教育部正式颁行了《学校系统令》,形成新的学制系统"壬子癸丑学制",基本延续了清末的癸卯学制,在个别地方略作调整。新学制的最大变革在于对实业教育进行重新厘定,将原高等实业学堂改为专门学校(即专科),属于高等教育而脱离了实业教育体系,并制定《专门学校令》,①"专门学校以教授高等学术、养成专门人才为宗旨"。其类别有所扩展,包含"工业"在内的总共十个大类,已完全是高等教育性质而非实业教育,专门学校的招生对象为中学毕业生或同等学力者(与普通大学相同)。工业专门学校下设十三科,其中机织科、染色科和图案科三科与纺织有关,各科内列出多门相关的科目。②由此,大生纱厂纺织传习所依据新的教育政策,更名为"南通纺织专门学校",正式成为一所高等教育机构。

3. 民国教育部对私立学校的重视

民国教育部于1917年6月对南通私立纺织专门学校正式备案,同年7月派专人前往该校视察,并发布视察报告,③较为详细地介绍了学校从建立到视察时的各方面情况,包括创办经过、师资、校舍、学生、科目、实习工场及设备、学生毕业后的工作等各方面情况,反映了民国政府对私立高等教育的重视,并逐步加大对该校的扶植力度。这同时起到一定的宣传和推广作用,无论是学生、教师或用人单位对于经教育部认可核准的学校会多一份重视,有助于学校引入优秀的教师和学生,并为社会输出杰出的纺织人才。

(三) 张謇创办工学的强烈愿望

自大生纱厂创建以来,张謇兴办工学的心情更加迫切,两篇其亲自书写的文章《请设工科大学公呈》和《南通纺织专门学校旨趣书》切实折射出了这一点。

张謇在1905年所书的《请设工科大学公呈》④一文中,提请政府兴办工学。首先,他强调工业在古今中外的重要性,"中外之学说,未有不致力于工

---

① 教育部:《专门学校令》,《中华教育界》1913年第2期。
② 教育部:《工业专门学校规程》,《中华教育界》1913年第3期。
③ 教育部:《视察南通私立纺织专门学校报告》,《教育公报》1917年第15期。
④ 张謇:《请设工科大学公呈》,《张謇全集》第4卷,江苏古籍出版社1994年版,第52—53页。

而能国者也"。即强调工业的发展关系国家的命运。其次,他认为要兴办工业,教育是关键,"苟欲兴工,必先兴学"。张謇听闻学部意欲在南北设置两所大学,因此建议政府在上海制造局附近兴建一所工科大学,凭借交通便利的地理优势,该地机械丰富,以为我国高等工学作准备,几年后培养出来的高级工业人才可推动中国工业的发展,对于如此重要、关系国计民生的大事,张謇提出倡议,并表示愿意帮助"酌度校址"。虽然政府最终未采纳张謇的建议,但是兴办工学的重要性已不言而喻。

《南通纺织专门学校旨趣书》[①],是张謇创建南通纺校不久后所写的一篇文章,强调了创办纺织教育的重要性。张謇对比了中外纺织学术的情形:在中国,纺织作为一门传统技艺,多采用师傅带徒弟的方式传承,"吾国妇妇姑姑之所能,奚言学术",表明中国人对纺织学术感到十分陌生。国外则专门开办纺织学校,传授纺丝、织缕、炼染等技艺,并研究化学和机械学等相关的科学。西方的纺织工业十分发达,带来巨大的经济利益,形成良性循环,正是得益于纺织教育带来的成果,"其主一工厂之事也,则又必科学专家,而富有经验者,故能以工业发挥农产,而大张商战"。反观中国近代的纺织业,"缘欧人之设厂于上海始",雇用中国的工人供其指挥,中国人自己设厂时,聘请这些曾在西人工厂工作有经验的工人,却因工人对纺织原理、技术等的一知半解而未能收到预期效果,工人经常"瞠目不知所对",工厂不得不"延欧人以司其命"。因此,张謇正是在"下走从事纺厂者十有八年,以是为恫恫者亦十有八年矣"的困扰下,说服大生纱厂股东,出资兴办纺织教育,培育我国自己的纺织人才,振兴国家纺织业。

二、纺织高等教育的发展

(一) 课程安排

1925 年,南通纺校订立《南通私立纺织专门学校学则》(以下简称《学则》),"专授棉花纺织之知识",且以"养成技师,振兴棉业为宗旨","兼授丝毛及染色必需之学术"。[②]《学则》列出了四年的教学内容安排,和 1912 年民

---

① 张謇:《南通纺织专门学校旨趣书》,《张謇全集》第 4 卷,江苏古籍出版社 1994 年版,第 129—130 页。

② 南通私立纺织专门学校:《南通私立纺织专门学校学则》,1925 年。

国教育部公布的工业专门学校规程中的机织科、染色科和图案科三科的课程有部分重复,但不完全一样。

南通纺校的课程安排有如下特征:

1. 全面发展的课程安排

南通纺校是一所纺织专门学校,在安排纺织类课程的同时,注重培养学生各方面能力,课程共分政治类、体育类、基础类和专业类四大类。通过政治类课程培养同学良好的道德品质,一共学习四年,每学年上、下学期都安排"伦理课"。体育类课程的安排是希望学生拥有一个健康体魄,为以后的学习和工作打好身体基础,前三年安排了"体操课"。基础类课程旨在使学生拥有扎实的底层基础知识,为专业课服务,该类课程每年都有,但逐年减少,从第一学年的五门减少到第四学年的一门,"数学课"是每学年必修的基础类课程。专业类课程门数逐年增多,第一学年重视专业基础,第二学年专业课门数增多,难度提升,第三学年专业课最多,到第四学年专业课安排和学生毕业后的工作联系紧密,偏重实践。①

2. 系统的专业课设置

南通纺校作为专门的高等纺织教育机构,为培养高级的专业人才,学校精心安排了四年的专业课程,较教育部所规定的课程更加系统、完善。本科四年学校安排了14门专业课程,大体分为纺、织、染、织物、艺术设计、机械、工厂及工业7大类。根据课程的难易程度分配每门课程的学时长度,短则一个学年,主要是一些简单或内容较少的科目,如图案画、织物整理、织工实习,也有和工作联系紧密的课程,仅授以初级内容,如工厂建筑、工业经济和工业簿记等。而有的科目十分重要且内容丰富,学时较长,需学习三个学年,如机织、织物组合、雕花纹法。更多的课程安排在两学年内完成,如棉纺学、染色学、织物分析、制图、机械工学、电机工学。纺校不仅安排了纺、织、染三大类专业课程,还有一些相关的课程,如与艺术设计相关的课程有图案画、雕花纹法等,有关纺织机械的课程有机械制图、机械工学和电机工学等,旨在培养全面复合型的纺织人才。②

3. 循序渐进的授课原则

从课程内容上看,专业课本着由简到繁、由易变难的原则。如从一年级

①② 南通私立纺织专门学校:《南通私立纺织专门学校学则》,1925年。

开始安排机织课程，机织学先教授手织各种纹样，包括人字纹、斜纹及各色小花纹并实习，之后学习力机的原理和构造并织造各类布匹，四年级时进行织工实习。纺和染的课程内容相对少些，从第三学年开始安排，学习两年。棉纺学主要学习轧花、松花、和花、清花、梳花、棉条等机械原理，粗纺、精纺及联轮算经纬纺法等，讲授三十号以下的纱、三十号以上的纱及其与毛纺之间的异同点，并都配有相应实习。染色学学习漂白染色，麻、毛、丝漂法及丝光法、直接染料法、硫化碱基酸性染料等染法，媒染及杂属等染料染法及印花法并结合实习。为配合机织教学，从一年级起安排织物组合和织物分析两门课程，织物组合课程研究棉织斜纹、平纹、缎纹、通用花纹点缀及经纬线图形解法，棉织双厚布造法及粗细花纹点缀等法，棉织花纹嵌饰及假冒兽皮剪绒等法，教授丝绵交织及纯丝组合。织物分析课程有棉织普通布分析，原料制造及算纱法，研究双厚花布、花纹布分析、棉绒丝布等算法。织物整理包括各种机械的使用法和各色布匹的整理。大学四年有关艺术设计类的课程包括图案画和雕花纹法，图案画学习混色法构造图样和织物印花应用图案，雕花纹法主要研究棉织提花、雕花、拉花、双层丝织及其加重与放大花样法并实习。有关机械类的课程主要是机械工学、制图，机械工学学习连续件齿轮偏形轮皮带计算，研究锅炉抽机、引擎凝冷器、汽轴机、煤油汽机及各机配合。制图是关于纺织机械要件和纺织机械位置图。还有电机工学主要研究直流电机，交流电机。其他课程如工厂建筑，研习材料、造构和估价。还有工业经济研究概论及工业簿记研究概论等。[1]

（二）纺织高等教育的实习

1. 课表中的实习安排

学校的课表中除列出课程名称外，对有实习的科目加以标记，每学期列出总的实习课时。实习安排使学生在充分掌握理论知识的前提下，实际动手操作，验证并加深理解，有助于学生毕业后在实际的工作岗位上熟练操作并配以扎实和丰富的理论知识应对实际工作中各种问题。[2]

学校的实习安排逐年增多，第一学年仅机织课一门有实习安排，第二学年除机织课实习外，另加基础类课程——物理和化学课的实习，第三学年机

---

①② 　南通私立纺织专门学校：《南通私立纺织专门学校学则》，1925 年。

织课继续实习,另增雕花纹法、棉纺学及染色学三门专业课的实习,到第四学年实习科目升至五门,除雕花纹法、棉纺学和染色学是延续上年的之外,织工实习和织物整理是新增的实习科目。实习课时比例也随实习科目的增加有所上升。①

2.《学则》中关于实习内容的规定

《学则》"实习"一章中第三十九条到第七十八条对该校实习工场各部门作了详细的安排和规定,包括纺织两部实习管理的共同点、棉纺部、机织部、手织部、染色部等。实习规定的内容分为几大类,有关各部实习人员的规定,如要求实习生着统一工服,设立助教辅佐教员并担任监察工作,实习生清洁和整理实习工场等。有关各部组织分配的规定,如棉纺部和机织部要求分组并设立组长,组长有具体的任务分派。有关各部实习机器的一些规定,如纺织两部的机器保管和修理,棉纺部的清花机器"需就厂实习"等。有关各部实习操作中一些规定,如棉纺部应预先设计纺某号纱,机织部规定"每织一机必易一花样",染色部规定按照教授次序实习,先试直接染料、次硫化、再次碱基,其他如漂白、丝光及印花等依次实习。有关各部实习产品的规定,如棉纺部规定纺完的纱由组长称重后上交以供机织部实习使用,机织部织成的布上交"以备转售",染色以棉纱为主。②

《学则》之所以能制定出如此详细清晰的实习规定,一方面纺校聘请纺织专家给予高明指点,另一方面同大生纱厂有直接关系。校长张謇同时是大生纱厂的厂长,将办厂理念应用于建校实习工场,与其说实习工场是学校的一部分,不如说是纺织厂的一个缩影,这里不仅划分出与纺织厂所对应的各部门,且配置较为齐全的纺织机械设备,学生在各不同的部门依次进行实习,就像在纺织工厂内进行一系列劳动实践,因此纺校培养的人才进入纺织企业后无需培训即能快速适应环境并开始工作,这再次印证了先校长张謇的实业和教育相叠为用的办校理念。③

3. 实习部门的发展完善

经过几十年的发展,纺校实习工场各部门不断完善。1917年,《教育部委托罗听余视察南通私立纺织专门学校报告》④,将纺校实习工场以纺、织、

_____

① ② ③　南通私立纺织专门学校:《南通私立纺织专门学校学则》,1925年。
④　教育部:《视察南通私立纺织专门学校报告》,《教育公报》1917年第15期。

染三大类内容为主,分别有化学、漂染、纺(纱)、铁织机、木织机等室,对各室的设备做简要介绍。《二十五年来本科发展之经过》[①]一文,详细统计了1937年学校实习工场各部门及其内部设备,有纺纱部、力织部、针织部、手织机部、纺织物试验馆、金工部、漂染整理工场、染化实习八个列表,表中内容包括各部门设备的中英文名称、制造厂、台数及备注。对比1917年的记载和1937年的统计可发现有几点区别,首先是部门名称的变革,如原先的"铁织机""木织机"改为"力织部""手织机部",先前为中国旧有之称呼,但随动力纺织机器的普及,纺织工业逐渐和世界接轨,织机称呼亦发生变化。其次,部门发展更为完善,如原先的"化学""漂染"改为"染化""漂染整理",除延续先前部门职能外,亦增加新的相关内容。实习部门的扩充是建校几十年后的最大特点之一,从1917年的五个实习室,发展为1937年的八个实习部门,新增了针织部、纺织物试验馆、金工部等,反映了纺校实习内容的发展和进步。

(三) 全面的科系安排

南通纺织专门学校创立之初专门培养纺织类人才,同时开设染整课程和实习,旨在使纺织人才拥有更全面的知识和技能。随着纺织技术的深入研究和广泛传播,国内外对于纺织品式样等要求逐渐增高,扩大了社会对染整人才的需求。

1927年更名为南通纺织大学,后同南通农科大学、医科大学合并为南通大学,下设纺织科,有纺织工程系。学校于1932年创设了染化工程系,"漂染印整工厂干部、技术人员之造成,染料制造人员之训练及教师人才之培植"[②]为该系主要培养目标。建立时间虽晚于纺织工程系,但在染化师生的共同努力下,创造出许多优秀的成绩,如染化系师生共同编印了《漂染印整工厂日用手册》(原名:染化手册),染化研究会创办了《染化月刊》杂志等。1936年染化系培养出第一届毕业生,分赴各大纺织企业担任染化相关的职务,结束了该职务由纺织或化学专业人士转行任职的情况。

---

① 南通大学纺织科学生自治会:《二十五年来本科发展之经过》,《杼声》1937年第5卷,第71页。

② 陈文沛:《染化工程学系之重要》,《染化月刊》1941年第3期。

三、纺织高等教育的成果

纺校开设各种纺织课程和实习,主要目的是培养纺织高级人才。纺织人才为社会作出贡献的大小、成绩的多少是衡量纺校教学成果有力的一个标尺。纺校学生对纺织业的贡献主要体现在从事纺织类工作中作出的成绩及对纺织学术、研究的推动。

据《学则》"毕业服务"介绍,由于培养经费来自大生纱厂,因此仿照师范学校规定学生毕业前三年应服从分配,进入大生纱厂任考工部执事或其他相当职务,或留任本校作助教,之后可自由选择工作。[①]纺校开办数载,培养大批优秀纺织人才,到各纺织企业发挥光热的同时,其作用和地位不断提升。从最初在纺织厂实习受到老员工的排挤,工资和未受过教育的职工相近,发展到能够协助工程师装机,亲自出任装机工程师、工厂总工程师等职,继而开始管理工厂,制定新的管理制度,改革旧制度,有的学友毕业后自行开办纺织企业,出任厂长、副厂长等要职,再次印证了先校长张謇提出的实业发展依靠人才、人才依靠教育的办校理念。[②]

学友会和校友会是该校的两个组织团体,前者会员范围较广,多为已毕业的学友,也有部分在读同学,后者的会员均为在校人士,两会旨在"联络感情、研究纺织"的同时,完成"刊行纺织学术刊物和谋纺织事业之进展"的主要任务。[③]学友会自1931年起出版期刊《纺织之友》,到1948年停刊。随后校友会于1934年始创期刊《杼声》,至1940年停刊。《染化月刊》为染化系的组织团体"染化研究会"于1939年创办,每月一期,1949年停刊。《纺工》为纺工系师生1941年创办的期刊。这些期刊均为纺织染专业人士所创办,主要围绕相关学术内容展开,有纺织基础知识、纺织专业问题、纺织机械原理、纺织技术改革等众多内容,亦有关于纺织工业的发展、纺织学术的传播及纺织团体的活动等相关信息。每期刊出多则纺织广告,关于纺织企业、纺织机械、纺织品、纺织书籍、纺织院校招生等的宣传。期刊的出版除学术交

---

① 南通私立纺织专门学校:《南通私立纺织专门学校学则》,1925年。
② 南通学院纺织科学友会:《二十五年来之纺织学友与纺织事业》,《纺织之友》1937年第6期。
③ 夏德焜:《二十五年来本科对于棉纺织业之贡献及展望》,《杼声》1937年第5卷,第71页。

流外，更有推动纺织业发展进步的重要作用。①

　　此外，纺校学友还编辑出版了一些著名的纺织理论书籍，如傅道伸的《实用机械学》、姚兆康的《实用纺织机械学》、蒋乃镛的《实用机械学》等。刘禹声的《工厂管理》一书内容十分新颖、丰富，适合各个纺织工厂参考使用，广受欢迎，几乎人手一册。钱彬的《棉纺学》以 Taggart 氏所著的 Cotton Spinning 一书为蓝本，并参考了十余种相关书籍，是一本国内不可多得的棉纺教材。②

四、结论

　　南通纺织专门学校创办数载，校长张謇力排万难，首开我国纺织高等教育的先河。全面的课程设置，丰富的实习安排，合理的科系分布，规范的制度管理，为培养合格、优秀的纺织高级人才创造了良好的条件。学校办学有声，名扬中外。1918 年 8 月 25 日，美国《新贝德福周日标准报（The New Bedford Sunday Standard）》用两个半版的大篇幅对南通纺织专门学校进行了长篇专门的报道，这也是迄今所知国外媒体对南通的首次专题报道。③同时，纺校学友不负众望，兢兢业业在一线展开生产工作，随后在纺织领域发光发热，姚穆、梅士强、陈维稷、何正璋、傅道伸、任理卿、杜燕孙、李振声等均从该校学成走出。《中国大百科全书·纺织卷》④编委会这一全国最高的纺织理论学术机构的 32 名编委中，南通纺织专门学校校友就有 13 名。除 1 名副主编外，其余 5 名正、副主编均师出该校。该校多种书籍、期刊的出版和发行，体现了纺校师生推动纺织学术发展的殷切希望。南通纺织专门学校在我国近代纺织高等教育史上扮演着重要的角色，为推动我国近代纺织业的发展作出了不可忽视的贡献。

---

　　①②　夏德炤：《二十五年来本科对于棉纺织业之贡献及展望》，《杼声》1937 年第 5 卷，第 71 页。

　　③　赵明远、李宜群译：《1918 年美国报纸对南通纺织专门学校的长篇报道》，《南通工学院学报（社会科学版）》2002 年第 18 期。

　　④　中国大百科全书总编辑委员会《纺织》编辑委员会：《中国大百科全书·纺织》，中国大百科全书出版社 1984 年版，第 6 页。

四、近代纺织与社会

棉贵纱贱与 20 世纪二三十年代中国棉纺织业危机

——大生纱厂等企业的市场环境分析

王玉茹* 刘福星**

一、引言

纺织业是中国近代工业的先驱,其中棉纺织业是关乎人们日常生活所需的民生产业,在近代中国经济发展中占据重要地位,其重要性也被人们所熟知和提倡:"夫以人民衣被之需,兼握农工商三业荣枯之键,补救历年海外贸易大宗,维持数十万平民生计之棉纺织工业,所以提倡保护之者,谓非国家社会之责而谁责之。"①

但近代棉纺织业命途多舛,是在国内外各方势力的挤压下成长起来的,不断地历经荣辱兴衰,特别是在 20 世纪二三十年代经历了两次大的危机。中国近代的棉纺织企业是成立于 1890 年的上海机器织布局,甲午战争之后中外厂商大量进入纺织业,在第一次世界大战期间,中国棉纺织业进入了一个黄金发展时期,但到了 1921 年开始出现危机,1922 年中国纺织业开始进入萧条,1924 年进入低谷,之后才开始转机;到了 30 年代又开始出现危机,危机是从 1931 年开始,1934 年陷入谷底,到 1936 年才开始复苏,但生产能力还不及 1931 年的水平。

在每一次棉纺织业危机中,都有一个问题非常重要,那就是棉贵纱贱。比如,在 1922 年的棉纺织业危机中,张謇的纺织企业崩溃的一个重要原因就

---

* 王玉茹,南开大学经济研究所教授。
** 刘福星,南开大学经济学博士。
① 华商纱厂联合会:《华商纱厂联合会纺纱厂宣言》(1927 年 5 月),《中国近代经济史资料选编》,中共中央党校党史教研室编,1985 年,第 162 页。

是棉贵纱贱。那么,棉贵纱贱对棉纺织业的危机的影响有多大,它的原因是什么,通过棉贵纱贱这一问题又能反映出民国经济的哪些特征,本文将一一探讨。

二、问题的描述

近代中国的棉纺织业市场,特别是1894年之后中国的市场被迫进行更大程度的开放,不但外国商品和原材料更深入内地,而且外资可以在通商口岸开设工厂,中国棉纺织业逐渐融入国际市场体系,从而使得中国的棉纺织业市场不但受到国内因素的影响,同时也越来越受到国外因素的影响。但中国棉纺织业在资金、技术、管理、国家支持等方面在世界市场上都处于弱势地位,因此在内外因素的作用下,中国棉纺织业的发展遇到许多结构性的矛盾,棉贵纱贱问题即是一例。

民国学人在棉纺织业危机中已经发现这个问题,他们对这一现象的描述为,"二十三年来中国棉工业显然地出了两种特殊现象;一是纺锭和减工同趋于增加的矛盾现象;一是棉价和纱价不能趋于一致的不协调的现象"。①一般而言,作为棉纱原料的棉花的价格变化棉纱应保持一致,正如民国文章所言,"纱花关系,呼吸相同,进退容有参差,不久必复常态。乃自二十年以后,市况日趋下游,二者跌价不同,遂致差率过大"。②

花纱的比价结构是棉纺织业价格结构的最重要内容,合理的价格结构的基础就是合理的比价结构。花纱比价体现了棉纺织业价格运动的横向联系,反映着生产不同商品的国民经济各部门、各行业之间的经济关系。一般而言,市场结构是影响价格结构形成的基础因素;同时,价格结构的变化必然导致市场结构作出相应的变动。③

棉花与棉纱价格的不协调现象,也可通过花纱比价这种量化的方法来表示。花纱比价,就是一担棉纱的价值合棉花的担数,或者每包纱合棉花的比率。由图可以看出1920年之后,花纱的比价逐渐地走低,而且达到了历史的最低点。这也表示在棉纺织业市场上,棉花相对于棉纱而言比价昂贵,或者说棉纺织商品相对原料而言比较低廉。一般情况下棉纱价格应该与棉花价格保持一致,但近代中国棉纺织业市场却出现不协调的情况,在出现棉

---

① 王子建:《民国二十三年的中国棉纺织业》,《东方杂志》1935年第32卷第7号。
② 《二十四年华商纱厂联合会年会报告书》,《天津棉鉴》1934年第4卷第7—8期。
③ 张卓元:《中国价格结构研究》,山西人民出版社1988年版,第7页。

花与棉纱价格之间的差距逐渐缩小的情况下,纱厂会处于非常不利的局面,一方面采购棉花的成本提高,另一方面,出售棉纱的价格又在降低,两头挤压使得纱厂大面积倒闭。

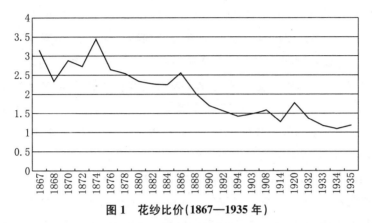

图 1　花纱比价(1867—1935 年)

数据来源:1867—1913 年数据来自杨瑞六、侯厚培:《六十五年来中国国际贸易统计》,1914—1920 年数据来自《南开经济指数资料汇编》,1932—1935 年数据来自《二十四年华商纱厂联合会年报告书》,《天津棉鉴》1934 年第 4 卷第 7—8 期计算所得。

为什么棉花价格对纱厂有如此大的影响? 因为中国纱厂主要依靠本国棉花供应,原棉价格决定着纱厂利润。根据上海申新一厂和八厂的年结红账和损益计算书,计算得出纱厂原料成本比重图(如下所示)在棉纱成本中,以棉花为主的原料支出占纱厂收入的 70% 左右,因此纱厂利润主要取决购买棉花的成本。

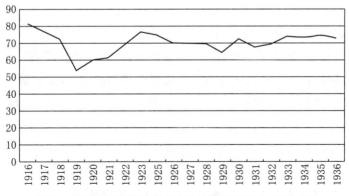

图 2　申新纱厂原料支出占收入的比重(1916—1936 年)

数据来源:上海社会科学院经济研究所经济史组:《荣家企业史料》(上),上海人民出版社 1962 年版,第 624—629 页。

在 20 世纪 20 年代之前,棉贵纱贱问题尚未凸显。1897 年后外资与民族资本争夺原料和产品市场,原棉供应紧张,价格上升,1893 年前华棉一担 12—14 两,1895—1896 年则 14—16 两。1914—1915 年间国内棉价上升,纱价跌落,生产 16 支纱 1914 年利润 14 两,1915 年亏 3.13 两。1914 年每担棉花售价 21 两,1915 年 23 两,同期每包棉纱却从 99.5 两降为 90.5 两。1917 年一包棉纱利润 26.4 两,1919 年递升 50.5 两,一直维持到 1921 年。[①]

在一战期间,中国棉纺织业迎来了发展的黄金时期,包括原材料等也处于有利的状况,其中 1918—1919 年中国棉花丰收,没有出现花贵纱贱问题,1919 年棉纱价格每包上升到 41.5 两,而原棉每担降至 2.75 两,甚至还出现了纱贵花贱的状况,中国纱厂每担可获高达 50.55 两的利润。棉纺织业也迎来了设厂高潮,1917—1922 年间共有 49 家工厂建立,其中 39 家在 1920—1922 年开张,上海有 15 家。[②]20 年代左右中国出口的原棉 80％被日本购买,但 1919 年白银汇率上涨和印度棉花丰收使印度棉更廉价,日本纱厂转向印度,日本从中国进口棉花降低 25％,导致原棉泛滥,价格低迷。

上述种种状况一方面使得更多的企业进入棉纺业领域,市场供给增加,产能过剩,另一方面,原棉的泛滥导致"花贱商农",棉花种植减少。1921 年秋,华北、华中、江浙等棉花主产区遭受大水灾,棉产损失惨重,全国棉产比 1920 年减少 20％,比 1919 年减少近 40％。上述两个因素的共同作用下,从 1921 年秋起,市场出现棉纱滞销,进而出现花贵纱贱现象,棉纺织业经营逐渐陷入困境。据 1927 年华商纱厂联合会报告,"最近市面以言,每 16 支纱一包,需棉 355 斤,棉价每担 33 两,计银 117 两,外加工资每包 30 两,共 147 两,而售价 135 两,每包损失 12 两"。[③]

1927—1931 年棉纺织业有所恢复和发展,1928 年济南惨案导致国内普遍抵制日货,在棉贱纱贵、纱销畅达和抵制日货的作用下,民族棉纺织业又迎来了黄金时代,但 1929 年下半年抵制日货停止,日纱又具优越,1929 年产棉区域缩小。到了 30 年代,中国棉纺织业受到世界经济大萧条和"九一八事变"的影响,丧失了很大部分的销售市场,经济危机中国际市场也向中

---

① 严中平:《中国棉纺织史稿》,商务印书馆 2011 年版,第 186 页。
② [日]森时彦:《中国近代棉纺织业史研究》,社会科学文献出版社 2010 年版。
③ 华商纱厂联合会:《银纺纱厂宣言》,《中国近代经济史资料选编》,中共中央党校党史教研室编,1985 年。

国倾销棉纺织产品,导致国内棉纺织业萧条。1932—1935 年伴随着淞沪会战和金融危机,作为棉纺织业中心的上海各行业都陷入了衰退。

三、原因解析

(一) 外因论

这主要是指日本对中国经济的入侵和世界主要产棉国美国的影响。日本对中国棉纺织业最初的打击是一方面进口中国棉花,另一方面倾销廉价的棉纺织品,随后又在中国开设工厂,由于其自身的资金、规模、技术和管理优势,同时还实现了从资金、原料到生产、运销一体化的企业联合,加之政府支持以及在华特权,具有很大的竞争优势。因此,在中国迅速扩张,形成了一股强大的经济势力。中国政府 1918 年修改海关进口税则,改变旧税则进口棉纱仅征单一从价税,实行棉纱在 45 支以下的以担为单位征从量税,45支以上征从价税,日本输华棉纱税负增加。为规避税负,1918—1925 年间日本在中国建纱厂 35 家。日本在华纱厂 1918 年之前一直都在 6 家以内,纱锭数量占中国全国的比重不足 20%,到 1925 年通过新开、兼并或赎买等方式,日资工厂已达到 45 家,仅次于华商 68 家纱厂,纱锭数量已达到中国全国比重的 38%,而华商为 55%,1928 年日资纱厂在中国的纱锭比重为 38%,消费棉花 25.1%,出纱 21.3%。到 1936 年更是达到了历史最高峰,其纱厂数量增至47 家,纱锭在中国的比重增至 42%,其发展趋势由下图可以看出。

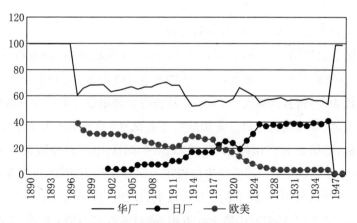

图 3　中国纱厂纱锭各国比重(1890—1949 年)

资料来源:丁昶贤:《中国近代机器棉纺织工业设备、资本、产值的统计和估量》载《中国近代经济史研究资料》(6),上海社会科学出版社 1987 年版。

从上述洋商的影响可以看出,20世纪20年代以来,外商对中国棉纺织业的影响一方面减少了对华出口,转而增加在中国的设厂;另一方面则是在对华棉花的出口上则有急剧的增加,洋棉在中国棉纺织业发挥着越来越重要的影响。从下图可以看出,中国棉产品净输入量在一战前达到顶峰,一战后逐步减少,这可能是由于增加在华设厂从而使得进口棉产品减少,与此同时,棉花的净输入量却在一战后急剧增加,特别是棉花的进口在两次棉业危机中更显突出,有相当大的增幅,这反映了棉花的国内供应的紧张局面。

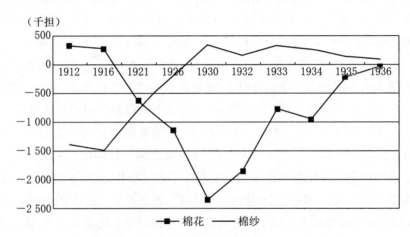

图4　棉花与棉纱进出口差额(1912—1936年)

资料来源:《民元以来国棉对外贸易》,《河南统计月报》1937年第3卷第4期。

1. 美国棉花产出波动和日本的抢购

美国是世界第一产棉国,1918年和1919年花价低落,棉农减少种植,以致1920年收获仅834万包,1921年收获仅944万包,至1921年7月底调查存棉仅490万包,预算至1922年7月底将全部用尽。美国在一战期间国家财力增加,导致物价昂贵。美国战后工业减速,导致工人失业增加,工人工作积极,棉纺织业产出增加,所需原棉增多,上述因素导致美国棉价高涨。①1931年、1932年中国分别进口棉花465万、371万市担,占当年产量的65%与37.6%,外棉中美国棉占50%以上,1929—1930年中国纱厂所需棉花1 200万担,国内最多可供给700万担,缺口500万,1933年夏,美国对棉

① 穆藕初:《花贵纱贱之原因》,《上海总商会月报》1921年第3卷第2期。

花价格进行保护,中国纱厂直接受到冲击。

在棉花运输方面,日本 1925 年成立印棉输华联谊会,华厂需要外棉也需日商,该会与日本邮船会社、大阪商船会社及大英轮船公司订立合同,规定凡自印度购买棉花必须交由三船行承运,否则以每担 7.5 卢比合规银三钱罚金,而船行承运棉花,则每吨四十立方尺货物之运费退回 7.5 卢比,交厂方代表作为津贴。从原棉收购运输到纱布的纺织制造,商品推销,日商形成完整的上下游投资体系,可自行完成生产与流通。日本纺织联合会也采取了竞销措施,如与日本邮船会社商定,降低日纱输华运费并享有优先承运权,并实行输出奖励和津贴制度,1898 年每包输华日纱有 2 日元奖金,1902 年提高到 3 日元,1908 年对超过预定输出量的日纱每包给 3—5 日元津贴。①

2. 日本棉纱的倾销

日资纱厂的出资人多为江州、三井和三菱这样的大财阀,其雄厚的资金可以控制生产和交易的全过程,其中三菱财团在华北实施改良棉种计划,以控制棉市,并在中国建立繁密的市场网络,以垄断棉花的进出口。他们借助金融力量在棉花生产季节大量贷款给棉农,类似于定金,收货后给日商;并且中国的棉货贸易被东洋棉花会社、日本棉花会社、江商株式会社操纵。

在技术方面,日本纱厂在华也较早地完成棉纱生产的技术转型,日本纱厂最先向中国出口粗纱,当更多的中国商人进入导致竞争激烈,盈利减少时,再加之高涨的民族主义,五四运动期间的抵制日货提倡国货运动,使低于 20 支的日本粗纱在中国市场几乎全部消失。日本纱厂逐渐退出粗纱市场,转而对华出口 20 支以上的细纱。同时期,日元对中国白银高汇率妨碍日本纱的出口,甚至在 1925 年前后,日本对中国细纱出口停滞,鉴于此,日本企业加快在中国建厂,不但规避了汇率的波动,还利用中国廉价的劳动力。到了 20 年代晚期,中国粗纱市场趋向饱和,当中国纱厂计划转产细纱时发现细纱市场已经被日本垄断,由于原料和机器需要进口(国产的短绒棉适合生产粗纱,而细纱则需要从美国进口长绒棉),不仅花费大而且很难实现转产。

日本政府也在日本棉纺织业发展过程中发挥了至关重要的作用,日本政府为了与英国印度争夺中国棉纱市场,特地免除了日本纺织厂商的棉花输入税和棉纱输出税,并先后于 1897 年和 1898 年两次给予横滨正金银行

---

① 严中平:《中国棉纺织史稿》,商务印书馆 2011 年版,第 125—127 页。

300 万日元的贷款,作为扶持日纱输华之用,又给予财政支持。在华北,1893 年印纱在天津占绝对优势,1903 年后绝对值又增加 90 万关两,但其比重降为 59%,日纱比重升至 39.3%,1913 年印、日双方分别为 37.5%、62%。日本在 20 世纪 20 年代初也发生过一次经济恐慌,日本政府采取了大规模的紧急救济措施,为各行业提供经济贷款援助。日本的大型企业、商业银行、股票交易所很快摆脱了困境。因此,综合上述各因素,比较华商和日商纱厂生产成本,笔者绘制了下表。

表 1　华日纱厂纺织 20 支纱之每包成本比较

单位:元

成　本	华　商	日　商
工　资	10.5	5.8
动　力	5.5	4.8
机械修配	1.8	0.6
营　缮	0.4	0.4
消耗品	1.7	0.5
包　装	1.5	1.2
薪　金	1.2	0.6
职工保护费	0.2	0.5
运　输	0.2	0.2
营　业	2.5	2.0
捐税及利息	15.0	2.7
保　险	0.2	0.1
制造及营业杂费	3.0	1.0
总成本	43.7	20.4

资料来源:严中平:《中国棉纺织史稿》,商务印书馆 2011 年版,第 273 页。

　　如表 1 所示,在华商与日商的生产成本比较中,差距较大的项目是工资、捐税及利息,华商纱厂有"严密的工人组织,受党部指挥与监督,劳资冲突受到党部的干涉,而日资企业以不平等条约为护符,不受党部干涉,工人管理较易"。另外一个大项是税收,对于"营业税和印花税等,日商均抗不缴纳,中国纱厂则不可免,且每年还派缴公债、地方军警、教育、慈善等公益捐助"。"日本原棉进口免税,中国外棉进口征税,每百斤四元二角。"[①]根据中日协定,中国进口日纱,不能自由加税。日厂购买原料,推销产品,有联合机构,在世界各地遍设分行。

日本纱厂的这种综合性的竞争优势反映在棉纱价格上则是,他们所生产的棉纱在市场上大多比国产棉纱的价格更低廉。见下表,根据上海物价年刊所选择的中日棉纱价格比较,可以看出从 1930 年到 1936 年,国产棉纱的价格在大部分时间都是高于日本棉纱的,在 1930 年国产棉纱价格尚存在一定优势,但到 1931 年这种价格优势已不复存在,到 1932 年中日棉纱价差已达到历史顶峰。

表 2　上海日华各厂各支纱在上海市场批发市价之比较

单位:元

年份	10 支		20 支		32 支		42 支	
	水月—宝鼎	水月—人钟	水月—金城	水月—人钟	蓝凤—金城	彩球—金城	水月—金城	蓝凤—金城
1930	1.59	2.46	0.81	8.28	−1.27	0.61	−3.56	−3.93
1931	−0.06	0.77	−6.78	2.33	−9.26	−0.04	−17.07	−17.91
1932	−30.85	−29.73	−47.29	−27.03	−81.92	−77.69	−134.03	−135.7
1933	−9.53	−8.67	−29.57	−21	−17.02	−21.64	−47.85	−46.19
1934	−4.91	−5.23	−15.3	−6.02	−7.46	−5.78	−21.09	−21.03
1935	−5.97	−6.28	−11.66	−5.2	−7.54	−8.94	−17.86	−18.21
1936	−3.56	−2.52	−4.35	0.35	—	—	—	—

注:水月、蓝凤、彩球为日厂所产;金城、宝鼎、人钟为华厂所产。
资料来源:严中平:《中国棉纺织史稿》,商务印书馆 2011 年版,第 286 页。

外商棉纱的倾销不仅对国产棉纱厂造成严重打击,同时也影响到了国产棉花的生产,因为廉价棉纺织品渗透到农村市场,使得原来那些自产棉花、自行纺织的农民放弃了棉花种植,而直接购买现成的棉纺织品,这也导致棉花种植和产额的减少。

(二) 内因论

中国国内的因素主要是在影响棉花产量和价格上,近代中国政治经济

---

① 马寅初:《中国之棉织业问题》,《银行周报》1933 年第 17 卷第 25 期。

复杂多变,棉纺织业既要面临国家和市场制度的变化,又要应对战争、自然灾害等非经济因素干扰,这些因素对棉花的供给产生了极其不利的影响。

1. 国产棉花生产不足

农业经济本身就脆弱,在面临天灾战事时更是如此,这样就导致棉花生产的不足。棉花属于耐旱作物,但遇到水灾就会对其造成巨大损害。1921年秋的大水灾,造成了棉花歉收,纱厂原料短缺,棉价上扬;1931年长江洪灾让棉纺织业陷入危机,7月洪水袭击安徽、河南,8月、9月到湖北沙市进入长江口,绵延1 500公里,蔓延17个省,波及100万人。[①]自然灾害过后,当年的棉花生产和未来几年的地力都会受到严重影响,这些自然灾害都严重地威胁到棉花生产,对棉花的种植和产量造成了直接的影响。

中国近代中央势力衰落,政局不稳,形成地方割据的局面。军阀混战频发,中国内部的乱局导致兵乱地区大量土地闲置,农民背井离乡,棉花栽培减少,从而棉花产量减少。从1920—1922年较大的战争即有直皖、粤桂、湘鄂、湘直、直奉战争,战争不仅造成了棉花生产的减少,也造成市面恐慌,百业凋零。例如1922年4月底爆发的直奉战争造成通海关庄布销售停滞,也直接导致大生纱厂棉纱滞销,亏耗巨大。到了30年代全国虽然完成了形式的统一,但国内仍然纷乱,1930年在湖南、四川的军事行动,1932年第四次"围剿"在江西、湖南、湖北、福建展开,造成棉花销售困难,大大打击了农民种棉的积极性。

对农民而言,在危机期间种植棉花对他们来说激励也在变小,在某些地区甚至出现了棉农亏损的局面,根据1932—1933年一份在浙江、陕西、河北的调查,棉农在棉花种植中都出现了不同程度的亏损。

表3   三省棉农每亩棉田生产收支状况 1932—1933 年

单位:元

地 区	收入	支 出					盈亏
		人工	肥料	农具	租税	小计	
浙 江	7.4	7.0	0.2	0.5	2.5	10.2	−2.8
河 北	10.0	5.0	1.0	1.0	4.0	11.0	−1.0
陕 西	4.0	5.0		1.5		6.5	−2.5

资料来源:刘克祥:《中国近代经济史》(上册),人民出版社2010年版,第564页。

---

① 李文海:《中国近代十大灾荒》,上海人民出版社1994年版。

以上诸因素直接影响了棉花的种植和产量。从下图可以看出,近代中国棉花的产量在 20 年代之前逐渐上升,至 1920 年达到顶峰,随后逐渐下降,特别是在两次棉业危机中下降得较为严重。

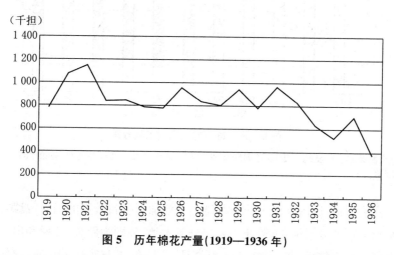

图 5　历年棉花产量(1919—1936 年)

资料来源:《中国棉纺统计史料》,上海市棉纺织工业同业公会筹备会整理印行,1950 年,第 117 页。

2. 棉花运输和税收成本高

政局不稳定,频繁的战事和军阀的横行都增加了棉花与棉纱运销过程中的风险和成本。由于棉纺织工厂绝大部分都集中在口岸城市和沿海地区,距离原料产地有一定路程。时局不稳定特别是军事活动极易影响原料和商品的运输。1922 年直奉战争使得铁路交通瘫痪。1927 年开始的内战也成为遏制棉业发展的主因,郑州陕棉因军运频繁不能外运,导致上海原棉供应匮乏,上海纱厂不得不从印度、美国进口,直接增加了原料成本。

以天津为例,发往天津市场的棉花主要的运输工具有铁路、驳船和大车,三者适用于不同地区和区间,牲口所拉的大车适合短途运输,成本较高;驳船适合沿河地区的运输,成本较低,但速度慢且受季节影响,影响资本的周转;铁路适合铁路沿线的长途运输,速度快,比起前两种是相对实用运输方式,但最易受战乱的影响与破坏。从下图可以看出,天津市场从外地进入的棉花原以铁路为主要运输途径,由于战乱铁路运输也大大减少,转而用驳船运输。

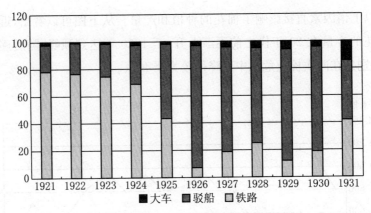

图 6　天津进口棉花运输工具分配

资料来源:方显廷:《中国之棉纺织业》,《方显廷文集》(1),商务印书馆 2011 年版,
第 85 页。

　　税捐横行,民国在清末厘金基础上又增加了名目繁多的捐税,盘踞各地
的军阀也到处设卡征税,棉花的税捐分三大类,分别为厘金、牙税和出口税,
其中厘金最为繁重,据 1921 年 1 月统计,全国仅厘卡就有 745 处。厘金严
重阻滞了产品和原料销售,1922 年 10 月《农商公报》评论:"我国棉花之厘
税,出境销售者,每担征收税银三钱五分;运至他埠,又需纳银一钱七分五
厘。惟运往外国,此一钱七分五厘之税银,仍缴回于纳税者。故外国纱厂所
用中国之棉花,其税银每担三钱五分,而中国纱厂自用本国之棉花,每担反
为五钱二分五厘。内重外轻,殊为各国所罕见。故中国之棉花,远可输出于
海外,而不能畅销于他省。"[1]而外商则享用三联单之利益,他们可采用三联
单在内地采办土货,沿途概免税厘,华商却没有这样的优惠。1922 年 12
月,华商纱厂联合会为克服危机,向北洋政府总理、农商总长要求,一年内暂
行禁止国棉出口和豁免花纱税厘,但未能获批准。有时"到市棉花途遇军
队,虽已完厘税,仍须任意加征,或美其名曰'保险费',苛税重重,成本日
昂"。[2]除了上述税捐外还有统税、警捐、赈灾捐、军事捐等,以山西棉花为
例,每担须交统税 1 元,警捐和赈灾捐各 0.2 元,军事捐 0.8 元,总共 2.2 元,
如果出境则还需在沿途交厘金。而自 1931 年"九一八事变",日本入侵加

---

　　[1]　章有义:《中国近代农业史资料》第二辑,生活·读书·新知三联书店 1957 年版,第
285 页。

　　[2]　穆藕初:《花贵纱贱之原因》,《上海总商会月报》1921 年第 3 卷第 2 期。

剧,这对中国棉纺织业的东三省市场造成重大的打击,日本提高税收来限制华商棉纺织产品在东三省的销售。政局的不稳和税捐的征收直接造成了棉花市场价格的增加。

3. 对工农业产品进出口政策的失当

受不平等条约的限制,关税问题上有诸多掣肘,同时工农业进口政策存在差异,工业品进口税率低,农产品进口税率高;在出口税率上则存在相反的现象,工业品出口税率较高,农业品出口税率较低。比如,棉花出口税原为每担 0.35 关两,修订税则后增至 1.2 关两;棉花进口税在 1922 年为 0.8 关两,1928 年增为 1.2 关两,至 1931 年增加到 2.1 关两,进口税是出口税的 1.75 倍,这样的结果,使国外棉纺织品蜂拥而入,国外棉花进入却成本较高,这给棉纺织业造成双重打击,1934 年税则一经公布,工商和舆论群起反对,要求降低原材料进口税。[1]另外,华商纱厂联合会也曾多次呼吁政府降低纱机进口税率,提高棉花出口税率,但最终还是没能成功。这种工农业不同的税率制度安排,有利于外资产品的进入和中国原料的出口,而不利于国外原料的进入和国内产品的出口,这种歧视性的政策也导致了工农业之间的失衡。

4. 其他

农村经济的衰落和东北市场的丧失,降低了棉纺织品的市场容量和空间,这导致棉纱销售困难。第一次世界大战后金本位的欧美国家将大量白银抛入市场,在 1921 年银价暴跌,对中国进口不利,30 年代美国白银政策下的购买白银导致国内白银外流,银价上升,又导致中国出口受损。"黄金时期"棉纺织业的过度膨胀,造成原料市场和产品市场供求关系极不平衡,产品出现了相对过剩;而汇率变动、金融风潮及战争、灾害等等又集中在 20 世纪 20 年代后发生,使得棉贵纱贱问题和民族棉纺织业危机在二三十年代接连出现。

四、救济措施

在棉纺织业危机期间,政府、棉业界等都采取一系列行动来挽回困难局

---

[1]　郭庠林、张立英:《近代中国市场经济研究》,上海财经大学出版社 1999 年版,第 213 页。

面。其中,华商纱厂联合会是在 1917 年为反对日本西原借款所提出的条件棉花出口免税而成立的,在 20 年代棉业危机中,各纱厂营业发生困难,普遍亏损,华商纱厂联合会联合华商采取限价措施,到 1922 年 8 月 30 日上海各厂意见的基础上决议"公定于两星期内各厂开纱以 135 两为最小限价",但没过多久纱价却连续下跌到 124 两左右。这宣告了限价政策的失败。在联合限价毫无结果时,联合会又采取联合限产对策,之后于 9 月 28 日召开会议取得决议,"自(民国)11 年 12 月 18 日起停止工作四分之一。以三个月为限,届时设市面仍无起色,续停四分之一"。但到了 1923 年 3 月,不得不再次决议停工二分之一,事实上已有许多厂家完全停工,随之而来的便是改组、债权接管、破产。在 30 年代棉业危机中,华商纱厂联合会仍然想通过纱厂集体限产来挽救花贵纱贱的局面,于是在 1933 年 4 月,纱厂联合会决议停工 23%,为期 1 个月,到期各厂根据情况自行减工或停夜班。但这种限价限产之始终不能奏效,原因之一就是,华商纱厂联合会的限产限价政策对日本纱厂不起作用;首先日本纱厂比华商纱厂拥有巨大的成本优势,在棉业危机中受到的冲击较小,联合限价对其影响不大;其次日本纱厂具有强大的生产能力,在华商纱厂联合限产的时候,日本纱厂可以继续生产,对棉纱市场提供供给,这也导致了华商纱厂联合限产的失败。

国民政府在 30 年代成立了棉业统制委员会,其业务范围涵盖改进棉花产销、救济民族纺纱业、改良土布三个方面。但限于政府支持以及资金不足等,棉业统制委员会"在治本工作有一定成绩,如举办棉花产销合作、取缔棉花掺水掺杂、筹设棉纺织染实验馆,都是有裨于棉业;不过在治标方面则因权力和经济能力的限制,对于棉业界临时发生的事故,往往无可措手足,对于统制的本义,尚未能完全顾到"。[1]最终,棉业统制委员会在 1938 年被撤销。

除了上述两个较有影响力的机构外,全国性的机构还有全国棉场联合会、中华棉产改进会、农林部棉产改进处,地方性的机构有湖南棉业试验场、浙江省棉业改良场、陕西省棉产改进所、湖北省棉花掺水掺杂取缔所、湖北棉业改良委员会、河北棉产改进会等,尽管他们在各自的领域内作出一定业绩,但最终还是难以挽回棉业的危机局面。

---

① 王子建:《民国二十三年的中国棉纺织业》,《东方杂志》1935 年第 32 卷第 7 号。

五、结论

　　花贵纱贱的出现,既折射出棉纺织业自身的诸多问题,同时也反映出棉纺织业之外的民国政治经济等问题,它们都是在国内外各种力量综合作用下形成的;而政府和社会各界的救济措施也是在这样的形势下展开的,他们的救济的局限性在这种环境下也就凸显出来。因此,棉贵纱贱问题既反映着 20 世纪二三十年代的民国经济的状况,也反映着民国时期政治经济的许多深层次矛盾,这些矛盾也构成了民国棉纺织业发展的不利因素。

　　第一,棉纺织业发展所需的稳定的经济金融环境,适当的政府支持,都是近代棉纺织业所缺乏的,特别是在外资进入的情况下,要保护而非掠夺弱小民族产业就显得非常必要。特别是政府在内外税收政策上华商处于不利地位,在棉花进口和关税安排上也呈现出政府、商人和农民之间的矛盾,政府和商人希望进口洋棉来缓解国内棉花供应紧张的局面,但农民却担心洋棉的倾销导致棉花价格降低,进而损害他们的利益。

　　第二,棉花和棉纱分别是农业和工业的产物,棉贵纱贱的矛盾代表了工农业之间的矛盾,近代中国农业凋敝甚至到了破产的边缘。农业是工业的基础,棉纺织产业发展的基础不牢固,棉纺织业也就变得异常脆弱。另外,由于交通、地方割据等原因,全国没有形成统一的市场,造成近代中国城乡、工农业严重分割,导致农业与工业结构衔接失调,棉纺织原料市场和产品市场的调节机制削弱。

　　第三,这体现出内外矛盾。在这些矛盾的背后是国家不统一、主权不完整等政治问题。

　　正如民国穆藕初所言:"吾国纱业之不振,由于外力压迫者半,由于内政纷乱者亦半。然吾国民当知外力压迫可求助于政府,内政纷乱决不能求助于外人。若内政常此纷乱,则不但纱业受其害,凡百商业无一不受其痛苦,是以在商言商之旧习,已不复适用于今世。吾商民对于政治必须进而尽其应尽之责任,急起联合商界重要分子,用各种方法逼迫政府改良内政,则商业庶有恢复之望。否则商业愈衰,生计愈艰,非至全国沦亡不止,纱业不振,犹其小焉者也。"①

---

　　①　穆藕初:《花贵纱贱之原因》,《上海总商会月报》1921 年第 3 卷第 2 期。

张謇大生纱厂兴衰背景之研究

廖江波*　杨小明**

　　张謇(1853—1926)是中国近代史上的佼佼者和弄潮儿,他具有多重历史身份。1894 年,年逾 40 的张謇获得状元身份,是晚晴时期立宪运动的奔走相告者;他主张实业兴国、推广棉铁主义政策,担任过民国政府的实业总长和农商总长;他更是"实业兴国"理想的践行者,一生创办了 40 余家企业,形成了以大生纱厂为龙头和以盐垦公司为棉花原料资源地的大生资本集团。张謇在 1895 年兴建的大生纱厂是大生集团的根基,可以说他后半生社会抱负与大生纱厂的兴衰息息相关。张謇利用大生集团盈利和社会集资,兴办学校与博物馆,大办公益事业,赢得了社会各界人士的赞誉。而胡适在张孝若《南通张季直先生传记》的序言中写过"张季直先生在近代中国史上是一个很伟大的失败的英雄"。[①]人们认同"失败的英雄",主要因为他的大生集团的主干企业最终被银团接管,也基于他有太多的理想没能实现。[②]虽然这种说法,有失偏颇,但是无疑由大生纱厂主导的大生集团的成败,是评价张謇人生事业的重要一部分。

　　本文从张謇所处的时代与张謇的人物性格出发,力图还原张謇事业成败一个侧面,进而管窥近代民族工商兴衰的时代背景。

一、大生纱厂兴办的背景

(一) 张謇实业理想的形成背景

　　张謇生活在多灾多难的中国近代,一方面有对政治上的失望,另一方面

　　*　廖江波,东华大学纺织学院博士生,江西服装学院服装设计与管理学院讲师。
　**　杨小明,东华大学人文学院教授。
　　①　张孝若:《南通张季直先生传记》,中华书局 1930 年版,第 3 页。
　　②　王敦琴:《张謇一生成败得失论》,《历史档案》2008 年第 3 期。

有对民生凋敝的痛心以及对民众无知与麻木的无奈,教育救国与实业救国是他思想的核心部分。早期,张謇随淮系将领吴长庆赴朝鲜平定叛乱,既认识到日本的侵略野心,后东渡日本考察宪政,又目睹日本社会的巨大变革,认识到教育之功效。

张謇认为:"国存救亡,舍教育无由,而非广兴实业何所取资以为挹助?是由士大夫所当兢兢者矣。"①

张謇从 16 岁中秀才到 27 岁的十年间,每两年参加一次乡试,皆不中,在追求功名的路上充满坎坷。张謇希望通过新式教育来培养人才,而兴办教育需要经费,开办实业是获得经费的有效途径。张謇办实业的一个目的是教育。

张謇曾在谈教育的问题上谈到实业:"年三四十以后,即愤中国之不振;四十后中东事也,益愤而叹国人之无常识也。由教育之革新,政府谋新矣而不当,欲自为之而无力,反复推究,当自兴实业始。"②

张謇既是一个理想主义者,又是一个理想的践行者。甲午战争后,清政府也放宽了民间创办实业的限制,对民族资本办厂,开始给予一定扶持。在"兴办实业,挽回利权"的号召下,民族工商业开始艰难的前行。大生纱厂的兴办,则是张謇对"实业理想"的践行。

(二) 张謇大生纱厂兴办的洋务背景

中国近代工业始于 1840 年鸦片战争,西方资本主义入侵,伴随着洋货的倾销和外资在中国的设厂。鸦片战争的直接导火索虽然是鸦片贸易,但实际上英国纺织中心曼彻斯特市资本家早就要求英国政府用武力打开中国纺织市场。③西方列强用大炮打开了通商的大门后,西方机械化生产的布料在中国大肆倾销。一方面,它导致中国传统手工土布的滞销,严重影响中国自给自足的小农式经济模式。洋布的式样别致、清爽,价格也低于土布,穿洋布既时尚又经济,社会上诚如郑观应所说:"衣大布者十之二三,衣洋布者十之八九。"④舍土布穿洋布,带来了社会生活方式的巨变。另一方面,国

① 张謇:《致张孝若》,《张謇全集》第 4 卷,江苏古籍出版社 1994 年版。
② 张謇:《张謇全集》第 3 卷,江苏古籍出版社 1994 年版,第 124 页。
③ 严中平:《中国棉纺织史稿》,科学出版社 1955 年版,第 59 页。
④ 郑观应:《郑观应集》(上册),上海人民出版社 1982 年版,第 715 页。

民购买洋货,使大量白银外流,它动摇了清政府的财政根基。清末第一外交大臣李鸿章指出:"英国洋布入中土,每年售银三千数百万,实为耗财之大端。……亟宜购机器纺织,期渐收回利源。"①另一清末重臣张之洞在给光绪皇帝的《拟设织布局折》中说:"棉布为中国自有之利,反为外洋独擅之利。耕织交病,民生日蹙,再过十年,何堪设想!"②洋布的倾销,白银的外流,威胁到清政府的统治。可见清政府对待洋务运动的态度也是迫于无奈,尽管洋务运动开启了中国近代工业的序幕。

洋务运动的起点虽是发展军事工业,但重点却是民用工业。衣食住行,衣为首。打着"富强"口号的洋务运动,在关系国计民生的纺织行业的投入上不遗余力。1876 年,左宗棠在甘肃筹办中国第一家毛呢厂;1878 年,李鸿章及其淮系官僚督办的上海织布局,在 1889 年试车,1990 年投产;1888 年,张之洞在广东兴办纱厂。此外,周学熙与"华新纺织"、薛南溟与"永泰"丝业、陈惟彦与安徽"裕中"纺织等,构成了清末民初纺织业的主体,这些官僚有一个共同点即均出自清末淮系。

张謇早期为淮系将领吴长庆的幕僚,他支持洋务运动兴办实业,而大生纱厂筹办的第一笔资金便与洋务运动有着莫大的关系。甲午战争后,日资企业取得在华设厂的权利。张謇认为:"一旦尽撤藩篱,喧宾夺主;西洋各国,援例尽沾。"③设厂限制的缺口一旦打开,而后起的中资就几乎无同其竞争的资本。这一点,清末重臣洋务运动大臣张之洞和张謇有同样的认识。张之洞在任两江总督期间,就曾大力发展实业,发展交通,旨在挽回利权。在振兴地方经济上,也给予民间资本、地方产业极大的关照。1895 年张謇将洋务运动主将张之洞从美国买来搁置在上海的一批锈蚀官机 40 800 锭,作价 50 万两入股,作为官股,是为原始资本,后又多方筹集民间资本,达成官商合资。④有了张之洞对张謇的扶持,才有了大生纱厂兴办的原始资本。所以说没有洋务运动,就没有大生纱厂。

---

① 顾廷龙、戴逸主编:《李鸿章全集》第 5 册,海南出版社 1997 年版,第 2684 页。
② 孙毓棠:《中国近代工业史资料》(第一辑下册),科学出版社 1957 年版,第 907—908 页。
③ 张謇:《张謇全集》第 3 卷,江苏古籍出版社 1994 年版,第 274 页。
④ 陆其国:《实业"打造"的珍贵遗产——走近大生纱厂创办初期的档案文献》,《上海档案》2002 年第 6 期。

二、大生纱厂兴盛的背景

（一）大生纱厂的政治背景

1894 年张謇获得状元身份，从而达到政治上的巅峰，张之洞对张謇的政治与实业主张极为赞同。张之洞大力推荐张謇兴办实业，并展开实践。张謇在第一次股东大会上介绍到："通州之设厂，为张謇投身实业之始。光绪二十一年乙未，中日事定，前督部张属苏、镇、通绅士招商集股，设机厂，造土货，謇亦承乏。"①张謇政治身份的影响力，给张謇兴办实业与筹集资金，带来了不可低估的作用。换言之，大生纱厂一开始，就与官府的支持脱不开关系。

张謇的特殊身份地位及其与达官贵人的关系，为大生企业的早期发展赢得了外部的有力竞争环境。大生纱厂将通海地区设为自己的专属经营区，这个地方在明代后期棉产量和质量在国内就有一定的名气。在度过前期纱厂融资和资金运转的困难后，大生纱厂开始盈利。1904 年，上海常昭裕泰纺织公司经理朱爵谱也想在通海的专属区海门设厂，张謇通过自己的影响力向政府施加压力，上文商部，指责朱爵谱"因羡生贪，因贪生妒，贪妒所蕴，生此贼害……利令智昏，无理取闹"，②并要求商部不给予朱爵谱在建厂的权利。1907 年，张謇在崇明外建成大生纱厂分厂后，注册"大生纺织股份有限公司"。仿照李鸿章在上海设立织布局的做法，在商部申请获得了"二十年内，百里之内，不准别家另设纺厂"③的特权。大生纱厂二厂、三厂建立起来后，为了保证持续优质的原料供应，他大搞盐垦植棉，控制了原料基地。可以设想，如果没有官府的支持，很难达到这些目的。

大生纱厂初期能够迅速发展和获得垄断地位，与自己占领通海的优质棉产地是分不开的。而张謇特殊的身份地位，则给大生纱厂带来了有利的政治环境。

---

① 张謇：《大生纱厂第一次股东会之报告》，《张謇全集》第 3 卷，江苏古籍出版社 1994 年版，第 80 页。

② 张謇：《张謇全集》第 3 卷，江苏古籍出版社 1994 年版，第 767—768 页。

③ 金其桢、黄胜平：《大生集团与荣氏集团兴衰成败之道探究》，《江南大学学报（人文社会科学版）》2008 年第 4 期。

（二）大生纱厂的现代企业管理背景

大生纱厂的企业文化，以张謇爱国爱民的实业理想为主导，以股份制的融资模式为前提、实行多元化的管理模式，实行灵活的经营策略。建立了现代企业管理雏形的大生集团，很快成为中国最早、最具规模化的中国民族资本集团。

爱国爱民是大生纱厂企业文化的核心。张謇在股东上阐述"大生"由来时介绍到：儒家有一句扼要而不可动摇的名言"天地之大德曰生"。这句话的意思就是，政治及学问最低的期望要使得大多数的老百姓，都能过上最低水平线上的生活。换句话说，没有饭吃的人，要他有饭吃；生活困苦的人，使他能够逐渐提高。这就是号称儒者应尽的本分。①张謇作为深受儒家传统文化熏陶的儒生，有着忧国忧民的传统人文精神。在为大生纱厂起草的《厂约》中，张謇写到办厂宗旨："为通州民生计，亦为中国利源计。"②正是张謇的人格魅力以及办厂宗旨的引导，形成了大生纱厂员工积极健康的工作态度与齐心协力工作氛围。

大生纱厂的最大特色是股份公司制的管理模式，它的优势表现在两个方面。一方面，股份制是现代企业有效的融资模式。张謇大生纱厂的资金来自多方渠道，股份制的融资模式能够有效解决资金来源问题。在企业取得利润后，大生纱厂将利润按照出资分给股东，仅留少部分用于内部资金运转。大生纱厂员工的工资由两部分组成，一部分是固定工资，另一部分由企业规章制度所制定的"花红"参入企业利润分成。这样极大地刺激了股东和员工将资金进行新一轮投资，形成了纱厂早期快速的成长模式。1901年，张謇在通海开办的垦牧公司，即是通过股东融资的模式快速建立起来的，早期它保证了大生纱厂的原料来源。股份制是近代经济社会快速发展的产物，它克服了企业创办人融资困难和风险集中的两大缺陷。在大生纱厂的基础上，张謇通过股份制融资很快就组建了大生集团；另一方面，在经营管理上，形成群策群力的开放模式。清朝末年国内根本没有完整的市场运作模式，更没有现代的企业管理制度。张謇摸索出一套完整的企业管理模式，在1899年颁布的《大生纱厂章程》中共有21个大项195条规定，用以推动

---

① 刘厚生：《张謇传记》，上海龙门联合书局1958年版，第251—252页。
② 张謇：《张謇全集》第3卷，江苏古籍出版社1994年版，第17页。

公司制度的发展。张謇认为,公司一事,乃富国强兵之实际,亦长驾远驭之宏规也。①

在严格的公司制度下,张謇在主要的岗位,任人为贤,因事设岗,形成了人尽其责的管理模式。张謇在考取功名实现其政治抱负的过程中,曾经一波三折,创办纱厂筹措资金也是深知人间冷暖,正是因为这些丰富的经历,张謇深知:坚苦奋励,则虽败可成;侈怠任私,则虽成可败。②

(三) 大生纱厂快速发展的时代背景

大生纱厂经历了 1914 年到 1918 年这段民族资本主义的春天,资本得到快速增长,一度达到巅峰。一方面,辛亥革命的成功,扫清了民族资本进入市场的障碍,促进了新兴资本主义经济的繁荣。另一方面,列强忙于第一次世界大战,放松了对中国经济的掠夺。据国民政府商部的统计,在 1914—1919 年期间,新开设规模在 1 万元以上的工业企业共 379 家,平均每年开设 63 家,在 1919 年达到顶峰 106 家。棉纱产量从 1913 年的 84 万纱锭数,到 1919 年 129 万锭数,黄金时间民族纱厂得到快速的发展。

三、大生纱厂衰落之背景

(一) 20 年代棉纱行业的大萧条背景

大生在 1922 年开始出现大规模亏损,这一亏损见证了当时国内棉纱业的萧条。1922 年,大生一厂和二厂都出现严重亏损,一厂亏损 39 万余两,二厂亏损 31 万余两。到被银团接管时,一厂负债总额高达 1 242.87 万两,二厂负债总额为 352 万两。③

造成当时国内棉纱萧条与棉厂亏损的有两方面原因。一方面,棉纱生产相对过剩。国内棉纱从 1913 年的 84 万锭到 1922 年的 256 万锭,再到 1923 年棉纱生产过剩的危机集中爆发,棉纱只能贱卖。在棉花产量变化不大的情况下,棉纱的原材料棉花价格会因市场紧缺而抬高,这样就增加了棉

① 赵树贵等编:《陈炽集》,中华书局 1997 年版,第 98 页。
② 《张謇全集》第 3 卷,江苏古籍出版社 1994 年版,第 20 页。
③ 章开沅:《开拓者的足迹——张謇传稿》,中华书局 1986 年版,第 17 页。

纱生产的成本。另一方面,战后帝国主义资本卷土重来,进行了新一轮对中国经济的掠夺,挤压了国内棉纱厂的生存空间。仅大战结束后的 1918 年至 1925 年间,被外商兼并的纱厂就有 7 家。[①]尤其是,1919 年日本在华的纱锭数为 33.3 万,到 1925 年为 126.8 万,占当时中国国内棉纱总锭数的 38%。在中国国内棉花价格较高情况下,日本企业进口印度棉花与美国棉花,由此同中国企业竞争就有极大的优势。

早期,大生纱厂由于取得办厂的特权,形成了在通海垄断经营的地位。20 世纪 20 年代初,在激烈的竞争下,作为民族企业则表现出自己的脆弱不堪。

(二) 张謇大生集团的扩张背景

大生纱厂的衰落与大生本身的生产方式有很大的关系。张謇在大生纱厂的基础上实行多元化扩张模式,分散了力量,也从资金方面拖累了大生纱厂。

张謇有宏大的目标,即一心想把通海这一地区,建立成一个全国性的。他一系列的教育文化事业、公共交通、城市建设、慈善与公益等都需要资金的投入,这些资金除了募捐,其他需要张謇自己解决。在投资的一些新企业时,因上马仓促,多以亏损告终。为了扩展新企业,张謇不惜调拨大生一、二两厂的余利甚至公积金进行投资。例如,创办大生三厂时,即从一、二两厂调拨公积金各 20 万两;创办淮海银行,又从两厂调拨余利 70 万两;为了创办中比航业贸易公司,又一次截留两厂的余利 72 万两,等等。[②]大生纱厂早期,虽获利颇丰,但是大生纱厂将这些获利分给了股东,因此,在盈利的情况下,能够实现资本快速扩张。当纱厂遇到困难时,却不能将这些股东的现金进行整合,以致出现了资金断链,最终被银团债权人接管。

四、结论

张謇大生纱厂从创办到被银团接管跨度二十余年,中国社会经历了从封建王朝的解体到国民政府的成立,以及第一次世界大战等,这些事件都从

---

① 严中平等:《中国近代经济史统计资料选辑》,科学出版社 1955 年版,第 138 页。
② 章开沅:《开拓者的足迹——张謇传稿》,中华书局 1986 年版,第 235 页。

客观条件上影响到大生纱厂的命运。张謇个人的事业可谓与时代共命运。回过头来看,张謇忧国忧民的人格魅力,创办大生纱厂的理想与实业成就,不论成败都值得后人敬仰。他探索建立起的现代的股份制公司,时至今天,仍有借鉴意义。

大生纱厂(大生股份有限公司)见证封建制度的没落和现代社会的到来

1894年(清光绪二十年)张謇日记四月二十四日记述:"五更乾清门所宣,以一甲一名(状元及第)引见。"四月二十五日:"卯正,皇上御太和殿传胪,百官雍雍,礼乐毕备,授翰林院修撰。"与此同时,他也吐露了自己的心声:"栖门海鸟,本无钟鼓之心,伏枥辕驹,久倦风尘之想,一旦予以非分,事类无端矣。"

张謇十六岁进考场,历经二十六年的应试煎熬,终于登上了学问名士之巅。也许世人难以相信,但张謇并未以此作为自己最终的追求,他思索的是为国家振兴,为人民幸福多做实事,创造一个有利的环境,开辟一条大道。

当年七月,中日甲午战争爆发,清军节节败退,张謇激愤不已。回想1882年(光绪八年)朝鲜发生内乱,日本以保护侨民、使馆为由,出兵侵犯,朝鲜国王向清廷发出求救,李鸿章因母丧"丁忧",清廷命直隶总督张树声署理,张树声命庆军吴长庆率军赴朝,张謇作为理划前敌军事,参与策划与处理,吴长庆决策果断,措施得当,朝鲜内乱很快得以平息。内乱固然得到暂时的解决,但朝鲜政治腐败,治国无方,给予张謇较深的印象,如不能加以改进,后患无穷。因而张謇自朝鲜回到天津,当晚撰写《朝鲜善后六策》,呈送中朝官方大臣。张謇首先写道:"朝鲜今日之变,无不知由于外交。而履霜坚冰,其渐之积,不自外交之始也……潜现时局,证以所见,次第标本,分为六条。"这六条分别为:通人心以固国脉;破资格以用人才;严以澄叙以课吏治;谋生聚以足财用;改行阵以练兵卒;谨防圉以固边陲。朝鲜官员阅后十分心服,翁同龢、张之洞深有同感,名为《朝鲜善后六策》,实与国内政情更为

***

[*] 张绪武,全国工商联原常务副主席,张謇之孙。

关切，予以支持，李鸿章阅后却斥为多事，搁置不议。中日甲午战争的发生，是清廷昏庸重臣腐败，对日一味求和，放松军备的结果。翰林院三十五人联合奏折《请罪李鸿章公折》，张謇则单独上疏，痛斥李鸿章"主和误国"，"战不备，败和局"。至此张謇对清廷完全丧失信心，决定远离朝政走自己的路。

九月中旬家乡传来彭年公病重的消息，九月十七日张謇"夜分心大动"，十八日得知父亲彭年公病逝，张謇十九日经天津，乘海轮，二十七日由上海回到海门常乐镇家，"伏地恸绝，寝苫丧次"。

张謇回到家乡的第二年即 1895 年（光绪二十一年），他除与两江总督张之洞有书信来往外，还曾两次去江宁晋见张之洞，商议国事，意见相投，而发展工业、力主变革则是他二人共同的信念。甲午战争失败，《马关条约》签订，加重了国家存亡危机。张謇在日记中写道："几罄中国之膏血，国体之得失无论矣。"《马关条约》中规定，外国人可在各市设厂等更为触目惊心。五月，张之洞委托张謇起草《条陈立国自强疏》。张謇总结历史的经验和教训，在拟稿中第一次表达了失业救国和教育救国的理念。为了与帝国主义"抢时间"，抢先办工厂，兴实业，经过上下酝酿，1896 年（光绪二十二年）正月五日，张之洞奏派张謇和苏州陆润祥分别在通州和苏州分设商务局，同时在通州和苏州各设一纱厂。状元办纱厂，对张謇来说是一件非常之事，但也确实是他多年的梦想。

张謇对通海地区的自然条件、社会环境有着较深厚的了解，洋务运动兴起，以官方为主创办军工企业，张謇十分关注。我国门户开放后，西方经济发展的情况扩大了他的眼界，也引起他的深思。他多年经营乡里，从事商事、税务、公益事务等，得到较全面的锻炼。他精读四书五经，博览群书，厚积薄发。这些因素都让张謇坚定信心，迎接新的使命。

资本主义起始于 17 世纪的英国，工业化和科学技术进步促使英国、荷兰等国家由封建社会进入资本主义社会。这是社会发展的一个阶段性进步，但在资本积累的初级阶段是十分残酷和无情的。经过发展和自我平衡，有关国家社会经济总量有较大的增加，经济实力也有所提高。19 世纪中叶，资本主义影响较大的英国、美国、加拿大、瑞士及荷兰五国平均每人年收入达到 200 美元，而欧洲、北美洲每人平均年收入在 150 美元之下，差距较大。马克思和恩格斯也承认资本家时代的来临对欧洲封建社会带有革命的成分。20 世纪初资本主义的影响几乎遍及整个西方。在东方日本明治维新全盘学习西方资本主义,国家实力大增,人们的生活和文明程度有较大改观。张謇东渡日本考察70天,曾谈到,"日人治国若治圃,又若点缀盆供,皆有布置,老子言治大国若烹小鲜,日人知烹小鲜之精意矣"。但张謇也并不认为日本是十全十美的,在他住的旅馆门外临近河道的景象使他十分不满,他在日记写道:"临江户城濠,濠水不流,色黑而臭,为一都流恶之所,甚不宜于卫生,此为文明之累。"张謇对工业发展和环境保护已有所考虑,张謇的学习是有选择的,必经深刻缜密的思考。

1895年张謇投身商界,创办第一个企业大生纱厂。他确定采用西方发展经济中的四个技术性因素,即市场经济、金融资本、现代企业制度和制度经济。

在筹建纱厂之始,张謇首先确定通过金融融资的方法向社会招股集资解决纱厂的资本问题。以他为主呈送给两江总督刘坤一的第一个报告中便说明纱厂仿"泰西"采用股份制,以后他也提出"甚远天下凡有大业者,皆以公司为之"。他花费了两个多月的时间,主动拜访和邀请社会上有实力的商界人士,说明在社会上招商集资办纱厂的设想,得到海门花布商沈燮均和陈维镛、通州花布商刘桂馨、上海洋行买办潘华茂和郭勋、绅商樊棻六人的支持,同意共同发起认办。经过磋商推举张謇为首,共同向社会招股集资,张謇将厂址选定在通州城北城市中心下风向的唐家闸,预定招股六十万两,一百两为一股,计六千股。张謇以《易经》"天地之大德曰生"之意为纱厂取名"大生纱厂",他说,"我们儒家有一句扼要而不可动摇的名言'天地之大德曰生'。这句话的解释是说一切政治及学问,最低的期望,要使得大多数的老百姓都能得到最低水平线上的生活"。

张謇首先高度重视立章定规,推进企业管理制度化,这是因为制度是办好一个企业的重要前提和保证。他亲自拟定的《厂约》是大生纱厂第一个文件,章开沅教授称其为中国早期民族近代企业留下的一篇重要文献。《厂约》首先阐明了"实业救国"的宗旨:"通州之设纱厂,为通州民生计,亦即为中国利源计,通产之棉力韧丝长,冠绝亚洲,为日厂所必需,花往纱来,日盛一日,捐我之产以资人,人即用资于我之货以售我,无异沥血肥虎尚袒肉以继之,利之不保,我国日贫,国于何赖。"《厂约》明确规定总理(张謇)的职责,其下分设四个部门,各有董事、执事,各司其职,职责都有明确规定。继之,他又制订了公司的章程等。市场经济也是法制经济,张謇推行经济制度化,重视企业内部的制度建设,更重视外部制度建设。张謇不愿做官,但为民族工业发展,创造一个好的法制环境,1913 年至 1915 年他出任农商总长,在他的领导主持下,经过严格的程序制订了《矿业条例》《公司条例》《商人条例》《商会法》《奖励工商业法》《国币条例》《证券交易所法》等 20 余种经济法规,在全国颁布施行,大生公司也是受益者。

大生纱厂六位常务董事主动认股为公司资本打下了基础,但向社会拓股并不顺利,因为当年老百姓对"企业""机器""股票"等都十分陌生,不知为何物,但经张謇解说、宣传,也有的出于对张謇的信任而积极入股。当张謇了解到前几年湖北南纱局向地亚洋行购买"官机"40 800 枚纱锭尚堆放在上海杨树浦江边,已整整三年,日晒雨淋,腐锈不堪,无人过问。他立即向刚到任两江总督的刘坤一提出申领,刘坤一正急于处理这批机器,又苦于无人承购,因而立即同意。经相商,纱厂董事会与上海商务局达成协议,把"官机"40 800 枚纱锭折价 50 万两作为大生纱厂的股金,另招商股 50 万两,合计100 万两为公司总成本。这样大生纱厂的创办方案从商办改为官商合办。因碍于官势,个别商董产生了疑惑,提出退股,张謇又主动做工作,百般劝说,改称为"绅领商办"。官方以"官机"折价入股,给予支持,张謇表示感谢,但坚持强调大生纱厂必须严格按现代股份制企业的原则规定办事,无论官股与商股,一律以股权说话办事,不得行使"官权",按"章程"选举董事会、监事会,官方不得干预。刘坤一写给张謇信中也明确写明,"名虽为官商合办,一切厂务,官中并不参预",公司为法人,不受官方制约。

全体职工经过四余年的努力和奋战,大生纱厂于 1899 年(光绪二十五年)四月十四日开工,正式投入生产,向世人宣示我国黄海之滨,广阔的苏北平原上第一个用机器生产的工厂诞生了。第一代工人登上了历史舞台,星星之火,由此而起,这也是我国民族工业一面旗帜。张謇的恩师翁同龢闻讯,题楹为贺:"枢机之发动乎天地,衣被所及遍我东南。"两江总督刘坤一也闻之大喜,曾与张謇有一段有意思的对话,记载如下,刘坤一对张謇说:"是皆先生之功。"謇答:"办事皆董事与各执事,謇无功。"刘又安慰地说:"不居功,苦则吃矣。"謇答:"苦是自己要吃的,亦无所怨。"刘又说:"但能成,折本亦无妨。"謇答:"不成则已,成则无折本之理。"

大生纱厂开厂之际,张謇请江宁画家单林作了四幅画,名为《厂儆图》,悬挂在厂内公事厅,记录下大生创业的艰难和中国民族工业起步的艰辛。

这四图分别为:《鹤芝变相》,喻示洋行买办潘鹤琴、郭茂之的反复无常;《桂杏空心》,喻示江宁布政使桂嵩庆、太常寺盛杏孙(宣怀)言而无信;《水草藏毒》,喻示通州知府汪树堂和幕僚黄階平的暗藏祸心;《幼小垂涎》,喻示上海商界巨子朱幼鸿、严小舫的贪得无厌。

1900 年,大生纱厂投入生产后的第二年,即获利甚丰,二月的收支结算已有 26 850.791 两的净余。大生纱厂通过招股集资办股份企业获得成功,社会商界受到很大震动,大生的范例撬动和激发了社会资本市场,其意义和作用远大于资本本身。1901 年张謇等再度创办大生集团的第二个股份制企业——通海垦牧公司,继而于 1904 年创办了大生分厂(二厂),1921 年创办了大生第三纱厂,1922 年创办了第八纱厂。大生纱厂连年盈利,1900 年至 1921 年间资本增长了六倍,是全国华资纱厂中最成功的企业之一。张謇以大生纱厂为基础,发动和依靠社会资本力量,1895 年至 1913 年间,张謇在通海地区创办了 20 多个股份制企业,均为独立法人,所创办的企业涉及农垦、盐业、冶金、轻工业、面粉、造纸、交通运输业、银行等,成立了我国第一个集团公司,控制资金达 2 240 万两。

实业、教育是张謇提倡救国立国一个整体的两个方面,相依相承,共同发展。大生股份公司第一次股东大会,张謇在报告一开头便说:"謇愚不自量,念普鲁士之报法,毕士马克归功于教育,欲兴教育,赤手空拳,不先兴实业,则上阻旁扰,下则塞之,更无凭借。"这说明了教育的重要性,以及实业与教育二者辩证的关系。张謇最关心的是国民素质和为国家培养人才,张謇动员社会商界支持教育与慈善事业,推进地方自治,张謇也将他自己从公司获得的报酬金全部用于教育、慈善和社会事业。1904 年(光绪三十年)张謇创办了我国第一个师范学校——通州师范学校。

1922 年,经济形势突然发生了变化,我国棉织业陷入了困境,大生公司也步入了艰难期。第一次世界大战结束,日本经济侵略卷土重来;天灾人祸,水灾不断,棉花连年失收;东北市场严重萎缩;大生公司战线过长,管理落后等多种不利因素交织在一起,使大生资本集团陷入困境。1922 年,公司亏损 396 074.094 万两,1923 年、1924 年继续亏损,濒临破产的边缘,1925 年上海银团接管了公司,并委派李升伯来南通强化经营管理,这也是上海金融界对张謇多年来给予上海金融界关心支持的回报。张謇并未消极后退,自己引退休息,责成儿子张孝若积极支持李升伯工作。他说失败不要紧,第一要失败得光明,第二失败以后有办法。张謇于 1926 年去世,但他说的"予为事业生,当为事业死",言犹在耳,为大众所铭记。

1926 年 4 月,中国共产党在南通地区建立第一个党支部——中共南通独立支部,分属上海区委(江浙区委)领导,有党员 6 人,大生一厂职工邱会培为书记。全体职工在十分困难的情况下更加团结奋斗,1927 年公司出现了转机,扭亏为盈,持续到 1935 年,公司还清了全部负债并有盈余。但就在这一年秋初,张孝若不幸去世,全厂职工沉浸在万分的悲痛中。张謇的侄子、张詧的儿子张敬礼担负起大生董事会领导工作。

1937 年七七事变,日寇全面侵入我国,1937 年 8 月 7 日日本飞机轰炸南通城,大生二厂等被炸毁,全市人民无比愤怒。大生一厂记事簿上记载:"日机轰炸南通,工厂受到威胁,但仍开工不辍。"董事会立即开会研究对策,大生一厂与德国蔼益吉公司有贸易往来,厂方向德方购置一批电机等设备,部分设备尚未到厂,董事会拟利用德国人抵御日寇的侵占,向德方提出想法并得到他们的同意,双方签订了质押合同,工厂挂起德国旗以保护双方的利益。1938 年 10 月,中共江北特别委员会发展宋祖望、孟桂林入党,中共大生一厂地下党支部成立,俞清任书记。

1939 年 3 月 2 日,日本特务机关查出中德双方合作抵制日本侵占的事实,日军勒令工厂停工,对工厂实行军管,并派日方钟渊纺织株式会社进入工厂,将大生纱厂改名为"江北钟渊纺织株式会社江北二厂"。5 月 23 日,工厂勉强复工,董事会决定采取不合作的立场与态度,中共地下党发动工人展开反"巴灰"(汉奸、恶工头)的斗争,消极怠工,上班工人仅有 740 人,为在厂工人十分之一。日方则公然将厂内的机器设备、配件以及棉花棉纱等不断地运到外地、外厂,大生各厂遭受到严重的损害。

1945 年迎来了抗战胜利,赶走日寇,大生股份公司终于回到人民的怀抱,恢复了董事会,张敬礼也回到了公司,主持董事会工作。民国政府回来后,国民党派官董代表洪兰友、陆子冬驻厂,想鸡蛋里挑骨头"找刺",为难董事会,当他们了解到大生公司在敌伪时期坚决不向伪政府注册登记,董事会坚决不与日本人合作,全厂职工坚决不与日寇接触交往,坚守爱国主义精神和立场,受到全市人民的赞誉时,他们也只能无功而返。

1946 年 5 月 6 日,大生股份公司召开第三十九次股东会,官方代表洪兰友任董事长,张敬礼任经理,张敬礼作为张謇家族的代表团结商股大股东,争取小股东的支持,确立商股的发言权。第四十次股东会,调整资本额方案,并议定为纪念大生纱厂成立五十周年,在实验小学(建于 1920 年)的基础上成立"大生纪念小学",原校每位职工捐献 2 元以示祝贺。1948 年年底,解放战争已到关键时刻,洪兰友赴台,设公司驻台办事处,并提出将一、二、三厂迁往港台的意见,遭到董事会和全体职工的反对,在中共地下南通市城工委的领导下,全体职工展开反对迁厂的抗议活动,明确提出"不拆、不迁、拖到解放"。张敬礼曾在香港购买房屋,留后路。与他交往多年的社会进步人士黄炎培、陈叔通、李济深等主动给他分析形势,开导劝说他不要离开,张敬礼思想发生了转变,决定留下来。1949 年 2 月 2 日解放军进入南通。

1949 年 10 月 1 日新中国成立,大生集团迎来了新的生机,南通地委书记王野翔等作为公股代表任常务董事,公股 47.8 亿元,占 200 亿元总股本额的 23.6%,商股占 76.4%。1952 年经上级批准"公私合营大生第一纺织公司一厂"正式对外挂牌。大生公司在新中国经济恢复、抗美援朝、社会主义改造中作出了积极贡献。1956 年对私改造,实行赎买政策,大生公司第一批成为国营企业的一员。后来张敬礼被任命为江苏省纺织工业厅厅长,离开了大生公司。全国私营(有)经济基本消失,社会主义改造基本完成。

国营后,国家实行计划经济,大生公司得到政府的重视和关心,大生在原有基础上发挥老企业中管理规范、老工人工作勤奋等优势,仍然走在纺织行业先进行列,政府在财政上给予极大支持,现代化设备、现代化厂房面目一新,纺工部鼓励将全国纺织业的先进技术集中于大生,示范全国。

"文化大革命"结束,1978 年党的十一届三中全会确立了以经济建设为中心,实行改革开放的方针,我国经济生活发生了两个重大的改变:一是社会主义市场经济替代计划经济;二是公有制为主,多种经济共同发展替代了原来单一的公有制经济。经过一定的历史阶段,推行市场经济的一个重要标志,就是中国非公有制企业的再度发展,成为社会主义市场经济的重要组成部分。

20 世纪 50 年代初期,私营经济在我国城乡生产、流通领域中,占有相当重要的地位。建国初私营(有)经济工业产值占全国工业总产值 75% 以上。1954 年,城乡个人手工业产值约为全国工业产值 20%。全国有 280 万户、380 万人从事个体商业,他们的商品零售额约占全国商品零售额的

40％。1956年资本主义工商业经过社会主义改造,私营(有)经济已全部消失,"文化大革命"结束时,据1978年的统计,全国城镇个体工商业者只有15万人,私营(有)企业为零。

1982年,第五届全国人民代表大会第五次会议通过《中华人民共和国宪法》,前言中提到"今后国家的根本任务是集中力量进行社会主义现代化建设",第十五条的提法仍然为"国家在社会主义公有制基础上实行计划经济",同时,第十一条提出"城乡劳动者个体经济,是社会主义公有制的补充",第十八条提出"中华人民共和国允许外国的企业和其他组织或者个人依照中华人民共和国法律规定在中国投资同中国的企业或者其他组织进行各种形式的经济合作"。此时,整部《宪法》尚未提出允许私营(有)经济的存在。6年以后,1988年4月12日第七届全国人民代表大会第一次会议通过了《中华人民共和国宪法修正案》,在第十一条内增加了"国家允许私营经济在法律的范围内存在和发展,私营经济是社会主义经济的补充"。1993年《中华人民共和国宪法修正案》在第十五条内,将"国建在社会主义公有制的基础上实行计划经济"修改为"国家实行社会主义市场经济",明确了市场经济的核心是需求和供给的均衡关系。

计划经济供求关系是以产定销,逆向的,矛盾很多;市场经济供求关系是以销定产,顺畅自如,非公有制企业发展的轨迹和市场经济的规律完全吻合,因而有较强的生命力。国家对私营(有)经济的认识是在实践中不断提高的。全国人民代表大会十分重视经济改革中的经济立法工作,我有幸参与了新的企业立法调研制订工作。20世纪末21世纪初,第八、九届全国人大常委会经过调研制订了以企业投资主体和债权债务责任为原则和特征的《中华人民共和国公司法》《中华人民共和国个人独资企业法》《中华人民共和国合伙企业法》等新的企业立法体系,在全国颁布施行,替代了原有的以所有制为原则和特征的《全民所有制工业企业法》《乡镇企业法》等法规,是我国企业立法中的一大进步,民(私)营经济蕴藏的能量是无限的。

我国著名经济学家吴晓波曾引用美国哈佛大学费正清教授的一段话,意指包括张謇在内的一批民族企业家经商的主要动机其实不是为了牟利,而是出自政治思想"救国爱国"。所以,中国资产阶级从诞生的那天起,就有自愿的理想主义特征。吴晓波说:"改革开放后的第一批企业家经商也不是为了挣钱,同样抱有一种自愿的理想主义,我想他们的愿望是在开放改革的新时代中充分体现自身的价值,创业求新,与国家和人民共同渡过困难,应该得到人民的尊重。"

2004年11月29日,大生集团有限公司按照改制方案举行的领导改制后的首次股东会,选举产生新的董事会、监事会。一百二十年的岁月已过去,大生集团有限公司历经清末封建社会,孙中山领导的辛亥革命、民国年代、抗日卫国战争和民主革命岁月,终于迎来中华人民共和国的成立,在中国共产党的领导下,在改革开放伟大方针指引下,天高水长,"大生人"依然屹立在长江之尾、黄海之滨,甚至更为光彩夺目。

现在的大生集团有限公司资产总额已达28亿元,年销售收入30亿元,是国家高新技术骨干企业之一。大生拥有36万纱锭,533台丰田、多尼尔等进口布机,年产纱线6万吨,坯布6 000万米,特色家纺板块面料150万米,毛毯100万条,羊毛30万条,针织服装60万套,获得"高支高密纯棉坯布"和"纯棉精梳纱线"两块中国名牌,公司生产的纯棉、丝麻、涤纶、多种功能性的混纺纱线布、漂色花布等各类名牌产品远销日本、中东、俄罗斯等40多个地区,并与德、日、意、英等国在技术开发方面有很多项紧密交流与合作。大生公司已成为国际和国内具有高信誉的现代大型先进企业。大生集团有限公司董事长沈健宏说:"2015年,大生迎来了双甲子之年,百年大生,历史厚重;百年大生,任重道远。我们要弘扬创始人张謇先生敢为人先、甘于奉献、负重拼搏、勇于改革、争创一流的精神,学习张謇先生舍身喂虎,投身实业的勇气和魄力,学习他'办一县之事有一省的眼光,办一省之事有一国的眼光',砥砺前行,创造未来,再铸世纪辉煌。大生将高举纺织大旗不动摇,矢志成为具有现代生产服务集成能力的中国纺织服装行业领军者,成为主业特强,多元产业协同发展的大型企业集团。"

一百二十年的岁月,一段难忘的历史,永远留在南通人民的心中。大生就是"民族存亡""自强不息"的见证。

日本棉纺织业第一次对华扩张高潮初探

——兼议近代中国棉纺织业的发展环境

李一翔*

近代以来,中国开启了艰难而曲折的工业化进程,棉纺织业成为最大的制造业部门。在以张謇的大生纱厂、荣家的申新纱厂为代表的本国棉纺织业高速发展的同时,日本棉纺织业依据《马关条约》的有关条款,凭借雄厚的资本优势和先进的技术优势,也开始对华迅猛扩张,其间曾先后出现过两次高潮。第一次高潮是20世纪20年代前后,第二次高潮发生在30年代"七七"事变前四五年间,其中尤以前次的持续时间长,扩张规模大,影响更为深远。本文拟对这次扩张高潮的过程、原因及后果作一些初步探讨,以求教于方家。

一

日本棉纺织业第一次对华扩张高潮始于1914年,至1929年结束,其发展过程可分为以下三个阶段:

前奏阶段(1914—1920年)。严格地说,日本棉纺织业对华扩张活动是以1902年三井株式会社上海支店收买华商兴泰纱厂为开端的,而最初以创设工厂的姿态打入中国的是内外棉株式会社。该公司于1909年7月决定在上海设立纱厂,1911年11月正式建成内外棉第三厂(第一、二厂在日本国内)。但当时日本主要把中国作为商品倾销市场,输出大量的棉纱和棉布,而同时日本纺织业界正集中力量忙于国内发展,还没有向国外扩张的余力。因此,到1913年时,日本对华棉纺织业渗透程度尚浅,仅有纱

* 李一翔,东华大学人文学院教授。

锭 111 936 枚、织机 886 台。[①]

不久，第一次世界大战爆发，给日本在华棉纺织业的大力扩张创造了契机。欧美各国陆续卷入战争，暂时放松了在中国的角逐，日本棉业资本乘机大肆活动，力图扩充在华力量。但当时日本纺织机械工业落后，所需机器设备依赖从英美进口，而英美正致力于军需品生产，不能及时保证供应，所以日本棉业资本力不从心，未能更多地在华设厂。从 1914 年至 1918 年的五年中，日资纱厂仅增加 7 家，即内外棉在上海增设了第五、七、八厂，同时收买华商裕源纱厂改称第九厂，在青岛设第六厂；上海纺织株式会社于 1916 年增设第三厂；又创设日华纺织会社，收买美国资本的鸿源纱厂改设日华纺第一、二厂。另有日本棉花株式会社从华商手里盘下的日信纱厂复又被华商收买，改称恒昌源纱厂。转入 1919 年，内外棉又在青岛设立第十、十一厂。至此，日本在华棉纺织业累计拥有纱锭 332 922 枚、织机 1 986 台，分别比 1913 年增长了 1.97 倍和 1.29 倍。[②]

高涨阶段(1921—1925 年)。1919 年 5 月，中国爆发震惊中外的"五四"爱国运动，再加上战后日本国内出现经济恐慌，对日本棉业资本的在华活动有所遏制。经历了一段短暂的沉寂之后，日资重又活跃起来，全面展开了对华资本输出活动。1921 年，在华新开办了 8 家纱厂，其中 7 家在上海，1 家在青岛，增加纱锭 291 720 枚、织机 1 684 台；1922 年又在上海设立了 5 家纱厂，在青岛设立 1 家，增加纱锭 205 752 枚。两年中累计增加纱锭 500 472 枚、织机 1 684 台，其速度之迅猛在历史上是罕见的。

1923 年以后，这种发展势头仍在继续。当年新开办纱厂 5 家，增加纱锭 158 488 枚、织机 905 台；1924 年新开办 4 家，增加纱锭 109 776 枚、织机 1 844 台；1925 年又开办 7 家，增加纱锭 247 565 枚、织机 1 398 台。五年中共计增加纱锭 1 016 604 枚、织机 5 831 台，分别比前七年(前奏阶段)增长 4.3 倍、1.8 倍。到 1925 年止，日本资本累计拥有纱锭 1 332 304 枚、织机 7 205 台，分别比 1913 年增长 10.7 倍、7.1 倍。[③]这一阶段的迅速扩张，基本奠定日本在华棉纺织业的雄厚基础，并形成了上海、青岛两个纺织业中心。

---

① 严中平：《中国棉纺织史稿》，科学出版社 1955 年版，第 368 页。

② ［日］杨天溢：《关于日本纺织业打入中国》，载《国外中国近代史研究》第 8 辑，中国社会科学出版社 1985 年版，第 338 页。

③ ［日］杨天溢：《关于日本纺织业打入中国》，载《国外中国近代史研究》第 8 辑，第 341 页。

其中上海一地有 31 家厂,纱锭 938 264 枚、织机 4 770 台,约占日本在华全部纺织设备能力的 70% 左右。青岛是另一个中心。第一次世界大战中日本对德宣战,占领山东,日资随即进入青岛,共设立纱厂 8 家,有纱锭 255 848 枚、织机 1 631 台,约占日本在华全部纺织设备能力的 25% 左右。①更具有重要意义的是,日本资本集团还以沿海岸城市为依托,积极向东北和内地扩张。1924 年,分别在辽阳和汉口各设厂 1 家,1925 年又在金州设厂 2 家,在大连设厂 1 家。这一阶段,日本棉纺织业对华扩张活动发展到顶峰,"在世界棉业史上,像这样以集团性的大规模的纺织资本对外入侵是没有先例的"。②

尾声阶段(1926—1929 年)。1925 年 5 月,上海日本纱厂资本家枪杀中国工人,接着又发生"五卅"惨案,全国爆发了声势浩大的反帝爱国运动,给日本在华棉纺织业以沉重打击。当时,在日本资本集团内部甚至出现了主张在华工厂全部退出中国的倾向。同时,中国国内政局不稳,经济日益凋敝,对日资的扩张活动也有所限制。于是,从 1926 年起,日本纺织业界对华扩张的势头渐渐低落下来,扩张重点转向增大已设工厂的生产能力,所设新厂并不多。至 1929 年的四年内,仅增加 4 家。1929 年,资本主义世界爆发了全球性的经济危机,日本很快被卷入,国内经济形势一片混乱,工农业生产量锐减,对华投资速度被迫放慢,日本棉纺织业第一次对华扩张高潮全过程至此结束。

二

形成近代日本棉纺织业第一次对华扩张高潮有如下原因:

第一,日本经济急速膨胀,造成国内利润率下降,引起过剩资本流向利润较高的国家和地区。

第一次世界大战期间,欧洲各国从远东市场后退,对亚洲的输出基本断绝,日本乘机在这一区域开拓市场,增加纺织品和杂货等商品的出口;同时由于战争需要,俄国与其他协约国向日本大批订购军需品,使日本得以迅速扩大海外市场。输出的显著增加,刺激了生产规模的扩大。首先是扩充原

①　根据杨天溢前引文所列"在华日本纺织厂一览表"计算而来。
②　[日]高村直助:《日本纺织业史序说》下卷,塙书房 1971 年版,第 267 页。

有企业,接着全国出现了一股兴办企业的狂潮。在棉纺织业方面,棉纱和棉布的输出,从 1916 年前后迅速增加。特别是随着战局的发展,英国对远东的输出直线下降,使日本的棉制品遍销中国、印度及南洋市场,结果导致棉纺织业大量投资,扩充老厂或开办新厂,发展速度极快。据统计,从 1915 年至 1917 年的三年间,日本向英美订购的纺机共达 127 万锭。[1]虽然由于战时从英美输入机器困难,到处出现建厂中途停工的现象,但棉纺织厂新办和扩充的盛况仍然胜过其他产业。

　　大战结束后,日本高度繁荣的经济在经历短暂的跌落后,又因欧美各国尚未及时恢复以及因恢复更需扩大输入而继续保持繁荣局面。当时物价飞涨,棉纱售价比战时高出 50% 左右,[2]输出大量增加,棉业资本家获得了丰厚的利润,兴办企业的浪潮较战时更加高涨。然而好景不长,急速膨胀的日本经济从 1920 年上半年起出现滑坡,首当其冲的便是棉纺织业。萧条造成企业开工不足,工作时间缩短,全年纱锭平均运转率只占纱锭总数的 83%,纱厂利润下跌。[3]当年全国纺织业的平均利益(利润总额+固定资产折旧金)率从上半年的 58.3% 猛跌到下半年的 27.8%。以后各年虽有起伏,但一直呈下降趋势,从 1921 年的 38.1% 降到 1925 年的 22.9%。[4]这样,大战期间和战后迅速扩展起来的庞大生产能力,在危机发生后国内外市场急剧缩小的强大压力下,很快形成过剩资本。而在追逐高额利润的动力驱使下,这些过剩资本必然要积极寻找出路,流向利润较高的国家和地区。

　　第二,战时巨大的贸易顺差,使战后商品出口陷入困境,中国等一些国家与地区的贸易保护主义措施加强,促使日本把商品生产线移往海外。

　　大战期间,日本的贸易出口额大幅度增加,过去长期持续的入超一下转为巨额出超。据统计,从 1915 年至 1918 年的四年中,日本的贸易顺差额累计达 139 360 万日元。[5]出口商品中,增长最快的是输往美国的生丝和输往中国、印度的棉制品。其中,棉纱出口额由 1914 年的 7 856 万日元增加到 1918 年的 15 830 万日元,棉布出日额由 1914 年的 3 484 万日元增加到

---

① [日]守屋典郎:《日本经济史》,三联书店 1963 年版,第 207 页。
② [日]守屋典郎:《日本经济史》,第 232 页。
③ [日]三瓶孝子:《日本棉业发达史》,庆应书房 1941 年版,第 178 页。
④ [日]高村直助:《近代日本棉业与中国》,东京大学出版会 1982 年版,第 81、125 页。
⑤ [日]楢西光速等:《日本资本主义发达史年表统计表》,第 36 页。

1918 年的 23 791 万日元。①然而,战后日本的对外贸易又很快转为入超,出口减少或停滞,进口增加,整个贸易陷入困境之中。从 1919 年至 1922 年的四年中,日本的贸易逆差额累计达 136 277 万元。②特别是在战后,一些落后国家和地区针对自身贸易长期入超的状况,逐步加强了贸易保护主义措施。中国作为战胜国之一,与各列强交涉,要求修改关税税则,并在上海召开了有 15 个国家参加的修改税则会议。新税则确定提高现行进口税率 5%,对棉制品进口首次采用按纱的支数多少来区别的原则,改变了过去仅征单一从价税的规定,对进口纱在 45 支以下的征从量税,税率较重,45 支以上的则征从价税,税率较轻。新税则从 1919 年 8 月开始实行。实施的结果,每担日本进口纱的税率从 1902 年的 1.96% 提高到 2.64%;本色市布、漂白市布和洋标布的平均税率从 1.93% 提高到 2.93%。③此变化对于一直把中国作为主要市场的日本棉纺织业来说,打击不小。这样一来,日本向中国廉价倾销粗纱(主要是 20 支、16 支纱)的所得利益要减少一半左右。对此日本有人评论说:"由于战时日本劳动工资的上涨和中国关税的提高,日本棉纱业在中国市场上的竞争变得困难了";"日本纺织业就粗纱看,在当时的中国,就完全失去了竞争能力"。④因而极大地限制了日纱对中国的输出。据统计,1920 年日纱输华量比上年下降了 21.1%,1921 年更比上年猛降了72.2%。⑤

当然,日纱输华量减少的原因很复杂,但其中中国进口关税的提高不能不说是一个重要因素。中国提高关税是保护本国产业的一个步骤,日本则因此丧失了输出市场,促使其把部分在税收上不利的产业移到海外去,以便绕开贸易保护主义的壁垒,继续保持并扩展销售市场。为此,日本纺织业集团采取了下列对策:一是把国内的生产重点从粗纱转到细纱上来,并扩大棉布生产;对华输出由以纱为主改为以布为主,纱则以南洋和印度为主要市场。二是采取直接在华设厂的办法,把粗纱生产线搬到中国,就地制造、就地销售,以更有利的形式占领中国市场。于是,从 1921 年起,日本棉纺织业便开始大举进入中国,甚至连钟渊纺织系统不少正在建设中的项目也停止

①　[日]守屋典郎:《日本经济史》,第 195 页。
②　[日]楫西光速等:《日本资本主义的发展》,商务印书馆 1963 年版,第 129 页。
③　严中平等:《中国近代经济史统计资料选辑》,科学出版社 1955 年版,第 60 页。
④　[日]杨天溢:《关于日本纺织业打入中国》,载《国外中国近代史研究》第 8 辑,第 329 页。
⑤　[日]杨天溢:《关于日本纺织业打入中国》,载《国外中国近代史研究》第 8 辑,第 341 页。

了,转而移往中国。战时向英国订购、因故推迟至战后才运抵日本的大批纺织机械也被转到了中国。①

第三,中国良好的投资环境和地理位置,吸引着众多的日本资本。

进入到20世纪的中国,封建自然经济开始逐步解体,资本主义经济成分有了一定发展,但中国又是一个与众多列强签订了许多不平等条约的半殖民地国家,外国资本享有种种特权。因此,对于急于输出资本的日本纺织业界来说,是一个再理想不过的投资场所。

(1)生产原料丰富。中国植棉历史悠久,鸦片战争后棉花种植面积"年有扩张",商品率也逐步提高。到20世纪20年代前后,全国棉花商品率约为42%,商品量达到800万担左右,②日本资本集团来华设厂不必担心原料来源问题。实际上,他们为了垄断中国的棉花资源,第一次世界大战前就在华北各地实施改良棉种的计划,建立了一整套棉花生产、收购控制网,既能供应国内厂家的需要,也能满足在华设厂的需要。

(2)劳动力充足而价廉。中国劳动力资源不仅充足,与日本相比,价格还特别低廉,并且可以大量使用童工,工价更低;另外,工人的福利保健费也很低。这一切都有利于降低生产成本。据日本棉纺织业联合会调查,昭和初期(20世纪20年代中期),纺制一捆20支纱的工厂成本,在日本需42日元,其中工资20日元;而在中国只需22日元,其中工资仅9.2日元,两者相差1倍多。③经济上更具重大意义的是,战后日本工人地位提高,迫使政府修改工厂法,禁止深夜操作,而中国却没有劳动时间的限制,可由资本家任意延长工时,提高剥削强度。

(3)税金低,运费省。同样以纺制一捆20支纱为例,在日本要缴纳税金4日元,而在中国只须缴纳0.5日元,两者竟有8倍之差。④而且,在中国设厂制造,就地销售,与从日本输入相比,可省去大笔运输费用,进而又可利用低价倾销产品,提高商品的竞争力。

(4)棉制品市场广阔。中国本来市场容量就不小,尤其随着自给自足的自然经济的不断瓦解,越来越多的农村贫苦农民被卷入市场体系之中,对

① 樋口弘:《日本对华投资》,商务印书馆1959年版,第28页。
② 赵德馨等:《中国近代国民经济史教程》,高等教育出版社1988年版,第189页。
③ [日]杨天溢:《关于日本纺织业打入中国》,载《国外中国近代史研究》第8辑,第329页。
④ [日]杨天溢:《关于日本纺织业打入中国》,载《国外中国近代史研究》第8辑,第331页。

各种商品的需求量逐年增加,市场前景更为可观。

此外,中国邻近日本,特别是沿海一带,交通便利,对日本投资者有着很强的吸引力,既可作为向中国内地和东北进一步扩张的跳板,也可在局势不利时顺利退回日本或其他地方。总之,日本棉业资本集团早就企图利用中国优良的投资条件,在华直接设厂。当第一次世界大战结束后,在两国经济形势发生一系列新变化的特殊条件下,他们的愿望成为现实。

三

持续时间长达十多年的日本棉纺织业第一次对华扩张高潮,对中日两国经济的发展产生了巨大影响,导致两方面的后果,并由此改变了近代中国棉纺织业发展的长期环境:

其一,日本棉纺织业对华的迅速扩张,使中国"潜在的市场"很快转化为现实的市场,有利于日本拓宽海外市场,在一定程度上缓解了国内日益严重的经济危机。

日本资本主义的发展有一个致命弱点,即国内市场狭窄,必须极大地依赖国外市场。这一点在第一次世界大战后更进一步给日本经济以强烈的影响。以棉纺织业为例,中日甲午战争后,日本的产业革命首先在该部门获得成功,便积极向亚洲一些国家出口产品。其中对中国的出口占了很大比重,如战前的 1913 年,日本输华的棉纱和棉布分别占同类产品出口总额的97.6%、86.9%。①大战期间,中国民族棉纺织业获得发展,市场占有率逐步提高,日纱输华量从 1915 年起便逐年减少。特别是 1919 年的中国实施新的进口税则,筑起了一道小小的关税壁垒(其实税率仍远远低于其他各国),不利于日纱廉价倾销。因此,对日本来说,广阔的中国市场只是一种"潜在的市场"。如何解决生产能力扩大与销售市场缩小的矛盾,就成为决定战后日本棉纺织业发展与否的关键所在。

日本棉业资本集团通过向中国大规模输出资本的办法,顺利解决了这一矛盾。在华各厂生产的大量产品,以较前更加低廉的价格,像洪水一般涌向中国城乡市场,很快将"潜在的市场"转化为现实的市场。1924 年,全国

---

① [日]高村直助:《日本资本主义史论》,米涅尔瓦书房 1980 年版,第 113 页。

机制纱产量总计 1 890 984 捆,其中日资厂为 613 228 捆,占 32.4%;机制布产量总计 354 160 千码,其中日资厂为 107 810 千码,占 30.4%。[1]就市场地位而言,连同进口品,日本棉制品在中国市场上的销售量约占全国总销售量的一半左右。[2]

日本棉业资本对华大规模输出,使其海外市场进一步扩大,在一定程度上缓解了国内的经济危机。事实上,整个 20 世纪 20 年代,日本纺织业仍然继续保持着较快的发展势头。如果以 1919 年的纱锭数为 100 的话,1921 年为 120,1925 年上升为 151,1929 年达到 199,十年间增加了一倍。[3]此外,在华日资厂每年赚取的利润中的大部分被汇回到日本国内,对改善日本国际收支状况起到了重要作用。

其二,日本资本的进入,带来了先进的生产技术和管理经验,同时也对中国民族资本造成沉重的竞争压力,压制、摧残了中国民族棉纺织业的成长。

在华日资纱厂在技术水平、管理经验和资金来源等方面占有绝对优势,客观地讲,它们的进入对促进中国民族棉纺织业改善经营管理、提高技术水平,起到了一定的示范作用。但这并非日方的主观意愿,只不过在外部环境上造成了一种压力而敦促民族棉纺织业通过自身努力来实现的。正是由于日资纱厂在技术、管理和财力上的优势,再加上享有的种种政治、经济特权,使其在竞争中始终处于十分有利的地位,而华资纱厂只能长期居于劣势。我们来看一看中国境内双方的设备能力变化情况:

中国境内中、日纺织设备对比统计(1914—1929 年)

年　份	纱　锭(枚)				
	合　计	中　国	比重(%)	日　本	比重(%)
1914	1 031 000	673 000	65.3	112 000	10.9
1919	1 468 000	889 000	60.6	333 000	22.7
1922	3 611 000	2 272 000	62.9	1 081 000	29.9
1925	3 572 000	2 035 000	56.9	1 332 000	37.3
1929	4 224 000	2 396 000	56.7	1 675 000	39.7

---

①　[日]高村直助:《近代日本棉业与中国》,东京大学出版会 1982 年版,第 169 页。

②　系作者根据日本在华纺织厂的纱、布产量及销售额与日本输华的纱、布数量作出的大致估计,略为保守。

③　[日]三瓶孝子:《日本棉业发达史》,庆应书房 1941 年版,第 511—512 页。

（续表）

织　机（台）					
年　份	合　计	中　国	比重（%）	日　本	比重（%）
1914	5 488	2 707	49.7	886	16.3
1919	7 959	3 602	45.5	1 986	25.0
1922	19 228	12 459	64.8	3 969	31.9
1925	22 924	13 371	58.3	7 205	31.4
1929	29 272	6 005	54.7	11 367	38.8

资料来源：根据（日）高村直助：《近代日本棉业与中国》第 98 页所列表格整理、计算得出。

　　从表中可看出，1919 年至 1922 年的四年间是中国民族棉纺织业发展的"黄金时期"，其生产能力有相当提高，但增长最快的还是日本在华棉纺织业；1923 年至 1925 年，中国民族棉纺织业的境况日趋恶化，步入萧条时期，而同期正是日本资本大事扩张的阶段；1926 年至 1929 年，中方发展迟缓，日方仍在继续扩张。

　　这时期，中国民族棉纺织业在总体规模上虽处于领先地位，但实力却不及日资厂雄厚。首先，华资厂的规模不如日资厂大。以 1914 年至 1925 年间中国民族资本设立的 53 家厂与同期日本在华设立的 33 家厂比较，华资厂平均每家纱锭数为 33 368 枚，日资厂平均每家为 38 430 枚，比华资厂多出 4 000 余枚。①其次，华资厂的联合程度不如日资厂高。53 家华资厂隶属于 40 个公司，平均每个公司约有 1.33 家厂，而 33 家日资厂隶属于 17 个公司，平均每个公司约有 1.94 家厂。并且，为了与中、英纱厂竞争，日本公司之间又多采取联合行动。再次，华资厂资力不足。有不少厂向日方告贷，在无力偿还时便为其所吞并。从 1918 年至 1926 年，共有中国资本的上海裕源纱厂，华丰纱厂，宝成第一、二厂，天津裕大纱厂 5 家纱厂被日本资本兼并。

　　在产销方面，日资纱厂由于具备种种优越条件，劳动生产率要比华资厂高出一倍多，产品成本却比华资厂低得多，能以低廉的价格在中国市场上与中国产品竞销，并压倒对方。此外，日本资本家还通过控制和垄断中国的棉

---

①　杜恂诚：《日本在旧中国的投资》，上海社会科学院出版社 1986 年版，第 187 页。

花市场,从原料供应上给华资厂以掣肘。在日资的压迫下,各地的华资纱厂有的停工减产,有的破产倒闭,处境十分艰难。由此可见,日本棉纺织业对华大规模扩张,给中国民族纺织业带来了极大的压力,成为后者进一步发展的巨大障碍,有人指出:中国"棉业唯一之劲敌为日本"。[①]

综上所述,日本棉纺织业第一次对华扩张高潮是第一次世界大战以后两国经济关系发展过程中的一件大事,是日本开始对中国进行全面的政治、经济侵略的一个有机组成部分。日本凭借其在大战中急速膨胀起来的政治、经济实力,以棉纺织业为先导,一方面继续对中国输出大量棉制品,破坏中国民族经济的发展;另一方面,又以直接在华设厂的办法,掠夺中国原料,就近占领中国市场,从市场和原料两方面夹击中国民族棉纺织业,企图置其于绝境而独占中国市场。这一切充分证明,在中国政治不独立、主权不完整的前提下,外资的进入,只能进一步加深本国的殖民化程度,逐步沦为资本输出国的原料供应地和商品倾销市场。今后在我国的对外开放中,应该牢牢记住这一历史教训!

---

① 穆藕初:《藕初五十自述》(1926年),上海古籍出版社1989年版,第152页。

刍论张謇大生纱厂的兴衰沉浮
与上海的关系

姜 平*

上海地处长江三角洲地区,是重要的水陆交通枢纽。1843 年上海开埠后,对外贸易迅速发展,很快取代广州跃居近代中国第一大通商口岸和对外贸易基地,同时成为全国最大的近代工业中心、全国金融中心与国际金融重镇;尤其是近代动力机器棉纺织业的肇兴,使上海成为中国近代纺织工业发展最早、最快,同时也是全国最大的纺织工业基地。探讨上海大都会对南通早期现代化的辐射影响,最具典型意义的就是张謇大生纱厂的兴衰沉浮与上海的关系。

一、上海开埠通商为通海土布业商品化繁荣提供了历史机遇

南通地区以襟江带海地利所赐,土质气候宜棉。它与宋元间勃兴于松江的江南棉业中心隔江相望,风气先著,最早接收到新兴棉花耕织技术的传播,成为全国重要的棉产区。通海棉产之外输,陆运在前,海运在后。其为北地商客所运销,则远自清初关内外通达前即已萌芽。由北方旱道驱着成群驴马到江北做生意的山东客帮,返途时,买到一驼一驼的棉花(60 斤为一驼),由驴马载运北去。①清汪芸巢所编《州乘一览》记载:"闽粤人秋日抵通收花衣,巨舶千百,皆装布囊……"明末科学家徐光启成书于 1628 年的《农政全书》,其中涉及崇海棉花被舟运南方及上海的记载:"北土吉贝(即棉花)贱而布贵,南方反是,吉贝则泛舟而鬻之南,布则泛舟而鬻之北,今邑之贩户

---

* 姜平,南通纺织博物馆馆员。
① 林举百:《近代南通土布史》,《南京大学学报》编辑部印,1984 年,第 28 页。

皆自崇明海门两沙来。"南通地方偏僻,历史上战乱很少波及,相对稳定的环境与得天独厚的地理自然条件,使当地家庭棉纺织业亦紧踪苏松,成为苏北地区最早、历史上仅迟于松江、上海、太仓的土布之乡。然而,受长江天堑阻隔,以及江南棉纺织中心的强势所影响,当地手工棉纺织生产与商品化发展极其缓慢。

自 1842 年中英《南京条约》签订,次年上海辟为商埠,通海土布业局面开始发生变化。通海初期的土布织造,系效仿上海的稀布,俗称纱布。清嘉道间,通海"稀布"已发展为"尺套",继而向"大尺布"发展。①清咸同间,土布行销又有县、京、关之别。销淮、扬一带的为县庄;售宁、皖地区的为京庄;运往东北三省的为关庄。后来关庄布开拓关外市场,畅销东三省,跻身通海布业巨头。上海开埠通商,通海土布转运上海出售。从旱地抵通贩运土布的北方客人渐次减少,客商纷纷转从上海收买,然后雇船北运。1862 年,通海著名的布牌"鼎茂""天茂""天和"等,完全集中在上海,由北方客人收买。1858 年营口开埠后,通海大尺布遂由沪上径运营口,开辟了关庄布航线。

自上海成为关庄布的交流中心,通海关庄纷纷派员赴申接洽业务。他们变行商为坐贾,成了常年居住的庄客,人称通海帮申庄。1898 年,通海帮申庄商人联合成立了同业公会组织——上海纱布公所,主办沪地对营口的土布出口事务;同时成立驻营口纱布公所。自此,上海—营口间的海上营运往来频繁,日盛一日。每年数以百万匹计的关庄大布从上海运抵营口,疏往东北各地。一条以土布为纽带,沟通南北、产销俱旺的海上商业通途日见昌盛。

大尺布北销初期,一度以"船舱板"作货栈,去货日增,便另建临时简陋堆栈于上海杨树浦的关桥一带起卸装船。随着关庄布北销旺盛,通海花布同业就上海大达码头附近租用一旧剧场作堆栈,取名新新,专栈储货大尺布载船北运。后因营业极盛,货多难容,通海帮与大生沪事务所共同集资,在新码头外滩,租地自建大储堆栈,以利花布与厂纱的存储。未几仍因储货甚多,渐感不敷,再图扩充。经上海银行持股大量投资,扩建新栈于路西,规模

① 关庄布的早期产品为尺套,全部采用手纺土纱,每匹长二丈二尺,阔不足一尺。1884 年前后,国外机纱从上海流入通海地区,产布渐渐改用机纱作经,手纺土纱打纬,俗称"洋经本纬",每匹规格比尺套加阔 20%,放长一倍有余,故名大尺布。

较原址大出数倍,堪称南市码头仓库的"巨无霸"。①当然,此已为后话。

关庄布北运畅达,带来了通海境内土布业的空前繁荣。1884 年前后,印度机纱从上海输入海门,通海产布渐渐改为"洋经本纬",关庄布开始向大尺布的途径蓬勃发展。然而伴随国外机纱的涌入,洋纱很快成为中国之漏卮。花往纱来,仅棉纱一项,我国每年损失的白银就达 2 亿两以上。出身江苏海门农家的清末状元张謇先生,痛感此状"无异于沥血肥虎,而袒肉以继之"。为堵塞漏卮,设厂自救,1995 年张謇在家乡通州创设大生纱厂。"通州之设纱厂,为通州民生计,亦即为中国利源计。"(大生纱厂《厂约》)大生纱厂自 1899 年岁末开车出纱,便以生产 12 支优质机制棉纱替代洋纱为使命,专供通海织户织造关庄布,以此挽回当地丰富棉产资源流失的不利局面。

大生与土布的关系至为密切。通海关庄布业更为大生纱厂赖以生存的市场,"布畅则纱销旺",大生早期的兴旺发达,完全基于当地土布业的蓬勃发展。大生设厂之时,日产 12 支机纱 40 件(每件 315 斤),而当时年销东北的大尺布已突破 10 万件,通海关庄布业日需原料纱 120 余件,如其全用机纱织造,大生纱厂的供应量至多不过三分之一。②有鉴于此,大生纱厂采取"弃布就纱"方略,专以 12 支机纱生产供通海布业织造,促使关庄布产量跃增,质地更好,北销营业蒸蒸日上,运销东北的大尺布已向 15 万件迈进。大生纱厂全年的产纱量即使全供作关庄布的原料,其数依然不敷远甚,不得不靠江南客纱大量内运,以及当地手工纺纱来补给。土布业兴旺带来的巨大纱市需求,促使大生企业自身也不断扩充壮大。纱厂由一座发展为四座;纺锭由 2 万余枚增加到 15.5 万枚。

二、上海早期官办、民办企业的生存境况为张謇筹创大生纱厂提供了成败借镜

中国早期股份制企业的兴造,官府既为主要发起者,但在扶植的同时又试图控制它。在这种体制下,企业无法抵制官府的征调、挪用,也无法遏制来自官场的营私舞弊和贪污腐败。甲午战败后,洋务派创办的民用企业无论官督商办或是官商合办等都已日益显露弊端。上海几家著名的官督商办

---

①②　林举百《近代南通土布史》第 113 页,第 145 页。

企业,譬如轮船招商局、电报招商局、上海机器织布局,均在短时期内由盛转衰,乃至在混乱的管理下毁于一旦。此类"衙门化"企业的失败即为明证。

甲午后清政府允许民间集资办厂,官督商办的形式已为上海商民所摈弃。①民间资本迫切地要求独立发展,并希望有一种社会力量出来充当他们与官方之间的桥梁,帮助他们向官府争取必要的保护与支持,却又能免于官吏的苛派和骚扰。张謇以其翰林、新科状元与总理通海商务大臣的特殊身份投身工商活动,"介官商之邮",顺应了民间力量发展诉求与满足了近代民族工商业登上历史舞台的时代需要。

张謇筹办大生纱厂的集资过程曲折坎坷,有鉴于上海洋务派创办的"官督商办"与"官商合办"企业的种种利弊,最终独创一条适合民营资本独立办厂即"绅领商办"的正确之路。大生纱厂原始纱机 2.04 万锭为清廷官机,由张謇承领入股大生,官方只取官利红息,不介入厂务。这一特点决定了大生纱厂的民营资本属性。摆脱官方制约的大生企业,经由张謇"绅领",不仅获得了占股份 56.7%的官机股,还向官府获得 9.41%的地方公款,同时申请到 20 年的专利垄断。大生纱厂此后的顺利发展,不能不谓受惠于"绅领商办"体制下的企业独立自主经营。

在大生创建之前,以上海为中心的中国民族棉纺织业兴办已经初具规模。其中,上海 7 家,苏州、无锡、宁波、杭州各一家,武昌 2 家。这些早期兴起的民族资本棉纺织企业都设立在交通运输便捷的通商都市。张謇筹设大生之初,对沪上纱厂作过细致考察:"下走以为,上海纱厂之病,正坐拥挤。"②对这种由近代工业引起的城市拥挤、工厂倾轧现象,他又进一步分析:"自上海洋商始设纱厂,接踵而起者九家。各不相谋,人自为计。时乎买花,则九家争买,而价必抬高;时乎卖纱,则九家争卖,而价必落贱;且工人朝夕彼此,工价动辄奇居。以是上海纱厂之利,往往不及他处。"③因此,大生纱厂的选址反其道而行之,择厂址于县城郊外的唐家闸棉乡,这无疑是张謇富有战略眼光的抉择,其中一个不可忽视的因素,正是张謇对上海等工业化

---

① 参见赵明远《中国早期股份制与大生纱厂"绅领商办"》,《中国早期现代化的前驱》,中华工商联合出版社 2001 年版,第 332—333 页。

② 张謇:《大生分厂第一次股东会报告》,《张謇全集》第 4 卷,上海辞书出版社 2012 年版,第 137 页。

③ 《张謇全集》第 3 卷,江苏古籍出版社 1994 年版,第 766 页。

城市形成的工厂"正坐拥挤"现象,以及由此造成的对企业发展弊端的主动规避与撤离。继一厂之后,大生二、三厂也都扎根在偏离城镇而富棉产的郊外乡村,从而创立起大生自身的建厂模式。

同样有鉴于"上海纱厂之病",张謇还为大生纱厂确立起"寓工于农"的"土产土销"经营方针:"原料取于本地,熟货销于本地","出货、熟货之利,环生相资,愈转愈长"。[①]这种立足本地棉乡以"供求自助相剂"的理念,充分利用和发挥了通海布业地利资源的独厚优势,把当地市场牢牢掌握在手里,阻止了外国商业体系的入侵,形成以大生纱厂为中心,进货出货两头在农村的花纱布生产一体化格局,推动了南通地区土布业的迅猛发展。纱厂自 1899年开机出纱,至第一次欧战爆发,连获厚利,成为国内 19 家华资纱厂中唯一成功的纱厂。张謇"寓工于农"的战略抉择起到了关键作用。

三、上海近代机器纺织业的肇兴为张謇创办大生纱厂提供了先抉条件

张謇创设大生纱厂从招工、技术引进到工厂管理、资金筹措等各个环节,都得益于上海的支持。唐闸大生纱厂的筹创,处于"群喙摧撼之中,风气盲塞之地"。工厂初步建成,厂董们却对生产与管理一无所知,张謇派人"考求纺工利病与上海各厂"。厂董高立卿"与张謇相知甚厚",兴建纱厂时,"督工甚殷,竟日无懈",张謇派他"诣沪各厂考察,比营厂成,任为考工举职视事"。大生纱厂《厂约》《厂章》的出台实施,亦多借鉴于上海各纱厂的规章制度和管理经验。大生纱厂建厂初期的劳动力,绝大部分来自附近的农村,而熟练工与技术骨干则主要招自上海。特别是纺纱工场的机工和工头,大部分从上海招来。同时,聘用沪厂有经验的财会、原动、机修等技术人才驻厂主持生产和传授技术,保证工厂的正常运营。为解决外聘管理人员和工程技术人员的居住问题,大生于 1906 年在纱厂北面选地 3 220 平方米,仿照上海的石库门建筑群,建造了 60 套标准较高的联体式公寓住宅,这就是后来人们所说的大生"老工房"。这批引自上海工厂的宁波籍或上海籍工程技术人才,大都将家也迁往已有"明星工业城镇"之誉的唐家闸落户,为早期大

①　张謇《大生纱厂第七届说略并账略》,《张謇全集》第 3 卷,第 67 页。

生的发展作出了重要贡献。由于长期"坐大",这批来自上海的技术力量成为控制工厂技术部门的帮派势力,被称为"宁波帮""上海帮"。譬如原动科的陆炳生、设备科的傅洪生等人,皆为执掌大生技术领域数十年的有威望的上海师傅,其门徒青蓝继起、人才辈出,成为唐闸实业界彪炳一方的能工巧匠。

张謇大生企业从筹创之初到由盛而衰,始终与上海金融界保持着最密集的交往和联系。张謇筹办大生纱厂时曾在通州当地"四面奔走陈说通州设立纱厂之利",然地方民众咸莫知"工厂"为何物,愿投资入股者稀。"通州本地风气未开,见闻固陋,入股者仅畸零小数。"①上海作为中外贸易中心和我国商品经济最发达地区,夹重金而来闯荡的五湖四海的士绅与商人,经历"洋务""欧风"与"商战"的熏陶和历练,投资办厂、经商致富的观念早已深入人心,蔚为风气。尽管大生筹办时的上海华商纱厂俱不景气,拥资者视纱厂为畏途,但比之通地的豪门巨富对招股号召的冷漠、通州知州汪树堂违旨抗命,煽动士子聚众闹事的歹毒,②其间的差距殊非道里可计,两地的比较亦不可同日而语。毕竟在沪上十里洋场,富贾云集、钱庄林立,纱市不振尚有待趋旺,大生以高额"官利"吸股尚有引人诱力;毕竟在张謇筹款陷入山穷水尽时刻,尚有"官以久搁沪上之(纺)机估值50万两",由"盛(宣怀)与謇合领分办",遂使通厂绝路逢生而免遭夭折。难怪张謇在大生纱厂开工因流动资金不足陷入困境时,依然奔走沪上,"留沪两月,百计俱穷,函电告急于股东者七次,无一答,仍以卖字给旅费",甚至"常常跑到黄浦滩对天长叹!"上海对于张謇大生纱厂的创立乃至对于南通实业之振兴与地方经济之发展,有着至关紧要、难以割舍的地缘与业缘关系。正缘于此,张謇几乎与建厂同步,便创设大生账房于沪上,取名"上海大生事务所",使之成为大生企业延伸向上海的神经枢纽和联络中心。

四、上海与南通间的长江航运为大生纱厂发展提供了物流与信息流的快车道

大生纱厂的筹办,无论建筑材料、机器设备、原材料的购进,还是开工后

---

① 《张謇全集》第4卷,上海辞书出版社2012年版,第28页。
② 南通知州汪树堂和幕僚黄阶平,不满于两江总督刘坤一命将通州存典的公款拨存大生以供开厂前的资金周转。他们暗地合谋以士人乡试会试基金1万两提存大生,然后煽动乡绅秀才发难闹事,威逼大生还交出寄存基金。

的产成品的运销,都与上海有着密切的关联。1899 年 5 月,大生纱厂建成投产并于当年获利。为便于从上海运输货物,纱厂从上海广生小轮公司包租了一艘"济安"小轮,来往于南通、上海之间,装运纱厂的物料。1900 年春,大生纱厂设立大生轮船公司,在通扬运河左岸纱厂门前建造大生码头,装卸运送本厂原料、成品以及燃料,同时购买广生小轮公司的"济安"轮改名为"大生"号,行驶于上海与南通之间。然而,外港至唐家闸厂区的水运"港道浅窄,运输不灵,设厂之初,未能浚辟"。1903 年,为了适应大生实业的发展和纱厂原料成品运输的需要,亦为衔接外江内河等航线,张謇创办大达内河小轮公司,营建天生港趸船码头,同时为畅通上海物资进入苏北腹地的水上枢纽,疏浚港闸河并开凿贯通港闸公路。1905 年,张謇为开拓拥有主权的长江运输航道,又创办了上海大达轮步公司和天生港大达轮步公司,公司在上海十六铺购地建造码头和仓库,实施南通和上海两个大达轮步公司的联运。这样既享有自开商埠的优惠税收政策,又开通了沪通专线,从而降低了大生企业产品运沪的运输成本。全盛时期,大达轮步公司曾拥有长江轮七八艘,开辟了申纱(海门)线、申通(州)线和申扬(州)线等长江下游各航线;内河小轮公司拥机动小轮 20 艘,拖船 15 艘,增开了南通至镇江、扬州、盐城、泰州、吕四、掘港等 10 条航线。由此,沟通了上海与苏北腹地的水上运输,对苏南、苏北的物资交流、商旅往来、经济繁荣发挥了重要作用。

　　诚如戴鞍钢指出的,大生系统企业与上海间的密切关系,是张謇集资创办南通与上海间近代航运企业的主要动因。立足南通,依托上海,谋求企业发展的广阔空间,则是张謇实业活动更为高瞻远瞩的筹谋和基本方略。

五、上海金融、实业界的鼎力相助为张謇大生企业集团崛起提供了有力支撑

　　1897 年冬,尚在筹建中的大生纱厂就在上海福州路广丰银行内附设账房。1898 年迁至小东门,1901 年迁天主堂街外马路。1907 年改称"大生上海事务所"。1913 年以前,大生沪所的主要业务是采办物料、购运原料、联络上海社会名流等事项。1913 年以后,大生各纺织厂连年盈余,大生沪所又承担了置办布机、开盘批售布匹、收款付货等业务,使之成为大生企业融资与上海银行业的桥梁。当时,上海银钱业纷纷向沪所提供信贷,"所有南

四行、北四行、南北市汇划钱庄多与大生往来",并"以与大生往来为荣,不能与大生往来为耻"。因此,大生及其大生沪所在上海拥有很高的声誉,"送往来折给沪所的钱庄达 105 家"。无怪乎张謇在《实业政见宣言书》中曾言:"农工商业之能否发展,视乎资金之能否融通",并强调是"謇所亲历,故知之甚深"。

在 1922 年以前,大生企业本身基本未留资本积累,但大生系统各企业凭借上海金融资本的支持和银钱业的信贷,遂在原有基础上全面扩张,所属企业单位大小有数十家之多,成为举世瞩目的企业集团。沪所营业范围随之扩展到国内外通都大邑,南通绣织局的绣织品和发网远销美国纽约,复兴面厂的二号面粉运销日本。这些产品的运销、报关、结汇以及银根调度等,都由沪所办理。1914 年,大生沪所附设大生公司,开始经营机器进口业务。1921 年,又垫款设立大孚经纪号,借上海华商纱布交易所投身售纱业务。1922 年以后,大生纺织系统陷入经营困境,债台高筑,全凭大生上海事务所利用与上海金融界、企业界长期建立的信誉关系,一面要应付到期债款,另一面要继续维持经营、游说纳款和办理抵押业务,还要每日为大生系统四个纺织厂调拨银根,以及为大生系统所属几十个大小企业调划头寸。事实上,上海沪所已成为大生资本集团的神经中枢。

张謇任农林工商总长后,与政界人士的接洽交往大都以沪所为联络中心。张謇还利用沪所与上海新闻界人物如《申报》史量才、《时报》狄楚青,以及后来"苏社"的沈恩孚、黄炎培等社会人士往来周旋。此外,张謇以上海为大舞台,先后被推举为江苏教育总会会长(1906)、中央教育会会长(1911)、中国银行股东联合会会长(1916)、中华职业教育社创始人(1917)、华商纱厂联合会会长(1918)、江苏运河督办(1919)、吴淞商埠督办(1921)、中国交通银行总理(1922)以及中华农学会会长、中国矿学会会长、中国工程师学会会长以及中国科学社名誉社员等职,从而跻身中国工商界、金融界、教育界领袖地位。张謇凭借其社会影响和声望,为大生集团的崛起与壮大呼风唤雨,可谓左右逢源。

六、上海银行团接管经营大生纱厂扭转了张謇大生企业的破产命运

1922 年,中国市场发生棉贵纱贱的逆转。大生纱厂从上年高额盈利转

眼间跌入大量亏损。当年,大生一、二纱厂共结亏 100 余万两银,账面负债额高达 835 万两。这是整个大生系统由兴而衰的历史转折。自此,大生的经营持续恶化,连年亏损,引起债权人和股东的一片恐慌。大生信誉因此一落千丈,企业迅即陷入周转不灵的危境,不得不靠抵押贷款勉强维持营运。1924 年年底,南通九家钱庄组成"维持会"进驻一厂,采取竭泽而渔的手段野蛮经营。在短短三个月内强行收回债本后撤出,给工厂造成重创。①1925 年张謇及其兄弟年老告退,大生纺织企业交由债权人上海银行团组成的"维持会"接管经营。

事实上,20 年代以降,中国民族工业的短暂繁荣已一去不复返。棉纺织工业面临新的局面和挑战。战后,日本棉业资本集团在日本政府支持下掀起对华扩张高潮。日资纱厂几乎遍布中国沿海沿江各大城市。日厂挟其雄厚的资本、精良的技术和在华种种特权,垄断中国的棉产市场,大肆掠夺中国廉价纺织原料、倾销纺织品,迫使中国纺织业走上了艰难曲折的发展历程。战后华商纱厂数量的激增,更加剧了同行内部的竞争与倾轧。面对 20年代的这种新形势,华商纺织企业的生存竞争越来越明显地表现为管理的竞争、技术竞争、产品转型以及规模实力的竞争。作为当时国内唯一最大企业集团的大生纺织系统,恰恰错失了这一时代的起跑点,从而引发了随后的迅速衰落。

其时,以北销为大宗的南通关庄布业受日商棉布的排挤已显颓势,行销量逐年递减,大生赖以为生的东北市场正处在断绝的前夜。所谓"土产土销"的传统优势也已快走到历史的尽头。大生纱厂高级管理人员大多为商贾出身,虽谙熟经营之道却不懂得技术和管理。二十年来大生不重视设备的更新和保养,生产效率已明显落后许多竞争对手。企业面临着生产设备全面更新换代的紧迫任务。20 年代的南通,其生产原动力仍靠蒸汽驱动。电力的低水准与南通发达的工业现状极不协调,已构成对生产力的致命威胁。②对传统优势的过分依赖,也使大生忽视了产品的转型升级,长期滞留在纺粗支纱阶段,因而缺乏适应时代变化的能力。当市场需求转朝高档次高支纱发展时,新的设备及电气利用成为不可缺的条件。但这需要投入大

---

① 《大生系统企业史》,江苏古籍出版社 1990 年版,第 241 页。
② 刘厚生:《张謇传记》,上海书店 1985 年版,第 251 页。

笔资金。大生的经营恶化使这一切成为幻影。历史留给张謇大生纺织企业唯一可选择的存活之路,只有继续依靠国内银行资本的扶持。因此,1925年大生纺织企业经营权转移到债权人上海银团之手,不过是这一历史选择的必然归宿。

在上海金融界的全力支付下,李升伯于1925年8月正式出任大生一厂经理,主持厂务工作。李升伯借助银行资本支持,在其任职大生期内,从工厂的内部组织结构、管理模式、设备更新以及原料、生产、销售等生产流通的各环节,进行了卓有成效的改革和整顿。他先后招聘从英美日留学归来的专业顶尖人才主持厂工务,采用工程师制和科学管理方法,结束了大生沿革三十年以裙带网络结成的封建工头制管理的落后历史。他筹措700万资金,用于攸关大生今后生存发展和南通工农业前途的基础建设:譬如,收回抵押出的副厂及引进240台自动布机,使副厂扭亏为盈,成为大生一厂推行改革的主要辅助力量,张謇创设该厂的初衷因此得以实现;建立天生港大电厂,使大生一、副厂原动力全部实现电气化,每包纱的动力费减轻6元,大大增强了产品的市场竞争力;建立东台棉产改良所,邀请留美植棉专家来南通培植推广美棉脱字良种,使大生产品适应高档次高支数棉纱产品发展的时代需要;改变"土产土销"的经营方针,增纺中、细支纱新产品,开拓外埠市场,使大生外埠销售突破全年售纱总数的62.8%。①

经过李升伯的长达十三年的努力,在金融资本控制下的大生一、副厂,除个别年份外,即使在棉纺织工业处于危机的萧条期间也还能保持有所盈利。②也正因为借助银团的力量,先后投入资金800多万元用于大生纱厂的基本设施建设和生产的发展,才使得1936年中国纺织业危机一过,企业生机顿显,在短短的三年时间里,大生连获厚利。到1939年2月大生被日军"军管"前,大生各厂所欠银行的新老债务均得以一并还清。③

凡此足见,自1925年接管大生企业的上海金融界,并未乘人之危,急于追回银团债务,相反,积极为张謇推荐人才、停免债息,并以特别低息重新加大对大生的营运和建设投贷。这在20世纪30年代世界经济危机震荡之下,中国民族纺织业遭遇纱业式微、花贵纱贱,金融业对投资纱厂视为险途

① 《大生系统企业史》,江苏古籍出版社1990年版,第233页。
② 《大生系统企业史》,江苏古籍出版社1990年版,第262—263页。
③ 《大生系统企业史》,江苏古籍出版社1990年版,第241页。

的严重经济危机时期,其行动足以反映"民族大义"超过"赢利目的"这一时代精神的感召和激励,从中亦可看出上海金融界有识之士为挽救大生、维护共同的民族利益所体现出的民族气节和爱国心。

南通大生纺织系统作为张謇先生实践"实业救国、教育救国"伟大实践,是历尽艰辛开创的中国民族工业的成功典范,在海内外享有很高声誉。大生纱厂一贯奉行"服务社会"的办厂宗旨,企业与地方民众关系极为深切。它直接牵系数万人的生计,南通的事业、文化、公益、教育以及城市繁荣无不仰助大生纱厂支撑。大生的这一传统企业精神直接影响到银团对大生的投资决策和经营思想。历史证明,银团代管期间,大生对南通的文教、慈善及社会公益事业的捐助,即使在经营亏损的年份也从未减少和中辍,对大生垦区的放款银团也一直给予支持。①银团代理人李升伯服务大生 13 年的经历,表现出的是对张謇事业与精神始终不渝的崇尚与敬仰之情,大生纱厂(一厂、副厂、电厂)在李升伯任职内起死回生,实现了大生企业工厂管理上的升级换代。

---

①　刘厚生:《张謇传记》,上海书店 1985 年版,第 251 页。

第一次世界大战后大生纱厂
对日借款交涉

［韩］金志焕*

    大生纱厂是中国近代实业家张謇于 1899 年 5 月 23 日在江苏省南通创建的代表性近代机械纱厂。大生纱厂是第一次世界大战时期即所谓"民族工业的黄金时期"飞跃发展的一曲赞歌,但战争结束后其经营却迅速恶化,最后在 1925 年 7 月被债券银行团接管。关于大生纱厂的成立、发展以及衰落的原因,以往研究大体上分为内因论和外因论进行了说明。前者从张謇等经营者和企业内部寻求大生纱厂发展和衰落的原因,[①]与此相反,外因论则从中国纺织业的外部环境中找寻大生纱厂发展和衰落的原因。[②]

    本文从以下几点着手研究。第一,在第一次世界大战时期中国经济发展和战后经济变化里考察大生纱厂的发展和衰落是个别企业的问题,还是应该在中国纺织工业整体上进行讨论的问题。

    第二,从生产和市场的相互关系上探讨一战结束后大生纱厂经营恶化的根本原因。也就是说,通过分析第一次世界大战时期棉制品市场出现的变化来展现大生纱厂经营恶化的结构性问题。以前研究将企业衰落的原因归结为帝国主义的侵略以及帝国主义侵略所助长的军阀战争而引起的需求

---

    * 金志焕,韩国仁川大学中国学术院教授。

    ① 庄安正:《土产土销经营方针与南通大生纱厂衰败》,《安徽师范大学学报》2009 年 6 月:"张謇与其儿子张孝若掌握了企业的支配权,他们不遵守企业章程任意垄断企业的行政和财政,数年都不召开股东会,又将企业的利润随便投资给其他企业。"另见黄逸峰:《论张謇的企业活动》,《学术月刊》1962 年第 3 期;单强:《经营管理与大生纱厂的衰败》,《苏州大学学报》1992 年第 2 期;王敦琴:《20 世纪 20 年代大生纱厂被债权人接管缘由解析》,《江海学刊》2008 年第 6 期等。

    ② 例如,认为企业衰败的主要原因在于帝国主义的侵略和军阀战争等市场环境的恶化(林刚:《试论大生纱厂的市场基础》,《历史研究》1985 年第 4 期)以及产品的流通网和运输等问题(庄安正:《南通大生纱厂土产外销及其流通渠道探讨》,《中国社会经济史研究》2010 年第 3 期)等研究。

疲软，①或将原因归为因日本纱厂的发展引起的和洋布、洋纱的竞争。在此问题上，以往的研究认为"第一次世界大战爆发之后，日本纱厂迅速在上海地区投资和发展起来。可以说以江为界上海对面的通崇海地区就直接受到了日本纱厂发展的影响"。②位于长江地区的南通大生纱厂受到了处于同区域的日本纱厂的影响而衰败的主张看起来符合事实，但这却是对大生纱厂市场结构理解不足的结果。本文通过大生纱厂和东北市场的关系来解释这一问题。

另外，有的研究将南通土布在东北市场衰败的原因归结为："1921 年南通的手工织布技术已经达到顶点，技术进步已经没有发展的空间……时代的进步和物质文化水平的提高使东北人不再需求南通土产的土布。"③但是在南通土布的衰落和大生纱厂经营恶化的问题上，与消费者对商品的喜好相比，从市场问题上进行研究能得到更为正确的理解。

第三，探讨张謇等大生纱厂的经营者在经营恶化时采取了怎样的解决办法。张謇试图通过注入外部贷款来克服经营的恶化，其中更是试图注入日本贷款。1990 年出版的《大生系统企业史》上记录着"1922 年张謇因资本不足派人前往日本，以大生纱厂三家工厂为担保，欲向日本借款 800 万元。借款谈判虽然一直进行但最终没有成功"。④

但是，以往的研究没有提及过日本借款试图的过程及结果等一系列的问题，所以没能说明日本借款失败的缘由。本文不仅根据中国的资料，还根据日本外务省保存的政府档案文件和当时日本及中国新闻报道等多种资料来更为准确地把握历史事实。

一、第一次世界大战时期中国纺织工业和大生纱厂

第一次世界大战时期纺织工业发展可以说是中国资本主义发展史上非常重要的一笔。工产品需求一直依赖海外进口的中国因为第一次世界大战

---

① 林刚：《试论大生纱厂的市场基础》，《历史研究》1985 年第 4 期，第 190—191 页。
② 王敦琴：《20 世纪 20 年代大生纱厂被债权人接管缘由解析》，《江海学刊》2008 年第 6 期，第 159 页。
③ 唐文起：《大生纱厂的兴衰与东北的南通土布市场》，《学海》1998 年第 4 期，第 90—92 页。
④ 大生系统企业史编写组：《大生系统企业史》，江苏古籍出版社 1990 年版，第 223 页。

爆发从欧美进口的工产品骤减而得到了发展工业经济的机会。英国等欧美诸国战时把精力集中在军需品的生产上急剧减少了对中国等亚洲国家的工产品出口,由此,中国、日本以及印度等地出现了战时繁荣。

从棉制品的进口量可以看出供给和需求的显著差异。1914 年的棉纱进口为 100 的话,1914 年相当于 94.69,1917 年为 77.78,而 1920 年则减少为 50,1925 年以后急剧减少为 20 以下。由进口减少引起的供需不均衡导致了棉纱价格暴涨。棉布也是同样的情况,1916 年中国进口的棉布与第一次世界大战前的 1913 年相比,减少了 850 万匹。[1]

进口棉制品的骤减导致了棉纱价格的暴涨,其结果是给纱厂带来了巨大的利润。第一次世界大战时期棉纱的价格如下,1916 年 16 支纱一捆的生产价格为 97.56 元,市场销售价格是 103 元,共产生 5.45 元的利润。棉纱的这个利润 1917 年为 26.40 元,1918 年为 15.33 元,1919 年则涨到 50.55元。[2]受由棉制品供需差异产生的高利润的诱惑,纱厂如同雨后春笋般出现,其结果,1914—1925 年间共有 87 家纱厂成立。1913 年中国棉纱的自给率只占 37%,1916 年上升到 51%,1920 年则上升到70%。[3]

第一次世界大战以后中国纱厂的生产利润(单位:16 支纱 1 包)[4]

年 度	制造成本(元)	棉纱价格(元)	利润(元)
1914	119.58	139.16	11.58
1915	130.95	126.57	−4.38
1916	136.45	144.06	7.61
1917	175.66	212.59	36.93
1918	200.25	221.68	21.43
1919	209.16	279.72	70.56
1920	206.64	271.61	64.97
1921	200.28	210.49	10.21
1922	217.13	196.50	−20.63

[1]　森时彦:《五四时期の民族纺织业绩》,同朋舍 1983 年版,第 23 页。
[2]　滨田峰太郎:《支那に于ける纺织业绩》,日本堂书店 1923 年版,第 20—21 页。
[3]　周秀鸾:《第一次世界大战时期中国民族工业的发展》,上海人民出版社 1958 年版,第 30 页。
[4]　严中平:《中国近代经济史统计资料选辑》,科学出版社 1955 年版,第 165 页。

纺织业在第一次世界大战时期之所以能急速发展,除了从欧美诸国的进口减少,中国政府的工商业保护政策也是重要原因。1914 年北洋政府农商总长张謇参照德国的商法,颁布了《公司条例》6 章 251 条,这个条例也叫作公司法。条例给予所有的公司法人的地位,同时将其类型分为无限公司和两合公司、股份有限公司、股份两合公司等,并进行了详细的说明。同时发表了多达 18 条《公司保息条例》,其第一条规定"为了发展事业,政府发行相当于两千万元的公债来造成基金,每年将其利息贷款给第二条里的公司保证其分配"。第二条规定"保证分配的公司种类为甲:棉织业、手织业、制铁业,乙:制丝业,制茶业,制糖业"。1915 年 4 月颁布了《农商部奖规则》规定授予资本金五万元以上、经营三年以上的工厂勋章,来奖励企业和工厂的成立。①

第一次世界大战时期,随着中国工业发展,工商资本家觉察到代表自身利益的同业公会必要性。1915 年德大纱厂和厚生纱厂的经营者穆藕初等认识到代表纺织业利益的同业公会的必要性,于 1918 年 3 月 14 日正式举办大会成立了华商纱厂联合会。②大会选出会长张謇,副会长摄云台,董事吴寄鹿、薛文泰、刘柏森、杨输西、徐静仁。会长张謇居住在通州,决定联合会的主要事项,具体事务由副会长摄云台代理执行,董事分担各自的业务并执行。薛文泰负责调查,徐静仁负责通信和会计,刘柏森则负责交际和总务。根据会则,董事会每月召集两次,有重大事故时,召开临时会议。③从1919 年开始发行《华商纱厂联合会季刊》普及纺织技术,介绍植棉事业等各种知识,作为指挥部引导了中国纺织工业的发展。

借着第一次世界大战造成的繁荣,大生纱厂得到了急速发展。1899 年即开始经营的当年,取得利润 3 万 9 千两,1905 年以后每年的利润约为 20万—30 万两。第一次世界大战后,1916 年的利润为 62 万两,1919 年达到264 万两,1920 年则为 208 万两。④1914 年到 1921 年大生一厂和大生二厂获得了 1 000 万两利润,大生二厂完工后,南通地区的农村织布业有了大的

①　关于这一时期中国经济政策和法规的详细内容,参考徐建生:《清末民初经济政策研究》,广西师范大学出版社 2001 年版,第 133—153 页。

②　陈真:《中国近代工业史资料》第一辑,三联书店 1958 年版,第 454 页。

③　东亚同文会调查编纂部:《中国年鉴》第四回,1920 年,第 1097—1098 页。

④　大生系统企业史编写组:《大生系统企业史》,江苏古籍出版社 1990 年版,第 126—127 页。

发展。到了 1923 年除了大生一厂和大生二厂,大生三厂和大生八厂也完工投入使用。大生纱厂从 1899 年的一家发展到四家纱厂,资本也增加了 16 倍。纺锤设备增加了近 7 倍,固定资产也增加了 18 倍。①具体情况参照下表。

大生纱厂的发展:[织布机(台),纺锭(锭),固定资本(万两)]②

年度	大生一厂			大生二厂			大生三厂			合　计		
	纺锭	织机	固定资产	纺锭	织机	固定资产	纺锭	织机	固定资产	纺锭	织机	固定资产
1899	20 400	—	5.12	—	—	—	—	—	—	30 400	—	51.2
1903	40 800	—	82.8	—	—	—	—	—	—	40 800	—	82.8
1907	40 800	—	96.1	26 000	—	81.8	—	—	—	66 800	—	177.9
1915	61 400	400	185.1	26 000	—	90.6	—	—	—	87 400	400	275.7
1921	65 000	480	272.6	26 000	—	106.7	34 000	422	237	125 000	902	616.3
1922	76 360	720	458.0	35 000	200	118.6	34 000	422	261	145 360	1 342	837.6
1923	91 360	720	483.2	35 000	200	132.6	34 000	422	303.3	160 369	1342	919.1

但是,因第一次世界大战的爆发而产生的繁荣随着战争终结马上枯萎了,随后过剩的投资引起了萧条。大生一厂的利润在 1921 年达到 41 万 1 千两,而到 1922 年则出现了 31 万 7 千两亏损。大生二厂 1921 年的利润为 86 万 6 千两而 1922 年却有了 39 万 6 千两亏损。③1922 年大生一厂以机器、建筑物为担保借款高达 397 万两,占总借款额 707 万两的 56% 左右。此外从 115 家钱庄借入的信用借款达到 136 万两,占借款总额的 19%。1923 年大生一厂的担保借款为 442 万两,占借款总额 784 万两的 56.4%。④

而且一战时期,中国纺织工业的发展有些畸形。基于战时的繁荣,如雨后春笋般成立的纱厂在资本上存在着不足。大部分的纱厂成立时只有固定资本,而流动资本的使用,一般则以工厂为担保向银行或钱庄贷款。1922 年大生一厂的债务共有 533 770 元,大生二厂的债务共有 2 264 166 元。⑤经

　　① 大生系统企业史编写组:《大生系统企业史》,江苏古籍出版社 1990 年版,第 142 页。
　　② 大生系统企业史编写组:《大生系统企业史》,江苏古籍出版社 1990 年版,第 143 页。
　　③ 林刚:《试论大生纱厂的市场基础》,《历史研究》1985 年第 4 期,第 190 页。
　　④ 大生系统企业史编写组:《大生系统企业史》,江苏古籍出版社 1990 年版,第 222 页。
　　⑤ 金志焕:《官利惯性给中国企业经营带来的影响》,《中国近现代史研究》第 49 辑,2011 年,第 66—67 页。

营资金不足导致债务像雪球一样越滚越大,到了1924年南通的债券团组织"维持会"开始对大生纱厂的经营进行干预,1925年大生纱厂沦落到被上海银行团接管的地步。

二、大生纱厂和中国东北市场

中国东北地区①在历史上是一股影响到国家权力(王朝)的势力,其支配领域一直延续到南部的"奉天省"。北部的吉林省和黑龙江省在18世纪汉人进入之前一直维持着狩猎采集的生活方式。与关内不同的是,中国东北地区实行以军政为中心的政治。"奉天省"的情况是,"奉天"将军掌握军权下设几个州县,"奉天"府尹负责民政。吉林省人口较少,州县数量也不多,所以吉林将军和副都统也负责管理民政。黑龙江省基本上没有汉人居住,黑龙江将军实施军政。但是,随着入关人口的增加,清朝于1907年也在这里设置了总督和巡抚,同时还增设了很多州县,进行了大幅度的官制改革。

20世纪前后,中国东北地区经历了铁道的铺设、移民的增加、民间土地分配、农业生产量和出口量增加等社会经济大变革。为了开拓农土,移民通过铁路从关内蜂拥而来,随着铁路这个大量运输手段的登场,物质和人口的流动速度加快,沿铁路也形成了市场。长春、沈阳、大连、哈尔滨等大城市都是随着铁路开通而出现的近代大城市。

移民增加和大城市出现必然引起棉制品等日用必需品需求的急剧增加。当然,中国东北地区以前也有传统的手工织布业等工业生产,但这远远不能满足跟随着铁路的铺设而涌入的人口的需求。所以,棉制品等日用必需品不得不依靠关内或者日本等海外进口。以前东北的通商口岸仅牛庄(营口)一个港口,日俄战争后通商口岸激增,安东、大连、大东口、满洲里、绥芬河、哈尔滨、爱辉、山城、珲春、龙井村等相继开放。东北三大通商口岸大连、安东、营口等在一战时期贸易总额迅速增长。

---

①　中国东北地区是对东三省,东北等的称呼。现在指中国东北地区,中国东北区域,东北三省。这里说的东北地区大体指辽宁省(以前的"奉天省")、吉林省、黑龙江省。但是,更多的时候,这些区域没有省和省之间的区别,他们之间的相互社会经济关系超越了行政划分,在东北经济,东北三省这个概念上作为一个整体进行活动。

　　南通有着丰富的碱性土质适合棉花的生长。从宋朝、元朝就开始了棉花的栽培,以后慢慢扩散到各地。清代康熙、乾隆年间南通和海门一带农村栽培棉花已经是非常普遍的事情。得力于棉花栽培的扩散,这个地区很早就以家庭手工业的形态开始了土布生产。而且此地区交通网发达可以通过海运将商品运往各地,从而成为棉花和土布的集散地。南通的土布从江苏、安徽、山东、东三省一直销售到了南洋。因此南通在近代中国凭借大规模织布业而名声大震。

　　南通土布早在清代咸丰时期就广泛地销售到关外地区。南通土布主要是关庄布,它占南通每年生产总额的70%左右。关庄布是大尺布,在东北市场非常受欢迎。光绪中叶,其数量已达到每年16万包(每包40匹)①,南通生产的关庄布几乎全部销售到东三省的牛庄(营口)、大连、沈阳、哈尔滨。1905—1921年间销售到东北的关庄布约每年600万匹,多的时候达到800万匹。南通棉纱市场的商情当然和东北棉布市场的兴衰有着密不可分的关系。②

　　东北地区关庄布需求的增加和当地的特殊性格有着密切的关系。南通土布质地厚实,作为衣料深受处于寒冷地区的东北地区的欢迎。不仅如此,每年烟囱管理上也需要非常多的棉布,而且,在保管和运输本地区特产大豆商所需要的布袋制作上关庄布也很合适。另外,帆船的帆布和游牧民族帐篷等的需要也使南通土布的销售激增。③张謇自己曾指出,南通地区土布的主要市场是东三省,宽幅的关庄布(大尺布)是其主要销售产品。④

　　1884年前后,从印度进口的机械制棉纱被用作土布制织的原料,由此,以前将手纺丝作为原料的关庄布得到了一个较大的发展契机。也就是说,使用进口机械制棉纱为原料并采用"洋经本纬"的生产方式给予了发展的契机。⑤以进口纱为棉纱的经纱,手纺纱为纬纱进行制纱的办法将土布的品质和规模提高了一个档次。这种大规模生产有了可能,东北市场才得以确保成为主要销售市场。

　　① 彭泽益编:《中国近代手工业史资料》第三卷,中华书局1984年版,第398页。
　　② 庄安正:《南通大生纱厂土产外销及其流通渠道探讨》,《中国社会经济史研究》2010年第3期,第81页。
　　③ 姜平:《南通土布与东北》,《中国近代纺织史资料汇编》第三辑,1989年3月,第29页。
　　④ 张怡祖编:《张季子九录·实业录》2,文海出版社1965年版,第1392页。
　　⑤ 姜平:《南通土布与东北》,《中国近代纺织史资料汇编》第三辑,1989年3月,第28页。

机械制棉纱的使用给南通农村织布业带来了巨大的变化。关庄布从 1884 年到 1895 年 12 年间不仅生产数量剧增,品质也由"土经土纬"的长 2 丈 2 尺的尺套布发展为"洋经本纬"的长 4 丈 5 尺,宽 1 尺 2 寸的大尺布,每年销售往东北地区的数量达 1 万件以上。①

南通大生纱厂就在这种市场需要下于 1899 年成立了,这里生产的机械制棉纱都作为原纱消费在南通地区土布的生产上,南通关庄布的生产也有了飞跃的发展。其结果是给大生纱厂扩充设备等发展的机会。此时,运往东北的大尺布已由每年的 10 万上升到 15 万件,每件相当于 40 匹,15 万件就相当于 600 万匹。这样看来,一年棉纱的需求为 5.5 万至 6 万包。②1895 年南通地区的机械制棉纱消费每天是 20 包,每年大约生产 65 万匹织布。但是到了 1904 年,仅关庄布(这一时期只使用土丝)的消费量就达到了 600 万匹,不到 10 年的时间里土布生产量增加了 10 倍以上。③

张謇在 1907 年终于在崇明北沙(今天的启东县)成立了大生二厂,1921 年在海门成立了大生三厂,1924 年在南通成立了大生八厂。1924 年大生纱厂共有 4 家纱厂、16 万纺锭、1 500 台织布机,在中国资本纱厂中拥有着全国最大的规模。④大生纱厂主要生产关庄布,为了满足织户的需要也生产棉纱,其原料棉花的 90％都是使用当地生产的通花。偶尔也使用美国棉花或印度棉花以及余姚火机花,但通花的纤维粗且坚韧织布成衣料的话非常结实并且厚实,所以在东北地区销量很大。⑤

从中国关内进口到东北地区的中国产大尺布 20 世纪 20 年代初已达到了每年 56 万件。南通土布主要是经过上海运入东北地区。营口商人在上海买入再用戎克船运到关外,其主要进口途径是牛庄港。通过牛庄港进口的数量达到 36 万件,超过总进口的一半。⑥

据调查,1922—1931 年的十年间从通海运出的土布总数量为 89 万件,其中运往营口消费的高达 76 万件,也就是说总数量的 85.3％都销售到了东

---

① 林刚:《试论大生纱厂的市场基础》,《历史研究》1985 年 4 期,第 182 页。
② 姜平:《南通土布与东北》,《中国近代纺织史资料汇编》第三辑,1989 年 3 月,第 30 页。
③ 林刚:《试论大生纱厂的市场基础》,《历史研究》1985 年第 4 期,第 184—185 页。
④ 汪圣云:《张謇与大生纱厂的兴衰》,《武汉科技学院学报》第 14 卷第 4 期,2001 年 12 月,第 57 页。
⑤ 大生系统企业史编写组:《大生系统企业史》,江苏古籍出版社 1990 年版,第 111 页。
⑥ 西川喜一:《棉工业和棉丝棉布》,日本堂书房 1924 年版,第 502 页。

北市场。①在南通地区的土布市场中东北地区的市场是非常重要的出口市场,而且,南通大生纱厂的经营也跟东北市场的环境变化有着密不可分的关系。

据其他统计,拿 1931 年南通土布的地区销售量来看,总销售量为 545 万 5 千匹,而往东三省出口的关庄布就有 320 万匹,占总销售量的 58.7%。由此统计可以看出,以前占 80%—90% 的东北地区出口已经大大地减少了。②到了 1933 年销售总量减少到仅 3 万 3 千包,即 132 万匹。③

三、中国东北棉制品市场的变化

日本在棉制品出口上非常重视中国市场,日俄战争胜利以后,更是扩大了对中国东北地区的出口。特别是棉制品作为日本的主要出口商品,日俄战争后在运输和金融的支援下,在东三省与英国和美国的棉制品进行竞争并扩大了优势。④1906 年三井物产和织机台数占 75% 的大阪纺纱、三中纺纱、金建制织、天马织物五大纺织企业结成日本棉布满洲输出组合,来积极促进对中国东北地区棉制品出口的扩大。在这一过程中,通过出口东北地区需求较大的低支纱和大尺布扩大了市场。⑤

日本强制将韩国合并为其殖民地后,为了将韩国铁路和中国东北地区的铁路连接上而树立了战略。日本内阁会在 1909 年 3 月 30 日提出了《关于韩国合并件》,揭示了"将韩半岛铁路并入日本铁路院的管辖,在铁路院的管辖下,和南满洲铁路紧密连接构筑通往大陆的干线"⑥的方针。1911 年 10 月安奉铁路标准化改造工程和鸭绿江铁桥架设工程同时完工,使得朝鲜和中国东北地区之间的直通列车成为可能。而且 1913 年 5 月中日间缔结了《朝鲜国境通过铁道货物关税轻减取极》,国境通过货物的进出口税减少三分之一的措施得到实现,大大减少了经由新义州的铁路货物的

① 姜平:《南通土布与东北》,《中国近代纺织史资料汇编》第三辑,1989 年 3 月,第 30 页。
② 徐新吾:《近代江南土布史》,社会科学院出版社 1992 年版,第 658 页。
③ 彭泽益编:《中国近代手工业史资料》第三卷,中华书局 1984 年版,第 398—399 页。
④ 彭泽益编:《中国近代手工业史资料》第三卷,中华书局 1984 年版,第 454 页。
⑤ 饭岛幡司:《日本纺织史》,创元社 1949 年版,第 169 页。
⑥ 日本外务省:《韩国合并に关する件》,《日本外交年表并主要文书》上,原书房 1965 年版,第 315 页。

运输费。①

而且，日本通过安奉铁路构筑新的流通网，为了扩大本国商品出口，决定对经由日本铁路—（海运）—朝鲜铁路—安奉铁路出口到中国东北地区的三线联络货物只征收约 30％的特别折扣运费，并从 1914 年 5 月 1 日开始实行。"三线联络运赁制"的核心内容是对棉纱、棉布等 12 个品目实施特别折扣费用制度。②

其结果是以前经过大阪等日本海运进口到大连港再通过南满铁路运送到中国东北各地的日本棉制品的流通网发生了变化。从以前运输距离很远的日本海运—大连—南满洲铁路流通网变为短距离流通网日本海运—朝鲜铁路—安奉铁路，物流渠道发生了变化。而且后者得力于国境通过货物的三分之一关税折扣以及三线联络运赁制节俭了 30％的运费，对东北地区的日本棉制品出口剧增。

参照 1920 年制作的日本外务省文件可以看出，中国东北地区最主要的进出口港大连、安东、牛庄（营口）三大港口中，从安东进口的产品数量增幅较大。牛庄（营口）曾经是中国关内生产的棉制品进口的主要通路。"经由上海的中国制品主要通过牛庄进口，再通过营口的中国商人运输到东北各地市场。"③通过牛庄进口到东北地区的大尺布为 1916 年 547 975 码、1917 年2 675 096 码、1918 年 1 534 976 码，呈急速减少的趋势。相反，通过安东进口的大尺布数量由 1916 年的 48 404 799 码上升到 1917 年的 66 084 120 码以及 1918 年的 45 852 607 码，其进口量相当可观。④关于其原因，有以下记录。"一战爆发以后，日本棉制品有了很大的跃进。缘于关税减少三分之一以及日满鲜联络铁路的特别运费制实施，进口到安东的棉纱布激增。"⑤

由 20 世纪 20 年代的进口到中国东北地区的棉布数量可以看出，日本棉布占了 56％，这与占三分之一的 1914 年相比有了很大的增长。增加的

---

①　日本外务省通商局监理课：《三分ノ一减税问题经过》，《鲜满国境三分ノ一减税卜支那陆境关税问题》，1921 年 10 月，第 19—20 页。

②　金志焕：《安奉铁道铺设和中国东北地区新流通网的形成》，《中国史研究》第 87 辑，2013年 12 月，第 328 页。

③⑤　日本纺绩连合会：《满洲ニ于ケル各国棉纱不棉制品状况ニ关スル件》，1920 年 2 月，第10—11 页。

④　日本纺绩连合会：《满洲ニ于ケル各国棉纱不棉制品状况ニ关スル件》，1920 年 2 月，第12 页。

商品大部分通过安东港进口进来。从 1921 年度中国东北地区进口棉布数量也可以看出，通过安东进口的日本棉制品数量已经超过了中国以及其他国家的棉布。①

另一方面，通过牛庄进口到东北地区的南通大尺布不仅要和日本的大尺布进行竞争，还要面对东北地区纺织工业发展的考验。东北地区纺织工业的发展通过基于近代机械制纱厂成立和机械制原纱的使用而发展起来的农村织布业得到实现。

东北地区的经营一直维持着高度的独立性，即使在整个中国都处在贸易逆差的 20 世纪初，这个地区通过大豆出口维持着贸易顺差。东北地区消费的工产品大部分从上海或者日本进口，但 20 世纪 20 年代后期开始本地区内的生产已经可以替代进口品了。棉布是主要日用必需品之一，东北地区的需求主要集中在用低支纱生产的大尺布上，这并不需要高水平的织布技术。在这个意义上，张作霖和东北的工商资本家认为织布业可以实现市场自立，而且给予了不少的期待。②这里所说的自立具有两面性，不仅指从日本的进口品自立，还包含着从上海等中国关内的自立。③

棉纱布虽然是民间的日用必需品，但若全部解决从棉纱的生产到棉布的生产等环节，东北地区还有很大的局限。营口开放以来，外国的机械棉布虽然开始进口，但没给传统的织布业带来很大的打击。1890 年有 20 余家用手织机制作棉布时使用了当地的棉纱。④第一次世界大战以后，受反 21 条运动中日货排斥运动和国货奖励运动的影响，东北地区增设了不少织布机。在奉天和营口，大约成立了 100 多家织布厂。⑤

东北地区纺织业和织布业的发展转折点是奉天纺纱厂和满洲纺织株式会社的成立。奉天纺纱厂是从资本的来源到董事会的构成都得到了张作霖

---

① 详细的数值参考小川透：《满洲に于ける纺织业》，南满洲铁道株式会社庶务部调查课，1923 年 10 月，第 8 页。

② 上田贵子：《张作霖和奉天纺纱厂》，《中国东北地区的企业和金融》，学古房 2015 年版，第 53 页。

③ 上田贵子：《张作霖和奉天纺纱厂》，《中国东北地区的企业和金融》，学古房 2015 年版，第 50 页。

④ 奉天商业会议所，《奉天に于ける只能侧纺织业调查》，《满蒙经济时报》第 88 号，1920 年，第 13—14 页。

⑤ 上田贵子：《张作霖和奉天纺纱厂》，《中国东北地区的企业和金融》，学古房 2015 年版，第 52 页。

的积极后援和支持的情况下,于 1923 年成立于奉天的中国东北地区最初的近代化机械纱厂,它的口号就是替代外国以及关内的棉制品进口。奉天纺纱为了迎合东北人的喜好将商标定为双福。①"满洲"纺织株式会社则将辽阳的代表性建筑辽塔定为商标,资本虽然是日本资本,但作为辽阳地区的代表性企业,它刻画了一个创造工作岗位、通过棉纱生产给当地织布业的发展作出贡献的企业形象。

　　20 世纪 20 年代初,东北地区织布业使用的原纱需求如下,16 支纱占整体的 80%,其次是 20 支纱、30 支纱、32 支纱。②手工织布业生产的产品明细如下,1929 年棉布的总生产量为 114 万匹,其中,大尺布 85 万匹,占 75%;粗布 15 万匹,占 13%,其他 14 万匹占12%。③

　　奉天等东北地区的织布业最需要的大尺布使用 10 支纱到 16 支纱为原料。这个地区的机械纱厂生产的棉纱正符合这个要求。满洲纺织株式会社生产的棉纱情况如下,16 支纱 3 400 包,20 支纱 11 800 包,10 支纱 26 400包,大部分是 20 支以下低支纱。④奉天纺纱厂也主要生产 20 支纱、16 支纱、14 支纱等低支纱。⑤

　　20 世纪 20 年代后期开始,奉天纺纱厂和满洲纺织株式会社的产品占据东北地区消费的棉纱上位。1929 年出版的《满洲经济调查汇纂》调查上记录着,"东北地区的机业家使用的棉纱主要由在奉天的日本商人以及中国商人供给,从大阪、上海直接购入的情况并不多。由生产地来看,奉天纺纱厂制造的产品占大部分"。⑥20 世纪 20 年代东北地区生产的棉布已占棉布市场的 30%,在对抗进口棉布上已经取得了很大的进展。实现这一发展的基础是奉天纺纱厂等纱厂的发展和廉价原料棉纱的供给。⑦

---

　　①　金志焕:《中国东北地区中日资本企业的经营比较》,《中国东北地区的企业和金融》,学古房 2015 年版,第 158—159 页以及金志焕:《中国东北地区外资企业的成立背景和经营》,《中国东北地区的企业和金融》,学古房 2015 年版,第 147—148 页。

　　②　西川喜一:《棉工业和棉丝棉布》,日本堂书房,1924 年 7 月,第 504 页。

　　③　《奉天に于ける支那侧の工业(二)》,《奉天商工月报》第 310 号,1931 年,第 3 页。

　　④　陈真:《中国近代工业史资料》第一辑,三联书店 1958 年版,第 581 页。

　　⑤　金志焕:《中国东北地区中日资本企业的经营比较》,《中国东北地区的企业和金融》,学古房 2015 年版,第 180 页。

　　⑥　奉天商业会议所:《奉天に于ける只能侧纺织业调查》,《满蒙经济时报》第 88 号,1920 年,第 4 页。

　　⑦　张晓红:《1920 年代奉天市における中国人棉织物业》,《历史と经济》194 号,2007 年,第 46—56 页。

由 20 世纪 20 年代前期进口到奉天的大尺布的数量来看,1921 年的进口量为 13 001 捆,将它看作 100％的话,第二年 1922 年为 11 638 捆,是90％;1923 年减少到 4 747 捆,为 37％;1924 年 4 363 捆,是34％。①

从中国关内进口品减少了,其减少的部分则被中国东北地区内的手工织布业的发展所替代。这可以从以下记录得到确认:"从 1909 年到 1914年,只有 2—3 家织布厂,当地及附近的棉布需要都从上海或日本进口。但从 1919—1920 年开始织布厂逐渐增加。特别是以辽阳、奉天纱厂的成立为契机,②随着棉纱的低价供给,当地织布厂迅速发展起来。"③并且还指出,"东北地区的棉布生产非常旺盛,日本纱厂供给廉价的原纱以来,以奉天纺纱厂为首的企业迅速发展而成为进口大尺布的强敌"。④1923 年以后东北地区的南通土布的销售额急速减少,大生纱厂的棉布销售也在这个趋势下受到了很大的影响。⑤

由奉天新民县可以看出以下情形,这个地区的织布业在 1920 年取得了很大的进展,到了 1926 年织布厂达到 300 余家,织布机 1 200 台,从事织布业的劳动者达到了两千余人。1927 年因为奉天布价格下滑,手织棉布的销售不振,即使如此,依据当年 7 月调查,手织织布厂有 259 家,织布机 900 余台,劳动者也有两千余人。⑥

织布机的电力使用可以折射出 20 世纪 20 年代中国东北地区织布业的发展。1924 年除了近代机械纱厂奉天纺纱厂,使用电力的织布厂仅为3 家,而到了 1928 年包括农村织布业的织布厂 154 家中,使用电力的工厂为 83 家,占整体的54％。⑦

四、大生纱厂对日借款交涉和日本

据 1990 年出版的《大生系统企业史》记载,"1922 年张謇因资金的不

① 南满洲铁道株式会社兴业部商工课:《奉天に于ける商工业の现势》,1927 年,第 184 页。
② 指最初由中国资本在东北地区奉天成立的奉天纺纱厂和用日本资本最初在辽阳成立的满洲纺织株式会社。
③ 《安东に于ける华人经营工厂の概况い就て》,《安东经济时报》第 110 号,1930 年 1 月,第 4 页。
④ 南满洲铁道株式会社调查课:《满洲の纤维工业》,1931 年,第 53 页。
⑤ 生系企业史编写组:《大生系统企业史》,江苏古籍出版社 1990 年版,第 223 页。
⑥ 彭泽益:《中国近代手工业史资料》第三卷,中华书局 1984 年版,第 28 页。
⑦ 《满洲の中国侧机业》,《日本纺绩连合会月报》391 号,1925 年,第 68 页。南满洲铁道株式会社经济调查会编,《满洲经济年报》,改造社 1935 年版,第 368 页。

足,派人前往日本,以大生三家纱厂为担保欲向日本借款 800 万元。1923
年 11 月日本外务省派驹井德三前往南通对大生系统的各个企业进行详细
调查。借款谈判虽然一直进行,但最后没有达成协议"。①

　　巴黎和会之前,围绕着山东的归还、21 条的取消等问题,中国展开了激
烈的排日运动。报纸等舆论连日提出领事裁判权的废除、关税改订、青岛及
山东铁路回收等各种要求。1918 年 12 月 25 日上海工商界领袖 200 余人
举行"主张国家税法平等会"的成立大会,选举张謇为会长,沈联芳为副会
长。他们通过决议要求派往巴黎和会的中国特使主张关税改订。他们决议
要求以胶州湾为首的租借地和租借的回收、关税自主权的恢复。②巴黎和会
之后,1919 年 2 月 6 日为了促进山东主权的回收,北京地区结成"国民外交
协会",选举张謇、熊希龄、严修、庄蕴宽、王宠惠、范源谦等为董事。国民外
交协会是引发五四运动爆发的重要组织。③

　　1923 年爆发旅大回收运动并扩大为对日经济绝交运动,上海、武汉、南
通等长江流域严格地实施了日货排斥政策。经济绝交不仅是禁止日货的购
买和使用,还意味着断绝和日本人的所有交涉。工人不在日本公司工作、不
加入日本保险公司、不在日本银行存钱、不接受日本货币,甚至禁止去日本
医院。④

　　特别是与商品知识不足的学生为主的五四运动相比,经济绝交运动得
到了华商纱厂联合会等工商资本家的积极指导和参与。张謇为会长的华商
纱厂联合会为了教给一般民众区别国产棉纱和外国特别是日本产棉纱,向
各地分发《商标一览表》,积极主张排斥日货。此举暗含着通过经济绝交运
动来克服 20 世纪 20 年代初期中国经济萧条工商资本家的意图。⑤

　　张謇是代表性排日人士,可以说是排日运动的象征。受张謇形象的影
响,南通地区的排日气氛非常浓厚。实际上五四运动当时,中国排日运动
中,南通是运动最激烈的一个地区。这个地区的商店到处都贴着"禁止日本
人出入"的标示,排日运动非常激烈。⑥

---

①　《大生系统企业史》编写组:《大生系统企业史》,江苏古籍出版社 1990 年版,第 223 页。
②　中央大学人文科学研究所:《五四运动史像の再检讨》,中央大学出版部,1986 年,第 108 页。
③　中央大学人文科学研究所:《五四运动史像の再检讨》,中央大学出版部,1986 年,第 131 页。
④　菊池贵晴:《中国民族运动の基本构造》,汲古书院 1983 年版,第 205 页。
⑤　森时彦:《五四时期の民族纺织业》,同朋舍 1983 年版,第 97 页。
⑥　《中国满鲜巡り》,《中文商业新报》1922 年 10 月 25 日。

那么,中国代表性排日运动指导者张謇为何试图从日本借款? 这一时期,张謇已经积极地考虑向日本借款。张謇一改以前亲美态度,试图接近日本,与此同时,他的排日态度也发生了变化。张謇说,"在国内募集不到资本,不得不求外债。美国远而日本近。因为距离近,不管怎样,对问题得解决总有帮助。……不管是内债还是外债,条件不要太苛刻,只要对企业有利,没有不能导入外债的理由"。①

1922 年 4 月 6 日,上海日本领事馆的船津新一郎总领事向日本外相内田康哉转达了张謇派亲信陈仪找到自己想从日本借款的意图,并报告说,为此他们拜托了自己。特别是,张謇拜托在利息等借款条件上尽量不要太严格。②4 月 17 日船津新一郎向内田康哉报告了张謇借款邀请的内容,同时提议,不要把这件事看作单纯的经济事件,要把它当作缓解五四运动以来恶化了的排日感情和促进中日经济提携的契机。船津总领事通过报告还奏请,张謇在华盛顿会议和山东半岛问题上,普遍被认为是代表性排日资本家,因此,应该积极地利用张謇自己要求向日本借款的事情来缓解中国人的排日感情。③

张謇的日本贷款其实已经有了先例。张謇的儿子张孝若实质上掌管大生纱厂的经营,日本留学出身的他跟亲日巨头殷汝耕一直维持着较深的朋友关系,他还和殷汝耕一起成立了新农垦植公司。1921 年 3 月张孝若和殷汝耕一起跟日本的东洋拓植会社签署了借款合同。1922 年 3 月他拿到了其中的 20 万美元。导入日本借款的事情看来和亲日派殷汝耕有很大的关系。张孝若是张謇的独子,他早年曾到美国纽约大学留学,1918 年回国后,开始辅助父亲参与大生纱厂的经营。张謇因为大生纱厂经营的恶化,急需借入资本,所以才向日本邀请借款。④

张謇除了日本,还向美国等欧美各国寻求贷款的可能性。邀请日本借款之前,张謇和张孝若还打探了向荷兰、比利时的资本家借款的可行性,但

① 怡祖编:《张季子九录:实业录》2,文海出版社 1965 年版,第 1475 页。
② 《船津新一郎总领事—内田康哉外务大臣》(1922.4.6),《张謇纺织借款申出》分割 1,日本外务省,1923 年,第 2 页。
③ 《船津新一郎总领事—内田康哉外务大臣》(1922.4.17),《张謇纺织借款申出》分割 1,日本外务省,1923 年,第 7 页。
④ 《YOKOHAMA SPECIE BANK》,(1922.5.27),《张謇纺织借款申出》分割 1,日本外务省,1923 年,第 13 页。

因为欧洲金融不景气没有成功。以后,张謇还想跟美国交涉借款,但也没有成功。而且此时张孝若的好朋友亲日巨头一直在强调,大生纱厂为了融通企业资金,除了日本,向其他地方借款都很困难。①

1922 年 7 月张謇在南通举办了盛大的 70 大寿寿宴。张謇和张孝若邀请了南通县教育会、商会、农会自治会的人物。值得注意的是,张謇的寿宴还邀请了美国、法国、德国、意大利等国家的事业团体。张謇在他的 70 大寿寿宴上还邀请了美国银行团代表史蒂芬森(Stevens)和美国商人亚洲建筑公司社长兼总经理维特姆(Witham),张孝若就借款问题和他们进行了协商。②

关于这一事实,日本外务省总督驹井德三认为,这“名目上说是商会、农会,实际上张謇是想利用这一机会将各种工厂设施介绍给外部,使其亲眼目睹南通实业的发展,来借此导入外资”。③

张謇向日本邀请的借款总额高达 800 万元。他希望借款能一次到位,不行的话,就分 3 次进行。也就是说,首先 1922 年 7 月借入 250 万元,以后 8 月再借入 250 万元,最后 9 月再借入剩下的 300 万元。关于借款的用途,据说 350 万元用来还以前的借款,剩下的 450 万用来充当工厂的运营费及原料的购买资金。本金分五年每年进行偿还,并提出用纱厂的利润进行偿还的方案。张謇用大生纱厂的工厂和机械作担保,希望借款的利息能降到最低。④

关于张謇的借款邀请,日本外务省总督驹井德三通过报告积极地提出,应该将此看作为缓和排日并促进中日提携的契机。他评价说张謇是中国纺织业的领袖,大生纱厂是中国纺织工业的代表性模范工厂。而且他还指出,一战结束后日本资本的纺织工业即“在华日本纱厂”陆续在上海等地投资设厂,在这个关口上,排日运动扩大的话会给日本纱厂带来不可避免的打击。

---

① 驹井德三(日本外务省亚细亚局嘱托):《张謇氏关系借款问题ニ就テ》(1922.6.27),《张謇纺织借款申出》分割 1,日本外务省,1923 年,第 25 页。
② 驹井德三(日本外务省亚细亚局嘱托):《张謇氏关系借款问题ニ就テ》(1922.6.27),《张謇纺织借款申出》分割 1,日本外务省,1923 年,第 56 页。
③ 驹井德三(日本外务省亚细亚局嘱托):《张謇氏关系借款问题ニ就テ》(1922.6.27),《张謇纺织借款申出》分割 1,日本外务省,1923 年,第 52 页。
④ 驹井德三(日本外务省亚细亚局嘱托):《张謇氏关系借款问题ニ就テ》(1922.6.27),《张謇纺织借款申出》分割 1,日本外务省,1923 年,第 27 页。

所以需要中日资本纺织工业间的提携和协助,正因为张謇是中国纺织业界的领袖,所以这是中日经济提携的绝好机会。他还转达了自己的意思,认为,在张謇借款邀请的问题上,不要太计较经济得失,为了体现日本方面的诚意,给予宽大的借款条件是必要的而且是非常重要的。①也就是说,他没有把这个借款当作单纯的金融收入,而是强调考虑到张謇在中国经济界的地位,应该把这个借款当作政治借款来看。

1922年7月7日,日本外务省亚细亚局局长芳泽谦吉向日本银行总裁井上发了一个名为《关于张謇邀请借款件》的电报,转达了上海的船津新一郎总领事以大生纱厂为担保借款800万元的委托。文件里,芳泽谦吉也转达了张謇作为中国经济界里有着特殊地位的名望人士,欲以自己的纱厂为担保申请借款的事实。并强调了此项借款的重要意义,尽可能地劝日本资本家答应借款邀请。②

五、对日借款交涉的流产及其原因

如上所述,日本政府在张謇借款邀请的问题上进行了相当积极的讨论,而且还积极地劝银行、金融界给予借款协助。日本的意图是在排日运动中利用张謇等排日人士缓解作为日本的出口市场及投资市场的中国的排日感情,这是不言自明的。但是,日本方面如此积极的应对,借款为何最终失败呢?

日本的《大阪朝日新闻》于1922年8月31日报道了张謇派陈仪、章亮元、张国周等亲信前往日本交涉借款800万元的事实;并且报道了此次借款的意义不在单纯的金融收入上的得失,其目的是图谋中日实业家的相互提携及亲善。还报道了下月中旬张謇的儿子张孝若打算访问日本的计划。③《东京朝日新闻》也进行了如下说明,仅在上海地区成立的日本资本纱厂有13家,设备达35万2千锭,现在计划中的纱厂也有11家。同时指出,中国

---

① 驹井德三(日本外务省亚细亚局嘱托):《张謇氏关系借款问题ニ就テ》(1922.6.27),《张謇纺织借款申出》分割1,日本外务省,1923年,第35页。

② 驹井德三(日本外务省亚细亚局嘱托):《张謇氏关系借款问题ニ就テ》(1922.6.27),《张謇纺织借款申出》分割1,日本外务省,1923年,第69页。

③ 《日支两国の实业提携》,《大阪朝日新闻》1922年8月31日。

政府挑唆一般大众说这是日本的经济侵略,张謇的 800 万元纺织借款是实现中日间的经济提携的第一步。①

对此,中国报纸从 9 月 6 日开始转载日本报纸的内容。当初日本政府考虑到张謇的立场一直为借款邀请保密,但这件事随着被日本的报纸抢先报道又被中国报纸转载而被正式推到舆论的浪尖上。排日运动的象征性领导人张謇,欲向排日运动的对象日本借款的动向给朝野上下带来了巨大冲击。中国的《新闻报》通过 9 月 7 日批判道,"张謇从日本拿到 800 万元的借款的瞬间开始就无法再逃脱日本的手心,他为何没有认识到这一事实?"②

位于北京的中国纺织业的某人士吐露,"关于张謇和日本人提携的事实,我们实在难以想象,太意外了。最近张氏的儿子被派为欧美实业视察团的一员,随后又被追加为日本实业视察团的一员。我认为这是张謇私下向黎元洪总统拜托的结果,受国家之命访问欧美后再去日本。我觉得张謇为了挽救实业才决定日本之行的"。③

对于世人的批判,9 月 13 日,张謇解释道,"这件事没有任何根据,我儿子张孝若访问日本是受政府之命,与企业无任何关系"。④

但即使张謇如此解释,日本的报纸依旧报道了张謇的对日借款交涉。这从以后的日本报纸也能得到确认。报道称,"中国南方的实业家张謇上个月下旬将陈仪、章亮元、张国周三人派往日本,在和涉尺子爵会谈时强调了中日亲善的必要性以及为了将亲善具体化进行经济提携的必要性。并为此邀请借款"。⑤日本的舆论认为,中国政府任命张孝若为日本实业视察团的一员使其访问日本,访问的主要目的不是公务而是替他父亲就实业借款和日本交涉。⑥9 月 16 日,日本的报纸报道说,"对于就实业借款问题和日本进行协议的报道,张謇自己进行了否认,但事实上,800 万纺织借款已经完成了起草"。⑦

张謇对日借款交涉的事实一经漏出,南通等江苏省的舆论急剧恶化。9

① 《在支纺织业棉业提携》,《东京朝日新闻》1922 年 9 月 3 日。
② 《新闻报》1921 年 9 月 7 日。
③ 《支那满鲜巡り》,《中外商业新报》1922 年 10 月 25 日。
④ 《张謇纺织借款申出》分割 2,日本外务省,1923 年,第 24 页。
⑤ 《日华协会斡旋の南支借款经过》,《东京朝日新闻》1922 年 9 月 28 日。
⑥ 《张謇纺织借款申出》分割 2,日本外务省,1923 年,第 3 页。
⑦ 《日支实业借款否认》,《时事新闻》1922 年 9 月 16 日。

月 17 日《申报》详细报道了在京的江苏人反对借款的活动。依据报道,9 月 14 日下午 4 点,在京江苏省同乡会召开监事会特别临时会议,就张謇的日本借款邀请进行讨论后作出了以下五项决议。(1)向院府农部请愿,要求取消张孝若以实业团使节的名义派遣出国。(2)通过外部,向日本传达非但江苏省就是全国人民也反对本次借款的事实。(3)要求驻日大使严密监视达到日本的张孝若,使本次借款无法成立。(4)向日华实业协会发电报,使其不参与本次借款的交涉。(5)给日本留学生发电报,要求他们进行监督、阻止。①

　　此外临时会议还决定派张相文、胡兆沂、谢翊元、丁锦四人为代表向政府提交请愿书。他们指出《大阪朝日新闻》报道"以借款的形式促进中日实业家相互的提携和经济上的结合来图谋两国的亲善"的事实,而且还指出,"现在中国代表三人逗留在东京站附近的旅馆,正和日本实业家就借款的导入进行着连日的交涉中,据消息说,张謇的儿子张孝若到达东京后会进行具体的协商"。②还决定以后,在京江苏同乡会及在京江苏省出身的国会委员在近日召开联合会,议讨论张謇的对日借款交涉问题。③此外,江苏省议会的议员 28 人联名向张謇发出公开质疑书,声称借款的导入有损国权,公开转达了反对借款导入的意见。④

　　事情发展到这个地步,张謇连日发电报给各个报纸声明借款交涉事件是没有事实根据的。⑤张謇与 9 月 21 日在中国报纸上发表了表明自己立场的声明。他极力强调这是对事实的歪曲并解释道"现有本人欲向日本借款的传闻,本人读到此记事非常震惊。如果根据情况需要注入资本的话,要通过大生纱厂的董事会才能进行协议,这绝不是我一个人可以决定的事情。三十年来,本人的对日态度非常明白,世人周知。儿子张孝若被选为实业视察团是政府之命,和本人以及大生纱厂绝无半点关系"。⑥

　　张孝若也于 9 月 15 日向在京江苏省同乡会及江苏省出身的在京议员

---

①②　《旅京苏人反对日借款》,《申报》1922 年 9 月 17 日。

③　《上海船津总领事来电》(1922.9.16),《张謇纺织借款申出》分割 2,日本外务省,1923 年,第 34 页。

④　《张謇纺织借款申出》分割 2,日本外务省,1923 年,第 57 页。

⑤　《上海船津总领事来电》,《张謇纺织借款申出》分割 2,日本外务省,1923 年,第 34 页。

⑥　《张謇对日支借款否认》,《青岛新闻》1922 年 9 月 22 日。

发电报,否认借款交涉,并明确表示自己作为实业团的一员访问日本及各国是受政府的命令进行实业视察,决不代表任何个人及公司。①

虽然张謇在否认借款交涉过程中将其根据归为,没有董事会的决定独自无法决定借款。但在大生纱厂的经营上,张謇的作用和决定可以说是绝对性的。这通过以往研究中所揭示的在大生纱厂经营上的张謇的作用能体现出来。张謇追求的是以自己为中心组织董事会统一领导整个企业。张謇在制定公司章程外,董事的选举、功过的监督以及赏罚的施行等所有事情都专断独行。②通过大生纱厂的经营者构成也能看出,所有权力和权限都集中在张謇一个人身上。张謇自任总理,虽任命了负责每个业务的董事,但董事的任命和评价都是由他负责,即所有的董事都是张謇推荐和任命的,其业务评价也由张謇决定。张謇在企业里独占绝对的权力。③张謇的经营方式是独断的,大生纱厂虽然采取了股份制公司的形式,但在实际经营和政策决定的过程中,张謇个人的意志却起了决定性作用。④

结论

大生纱厂创建后,经历第一次世界大战取得了急速的发展,其中张謇的个人经营能力是无法忽视的,但更根本的原因却在于战时繁荣以及南通地区农村织布业的发展等外部环境的变化。第一次世界大战后大生纱厂经营的恶化也不是个别纱厂的问题,而是与战时繁荣的结束引起的中国纺织工业整体的萧条在同一脉络上。

但大生纱厂的经营恶化也存在着区别于其他中国资本纱厂的特殊性格。南通地区的农村织布业拥有中国东北市场这个主要销售市场,大生纱厂通过专门生产、供给南通地区土布的原纱而得到发展。因此,东北市场的变化不只是给南通织布业也给大生纱厂的经营带来直接的影响。

---

① 《张謇纺织借款申出》分割2,日本外务省,1923年,第41页。

② 卫春回:《论20世纪初期大生纱厂的崛起》,《兰州大学学报》第23卷第2期,1995年,第155页。

③ 卢征良:《早期大生纱厂内部治理结构的发展以及特征研究》,《山东科技大学学报》第9卷第2期,2007年6月,第74—75页。

④ 王飞:《论张謇在大生企业经营中的创业思想与实践》,《企业经营管理》2009年1月下,第266页。

　　以前依赖南通等中国关内及日本等国外进口的中国东北地区的棉制品市场经历第一次世界大战后发生了巨大的变化。变化的核心主要有两点：首先，日本在第一次世界大战时开发了在运输距离和费用上有竞争力的韩半岛—安东—"奉天"这条新交通网，由此开始了驱逐从中国关内流入的产品。其次，随着东北地区本地开始发展织布业，从关内流入的棉制品因运输费失去了价格竞争力。而且，奉天纺纱厂、满洲纺织株式会社等机械纱厂生产的廉价棉纱成为东北地区织布业飞跃发展的契机。

　　市场的变化是导致大生纱厂经营恶化的根本原因。对此，张謇曾试图通过导入日本借款来克服经营恶化。张謇对日借款交涉被苦于排日运动的日本认为是一个缓解排日运动的好机会。但是，五四运动以来全国范围内仍在积极进行排日运动的情况下，排日运动的象征性人物张謇对日借款交涉引起了以江苏省为首的全国性反对。面对这种反对，张謇否认了借款交涉这件事实，最终借款的导入也随之流产。

简论张謇对近代纺织科学事业的贡献

赵明远*

张謇是中国近代民族棉纺织工业的奠基人之一。他创办的以大生纺织公司为核心的企业集团是近代民族工业的翘楚;他开发滩涂,改良盐业,推广植棉和棉种改良,推动了苏北沿海棉垦区的形成;他倡导"父教育而母实业",为南通构建了较完整的基础教育体系,创办了中国最早的高等学校;他宣扬"科学为一切事业之母",积极倡导支持科学普及和技术应用,为中国纺织科学的进步进行了多方面的努力。

一、倡导实施"棉铁主义""棉尤宜先"的经济发展战略

张謇是近代"实业救国"思想的代表人物,在国民经济发展战略上他提出了"棉铁主义"的发展战略。青年时代的张謇目睹外强入侵,很早就萌发了实业救国思想。甲午战争失败后,张謇通过研究西方各国走向富强的历史,提出了"速讲商务,讲求工政"等"立国自强"之策,初步形成其"实业救国"主张。张謇说,"实业者,西人赅农工商之名,义兼本末,较中国汉以后儒者重农抑商之说为完善"。他指出,"外洋富民强国之本实在于工",传统的"农本"思想无力扭转中国的贫弱现实,而只有大兴"工艺",才是"养民之大经,富国之妙术","非此不能养九州数百万之游民,非此不能收每年数千万之漏卮"。

对于如何发展实业、大兴工艺,张謇提出了"棉铁主义"的战略。张謇生长的通海平原,明清以来就是优质棉花的产地,"通产之棉,力韧丝长,冠绝亚洲",但是近代以来逐渐成为日本纱厂掠夺的资源,这使张謇万分痛心,"花往纱来,日盛一日,捐我之产以资人,人即用资于我之货以售我,无异沥

---

* 赵明远,就职于江苏南通市文化广电旅游局。

血肥虎而俎肉以继之,利之不保,我民日贫,国于何赖?"张謇进一步研究了光绪、宣统两朝各年海关贸易册,其统计表明当时进口的最大宗商品是棉纺织品,其次是钢铁,张謇由此指出,"国人但知赔款为大漏卮,不知进出口货价相抵、每年输出,以棉货一项论,已二万一千余万两,铁已八千余万两,暗中剥削,较赔款尤甚";同时张謇又看到,与民生最为相关的产业"无过于纺织,纺织中最适于中国普通用者惟棉","而我国铁矿蕴藏丰富,如能利用,岁可得数千万",因此为挽回利权,保护民生,中国必须先行"推广棉地、纺织厂"及"开放铁矿、扩张制铁厂",这就是"棉铁主义"的经济发展战略。当棉铁两业在中国发展到拥有一定实力时,可以向其他的产业部门延伸,所以发展棉铁两业,就"可以操经济界之全权"。

纺织工业是欧美国家工业化前期积累资金、技术和管理经验的"先导工业",而中国早期工业发展却是从"洋务运动"的军工、矿业起步的。对于民间资本来讲,棉业与铁业相比具有投资小、周转快、利润高的优势,因此棉铁两业中,张謇进一步提出了优先发展棉纺织业的主张,他说"实业……在棉铁,而棉尤宜先"。

张謇在南通大力实践其"棉铁主义""棉尤宜先"战略。他首先从棉纺织入手兴办实业,这利用了南通的自然资源,也是保护民众的生计,并可抵制外来的经济侵略。1895年年底,张之洞奏派张謇在通州设立商务局,创办大生纱厂。大生纱厂建立后,实施土产土销的经营方针,当地棉业、土布业相辅相成,因而连年获利。1904年大生纱厂扩充至4.08万锭,同时在崇明久隆镇(今属启东市)筹建大生二厂,1907年二厂建成开工。1911年,张謇与刘柏森组织大维股份有限公司,租办湖北布纱麻丝四局,后因武昌起义爆发而作罢。第一次世界大战前后,大生一厂、二厂获利丰厚,张謇因此锐意扩展,计划再于南通及周边地区扩建七个棉纺织厂。1921年大生三厂建成;1924年大生八厂建成。至此,大生系统四个纱厂共有纱锭16.036万枚、布机1 342台,分别占全国华商纱厂总数的7.39%和9.8%,大生系统成为当时全国最大的纺织企业系统。

大生纱厂开工后,张謇"因念纱厂,工商之事也。不兼事农,本末不备",必须"广植棉产,以厚纱厂自助之力",于是又转而大力开辟原棉生产基地。1901年张謇在南通海门交界处建成了通海垦牧公司,开垦10余万亩海滩荒地,开展农田水利基本建设。经过10多年的努力,通海垦牧公司年产皮棉已达 1.2 万担。民国建立后,在张謇等的倡导下,在原淮南盐场广阔海涂滩地上掀起了垦殖大潮,十数年间涌现了 40 多个农垦公司。通过大规模的废灶兴垦、改良土壤、兴修水利,引进驯化良种,广植棉花,使淮南垦区形成了我国早期最大的集中产棉区。至 1934 年,淮南垦区已拥有棉田 500 多万亩,年产棉花 100 余万担,分别占江苏全省棉田的 1/2,全国的 1/8。

张謇创办纺织厂的纺织机械均需进口,因而深受外商的钳制盘剥,这使他深感"中国兴工业而不用机械,是欲驱跛鳖以竞千里之逸足也;用机械而不求自制,是欲终古受成于人"。因此,他在提倡"棉业"的同时仍不忘发展"铁业"。1906 年办成了资生铁厂,先后制造了轧花车、织布机各 1 000 多台并出售。1919 年,张謇还支持聂云台在上海创办了大中华铁工厂。

张謇的"棉铁主义"战略在南通获得了很大的成就。除了棉纺织业、植棉业的发展外,如前文所述,南通的经济社会各项事业在大生纺织企业的引导和支撑下得以全面进步。1913 年 9 月,张謇出任北洋政府农商总长,此后两年中采取了一系列措施来扶植、奖励民族工商业:制定保护性法令条例,筹办各种试验场、改革税厘制度等;制定许多"棉铁主义"政策[如订立《公司保息条例》,为棉毛织业和制铁业企业按资本额六厘保息三年;规定改良植棉者,每亩奖银三角;免除土布(爱国布)的各项税厘,以及一些编织复制品的出口税;在定县、南通、武昌建立了三所植棉试验场],等等。在 1914—1922 年间,中国棉纺织业生产能力增长 200% 以上,这与张謇倡导"棉铁主义"不无关系。

二、引进西方科学技术,发展纺织技术教育

张謇很早就认识到西方先进科学技术对富民强国的重要作用,他说:"外洋富民强国之本,实在于工,讲格致,通化学,用机器,精制造,化粗为精,化贱为贵,而后商贾有懋迁之资,有倍蓰之利。"张謇看到西方科学技术"较诸中国旧式工程,相差不可以道里计",欲在振兴实业,必须实行开放主义与拿来主义,大力学习和引进西方科学技术。张謇创办的大生纱厂,引进的是英国曼彻斯特生产的纺纱机,他兴办的各项事业均大量引进西方技术装备,同时也聘用了大量外籍人才来南通工作。据不完全统计,张謇在南通地区先后外聘人才 47 人,他们来自英、美、法、德、日、意、荷、比、澳以及瑞典十个

西方国家,包括纺织、农垦、盐业、水利、交通、电力、采矿、冶炼、火柴、医药等十余个专业的工程师、技师以及各级各类学校的教师。

张謇除了在其兴办的中小学基础教育中均开设数学、物理、化学、博物、地理等基础科学课程,还非常重视职业教育和中等、高等专业教育,兴办了数十座各类职业技术学校和高等专科院校,希望通过本国专业技术人才培养,"十年以后,或有可用之才,不必借资于异域矣"。1901 年,他在通海垦牧公司内创办了农学堂,传授植棉技术。1906 年后,张謇在通州师范学校先后附设测绘科、农科、土木工科、蚕科,培养专门技术人才。1911 年,通州师范农科发展为初、中等农业学校,后改称甲、乙等农业学校。1920 年,甲等农业学校升格为高等专科学校,后称"南通农科大学"。

为满足棉纺织工业发展的人才需求,张謇于 1912 年创办了南通纺织染传习所,次年新校舍落成,定名"南通纺织专门学校",这是全国第一所纺织专业高等学校。张謇从国家战略高度来认识纺织专门人才的培养,他说,"五千万之棉织业兴,足抵五百万兵之一战,而纺织业之人才辈出焉,不必海陆军而收海陆军最终之良效"。张謇为该校亲手题写"忠实不欺,力求精进"的校训,又撰写《纺织专门学校旨趣书》,希望通过纺织人才的培养,让中国的纺织工业尽快结束"延欧人以司其命"的现状,早日有"自树立之一日"。

纺织专门学校学制为本科、预科两种,本科三年制,招旧制中学毕业生,预科学制五年,招高小毕业生,采用美国费城纺织学校的课程内容,纺织专门学校的常年费用由大生各厂余利中支付。张謇对纺织教育,提倡"手脑并用",强调"将欲行之,必先习之,有课本之学习,必应有实地之经验"。纺织专门学校《学则》中规定了实习时间,安排学生到大生纱厂实习。1914 年学校建实习工场,陆续开办纺纱、机织、手织、染色、金工、针织六部实习所。至 1917 年,已有本科毕业生两届,50 多人,分赴全国各纺织厂服务。1918 年,毕业生协助上海厚生纱厂安装新机成功。1921 年,毕业生又主持完成了大生三厂全部纺织新机的排车设计与安装工程。1923 年,南通纺织专门学校添设染化系,增购针织机,兼习棉毛针织技术。1927 年,改称"南通纺织大学"。

张謇创设的南通纺织专门学校,是培养中国纺织专业人才的摇篮,是全国纺织高等教育的翘楚,从此中国纺织工业技术队伍逐步壮大,打破了"洋人"对纺织技术的垄断。至 1952 年院系调整,该校共培养了 1 437 名纺织科技人才,他们分布于全国主要纺织企业、纺织院校和科研、管理机构,成为那里的领导和骨干。《中国大百科全书·纺织卷》的编委会6名正副主编中,5名是该校的校友,32名委员中校友就有13名之多;自1949年到1987年为止,该校历届毕业生在国务院纺织工业部就职的有35名之多。1928年,南通纺织大学、南通农科大学与同为张謇创办的南通医科大学合并为"南通大学"。张謇还选派优秀学生出国留学,以期学成归国,委以重任。此外,张謇在上海创办了吴淞商船学校,在南京创办了河海工程专门学校,并曾支持中国女学堂、震旦学院、复旦公学、中国公学、江苏省立水产学校、中华职业教育社的创办。这些教育机构为中国培养了大批科技专门人才。

三、推广农业科技,推进棉作改良

张謇出生于农家,发展农业生产始终是他实业救国思想的重要组成。他认为,"农吾立国之本,非研究无以改进",但传统农学"无专书,无分科,故无学;无学,故不能通政与业之变,而亦不足尽政与业之能",已不能解决当时的农业发展问题,必须"行西国农学所得之新法",科学兴农,促进传统农业向近代农业的转变。他很早就建议在各地设立农会、办报刊,以研究农事、宣传农业科研。他对上海设立农会,"译西洋农报农书"的做法大加赞赏,认为这是"中国农政大兴之兆"。他在自己创办的垦牧公司,运用先进的科学技术和经营方式来提高农业生产力。他创办农业学校,普及现代农业科技。他不断向政府建议,开展农业科技的引进和试验,设立农事试验场以研究改良和推广种植业、林业、畜牧业等方面的良种,推广运用农事科技成果。

推广植棉和棉作改良是张謇着力推进的事业。中国原产棉产量低、品质差、纤维短,已大大制约了民族棉纺织业产能的扩大和棉纱质量的提升。没有足量和优质棉花作保证,民族棉纺织业已不能发展,"纱出于棉,棉产于地,则棉地宜广也,棉种宜改良也",推广植棉、改良品种则是当务之急。1912年张謇作《奖励植棉及纺织业说》即指出,"今日救国之策,于何着手?舍奖励纺织,其道无由也。纺织根在于棉,故奖励植棉,尤为根本中之计划",希望通过国家政策,推广植棉,为发展棉纺织业打下深厚基础。1914年,出任农商总长后张謇颁布了《植棉制糖牧羊奖励条例》及其实施细则,规定凡扩充植棉者,每亩奖银 1 角;凡改良植棉者,每亩奖银 3 角;成立了正定、南通、武昌三所棉作试验场,从事优良品种的征集、引进、培育、试植、试养和传播,规定"将历经试验成绩优良之棉种,分给民间种植";"每年应征集民间新收获之棉产物,开棉业品评会一次"。除了政策上的引导,主张以科学的手段改造传统棉业,提倡科学兴农。张謇在推广植棉时采取科学的态度和方法,如他以是否有适宜的自然地理环境为依据,规定植棉区域为直隶、山东、江苏、浙江、安徽、江西、湖南、湖北、山西、河南、陕西等省,他在湖北、江苏等七省设立观测所,通过气象观测,"以定农事改良、灾害预防之标准"。

张謇说:"欲增进人民之知识技能,则莫如各省各道县广设农校、农场,先求农务栽培之标准以为之模范。"以展览会的形式进行引导、示范,则是增进人民知识技能有效手段。在张謇的授意下,南通农校于 1915 年元旦举办了一次棉作展览会,陈列了中外一百多种棉花标本,教学、实验图片,各品种的检测数据、比较图表,棉花栽培、病虫害防治等技术说明,以及农校棉种改良试验的成果。展览会展品除农具外近 1 800 件,其中主要为棉作展品,各展馆还安排了专人解说。展览原定一日,因观众众多,临时决定延期一日。两天时间观众达五千余人,其中 60% 是农民。展览会实物展示形式对于还是文盲的广大农民来讲,无疑为他们认识和掌握现代农业知识打开了方便之门。展览会在全国产生了影响,极为成功,张謇于是决定把棉作展览会继续举办下去。1917 年元宵节,第二次棉作展览会易地于南通城内中公园举行,展览场地扩大到室外,规模超过了前次,被称为"露天棉作展览会"。开幕首日,来参观的乡民已逾四千。展览会免费向农民发放了棉种三千余袋(每袋一百粒棉种),放放《改良种棉浅说》一千余部。农校还选择了 12 名种棉能手,发给可供一亩棉田之用的优质棉种,并指导他们种植。棉作展览会大受农民欢迎,达到了张謇等主办者"增进南通棉业改良之效果,普及南通棉业栽培新法"的目标,所以此后延续举办了多年,一年内还举办数次。张謇以有效方式大力普及推广农业生产技术,这是通海一带棉业迅速发展的重要原因。

中国近代棉作改良,主要是驯化推广美洲棉以及对中棉品种改良两个方面的工作。然而早期的引种工作只是官员们简单地购买美国棉种分发给农民种植,是缺乏科学试验基础的盲目引种。1914 年,张謇到任农商部以后,依托外国专家、农科学校、各棉作试验场开始科学的棉作改良试验,他要求"各省农事试验场、农学校等,如于此项科学,夙所研究,获有成绩,仰饬随时报部"以备推广。张謇直接领导了南通农科大学和农垦公司开展棉作改良工作。南通农科大学及前身通州师范农科很早就开始从事中美棉种比较研究和改良南通鸡脚棉品种的试验,成为国内最早开展棉种引进、改良科学试验的机构。南通的棉作改良并不是一帆风顺的,农科大学及棉作试验场引入美棉五十余种、本国棉十余种集中试验后得出结论是:"南通之青茎草棉及鸡脚棉纤维短,不能纺成细纱以抗舶来品,外国种虽佳,然以气候地质之不同,几经栽培便成变种,亦难保固有之性状。"面对引进美棉和改良通棉的艰难,张謇援引美国植棉历史来教导农科师生,只要不畏失败、勇于实验,终会有成功之日,他说:"闻之美国选棉种于埃及,政府以全力注之,试验十八年而后成。吾通试验棉作,亦八年于兹,搜集世界棉种至百五十种,何尚未能快然以满也乎?吾通棉作试验成功之难,亦将为十八年,抑或短于十八年,非可逆睹也。"除了在南通,张謇于1919年通过华商纱厂联合会委托金陵大学进行棉种试验,并建立棉作试验总场和16作分场,邀请东南大学教授农学家过探先主持。1921年,张謇又筹借巨资,合营大豫、大费、大丰、华成、大有晋五公司农事试验场,邀请东南大学农学家过探先、原颂周两位教授和昆虫学家江苏昆虫局长吴伟士博士来通调研、指导,推进棉作改良。

经过张謇大力倡导和科学规划,以及南通、南京科研人员的共同努力,驯化美棉培育中国棉种取得了成果。1921年后,南通农大先后培育出改良南通鸡脚棉、改良青茎鸡脚棉,新品种无论在纤维长度、强度、纤维量、色泽度及产量各方面均有大幅提高,经逐步推广,成为南通、海门一带最受棉农欢迎、普遍种植的品种。此外爱字棉、金字棉、脱字棉等美棉品种也在淮南农垦公司得到种植和推广,至1934年,淮南沿海垦区美棉种植面积已占40%以上,该地逐步发展为我国推广美棉最早、成效显著的专业棉区。中国近代的棉种改良是一个曲折复杂的过程,而张謇采取的一系列政策、措施大大推进了这一进程,对全国的棉花种植推广和品种改良产生了重大影响。

四、热心科学事业,扶持科学团体

张謇十分关心国内科学团体的建设发展。近代学术团体中与张謇关系最为密切的是中国科学社和中华农学会。1897年,张謇即在《请兴农会奏》中建议仿效西方国家,成立农会或农学会。1910年,在张謇的倡导下,组织成立了全国农务联合会。1917年1月,我国最早从欧、美、日本留学回国的农学家王舜臣、陈嵘、过探先等发起组织的中华农学会,在上海张謇担任会长的江苏教育会会堂召开了成立大会,公推张謇为名誉会长。1923年,中华农学会在苏州召开第六届年会,张謇以七旬高龄莅会致辞。

张謇对于中国近代影响最大的综合性科学社团——中国科学社曾给予很大的支持帮助。1916年夏,中国科学社在国内的骨干、农学家过探先来到南通协商成立支社事宜,得到了南通方面的积极响应和张謇的大力支持。当年12月30日,中国科学社在南通博物苑举行南通支社成立大会,有纺校、农校、师范、医校等校教员共二十余人到会,大会通过会章,公推产生了理事会与理事,公推张謇之子张孝若为理事长。1917年9月,中国科学社在美国罗得岛州举行的第二次年会上张謇缺席却被选为名誉社员。1918年,中国科学社迁到国内,在闻知中国科学社发起5万元的筹款计划后,张謇即捐款3 000元,后还为中国科学社建生物研究所捐助了1万元。1920年,张謇上书民国总统徐世昌和财政总长李思浩,为中国科学社争取到南京成贤街文德里的官房作为图书馆与社所活动场所。

1922年,中国科学社原定于广州举行的第7次年会因政局动荡不能如期,张謇即邀请他们来南通召开,张孝若亲自担任了年会筹备委员长。会期定于8月20日至24日。开会两天前的8月18日,中国科学社生物研究所在南京建成开幕,与会同仁决定将生物研究所献给张謇作为纪念,以答谢其对中国科学社所作的贡献。由于大部分社员均汇聚在南京参加生物研究所开幕式,张謇即出面向江苏省督军齐燮元商洽,于8月19日特派军舰一艘专程把与会代表送到南通。

8月20日,中国科学社第7次年会如期在南通总商会大厦隆重召开,梁启超、马相伯、陶行知、杨杏佛、推士、丁文江、胡敦复、胡明复、谭熙鸿、竺可桢、邹秉文、过探先、周子竞、熊庆来等38位著名学者和科学家齐聚南通。张謇亲自到会致辞,并与会员合影。在致辞中张謇指出,"盖今日为科学发达时代,科学越进步,则事业越发达",他希望与会代表惠临南通能"发见其阙失而指导之,则获益良非浅鲜"。会议期间,大家还参观了南通各项事业,美籍社员推士说:"见张先生所办种种事业,皆能利用科学办法及手续以处理之,甚为满意。"南通事业的蓬勃发展给社员们留下了深刻的印象。

在 8 月 22 日晚的送别宴会上,张謇以其数十年的经验,阐述了他对于科学研究要立足社会现实,科学家要注重应用研究的希望:"吾人提倡科学,当注重实效,以科学方法应用实业经济之研究,与社会心理之分析,迨成效既著,人自求之不遑。执此道以提倡科学,未有不发达者。"

第 7 次年会对中国科学社有着特殊的意义,隆重的年会一改科学社归国初期的萧条景象,是其事业发展的一个转折点。年会推举张謇等 9 人组成新一届董事会,主持社内方针政策与基金的募集与保管工作。此后中国科学社的资金问题初步得到了缓解,各项事业也开始逐渐得以落实。

作为中国近代历史上的著名人物,张謇始终以科学精神探索救国救民之路,在大力发展棉纺织工业和近代棉业过程中,极为重视现代科学知识的普及与纺织科学技术的运用,通过躬行实践,为中国的棉纺织科学的发展作出了杰出贡献。

成本节约、危机冲击与近代中国家族企业"集团化"经营
——以大生纺织企业等为例[①]

姚清铁[*]

一、引言

　　近代中国民营企业产生于外资企业与国有企业的夹缝之间,但既无外资企业的政策优惠,还受到政府的种种限制,在双重挤压下艰难求得生存。及至 19 世纪晚期,在商业厚利的诱惑和民族情感的推动下,加上当时洋务企业发展停滞所腾出的空间,早期的开拓者们利用自身产权明晰、灵活经营的本土优势,几经发展,最终站稳脚跟,形成了一批具有一定规模的民营家族企业。其中既包括起步较早的张謇大生企业和周学熙企业,也包括影响颇大的刘鸿生企业、荣家企业、孙氏通孚丰企业和郭氏永安企业等。在地域分布上,南北兼有,既有上海的吴蕴初天字号企业,也有天津的范旭东永久黄企业。到了 20 世纪初期,这些初具规模的家族企业无一例外地开始扩张,走上"集团化"发展的道路。如荣家从面粉起家,发展成为一个拥有数十家工厂,横跨面粉与纱布业,产量之多"无出其上"的面粉大王。

　　因其体量巨大,加上自身的典型性,近代民营家族企业是经济史学界讨论的重要对象。对于其集团化经营的扩张路径,学界的探讨也一直未曾停歇,并在 1980—1990 年代形成小的研究热潮。其中,较早的研究沿袭日本

　　① 本文得到国家社科基金项目资助,项目号:14BJL015。
　　* 姚清铁,南京财经大学经济学系讲师。

"财团"称谓①;之后多从"企业集团""资本集团"等角度进行讨论②;也有从"企业公司"角度进行的分析③;较近的研究则有以"联号企业"称谓进行的分析④;以及从"一体化战略"角度进行的分析⑤。

　　近代民营企业在扩张过程中,为何走"集团化"发展道路,而其选择的组织形式却又与严格意义上的企业集团相去甚远? 有些企业,如荣家企业长期保持无限责任公司形式,并在相当长时间内维系企业高度的家族成员控制与家族经营,而无视西方先进公司制度的引入。经济史学界在讨论中通常认为,家族式经营是一种相对落后的制度,在近代中国企业制度演进中是暂时性存在,它是对近代中国严酷生存环境的一种"被动"适应。本文认为,近代中国民营家族企业之所以广泛地走集团化扩张道路,固然是对近代经济环境高度不确定性的一种响应,但经济制度往往镶嵌在特定的文化与商业环境里。"挹此注彼"的集团化经营模式对近代家族企业来说,在平时可以降低交易成本,在危机时则可以提供更强的抗风险能力。在这一意义上,"集团化"发展道路莫若说是近代家族企业在特定的历史阶段与特定的商业环境中,求得自身发展壮大的一种"主动"选择。

　　本文所关注的近代家族企业集团化经营是指这样的一种状态:家族企业发展达到一定规模后,开始横向或纵向扩张,或兼有横向与纵向扩张,形成企业联合体,并以法人或非法人形式对企业联合体进行控制。这一组织形式是西方公司制度在中国商业土壤中适应的产物,它吸收了国外公司组织的优点,并对本国经济环境作出妥协,呈现出传统中国企业一些特征。本文以"集团化经营"一词来命名,原因在于近代中国"集团化"家族企业与"财

　　① 黄逸峰、姜铎:《略论旧中国三大财团》,《中国近代经济史论丛》,上海社科院出版社 1988年版。

　　② 朱以青:《论近代中国企业集团》,《中国经济史研究》1994 年第 3 期,第 46—52 页;刘佛丁、王玉茹:《近代中国的市场发育与经济增长》,高等教育出版社 1996 年版;林本梓《无锡近代六大资本集团崛起的成功经验》,《史林》1997 年第 4 期,第 55—59 页;马俊亚:《中国近代企业集团形成的经济因素》,《福建论坛(文史哲版)》1998 年第 2 期,第 45—50 页;宋美云:《试论近代天津企业规模化发展路径》,刘兰兮主编《中国现代化过程中的企业发展》,福建人民出版社 2006 年版,第 137—155 页。

　　③ 张忠民:《略论抗战时期内地各省区企业公司的制度特征》,刘兰兮主编《中国现代化过程中的企业发展》,福建人民出版社 2006 年版,第 26—45 页。

　　④ 张晓辉:《中国近代华资联号企业释义》,《广东社会科学》2007 年第 6 期,第 98—103 页。王颖:《近代家族性联号企业:一种非企业集团的中间性组织》,复旦大学出版社 2011 年版。

　　⑤ 赵伟:《近代苏南企业集团的一体化战略研究(1895—1937)》,苏州大学博士论文 2011 年。

团"定义相去甚远;也不符合"企业集团"与"资本集团"的定义;这些联合体大多不具备"企业公司"(即控股公司,Holding Company)所需的法人性质的中心控制企业;而"联号"的命名方式只为其中部分企业采纳,同时"联号经营"也并非"集团化"经营的关键所在。

二、近代家族企业集团化经营的组织特征

归纳起来,近代家族企业在集团化经营过程中,呈现出如下一些特征:

(一) 使用"联号企业"形式

联号一词在中国商业史上广泛使用,但传统商业社会里的"联号"概念与现代工商语境中的"联号"一词并非同义。[①]追溯起来,国内商业史讨论中最有名的"联号经营"当属晋商联号,如著名的平遥"蔚字五联号"。[②]近代商业史的研究表明,联号企业在南方与北方都大量存在,但这一领域的研究目前还不深入,甚至对联号一词也还没有统一的定义。本文所借用的联号一词所指为:在店名字号上是相联的,有如弟兄名字的排行[③],如吴蕴初企业通常被称为"天字号"企业。

近代中国家族企业在集团化经营中广泛使用联号形式,最具代表性的当属郭氏永安企业,在其扩张过程中,所经营的主要企业,无论行业与地域,均冠之以"永安"二字,其中,较为知名的包括香港永安公司、上海永安公司、上海永安纺织印染公司、香港永安水火保险公司、香港永安人寿保险公司和香港永安银行等。而郭氏对其旗下各企业,也自称"永安联号"。其他的如荣家的申新、福新和茂新企业;张謇在创办大生纱厂之外,还办有广生油厂

---

① 在现代西方工商业语境中,"联号"一词含义有二:一是指通常指的"连锁商店"(chain store),即在同一公司占有与管理下,一批零售性质大体相同的零售商店[参见陈伯林、阎达寅主编:《现代工业企业管理词典(修订本)》,北京大学出版社 1990 年版,第 387 页];二是指"连锁酒店"(hotel chain),即拥有、经营或管理两个以上旅馆的公司或系统。一般地说,在这一系列里,各个旅馆使用一个统一的名称,统一的标志,统一的服饰,实行统一的经营管理规范、服务标准与预订系统(参见刘绪贻、李世洞主编:《美国研究词典》,中国社会科学出版社 2002 年版,第 348 页)。

② "蔚字五联号"包括蔚泰厚、蔚丰厚、蔚盛长、新泰厚和天成亨五家,以布庄起家,后转入票号经营。

③ 这一定义仅与名称有关,而与企业组织形式无关。从已有的研究看,近代南方粤港的联号经营大多是大型的家族企业联合体,而近代北方联号企业许多并不具备家族性质。

和资生铁厂等；在 1901 年创办垦牧公司后，张謇沿海门到连云港一线先后创办了大有晋公司、大赉公司、大豫公司、大丰公司和大达公司等九家企业，形成"大字"系列。北方的周学熙则办有启新与华新公司；通孚丰孙氏企业既有阜丰面粉厂、通丰面粉公司，也有通益精盐公司和通惠实业公司，以"通""丰"二字串连。刘鸿生企业在集团化过程中，所创办的企业五花八门，除煤炭、水泥和堆栈产业前后承接，其余企业涉及行业较为分散，但其冠名则多带"华"字，如华商上海水泥公司、中华煤球公司、大华保险公司、华丰搪瓷公司、章华毛绒纺织公司、中华工业公司和华东煤矿公司等，呈现出联号特征。

当然，并非所有的家族企业在集团化扩张时都沿袭联号形式，如范旭东的永久黄企业命名就没有联号特征。

联号形式在信息不对称的市场中有着信号传递的作用，类似于驰名商标，有利于市场识别，降低交易成本，从而产生正的外部性，因而被广泛使用——尤其是一些对商誉要求较高的行当，如晋商所经营的票号业。近代家族企业扩张时，沿袭联号冠名方式，可以视作传统商业习惯的一种延续。

（二）设立形式各异的统一管理机构

除了联号形式，近代家族企业在扩张后，还纷纷组建具体的中心管理机构，来统筹调拨其成员企业间的要素与产品，互为挹注，虚盈相济。如，大生企业早期设立的大生沪账房即具有这一性质，虽然名义上是一个联络站，但 1922 年大生各事业失利之后，大生沪账房还在为各企业调剂头寸，维持局面，在事实上担负着协调的功能。[①]而在名义上，大生在投身盐垦事业之后，为了协调各盐垦公司之间的关系，互通信息，在南通设立了联合事务所。之后，又于 1922 年设立"南通实业总管理处"统一管理其下属的纺织及盐垦企业，直到 1926 年张謇去世才宣告解散。天津的周学熙企业于 1924 年设立"实业总汇处"统一管理其旗下的启新公司、滦矿公司、华新四工厂和普育公司。

表 1 对近代家族企业的中心协调机构作了简单梳理，综观这些机构，大体呈现出如下特征：

---

① 肖正德、茅春江：《张謇所创企事业概览》，江苏出版社 2000 年版，第 38—40 页。

表1　近代主要家族企业及其统一管理机构一览表

企业名称	统一管理机构
大生企业	大生沪事务所(即大生沪账房,1897),通海实业公司(1907),联合事务所,南通实业总管理处(1925),通泰各盐垦公司董事会联合办事处(1928)
周学熙企业	实业总汇处(1924),实业协会(1925)
荣家企业	茂新、福新、申新总公司(1920)
刘鸿生企业	刘鸿记账房(1930),顾丽江采办事务所(1931),中国企业公司(1932),中国企业银行(1931),中国实业开发信托有限公司(1933)
通孚丰企业	通惠实业公司(1915),通孚丰联合办事处(1930)
永安企业	无
吴蕴初企业	无
永久黄企业	无

（1）产生原因的复杂性。虽然同为协调机构,产生的初衷也大多是为了协调家族所属的各类产业,但其产生原因却不尽相同。其中,有些是为了企业自身扩张而主动设立,如荣氏的茂福申总公司创立时,"福新、申新次第成立",成立总公司"于采办及推销、皆联络进行,呵成一气"。①荣氏总公司成立时,正是其面粉和纱布业欣欣向荣的时候,还没有经历大的危机,总公司更多是为了企业进一步扩张而主动设立。而有些企业的协调机构则是被动设立,主要的目的是为了应对危机。如周学熙的实业总汇处成立时,正值1922—1923年欧美经济危机波及中国"……实业前途,不进则退,瞻念前途"而设立。②刘鸿生的中企公司初次提议是在1930年,但真正着手实施则是1932年,当时大萧条正逐渐漫延到上海,银根收缩,市面紧张。与上述或主动、或被动的设立相比,大生在1907年设立的通海实业公司则是个例外。通海公司看似为了统一管理张謇的各个企业,但实际上,它的设立是大生股东们为了限制张謇把大生纱厂的盈余投资于其他企业——"影响股东收益"——而提议创设的一个限制机构,以"协调"之名而行"限制"之实。③而

① 上海社会科学院经济研究所:《荣家企业史料》(上册),上海人民出版社1981年版,第96页。
② 南开大学经济研究所:《启新洋灰公司史料》,三联书店出版社1963年版,第180页。
③ 《大生系统企业史》,江苏古籍出版社1990年版,第103页。

大生最早设立的沪账房在 1913 年以前,主要功能为采办物料、购运原棉、承办南通实业方面的大型建筑包工及银根调度,倒是具备了大生各成员机构间协调的实际功能。

(2)组织的非法人性。尽管产生原因不一,但这些或强或弱的协调机构却在某些方面表现出较为一致的特点——几乎找不到一家总协调机构是独立的法人实体。荣氏各企业在 1952 年之前,甚至大多不是有限责任公司。茂福申总公司有办公地点,有正式的工作人员,却"没有董事会,股东会也无大权……一切集中于总经理"。[1]因为总公司不是独立的法人实体,所以也就谈不上是独立的母公司,相应地,我们就无法把这些统一管理机构纳入"控股公司"的范畴讨论,更无法以"企业集团"对其进行讨论。[2]

(3)组织功能的多样性。企业间的资源调配包括原料、资金和产品等方面。上表所列的统一管理机构,有些只专注于某一方面,如,刘鸿生的顾丽江采办处只负责原料的集体采办;而中企银行则主要为企业间资金挹注提供方便;刘鸿记账房除了记账功能之外,主要的使命也是刘氏企业之间的资金互济。有些则集多种功能于一身,如荣家的总公司"为各厂统一采购原料,销售成品,统筹资金",为综合性机构。

(4)协调能力的差异性。从资源管理能力来看,这些机构的协调能力强弱不一。荣家的总公司虽然不是一个法人机构,但由于荣氏各企业一直采用无限责任公司形式,并刻意维持其家族在各企业的强势股权,加上荣宗敬本人的权威作用,因此荣氏总公司的总经理一职有着很强的企业间资源调配能力。再如永安企业,它没有组建具体的协调机构,却设立了总监督一职,1922 年《永纱招股章程》中规定,总监督"监督全体职员总掌公司一切事务而负全责"。永安企业分布于澳洲、香港和上海三地,而作为总监督的郭乐以"各联号企业的监督与家长身份,把三地企业联在一起,统筹兼顾"。[3]

---

① 上海社会科学院经济研究所:《荣家企业史料》(上册),上海人民出版社 1981 年版,第 96 页。

② 企业集团一般有三个特征:(1)多法人,即多个法人组织成的企业联合体。(2)多层次,即可以横向联合,也可纵向联合或混合联合。(3)产权纽带,即以控股、参股形式形成产权纽带。近代家族联号企业对(1)和(3)经常是不满足的,尤其是产权纽带。实际上,这些企业往往以血缘或者地缘为纽带,或者兼以血缘与产权为纽带,而不是单纯依靠产权连接。

③ 上海社会科学院经济研究所:《上海永安公司的产生、发展和改造》,上海人民出版社 1981 年版,第 16 页。

资源调配能力也比较强。与荣氏、郭氏形成对比的是刘氏企业,虽然先后组建了若干不同的管理机构,甚至试图组建中企公司,但无论资金还是产品,刘氏都无法进行企业间有效的互联并济,统筹协调能力并不强。反观大生,由于张謇本人的权威作用明显,张謇兄弟"往往一纸手谕,某盐垦业可欠几十万,某企业可欠几十万"[1],因此调度能力比较强。

(三)依靠其他方式进行企业间联结

前面已经提到,许多家族企业都设立了非法人的协调机构,但有些企业并没有特定的组织,而是借助于其他方式进行企业间的资源调配,互济盈虚,如永安的总监督一职。而吴蕴初的天字号企业也没有设立专门的统一管理机构,吴氏企业主要通过企业间的交叉持股来实现相互联结。1929 年设立天原公司的时候,天厨认购了天原 40% 的股票,是天原最大的股东,并享受发起人津贴[2];而 1935 年天厨改组为有限责任公司后,天原又认购了天厨 2 万元的股票[3];天盛陶器厂的资本额法币 5 万元则全部由天原电化厂"划出资本经营"[4],属于完全控股。1934 年天利集资过程中,天原向天利投资股份 10 万元,天原直接认购 6 万元,其余 4 万元则由天原股东优先认购。[5]实际上,如果以天厨为中心,天字号企业可能是近代家族企业中较接近企业集团形式的一家。

除了交叉持股,连锁董事(Interlock Directorship)是近代家族企业互联并济的另一个基础。天字号企业中,吴蕴初兼任 4 个公司的总经理,同时也是 4 个公司的常务董事。另外,还有朱子谦兼任天厨、天原和天利公司的董事;张祖安、李祖恩兼任天厨和天利公司的董事;郑赞臣兼任天原和天利公司的董事;林涤庵兼任天厨和天原公司的董事。连锁董事的治理结构促成了成员企业之间业务的紧密联系。在大生获利较高的 1920 年左右,张謇同样身兼多任,包括南通实业、纺织、盐垦总管理处经理,大生一、二厂董事长,

---

①　洪维清:《张謇办实业概况》,《工商史料》第 2 辑,文史资料出版社 1981 年版,第 11—14 页。

②　陈正卿:《味精大王吴蕴初》,河南人民出版社 1998 年版,第 28 页。

③　"天原电化厂股份有限公司第 2 届 18 次董监联席会议记录摘要(1935 年 10 月 18 日)",上海市档案馆编:《吴蕴初企业史料·天原化工厂卷》,档案出版社 1989 年版,第 121 页。

④　"吴蕴初致上海市社会局呈(1935 年 4 月 1 日)",上海市档案馆编:《吴蕴初企业史料·天原化工厂卷》,档案出版社 1989 年版,第 115—116 页。

⑤　上海市档案馆编:《吴蕴初企业史料·天原化工厂卷》,档案出版社 1989 年版,第 117 页。

通海、新通等盐垦公司董事长。而永安企业中,也存在一个人兼好几家联号企业董事的现象,除了郭氏兄弟,还有孙智兴、马祖星、欧阳品、欧阳民庆、杜泽文、郭献文、郭干勋、李彦祥和梁创等,这些人都是郭氏兄弟的亲戚、朋友和悉尼永安果栏的老合伙人,以郭氏兄弟为中心,因此,郭氏兄弟实际上掌握了各个联号企业的董事会,从而控制了整个永安。[①]在这个意义上,永安成员企业间的互济功能实现并不仅仅基于郭乐的总监督角色。

三、近代家族企业集团化经营的功能分析

集团化运营的家族企业兼具市场与企业的组织优势,呈现出柔性组织的特点,可以实现其成员间的原料互济、产品互补、资金互拨,乃至人事互通,从而体现出比市场交易更高的效率和更低的成本。这种企业间挹注在平时可以降低交易成本,扩大企业的产销规模;而到了危机年份,则可以缓冲风险,提高企业整体的生存概率。

(一) 交易成本的降低

家族企业通常被认为是一种低代理成本企业,因为其所有权与经营权一般是重合的。家族成员对监督和财务激励的低要求,以及基于愿景和信任等因素的非正式治理手段降低了家族企业的交易成本[②];而集团化运营则为企业提供了规模经济与范围经济的成本优势。[③]因为这一原因,当集团化经营与企业的家族性优势叠加之后,便呈现出较为明显的交易成本节约。近代家族企业许多都存在程度不一的范围经济特征,不同产业间呈现出互补关系——如荣氏的棉纺业可以为面粉业提供布袋;刘氏的煤炭业可以为水泥业提供燃料;大生则先纺纱,再种棉,为了利用棉籽又建广生油厂,为利用油料下脚又建大隆皂厂,如此等等,不一而足——这种产业互补优势为企业间要素与产品的互济提供了可能,这一交易成本的降低则在从原料到产品和资金等生产诸环节均有所体现。

从原料采购来说,实行统一采购因其规模经济,可以起到降低成本的

---

① 王有枚、缪林生:《上海永安公司史料》,《安徽大学学报》1979 年第 1 期,第 42—61 页。

② Dyer, W.G.Jr.Examining the "family effect" on firm performance, Family Business Review, 2006, 19(4):253—267.

③ 钱德勒:《规模与范围:工业资本主义的原动力》,华夏出版社 2006 年版,第 693—724 页。

作用,以刘鸿生企业来说,从 1931 年开始,委托顾丽江采办所统一为刘氏的8家企业采购,盖因"该处所取事务费甚廉,而其所购货物,价格又殊克己",1934 年中国征信所的调查报告称"该所营业开办迄今,营业状况颇佳"。①

　　除了统一采购,我们还看到家族企业在经营时其他形式的要素互济,如吴蕴初企业,1934 年天原电化厂委托天利氮气厂代为设计新氯气部,并主持该厂一切事宜,双方签订合同,规定"为互助起见",天利承担设计工作,不向天原收取报酬;同时又规定天原的副产氢气"自开工产货日起,三年以内完全免费供给"天利使用;并且从第四年起,如"天原盈而天利亏时,不贴费"②,继续免费使用。天原省去了氯气部生产设计费用,而天利则可以免费使用天原的氢气来生产液氨。实际上,这是天原与天利对彼此的设计资源与原料的共享,也是一种双赢的做法。

　　同样是吴氏企业,1935 年,天原又与天利签订地产共有合同,将天利所有的一块 51 亩的土地一半产权出售给天原,但合同里规定,天原付清一半款项,土地却不进行分割,永租契及权柄单暂由天利董事会保管,土地则在"将来必要时根据各方需要将面积平均分割"③,这看似是天原购买天利的土地,双方对土地资源的一种共享,但实际上,土地并不分割的规定表明交易的目的不在于土地,而在于天原通过购地的方式对新设的天利进行变相的资金支持。

　　因集团化经营而带来的交易成本节约,尤其是资金的低成本互拨在永安联号身上体现得更为显著。永安纺织公司(下称永纱)成立于 1922 年,适逢一战后国内纺织业短暂繁荣消失,国内棉花歉收且美棉减产,花贵纱贱,"出世后就遇着打饥荒"。当时国内棉纺企业大多濒临倒闭,一片萧条。1923 年与 1924 年,荣氏的申新纱厂(申一——申四)连续两年累计亏损 130 余万元,而永纱却逆势扩张,纱锭和布机数量俱增(见表 2)。

---

　　① 　上海社会科学院经济研究所:《荣家企业史料》(上册),上海人民出版社 1981 年版,第 12 页。

　　② 　"天原电化厂与天利氮气厂签订委托设计新厂合同(1937 年 4 月 1 日)",上海市档案馆编:《吴蕴初企业史料·天原化工厂卷》,档案出版社 1989 年版,第 118—119 页。

　　③ 　"天原电化厂与天利氮气厂签订地产共有合同(1935 年)",上海市档案馆编:《吴蕴初企业史料·天原化工厂卷》,档案出版社 1989 年版,第 117—118 页。

表 2　1922—1925 年上海永安纺织公司设备变化与上海及全国同业对比表

年份	永　纱		上海棉纺织业		全国棉纺织业	
	纱锭数	布机台数	纱锭数	布机台数	纱锭数	布机台数
1922	30 720	—	773 134	6 140	2 230 026	12 459
1923	30 720	—	NA	NA	NA	NA
1924	35 424	510	768 982	6 576	2 112 154	13 689
1925	80 928	760	677 238	5 590	1 984 272	13 371

资料来源:《永安纺织印染公司》,中华书局 1964 年版,第 48 页。

从表 2 可以看到,永纱从 1923 年到 1925 年纱锭数量剧增①;而布机从无到有、从有到多②。得益于联号资金的支持(见表 3),永纱的扩张不仅收购价款应付裕如,兼并后扩大生产所需的流动资金也有所保证。实际上,这一联号资金支持的使用不仅便利,而且低廉。说便利,是因为永安的资金调度采取"内部往来"性质的"各埠永安暨分庄往来"处理,只要总监督郭乐的一句话,不需要任何手续。说低廉,是因为永安联号往来账息周息 7 厘左右,无需抵押品,也没有期限限制;而一般纱厂从行庄借款,债息高者 12%,低者 8%—9%,且无上述宽松的借款条件。从表 3 可以看到,联号资金一直在永纱的借入款中占主要地位,而联号资金的使用对永安联号本身是有利的,因为虽然 20 世纪 20 年代初纱业萧条,在香港和上海的永安百货却

表 3　1923—1936 年上海永安纺织公司借入联号企业资金统计表

单位:万元

年　份	1923	1924	1925	1928	1929	1930	1933	1934	1935	1936
借入联号资金总额	84.0	119.8	213.3	603.6	1 195.7	1 738.4	1 831.4	1 308.3	975.1	520.3
借入资金总额	85.6	169.3	418.3	832.9	1 246.8	1 904.2	2 433.9	1 626.1	1 167.7	1 484.6
借入联号资金占比	98.09%	70.78%	51.00%	72.48%	95.91%	91.30%	75.50%	80.46%	83.50%	35.05%

资料来源:《永安纺织印染公司》,中华书局 1964 年版,第 176 页。

———————

① 主要原因是其兼并了聂氏的大中华纱厂。
② 因为永纱成立了纺织部。

发展顺利,盈利倍增,且沪港永百均设有银业部,吸收社会存款。永纱的联号借款实际上给联号资金找到了比较好的出路。荣家企业的经营也同样呈现了总公司在纱厂与粉厂之间进行资金互为挹注(见表 4),从表中可以看到,1928 年与 1929 年粉厂在总公司均有存款,而这些留存的资金则被调度用于纱厂支持。

表 4　1927—1929 年荣家粉厂与总公司的款项往来

单位:万元

年　　份	1927	1928	1929
粉厂在总公司存款	55.8	89.0	136.0
粉厂欠总公司款项	196.4	62.4	90.0
差　　额	粉厂欠 140.7	粉厂存 25.6	粉厂存 25.6

资料来源:《荣家企业史料》(上册),上海人民出版社 1981 年版,第 278 页。

可以想见,没有家族性作支撑,资金互拨不会这么方便;没有集团化运作提供的充裕来源,资金互拨则是镜花水月。

对大生来说,企业间资金互济在大生纱厂与垦牧公司也表现得较为典型。1901 年到 1910 年间,通海垦牧公司向大生挪用的款项有 100 多万两,帮助垦牧公司完成了基建工作;而 1911 年之后,垦牧公司则多为纱厂提供资金支持,多的年份达 10 多万两。从表 5 可以看到,1901 年到 1910 年,垦牧公司创业期间,一直得到纱业的支持。而 1922—1923 年纱业危机时,盐垦和大生沪账房给予纱业的支持显著上升。

表 5　1901—1910 年通海垦牧公司与大生沪账房、大生纱厂、二厂款项往来

单位:规元

年　　份	1901.3 —1902.12	1901.3 —1903.12	1901.3 —1904.12	1901.3 —1905.12	1901.3 —1906.12	1901.3 —1907.12	1901.3 —1908.12	1901.3 —1909.12	1901.3 —1910.12
存或在	存	存	存	存	存	存	存	存	存
大生沪账房	65 599.35	29 267.94	725.17	11 494.08	187.92	5 500.50	6 415.30	1 606.46	3 016.37
大生纱厂	—	1 147.81	1 047.45	—	21 126.88	12 280.14	25 668.05	28 043.44	
大生二厂	—	—	—	—	—	—	—	—	3 732.00

资料来源:《大生企业系统史》,江苏古籍出版社 1990 年版,第 59 页。

表6　1911—1923年通海垦牧公司与大生沪账房、大生纱厂、二厂款项往来

单位：规元

年　份	1911	1912	1913	1914	1915	1916	1917	1918	1919	1920	1921	1922	1923
存或在	在	在				在	在	在	在	在	在	在	在
大生沪账房	16 804	13 178					5 468	5 455	5 866	—	3 945	10 409	2 883
大生纱厂	3 868	5 102	—	—	—	—	134 060	128 781	141 870	22 470	12 394	99 936	63 736
大生二厂	—	—	—	—	—	—	—	—	—	—	—	—	—

资料来源：《大生企业系统史》，江苏古籍出版社1990年版，第59页。

对近代民营企业来说，资金短缺始终是一个无法回避的难题。1899年大生初创时，张謇曾因资金的困难，求助于盛宣怀而告无果，几经周折，一筹莫展。张謇自述当年每天徘徊在大马路上，仰天俯地。大生集股过程中，多方筹措，甚至还吸收了"栖留所""圆通观"等慈善团体和宗教人士的资金，连半股都要。在度过危机，建成纱厂之后，张謇授意画了四幅"厂儆图"，挂在大生纱厂的办公厅内，讽刺潘鹤琴、盛宣怀等人的言而无信、反复无常[①]，更时刻提醒自己，前事不忘，后事之师。张謇曾言："负息之多寡，为赢利之优绌，亦商业之公例也……此非谓财多而贾反不善也，用已之财则已之善，用人之财则人之善。"实际上，近代中国银行业对工商业的支持在数量上殊为有限，全面抗战前全国银行业对工业放款额仅占放款总额的12%及银行业资本总额的7%。[②]而纵观这些家族企业，通过设立总公司等方式来进行企业间资金调度是近代家族企业集团化运营的初衷之一——它可以令企业获得更为丰富的资金来源，以荣氏企业为例，办厂之初即规定"各股东分得的红利，三年内均不提取，用心扩充企业，各股东的股利，也存厂生息，以厚资力"；1920年总公司成立后又规定"各厂多余资金必须存总公司"；1928年荣家设立同仁储蓄部，那样还可以"每年节省利息支出二十万至三十万元"。荣家的储蓄部的资金规模可以从下表管窥一二。[③]荣家的储蓄部设立之初

---

① 《大生系统企业史》，江苏古籍出版社1990年版，第22页、第17页。

② 王业键：《中国近代货币与银行的演进(1644—1937)》，台北研究院经济研究所1981年，第87页。

③ 除了设立储蓄部，职工储蓄计划是另一个有效的企业内筹款方式，在久大精盐、刘鸿生企业和南洋兄弟烟草公司的资料里都可以看到。限于篇幅，本文不作详细展开。

存款总额即已超过总公司的存款,并且,储蓄部的存款额一直在上升,而总公司的存款余额则一直稳定在 100 万元至 150 万元。

表 7　1923—1933 年荣家总公司及储蓄部年底存款统计表

单位:万元

年　　份	1923	1924	1925	1927	1928	1929	1930	1931	1932	1933
总公司存款	109.0	166.2	43.8	130.4	103.4	107.8	137.3	153.4	140.4	232.4
储蓄部存款	NA	NA	NA	NA	147.0	295.0	429.0	467.1	503.0	521.6
储蓄部存款占总存款比重	NA	NA	NA	NA	58.71%	73.24%	75.75%	75.28%	78.18%	69.18%

资料来源:《荣家企业史料》(上册),上海人民出版社 1981 年版,第 278 页。

　　上述永纱案例还有另外一个一般性的意义——近代家族企业的企业间资金互济在企业初创阶段的作用表现得尤为显著。以大生系统为例,张謇在大生盈利之后,于 1899 年至 1911 年间,先后创办了 27 家企业,资本额累计达 399 万元。这些后办企业多借大生纱厂调拨的公积资金为基础进行,对此,张謇也认同"謇之营通州各公司也,周转之资,诚以大生厂公积款为母⋯⋯"①范旭东则在 1944 年久大三十周年纪念文中,将久大精盐称为永久黄企业的"老大哥",并感慨"这个老大哥真是中国式的"。1917 年,久大成功之后,范旭东创办永利制碱,但永利的事业多舛,试验多年仍不能投产,社会对其失去信心,"甚至原来发起人中亦有二三子者,仅缴股款五百元之后,自愿退出发起之列","幸而(永利)这个焦头烂额的老大哥犹能一贯初衷地挣扎着,行到油尽灯火时,自动地来添油,长期地不断地来添油!"1921 年,久大扩股 170 万元,"本身的需要至多只占到百分之二十",其余的资金则主要用来照顾永利。最终久大给永利的垫本"超过银币一百五十万",此外还代付利息十八万元。②吴蕴初创办天利时提到:"在工业方在萌芽,后进者全赖先进者之扶携。""天原根基既已稳固,天利尚在艰难苦斗之中,为提携后进计,则稍有欠款似可不必催还过急。"③

　　①　"1907 年张謇致两江总督端方",转引自汪敬虞编:《中国近代工业史资料》第 2 辑下册,科学出版社 1957 年版,第 1075 页。
　　②　赵津主编:《"永久黄"团体档案汇编:久大精盐公司专辑》(上册),天津人民出版社 2006 年版,第 230—234 页。
　　③　"吴蕴初致天原事务所函",上海市档案馆编:《吴蕴初企业史料·天原化工厂卷》,档案出版社 1989 年版,第 118 页。

还需要提到的一点是,集团化经营可以提供企业间人力要素互通的优势。以永安为例,各联号企业之间在人事上的支援颇为显著。永安企业起家于百货业,对经营管理,尤其是资深职员的要求比较高,因此永安非常重视高级职员的人选与配备。而永安企业在扩张时,每创办一个新企业,一般都由老的联号企业代为配备好一批高级职员,作为新企业的骨干力量,使它一开业即有一批"亲信可靠"的人员,可以放手开展业务。而即使在平时,如某一联号企业缺少适当的工作人员,也可委托其他联号企业代为物色,甚至经过协商后可以指名调用其他联号企业中的人员。[①]

四、危机冲击的风险规避

近代家族企业在企业间进行资金与产品非市场划拨,互济盈虚,在企业创业阶段,先创企业以优惠的条件扶植后设企业,使得整个企业扩张成为可能;在日常经营中可以降低交易成本,减少不确定性带来的风险;而当家族企业遭遇危机时,这种集团式的互相抱注则会表现出较强的抗风险能力,帮助企业渡过难关。家族企业在危机时所表现出来的支持效应一方面是因为危机截断了家族企业大股东的未来控制权与私人收益的途径[②];另一方面则因为家族企业所体现的不只是物质财富,同时还是创业家族的情感寄托和工作投入的结合体,因此,维持家族事业的延续是家族企业社会情感财富的体现。基于这一原因,当家族企业面临外部冲击时,大股东会采取冒险行动来避免家族情感财富的损失,而提供较强的家族支持[③],而集团化经营的规模经济与范围经济则强化了这一应对危机冲击的能力。

归纳起来,近代家族企业在危机时的抗风险能力主要体现在两个方面,一是危机时的资金支持,二是危机时的产品支持。而这种支持经常会呈现出利他性,即牺牲某一企业的利益来帮助其他企业渡过难关。

首先是资金方面。仍以荣家企业为例,其所设在汉口的申新四厂,从投

---

①　王有枚、缪林生:《上海永安公司史料》,《安徽大学学报》1979 年第 1 期,第 42—61 页。

②　Bai C E., Liu Q, Song F. M. Bad news is good news: Propping and tunneling evidence from China, Working paper, The University of Hong Kong, 2004.

③　Gomez-Mejia L. R, Haynes K, Nunez-Nickel M, et al., Socio-emotional wealth and business risks in family business risks in family controlled firms: Evidence from Spanish olive oil mills. Administrative Science Quarterly, 2007, 52(1):106—137.

产后就不景气,申新四厂能够生存下来,主要在于该厂与荣家集团面粉系统的福新五厂同处一地,"福新五厂年年有利,申新(四厂)依赖福新(五厂)财力常年挹注,虽在事业亏累之中,仍不断扩充生产设备,对外亦以福新关系,周转灵活"。①从 1927 年到 1931 年,申四从福五的借款常年在其总借款的三分之一左右,最高的年份达到 45.8%。1935 年,由于受世界经济危机的影响,香港永安公司发生挤兑风潮,当时上海永安公司、永安纺织印染公司和其他联号企业虽本身亦有不少困难,但仍大量调款给香港永安公司,帮助它渡过难关。为了调款给港永百,永纱一方面减少原棉进货,另一方面忍痛低价抛售棉布,每匹价格有时较市价低一元以上。1935 年秋,永纱向港永百汇款时,适逢港币升值,仅汇水亏耗即达 70 万元—80 万元之巨②;在上海方面,当永纱发生困难时,上海永安公司曾逐日将营业收入全部解交永纱,以维持它的生产,而自己则靠天韵楼的收入维持开支。③1936 年永纱财务发生困难时,曾以上海永安公司的全部财产作为担保品,并由上海永安公司出面代永纱发行公司债五百万元,帮助它渡过难关。④

对于大生企业来说,大生纱厂开办以后,因其届届获利,故而成为对内对外经济往来的主体,且因在盐垦公司上投资较多致使外界认为盐垦公司是拖累大生的"厄"。"……外间传说大生之厄,厄于垦,其实各垦欠大生往来银一百数十万两,今已逐步收回不少。"但在纱业遭遇危机的 1922 年,大生纱厂反过来却需要依靠盐垦公司"两年以来,营业垫本之需,方恃垦收租花以资周转"。张謇认为:"盖南通业棉之政策,乃合农工商以兼营,本末相资,自比惟工是业者较易求活,此明证也。"⑤

其次是产品方面。在遭遇危机的时候,家族企业除了通过互拨资金以渡过难关,近代家族企业还通过产品互补来实现风险抵抗。前面提到的永纱在 1922 年碰到纱业危机时,即"筹建布厂,弥补纱厂",郭乐在董事会上建议"……倘有织布厂相助,用本厂纱,织本厂布,纵不能获大利,而棉纱可不至积压,互相为用,计至善也"。旋即筹备购买机器,1924 年 7 月织部即开

① 李国伟:《荣家经营纺织和制粉企业六十年》,全国文史资料研究委员会编《工商史料》(1),文史资料出版社 1980 年版,第 8 页。

② 《永安纺织印染公司》,中华书局 1964 年版,第 184 页。

③④ 王有枚、缪林生:《上海永安公司史料》,《安徽大学学报》1979 年第 1 期,第 42—61 页。

⑤ "大生纺织公司查账委员会报告书",南通市档案馆等编:《大生企业系统档案选编·纺织编(1)》,南京大学出版社 1987 年版,第 179—180 页。

工生产。而同期的纱业萧条中,荣氏申新因面粉厂的帮助,"出布做袋,占光极巨"(见表8)。从表中可以看出,除了通过高额的用纱和用布量在荣氏组织内部企业之间扶持之外,组织内资源调配的成本本应低于市场价,但很多年份它却是正值。这就意味着自家买自家的东西反而比在外面买更贵,体现出单核心组织的"互联共济"的资源调配优势。[1]1923年与1924年,申新连续两年亏损,茂、福新其间则因买进大量廉价外麦而增加了生产,企业内部酌盈剂虚,而使得1924年申一转亏为盈,整个申新系统的亏损由1923年92.5万元降至38.4万元,荣德生对此颇为得意:"纱业至此,除内地厂或有立脚,上海、天津均不振,唯我局因粉厂小小帮助,尚堪存在。"统计数据表明,1917年申新棉布产量的97.9%供制袋之用,1918年则为93%。[2]而吴蕴初企业中,天厨也同样通过向天原购买高价盐酸,来扶植天原的生产:"……故天原创办之初,高价盐酸既尽量向天厨输送,事务所亦不取值。其他天厨扶助天原之处,指不胜屈……"[3]

表8　申新一厂与福新粉厂纱、布交易的量、值、价比较(%)

年份	织布用纱量	织布用纱值	织布用纱价高于市价	制袋用布量	制袋用布值	制袋用布价高于市价
1917	8.1	9.4	16.05	97.9	98.7	0.82
1918	32.7	33.6	2.75	93.0	91.9	−1.18
1921	24.1	24.6	2.07	92.8	92.1	−0.75
1922	34.7	35.3	1.73	28.7	28.0	−2.44
1923	40.4	41.9	3.71	55.9	53.8	−3.76

资料来源:《荣家企业史料》(上册),1981年,第58页,第153页。表中"织布用纱量"指织布用纱量占申新一厂全部的销售量(市场销售、本厂织布用纱的总和)的百分比。其余类推。

　　总结起来,交易成本与风险规避都是近代家族企业选择集团化经营的重要考量因素。但解决问题的方法也常常会变成产生问题的原因——危机

① 这实际上也是荣氏企业大股东(荣宗敬)对小股东(王禹卿)权益的侵占行为,本文不作详细讨论。
② 许维雍、黄汉民:《荣家企业发展史》,人民出版社1985年版,第25页。
③ "吴蕴初致天原事务所函",上海市档案馆编:《吴蕴初企业史料·天原化工厂卷》,档案出版社1989年版,第118页。

中集团化经营所带来的抗风险能力也会使得家族企业家在冒险精神的驱动下,过于自信,罔顾经济环境的恶劣,作出一些更为不理性的扩张举措,从而带来更大的经营风险。前文提到荣家得益于集团化经营,粉纱互济,安然渡过了 1923—1924 年的纱业危机,①于是"造厂力求其快……扩展力求其多,因之无月不添新机,无时不在运转……"只花了 16 年时间,申新便完成了从申一到申九的扩张。但荣氏忽略了 1925 年纱业危机消失的外部因素的偶然性:五卅运动带来的抵货运动打击了最大的竞争对手日资纱厂;1925 年世界四大产棉国棉花一齐丰收,原料价格下降……荣氏企业在短暂喘息之后,没有及时反思自己的产业扩张路线,而是继续举债扩张,荣宗敬表示,只要有人卖厂他就买。最终导致 1934 年"申新搁浅"事件,令业界为之震动。

与荣氏相似,大生张謇一直主张"急进务广",一厂盈利又开二厂,而第一次世界大战开始后,外货减少,1917 年之后,大生在有利的外部环境下,二厂也连年盈利。但与荣氏股利三年不分相反,儒商出生的张謇"过为股东计""盈利必分",而企业又大肆举债扩张,导致其核心企业——大生纱厂的资产负债率在 1915 年之后常年维持在 40% 以上,1922 年更高达 60%,尽管能够在企业间资金互调,但"运筹失策,固无可讳",终于没能熬过危机,于 1925 年被银团接管,令人唏嘘。②

五、几点结论

本文以近代中国家族企业集团化运作为对象,分析了其组织功能、理论基础和功能表现,总结起来,基本观点有三:

家族企业的集团化运作在不完善的市场,是一种有效互济盈虚的资源配置手段,可以有效降低企业的交易成本,体现在企业的原料、资金等企业

---

①　实际上,申新"资产负债表"的负债项下明细项目中还有"总公司往来"一项,是其下属工厂向总公司借入的资金,这一项 1923 年为 934.5 万元,1924 年为 975.3 万元,1925 年则达到 1 285.8 万元(参见上海档案馆藏《申新纺织总公司 1923 年决算表》,档案号 Q193-1-569;《1924 年决算表》,档案号 Q193-1-573;《1925 年决算表》,档案号 Q193-1-570)。这表明,申新在 1923—1924 年危机中,之所以能安然无恙,同时得益于粉纱挹注和总公司的资金调配。

②　《大生纱厂股东会建议书》,《张謇全集》第 3 卷,江苏古籍出版社 1994 年版,第 113—116 页。

生产的各环节,而资金互拨在金融市场不够发达的近代中国,为家族企业壮大提供了显著的推动力。

家族性所提供的生存能力资本与家族企业家对社会情感财富的追求,使得近代家族企业在面对危机时,表现出比非家族企业更强的抗风险能力。而集团化经营与家族企业非正式治理的结合,则可以在危机冲击时,为企业提供灵活有效的抵御手段,通过企业间原料、资金和产品的挹注,有效缓冲企业所面临的风险。

家族式生存与集团化经营,不仅应被理解为近代中国企业应对低规制环境而采取的一种被动之举,还应被视作企业在严酷生存环境中,求得自身发展的一种主动选择。

从大生号信看大生沪事务所的窗口作用及其他

肖正德*

翻开张謇开创的大生集团的创业与发展史,不难看出大生沪事务所(以下简称"大生沪所")起了举足轻重的作用。当认真阅读并研究收藏、保管在南通市档案馆的大生沪所档案资料,特别是数量可观的大生号信,就会发现,大生沪所不仅是大生集团的中枢神经,更是以大生创业者为代表的南通人管窥世界的第一个窗口,同时也为上海、中国乃至世界了解南通提供了一扇重要的窗口。

一、大生沪所:近代南通人窥视世界的第一窗口

大生纱厂筹办于1895年(清光绪二十一年),1897年11月初动工建厂,自1899年5月23日开车纺纱。1897年冬,大生纱厂即在上海四马路潘华茂任职买办的广丰洋行内附设账房,称"大生上海公所",坐号林世鑫(字兰荪,江苏六合人)。很显然,张謇当年在上海设立沪账房(大生沪所前身)的主要目的,在于募集股票即为大生纱厂筹集资金。[①]

其实,后来大生沪所发挥的作用远远超出了当初的设定。1899年,大生纱厂正常投入生产以后,大生沪账房的工作职能由集股向管理转变,其业务主要是采办物料、购运原棉等原材料,此外还承办有关南通实业方面的大型建筑包工、盐垦、实业人员往来食宿等。1907年改为大生沪事务所后,其业务发展为替大生各企业融通资金、开盘批售纺织产品、开展进出口业务,

---

* 肖正德,南通市档案局(馆)研究馆员。

① 《大生系统企业史》,江苏古籍出版社1990年版,第122页。

以及张謇与政界、新闻界等交往的联络中心,成为大生集团的神经中枢。①
因此,对大生沪账房在大生纱厂创办与运营过程中的地位和作用不能低估。
从某种意义上说,控制了大生沪账房就是控制了大生纱厂,就是控制了整个
大生企业集团。

　　尽管在不同的历史时期,大生沪所对外有过不同的名称,掌门人也换过
多次,但其工作方法、工作手段基本上没有大的改变。随着大生沪所业务范
围的扩大,随着大生沪所面临的问题和困难的增加,信息及信息工作的作用
便越来越大。充分地掌握、准确地分析、快速地传递各方面的信息,便显得
越来越重要。因当时科学技术条件所限,大生沪所与大生集团各企业保持
信息畅通,主要的通信工具还局限于书信、电话、电报。因后两项费用昂贵,
基本上一直沿用中国传统的书信,于是书信成为大生沪所与大生集团各企
业相互联系的最主要的通信工具。

　　在大生集团的创业经营者的大量往来书信中,我们发现了一种特殊的
书信,这就是大生沪账房的"坐号"林兰荪启用的号信(也称为"号讯")。大
生沪所就是通过几乎是每天往来的号信实施了对大生集团众多企业的了解
和指挥。这些数量可观的号信,成为大生集团内部上情下达、下情上达的最
重要的通信工具,大生集团众多企业通过它们,了解外部形势,了解市场行
情,相应调整生产经营措施;大生号信制度,则成为大生集团生产经营管理
和内部事务管理的一项重要制度。

　　如果说,大生沪所是近代南通在上海最早开设的窗口,那么大生号信则
是沪所与大生企业、南通与上海信息交流的重要平台。

二、大生号信:一座待采掘的张謇与大生集团研究富矿

　　要深入研究张謇及其创办的大生集团离不开档案资料,南通市档案馆
收藏、保管的大生档案为研究者提供了重要的第一手材料。但是,研究者们
往往偏爱于查阅已经整理好的、当时已经刊印发行的企业沿革、年终财务报
告、账略和规章制度,以及张謇等名人的往来书信等,而对那些数量可观的
大生沪所与大生集团众多企业在生产经营活动中往来的大量书信(尤其是

---

① 《大生系统企业史》,江苏古籍出版社1990年版,第123页。

其中的号信)兴趣不大,甚至无人问津。这类有别于普通书信的号信,行文格式与普通书信基本相同,篇幅有长有短,且都编号发出,一年一个流水号。大生沪所与许多企业每天都有号信往来,日积月累,数十年所留下来的号信数量相当可观,且保管完好,但因其所记内容琐碎庞杂,且多为毛笔行草,较难辨认,故长期以来,这些号信依然不受重视。

　　查阅南通市档案馆现存大生集团档案,"号信"称谓的出现,至少可以追溯至 1906 年年初。在大生沪所全宗里有一卷光绪三十三年(1907)的案卷《大生正厂来信(第一册)》[现标题为"大生纱厂账房会计处为日常花纱行情及汇总业务给沪事务所的信件(1907—1912)"],其中写于是年正月初七的第元号信件开头曰:"丁未岁首,敬祝兰荪先生大人暨在沪诸翁先生大鉴皆大吉祥。初五日李少翁带到元号台示敬悉……去岁厂中号讯至二百五十八号为止,沪上号讯接至三百二十三号为止,均各收到。"①从中可以看出,大生沪所与大生纱厂上编了号的号讯往来至少在光绪三十二年(1906)或更早些时候就已经开始。从中还可以看出,大生沪所致大生纱厂的号讯明显多于大生纱厂致大生沪所的,说明了大生沪所对这一刚刚开始的管理制度的高度重视。

　　我们还发现,在大生沪所留给我们的档案中,大生号信的名称并不一致,在 20 年代以前多称"号信",而 20 年代以后则多称"号讯",而不同企业在不同时间的叫法有时也很不一致,有时叫"来信""去函"或"往来信函",但都是编了号、存了底的。在南通市档案馆馆藏的一万多卷(册)大生档案中,案卷标题明确文种为"号信"的有 232 卷,文种明确为"号讯"的有 138 卷,合计为 370 卷(其中 1926 年以前的有 62 卷)。另外,标注为"来信"或"往来信函"而实为"号信"或"号讯"的还有一定的数量。

　　馆藏最早的号信案卷即上文提及的《大生正厂来信(第一册)》,最早的第元号号信写于光绪三十三年(1907)正月初七(2 月 19 日)。馆藏最迟的号讯案卷为 1955 年 8 月至 12 月的《大生三厂为寄送棉布税票、成品报表、加工及统购合约等致驻南通办事处的号信留底(第六册)》。②一般说来,每卷档案收录号信 200 件至 300 件,馆藏大生号信的总件数可望突破十万。

---

① 南通市档案馆馆藏大生档案电子版(下同,下文引用时将直接注明档号与页码),档号 B401-111-004,第 4 页。

② 档号 B406-111-108。

更重要的是,南通市档案馆收藏的这数万件大生号信基本上还没有被人利用过,这是一座待采掘的张謇与大生集团的研究富矿。如果研究张謇所创办的大生集团却没有仔细研究过大生沪所留下的大生号信,无疑是一个重大的缺憾。

三、透过这扇窗:我们看到了什么?

大生号信数量庞大,内容丰富,可以说涉及大生集团各企业经营活动的方方面面,涉及当时社会生活的各个领域。因大生号信数量庞大,笔者不可能逐一阅读,只能挑选一些有代表性的作一个大概的介绍,以管中窥豹。

(1)反映大生企业生产经营活动,这应该是大生号信的主要功能。大生号信的内容涉及最多的是反映大生集团各企业生产经营活动的情况。这些号信基本上每天一份,详细地记述了当天本企业的生产经营情况,而沪所的回复都很及时,一般收到即回,十分快捷。每天的号信都要涉及大量的数据,这些都是反映大生企业生产经营活动最基础的数据,是对大生集团各企业生产经营活动进行量化分析的重要的原始数据。

(2)反映市场变化和物价信息。先看早期的:光绪三十三年(1907)的案卷,大生纱厂第二号号信:"……然布市不好,总不能作数,厂中十五日开车,纱盘何时可开,尚未定。"①如案卷《正分厂号讯存底(七册)》(1918年),分厂一百六十号:"纱市今日先令陡长……以致人心甚虚,险跌四两左右,交易寥寥。"②正厂一百六十一号:"通州、太仓等花无售出者,市面平平。上海南市花苗甚佳,可望丰收。"③正厂一百六十三号:"寿星老儿第一次过江,尚算扬眉吐气。布市零星交易因价提,过期平甚。"④正厂一百六十七号:"纱市平稳,与昨相仿……市面并不见畅销,而洋行内向中国厂家订货争先恐后。花市卖客虽心急如火,见此情形,以致不敢十分贬售,布市寂静。"⑤通厂一百八十五号:"纱市今意提涨三元。上午人心仍看涨。午后交易寂寂,

---

① 档号 B401-111-004,第5页。
② 档号 B401-111-078,第34页。
③ 档号 B401-111-078,第37页。
④ 档号 B401-111-078,第43页。
⑤ 档号 B401-111-078,第52页。

市复看疲,价与前日相仿。"①再看中期的:案卷《通崇海厂信底》(1924 年),分厂九十号、一厂九十号记有:"今日纱市期货交易所补空头略见涨起,现货更易甚稀,人心看软,本纱平平,日纱跌五钱……"②一厂九十二号:"报市:今日纱市现货跌六钱五至七钱五,近期涨四钱,远期涨三钱……"③像这样的记载,还有很多。这些号信对市场动态,写得有情况,有分析,可谓言简意赅,简洁明了。

(3) 反映当时的政治形势和时代背景。如案卷《通厂来信》(1918 年),通厂第一号(元月财神日):"据银行中人言,战事消息不佳,有皖赣独立风谣。新年尚未见报,想沪上当有确闻。"④案卷《正分厂号讯存底(七册)》(1918 年 7 月),正厂一百六十六号:"据闻日本国内不靖而日商讳莫如深,咸云无碍。究竟内容如何,棉货照外洋情形均看涨。国内外乱事不能捉摸……"⑤通厂一百七十四号:"推其过,皆因政府向日人借债,日人又间接向华商借银也。"⑥分厂一百八十七号:"午后传闻浦口兵变,津浦车又阻,以致人心略软,布市营电又涨……"⑦分厂一百八十八号:"闻印度不靖,日本商船不能往印运货……棉价大有易涨难跌之像。不过,中国时局往后如何不能预测。今报载:奉军南下,津浦不通,苟从此多了纱销,必因之而减布市……"⑧从这些寥寥数语的记载中,可以深切地感受到当时的军阀混战对我国民族企业的生产经营活动造成的影响多么严重。

(4) 反映大生沪所在上海的管理和事务活动,体现了大生沪所在大生集团中的重要地位与作用。如案卷《淮海寄件信底》(1920 年 1 月),第五号号信:"嘱购吕宋烟十盒,当照来样代办,计洋十五元五角,已由账房付贵行账,请即收账房账为盼。去岁弟所经手代购各项文具及印刷品等件均已寄齐,兹特抄一详单奉上,并将原账簿附呈,请与栋兄细核。"此号信结尾:"附:

---

① 档号 B401-111-078,第 83 页。
② 档号 B401-111-247,第 18 页。
③ 档号 B401-111-247,第 21 页。
④ 档号 B401-111-074,第 4 页。
⑤ 档号 B401-111-078,第 49 页。
⑥ 档号 B401-111-078,第 66 页。
⑦ 档号 B401-111-078,第 86 页。
⑧ 档号 B401-111-078,第 87 页。

账簿一本、账单两纸、吕宋烟十盒、发票四张。"①第十四号:"迭接第一、二、三号三示均悉。月份牌止印容明日亲往协顺磋商,能否通融再行奉告。慎太木器九件,计洋一百元。昨日该号来收,已由敝账房代垫付讫。"②再如案卷《通崇海厂号信底(甲子二册)》(1924年),一厂第九十一号:"兹寄上方少英登报广告暨上海县公署批示中华火柴公司保讯等件乞鉴入,此项手续亦已完备,所有应补股票请填寄为祷。"③分厂第九十二号:"今附上西人弍纳来函,乞鉴理。"④一厂第九十二号:"又附上弍纳一函,祈照入为荷。"⑤从这些信手拈来的号信中,可以看到地处上海的大生沪所为大生企业的发展代购文具、购买股票、采办设备、引进人才等方面做了大量的工作,发挥了重要作用。特别有意思的是,"嘱购吕宋烟十盒,当照来样代办"(在此后的号信中又有多次"购吕宋烟"的记载),让人浮想联翩。此信写于1920年年初,刚刚进入20世纪20年代,而"吕宋烟",即雪茄烟,因菲律宾吕宋岛所产的质量好而得名。早于20世纪二三十年代,号称"十里洋场"的上海便开始崇尚抽雪茄,而香港的有钱人直至五六十年代才渐流行抽雪茄。由此可见,南通淮海实业银行的上层管理人士,学上海十里洋场的时髦、时尚,何其快也。他们担心大生沪所的职员买错,还特别强调"当照来样代办",考虑得不可谓不周全。

(5)反映大生企业严格的财务管理制度和档案管理制度。大生纱厂创办初期就制定了严格的财务管理制度,并影响了其他大生企业。我们在早期号信中常常能读到这样的字句:"寄×号号信,内有票根×页。""收到之银,已照注账。""届期收到,祈示知啬公……请检历届账略。""请由沪算或由沪发报处转寄,款支厂账。"账目大小、来源、去处,及审核制度都交代得一清二楚,充分反映大生企业内部严格的财务管理制度。假以时日,面广量大的号信如何管理,这是摆在南通大生沪所面前的一个新问题。他们把自己发出去的号信誊抄留底,把其他企业的号信按单位、按时间、按流水号装订成册。为了查阅方便,他们还将同类号信编制成摘要,如案卷《各盐垦号信摘

---

① 档号 B401-111-110,第8页。
② 档号 B401-111-110,第21页。
③ 档号 B401-111-247,第19页。
④ 档号 B401-111-247,第20页。
⑤ 档号 B401-111-247,第21页。

要》(1923—1924年)①,就是各盐垦公司发来的重要号信的内容提要汇集,给今后查找利用带来很大的方便。至于给自己的信函按年份编号,则很像现在的党政机关的发文编号。可以说,大生沪所当年的这些做法,应用于今天的档案管理也不至于过时。

(6) 反映张謇及其他大生管理者的重要活动与行踪。光绪三十三年(1907)的案卷《大生正厂来信》,第二号(1907正月初九):"退公因初十家中有事,昨已回长乐,约十三四日偕季公同来厂。"②第三号:"各公司与厂、沪账房往来章程去冬经季公订定十条,兹照抄寄阅。"③大生纱厂创办初期,张謇制定了一系列企业管理制度,包括这里提及的各公司与厂、沪账房往来章程。

案卷《大生正厂寄沪号信(辛亥年第二册)》(1911年),第一百二十三号:"……南京款事,退公所发之函系由啬公转呈得沪电后当即转电啬公酌量呈与不呈,因该函亦系军事局全体出名措辞与沪电相仿,即呈亦无妨。"④第一百二十五号:"飞事愈炽,市面全呆,厂中已停,分庄门庄数日内款罄,亦须停秤。本厂及分厂派往湖北大维同事多人俱未回,因无盘费不能动身,故先凑一人之川资,令小工江姓来告急。现在汇划不通,无从寄款。主翁意请我公邀同谢衡窗往三井,托发电至汉口三井代买船票救出险地。所有费用若干,悉由沪账房拨还。如此,在汉同人有望出险。亦可尽同事相救之义,通厂同仁姓名开后,分厂同人可向徐亮翁自悉。"⑤第一百二十九号:"啬公、作翁昨均去沪,应如何筹措之处,请面与商酌。"⑥第一百三十二号:"制造局枪一百枝、子弹贰万已到通。通地已宣告独立,举退公为司令部长,地方安静。寄来啬公信四封,仍寄沪所转来。"⑦第一百三十四号:"啬公云:刘聚翁有款来,何时可来? 为数几何? 请询明示。"⑧第一百三十五号:"啬公昨晚

---

① 档号 B401-111-258。
② 档号 B401-111-004,第5页。
③ 档号 B401-111-004,第6页。
④ 档号 B401-111-012,第25页。
⑤ 档号 B401-111-012,第28页。
⑥ 档号 B401-111-012,第32页。
⑦ 档号 B401-111-012,第35页。
⑧ 档号 B401-111-012,第37页。

赴沪,一切想已接洽。"①这些号信都写于辛亥革命爆发后的数天至十多天,真实地反映了辛亥革命对市场、对企业、对工商界和普通市民心理的影响,记录了南通宣告独立,推举张謇为司令部长官的史实。这类号信真实可信,对研究这段地方史有着一定的参考价值。

　　因水平与时间所限,笔者阅读、分析的大生号信只算冰山一角,还有数量可观的大生号信所蕴藏的史料价值、学术价值,等待着张謇与大生集团的研究者们去发现、去研究、去探索。

---

① 档号 B401-111-012,第 38 页。

《纺织时报》与五卅运动

高红霞* 刘盼红**

一、关于《纺织时报》和五卅运动的相关研究

《纺织时报》是由华商纱厂联合会①创办的,介绍中国乃至世界纺织业动态的非营利性行业报纸。它起始于 1923 年 4 月 16 日,停刊于 1937 年 8 月 12 日,每周一、周四出刊,是研究 20 世纪二三十年代中国纺织行业业态及纺织行业华商群体状况的重要资料。关于《纺织时报》专门的文本研究成果较少,较为多见的是在对民国社会经济和行业经济研究的论著中,大量引用《纺织时报》的报道作为一些观点的佐证。例如:其中一类主要利用《纺织时报》的相关报道和评论探讨劳资关系。如田彤的《1933 年纱厂减工风潮中的劳资对抗》②《宝成三八制与劳资关系》③两篇文章,分别利用了《纺织时报》1933 年 4—12 月关于华商纱厂减工、1928—1931 年关于宝成三八制改革的内容。另一类,主要是探讨民族纱厂与外国纱厂、外国纱厂之间的博弈。如赵伟的《抗战前细纱交易困境及民族染织厂的应对》④一文,利用《纺织时报》1928—1935 年关于民族染织厂应对细纱交易困境的报道和评论,分析其如何私下利用中日纱厂关系、华商纱厂内部关系处理该困境。林刚的《1928—1937 年间民族棉纺织工业的运行状况和特征》⑤《试论列强主导

* 高红霞,上海师范大学历史系教授。
** 刘盼红,上海师范大学历史系研究生。
① 华商纱厂联合会:1918 年为集体应对日本提出棉花免税条件,上海棉纺业经营者成立的行业组织。会长为张謇,成员皆为民营纺织企业。在此后几十年民族棉纺工业的发展成长中,曾起过一定的推动作用。
② 田彤:《1933 年纱厂减工风潮中的劳资对抗》,《贵州社会科学》2013 年第 9 期。
③ 田彤:《宝成三八制与劳资关系》,《浙江学刊》2009 年第 1 期。
④ 赵伟:《抗战前细纱交易困境及民族染织厂的应对》,《中国经济史研究》2014 年第 1 期。
⑤ 林刚:《1928—1937 年间民族棉纺织工业的运行状况和特征》,《中国经济史研究》2003 年第 4 期;2004 年第 1 期。

格局下的中国民族企业行为——以近代棉纺织工业企业为例》①利用《纺织时报》1930—1936 年、1933—1935 年的相关报道和评论分析国际环境下华商纱厂的发展状况。藏珏的《民国年间对外贸易对国内花纱价格波动的影响》②利用《纺织时报》1924—1933 年关于花纱价格的报道,探讨对外贸易对华纱价格的影响。王小欧的《中印棉业市场上的日英博弈》③利用《纺织时报》1933—1934 年的报道和评论,探讨日英纱厂竞争状况。

关于五卅运动的研究成果已相当丰富,仅以五卅运动与报纸杂志相关联的研究也有不少,如《上大五卅特刊》、五卅运动与《东方杂志》《向导》《申报》《民报》《热血日报》《福尔摩斯》《公理日报》等等④;然而从《纺织时报》对五卅运动的报道入手,并与同时期其他报纸报道进行比较,以此考察《纺织时报》政治态度和报纸经营者的立场,尚是一个可以拓展的选题。

二、《纺织时报》对五卅运动的报道概述

在五卅运动的不同阶段,《纺织时报》对之进行的报道和评论具有不同的特点。尽管《纺织时报》自诩"既非营利性质,亦无宣传作用","趣旨在于沟通纺织界消息,供省览,便检阅而已",⑤但报纸作为印刷媒体的一种,它的观点话语无疑具有一定的舆论导向作用。《纺织时报》对五卅运动的报道文字,可从三个时段来考察:五卅运动爆发前,五卅运动前期、五卅运动后期。

---

① 林刚:《试论列强主导格局下的中国民族企业行为——以近代棉纺织工业企业为例》,《中国经济史研究》2007 年第 4 期。

② 藏珏:《民国年间对外贸易对国内花纱价格波动的影响》,上海社会科学院学位论文 2008 年,第 44—50 页。

③ 王小欧:《中印棉业市场上的日英博弈》,东北师范大学学位论文 2012 年,第 38—42 页。

④ 见洪煜:《〈福尔摩斯〉报"五卅惨案"家属抚恤金问题报道札记》,《史林》2011 年第 2 期;胡正强、周红莉:《论媒介批评对传媒的政治规制——以〈申报〉"五卅"运动中的表现为例》,《今传媒》2001 年第 2 期;曾成贵:《从对五卅惨案的报道看〈申报〉的史料价值》,《武汉文史资料》2007 年第 11 期;黄云龙:《〈向导〉周报与五卅运动》,《郧阳师范高等专科学校学报》2011 年 10 月第 31 卷第 5 期;谢志强:《〈上大五卅特刊〉对五卅运动的总结与反思》,《近现代史与文物研究》2014 年第 1 期;赤真:《"五卅"运动中的〈热血日报〉》,《内蒙古教育学院学报(哲学社会科学版)》1999 年 3 月;熊建华:《从〈民报〉看冯玉祥对五卅运动的态度》,《近代史研究》1986 年第 5 期;赵志坚、李芬:《五卅运动中的〈东方杂志〉》,《编辑学刊》1997 年第 4 期等。

⑤ 《敬告读者》,《纺织时报》1930 年 6 月 2 日第 701 号。

　　五卅运动爆发之前,《纺织时报》已开始关注上海纺织工人运动。1925年2月间,上海发生了历时3周、涉及上海日商纱厂35 000余工人的同盟大罢工,这被称为五卅运动的预演。①《纺织时报》自2月12日首次报道内外纱厂罢工风潮到5月15日顾正红案发生,关于工潮的发生及解决的报道和评论共有29篇,且频度不断增大。这一阶段的报道首先预测运动有扩大的倾向,报道倾向体现在两个方面:一方面不断转引日本的报道,带有同情日本纱厂经营者的倾向。另一方面,从华商纱厂经济利益为出发点,宣传中日亲善。

　　《纺织时报》在2月12日第184号第一次简单报道了罢工情形及处理过程,并预测“罢工有扩大之倾向”。②19日摘录日本本埠各报关于二月罢工的记载,内外棉株式会社总经理称“此次之罢工风潮,实出该会社意料之外。吾人对于待遇华工之事件,固常常设法增进,务求若辈能得安宁”。极力为日本纱厂推卸责任,声称“本会社之工作时间,较之上海其他各纱厂,实较为减少。每一星期中,更可得完全之休息。而工资又较其他各纱厂为优厚。吾人又预备低价之房屋,给若辈居住,房屋约有二千间之多,每一所二层楼之房屋,每月只收租金四元,一层楼者收二元。更设立免费之学校,给若辈之子女读书,且依从中国之教法。总之,对于华工之待遇法,均合于人道”。③在23日的报道中又称,日公使向沈外交次长“提出抗议”,“似非单纯之罢工,盖其别有目的”,“此种外力之煽惑,固不仅此次罢工为然,即年来东西各国之罢工风潮,几无不含蕴多少此种的实味。彼等之动作,表面似为协助劳工,实则从中取利,故其结果,工人方面之大牺牲,适以制成若辈之幸运”。工潮结束后,《纺织时报》在3月23日根据日文《上海每日新闻》发表一篇文章,称“前次工潮,确系本埠赤俄共产党煽动所致”,“实行罢工之种种设计者,则为中东铁路职员‘那沃穆夫’”。④4月30日的编辑小谈一栏编者对于前此风潮受“赤党”“煽惑”感叹道“果尔则劳工供人利用,不独为资本家之不幸,亦非劳动家之福。记者深望所传之不确,尤望双方能早日各有相当

　　① 沈以行、姜沛南、郑庆声主编:《上海工人运动史(上卷)》,辽宁人民出版社1991年版,第194—199页。

　　② 《内外纱厂罢工风潮》,《纺织时报》1925年2月12日第184号。

　　③ 《日厂工潮愈见扩大》,《纺织时报》1925年2月19日第186号。

　　④ 《日厂工潮与赤化关系之异闻》,《纺织时报》1925年3月23日第195号。

之让步,保相互之利益"。①从这些报道可以隐约看出对所谓"赤党"的不满。

4月份,其发表一篇日商内外棉厂社长对于罢工风潮的意见,为日本纱厂辩护,并认为中日纱厂理应亲善相处,称"日本纺绩之增加与增加中国资本同一结果,利日云乎哉? 亲善之谓也"。"因日厂之增加,中国棉产由二百万包一跃而几千万包。农民之利益亦不少。倘日厂不用华棉,棉产过剩,夫岂华农之利。""华厂之因利导与刺激而获有形无形之利益者亦复不少。设无日厂,中国工业或当反形退步亦在意料中。"②4月23日,其对日华厂经理喜多氏来沪赴宴作了详细报道,宴会上喜多氏演说《中日同文必须亲善》。矢田总领事演说,称"中日亲善已为现在之流行语,然实际上中日关系颇深,非亲善不可。日华纱厂在中国经营,发达颇速,多得中国各界之协助,实深欣幸"。华厂大丰纱厂徐庆云君云:"中国纱厂同人,颇希望贵国纺绩界诸君能携手共进。日本纱厂界之盛衰,中国纱厂界亦有间接影响。故能力所及,无不予以援助。"③该时期《纺织时报》反映华厂厂主对中日合作仍抱有幻想,并希冀中日亲善相处,并没有因二月罢工而对日纱厂采取敌对态度。

五卅运动爆发后,从顾正红案发生至6月底7月初工部局停止电力供应,《纺织时报》追踪报道五卅运动,每日约大半个版面,计近30篇文章。除了客观报道事件经过,还利用民众对外货的抵制热情,宣传国货。

首先,跟踪报道五卅事件,迎合民众热情,但不主张消极抵制外货。

5月15日顾正红事件发生,对此,《纺织时报》从5月18日第211号发表《内外纱厂三次罢工酿成惨剧》至6月1日第215号发表《内外棉厂罢工酿成惨剧案五志》,有五篇文章较为详细地报道了顾正红事件的发生和处理过程。并于6月1日转发上海民国日报文章,称"上海日本纱厂日人,无故枪杀华工三人,重伤数十人,阅之不胜愤慨。本党对于日人在中国境内,自由枪杀中国人民之暴举,表示严重抗议。对于困苦无告之工人的经济要求,认为绝对正当。并议设法予以援助。更有进者,外人枪杀华人之暴举,须根本取缔。故尤须人民一致奋起,废除外人借以作恶之一切不平等条约如领

---

① 《编辑小谈》,《纺织时报》1925年4月30日第206号。

② 《内外棉纱厂社长发表对于前此罢工风潮之意见》,《纺织时报》1925年4月20日第203号。

③ 《欢迎日华厂喜多氏之宴会》,《纺织时报》1925年4月23日第204号。

事裁判权等"。①《纺织时报》转载上海《民国日报》这篇广州中国国民党中央执行委员会通电,对于反对外国侵略具有一定的积极作用,这表明此时《纺织时报》的立场部分转向了反帝爱国。

5月30日五卅惨案发生,6月4日该报编辑悲叹"以枪杀一工人之故,竟至寝成大流血惨剧,震动全埠,憎恶中外情感,孰非日人一念之差恃强行凶致之哉"。②自6月4日至7月13日共有报道11篇,合称《上海全市罢业中纺织界消息(一至十一)》,最初"华商除恒丰停工外,他家尚无消息"。③不久"约有溥益第一厂、申新第二第五、纬通、厚生、永安第一、三新、振华、华丰及统益一部分,至罢业工人中"。④该报编辑对此华厂一致罢工行为表示,"在国人同情上固不能厚非,然就消极抵制之目的而言,实无一致停工必要。凡属华商实业工厂均应有此观念,故认清界限尤为此次对外要着,否则徒事牺牲,无益实际,识者不为也"。⑤

其次,揭露工人生存窘况,同情工人罢工,鼓动反帝风潮。

早在1925年4月,《纺织时报》报道了日厂雇佣华工与日工的比较,将日工工资和华工工资清单列出,"日本一工可在中国雇佣三工有零",⑥该报道一定程度上激发了日厂华工的愤慨和反帝情绪。童工在纱厂作工并不少见,工作不算轻(但是却只有两角多钱一天)。因为年纪小、经验少,最容易挨打,打了以后还不敢哭。⑦自1925年3月9日至6月1日,其连续报道了限制童工案,4月13日发表《纱厂家赞成限制童工》,并于6月1日儿童节当天在编辑小谈中表示赞成限制童工,认为"童工入厂工作,实为生计所迫,无力受教育,故不惜牺牲身体,而入厂工作"。主张"在特许以一部分轻易无危险之工作,在某种限制下,许厂主雇佣童工。一面普设义务公学,使不入工厂及受伤工厂之儿童,均得受普通教育"。⑧6月14日,《纺织时报》报道了《青岛日厂武力解决后发现非命惨死多人之悲剧》,痛陈日人对厂内工人的

---

① 《国民党表示抗议》,《纺织时报》1925年6月1日第215号。
② 《编辑小谈》,《纺织时报》1925年6月4日第216号。
③ 《上海全市罢业中纺织消息(一)》,《纺织时报》1925年6月4日第216号。
④ 《上海全市罢业中之纺织界消息(二)》,《纺织时报》1925年6月8日第217号。
⑤ 《编辑小谈》,《纺织时报》1925年6月8日第217号。
⑥ 《日厂雇佣华工与日工比较》,《纺织时报》1925年4月2日第198号。
⑦ 朱邦兴、胡林阁、徐声合编:《上海产业与上海职工》,上海人民出版社1984年版,第52页。
⑧ 《编辑小谈》,《纺织时报》1925年6月1日第215号。

残酷行为，"据闻二十九日夜间陆战队开火猛击工人之时，工人有爬入地沟者，日人乘间用破棉麻袋等物塞住地沟两端之口，所有爬入该沟之工人十余名，均因空气不通，闷死沟中。前日阴雨，恐阻水道，始将尸首拖出葬埋。又有潜伏厂内棉窖之工人十四五名，日人佯为不知，用锁封闭经过五日，始启其门，未成年之工人饿毙三名，其余均已昏倒，尚无性命之忧。再该厂被围之后，有一工人思逾垣墙逃命，正在墙顶骑坐，突被陆战队瞥见，用力猛刺其胫及其臀，致伤四五处，该工人于痛苦难忍之际，遂急向内下，终以墙高坠地而死。总计此次工人死于非命者，不下二十余名，未经调查者，尚不知多少也"。①"近有定于端阳节为全国总罢业志哀者，昔屈大夫以伤时不遇，自沈阳罹。此次国人感于异族凌虐，怀愤蹈海，亦不乏其人，身世悲伤，志士同慨，矧当外患如棘，内侮未已，奋厉之士，以身为效，亦岂得已哉。本报次期谨停刊一次，以致哀感。"②由此，揭露了帝国主义的暴行，并于端阳节停刊一次以表达致哀之情，鼓动民众和行业内人士的反帝爱国热情。

第三，鼓励抵制外货，宣传提倡国货。

随着抵制日英货声浪日高，6月11日该报编辑呼吁，"我国实业界即当利用时机，力求振作，以争国货之光。棉货为输入物最大漏卮，尤以此次对方两国之货为多。故我纺织界之责任实更为重大。数年来困苦敝疲之纺织业，转机其在斯乎，其在斯乎"。③随即申新纱厂总理荣宗敬氏提倡国货宣言，被发表于《纺织时报》，"凡在本公司范围以内之同仁，一律不购买舶来品。苟能持以恒心，守以毅力，庶舶来品绝踪市场，而国货得以推行尽利"。④这一报道客观上促进了抵制日货的进行，主要是基于维护经济利益的消极抵制，这是商业利益与民族利益契合的结果。

《纺织时报》除了在编辑小谈一栏宣传提倡国货运动，又重新修订中国纱厂一览表广告，"现当提倡国货之际会，各界欲知我国自办纺织厂现状者尤多。本会因拟以最速时期，刊行新表，以资宣传"。⑤还于6月14日发表了申新纱厂总理荣宗敬氏提倡国货宣言。"自五月三十日南京路发生惨剧

---

① 《青岛日厂武力解决后发现非命惨死多人之悲剧》，《纺织时报》1925年6月14日第219号。

② 《编辑小谈》，《纺织时报》1925年6月21日第221号。

③ 《编辑小谈》，《纺织时报》1925年6月11日第218号。

④ 《申新厂主提倡国货》，《纺织时报》1925年6月14日第219号。

⑤ 《修订中国纱厂一览表广告》，《纺织时报》1925年6月11日218号。

以后,凡我同胞,莫不切齿痛恨,所酿成罢课罢市罢工之举动。鄙意爱国不在空言,而在实践,御侮不在一朝,而在平时。现在家常日用,与夫个人生活所必需,实以舶来品占据多数,每年流出之金钱,何可胜计。漏卮不塞,困穷立待,兹由鄙人发起自六月一日起,凡在本公司范围以内之同仁,一律不购买舶来品。苟能持以恒心,守以毅力,庶舶来品绝迹市场,而国货得以推行尽利。"①经过这一宣传,崇信纱厂、三新纱厂、永安纱厂纷纷加入华商纱厂联合会。崇信纱厂,"本为华商所开,因挂英商牌号,由法兴洋行经理。自五卅事件发生,该厂立即取消英商牌号,并由该厂各股东凑集捐款三千元,又天祥股东独出一千元,又各工友募集一千元,各职员伙友端节宴资一百元,一并捐助上海总工会"。②三新纱厂"开办甚早,为武进盛氏独资创立,自入民国后,挂名英商,故未加入本会。近以抵制风潮,国人多有误会,因由会员聂潞生先生介绍,填具信约,加入本会,日昨特会,业已与永安入会并案通过"。③由此可见,《纺织时报》鼓励抵制日货,提倡国货的效果,客观上促进了各华厂纷纷支持提倡国货,支持总工会的活动,支持五卅运动。

五卅运动后期,工部局停止电力供应,不断升级的五卅运动使各华商纱厂的经济利益遭受严重损失,超越了支持使用国货所带来的利益。这一时期《纺织时报》对五卅运动持消极态度,直至 10 月总工会罢工,关于紧急应对工部局罢工,恢复华商纱厂活力的报道和评论有将近 60 篇。

一方面,其同情华商纱厂生产力不足,谅解引进日纱或改换商标以充国货。

6 月 18 日编辑小谈中说,"华商纱厂生产力与销数比较,尚未能使需求削平。若拒购日纱,能坚持一月之久,纱价或竟高起十两,亦未可知。惟华纱与日纱价格,高低相去过远,则暗进日纱或改换商标以充国产之事,又必不免"。④高支纱"几完全仰给于日英之输入","精织原料既缺乏,则不能禁布厂之不用外货,且日英制品优良,价格低廉,国货尤非其敌"。⑤《纺织时报》同情华厂生产力不足,尤其是细纱,谅解暗进日纱或改换商标以充国产

① 《申新厂主提倡国货》,《纺织时报》1925 年 6 月 14 日第 219 号。
② 《崇信纱厂罢工》,《纺织时报》1925 年 7 月 2 日第 223 号。
③ 《三新纱厂入会》,《纺织时报》1925 年 8 月 24 日第 238 号。
④ 《编辑小谈》,《纺织时报》1925 年 6 月 18 日第 220 号。
⑤ 《编辑小谈》,《纺织时报》1925 年 6 月 29 日第 222 号。

之事,同情厂家窘境,不利于爱国的宣传和革命的进行。

同情华厂之结果乃劝导工人之开工。6月29日《纺织时报》发表一篇恒丰聂君致外交后援会声办书,称该厂对待工人"待遇之优,感情之洽","胜于他厂","劳资关系"很融洽,开工系"工人切愿工作",①为华厂开工申辩。7月初,工部局电气处停止电力供给,华厂损失严重,并将各经济损失及与总商会、总工会、外交团等团体交涉函电公布在报,以博各界同情。

另一方面,同情华商纱厂损失严重,与工部局妥商解决电力问题。

电力问题终难解决,华厂损失日重,且内地纱厂罢工不断,《纺织时报》编辑在7月23日表达了对工人运动的憎恶,"其事不问果为厂中待遇工人失于公允,抑实工人之结势把持,无理取闹,凡有所不利,动辄暴发,一二人倡之,千百人和之。开会立誓,解囊相助,势非要求满足不可"。②并称五卅运动"以爱国始乃以害国终"。"甚愿好言爱国者勿复以仇视华厂,徒为渔人之利,自斩其脉于不觉为能事。"③竭力商洽电气处复工,"各厂工人虽极愿上工,而为工会所牵制,到厂者寥寥无几,致仍不能开工"。"工会原以工人之意为意,今工会乃反其意而劫持之,以阻挠上工。""竟以对外手段以而对内,不恤以国内实业供其牺牲。"④8月3日在编辑小谈一栏列举里《字林报》载日本棉纱输入之增多,概见中国方面此次因罢工损失。称"该报之言,确鉴非诬,实可促国人猛者,甚愿好言爱国者勿复以仇视华厂,徒为渔人之利,自斩其脉于不觉为能事也"。⑤9月21日谈及总工会由戒严司令部封闭时,表示"工会非不可者,然必须由真正工人组织之"。⑥一方面主张对帝国主义妥协,与总商会总工会以及其他团体商洽,恢复电力,尽快开工,另一方面痛斥"国人以提倡国货为口禅,而爱国者竟至仇视工厂为快",⑦导致华厂利益尽失。站在维护行业利益的立场上,将五卅运动中的惨剧和损失归结于工人运动,实不利于工人运动的开展。

总之,《纺织时报》对五卅运动的事实报道以及部分评论客观上具有一定的爱国宣传作用,但其出于保护自身行业利益的一些倾向性文章,也有不

---

① 《恒丰聂君之声办书》,《纺织时报》1925年6月29日第222号。

② 《编辑小谈》,《纺织时报》1925年7月23日第229号。

③⑤ 《编辑小谈》,《纺织时报》1925年8月3日第232号。

④ 《编辑小谈》,《纺织时报》1925年9月10日第243号。

⑥ 《编辑小谈》,《纺织时报》1925年9月21日第246号。

⑦ 《编辑小谈》,《纺织时报》1925年8月17日第236号。

利于工人运动的方面。

三、其他报纸与《纺织时报》报道的差异

　　如将《纺织时报》对于五卅运动的报道,与上海当时发行量较大的商业报纸《申报》,政治性报纸《向导周报》与《民国日报》的报道进行比较,其差异性相当明显。

　　首先是《申报》与《纺织时报》在对五卅运动报道上的差别。

　　《申报》是面向大众的商业化报纸,①因其商业化,必然以迎合大众舆论为第一要义,且《申报》作为日报,具有很强的时效性。从二月罢工到五卅运动,《申报》报道及时,详细还原五卅前后动态,但多为事实报道和各方通电,评论性文章不多。1925 年 7 月 11 日,《申报》在广告栏刊登了《诚言》,声称此次惨案“近因”是“日本工厂罢工,杀死华工”,“远因”是中国“每况愈下,民不聊生,举国不宁,以是人心浮动”。②一方面《申报》深知这是租界的意思,得罪不起,另一方面它利用广告刊登该报道,拿了钱又不必负责任。③但是这立刻遭到民众舆论的反对,《申报》的最大读者是工商业者和市民,亦得罪不起,故 17 日发表《辟诚言》进行道歉。《纺织时报》是行业性报纸,读者集中于华商纱厂联合会各会员及国内外关心中国纺织业现状人士。据记载,至 1926 年 1 月 1 日,华商纱厂联合会会员包括上海、恒丰、振华、申新第一、第二、第五、鸿裕、溥益第一、第二、厚生、纬通、统益、恒大、华丰、永安第一、第二、大丰、庆记、振泰、鸿章等。④凡在会各厂任事职员来函索阅,即当奉附(《纺织时报》)一份。唯来函须尽用审章以资证明。又外埠须附邮费一元,本埠五角以为寄报之用。⑤由此可见,《纺织时报》是由各会员合资创办的,目的主要是互通纺织业信息,并不以直接营利为目的,因此普通市民的订阅不影响《纺织时报》的发行,不如《申报》那么重视读者群的订购量。因此,在

　　① 　鲁旭:《试论〈申报〉的经营策略与特色》,中国社会科学院研究生院学位论文 2001 年,第 10 页。

　　② 　《诚言》,《申报》1925 年 7 月 11 日第 18808 期。

　　③ 　胡正强、周红莉:《论媒介批评对传媒的政治规制——以〈申报〉“五卅”运动中的表现为例》,《今传媒》2001 年第 2 期,第 16 页。

　　④ 　《本会广告》,《纺织时报》1926 年 1 月 1 日第 275 期。

　　⑤ 　《本报启事一》,《纺织时报》1924 年 4 月 28 日第 108 号。

五卅运动中,《申报》主要是迫于报纸本身营销完成政治转向,《纺织时报》则是为了维护行业利益而变更政治立场。

《向导周报》作为中国共产党第一份机关报,在五卅运动期间,它的报道具有指导工人运动的导向意义。1925 年 2 月,《向导周报》连续发表《上海小沙渡日本纱厂之大罢工》《民族的劳资斗争》《帝国主义的佣仆与中国平民》,呼吁"现在中国劳动者已经不再驯服了!"①"中国纱厂工人要算是全国各种工人中最感痛苦的。"②"中国三万多劳动平民,一天做十二个小时的工作,得二、三角钱的工钱,吃寒饭,喝冷水,挨东洋老爷的打骂,今天假意说发什么赏钱,明天便扣罚工资,天天等着柴米烧饭吃,厂里却扣着钱,两、三个礼拜不发。"③对于顾正红案,《向导周报》表示"这是何等一件重大的事变!""上海的新闻记者和上海的商人对于此事的态度是'我们知道日本帝国主义非常可恶,但我们是没有办法'。"④这进一步激发了民众的爱国热情和对资产阶级的不满。五卅惨案发生后,《向导周报》发表《中国共产党为反抗帝国主义野蛮残暴的大屠杀告全国民众》,为五卅运动明确了要求和方向,"无调和之余地",⑤坚决斗争到底。在资产阶级开始动摇,要求工人复工时,陈独秀在《向导》上发表《我们如何应付此次运动的新局面》《我们如何继续反对帝国主义的斗争?》等文章,进一步宣传了中国共产党关于五卅运动的斗争策略。⑥《向导周报》在五卅运动中发挥了最重要的舆论导向作用。

《民国日报》是国民党在上海的机关报,当时为左派所掌握,对罢工表示同情和支持,尤其是该报副刊《觉悟》(有共产党人参与编辑)的态度更为鲜明。⑦有些文章说《民国日报》屈服于租界当局的压力,对此次事件采取消极的态度。笔者认为该说法欠妥。《民国日报》在一定程度上还是促进了工人运动的发展。其对于二月罢工期间"赤化"舆论表示不解,嘲讽道"在万层压

①　《上海小沙渡日本纱厂之大罢工》,《向导周报》1925 年 2 月 14 日第 102 期。
②　《民族的劳资斗争》,《向导周报》1925 年 2 月 21 日第 103 期。
③　《帝国主义的佣仆与中国平民》,《向导周报》1925 年 2 月 28 日第 104 期。
④　《在枪杀中国工人中日本帝国主义者对于上海市民之威吓》,《向导周报》1925 年 5 月 24 日第 116 期。
⑤　《中国共产党为反抗帝国主义野蛮残暴的大屠杀告全国民众》,《向导周报》1925 年 6 月 6 日第 105 期。
⑥　郭绪印:《重评五卅运动中的陈独秀》,《历史教学》1981 年第 6 期,第 32 页。
⑦　上海社会科学院历史研究所编:《五卅运动史料(第一册)》,上海人民出版社 1981 年版,第 422 页。

迫底下的中国人民，稍稍有点自卫而反抗的动作，便推想到赤化，便加以赤化的名目。可惜中国人并无资格承受这个尊号。半生半死的国民于苦痛中呻吟一二声，已算大胆极了，哪里敢谈到'赤化'！"①顾正红案发生以后，《民国日报》跟踪报道案后事宜，发文《工人整队往迎顾正红灵柩，高呼"要行凶的偿命！"》《工人在顾正红灵前集会演说，大呼"坚持到底！"》，为工人运动的继续开展制造了舆论。5 月 30 日五卅惨案爆发，《民国日报》翌日发表星无的《流血记》，又于 6 月 4 日发表吴雨仓的《被捕者的一个报告》，报道了二者在五卅惨案的亲身经历，表示"上海是中国人的上海！"②具有感染力和震撼性，极易激发劳苦大众的共鸣和愤怒。

《民国日报》与《向导周报》一样，作为党派报纸，在五卅运动中发挥了重要的舆论导向作用。《纺织时报》是由华商纱厂联合会创办的纺织行业专业性报纸，是各华商纱厂获取国内外纺织业信息的重要渠道。不同于党派报刊，《纺织时报》更多关注的是五卅运动对纺织行业经济利益的影响，而较少涉及反帝爱国的激进舆论。五卅运动之前，《纺织时报》多转载日本报纸新闻，带有倾向于日本利益的色彩；五卅运动前期的抵制日货运动有利于纺织行业发展时，《纺织时报》宣传的是抵制日货，提倡国货；五卅运动发展到后期，对华商纱厂造成了巨大损失，《纺织时报》此时抨击五卅运动以爱国始乃以害国终，并将其归因为工会组织下的工人运动。因此，《纺织时报》是基于维护资产阶级利益来选择何种舆论宣传，这与《向导周报》和《民国日报》有很大不同。

代表的实体利益不同，报道的倾向性就不同，事实上，上述四份报纸由于在发行量和发行对象方面的不同，影响力存在极大的差异。在上述三份报纸中，《申报》发行量和发行面最大，因此影响力自然远远超过《纺织时报》。

综上所述，《纺织时报》是由华商纱厂联合会创办的行业性报纸，自然首先站在华商纱厂经营者的立场来报道五卅运动。然而，基于民众舆论及民族立场，《纺织时报》对于五卅运动的报道在运动前后又存在差异。抵制日货，提倡国货，符合华商的利益，因此报纸在这方面的报道比较积极，客观上

① 《此次纱厂罢工工人是赤化了吗?》，《民国日报》副刊《觉悟》1925 年 2 月 15 日。
② 上海社会科学院历史研究所编：《五卅运动史料》(第一册)，上海人民出版社 1981 年版，第 653—655 页。

推动了五卅运动；随着五卅运动的深入发展，因工人罢工等活动也使华商纱厂陷入窘境，《纺织时报》开始同情英、日，出现抵制工潮的文字，这并不利于五卅运动的开展。当然，最终导致结束罢工的原因是方方面面的，包括来自帮会、右翼工会、纱厂工人、军阀等压力。①总之，《纺织时报》更多的是作为华商纱厂经营者的喉舌或代言人。

---

① ［美］裴宜理:《上海罢工:中国工人政治研究》,刘平译,江苏人民出版社 2011 年版,第100—104 页。

张謇·上海社会·纺织科技：
第六届张謇国际学术研讨会综述

张华明*　方　敏**

　　"张謇·上海社会·纺织科技：第六届张謇国际学术研讨会"于2015年
11月2日至3日在上海东华大学举行。会议由东华大学人文学院、张謇研
究中心（南通）主办，东华大学副校长刘春红教授，中国史学会副会长熊月之
教授，张謇研究中心李明勋会长，上海文史研究馆原馆长沈祖炜研究员，原
全国政协常委、全国工商联原常务副主席、张謇嫡孙张绪武先生，河北师范
大学副校长戴建兵教授先后在开幕式致辞。会议共收到文章48篇，在大会
报告、分组讨论与圆桌交流等学术环节中，来自中国大陆、中国台湾、韩国、
法国的90余名专家学者围绕着张謇与上海、张謇与大生纱厂、张謇与纺织
教育、张謇思想及日常生活等多个问题，进行了深入探讨和对话碰撞。

一、关于张謇与上海社会

　　张謇与上海之间的关系非常密切，关于这方面的研究也较为丰富，大部
分学者都关注张謇与上海的互动，具体而言则可以分为政治参与、经济联
系、教育活动和友朋关系。张謇在19世纪末20世纪初创办的实业、教育得
到了蓬勃发展，正如专家学者所言："上海与南通存在着割舍不断的地缘上
的契合和感应上的关联。"

　　关于张謇与上海的政治参与，复旦大学教授戴鞍钢的《张謇与吴淞开埠
再研究》，通过新史料的挖掘对张謇提议的吴淞开埠一事经过进行进一步研
究，文章首先介绍了吴淞开埠的背景，即由外国列强的各方觊觎到清政府自

　　*　张华明，东华大学人文学院博士生。
　　**　方敏，复旦大学马克思主义学院博士生。

行开埠计划的流产,为张謇任上海吴淞商埠督办,"重兴埠政"奠定基础。张謇为筹划吴淞开埠费心费力,但仍由于时局而落空,实在令人惋惜,但张謇的眼界与所付出的努力值得后人铭记和学习。华东理工大学教授卫春回在《简议上海与张謇的立宪活动》中分析了张謇的立宪活动主要在上海进行的原因。在她看来,张謇是清末立宪派的头面人物,而上海是这一新型立宪团体和立宪活动的重要据点和策源地。南通虽是张謇事业的根据地,但南通毕竟是江北小城,其影响力和号召力有限。而立宪运动具有全国意义,上海是中国最早开始社会转型的城市,由于得风气之先,这里的新式绅商、新式知识分子群体成长迅速,他们的自我意识和独立意识格外强烈,因此上海成为江南立宪人士的首选之地,张謇频繁出入上海,把主要的立宪活动放在了这个新兴都市。无论是"预备立宪公会"还是声势浩大的国会请愿活动,均与清末最具现代元素的上海密不可分。南通大学张謇研究所王敦琴、羌建的《张謇与东南互保》对张謇在东南互保时期的活动进行了详细梳理,同时指出张謇之所以成为东南互保的主要参与者、刘坤一重要的谋士,主要是因为张謇试图稳定东南以谋求事业发展,为光绪皇帝掌握实权扫除障碍。南通研究中心的陈炅在《张謇参与上海抵制美货运动之探微》中对张謇在抵制美货运动中三次抵达上海进行了考证,认为张謇参与抵制美货运动目的在于保护中国商民的利益,是张謇为保护中国商民的一次努力。

　　上述论文主要从张謇参与上海地区的政治事务的角度来探讨张謇与上海之间的关系,张謇作为实业家的经济活动更加引人注目,因此对于他与上海之间的经济联系研讨颇多。由羌建和王敦琴教授合写的《一场历史转折点上的对话:清末民初的上海与南通》,以张謇对南通和上海两地的实践为基本内容,由此分析了南通与上海之间的互惠互利的因素。该文认为,"南通与上海靠得越来越近,使南通真正成了上海的'小兄弟',并出现了相互影响、融为一体的良好势头,为上海和南通两地的发展注入了活力"。南京政治学院华强教授认为,"张謇创办的企事业以南通为圆心向周边地区辐射,上海与南通相邻,是张謇施展实业救国和教育救国抱负的重要舞台"。他在文章中统计了张謇在上海创办的近 177 家企业,对张謇在上海创办或参与企事业的特点和问题进行了总结。张謇研究中心副会长黄鹤群认为,"张謇一生所创办的企业和社会事业涉及的领域十分广泛,但都与上海密不可分。他立足南通,依托上海,推进大生集团各企业的创办和经营;他开通航运,接轨上海,发展联结东西南北的水上航运业;他规划吴淞,开发上海,创造性地描绘城市区域的良好蓝图;他经营银行,发展上海,为国际金融中心地位的确立奠定基础;他创办教育,建设上海,对中国教育事业产生着重要的影响。其睿智的谋略和远见的卓识世所少见,令人钦佩"。海门市张謇研究中心副会长周志硕认为,张謇对近代上海经济社会发展的贡献主要有四点:开辟沪通水上航道;创立海洋捕捞基业;共襄大学教育时代;谋划吴淞开埠宏图。海门市张謇研究中心黄志良在《张謇创办民营航运业:打破外企和官商在上海的垄断》中详细分析了上海的航运,尤其是航运图非常细致明了,在他看来,1905年张謇在上海筹建上海大达轮步公司,打破外企和官商在上海对航运业的垄断,在江苏航运史和中国交通史上均有开创性影响。南通通州民政局郭耀《张謇铁路思想研究——兼论张謇与上海早期铁路》一文从张謇与上海早期铁路说起,分析了张謇的铁路思想,认为张謇为中国的铁路事业尽心竭力,虽然其关于铁路的努力大多未能成功,但是张謇在从事铁路事业的过程中所表现出的爱国、科学、实干、创新精神依然是英雄式的。

张光武先生的文章主要阐述了张謇对上海的实业建设。江苏省海门市张謇研究会周至硕的文章对张謇在上海开辟航道、创办教育等活动进行了梳理。上海师范大学邵雍教授着重介绍了晚清上海对张謇的影响,他认为晚清上海的特殊地位使得其具备当时中国其他地区所不具备的条件,正因如此上海也为张謇提供了文教、实业与政治等多方面的有利条件。

总体而言,上述论文从各个角度说明了张謇与上海的关系密不可分,无论是政治、经济还是文教领域都有着密切互动,且因为张謇,南通与上海的关系也由此愈加拉近。

二、关于张謇与纺织科技

张謇以状元之身,力创实业,大生纱厂可谓重中之重。他以大生纱厂为中心,进而创办一系列实业,涉及交通、金融、科技、文教等多个方面。本次研讨会上关于张謇与纺织科技的论文共有17篇,主要以大生纱厂为中心分析企业衰败原因,探讨企业经营方式和纺织教育模式。

南开大学王玉茹教授与刘福星的《棉贵纱贱与20世纪二三十年代中国棉纺织业危机——大生纱厂等企业的市场环境分析》,认为导致棉纺织业危机的棉贵纱贱问题是内外政治经济形势下所产生的特殊现象，它既是中国棉纺织业融入世界市场受到国际市场影响的过程，又是日本资本对中国棉纺织业入侵的结果；同时这也与中国内政的混乱有莫大关系，内政的混乱导致农村经济的凋敝和棉纺织业原料和产品运销困难，从而使民族棉纺织业失去竞争优势。在危机中政府和社会各界虽然采取了各方面的救济措施，但仍难以从根本上克服这个问题。通过棉贵纱贱这一现象可以看出民国时期棉纺织业发展市场条件和政府支持不足，同时也深刻地反映出近代以来我国经济发展中工业和农业之间、国内和国外之间的矛盾。农村经济的衰落和东北市场的丧失，降低了棉纺织品的市场容量和空间，影响了棉纱的销售。同时，花贵纱贱的出现既体现了棉纺织业自身的诸多问题，同时也反映出棉纺织业之外的民国政治经济等问题，它们都是在国内外各种力量综合作用下形成的；而政府和社会各界的救济措施也是在这样的形势下展开，他们的救济的局限性在这种环境下也就突显出来。所以说棉贵纱贱问题既反映出 20 世纪二三十年代的民国经济的状况，也反映出民国时期政治经济的许多深层次矛盾，这些矛盾构成了民国棉纺织业发展的不利因素。

　　韩国仁川大学金志焕教授的《第一次世界大战后大生纱厂对日借款交涉》，首先考察了第一次世界大战时到战后中国经济发展变化的这一时段，大生纱厂也由快速发展到衰落的全过程。他分析这一状况产生的原因是大生纱厂的个别问题，还是中国纺织工业整体困境。其次，从生产和市场的相互关系上探讨一战结束后大生纱厂经营恶化的根本原因，认为大生纱厂和东北市场的变化有着非常重要的关系，大生纱厂的衰败是因为东北市场的需求发生了变化，东北本地的生产不断上升，使得对外进口量不断下降。同时，大生纱厂因为债务问题而导致了最终的衰落。东华大学李一翔教授从一战的大背景出发，认为日本在棉纺织业的扩张导致了大生纱厂市场减少、造成重大打击的同时，也为中国棉纺织业带来了先进的管理经验和技术，因此大生纱厂等棉纺织业的衰落不仅仅是外部冲击，其本身也是有问题的。东华大学杨小明教授和廖江波所写的《张謇大生纱厂兴衰背景之研究》，认为大生纱厂衰落的原因除了棉纺织业普遍衰落的大背景外，更为重要的是与他初期的多元化扩张模式有关，这种模式分散了力量，也又从资金方面拖累了大生纱厂。

　　南通纺织博物馆姜平《刍论张謇大生纱厂的兴衰沉浮与上海的关系》则

将大生纱厂与上海结合在一起,他认为上海对南通早期现代化的辐射影响,最具典型意义的是张謇大生纱厂的兴衰沉浮与上海的关系。上海开埠通商,为通海土布业商品化繁荣提供了历史机遇;上海早期官办、民办企业的生存境况与近代机器纺织业的肇兴,为张謇创办大生纱厂提供了成败借镜以及技术、人才、物流与资金支持的先决条件;上海金融、实业界的大力帮助为张謇大生企业集团崛起提供了有力支撑;上海银团接管经营张謇大生企业,扭转了大生的破产命运,实现了工厂管理、生产营销和基础设施建设的升级换代。南通市档案馆朱江处长的《通泰盐垦五公司银团债票发行始末》,介绍了五公司在遭遇困难时携手银团所发行的企业债票,认为此举是一次金融革新。同时文章通过分析五公司无法还清债票的原因和银团接管企业的过程,反映了张謇企业衰败的原因。

本次会议除了从当时经济背景进行分析之外,专家学者也对张謇企业管理模式进行了研究。复旦大学朱荫贵教授《"调汇"经营:大生资本企业集团的突出特点——以大生棉纺织系统为中心的分析》一文,以大生纱厂迅速繁荣迅速衰败现象下掩藏的主要因素——"调汇"为线索,在分析大生企业迅速衰败的原因时,也对当时中国企业的生存环境进行一些剖析。大生所负的债务,主要分为向外部筹集企业的流动资金"调汇"和向企业内部筹集的债务,这些债务在大生出现资金周转不足时,便会给企业致命一击,因此大生纱厂的发展以及被银行团清算接办,并非偶然,而是当时中国民间资本企业发展途径中较为典型的案例。南京财经大学姚清铁的《成本节约、危机冲击与近代中国家族企业"集团化"经营——以大生纺织企业等为例》认为,以大生企业为代表的一批近代中国家族企业在经营中普遍采用集团化经营方式,集团化运营的本质是对市场不确定性和社会分工水平的一种适应,也是近代企业做大的一个积极途径。集团化经营与家族企业非正式治理的结合,则可以在危机冲击时,为企业提供灵活有效的抵御手段,通过企业间原料、资金和产品的挹注,有效地缓冲企业所面临的风险。上海社科院研究员张忠民《大生纱厂早期的企业制度特征》一文,从现代企业理论的视角出发,认为关于大生纱厂早期的企业制度特征,还有不少的地方值得进一步探究。在他看来,大生纱厂早期的企业制度大致有三个特征:一是"非大股东"控制企业的早期产权制度特征,二是"非职业"经理阶层治理的企业治理结构特征,三是"非盈余"支付"股息"的早期剩余分配制度特征。

南通市通州区政协孙崇兰的《从管理学浅析——上海大达轮步公司发展历程》,从管理学角度分析了张謇创办的上海大达轮步公司,认为张謇创办的上海大达轮步公司在经营、管理等的诸多方面都符合现代管理学的经典理论。南通大学庄安正教授对张謇与卢寿联创办的中影公司的创办过程和经营策略进行了梳理,认为企业衰落的主要原因是企业资金链的断裂。最后,张謇嫡孙、原全国工商联常务副主席张绪武先生《大生纱厂(大生股份有限公司)见证封建制度的没落和现代社会的到来》一文,梳理了大生纱厂自成立以来在各个时期的变迁,同时也反映了时代变化对企业的影响。

张謇一直很重视纺织科技教育,关于这方面的研究此次会议主要有以下几篇。东华大学邓可卉教授对张謇为纺织学科教育所做的贡献进行了论述,结合清末学制改革的不同阶段和特点,重新讨论了张謇创办的南通纺织专科学校的性质。她认为,张謇办南通"纺织染传习所",严格来讲并不属于"实业教育"的范畴。杨小明教授和苏轩合撰《南通纺专:中国近代纺织高等教育的起点》,认为在当时的历史背景下,兴办纺织教育,培养纺织高级人才,是当务之急。作为中国近代第一所也是唯一的单科性纺织学校,张謇创办的南通纺织专门学校以全面的课程、大量的实习、合理的科系及规范的制度为中国培养出一批纺织界的中坚力量,是中国近代纺织高等教育的起点。南通市文广所局副研究员赵明远认为,张謇是近代"实业救国"思想的代表人物,于国民经济发展他提出了"棉铁主义""棉尤宜先"战略,创办了当时全国最大的纺织企业系统,致力于现代科学知识的普及与纺织科学技术的运用,扶持中国科学社和中华农学会科学团体,为中国近代纺织的科学事业发展作出了杰出贡献。

台北市立教育大学吴木崑教授在《张謇实业教育之特色及课程设计评析》一文中对张謇创办实业教育的性质进行了总结:"张謇之实业教育活动除了是一种训练谋生技能的生计教育之外,更重要的目的乃在于培养实业发展所需要的专门人才,落实以教育改良实业之思想。"而且,张謇实业教育的特色也十分显著,即农、工、商等各项实业办学目标明确,学校教育与社会需求紧密结合。

此外,上海师范大学高红霞教授和刘盼红的《〈纺织时报〉与五卅运动》、邯郸学院冯小红教授《再论张謇与南通纺织业现代化》都对近代纺织业相关问题进行了论述。《纺织时报》是研究 20 世纪二三十年代中国纺织行业状况的重要参考资料。《纺织时报》对五卅运动有较为详尽的报道,它的立场首先是基于华商纱厂的经营者,其次才考量民众舆论及民族立场,文章展现了《纺织时报》对五卅运动报道的阶段性差异。冯小红教授论述了南通纺织业起步、发展和延续的现代化历程,并从入口洋纱、机器纺纱业和乡村棉织业主导三个方面论证南通纺织业现代化是自发的,指出张謇及其大生集团既不是南通现代化的"发动者""组织者",也不是"总设计师",而只是参与者。

三、关于张謇思想及日常生活

山西大学副校长高策教授和刘欣的论文《张謇与阎锡山实业救国思想比较研究》将阎锡山和张謇、山西和上海进行比较,认为张謇和阎锡山从不同的方向均走上了实业救国的道路。近代以来,在"实业救国""教育救国"思想的指引下,二人分别建立了具有全国影响力的大型实业集团,同时分别在南通市、山西省建立和初步完善了教育体系。由于所处地域、具体时代背景、人生经历等因素的不同,两人在资本主义经济发展模式、创办企业集团筹资方式和企业发展侧重点方面均存在不同。

河北师范大学副校长戴建兵教授的《张謇的货币金融思想与实践》和西南大学刘志英教授的《张謇的金融实践和思想浅析》均关注张謇的金融思想。戴建兵教授的文章梳理了张謇在货币和银行领域的思想和实践,指出张謇维持了交通银行国家银行的地位,且张謇始终认为银行的发展方向应当是实业的支撑,在当时确实难能可贵。文章认为张謇的《国币条例》和《国币条例施行细则》体现了政府的意志:确立银本位,取消各省的货币铸造权,废除银两流通,确立主辅币制度。

刘志英教授认为,张謇的金融思想与其经济实践分不开,思想理论来源于实践活动,张謇平生的实践活动是他金融思想形成的重要渊源。他在创建自己企业体系的过程中,深刻感受到了现代金融的建立对于民族资本工商业发展的重要性,因此张謇的金融实践是其金融思想的基础,而金融思想则是金融实践的反映和总结。

顾纪瑞先生在《张謇经济思想和经营理念述略》中认为,张謇的经济思想和经营理念在实践中不断改变着,最终形成了十个方面:一、提倡"棉铁主义";二、发展民营经济;三、推行股份制;四、农工商一体化思想和建立地区产业链、生态化产业链;五、经济立法思想;六、利用外资思想;七、重视和运用现代金融制度;八、以实业支持教育和其他社会事业;九、企业管理中重视制度建设和人性化管理;十、原料采购和市场销售策略。对于局限性,作者认为张謇企业只顾扩大企业规模,不重视技术改造;盈利的大部分分给股东,积累很少;以企业的财力举办许多社会事业,负担过重;派不出懂技术有能力的新经理,以至二纺长期缺专职经理等,而最大的问题出在资本运作上。大生一纺对本业之外的分散投资和放款过多,向银行抵押借贷更多,这就直接导致后来大生纱厂被接管的局面。广东省社科院历史研究所副所长李振武《张謇兴办实业模式浅析》一文,认为张謇投身实业是时代境遇中的自觉反应,而张謇首先从棉纺织业着手创建他的实业体系,源于他的"棉铁主义"思想,而"棉铁主义"思想的产生源于他对帝国主义列强对中国经济侵略的理性认识。他的产业是一体化的,这种思想一定程度上受到其地方自治思想的影响。再者,张謇注重教育与实业相结合,双方互利互惠。张謇兴办实业的模式,是集生产、资本、销售、劳动力等为一体的产业网络,他以农业为基础,教育为动力,积极拓宽资本来源,利用外资,还善于利用自己深厚的人脉资源,为企业的发展谋求官府的扶持,最终汇聚而成大生资本集团。这种经营模式对中国近代新式工商企业的发展具有一定的示范作用,在中国近代经济思想史上占有重要地位。

　　除了对张謇的经济思想有研究外,对于张謇其他思想也有两篇论述。南京大学李玉教授探讨了张謇的实业诚信观,认为张謇是以"诚"创业。李教授通过大量的材料对张謇以诚创业、以信经营的诚信实践进行了详细梳理,指出张謇的实业信用体系中他本人的个人声誉占有重要的地位。张謇的实业信用基础也是对人信用,问题也就在于这样使得企业与社会边界不清,也就使道德与制度的边界不清。南通市社科联原秘书长蒋建民在《张謇哲学思想及其吴淞开埠的实践》中认为,与传统意义上坐而论道的哲学家不同,张謇不仅有独特的哲学思想,而且有鲜活的社会实践。他的哲学思想可概括为自强不息的智慧学说和大真(实事求是)、大善(辩证思维)、大美(以人为本),这些思想在吴淞开埠的实践中得到了很好的应用。

　　张謇的经济活动无论是实业还是金融方面,都对当时造成了一定的影响,后人的研究也着眼对今天发展的启示。南开大学赵津教授和李健英的

《张謇与范旭东产业发展策略的对比》以张謇的纱厂和范旭东的永利进行对比分析。认为在近代中国工业化从起步向初步发展阶段转变的过程中,张謇和范旭东各自作出了有益的探索。张謇主张将棉铁两种工业作为发展大工业的起点和重点,实际上提出了工业发展的顺序问题——即核心部门优先发展的正确思想。范旭东则是中国重化工业的创始人,在他的支持下,留美归国的化学家、永利碱厂总工程师侯德榜博士反复试验,成功突破技术难关,为中国重化工业赢得了一席之地。文章认为张謇和范旭东两人的发展战略有明显的差异,张謇注重交易成本内生化的纵向发展,范旭东则提出工业的发展应以关键性产业突破为重点的理念。而且在产业布局上,两人的事业存在封闭性和开放性的区别。文章指出这种差异的产生与张謇和范旭东所处的发展阶段有一定关系。

华东师范大学谢俊美教授《辛亥革命前后程德全与张謇关系述略》,论述了两人之间的关系。1910年(宣统二年)程德全调任江苏巡抚,因其力主君主立宪,遂与张謇相知相识。在清末民初的政治变迁中,彼此最终顺应民主共和的潮流,大力促成江苏独立,并双双参与中华民国南京临时政府的建立。"宋案"发生后,程德全查清案情真相,并公布全国,因而为袁世凯所不容。张謇曾一度调解南北纷争,无果而终。"二次革命"中,程德全因附和革命党人,宣布江苏独立,战后被逐出政坛,从此结束与张謇的交往,晚年在常州天宁寺出家为僧。心忧国家危亡,主张君主立宪,是张、程走近的原因之一。彼此顺应革命潮流,大力促成江苏独立,是两人交情的加深。共同参与政党政治,"二次革命"后终于分手。由此可见时代变迁对二人关系的巨大影响。

陕西师范大学张华腾教授的《张謇与袁世凯政府》,探讨了张謇与袁世凯四十余年的交往。文章指出张謇在北京政府主导发展经济方面充分发挥作用,是这一时期中国经济发展的关键人物。张謇出任农商总长兼全国水利局总裁,在袁世凯政府中充分发挥作用,促进了民初经济的快速发展,书写下辉煌的一页。

民国实业家穆藕初之子、吉林省气象科学研究所原所长穆家修研究了穆藕初与张謇之间的关系,其文《张謇与穆藕初》认为穆藕初比张謇年轻23岁,差了整整一代,他是受张謇实业救国思想与实践的感召并留美接受西方文化教育后创业成功的一位"新兴商人"。张謇称穆藕初为"吾友",作者认为其实他俩是"师徒",穆藕初一直视张謇为长者,在穆藕初一生的许多业绩中都可以看到有张謇的印记。徐慎庠的《啬公暮年与沪上两才女的交谊》一文,主要从张謇晚年与沪上两才女谢珩和孙琼华之间的频繁交往来透视沪通两地百年前的文化交流,以及状元公诗文在上海产生的影响。

这些年随着张謇研究的深入,从其思想研究探入他的情感研究,虽然成果不多,但这也是张謇研究一个新的研究面向。关于此问题,此次中有三篇相关论文。上海社科院熊月之教授《论张謇的精神世界》一文,认为张謇研究与事功方面相比,精神层面可供开掘的空间似乎更大。张謇的精神世界可以总结为以下几点:一、既重视成规,又俯视成规;二、既重视金钱,又超越金钱;三、既明了大势,又审察细理;四、既自强不息,又达观认命。

上海师范大学周育民教授则以张謇为例来分析与其同时代人的情感、伦理矛盾,在《辛亥张謇论——鼎革之际士人政治伦理的困释》一文中,他认为辛亥革命时期,在民族矛盾与西学东渐的催化下,传统政治伦理观念发生了深刻的变化,但在现实政治结构的错动中,"旧臣"向共和国民、官员的转化,仍有一个调适政治伦理而立于道德无亏的过程。这种政治伦理的调适同样也深刻地影响着历史进程。通过一系列事件的分析,他认为张謇在清末立宪派中最为保守人士的代表,大概不是过甚之论。其次,张謇对于士大夫在立宪运动中应遵守的政治伦理表现出了强烈的敏感性。辛亥革命的爆发,造成现实政治伦理关系的错动,张謇既没有死守君臣之义,愚忠于清,也没有完全接受民主共和的理念,而是试图从传统思想的武库中寻找伦理规范的解决之道。他憧憬五族共和、振兴实业的远景,他从旧武库中找出"有天下而不与""为天下得人而让"的"尧舜精神",迎合了在政治鼎革之际的一大批旧官僚士绅的精神需要,却背离了民国主权民授的政治现实,遭到了以孙中山为代表的革命党人的有力抵制。张謇在辛亥革命时期"为天下得人"的努力,也因袁世凯上台之后的倒行逆施让自己处于尴尬的境地。

张謇的思想、精神与情感世界是丰富多样,值得进一步参与和挖掘。东华大学研究生李健及其导师廖大伟教授的《民初张謇与〈申报〉研究》和湖南师范大学周秋光教授与李华文的《多元身份下张謇慈善公益实业的矛盾冲突》等,便聚焦于此。第一篇文章探究张謇等人入股《申报》的资金来源和去向等史实问题,透过张謇在《申报》上所发文章数量、内容、版面、字号等的不同,得出张謇因官职变动、社会影响力不同所引起的与《申报》关系的亲疏变化。作者认为"以企业家之力,办社会化之事"寻求国家富强始终是他的内驱力,而《申报》正是他实现此目标所凭借的重要舆论手段。第二篇文章则认为多元身份对于张謇的慈善公益事业而言,同样具有双重性影响,既推进又制约。以绅士、官员、实业家、慈善家这四个张謇生命中颇具分量的身份观之,不难发现交错转换的多元身份给张謇的慈善公益事业带来了诸如理想与现实、利益与道义、奉献与索取等多种矛盾冲突。从根本上看,这些矛盾冲突又是过渡时代近代中国的历史缩影在张謇这一历史人物身上的必然体现。张謇的政治庇佑已使他的慈善公益事业被禁锢在自己的思维模式之中,而未能随着形势的变化作出相应的调整。

南通市档案局研究馆员肖正德的《从大生号信来看大生沪事务所的窗口作用及其他》,介绍了存于南通市档案局的近十万件大生号信,这些资料至今尚未被研究利用,实乃一笔蕴藏丰富宝贵的新史料。

后 记

  2015 年 11 月 2 日至 3 日,由东华大学人文学院和南通张謇研究中心联合主办的第六届张謇学术研讨会在东华大学松江校区举行,国内外学者九十余人相聚一堂。东华大学副校长刘春红教授、原全国工商联常务主席张绪武先生、中国史学会副会长熊月之教授、张謇研究中心(南通)李明勋会长、上海文史研究馆原馆长沈祖炜研究员、河北师范大学副校长戴建兵教授、山西大学副校长高策教授等领导和专家出席了会议。

  此次研讨会以"张謇·上海社会·纺织科技"为主题,共收到学术论文48 篇。为期两天的学术研讨,气氛热烈,出现了不少新思想、新观点和新视角。熊月之教授、朱荫贵教授、邓可卉教授、南通市档案馆朱江处长及韩国仁川大学金志焕教授作了主题报告。周秋光教授、韩琦研究员、杨小明教授

等 50 多位专家学者分别进行了学术报告、分组讨论和论文点评。研讨会得到了东华大学和南通市人民政府的大力支持,东华大学校办、学科办、科研处、外事处和纺织学院给予热情帮助和合作。

本论文集由廖大伟、杨小明、周德红共同主编,廖大伟最后定稿。

在统稿、定稿及接洽出版的过程中,得到了南通张謇研究中心的真诚支持和合作,得到了各位作者的理解与配合,得到了上海人民出版社张晓玲女士的认真相待,在此一并深表感谢!

编　者

2019.9.27

图书在版编目(CIP)数据

上海社会与纺织科技/廖大伟,杨小明,周德红主
编.—上海:上海人民出版社,2019
ISBN 978 - 7 - 208 - 16130 - 6

Ⅰ.①上… Ⅱ.①廖… ②杨… ③周… Ⅲ.①纺织工
业-技术史-上海-近代-国际学术会议-文集 Ⅳ.
①TS1 - 092

中国版本图书馆 CIP 数据核字(2019)第 221662 号

责任编辑 刘华鱼
封面设计 一本好书

上海社会与纺织科技

廖大伟 杨小明 周德红 主编

出 版	**上海人民出版社**	
	(200001 上海福建中路 193 号)	
发 行	上海人民出版社发行中心	
印 刷	常熟市新骅印刷有限公司	
开 本	720×1000 1/16	
印 张	34.75	
插 页	4	
字 数	543,000	
版 次	2019 年 9 月第 1 版	
印 次	2019 年 9 月第 1 次印刷	

ISBN 978 - 7 - 208 - 16130 - 6/Z · 217

定 价 128.00 元